TECHNOLOGIE DER TEXTILFASERN

HERAUSGEGEBEN VON

DR. R. O. HERZOG

PROFESSOR, DIREKTOR DES KAISER-WILHELM-INSTITUTS FÜR FASERSTOFFCHEMIE
BERLIN-DAHLEM

IV. BAND, 2. TEIL

A) BAUMWOLLSPINNEREI

b) PRAXIS DES BAUMWOLLSPINNERS

VON

E. BRÜCHER

BERLIN
VERLAG VON JULIUS SPRINGER
1931

BAUMWOLLSPINNEREI

b) PRAXIS DES BAUMWOLLSPINNERS

VON

TEXTIL-ING. E. BRÜCHER
MÜLHAUSEN I. ELSASS

MIT 343 TEXTABBILDUNGEN

BERLIN
VERLAG VON JULIUS SPRINGER
1931

ISBN-13: 978-3-642-89037-6 e-ISBN-13: 978-3-642-90893-4
DOI: 10.1007/978-3-642-90893-4

Softcover reprint of the hardcover 1st edition 1931

Vorwort.

Die Bearbeitung der Baumwollspinnerei ist von zwei Gesichtspunkten aus erfolgt. In dem ersten Beitrag „Maschinen für die Gewinnung und das Verspinnen der Baumwolle" ist der Gegenstand, dessen Grundzüge im Band II, 1 dargestellt worden sind, im Hinblick auf die bedeutsamen Fortschritte in erster Linie der Maschinenindustrie ausgebaut worden. Besonders wird der Fachmann diesen Gesichtspunkt berücksichtigt finden in den Kapiteln: Vorbereitung der Baumwolle für den eigentlichen Spinnprozeß (Putzerei); weitere Ausbildung des Ringspinners; Antrieb der Spinnmaschinen; Spindeln, ihre bauliche Einrichtung, Ölung und Antrieb; Hochverzug; Luftbefeuchtung, Garnbefeuchtung.

Die zweite Arbeit: „Praxis der Baumwollspinnerei" soll, dem Titel entsprechend, das für den Praktiker Wissenswerte enthalten. Vorschläge, die sich nicht bewährt haben, bleiben unerörtert. Alle Tabellen beruhen auf praktischer Erprobung. Es wurde ein Spinnplan aufgestellt, der dem Aufbau des Buches bei den Berechnungen zugrunde liegt. An Hand der erschöpfenden Maschinenberechnungen wird es jedem Spinnereileiter leicht möglich sein, seine entsprechenden Aufgaben zu lösen. Bei den Kämmaschinen wurden die älteren, allmählich aus den Betrieben verdrängten Systeme nicht behandelt. Obwohl in vielen Spinnereien der Selbstspinner immer mehr durch den Ringspinner ersetzt wird, hat der Verfasser doch den Selfaktor sehr eingehend besprochen, der — bei der jüngeren Generation unbeliebt — für die Herstellung bestimmter Garne unentbehrlich erscheint. Das Durchzugsverfahren wurde nur kurz erörtert, da es sich noch nicht überall eingebürgert hat. Im dritten Abschnitt wurde die Berechnung eines Assortiments ausgeführt, die für manchen Spinner von großem Interesse sein dürfte. Eine ganze Anzahl von Abbildungen[1] im Abschnitt über den Selfaktor ist mit Erlaubnis des Verfassers dem Buche: H. Brüggemann: „Nitscheln und Draht" entnommen worden. Auch an dieser Stelle sei der Dank für dieses Entgegenkommen ausgesprochen!

Beide Arbeiten ergänzen einander — wie es im Plane dieses Handbuches liegt —, indem sie die verschiedenartigen Bedürfnisse berücksichtigen, die des Praktikers wenigstens in solchem Umfange, daß er die täglich vorkommenden Fragen in klarer und ausgiebiger Weise beantwortet findet.

Herrn Geh. Hofrat Prof. Dr. A. Lüdicke, der bei diesem Bande den Herausgeber bei der Redaktionsarbeit unterstützt hat, sei auch an dieser Stelle der verbindlichste Dank ausgesprochen!

Berlin-Dahlem, Juli 1931.

Der Herausgeber.

[1] Sie sind durch einen Stern in der Unterschrift kenntlich gemacht.

Inhaltsverzeichnis.

Erster Abschnitt.

Allgemeines.

Zweiter Abschnitt.

Die Spinnereimaschinen und ihre Berechnungen.

Dritter Abschnitt.

Berechnungen und Maßtabellen.

Berichtigungen.

Auf Seite 198, 31. Zeile v. o. lies in der 3. Spalte von Tabelle 21 20 lbs statt 10 lbs.
Auf Seite 260, 2. Zeile v. u. lies S. 261 statt S. 26.
Auf Seite 295 bezieht sich das b auf die obere Abbildung rechts.
Auf Seite 300, 22. Zeile v. o. lies $X' X'$ statt $X X$, 23. Zeile dagegen lies $X X$ statt $X' X'$.

Erster Abschnitt.

Allgemeines.

A. Spinnprozeß[1].

Die Spinnerei hat den Zweck, eine gewisse Anzahl Baumwollfasern zu einem beliebig langen Faden von gewünschtem Durchmesser umzuwandeln. Der Faden soll möglichst gleichmäßig im Querschnitt sein und soll auch eine der Qualität des Rohgutes entsprechende Festigkeit besitzen. Für die in der Weberei als Kette verwendeten Gespinste kommt es besonders auf die Zerreißfestigkeit und Dehnbarkeit an, wogegen bei dem als Schuß zu verarbeitenden Faden in den meisten Fällen auf ein weiches, d. h. weniger hart gedrehtes Garn gesehen wird. Weil der Kettfaden in der Weberei besonders stark beansprucht wird, verwendet man allgemein eine bessere Qualität Baumwolle wie für Schußfaden. Die in der Spinnerei wieder zu verarbeitenden Abfälle werden daher der Schußmischung beigefügt, wogegen für die Kettmischung reiner Rohstoff verarbeitet wird.

Bei dem Spinnprozeß können wir zwei Hauptgruppen unterscheiden:

1. Die Vorbereitung.

Dieselbe besteht aus dem Mischen der Baumwolle, dem Auflockern und Reinigen in großen Mengen (Öffner und Schläger), wobei die gröbsten Unreinigkeiten, wie Kapsel- und Samenreste, Nissen, Blätter usw., welche in der Baumwolle enthalten sind, entfernt werden. Ferner gehört zur Vorbereitung die Entwirrung der Flocken zu Einzelfasern (Krempeln oder Kardage), wodurch ein erstes, gespinstähnliches Produkt, das Band, erzielt wird.

2. Das Spinnen.

Hierzu gehört das Verziehen und Dublieren und das Parallellegen der einzelnen Fasern. Das Verziehen oder Strecken der Fasermassen dient zum Parallellegen der Fasern und zum Verfeinern des Bandes, das Dublieren zur Vergleichmäßigung desselben. Als Schluß des Spinnprozesses kann das eigentliche Spinnen betrachtet werden, welches darin besteht, dem verfeinerten Gute die gewünschte Drehung und den erforderlichen Querschnitt zu geben.

B. Wahl der Baumwollqualität betreffs der zu erzielenden Nummern.

Eine genaue Regel zur Anwendung bestimmter Baumwollsorten läßt sich natürlich nicht angeben; man wählt sie je nachdem, welche Artikel man her-

[1] Die Angaben über Umgänge (Umläufe, Drehzahlen, Touren) beziehen sich, wenn nicht besonderes bemerkt ist, stets auf 1 Minute.

stellen will, wie hoch sich der Selbstkostenpreis der fertigen Ware belaufen soll, und endlich ist noch das Maschinenmaterial in Betracht zu ziehen, über welches man verfügt. Es können hier nur einige Andeutungen gemacht werden über die Anwendung von Baumwollsorten, welche in der Praxis sich als gute gewöhnliche Qualität zu einem ökonomischen Selbstkostenpreis erwiesen haben.

Engl. Nummer	0,4	bis	5	Abfälle von Abfällen, Kardenflaum, Kardenausstoß von Abfallkarden sowie Wischabfälle.
„ „	5	bis	18	Abfälle von frischer Baumwolle, Abfälle von Öffner und Schläger, gewöhnlicher Kardenausstoß.
„ „	12	bis	24	Indische Baumwolle, kurze amerikanische Baumwolle, gemischt mit Abfällen von Spulerlunten und Putzwalzenabfällen der Ringspinner und Selbstspinner, Abfälle, welche zuvor im Reißwolf aufgelockert worden sind.
„ „	24	bis	46	Amerikanische Baumwolle, good middling bis fully good middling, Mako.
„ „	48	bis	70	Reine Mako, Georgia, peruanische Baumwolle oder Tahiti.
„ „	70	bis	140	Feine Mako, Sakellaridis, langstaplige Georgia, Sea-Island.
„ „	140	bis	350	Beste Qualität langstaplige Georgia und Sea-Island.

In den letzten Jahren sind Baumwollen von verschiedener Herkunft auf den Markt gekommen, z. B. mexikanische, kalifornische, afrikanische usw. Die kalifornische Baumwolle besitzt neben gutem Stapel noch bedeutende Gleichmäßigkeit der Fasern, hat aber den Nachteil, daß sie sog. Finnen oder Sternchen enthält, welcher Nachteil von der künstlichen Bewässerung der Baumwollplantagen herrührt. Diese Sternchen können bloß mit der Kämmaschine entfernt werden, weshalb die kalifornische Baumwolle für ungekämmte Ware sich nicht gut eignet.

Im Handel werden folgende Baumwollsorten gewertet:

1. die nordamerikanische (Vereinigte Staaten von Amerika und Mexiko),
2. die südamerikanische (Peru und Brasilien),
3. die indische (west- und ostindische),
4. die levantinische,
5. die afrikanische (Ägypten),
6. die europäische,
7. die russische.

Die Vereinigten Staaten von Amerika sind das am meisten Baumwolle erzeugende Land. Folgende Staaten der Union liefern die meiste Baumwolle: Nord- und Südkarolina, Texas, Louisiana, Arkansas, Florida, Georgia, Mississippi, Alabama, Tennessee und Kalifornien.

Die beste Baumwollsorte ist die Sea-Island, welche an den Küsten von Nord- und Südkarolina, Georgia und Florida gepflanzt wird. Sie erreicht eine Länge von 50 mm und darüber, ist gleichmäßig im Stapel, elastisch, kräftig und hat ein seidenartiges Aussehen. Ferner ist die Louisiania-Baumwolle sehr geschätzt. Obwohl nur 25 bis 30 mm lang, sind die Fasern weich, elastisch und kräftig. Die anderen nordamerikanischen Baumwollsorten unterscheiden sich voneinander durch die Verschiedenheit des Stapels, die Güte der Fasern, die Färbung und durch mehr oder weniger gute Reinigung und Enthalten von Finnen.

Die brasilianische Baumwolle ist von vorzüglicher Qualität und reicht an Güte nahezu an die Sea-Island, ist jedoch nicht so glänzend und sauber wie letztere. Man teilt sie, wie die nordamerikanische Baumwolle, in verschiedene Sorten ein, welche nach dem Landesteil benannt werden, in welchem sie erzeugt sind. Sogar in derselben Gegend kommen verschiedene Stapellängen vor, und nur durch sorgfältiges Sortieren wird der Spinnerei ein spinnfähiges, wirtschaftliches Gut angeboten.

Die beste brasilianische Baumwolle ist die Pernambuko; sie erreicht eine Faserlänge bis zu 38 mm, desgl. die Bahia-Baumwolle. Die längsten brasilianischen Baumwollen sind:

1. Pernambuko	(30 bis 38 mm lang)	5. Rio Grande do Sul	(24 bis 30 mm lang)
2. Alagoas	(30 „ 38 „ „)	6. Maranham	(23 „ 30 „ „)
3. Bahia	(27 „ 36 „ „)	7. Para	(20 „ 27 „ „)
4. Ceara	(25 „ 30 „ „)	8. Paraiba	(20 „ 27 „ „)

Im allgemeinen ist die brasilianische Baumwolle etwas spröde.

Als folgende südamerikanische Baumwollsorte wäre dann die Guayana-Baumwolle zu nennen, welche in den englischen, französischen und niederländischen Kolonien Guayanas gepflanzt wird und ihrerseits wieder in einige Unterabteilungen zerfällt:

1. Demerary	(25 bis 32 mm lang)	3. Berbice	(20 bis 29 mm lang)
2. Surinam	(25 „ 30 „ „)	4. Cayenne	(20 „ 27 „ „)

Die Guayana-Baumwolle ist von etwas geringerer Art als die brasilianische und auch infolge ihres großen Gehaltes an ganzen oder zerquetschten Samenkörnern geringwertiger.

Ferner kommt als südamerikanische Baumwolle die kolumbische Baumwolle in Betracht, welche durchschnittlich 20 bis 27 mm Stapel besitzt, aber den Nachteil hat, sehr schlecht gereinigt zu sein. An und für sich ist das Fasermaterial sehr gut, aber die Baumwolle enthält sehr viele unreife, tote Fasern, welche an den starken Samenkörnern hängen und im Spinnprozeß sehr schwierig zu entfernen sind. Enthält eine Baumwolle viele tote Fasern, so erhält man ein unreines, grießiges Vlies.

Die Unterabteilungen der kolumbischen Baumwolle sind:

1. Barcelona	(22 bis 29 mm lang)
2. Porto Cavallo	(20 „ 29 „ „)
3. Carthagena	(20 „ 27 „ „)

Als geringste südamerikanische Baumwolle ist die peruanische zu nennen, welche zwar Faserlängen von 25 mm bis zu 35 mm aufweist, aber in Qualität des Fasermaterials unter die kolumbische Baumwolle zu stellen ist. Die Fasern sind ungleichmäßig, rauh, trocken und spröde, auch die Farbe ist entweder weißgrau oder rostrot. Ihr Wert steht unter der geringsten Sorte der nordamerikanischen Baumwolle.

Die westindischen Baumwollen, in welche Kategorie die Haiti, Domingo, St. Martin, Guayanilla und Portoriko gehören, besitzen 20 bis 32 mm langen Stapel, die Haiti sogar darüber. Der Stapel ist ungleichmäßig; die Faser selbst ist kräftig und weich, dagegen ist die Reinigung ungenügend. Die Portoriko-Baumwolle ist etwas sauberer als die anderen Sorten und wird deshalb auch zur Herstellung von höheren Nummern, bis zu Nr. 120 englisch, verwendet. Als geringere Sorten der westindischen Baumwolle können die Kuba-, die St. Vincent- und die Cariacon-Baumwolle angesehen werden, welche eine rauhe und spröde Faser haben im Gegensatz zu ersteren Sorten. Die westindische Baumwolle kennzeichnet sich durch das Vorhandensein von zahlreichen rostroten Flecken.

Die ostindischen Baumwollen erfreuen sich nächst den amerikanischen und ägyptischen des größten Absatzes in Europa. Da sie durchweg aus kurzen Fasern bestehen, verwendet man sie hauptsächlich für Abfallgarne, groben Schuß bis zu Nr. 20_e, oder man fügt sie den Abfallmischungen bei. Die kürzeste ostindische ist die Bengal-Baumwolle. Ihr Stapel schwankt zwischen 5 und 15 mm. Ferner kommen in der ostindischen oder kurz indischen Baumwolle folgende Sorten vor:

1. Scinde	(12 bis 20 mm lang)	7. Dhollerah	(18 bis 24 mm lang)
2. Rangoon	(12 „ 20 „ „)	8. Omera	(18 „ 24 „ „)
3. Madras auch Tinevelly genannt	(16 „ 24 „ „)	9. Comptah	(20 „ 27 „ „)
		10. Broach	(20 „ 26 „ „)
4. Western	(16 „ 24 „ „)	11. Hinginhat	(20 „ 26 „ „)
5. Coconadah	(16 „ 24 „ „)	12. Comilla	(20 „ 26 „ „)
6. Surate	(18 „ 24 „ „)	13. Assam	(20 „ 26 „ „)

Allgemein ist die ostindische Baumwolle hart und rauh und wird deshalb häufig für die Vigognespinnerei verwendet.

Die levantinischen Baumwollen werden in der Türkei, in Persien, in Mazedonien und in Anatolien erzeugt. Sie sind mehr oder weniger grob und spröde. Ihre Länge schwankt zwischen 15 und 20 mm. Die levantinischen Baumwollen werden sehr wenig auf den europäischen Markt gebracht, auch werden sie nach und nach von den ostindischen Sorten verdrängt.

Als afrikanische Baumwolle kommt vor allen anderen die ägyptische in Betracht, die sog. Mako oder Jumel und die Sakellaridis. Erstere besitzt lange, seidige, schön glänzende Fasern, welche eine buttergelbe, gleichmäßige Farbe haben. Die Stapellänge der Mako schwankt, je nach der Qualität, zwischen 28 und 45 mm. In der Güte kommt die Makobaumwolle der Sea-Island gleich, mit dem Unterschied, daß die Makofaser eine größere Festigkeit besitzt als die Sea-Islandfaser. Mako wird meistens für gekämmte Garne verwendet. Ganz feine Mako wird bis zu den höchsten Nummern versponnen, wogegen die geringeren Sorten bis zu Nr. 50_e verarbeitet werden. Besonders die geringere weiße Mako wird vorzugsweise mit guter amerikanischer Baumwolle vermischt, um die Festigkeit des Kettengarnes zu erhöhen, da die Makofaser größere Festigkeit besitzt als die amerikanische.

Sakellaridis ist eine schöne, weißglänzende, seidige Baumwolle, welche mit Sea-Islandsamen in Ägypten erzeugt wird.

Schon längere Zeit werden Pflanzungsversuche in Ost- und Westafrika unternommen, die jedoch bis jetzt zu keinem befriedigenden, praktischen Ergebnis geführt haben.

Die europäischen Baumwollen werden in Italien, Sizilien, Spanien, Griechenland und Rußland in mehr oder weniger kleinen Mengen erzeugt. Außer der russischen Baumwolle spielen die übrigen europäischen Baumwollen keine Rolle auf dem Weltmarkte, auch wird die russische Baumwolle im eigenen Lande und in den angrenzenden Ländern verarbeitet. Die mit nordamerikanischem Samen erzeugte russische Baumwolle erreicht einen Stapel von 25 bis 30 mm und ist als Qualität mit guter Louisiana zu vergleichen. Die aus russischem Samen hergestellte Baumwolle ist etwas kürzer (20 bis 25 mm) und kann als Qualität mit den besten ostindischen Sorten verglichen werden.

Allgemein wird jedoch auf dem Weltmarkte mit amerikanischer (nordamerikanischer), indischer (ostindischer) und mit ägyptischer Baumwolle gerechnet. Jede Baumwolle wird je nach der Stapellänge, der Reinheit oder Sauberkeit, der Gleichmäßigkeit, des Glanzes, der Feinheit und Festigkeit der Faser, der Elastizität und der Farbe nach einem Klassensystem bezeichnet und demnach bewertet.

1. Klassierung der amerikanischen Baumwolle.

Die Klassierung der amerikanischen Baumwolle ist folgende:

Middling fair	Strikt low middling
Strikt good middling	Low middling
Good middling	Strikt good ordinary
Strikt middling	Good ordinary
Middling	

wobei middling fair die beste und good ordinary die geringste Sorte bedeutet.

Als Handelsbasis gilt gewöhnlich „middling". Ist die Qualität einer Baumwolle leicht unter der betreffenden Klasse, so wird das Wort „barely" davorgesetzt. Z. B. wäre barely good middling eine Qualität zwischen good middling und strikt middling.

In bezug auf Stapel und Farbe werden gewöhnlich noch folgende Bezeichnungen hinzugefügt: good staple oder very good staple, ferner tinged, stained, fair colour und high coloured: auf deutsch: gute Faserlänge oder sehr gute Faserlänge, ferner gelblich gefärbt, gefleckt, gute weiße Farbe und rostgelb.

Die Klassierung der langen Sea-Island-Baumwollen ist von derjenigen der gewöhnlichen amerikanischen verschieden. Hier kommen folgende 3 Klassierungsarten in Betracht:

Georgia-Sea-Island	Karolina-Sea-Island	Florida-Sea-Island
Fancy	Fancy East Floridas	Crop lots
Extra-choice	Fancy Floridas	Fully fine
Choice	Extra choice	Extra fine off
Extra fine	Choice	Nr. 1 Off cotton
Fine	Extra fine	Nr. 2 Off cotton
Medium		

Bei der Florida-Sea-Island wird die Klasse crop lots ausschließlich nach Länge und Feinheit der Faser bewertet. Ein Los dieser Baumwolle enthält 15 bis 25 Ballen.

2. Klassierung der indischen Baumwolle.

Die indische Baumwolle wird folgendermaßen klassiert:

Extra fine	Fully good
Fine	Good

Ausgenommen die Tinnevelly-Sorte, welche auf folgende Weise klassiert wird:

Fully good fair	Fair
Good fair	

3. Klassierung der ägyptischen Baumwolle.

Ihre Klassierung ist folgende:

Extra fine superior	Good fully
Extra fine	Good fair
Fine	Fully fair
Good to fine	Fair
Strikt good	Middling fair

Die Klassierung der Cotton Control Commission, welche während des Weltkrieges aufgestellt wurde, weicht etwas von obiger ab; nachstehend sind ihre Klassierungen für oberägyptische Baumwolle sowie für Sakellaridis angegeben.

4. Klassierung der oberägyptischen Baumwolle.

Fully good extra staple
Fully good medium staple
Fully good short staple
Good extra staple
Good medium staple
Good short staple
Fully good fair to good extra staple
Fully good fair to good medium staple
Fully good fair to good short staple
Fully good fair good staple
Fully good fair fair staple
Good fair to fully good fair good staple
Good fair to fully good fair fair staple
Good fair good staple
Good fair fair staple
Fully fair average staple
Fair to fully fair average staple
Fair average staple
Middling fair average staple
Middling average staple
Low middling average staple

5. Klassierung der Sakellaridis.

Fully good extra fine staple
Fully good good good staple
Fully good good fair staple
Fully good good short staple
Good extra fine staple
Good good staple
Good fair staple
Good short staple
Fully good fair to good extra fine staple
Fully good fair to good good staple
Fully good fair to good fair staple
Fully good fair to good short staple
Fully good fair extra staple
Fully good fair medium staple
Fully good fair short staple
Good fair good staple
Good fair fair staple
Fully fair to good fair good staple
Fully fair to good fair fair staple
Fully fair average staple
Fully fair fair average staple
Fair average staple
Middling fair to fully average staple
Middling fair to average staple
Middling average staple
Low middling average staple

Die Klasse fully good fair dient als Handelsbasis, sowohl in Alexandria wie in Liverpool. Man fügt das Wort „Sakel" hinzu, wenn es sich um Sakellaridis handelt, und das Wort „Ashmouni", wenn von oberägyptischer Baumwolle die Rede ist.

Der Baumwollhandel wird in einem anderen Band dieser Werke ausführlich behandelt.

6. Ballengewichte, Verpackung und Ballendimensionen.

Je nach der Herkunft der Ballen sind Gewicht und Maße verschieden. Die amerikanischen Ballen wiegen durchschnittlich 236 kg, wovon man gewöhnlich 5% für Reifen und Juteverpackung abrechnet, so daß der Baumwollballen netto 225 kg wiegt. Die gebräuchlichsten Maße eines amerikanischen Ballens sind: Länge = 1,60 m, Breite = 0,70 m und Höhe = 0,60 m. Der gepreßte Ballen wird in grobes Jutepacktuch eingeschlagen und mit 8 Bandeisen umgeben. Diese Ballen kommen öfters in aufgerissenem Zustande in der Spinnerei an. Man hat auch versucht, Rundballen herzustellen, die zwar stärker gepreßt sind als die gewöhnlichen amerikanischen Ballen, aber keinen dauernden Anklang gefunden haben. Das Mustern solcher Rundballen ist mit großen Schwierigkeiten verbunden. Außerdem ist es umständlich, solche Ballen zu verarbeiten, welche überdies länger in den Mischgattern lagern müssen, damit die Fasern die infolge der sehr starken Pressung verloren gegangene frühere Elastizität wieder erreichen. Auch wird die Baumwolle fleckig durch die zerquetschten Samenkörner.

Die indischen und ägyptischen Ballen sind ebenfalls mit Jutepacktuch und Reifen, aber weit sorgfältiger verpackt wie die amerikanischen, auch sind sie mehr gepreßt wie letztere. Die Abmessungen der indischen Ballen sind: Länge = 1,26 m, Breite = 0,55 m, Höhe = 0,42 m. Das Gewicht eines Ballens ist durchschnittlich 200 kg. Die Abmessungen der ägyptischen Ballen ergeben: Länge = 1,32 m, Breite = 0,80 m, Höhe = 0,60 m. Das Durchschnittsgewicht eines ägyptischen Ballens beträgt 330 kg.

Um sich eine Vorstellung von der Pressung der verschiedenen Ballen machen zu können, seien folgende Zahlen angegeben: In gepreßtem Zustande rechnet man

bei	einem	amerikanischen	Ballen	22 lbs	f.	1	Kubikfuß
„	„	ägyptischen	„	37 „	f.	1	„
„	„	indischen	„	45 „	f.	1	„

C. Die Numerierung der Gespinste.

Die auf den Spinnmaschinen erzeugten Garne müssen leicht voneinander unterschieden werden können. Zur Ermittlung der Feinheit der Gespinste hat man das Numerierungssystem eingeführt, welches darin besteht, ein Verhältnis zwischen Gewicht und Länge herzustellen. In der Baumwolle gibt die Nummer eines Gespinstes an, wie oft eine Anzahl Längeneinheiten in einem bestimmten Gewicht enthalten ist. Je nach den Ländern verwendet man verschiedene Numerierungsarten:

1. die englische Numerierung N_e,
2. die französische Numerierung N_f,
3. die metrische Numerierung N_m,
4. die niederländische Numerierung N_n.

Trotz der für unser Zahlensystem unbequemen Einheiten wird allgemein in Deutschland und in den meisten anderen Ländern die englische Numerierungsart vorgezogen, wogegen für Frankreich die französische Numerierung in Betracht kommt. Die metrische Numerierungsart wird hauptsächlich in der Wolle angewendet. In den Niederlanden wird neben der englischen und französischen Numerierung eine Verschmelzung dieser beiden Systeme angewendet, die niederländische Numerierung. Diese letztere kommt immer mehr und mehr aus dem Gebrauch.

1. Die englische Numerierung.

Der englischen Nummer ist als Gewichtseinheit $P = 1$ englisches Pfund (lb) = 453,59 g und als Längeneinheit $L = 840$ Yards zu 0,91438 m = 768,096 m zugrunde gelegt.

Die englische Nummer gibt an, wievielmal 840 Yards oder 768,096 m eines Fadens genommen werden müssen, damit dessen Gewicht = 1 englisches Pfund = 453,598 g beträgt. Als Formel ausgedrückt:

$$N_e = \frac{\text{Länge in Yards}}{\text{Gewicht in lb engl.}} = \frac{L_e}{P_e}. \qquad (1)$$

Im Jahre 1821 wurde in England das Yard als Längeneinheit eingeführt.

1 Yard = 3 Fuß = 36 Zoll = 0,91438 m
1 Fuß = 12 Zoll = 0,30479 m = ~ 305 mm
1 Zoll = 25,399 mm = ~ 25,4 mm

Die englische Gewichtseinheit, das englische Pfund (lb) = 16 ounces = 7000 grains = 453,6 g. Im englischen Numerierungssystem wird die Längeneinheit $L = 840$ Yards mit „Schneller oder hank“ bezeichnet.

1 Schneller = 840 Yards = 2520 Fuß = 30240 Zoll = ~ 768 m.

Zur Messung von 840 Yards benutzt man den Haspel, auch Weife benannt, deren Umfang 54 Zoll = 1,5 Yards = 137,14 cm mißt.

Es werden auf der Weife $\frac{840}{1,5} = 560$ Fäden aufgewickelt. Zum Ablaufen dieser Anzahl Fäden werden auf der Weife 7 Kötzer aufgesteckt und von jedem derselben werden 80 nebeneinanderliegende Fäden abgewickelt, so daß wir $7 \cdot 80 = 560$ Fäden erhalten. Je 80 von einem Kötzer abgewickelten Weifenumfänge bezeichnet man als „Gebinde". Abb. 1 zeigt eine Weife der Firma Louis Schopper-Leipzig zur englischen Nummerbestimmung, d. h. mit 7 aufgesteckten Kötzern und 1,5 Yards Weifenumfang.

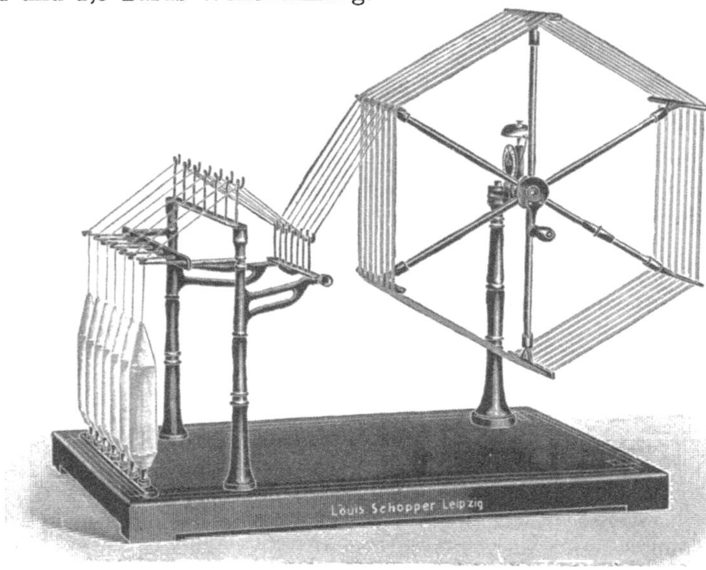

Abb. 1. Probehaspel (Weife) für Garne.

Für fertiges Garn, d. h. für die Weberei bestimmtes Gespinst, benutzt man ausschließlich als Längeneinheit den Schneller, wogegen dies für die Numerierung der Vorgespinste (Lunten und Bänder) nicht zulässig ist, da sonst zu große Mengen Abgang entstehen. In diesem Falle wird, je nach der Art des Vorgespinstes, eine mehr oder weniger große Anzahl von Yards genommen und die richtige Nummer, d. h. mit der Schnellerlänge als Längeneinheit, berechnet.

Soll die Länge in Yards und das Gewicht in englischen Pfund ausgedrückt werden, so ist die Länge eines hanks

$$= L_e \cdot 840 = L_y \text{ Yards, also } L_e = \frac{L_y}{840} = 0{,}00119\, L_y\,.$$

Nach Formel (1) erhalten wir als effektive englische Nummer

$$N_e = 0{,}00119 \frac{L_y}{P_e}\,. \qquad (2)$$

Beispiel: 15 Yards einer Strecklunte wiegen 0,11 lbs. Die effektive Nummer ist somit

$$N_e = 0{,}00119 \frac{15}{0{,}11} = 0{,}1622\,.$$

Auf diese Art und Weise werden die Nummern der Schlägerwickel, Streckbänder und Flyerlunten bestimmt. Soll die Länge in Metern, das Gewicht in

Kilogrammen ausgedrückt werden, so läßt sich die betreffende Formel mit Leichtigkeit durch einfache Umrechnung ermitteln:

$$L_e \text{ (Hank) sind } L_e \cdot 768 = L_{\mathrm{m}} \text{ (Meter)}.$$

Ebenso

P_e (engl. Pfund) sind $P_e \cdot 0{,}4536 = P_{\mathrm{kg}}$. Folglich nach Formel (1) ist

$$N_e = \frac{L_e}{P_e} = \frac{L_{\mathrm{m}} \cdot 0{,}4536}{768 \cdot P_{\mathrm{kg}}}.$$

Somit

$$N_e = 0{,}00059 \frac{L_{\mathrm{m}}}{P_{\mathrm{kg}}} \tag{3}$$

oder, in Gramm ausgedrückt,

$$N_e = 0{,}59 \frac{L_{\mathrm{m}}}{P_{\mathrm{g}}}.$$

Beispiel: 3 m eines Schlägerwickels wiegen 0,960 kg. Sodann ist nach (3) die englische Nummer:

$$N_e = 0{,}00059 \frac{3}{0{,}960} = 0{,}001843.$$

Von einer Strecklunte werden 5 m abgemessen, welche 17 g wiegen. Die Nummer ist:

$$N_e = 0{,}59 \frac{5}{17} = 0{,}1738.$$

2. Die französische Numerierung.

Die französische Nummer gibt an, wieviel Längeneinheiten von 1000 m — 500 g wiegen. Z. B.

Nr. 28 heißt..... 28000 m wiegen 500 g
Nr. 50 „ ..... 50000 m „ 500 g usw.

Für mittlere Nummern ist diese Numerierungsart viel einfacher und handlicher für unser Dezimalsystem als die englische, besonders da die Gewichtseinheit von 500 g mit dem deutschen Pfund übereinstimmt.

Im französischen Numerierungssystem mißt ein Schneller (écheveau) 1000 m und besteht aus 10 Gebinden (échevettes) zu 100 m. Auf der französischen Numerierungsweise liegen 70 Fäden nebeneinander, somit beträgt ihr Umfang $\frac{100}{70} = 1{,}4286$ m. Ein Schneller hat also 700 nebeneinanderliegende Fäden auf der Weife. Die französische Numerierungsformel heißt:

$$N_f = \frac{L_{\mathrm{km}}}{P_{500\,\mathrm{g}}}.$$

Soll die Länge statt in Kilometern in Metern ausgedrückt werden, also $L_{\mathrm{km}} = \frac{L_{\mathrm{m}}}{1000}$, so ist

$$N_f = 0{,}001 \frac{L_{\mathrm{m}}}{P_{500\,\mathrm{g}}}.$$

Soll die Länge in Metern, das Gewicht in Grammen ausgedrückt werden, also $P_{500\,\mathrm{g}} = \frac{P_{\mathrm{g}}}{500}$, so ist die Nummer

$$N_f = \frac{L_{\mathrm{m}}}{1000 \cdot P_{500\,\mathrm{g}}} = \frac{L_{\mathrm{m}}}{1000 \frac{P_{\mathrm{g}}}{500}} = \frac{L_{\mathrm{m}}}{2\,P_{\mathrm{g}}} = \mathbf{0{,}5} \frac{\boldsymbol{L_{\mathrm{m}}}}{\boldsymbol{P_{\mathrm{g}}}}.$$

3. Die metrische Numerierung.

Die metrische Nummer N_m gibt an, wie viele Längeneinheiten von 1000 m — ein Kilogramm wiegen.

Nr. 28 heißt ..... 28000 m wiegen 1000 g
Nr. 50 „ ..... 50000 m „ 1000 g

Aus dem Vorhergehenden ist ersichtlich, daß die metrische Nummer genau doppelt so groß wie die französische Nummer ist. Das metrische Numerierungssystem hat zwar den Vorteil größter Einfachheit, trotzdem hat es sich für Baumwolle nie recht einbürgern können, da es für die mittleren englischen Nummern von 18 bis 40 verhältnismäßig hohe Zahlen ergibt. Es ist

$$N_m = \frac{L_{1000\,\mathrm{m}}}{P_{1000\,\mathrm{g}}} \quad \text{oder} \quad \frac{L_\mathrm{m}}{P_\mathrm{g}}.$$

4. Verhalten der verschiedenen Nummern zueinander.

Englische und französische Nummer. Aus obigem ist ersichtlich, daß

$$N_e = 0{,}59\,\frac{L_\mathrm{m}}{P_\mathrm{g}}$$

und

$$N_f = 0{,}5\,\frac{L_\mathrm{m}}{P_\mathrm{g}}$$

ist. Daraus folgt:

$$L_\mathrm{m} = \frac{N_e \cdot P_\mathrm{g}}{0{,}59} = \frac{N_f \cdot P_\mathrm{g}}{0{,}5}.$$

Somit:

$$N_e = \frac{0{,}59 \cdot N_f}{0{,}5} = \mathbf{1{,}18}\,\boldsymbol{N_f}$$

und

$$N_f = \frac{0{,}5\,N_e}{0{,}59} = \mathbf{0{,}8475}\,\boldsymbol{N_e}.$$

Englische und metrische Nummer.

$$N_e = 0{,}59\,\frac{L_\mathrm{m}}{P_\mathrm{g}},$$

$$N_m = \frac{L_\mathrm{m}}{P_\mathrm{g}},$$

woraus

$$L_\mathrm{m} = \frac{N_e \cdot P_\mathrm{g}}{0{,}59} = N_m \cdot P_\mathrm{g}.$$

Somit:

$$N_e = \mathbf{0{,}59} \cdot \boldsymbol{N_m}$$

und

$$N_m = \frac{1}{0{,}59}\,N_e = \mathbf{1{,}694}\,\boldsymbol{N_e}.$$

Französische und metrische Nummer. Es ist

$$N_f = 0{,}5\,\frac{L_\mathrm{m}}{P_\mathrm{g}}$$

und

$$N_m = \frac{L_\mathrm{m}}{P_\mathrm{g}},$$

woraus:

$$L_\mathrm{m} = \frac{N_f \cdot P_\mathrm{g}}{0{,}5} = N_m \cdot P_\mathrm{g}.$$

Folglich:

$$N_f = \mathbf{0{,}5}\,\boldsymbol{N_m}$$

und

$$N_m = \frac{1}{0{,}5} \cdot N_f = 2\, N_f\,.$$

Alle oben genannten Numerierungsarten, deren Werte und ihr Verhältnis zueinander zusammengefaßt, ergibt Tabelle 1:

Tabelle 1.

	Englische Numerierung nach engl. Einheiten	Englische Numerierung nach metrischen Einheiten	Französische Numerierung	Metrische Numerierung
Längeneinheit L	840 Yards	768,096 m	1000 m	1000 m
Gewichtseinheit P	1 lb = 453,59 g	453,59 g	500 g	1000 g
Anzahl aufgesteckter Kötzer . .	7	7	10	10
Zahl der Fäden der Längeneinh. L	560	560	700	700
Zahl der nebeneinander liegenden Fäden eines Gebindes	80	80	70	70
Länge eines Gebindes	120 Yards	109,728 m	100 m	100 m
Durchmesser der Weife.	0,5 Yards	0,45719 m	0,4762 m	0,4762 m
Umfang der Weife.	1,5 Yards	1,37157 m	1,4286 m	1,4286 m
Verkaufseinheit	10 lbs	4,5359 kg	1 kg	1 kg
Formel für die Nummer	$N_e = 0{,}00119\,\frac{L_y}{P_{lbs}}$	$N_e = 0{,}59\,\frac{L_m}{P_g}$	$N_f = 0{,}5\,\frac{L_m}{P_g}$	$N_m = \frac{L_m}{P_g}$
Verhalten der Nummern zueinander.	— —	$N_e = 1{,}18\, N_f$ $N_e = 0{,}59\, N_m$	$N_f = 0{,}8475\, N_e$ $N_f = 0{,}5\, N_m$	$N_m = 1{,}694\, N_e$ $N_m = 2\, N_f$

In nachfolgenden Tabellen ist die Zusammenstellung der sich entsprechenden Nummern der englischen, französischen und metrischen Numerierung gegeben.

Tabelle 2. I. Englisch — Französisch — Metrisch.

N_e	N_f	N_m	N_e	N_f	N_m	N_e	N_f	N_m	N_e	N_f	N_m
0,1	0,085	0,17	3,75	3,18	6,35	12	10,16	20,32	33	27,94	55,88
0,15	0,13	0,25	4	3,39	6,77	12,5	10,59	21,19	34	28,79	57,57
0,2	0,17	0,34	4,25	3,60	7,20	13	11,01	22,01	35	29,63	59,27
0,25	0,21	0,42	4,5	3,81	7,63	13,5	11,44	22,88	36	30,48	60,96
0,3	0,25	0,50	4,75	4,03	8,05	14	11,85	23,71	37	31,33	62,66
0,35	0,3	0,59	5	4,23	8,47	14,5	12,29	24,58	38	32,17	64,35
0,4	0,34	0,68	5,25	4,45	8,90	15	12,70	25,40	39	33,02	66,04
0,45	0,38	0,76	5,5	4,66	9,32	15,5	13,14	26,27	40	33,87	67,74
0,5	0,42	0,85	5,75	4,87	9,75	16	13,55	27,09	41	34,71	69,43
0,55	0,47	0,93	6	5,08	10,16	16,5	13,99	27,99	42	35,56	71,12
0,6	0,50	1,02	6,25	5,30	10,59	17	14,39	28,79	43	36,41	72,82
0,65	0,55	1,10	6,5	5,51	11,02	17,5	14,83	29,66	44	37,25	74,51
0,7	0,59	1,19	6,75	5,72	11,44	18	15,24	30,48	45	38,10	76,20
0,75	0,66	1,27	7	5,93	11,85	18,5	15,68	31,36	46	38,95	77,90
0,8	0,68	1,36	7,25	6,14	12,29	19	16,09	32,17	47	39,79	79,59
0,85	0,72	1,44	7,5	6,36	12,71	19,5	16,53	33,05	48	40,64	81,28
0,9	0,76	1,53	7,75	6,57	13,14	20	16,93	33,87	49	41,49	82,98
0,95	0,81	1,61	8	6,77	13,55	21	17,78	35,56	50	42,33	84,67
1	0,85	1,69	8,25	6,99	13,98	22	18,63	37,25	51	43,18	86,36
1,25	1,06	2,12	8,5	7,20	14,41	23	19,47	38,95	52	44,03	88,06
1,5	1,27	2,53	8,75	7,42	14,83	24	20,32	40,64	53	44,87	89,75
1,75	1,48	2,97	9	7,62	15,24	25	21,17	42,33	54	45,72	91,44
2	1,69	3,39	9,25	7,84	15,68	26	22,01	44,03	55	46,57	93,14
2,25	1,91	3,81	9,5	8,05	16,10	27	22,86	45,72	56	47,41	94,83
2,5	2,12	4,24	9,75	8,26	16,53	28	23,71	47,41	57	48,26	96,52
2,75	2,33	4,66	10	8,47	16,93	29	24,55	49,11	58	49,11	98,22
3	2,54	5,08	10,5	8,90	17,80	30	25,40	50,80	59	49,95	99,91
3,25	2,75	5,51	11	9,31	18,63	31	26,25	52,49	60	50,80	101,60
3,5	2,97	5,93	11,5	9,75	19,49	32	27,10	54,19	62	52,49	104,99

Tabelle 2 (Fortsetzung).

N_e	N_f	N_m	N_e	N_f	N_m	N_e	N_f	N_m	N_e	N_f	N_m
64	54,19	108,38	120	101,60	203,21	320	270,94	541,88	520	440,28	880,56
66	55,88	111,76	130	110,07	220,14	330	279,41	558,82	530	448,75	897,49
68	57,57	115,15	140	118,53	237,07	340	287,87	575,75	540	457,21	914,43
70	59,27	118,54	150	127,—	254,01	350	296,34	592,68	550	465,68	931,36
72	60,96	121,92	160	135,47	270,94	360	304,81	609,62	560	474,15	948,29
74	62,65	125,31	170	143,94	287,87	370	313,28	626,55	570	482,61	965,23
76	64,35	128,70	180	152,40	304,81	380	321,74	643,48	580	491,08	982,16
78	66,04	132,08	190	160,87	321,74	390	330,24	660,42	590	499,55	999,10
80	67	135,47	200	169,34	338,68	400	338,68	677,35	600	508,01	1016,03
82	69,43	138,86	210	177,80	355,61	410	347,14	694,29	650	550,35	1100,70
84	71,12	142,24	220	186,27	372,54	420	355,61	711,22	700	592,68	1185,37
86	72,82	145,63	230	194,74	389,48	430	364,08	728,15	750	635,02	1270,04
88	74,51	149,02	240	203,21	406,41	440	372,54	745,09	800	677,35	1354,70
90	76,20	152,40	250	211,67	423,35	450	381,01	762,02	850	719,69	1439,37
92	77,89	155,79	260	220,14	440,28	460	389,48	778,95	900	762,02	1524,04
94	79,59	159,18	270	228,60	457,21	470	397,94	795,89	950	804,36	1608,71
96	81,28	162,56	280	237,07	474,15	480	406,41	812,82	1000	846,69	1693,38
98	82,97	165,95	290	245,54	491,08	490	414,88	829,76			
100	84,67	169,34	300	254,01	508,01	500	423,35	846,69			
110	93,14	186,27	310	262,47	524,95	510	431,81	863,62			

Tabelle 3. II. Französisch — Englisch — Metrisch.

N_f	N_e	N_m	N_f	N_e	N_m	N_f	N_e	N_m	N_f	N_e	N_m
0,25	0,295	0,5	34	40,16	68	78	92,13	156	340	401,61	680
0,50	0,59	1	35	41,34	70	80	94,50	160	350	413,42	700
0,75	0,89	1,5	36	42,52	72	82	96,86	164	360	425,23	720
1	1,18	2	37	43,70	74	84	99,22	168	370	437,04	740
2	2,36	4	38	44,89	76	86	101,54	172	380	448,86	760
3	3,54	6	39	46,07	78	88	103,95	176	390	460,67	780
4	4,72	8	40	47,25	80	90	106,31	180	400	472,48	800
5	5,91	10	41	48,43	82	92	108,67	184	410	484,29	820
6	7,09	12	42	49,61	84	94	111,03	188	420	496,10	840
7	8,27	14	43	50,79	86	96	113,40	192	430	507,92	860
8	9,45	16	44	51,97	88	98	115,76	196	440	519,73	880
9	10,63	18	45	53,15	90	100	118,12	200	450	531,54	900
10	11,81	20	46	54,34	92	110	129,93	220	460	543,35	920
11	12,99	22	47	55,52	94	120	141,74	240	470	555,16	940
12	14,17	24	48	56,70	96	130	153,56	260	480	566,98	960
13	15,36	26	49	57,88	98	140	165,37	280	490	578,79	980
14	16,54	28	50	59,06	100	150	177,18	300	500	590,60	1000
15	17,72	30	51	60,24	102	160	188,99	320	510	602,41	1020
16	18,90	32	52	61,42	104	170	200,80	340	520	614,22	1040
17	20,08	34	53	62,60	106	180	212,62	360	530	626,04	1060
18	21,26	36	54	63,78	108	190	224,43	380	540	637,85	1080
19	22,44	38	55	64,97	110	200	236,24	400	550	649,66	1100
20	23,62	40	56	66,15	112	210	248,05	420	560	661,47	1120
21	24,81	42	57	67,33	114	220	259,86	440	570	673,28	1140
22	25,99	44	58	68,51	116	230	271,68	460	580	685,10	1160
23	27,17	46	59	69,69	118	240	283,49	480	590	696,91	1180
24	28,35	48	60	70,87	120	250	295,30	500	600	708,72	1200
25	29,53	50	62	72,05	124	260	307,11	520	650	767,78	1300
26	30,71	52	64	75,60	128	270	318,92	540	700	826,84	1400
27	31,89	54	66	77,96	132	280	330,74	560	750	885,90	1500
28	33,07	56	68	80,32	136	290	342,55	580	800	944,96	1600
29	34,25	58	70	82,68	140	300	354,36	600	850	1004,02	1700
30	35,44	60	72	85,05	144	310	366,17	620	900	1063,08	1800
31	36,62	62	74	87,41	148	320	377,98	640	950	1122,14	1900
32	37,80	64	76	89,77	152	330	389,80	660	1000	1181,19	2000
33	38,98	66									

5. Die Feststellung der Garnnummern.

Zur Bestimmung der genauen für die Numerierung nötigen Garnlänge verwendet man für Feingespinste die Weife, auch Probehaspel genannt, siehe Abb. 1, dagegen für Vorgespinste die Proberolle, welche Abb. 2 zeigt.

Wie schon weiter oben angedeutet wurde, benutzt man zur Nummerbestimmung der Vorgespinste Teillängen der Längeneinheit. Gewöhnlich wird das Gewicht eines Batteurwickels oder 3 m Wattenlänge abgewogen. In der Praxis wird man nicht die Nummer der Watte angeben (außer bei Berechnungen), sondern man sagt: 1 m Batteurwickel soll z. B. 320 g wiegen. Die Karden- und Streckbänder werden auf eine Versuchslänge von 5 Yards oder 5 m numeriert, je nach der Numerierungsart; diese Länge wird auf der Proberolle abgewickelt.

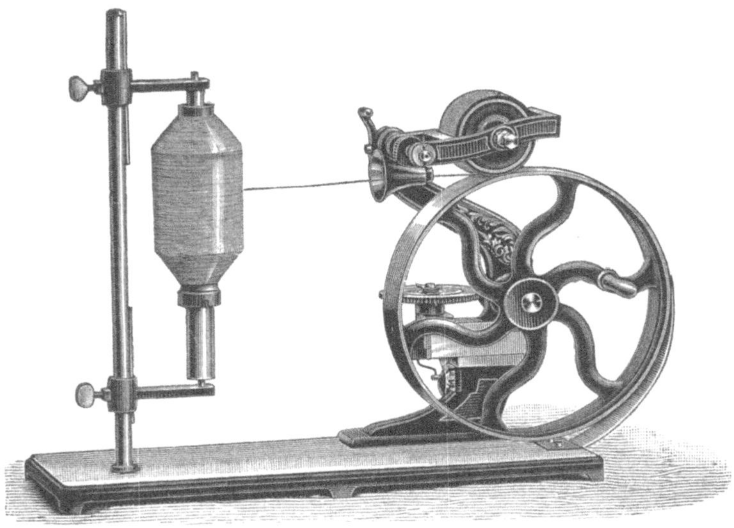

Abb. 2. Proberolle für Vorgespinste.

Als Versuchslänge zur Numerierung nimmt man beim Grobspuler 25 m, beim Mittelspuler 50 m, beim Feinspuler 100 m und beim Hochfeinspuler, je nach der Feinheit der Nummer, 100 oder 200 m. Zur Erreichung eines Mittelwertes sollten mindestens 3 Spulen derselben Maschine zur Numerierung verwendet werden.

Die Vorgespinste der Spuler werden einmal im Tag numeriert (manche Spinnereien beschränken sich sogar darauf, die Flyerlunten jede Woche einmal zu kontrollieren), die Strecklunten dagegen sollten viermal im Tag numeriert werden, zweimal morgens und zweimal abends, damit bei vorkommenden Schwankungen sofort eingegriffen werden kann. In den meisten Spinnereien werden auf der 3. Passage der Strecke die Proben entnommen, aber nach des Verfassers Erfahrungen ist es zweckmäßiger, diese der 2. Passage zu entnehmen und auch die notwendigen Räderwechslungen dort zu vollziehen. Nummerwechsel des Vorgespinstes soll ausschließlich auf der Strecke erfolgen. Jedenfalls ist es nicht ratsam, die Nummern durch Räderwechsel auf den Flyern zu ändern, denn sonst könnte es vorkommen, daß man verschiedene Nummern auf demselben Feinspinner erhält.

Zur Feststellung der Nummern benutzt man die Garnwaage, auch Sektor- oder Quadrantenwaage genannt, auf welcher sich sofort die Nummer ablesen läßt. Abb. 3 zeigt eine Garnwaage von Louis Schopper-Leipzig.

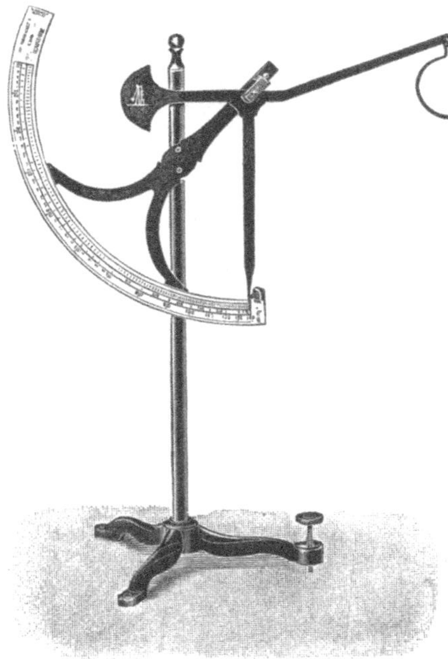

Abb. 3. Garnwaage.

6. Theorie der Quadrantenwaage.

Wird am Haken des Waagebalkens a (Abb. 4) das Gewicht der Längeneinheit L aufgehängt, so wird der Zeiger Z um einen gewissen Winkel α ausschlagen und kommt erst zur Ruhe, wenn Gleichgewicht vorhanden ist, d. h., wenn

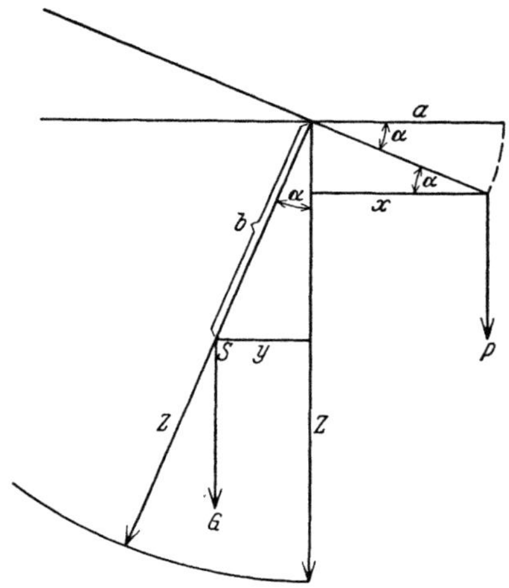

Abb. 4. Konstruktive Darstellung zur Berechnung der Quadrantenwaage.

$$P x = G y$$

ist. Aus Abb. 4 ist:

$$x = a \cdot \cos \alpha$$

und

$$y = b \cdot \sin \alpha .$$

Somit ist:

$$P \cdot a \cdot \cos \alpha = G \cdot b \cdot \sin \alpha ,$$

$$P = \frac{G \cdot b \cdot \sin \alpha}{a \cdot \cos \alpha} .$$

Die allgemeine Formel für die Numerierung lautet

$$L = N \cdot P ,$$

woraus

$$P = \frac{L}{N} .$$

Durch Einsetzen der Werte erhalten wir:

$$\frac{L}{N} = \frac{G \cdot b \cdot \sin \alpha}{a \cdot \cos \alpha} ,$$

$$N = \frac{L \cdot a \cdot \cos \alpha}{G \cdot b \cdot \sin \alpha} = \frac{L \cdot a}{G \cdot b} \cdot \operatorname{cotg} \alpha .$$

L, a, G und b sind konstante Werte, also können wir für $\frac{L \cdot a}{G \cdot b}$ den Wert c (konstant) setzen.

$$N = c \cdot \operatorname{cotg} \alpha .$$

Für eine Nummer N_1 wird sich nur der Winkel α ändern, es wäre dann für

$$N_1 = c \cdot \operatorname{cotg} \alpha_1 .$$

Durch Division

$$\frac{N}{N_1} = \frac{\operatorname{cotg} \alpha}{\operatorname{cotg} \alpha_1}$$

wird ersichtlich, daß sich die Nummern verhalten wie die Cotangenten der Ausschlagswinkel.

Da im nachfolgenden stets die englische Numerierung angewendet wird, so muß die vorige Formel entsprechend umgeändert werden. Aus der englischen Numerierung haben wir ersehen, daß

$$N_e = 0{,}59 \frac{L_\mathrm{m}}{P_\mathrm{g}} ,$$

wobei die Länge des Schnellers in Metern, das Gewicht desselben in Gramm ausgedrückt sind. Die Formel

$$P = \frac{G \cdot b \cdot \sin \alpha}{a \cdot \cos \alpha}$$

wird dann, da an Stelle von P das Gewicht P_g gesetzt wird und letzteres $= P_\mathrm{g} = 0{,}59 \frac{L_\mathrm{m}}{N_e}$ ist, folgende Form erhalten:

$$0{,}59 \frac{L_\mathrm{m}}{N_e} = \frac{G \cdot b \cdot \sin \alpha}{a \cdot \cos \alpha} ,$$

woraus

$$N_e = \frac{0{,}59 \cdot L_\mathrm{m} \cdot a \cdot \cos \alpha}{G \cdot b \cdot \sin \alpha} = 0{,}59 \frac{L_\mathrm{m} \cdot a}{G \cdot b} \cdot \operatorname{cotg} \alpha = c' \operatorname{cotg} \alpha .$$

Für eine Nummer N_e' wäre dann:

$$N_e' = c' \cdot \operatorname{cotg} \alpha' .$$

Somit

$$\frac{Ne}{N_e'} = \frac{\operatorname{cotg} \alpha}{\operatorname{cotg} \alpha'} .$$

Die Berechnung der verschiedenen Ausschlagswinkel wäre an und für sich leicht, da

$$\operatorname{cotg} \alpha = \frac{N_e}{c'} ,$$

$$\operatorname{cotg} \alpha' = \frac{N_e'}{c'} \text{ usw. ist.}$$

Aber die praktische Einteilung wäre nach dieser Berechnung doch etwas zu umständlich und es würden wegen der Sekundengenauigkeit der Winkelgrößen Ungenauigkeiten im Abtragen auf der Skala der Nummerwaage entstehen. Da wäre noch einfacher, die Abtragung der einzelnen Werte auf empirischem Wege zu gestalten.

Es wiegt z. B. ein Schneller der engl. Nummer

$$10 = \frac{453{,}6}{10} = 45{,}36\text{ g} \qquad 30 = \frac{453{,}6}{30} = 15{,}12\text{ g}$$

$$15 = \frac{453{,}6}{15} = 30{,}21\text{ g} \qquad 40 = \frac{453{,}6}{40} = 11{,}34\text{ g}$$

$$20 = \frac{453{,}6}{20} = 22{,}68\text{ g} \qquad 50 = \frac{453{,}6}{50} = 9{,}07\text{ g}$$

$$60 = \frac{453{,}6}{60} = 7{,}56\text{ g usw.}$$

Man braucht dann nur diese Gewichte an den Haken des Waagebalkens zu hängen und die betreffenden Gleichgewichtsstellungen auf der Skala mit der entsprechenden Nummer zu markieren.

Die in der Praxis verwendeten Garnwaagen sind derart ausgeführt, daß der Waagebalken bei der Nullstellung des Zeigers einen Winkel β mit der Horizontalen macht, Abb. 5. Für die Gleichgewichtslage ist wiederum

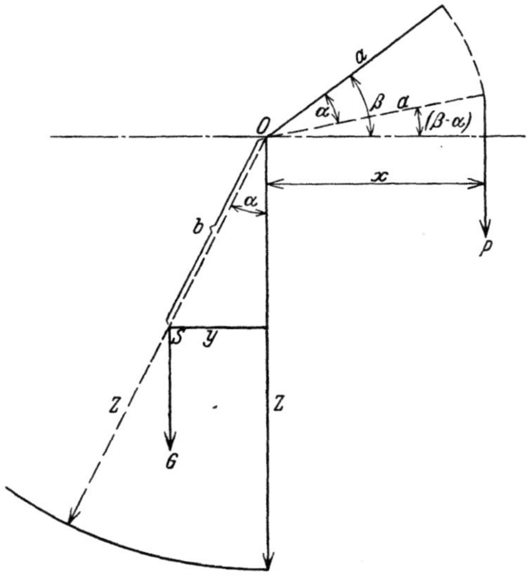

Abb. 5. Konstruktive Darstellung der Garnwaage.

$$P \cdot x = G \cdot y,$$

$$x = a \cdot \cos(\beta - \alpha),$$

$$y = b \cdot \sin \alpha.$$

Allgemein ist:

$$P = \frac{L}{N}.$$

Durch Einsetzen dieser Werte in obige Gleichung wird erhalten:

$$\frac{L}{N} \cdot a \cdot \cos(\beta - \alpha) = G \cdot b \cdot \sin \alpha,$$

$$N = \frac{L \cdot a}{G \cdot b} \frac{\cos(\beta - \alpha)}{\sin \alpha}.$$

Für englische Nummer, wobei die Schnellerlänge in Metern und das Gewicht dieser Länge in Gramm ausgedrückt ist, wird laut Vorhergehendem:

$$N_e = 0{,}59 \frac{L \cdot a}{G \cdot b} \frac{\cos(\beta - \alpha)}{\sin \alpha} = c' \frac{\cos(\beta - \alpha)}{\sin \alpha}.$$

Für den Fall, daß $\alpha = \beta$ wird, was eintritt, wenn der Aufhängepunkt des Schnellers in die Horizontale durch den Drehpunkt O fällt, wird

$$N_e = \frac{c'}{\sin \alpha}.$$

Kommt der Aufhängepunkt unter die Horizontale durch den Drehpunkt O zu liegen, so wird $\alpha > \beta$ und $x = a \cdot \cos(\alpha - \beta)$, folglich ist für diesen Fall

$$N_e = c' \frac{\cos(\beta - \alpha)}{\sin \alpha}.$$

$$\cos(\alpha - \beta) = \cos \alpha \cdot \cos \beta + \sin \alpha \cdot \sin \beta$$

und

$$\cos(\beta - \alpha) = \cos \beta \cdot \cos \alpha + \sin \beta \cdot \sin \alpha,$$

also

$$\cos(\alpha - \beta) = \cos(\beta - \alpha).$$

Für die Konstruktion der Garnwaage ist es dann gleichgültig, wie die Aufhängepunkte liegen, das Ergebnis ist dasselbe. Der Fall $\alpha = \beta$ bildet den Übergang des Aufhängepunktes von der Lage desselben über der Drehpunkthorizontale zur Lage unter derselben.

Obige Gleichung kann auch folgendermaßen geschrieben werden:

$$N = c' \frac{\cos\alpha\cos\beta + \sin\alpha\sin\beta}{\sin\alpha} = c'(\operatorname{cotg}\alpha\cos\beta + \sin\beta) = c'\sin\beta(\operatorname{cotg}\alpha\operatorname{cotg}\beta + 1).$$

$c'\sin\beta$ kann als eine konstante Größe aufgefaßt werden; benennen wir diese neue Konstante mit C, so wird

$$N = C(\operatorname{cotg}\alpha\cdot\operatorname{cotg}\beta + 1).$$

Für eine andere Nummer N' wird dann:

$$N' = C(\operatorname{cotg}\alpha\cdot\operatorname{cotg}\beta + 1).$$

Durch Division der beiden Werte ergibt:

$$\frac{N}{N'} = \frac{\operatorname{cotg}\alpha\operatorname{cotg}\beta + 1}{\operatorname{cotg}\alpha'\operatorname{cotg}\beta + 1}.$$

Nach Abb. 6 ist

$$\operatorname{cotg}\alpha = \frac{b\,d}{o\,b},$$

$$\operatorname{cotg}\alpha' = \frac{b'\,d'}{o\,b'}.$$

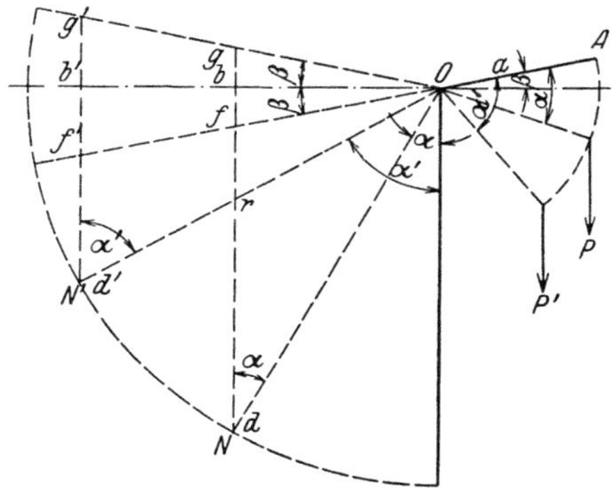

Abb. 6. Ermittlung der Skala der Quadrantenwaage auf konstruktivem Wege.

Durch Verlängerung von OA über die Skala hinaus werden bd und $b'd'$ in f bezüglich f' geschnitten, und wir finden $\operatorname{cotg}\beta$ aus den Dreiecken obf und $ob'f'$

$$\operatorname{cotg}\beta = \frac{o\,b}{b\,f} = \frac{o\,b'}{b'\,f'}.$$

Setzen wir diese Werte in obige Gleichung ein, so erhalten wir:

$$\frac{N}{N'} = \frac{\frac{b\,d}{o\,b}\frac{o\,b}{b\,f} + 1}{\frac{b'\,d'}{o\,b'}\frac{o\,b'}{b'\,f'} + 1} = \frac{\frac{b\,d}{b\,f} + 1}{\frac{b'\,d'}{b'\,f'} + 1} = \frac{\frac{1}{b\,f}(b\,d + b\,f)}{\frac{1}{b'\,f'}(b'\,d' + b'\,f')} = \frac{b\,d + b\,f}{b'\,d' + b'\,f'}\,\frac{b'\,f'}{b\,f}.$$

Legen wir den Winkel β über die Horizontale, so erhalten wir durch Verlängerung von bd und $b'd'$ die Punkte g und g'. Es ist dann

$$b\,d + b\,f = d\,g$$

und

$$b'\,d' + b'\,f' = d'g'.$$

Ferner ist:

$$b\,f = b\,g$$

und

$$b'\,f' = b'g'.$$

Also können wir obige Gleichung auch folgendermaßen niederschreiben

$$\frac{N}{N'} = d\,g\,\frac{b'\,g'}{d'\,g'\cdot b\,g}.$$

Es verhalten sich nach Abb. 6

$$\frac{g\,r}{g'\,d'} = \frac{o\,b}{o\,b'}$$

und

$$\frac{b\,g}{b'\,g'} = \frac{o\,b}{o\,b'},$$

woraus

$$\frac{g\,r}{d'\,g'} = \frac{b\,g}{b'\,g'},$$

$$\frac{b'\,g'}{d'\,g'\cdot b\,g} = \frac{1}{g\,r}.$$

Durch Einsetzen dieser Werte erhalten wir

$$\frac{N}{N'} = \frac{d\,g}{g\,r}$$

und

$$\boldsymbol{g\,r = \frac{N'}{N}\cdot d\,g}.$$

Mit Hilfe der letzten Gleichung können wir nun die Skala der Quadrantenwaage auf zeichnerischem Wege ermitteln.

Die Waage soll für mittlere und grobe Nummern dienen, von 60 bis 0. Für $N = 60$ ist das Gewicht eines Schnellers $= \frac{453{,}6}{60} = 7{,}56$ g. Hängen wir dieses Gewicht an den Haken, so schlägt der Zeiger aus, bis der Gleichgewichtszustand hergestellt ist. An diesem Punkte wird die Zahl 60 auf dem Segment angegeben. Derselbe entspricht dem Punkte d der Abb. 6.

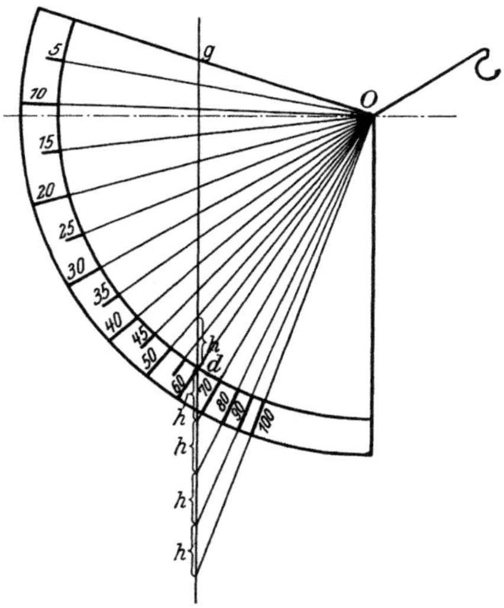

Abb. 7. Ermittlung der Skala der Quadrantenwaage auf empirischem Wege.

Für die Nummer $N' = 50$ ist $g\,r = \frac{50}{60}\cdot d\,g$,

„ „ „ $N'_1 = 45$ „ $g\,r = \frac{45}{60}\cdot d\,g$,

„ „ „ $N'_2 = 40$ „ $g\,r = \frac{40}{60}\cdot d\,g$,

„ „ „ $N'_3 = 35$ „ $g\,r = \frac{35}{60}\cdot d\,g$,

„ „ „ $N'_4 = 30$ „ $g\,r = \frac{30}{60}\cdot d\,g$

usw.

Für $N'_x = 0$ wird $g\,r = \frac{0}{60}\cdot d\,g = 0$. Somit fällt der Nullpunkt in den Schenkel des $\sphericalangle\,\beta$, welcher über der Horizontalen durch O liegt.

Um auf empirischem Wege die Einteilung der Nummernskala von 0 bis 60 zu bewerkstelligen, zieht man die Vertikale $d\,g$ und teilt diese Distanz in 60 gleiche Teile ein, wobei jeder Teilpunkt mit dem Drehpunkt O zu verbinden und jede Verbindungslinie bis zum Segment zu verlängern ist, wodurch die Skala mit den jeweiligen Nummern entsteht. Will man die Skala auch für höhere Nummern anzeichnen, so verlängert man die Vertikale $d\,g$ nach unten über d hinaus und trägt von d aus jeweils die Entfernung h ab. Durch Verbindung dieser Teilpunkte mit dem Drehpunkt O erhält man dann die gewünschten Nummern auf der Skala. Siehe Abb. 7.

Statt auf graphischem Wege kann man die Skala empirisch herstellen, indem für jede aufzuzeichnende Nummer das Gewicht des betreffenden Schnellers berechnet und dasselbe an dem Gewichtshaken aufgehängt wird, wobei jedesmal der Zeiger in der Gleichgewichtslage die betreffende Nummer anzeigt.

Für englische Nummern ist das Schnellergewicht für

$$\text{Nr. } 60 = \frac{453{,}6}{60} = 7{,}56 \text{ g},$$

$$\text{Nr. } 50 = \frac{453{,}6}{50} = 9{,}07 \text{ g},$$

$$\text{Nr. } 40 = \frac{453{,}6}{40} = 11{,}34 \text{ g usw.}$$

Für französische Nummern ist das Schnellergewicht für

$$\text{Nr. } 40 = \frac{500}{40} = 12{,}5 \text{ g},$$

$$\text{Nr. } 30 = \frac{500}{30} = 16{,}67 \text{ g},$$

$$\text{Nr. } 20 = \frac{500}{20} = 25{,}\!-\text{ g usw.}$$

D. Verzug und Dublierung (Dopplung).

Der Verzug bezweckt das Verfeinern des Gutes, die Dublierung die Vergleichmäßigung desselben. Verzug und Dublierung bilden die Grundlage des Spinnprozesses. Der Verzug erfolgt in der Baumwollspinnerei allgemein durch größere Geschwindigkeit der abführenden Organe oder Zylinder als die der zuführenden. Mit Dublierung bezeichnet man die Vereinigung mehrerer Watten, Bänder oder Lunten zwecks Erreichung eines möglichst gleichmäßigen Gespinstes. Um die vollständige Dublierung während des ganzen Spinnprozesses zu erhalten, werden die Dublierungen der einzelnen Maschinen miteinander multipliziert. Ein Assortiment mit amerikanischer kardierter Baumwolle vom Stapel 28/30 mm hat folgende Dublierung:

1. Schläger	Dublierung	4	3. Strecke	Dublierung	8
2. Schläger	„	4	Grobspuler	„	1
Karde	„	1	Mittelspuler	„	2
1. Strecke	„	8	Feinspuler	„	2
2. Strecke	„	8			

Die ganze Dublierung ist demnach

$$4 \cdot 4 \cdot 8 \cdot 8 \cdot 8 \cdot 2 \cdot 2 = 32768\,.$$

Viele Spinnereien dublieren auf den Strecken 6fach statt 8fach, jedoch sollte man die größtmögliche Dublierung nehmen, falls genügend Raum für die Kannen vorhanden ist.

Bis zum Austritt aus der letzten Passage der Strecke nennt man das Gut „Band“; es hält nur durch die Adhäsion der einzelnen Fasern zusammen. Das Gut, welches auf den Spulen erzeugt wird, nennt man „Lunte“. Diese wird durch eine geringe Drehung zusammengehalten. Von Maschine zu Maschine wird das Gut stetig verfeinert; es findet Verzug statt. Allgemein ist

$$\text{Verzug} = \frac{\text{Austretende Länge}}{\text{Eintretende Länge}}$$

oder auch

$$\text{Verzug} = \frac{\text{Austretende Nummer}}{\text{Eintretende Nummer}}\,.$$

Ist z. B. die Nummer des einzelnen eintretenden Bandes an der Strecke = 0,15, so ist die eintretende Nummer aller Bänder zusammen $= \frac{0,15}{8} = 0,01875$ bei 8facher Dublierung. Bei der austretenden Nummer = 0,155 ist dann der

$$\text{Verzug} = \frac{0,155 \cdot 8}{0,15} = 8,266 .$$

Die Nummer des erzeugten Bandes ist:

$$\frac{8,266 \cdot 0,15}{8} = 0,155 .$$

Der Verzug erfolgt auf der Strecke, den Spulen und den Feinspinnern vermittels Streckzylindern. Auf den Strecken werden allgemein 4 Zylinder benutzt, auf Flyern, Ringspinnern und Selfaktoren 3 Zylinder. Abb. 8 zeigt eine Anordnung der Streckzylinder an der Strecke. Die unteren, eisernen Zylinder sind mit Riffeln versehen, welch letztere an Größe abnehmen, je mehr das Band sich verfeinert. In anderen Worten: Die Riffeln der Eisenzylinder nehmen, bei gleichem Durchmesser desselben, an Zahl zu, je höher die Nummer. Die Riffeln sollen immer scharf sein; das Bearbeiten mit Bimsstein eines schadhaft gewordenen Zylinders verschlechtert ihn. Ein der Reparatur bedürftiger Riffelzylinder sollte ausschließlich einem Fachmann übergeben werden. Die oberen Zylinder, die „Druckzylinder", sind aus Gußeisen und mit einer Schicht Filz und darüber gespanntem dünnen, glatten Leder überzogen, damit der vermittels Belastungsgewichten ausgeübte Klemmdruck elastisch ist. Der Durchmesser der Lederzylinder soll stets verschieden sein von dem darunter befindlichen Riffelzylinder, da sonst dieselben Berührungspunkte immer wieder zusammenkommen und sich die Riffeln in den Lederzylinder eingraben, wodurch letztere bald unbrauchbar werden. Auch darf aus diesem Grunde der Durchmesser des einen Zylinders nicht im anderen enthalten sein. Man wird also z. B. einem Riffelzylinder von 1¼″ = 31,75 mm einen Lederzylinder von 30 mm geben.

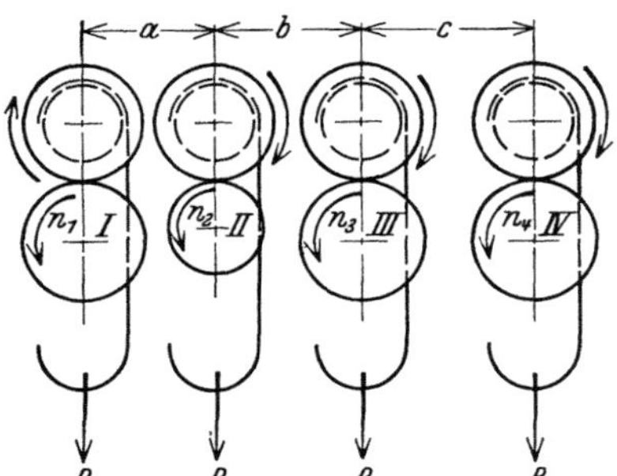

Abb. 8. Schematische Darstellung der Streckzylinder an der Strecke.

Ist der Klemmdruck frei, d. h. genügt das Eigengewicht des Druckzylinders, wie dies beim Streckwerk des Ringspinners der Fall ist, so braucht der Druck nicht elastisch zu sein; die Druckzylinder bestehen dann einfach aus glatten gußeisernen Zylindern. Der Druck der Lederzylinder kann direkt oder indirekt sein. Bei den Strecken und den Flyern ist gewöhnlich das erstere der Fall, während bei einigen Ringspinnern und den Selbstspinnern der indirekte Druck, d. h. vermittels Hebelübersetzung vorgezogen wird. Dieser letztere Fall hat den Vorteil, daß man, je nach Bedürfnis, durch näheres oder entfernteres Aufhängen des Gewichts am Hebelarm den Druck ändern kann.

In Abb. 8 ist *IV* der Einzugszylinder, welcher die Bänder mit einer Umdrehungszahl in 1 Minute $= n_4$ dem Zylinder *III* zuführt. Dieser letztere hat eine Umdrehungszahl $= n_3$, wobei $n_3 > n_4$ ist, also mehr Fasern wegnimmt, wie *IV* liefert. Desgleichen ist $n_2 > n_3$ und $n_1 > n_2$. Von Klemmpunkt zu Klemmpunkt findet demnach Verzug statt. Die Hauptmomente bei einem Streckwerk sind 1. die Belastung und 2. die Entfernung der Klemmpunkte zueinander. Die Belastung hat den Zweck, die Fasern zu zwingen, die Umfangsgeschwindigkeit des unter dem Druckzylinder befindlichen Riffelzylinders anzunehmen.

Die Entfernung der Klemmpunkte voneinander steht in Beziehung zur Faserlänge und der im Querschnitt befindlichen Faserzahl. Es ist einleuchtend, daß bei starker Auflage der Verzug sich schwieriger gestaltet als bei geringerer Faserzahl und daß der Klemmdruck bedeutend erhöht werden muß, da bei dicken Fasermassen nur die äußeren, an den Zylindern anliegenden Fasern die Umfangsbewegung der Zylinder mitmachen, während die sich dazwischen befindlichen Faserschichten der Bewegung widerstehen und dadurch ein Stocken und Stauen dieser Schichten entsteht. Die Folge davon ist, daß die Fasern bündelweise vom schneller laufenden Zylinder abgenommen werden und dadurch ein ungleichmäßiger Verzug zustande kommt. Derselbe Fall tritt ein, wenn die Entfernung der Klemmpunkte nicht der Band- oder Luntendicke entsprechend gewählt ist. Je stärker die Auflage ist, desto geringer muß der Verzug sein, wenn man nicht ungeheure Drücke auf derartige Fasermengen ausüben will. Praktischerweise sieht man von großen Klemmdrücken ab, um nicht unnötigerweise die Lagerschalen der aufliegenden Zylinder abzunutzen. Man gleicht nun diesen Mangel an Gewicht durch größere Entfernung der Klemmpunkte aus. Je weniger Fasermassen im Querschnitt sich befinden, desto näher kann man die Klemmdrucke zusammenrücken. Jedoch ist auch hier eine bestimmte Grenze gelegt; es muß die maximale Faserlänge des zu verarbeitenden Gutes in Betracht gezogen werden. Nehmen wir in Abb. 8 die Klemmpunktentfernung a zwischen I und II, so muß a immer um ein geringes größer sein als die maximale Faserlänge, hierbei kommt hauptsächlich die im Querschnitt befindliche Faserzahl in Frage. Je geringer die Faserzahl ist, desto näher wird II an I gestellt. Ist z. B. die mittlere Faserlänge 28 mm, und wäre $a = 28$ mm, so würden die Fasern, welche länger wie 29 mm sind, von beiden Klemmpunkten zu gleicher Zeit erfaßt werden. Infolge des Unterschiedes der Umfangsgeschwindigkeiten der beiden Zylinder I und II würden die mehr als 29 mm langen Fasern auseinander gerissen werden, wenn der Klemmdruck genügend stark ist. Dagegen würden alle Fasern, welche kürzer als 29 mm sind, von dem Klemmpunkt II losgelassen werden, ohne jedoch von I erfaßt worden zu sein, und so von einem Zylinder zum anderen infolge der Adhäsion der Fasern hinüberschwimmen. Die freiliegenden Fasern können die Umfangsgeschwindigkeit von II anfangs behalten, wenn z. B. viele kurze Fasern zusammen noch vom Druckzylinder von II zurückgehalten werden und die freiliegenden längeren Fasern an diesen anhaften oder umschlungen werden. Die freiliegenden Fasern können auch die arithmetische Umfangsgeschwindigkeit der Zylinder I und II annehmen. Im dritten Falle können die freischwimmenden Fasern die Umfangsgeschwindigkeit von I annehmen. Hieraus ist schon ersichtlich, daß die austretende Lunte um so ungleichmäßiger wird, je ungleichmäßiger der Stapel ist. An dieser Stelle soll auch noch gleich erwähnt werden, daß die theoretische Entfernung a, in unserem Falle 29 mm, in Wirklichkeit etwas kleiner ist, da durch die elastische Klemmung die beiden Klemmpunkte I und II um ein geringes zusammenrücken und sich so mehr der mittleren Faserlänge von 28 mm nähern.

Betrachten wir die Fasermassen zwischen den Zylindern III und IV. Hier sollten eigentlich infolge der dicken Auflage große Drücke auf die Eisenzylinder ausgeübt werden. Praktischerweise werden nur diejenigen Fasern die Bewegung der Verzugszylinder mitmachen, welche direkt mit den Oberflächen derselben in Berührung sind, sowie die nächstliegenden Fasern, welche durch entsprechenden Druck der belederten Druckzylinder mit den die Mantelflächen berührenden Fasern genügende Adhäsion besitzen. Aber der größte Teil der innen liegenden Faserschichten wird diese zwangsweise Bewegung der außen liegenden Faserschichten nicht mitmachen. Durch ein unregelmäßiges Gleiten und Stauen werden sich die inneren Fasermassen von einem Zylinderpaar zum nächstfolgenden bewegen und ungleichmäßige Stellen in den Bändern, Lunten und somit auch im Garn hervorrufen, welche trotz öfteren Dublierens nicht mehr vollständig herauszubringen sind. Es ist deshalb von vornherein darauf zu achten, die Nummern der Kardenbänder nicht zu grob zu wählen. Je feiner die Ausgangsnummern der Karden und Strecken, desto besser und gleichmäßiger wird das Garn.

Das Strecken von dicken Fasermassen kann nur vollzogen werden, wenn man die Klemmpunkte der Streckzylinder weit voneinander entfernt und die Verzüge von Zylinder zu Zylinder erhöht. Die dicken Fasermassen werden also zuerst mit einem geringen Vorverzug bearbeitet, um die umeinander geschlungenen Fasern zu entwirren. Dadurch, daß der Verzug von Zylinder zu Zylinder zunimmt, nimmt der Querschnitt der Fasermasse ab, was ermöglicht, die Klemmpunkte einander näher zu rücken. Man wird logischerweise anfangs geringe Verzüge anwenden, um möglichst große Gleichmäßigkeit der Vorgespinste und somit des Garnes zu erzielen. Außerdem wird man durch geeignete Vorverzüge die Bänder und Lunten langsam ausbreiten und nach und nach die Auflage verdünnen. Je dicker die zu verziehende Fasermasse ist, desto mehr Vorverzüge sind notwendig, mit anderen Worten, desto mehr Verzugszylinder werden gebraucht. Aus diesem Grunde verwendet man bei Strecken 4, ja sogar 5 und 6 Zylinder, obwohl die beiden letzteren Fälle nicht sehr häufig vorkommen, während bei schon verdünnter Lunte 3 Streckzylinder vollauf genügen.

Durch das oftmalige Strecken werden die Fasern infolge der gegenseitigen Faserreibung nach und nach parallel gelegt.

Was die Zylinderstellungen anbetrifft, so soll hervorgehoben werden, daß man die Klemmpunkte so nahe wie möglich aneinander bringen sollte. Nach den längsten Fasern darf nicht eingestellt werden, wenn man schnittiges Garn vermeiden will, sondern eher nach der mittleren Faserlänge zu. Selbstverständlich werden hierbei einige lange Fasern geopfert werden, was der Gesamtgüte des Garnes aber keinen Abbruch tun wird. Für genaue Zylinderstellungen können eigentlich mit Sicherheit keine genauen Maße angegeben werden. Abgesehen vom Stapel spielen auch die Güte und die Natur der Baumwolle eine beträchtliche Rolle. Es kann vorkommen, daß zwei an Natur verschiedene Baumwollen, welche denselben Stapel aufweisen, doch verschiedene Zylinderstellungen benötigen, um zum selben guten Ergebnis zu führen. Das beste Mittel, die richtige Zylinderstellung für eine bestimmte Baumwolle zu erhalten, ist nach Ansicht des Verfassers folgendes: Man nehme ein altes Kardenkaliber von 10- oder 12 tausendstel Zoll, welches gewöhnlich eine Breite von 44 mm hat, und schneide ein Stück von etwa 7 cm davon ab. An dem einen langen Ende befestigt man einen Griff, während das andere eine gerade Linie rechtwinklig zur Längsachse bildet. Man stellt nun die Zylinder ungefähr nach Gutdünken ein, zieht die zu bearbeitenden Bänder an einem Kopfe der Strecke darüber, legt die Druckzylinder mit der Pression auf und läßt die Maschine einige Drehungen machen, um die Bänder zu verziehen. Nun probiert man mit dem oben beschriebenen Kaliber, ob man die z. B. zwischen *III* und *IV* festgeklemmte Baumwolle durchstoßen kann. Ist die Spannung so groß, daß ein Durchstoßen bei geringer Kraftaufwendung nicht möglich ist, so muß der Zylinder *IV* von *III* entfernt werden. Daraufhin setzt man die Maschine wieder in Gang und wiederholt dasselbe Experiment, und zwar so lange, bis es gelingt, die Fasermasse durchzustoßen. Nun wiederholt man denselben Versuch für die Klemmung *II* und *III*. Da nun hier die Auflage schon dünner wie vorher ist, soll man hier etwas weniger Kraft zum Durchstoßen beanspruchen wie zwischen *III* und *IV*. Zwischen *I* und *II* soll sich beim Durchstoßen bloß ein geringer Widerstand bemerkbar machen. Diese Methode führt zu den sichersten

Ergebnissen. Diese Art des Einstellens von Verzugszylindern läßt sich weniger leicht erklären, als es gelingt, sie sich in der Praxis anzueignen, wenn man sie einmal selbst ernsthaft ausgeprobt hat.

Zum ungefähren Einstellen sollen beispielsweise nachfolgende Zylinderstellungen für amerikanische Baumwolle von 28 mm angegeben werden, welche sich in der Praxis als gut erwiesen haben. Nach Abb. 8 ist:

a die Zylinderstellung zwischen *I* und *II* in Millimetern
b „ „ „ *II* „ *III* „ „
c „ „ „ *III* „ *IV* „ „

	a	*b*	*c*
Strecke: 1. Passage . . .	32	36	42
„ 2. „ . . .	31	35	41
„ 3. „ . . .	30	33,5	40
Grobspuler	30	39	
Mittelspuler	29	38	
Feinspuler	28	37	
Ringspinner	23,5	39	

Solche Zahlen sollen nicht als unumstößlich erklärt werden. Wie schon oben erwähnt, müssen hierbei unbedingt Natur, Art und Güte der Baumwolle in Betracht gezogen werden, so daß jeder Spinner seine jeweiligen Zylinderstellungen selbst bestimmen sollte. Mit obiger Methode wird er wohl kaum schlechte Erfahrungen machen.

Schnittige Bänder oder Lunten können hervorgerufen werden durch ungenügende oder ungleichmäßig auf dem Zylinder verteilte Belastung, ferner durch ungeölte Druckzylinder, wodurch eine Geschwindigkeitsdifferenz zwischen dem einen Riffelzylinder und dem belederten Druckzylinder eintritt. Auch wenn der Filz vom gußeisernen Druckzylinder sich loslöst oder wenn das Leder locker auf dem Tuch geworden ist, machen sich Schnitte im Gute bemerkbar. Dann durch falsche Zylinderstellungen. Greifen die Zahnräder der Verzugszylinder zu tief ineinander ein, so wird derselbe Fehler auftreten. Schnitte in der Lunte entstehen sehr oft dadurch, daß manche Spinnereien in den Streckenkannen keine Federn haben. Im Kardenband liegen die Fasern kreuz und quer durcheinander, dadurch haften sie viel besser aneinander, und 1 bis 1,5 m Eigengewicht wird keinen bemerkenswerten Einfluß auf die Bandnummer haben. Nach der 1. Passage Strecke liegen die Fasern schon mehr parallel und es ist größere Gefahr vorhanden, daß durch das Eigengewicht des Bandes Verzug eintreten kann. Solchen Verzug nennt man „falschen Verzug“. Am Ausgang der 2. Passagestrecke bis zum Grobspuler ist es ratsam, die Kannen mit Spiralfedern zu versehen, damit die Entfernung vom Einzugszylinder bis zum ablaufenden Band recht kurz bleibt und somit das Eigengewicht kaum mehr in Frage kommen dürfte.

Wie eingangs schon angeführt wurde, lautet das Verzugsgesetz:

$$\text{Verzug } V = \frac{\text{Austretende Nummer}}{\text{Eintretende Nummer}},$$

oder auch

$$\text{Verzug } V = \frac{\text{Austretende Länge}}{\text{Eintretende Länge}}.$$

Nach Abb. 8 bedeutet:

n_1 die Umdrehungszahl in 1 Minute des Riffelzylinders *I*,
n_2 „ „ „ 1 „ „ „ *II*,
n_3 „ „ „ 1 „ „ „ *III*,
n_4 „ „ „ 1 „ „ „ *IV*.

Somit ist

$$v_1 = \frac{\pi \cdot d_1 \cdot n_1}{\pi \cdot d_2 \cdot n_2},$$

$$v_2 = \frac{\pi \cdot d_2 \cdot n_2}{\pi \cdot d_3 \cdot n_3},$$

$$v_3 = \frac{\pi \cdot d_3 \cdot n_3}{\pi \cdot d_4 \cdot n_4}.$$

Der Gesamtverzug zwischen dem ersten und dem vierten Zylinder ist:

$$V = \frac{\pi\, d_1 \cdot n_1}{\pi\, d_4 \cdot n_4}.$$

Multiplizieren wir die Einzelverzüge miteinander, so erhalten wir:

$$v_1 \cdot v_2 \cdot v_3 = \frac{d_1 \cdot n_1}{d_2 \cdot n_2} \frac{d_2 \cdot n_2}{d_3 \cdot n_3} \frac{d_3 \cdot n_3}{d_4 \cdot n_4} = \frac{d_1 \cdot n_1}{d_4 \cdot n_4} = V.$$

In Worten:

Der Gesamtverzug ist gleich dem Produkt aus den Einzelverzügen. Bezeichnen wir mit d die Dublierung, so ist die eintretende Nummer am Streckzylinder IV gleich $\frac{N_4}{d}$ und der Gesamtverzug $V = \frac{N_1 \cdot d}{N_4}$.

Hieraus erhalten wir folgende 4 Verzugs- und Dublierungsgleichungen:

1. $$V = \frac{N_1 \cdot d}{N_4},$$

2 $$N_4 = \frac{N_1 \cdot d}{V},$$

3. $$N_1 = \frac{V \cdot N_4}{d},$$

4. $$d = \frac{V \cdot N_4}{N_1}.$$

Auf ähnliche Weise wie das obige Gesetz, daß der Gesamtverzug gleich dem Produkt aus den Einzelverzügen ist, läßt sich das Dublierungsgesetz ableiten, welches lautet:

Die Gesamtdublierung ist gleich dem Produkt aus den Einzeldublierungen.

$$d = d_1 \cdot d_2 \cdot d_3 \cdot d_4 \cdots d_x.$$

Wir können z. B. nach obiger Gleichung $N_1 = \frac{V \cdot N_4}{d}$ die Endnummer eines Gespinstes finden, indem wir die Einzelverzüge durch die Einzeldublierungen dividieren und das Ganze mit der Eintrittsnummer multiplizieren.

$$N = \frac{v_1 \cdot v_2 \cdot v_3 \cdot v_4 \cdots v_x}{d_1 \cdot d_2 \cdot d_3 \cdot d_4 \cdots d_x} \cdot N_x.$$

Sollen verschiedene Nummern dubliert werden, N_1, N_2, N_3, N_4, so ist, wenn ein Schneller der entsprechenden Nummern P_1, P_2, P_3, P_4 wiegt, die Nummer

$$N_1 = \frac{1}{P_1}$$

oder

$$P_1 = \frac{1}{N_1}.$$

Ebenso

$$P_2 = \frac{1}{N_2},$$

$$P_3 = \frac{1}{N_3},$$

$$P_4 = \frac{1}{N_4}.$$

Durch das Dublieren werden diese Gewichte zusammenaddiert, so daß das Gesamtgewicht

$$P = P_1 + P_2 + P_3 + P_4$$

ist und ebenso als Endnummer

$$\frac{1}{N} = \frac{1}{N_1} + \frac{1}{N_2} + \frac{1}{N_3} + \frac{1}{N_4},$$

$$\frac{1}{N} = \frac{N_2 \cdot N_3 \cdot N_4 + N_1 \cdot N_3 \cdot N_4 + N_1 \cdot N_2 \cdot N_4 + N_1 \cdot N_2 \cdot N_3}{N_1 \cdot N_2 \cdot N_3 \cdot N_4}.$$

Somit ist die Endnummer

$$N = \frac{N_1 \cdot N_2 \cdot N_3 \cdot N_4}{N_2 \cdot N_3 \cdot N_4 + N_1 \cdot N_3 \cdot N_4 + N_1 \cdot N_2 \cdot N_4 + N_1 \cdot N_2 \cdot N_3}.$$

Sollen nur 2 verschiedene Nummern dubliert werden, so ist die Endnummer

$$N = \frac{N_1 \cdot N_2}{N_1 + N_2}.$$

Diese verschiedenen Dublierungen kommen hauptsächlich in der Zwirnerei vor, um besondere Effekte zu erzielen. Will man z. B. Nr. 30, Nr. 40 und Nr. 50 zusammen dublieren, so wird die Endnummer

$$N = \frac{N_1 \cdot N_2 \cdot N_3}{N_1 \cdot N_2 + N_2 \cdot N_3 + N_1 \cdot N_3} = \frac{30 \cdot 40 \cdot 50}{30 \cdot 40 + 40 \cdot 50 + 30 \cdot 50} = 12{,}766.$$

Bisher wurde jedoch nicht der Abgang berücksichtigt, welcher selbstredend die Ausgangsnummern an den verschiedenen Maschinen beeinflußt. An den Öffnern, Schlägern und Karden ist dieser Einfluß bedeutend, dagegen bei den Strecken, Spulern und Spinnmaschinen handelt es sich bloß um Flugabsonderungen, welche an den Strecken ungefähr 0,6% ausmachen, wogegen sie bei Flyern und Spinnmaschinen ziemlich gering sind. Die Ausgangsnummer muß also mit einem Koeffizienten multipliziert werden, der kleiner als die Zahl 1 ist. Bezeichnen wir mit p den Abfall in Prozenten, so multipliziert man die Endnummer mit

$$\frac{100}{100 - p}.$$

Die oben gefundene Gleichung muß also lauten:

$$N_1 = \frac{V \cdot N_4}{d} \cdot \frac{100}{100 - p},$$

wobei V der Gesamtverzug und d die Gesamtdublierung bedeuten, welche sich bekanntlich aus dem Produkt der Einzelverzüge respektive Einzeldublierungen zusammensetzen. Also auch

$$N = \frac{v_1 \cdot v_2 \cdot v_3 \cdots v_x}{d_1 \cdot d_2 \cdot d_3 \cdots d_x} \cdot N_x \frac{100}{100 - p}.$$

Als Beispiel nehmen wir als austretende Nummer des Öffners = 0,001404 an, d. h. 1 m Öffnerwickel wiegt 420 g. Die Baumwolle wird auf dem Mittel- und Feinschläger mit je 4facher Dublierung bearbeitet. Daraufhin die Krempel, 3 Passagen-Strecke mit je 8facher Dublierung, Grobspuler, Mittelspuler und Feinspuler. Es soll die Ausgangsnummer am Feinspuler festgestellt werden. Die Vorbereitungsmaschinen sind folgendermaßen eingestellt:

	Verzug	Dublierung	Abfall
Mittelschläger	4,45	4	0,96%
Feinschläger	4,40	4	1,01%
Karde	100,—	1	5,80%
1. Passage Strecke	7,20	8	0,60%
2. Passage Strecke	7,80	8	
3. Passage Strecke	8,10	8	
Grobspuler	4,10	1	0,23%
Mittelspuler	4,50	2	
Feinspuler	5,40	2	

Der Gesamtabfall, d. h. vom Mittelschläger bis zum Feinflyer, beträgt

$$0,96 + 1,01 + 5,80 + 0,60 + 0,23 = 8,6\% .$$

Ist N die austretende Nummer des Feinflyers, so ist

$$N = \frac{4,45 \cdot 4,40 \cdot 100 \cdot 7,2 \cdot 7,8 \cdot 8,1 \cdot 4,1 \cdot 4,5 \cdot 5,4}{4 \cdot 4 \cdot 1 \cdot 8 \cdot 8 \cdot 8 \cdot 1 \cdot 2 \cdot 2} \cdot 0,001404 \frac{100}{100 - 8,6} = 4,15 .$$

Würde man den Abfall unberücksichtigt lassen, so erhielte man als Feinflyernummer = 3,8.

Genaue Zahlen über die Größe des Abfalles an den verschiedenen Maschinen lassen sich nicht geben, denn dies hängt in erster Linie von der mehr oder weniger großen Sauberkeit der Baumwolle ab, ferner von der Gleichmäßigkeit der Fasern und von der Luftbefeuchtung. Enthält die Lunte oder das Band viele kurze Fasern und ist der relative Feuchtigkeitsgehalt der Saalluft gering, so wird selbstverständlich mehr Flugverlust entstehen als bei langen, gleichmäßigen Fasern bei genügender Luftfeuchtigkeit. Es entsteht auch viel Flugverlust dadurch, daß manche Spinnereien die Geschwindigkeiten der Maschinen in unangemessener Weise beschleunigen, um mehr Leistung zu erhalten. Früher oder später wird man dann auf den sehr starken Flugverlust aufmerksam, welcher daraus entsteht.

E. Beziehung zwischen Draht und Nummer.

Um nach dem Verzug die Fasern am Gleiten zu verhindern und um dem Vorgespinst und dem Faden die nötige Festigkeit zu geben, wird Draht erteilt. Dem Vorgespinst wird nur so viel Drehung gegeben, als unbedingt nötig ist, damit die Lunte, ohne Gefahr des Gleitens der Fasern, die Spule nachziehen kann, aber trotzdem den Verzugszylindern keinen nennenswerten Widerstand entgegensetzt. Dem fertigen Gespinst gibt man den endgültigen Draht, und zwar dreht man gewöhnlich den Schuß etwas weniger als die Kette. Denn der Schuß erhält im Webschiffchen, beim Abziehen von der Kötzerspitze, Zusatzdraht, welcher sich zu dem in der Spinnerei erteilten Draht hinzuaddiert.

Durch das Drahtgeben werden die einzelnen Fasern aus ihrer natürlichen Lage gebracht und schraubenförmig umeinander gewunden. α nennt man den

Drahtwinkel, siehe Abb. 9. Er soll zur Erzeugung proportionaler Widerstände für dieselbe Fadendicke konstant bleiben. Es ist

$$\operatorname{tg} \alpha = \frac{BC}{AB}.$$

Hat der gedrehte Faden t Drehungen auf der Länge 1, so ist die Höhe einer Spirale $= \frac{1}{t}$. Nach Abb. 9 ist $BC = \frac{1}{t}$ und AB der Umfang des Fadens vom Durchmesser d.

Durch Einsetzen erhalten wir

$$\operatorname{tg} \alpha = \frac{1}{t \cdot \pi d}.$$

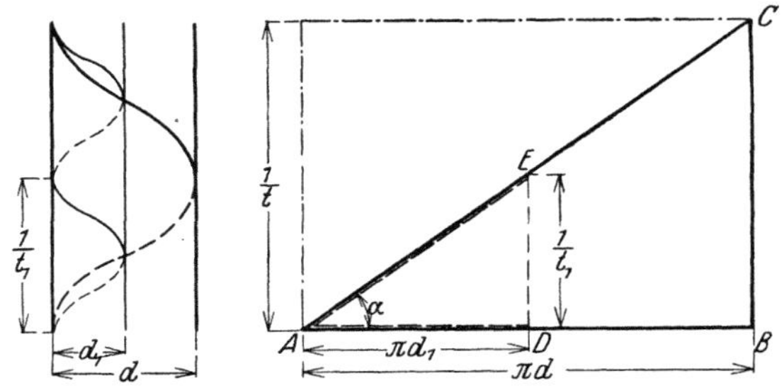

Abb. 9. Zeichnerische Darstellung der Fadendrehung zwecks Ableitung des Koechlinschen Drahtgesetzes.

Für einen Fadendurchmesser d_1 haben wir t_1 Drehungen bei gleichbleibendem Winkel α und wir finden auf dieselbe Weise

$$\operatorname{tg} \alpha = \frac{ED}{AD} = \frac{1}{t_1 \cdot \pi d_1}.$$

Somit:

$$\frac{1}{t \cdot \pi d} = \frac{1}{t_1 \cdot \pi d_1}.$$

Daraus:

$$t \cdot d = t_1 d_1$$

oder

$$\frac{t}{t_1} = \frac{d_1}{d},$$

d. h. **der Draht verhält sich umgekehrt zum Fadendurchmesser.** Je größer der Fadendurchmesser, desto weniger Draht brauchen wir und umgekehrt.

Das Gewicht einer Spirale ist $= \frac{1}{t} \cdot \frac{\pi d^2}{4} \cdot \gamma$ und somit von t Spiralen

$$p = \frac{t}{t} \frac{\pi d^2}{4} \cdot \gamma = \frac{\pi d^2}{4} \gamma.$$

Für t_1 ist:

$$p_1 = \frac{t_1}{t_1} \frac{\pi d_1^2}{4} \cdot \gamma = \frac{\pi d_1^2}{4} \cdot \gamma.$$

Durch Division erhalten wir

$$\frac{p_1}{p} = \frac{d_1^2}{d^2},$$

$$\frac{d_1}{d} = \sqrt{\frac{p_1}{p}}.$$

Nun verhalten sich aber die Gewichte derselben Längen umgekehrt wie die Nummern. Oder in unserer Bezeichnungsweise:

$$\frac{\sqrt{p_1}}{\sqrt{p}} = \sqrt{\frac{N}{N_1}}.$$

Wie wir oben gesehen haben, verhält sich

$$\frac{t}{t_1} = \frac{d_1}{d} = \sqrt{\frac{p_1}{p}}.$$

Folglich ist:

$$\frac{d_1}{d} = \sqrt{\frac{N}{N_1}}.$$

Ebenso:

$$\frac{t}{t_1} = \sqrt{\frac{N}{N_1}},$$

$$t = \frac{t_1}{\sqrt{N_1}} \sqrt{N}.$$

$\frac{t_1}{\sqrt{N_1}}$ ergibt einen Koeffizienten, den man das Güteverhältnis nennt. Diesen Koeffizienten bezeichnet man allgemein nach Koechlin mit α, so daß die Drahtformel endgültig lautet

$$\boldsymbol{t = \alpha \sqrt{N}} \text{ (Koechlinsches Drahtgesetz).}$$

Dieser Koeffizient ist von Spinnerei zu Spinnerei nicht konstant. Im Koechlinschen Drahtgesetz wurde die Faserlänge nicht berücksichtigt, es ist aber augenscheinlich, daß bei langen Fasern zur Erzielung derselben Festigkeit weniger Draht erteilt werden muß wie bei kürzeren. Je größer der Stapel, desto kleiner ist α bei gleicher Zerreißfestigkeit. Gewöhnlich berechnet man den Draht für 1 Zoll bei englischer Nummer und für 1 m oder 1 dm bei französischer Numerierung. Folgende Güteverhältniszahlen gelten für 1 Zoll und für englische Nummern.

Grobspuler:	$\alpha = 1{,}2$	für indische und geringe amerikanische Baumwolle,
	$\alpha = 1$ bis 1,1	für amerikanische 28/30 mm und geringe ägyptische Baumwolle,
	$\alpha = 0{,}7$	für Sea-Island, lange Georgia und gute ägyptische Baumwolle.
Mittelspuler:	$\alpha = 1{,}3$	für indische und geringe amerikanische Baumwolle,
	$\alpha = 1{,}16$	für amerikanische 28/30 mm und geringe ägyptische Baumwolle,
	$\alpha = 0{,}78$	für Sea-Island, lange Georgia und gute ägyptische Baumwolle.
Feinspuler:	$\alpha = 1{,}5$	für indische und geringe amerikanische Baumwolle,
	$\alpha = 1{,}25$	für amerikanische 28/30 mm und geringe ägyptische Baumwolle,
	$\alpha = 1{,}1$	für Sea-Island, lange Georgia und gute ägyptische Baumwolle.
Doppelfeinspuler:	$\alpha = 1{,}1$	für gewöhnliche amerikanische Baumwolle middling und low middling,
	$\alpha = 0{,}95$	für gute amerikanische 28/30 mm und geringe ägyptische Baumwolle,
	$\alpha = 0{,}9$	für Sea-Island, lange Georgia und gute ägyptische Baumwolle.

Diese Angaben über Vorgespinst-Drahtkoeffizienten sollen nur als Anhaltspunkte gelten. Jeder Spinner wird beim Auseinanderziehen der gedrehten Lunte selbst herausfühlen, ob sein Vorgespinst mehr Draht benötigt oder ob er weniger geben darf. Tabelle 4 gibt eine Drahttabelle für Vorgespinste wieder, welche der Verfasser mit gutem Erfolge angewendet hat.

Zur Erläuterung der Tabelle 4 sei folgendes bemerkt: Zu bestimmen sei der Draht für 1 Zoll für die englische Vorgespinstnummer 4,5 und für amerikanische Baumwolle good middling. Es ist

$$t = \alpha \sqrt{N} = 1{,}195 \sqrt{4{,}5} = 2{,}535.$$

Für Ringspinner und Selfaktoren machen Dobson & Barlow folgende Angaben für den Draht für 1 Zoll:

Ringspinner (Kette)	$t = 4 \sqrt{N}$
Selbstspinner (Kette)	$t = 3{,}75 \sqrt{N}$
Schußgarne	$t = 3{,}25 \sqrt{N}$
Wirkwaren	$t = 2{,}75 \sqrt{N}$
Strickwaren	$t = 2{,}5 \sqrt{N}$.

Tabelle 4. Drahttabelle für Vorgespinste englischer Nummern[1].

Vorgespinst Nr.	$\sqrt{\text{Nr.}}$	Sea-Island Gute ägyptische		Amerikanische middling fair good middling		Amerikanische middling low middling		Ostindische fine Western		Ostindische good Scinde	
		Draht	Koeff. α	Draht	Koeff. α	Draht	Koeff. α	Draht	Koeff. α	Draht	Koeff. α
0,2	0,447									0,56	1,26
0,25	0,500							0,68	1,17	0,64	1,27
0,3	0,548					0,53	0,98	0,69	1,18	0,71	1,28
0,35	0,592			0,53	0,89	0,59	0,99	0,71	1,19	0,76	1,29
0,4	0,632	0,51	0,80	0,58	0,90	0,63	1,00	0,76	1,20	0,81	1,30
0,45	0,671	0,55	0,81	0,61	0,91	0,68	1,01	0,81	1,21	0,88	1,31
0,5	0,707	0,58	0,82	0,65	0,92	0,72	1,02	0,86	1,22	0,93	1,32
0,55	0,741	0,62	0,83	0,69	0,93	0,76	1,03	0,91	1,23	0,99	1,33
0,6	0,775	0,65	0,84	0,73	0,94	0,81	1,04	0,96	1,24	1,04	1,34
0,65	0,806	0,69	0,85	0,77	0,95	0,85	1,05	1,01	1,25	1,09	1,35
0,7	0,837	0,72	0,86	0,80	0,96	0,89	1,06	1,05	1,26	1,14	1,36
0,75	0,866	0,76	0,87	0,84	0,97	0,93	1,07	1,10	1,27	1,19	1,37
0,8	0,894	0,79	0,88	0,87	0,98	0,97	1,08	1,15	1,28	1,22	1,38
0,85	0,922	0,82	0,89	0,91	0,99	1,00	1,09	1,19	1,29	1,28	1,39
0,9	0,949	0,86	0,90	0,95	1,00	1,04	1,10	1,23	1,30	1,33	1,40
0,95	0,975	0,89	0,91	0,98	1,01	1,08	1,11	1,28	1,31	1,37	1,41
1,0	1,000	0,92	0,92	1,02	1,02	1,12	1,12	1,32	1,32	1,42	1,42
1,2	1,095	1,02	0,93	1,13	1,03	1,24	1,13	1,45	1,33	1,57	1,43
1,4	1,183	1,11	0,94	1,23	1,04	1,35	1,14	1,59	1,34	1,70	1,44
1,6	1,265	1,20	0,95	1,33	1,05	1,45	1,15	1,71	1,35	1,83	1,45
1,8	1,342	1,29	0,96	1,42	1,06	1,56	1,16	1,83	1,36	1,96	1,46
2,0	1,414	1,37	0,97	1,51	1,07	1,65	1,17	1,94	1,37	2,08	1,47
2,2	1,483	1,45	0,98	1,60	1,08	1,75	1,18	2,05	1,38	2,19	1,48
2,4	1,549	1,53	0,99	1,69	1,09	1,84	1,19	2,15	1,39	2,30	1,49
2,6	1,612	1,61	1,00	1,77	1,10	1,93	1,20	2,25	1,40	2,42	1,50
2,8	1,673	1,69	1,01	1,86	1,11	2,02	1,21	2,34	1,41		
3,0	1,732	1,77	1,02	1,94	1,12	2,11	1,22	2,46	1,42		
3,2	1,789	1,84	1,03	2,02	1,13	2,20	1,23	2,56	1,43		
3,4	1,844	1,92	1,04	2,10	1,14	2,28	1,24	2,66	1,44		
3,6	1,897	1,99	1,05	2,18	1,15	2,37	1,25	2,75	1,45		
3,8	1,949	2,07	1,06	2,26	1,16	2,46	1,26				
4,0	2,000	2,14	1,07	2,34	1,17	2,54	1,27				
4,2	2,049	2,21	1,08	2,42	1,18	2,62	1,28				
4,4	2,098	2,28	1,09	2,49	1,19	2,71	1,29				
4,6	2,145	2,36	1,10	2,57	1,20	2,79	1,30				
4,8	2,191	2,43	1,11	2,65	1,21						
5,0	2,236	2,50	1,12	2,73	1,22						
5,2	2,280	2,58	1,13	2,80	1,23						
5,4	2,324	2,65	1,14	2,88	1,24						
5,6	2,366	2,72	1,15	2,96	1,25						
5,8	2,408	2,79	1,16	3,03	1,26						
6,0	2,450	2,86	1,17	3,11	1,27						
6,5	2,550	3,00	1,18	3,26	1,28						
7,0	2,646	3,15	1,19	3,41	1,29						
7,5	2,739	3,29	1,20	3,56	1,30						
8,0	2,828	3,42	1,21	3,70	1,31						
8,5	2,916	3,56	1,22								
9,0	3,000	3,69	1,23								
9,5	3,082	3,82	1,24								
10,0	3,162	3,95	1,25								

Brooks & Doxey geben an:

Ringspinner (Kette) . . . . $t = 4{,}25\sqrt{N}$ für indische Baumwolle
$t = 4\sqrt{N}$ für amerikanische Baumwolle
$t = 3{,}75\sqrt{N}$ für Mako oder Jumel.

[1] Lätsch, Joh.: Handbuch für den praktischen Baumwollspinner und Zwirner.

An dieser Stelle sollen noch einige Werte für die Zwirnerei folgen, ebenfalls von Brooks & Doxey:

Zwirne für Weberei	$t = 5\sqrt{N}$	von Nr. 60 bis Nr. 160/2fach,
Zwirne für Saumfäden.	$t = 4{,}5\sqrt{N}$	für Nr. 30/2fach,
Schwachgedrehte Zwirne zum Gazieren	$t = 3{,}75\sqrt{N}$	für Nr. 60/2fach,
Vorzwirn für Nähzwirne	$t = 5\sqrt{N}$	für Nr. 60/2fach,
Nachzwirn für Nähzwirne	$t = 7\sqrt{N}$	für Nr. 60/6fach und Nr. 30/3fach.

Umrechnung des englischen Wertes für Draht und Nummer in französischen. Angenommen $t_e = 4\sqrt{N_e}$. Gesucht wird t in dcm und französische Nummer. Es ist

$$N_f = 0{,}8475\, N_e,$$

$$N_e = \frac{N_f}{0{,}8475}$$

und

$$\sqrt{N_e} = \sqrt{\frac{N_f}{0{,}8475}} = \frac{\sqrt{N_f}}{0{,}921},$$

$$t_e = \frac{4 \cdot \sqrt{N_f}}{0{,}921}.$$

Auf 1 Zoll = 2,54 cm haben wir einen Draht von $\frac{4\sqrt{N_f}}{0{,}921}$. Somit auf 10 cm ist

$$t\,\text{dcm} = \frac{4 \cdot \sqrt{N_f} \cdot 10}{2{,}54 \cdot 0{,}921} = \mathbf{17{,}1}\ \sqrt{\mathbf{N_f}}.$$

Ermittlung des Koeffizienten, mit welchem der englische Koeffizient α zu multiplizieren ist, um den Draht in Dezimetern und für französische Nummer zu finden.

$$t_e = \alpha_e \sqrt{N_e}.$$

Nach den Beziehungen zwischen englischer und französischer Nummer ist:

$$N_e = 1{,}18 \cdot N_f.$$

Also:

$$t_e = \alpha_e \sqrt{1{,}18 \cdot N_f} = \alpha_e \cdot 1{,}0875 \sqrt{N_f}.$$

Diese letzte Gleichung bedeutet den Draht für 1 Zoll = 2,54 cm. Folglich ist der Draht für 10 cm:

$$t_{\text{dcm}} = \frac{\alpha_e \cdot 1{,}0875 \sqrt{N_f} \cdot 10}{2{,}54},$$

$$t_{\text{dcm}} = \alpha_e \cdot 4{,}285 \sqrt{N_f}.$$

Das Messen des Drahtes wird mit den im Handel verschiedenartig vorkommenden Drahtmessern vorgenommen. Der Faden wird auf eine Länge von genau 1 Zoll bei englischer Nummer eingespannt und bei französischer Nummer auf 10 cm und bei Zwirn auf 1 m. Während das eine Fadenende still steht, wird der andere Klemmpunkt mittels Kurbel und Räderübersetzung der Drehrichtung des eingeklemmten Fadens entgegen gedreht, siehe Abb. 10. Die Anzahl Umdrehungen der Klemme, deren jede einer Fadendrehung entspricht, wird an einer Skala angezeigt. Vermittels einer Feder bleibt beim Aufdrehen des Fadens letzterer gespannt. Die Drehungsmesser werden meistens bei Zwirnen angewandt; das Aufdrehen eines von dem Ringspinner oder Selbstspinner herrührenden Fadens gestaltet sich ziemlich schwierig.

Ist das Gespinst zu stark gedreht, so hat es das Bestreben, beim Lockerlassen sich zusammenzuziehen und *Schleifen* zu bilden. Um solche zu verhindern, wird der Kettfaden *gedämpft*. In neuerer Zeit wird er auch während 3 bis 4 Stunden dem Dampf unter Druck ausgesetzt. Der als Kötzer aufgewickelte

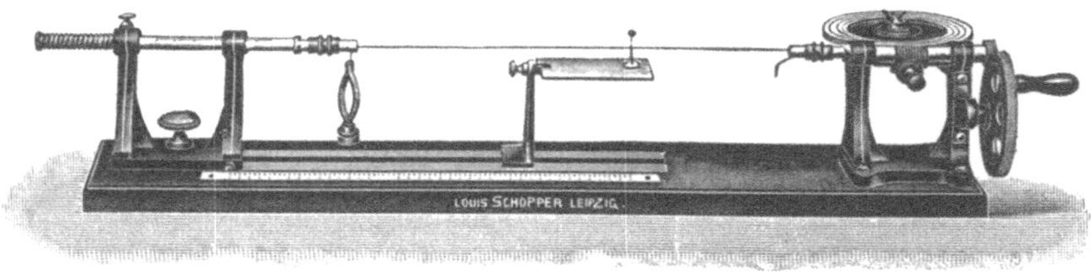

Abb. 10. Drahtmesser für Garne.

Faden behält dann seine durch die Aufwicklung bedingte Form. Der Schuß wird für gewöhnlich nicht gedämpft, da er bekanntlich weniger gedreht ist wie die Kette. Trotzdem werden heute übergedrehte Schußfäden für besondere Gewebe hergestellt, die 38 bis 40 Drehungen für 1 Zoll haben. Selbstredend müssen dann derartige Schußfäden auch gedämpft werden.

F. Die Zerreißfestigkeit der Gespinste.

Die *Festigkeit eines Fadens* hängt in erster Linie von der Güte der bearbeiteten Baumwolle ab; diese Festigkeit wird durch den Draht erhöht. Jedem Fachmann wird wohl während seiner Praxis schon aufgefallen sein, daß bei gleicher Nummer eine Vermehrung des Drahtes nur bis zu einer gewissen Grenze die Festigkeit des Fadens erhöht, von da ab aber eine Schwächung hervorruft. Durch eine erhebliche Steigerung des Drahtes wird der innere Faserkern des Fadens zusammengedrückt, welcher diesem Druck einen Gegendruck entgegensetzt. Dieser letzterer übt eine große Spannung auf die äußeren Fasern des Fadengebildes aus und infolge der großen Beanspruchung wird der Faden geschwächt.

Soll die Festigkeit eines Fadens berechnet werden, so kann man selbstverständlich nicht die in der Festigkeitslehre vorkommende Formel für Zugbelastung anwenden, da der Fadenquerschnitt aus mehreren Einzelfasern besteht, von denen fast jede einen anderen Querschnitt hat. Überdies kommt bei der Festigkeit eines Fadens nicht nur die Bruchfestigkeit der einzelnen Fasern in Betracht, sondern auch die *Faserreibung*, d. h. die einzelnen Fasern müssen derart umeinander gewunden sein, daß bei einer Zugbelastung kein Gleiten eintreten kann. An Stelle der Zerreißfestigkeit eines Fadens gibt man zumeist die *Reißlänge* an, d. h. diejenige Länge des Fadens, bei welcher letzterer durch sein Eigengewicht zerrissen wird. Das *spezifische Gewicht der Baumwolle* = 1,5 und die Substanz der Baumwolle besitzt eine Festigkeit von ca. 34 kg/mm². Eine Baumwollfaser von irgendwelchem Querschnitt hat eine Reißlänge von 23 km, d. h. wenn wir einen Faden herstellen könnten, der dieselbe Dichte hätte wie eine Baumwollfaser, so würde er bei einer Länge von 23 km infolge des Eigengewichts reißen. Der Praktiker wird mittels eines Festigkeitsmessers eine Anzahl *Zerreißproben* des zu untersuchenden Fadens vornehmen. Abb. 11 stellt einen Festigkeitsprüfer für Einzelfadenprüfung der Firma Louis Schopper-Leipzig dar. Diese Apparate werden für Hand-, Schwerkraft-,

Wasser-, Transmissions- und elektromotorischen Antrieb gebaut. Auf dem Festigkeitsprüfer werden entweder Einzelfaden oder Schneller der Zerreißprobe unterworfen. Um ein Garn zu beurteilen, müssen wir die Zugfestigkeit sowie die Dehnung untersuchen. Die Strangprüfung hat den einen Vorteil, daß man eine große Fadenlänge schnell auf Zerreißfestigkeit prüfen kann, dagegen hat sie den Nachteil, daß sie ziemlich ungenau ist. Ein weiterer Nachteil ist, daß die Dehnung des Fadens auf diese Weise nicht ermittelt werden kann. Abb. 12 zeigt

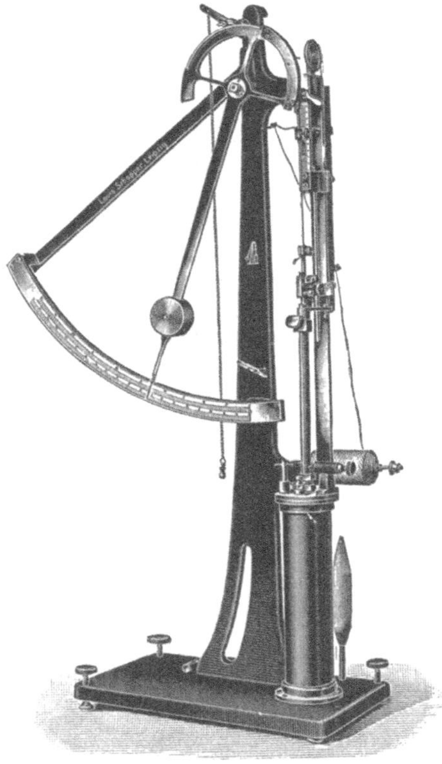

Abb. 11. Festigkeitsprüfer für Einzelfadenprüfung.

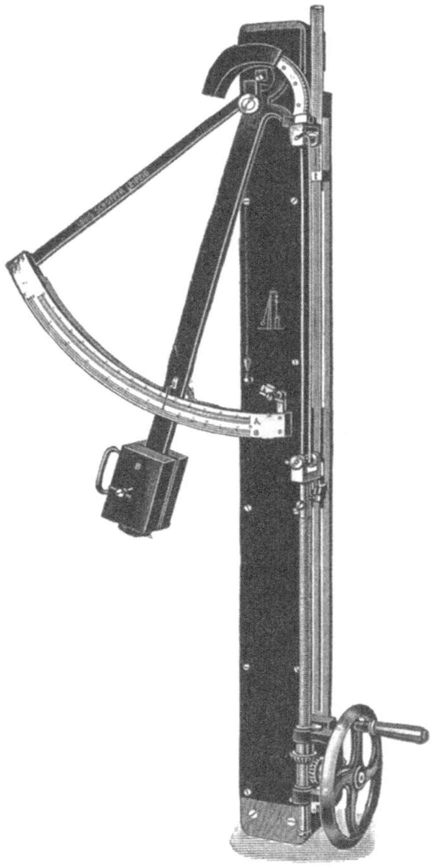

Abb. 12. Festigkeitsprüfer für Stränge.

einen solchen Festigkeitsprüfer für Stränge. — Die Einzelfadenprüfung ist zwar ziemlich zeitraubend, hat aber jedenfalls ihre Vorzüge gegenüber der Mehrfadenprüfung. Mit dem Einzelfadenfestigkeitsprüfer wird die Zugfestigkeit und die Dehnung genau bestimmt. Um nun eine größere Fadenlänge zu erhalten, muß man mehrere Male den Versuch wiederholen, etwa 10, 20 oder mehr Versuche anstellen, um ein getreues Bild von der Gleichmäßigkeit des Fadens zu erhalten. Nehmen wir als Beispiel an, es soll ein Kettfaden Nr. 33_e auf seine Zerreißfestigkeit geprüft werden. Hierzu werden 10 Proben gemacht. Der einfache Faden wird auf eine Länge von 50 cm zwischen den beiden Einspannklemmen befestigt.

Die erste Probe ergibt . . .	185 g	Die sechste Probe ergibt . . .	205 g
„ zweite „ „ . . .	175 g	„ siebente „ „ . . .	175 g
„ dritte „ „ . . .	195 g	„ achte „ „ . . .	210 g
„ vierte „ „ . . .	170 g	„ neunte „ „ . . .	190 g
„ fünfte „ „ . . .	180 g	„ zehnte „ „ . . .	165 g

Wir erhalten daraus den Mittelwert, welcher im gegebenen Falle 185 g beträgt.

Darunter befinden sich

Probe zwei mit	175 g
„ vier „	170 g
„ fünf „	180 g
„ sieben „	175 g
„ zehn „	165 g
	865:5 = 173 g

Das Untermittel beträgt 173 g.

Der Unterschied zwischen Mittelwert und Untermittel beträgt 12 g oder in Prozenten ausgedrückt:

$$\frac{12 \cdot 100}{185} = 6{,}48\,\% .$$

Man bezeichnet ein Garn, welches innerhalb 5% bleibt, mit sehr gleichmäßig.

Von mehr wie 5% bis zu 8% mit gleichmäßig.

Von mehr wie 8% bis zu 12% mit ziemlich gleichmäßig.

Von mehr wie 12% mit ungleichmäßig.

Unter Qualitätszahl versteht man das Produkt aus Festigkeit und Nummer.

$$k = P \cdot N_e .$$

Für schwache Qualität ist die Qualitätszahl	$k = 4000$
„ mittlere „ „ „ „	$k = 5500$
„ starke „ „ „ „	$k = 6500$
„ sehr starke „ „ „ „	$k = 8000$

Um einen Anhaltspunkt über die Zerreißfestigkeit der verschiedenen einfachen Baumwollgarne zu haben, soll Tabelle 5 dienen, welcher amerikanische Baumwolle good middling zugrunde gelegt ist, sie ist mit Hilfe der obigen Formel $P = \frac{k}{N_e}$ gefunden, wobei die angegebenen Qualitätszahlen angewandt wurden.

Tabelle 5. Zerreißfestigkeit einfacher Baumwollgarne in Gramm.

N_e	Schwach	Mittel	Stark	Sehr stark	N_e	Schwach	Mittel	Stark	Sehr stark
8	500	690	800	1000	40	100	135	160	200
10	400	550	650	800	42	95	130	155	190
12	330	460	540	665	44	90	125	148	180
14	285	390	460	570	46	85	120	140	175
16	250	340	400	500	48	83	115	135	165
18	220	300	360	445	50	80	110	130	160
20	200	275	325	400	52	77	105	125	155
22	180	250	295	360	54	74	100	120	150
24	165	230	270	330	56	71	98	116	140
26	150	210	250	310	58	69	95	112	135
28	140	195	230	285	60	66	92	108	130
30	130	180	215	265	70	57	78	93	115
32	125	170	200	250	80	50	69	81	100
34	115	160	190	235	90	44	61	72	89
36	110	150	180	220	100	40	55	65	80
38	105	145	170	210					

Unter Elastizitätszahl versteht man die Dehnung in Prozenten mal der Wurzel aus der Nummer. Z. B. angenommen, Nr. 36 habe 4,2% Dehnung, dann ist die Elastizitätszahl $= 4{,}2\sqrt{36} = 25{,}2$. Bei Nr. 25 wäre dann die Dehnung $= \frac{25{,}2}{\sqrt{25}} = 5{,}4$.

Die Dehnung für Nr.	20_e	bis 30_e	beträgt	$4{,}5 \div 5\%$	für amerikanische Baumwolle
„ „ „ „	30_e	„ 40_e	„	$4 \div 4{,}5\%$	„ „ „
„ „ „ „	40_e	„ 60_e	„	$3{,}8 \div 4\%$	„ ägyptische „
„ „ „ „	60_e	„ 80_e	„	$3{,}5 \div 3{,}8\%$	„ lange Georgia
„ „ „ „	80_e	„ 120_e	„	$3 \div 3{,}5\%$	„ „ „

Anschließend soll noch eine kurze Beschreibung von Schoppers Festigkeitsprüfer gegeben werden, welchen Abb. 11 versinnbildlicht. Derselbe ist für Einzelfaden und Schwerkraftantrieb ausgerüstet. Die freie Einspannlänge

Abb. 13. Gleichförmigkeitsprüfer für Garne.

beträgt 200 mm, doch gibt es auch Apparate für 500 mm Fadenlänge. Diese letztere ergibt ein genaueres Bild von der Gleichmäßigkeit des zu untersuchenden Fadens wie erstere. Die obere Einspannklemme ist mit dem Segment verbunden, welche mit dem Zeiger um dieselbe Achse dreht. Der Einzelfaden wird zwischen den beiden Einspannklemmen befestigt, worauf die Sperrklinke gelöst wird. Der Schwerkraftantrieb erfolgt durch einen unter Gewichtsbelastung stehenden Kolben, der mittels Luft oder Flüssigkeit abgebremst wird. Durch das Herabsinken der unteren Einspannklemme, die mit dem Kolben verbunden ist, wird das zu prüfende Garnstück der Zugbelastung ausgesetzt, wobei infolge langsamen Nachfolgens des Segmentes der Zeiger der Skala entlang nach links ausschlägt. Die obere Klemme sitzt auf einem 10 mm breiten Zeiger, der der Dehnungsskala entlang läuft. Diese letztere ist in Millimetermaß ausgeführt und zeigt sofort die Dehnung in Prozenten an. Sobald unter der Einwirkung des Schwerkraftantriebes der Faden reißt, werden der Gewichts- sowie der Dehnungszeiger selbsttätig festgelegt. Nach beendetem Versuch ist der Kolben nebst der unteren Einspannklemme mit der Hand in die Nullage zu heben. Für mittlere Nummern ist der Festigkeitsprüfer mit einem Kraftmaßstab ausgerüstet, welcher von 0 bis 500 g von 1 g zu 1 g eingeteilt ist. Für grobe Nummern ist die Einteilung von 0 bis 2000 g von 5 g zu 5 g oder auch von 0 bis 3000 g von 10 g zu 10 g. Für feine Garne ist die Einteilung des Kraftmaßstabes von 0 bis 100 g von $^1/_5$ g zu $^1/_5$ g oder auch von 0 bis 200 g von 0,5 g zu 0,5 g[1].

Die Gleichförmigkeit der Gespinste.

Wie aus dem Kapitel über den Verzug ersehen wurde, spielt dieser eine große Rolle bei der Gleichförmigkeit des Garnes. Aber auch der Draht trägt viel dazu bei. Bekanntlich wirft sich der Draht immer auf die schwächsten Stellen, die übergedreht und infolgedessen geschwächt werden, während die dickeren Stellen nicht die erforderliche Drehung besitzen. Ein genaues Bild von der Gleichmäßigkeit eines Fadens läßt sich nur durch den Festigkeitsprüfer erhalten, indem man den Mittelwert und das Untermittel feststellt. In der Praxis sind auch Apparate ausgeführt worden, um sich bloßen Auges von der Gleichförmigkeit der Garne zu überzeugen. Einen derartigen Gleichförmigkeitsprüfer stellt Abb. 13 dar. Der Apparat ist so einfach, daß sich seine Beschreibung erübrigt. Die Schauplatte besteht aus einer mit mattschwarzem Karton bezogenen Eisenplatte.

G. Die Luftbefeuchtung.

Jeder Baumwollspinner weiß, daß sich die Baumwolle, je nach den klimatischen Verhältnissen, bald leichter, bald schwieriger spinnen läßt. Bei trockenem Ostwind z. B. und bei niederer Temperatur wird eine zum Spinnen ungeeignete Atmosphäre geschaffen. Ist die Baumwolle trocken und kalt (in diesem Falle fühlt sie sich rauh an), so leistet die äußere wachsartige Umhüllung der Baumwollfaser einen größeren Widerstand beim Verarbeiten. Naheliegend wäre es, erwärmte Luft zuzuführen, um die Fasern geschmeidig zu erhalten, aber hierbei stoßen wir auf einen anderen Widerstand, nämlich daß sie elektrischem Einfluß unterworfen sind. Die statische Elektrizität spielt ihre Rolle vom Öffner an bis zur Spinnmaschine. An jeder dieser Maschinen bemerkt man, bei Vorhandensein von Elektrizität, lose Fasern, welche senkrecht oder schräg an einem Eisenteil der Maschine sitzen. Es handelt sich hier um Induktionselektrizität, meistens rührt dieselbe von der Reibung der Treibriemen her. Bei den Streckwerken kann Reibungselektrizität durch die Reibung der Fasern aneinander bei allzu großer Trockenheit hervorgerufen werden. Um die Elektrizität aus der Maschine zu entfernen, verbindet man einen Kupferdraht mit irgendeinem Eisenteil der Maschine, durch Berühren des anderen Drahtendes mit der Innenseite des Riemens wird die „Erdung" hergestellt. Die Elektrizität macht sich besonders bei Kämmaschinen bemerkbar und beeinflußt die losen Fasern in bedeutendem Grade: die Fasern werden einfach auseinander gezogen. Um sich bei Kämmaschinen vor allzu großen Flugverlusten zu schützen, bleibt nichts anderes übrig, als die zu kämmende Wattenbreite schmäler zu nehmen. Störungen durch Elektrizität zeigen sich ebenso an den Vorbereitungsmaschinen wie an den Spinnmaschinen. Betrachtet man den Faden eines mit Elektrizität geladenen Ringspinners, so kennzeichnet sich das Produkt selbst durch seinen rauhen, wirren Charakter.

[1] Eine eingehende Darstellung der Festigkeitsprüfung usw. wird Bd. I, 3 dieses Handbuches enthalten.

Die vorhandene freie Elektrizität veranlaßt die gegenseitige Abstoßung der Fasern; deren Bestreben ist, sich zentrifugal von den anderen Fasern loszumachen, infolgedessen entsteht ein rauhes Garn. Auch gibt es bedeutend mehr Flugverlust. Bei Öffnern und Schlägern kommt es vor, daß sich während der Zeit des Abnehmens des Wickels eine bedeutende Menge Induktionselektrizität auf die Maschine überträgt. Setzt man nun die Maschine wieder in Gang, so kann der Fall eintreten, daß sich eine große Menge Baumwolle mit ziemlicher Dichtigkeit an den Siebtrommeln festlagert und dadurch einen derartigen Druck ausübt, daß ein Räderbruch entsteht. — Durch Behandlung der Treibriemen mit Riemenschmiere kann man die Reibung einigermaßen verhindern und die elektrische Erscheinung auf ihren Minimalwert herabdrücken, da sich die Komposition als neutraler Stoff zwischen Riemenscheibe und Riemen befindet.

Durch Versuche wurde festgestellt, daß die Hauptursachen der elektrischen Erscheinung in dem Druck und der Reibung des Riemens an den Scheiben zu suchen sind; die aus dem Riemen entwickelte Elektrizität ist negativ und die aus der Riemenscheibe positiv.

Diesen elektrischen Einflüssen sucht man zu entgehen, indem man die Luft mit einem gewissen Grade Feuchtigkeit sättigt. Ist der relative Feuchtigkeitsgehalt in einem Spinnsaal zu gering, so tritt stets Elektrizität auf. In exotischen Ländern, wo die Temperaturunterschiede groß sind und wo das Klima in bestimmten Jahreszeiten eine große Trockenheit aufweist, gestaltet sich die Bearbeitung der Baumwolle schwieriger wie in unserem mitteleuropäischen Klima. Jeder Spinner weiß aus eigener Erfahrung, daß bei Ostwind der Spinnprozeß schwieriger vonstatten geht als bei Westwind und daß dadurch in gewissem Maße die Produktion beeinflußt wird.

Die Luft kann, je nach ihrer Erwärmung, mehr oder weniger Feuchtigkeit aufnehmen, bis zur vollständigen Sättigung. Abb. 14 zeigt die Sättigungskurve der Luft, woraus ersichtlich ist, daß z. B. bei 15° C ein Kubikmeter Luft 13 g Wasser bei völliger Sättigung enthält. Darüber hinaus wäre die zu 15° erwärmte Luft nicht mehr wasseraufnahmefähig. Je höher die Lufttemperatur steigt, desto mehr Wasser ist nötig, um die Luft zu sättigen, dagegen nimmt die Luft bei — 40° C keine Feuchtigkeit mehr auf.

Der gesetzlich zulässige Feuchtigkeitsgehalt der Baumwolle beträgt 8,5%, so daß z. B. Baumwolle vom absoluten Trockengewicht p bei 8,5% Feuchtigkeit

$$p + \frac{p}{100} \cdot 8{,}5 = 1{,}085\,p$$

wiegt. Die Baumwolle hält mit großer Zähigkeit diesen Prozentsatz von Feuchtigkeit fest, so daß eine allzu große Feuchtigkeit im Spinnsaale eine Verfeinerung des Gespinstes zur Folge haben würde, sobald es an einem Orte gelagert würde, dessen Feuchtigkeitsgehalt geringer wie derjenige im Spinnsaale wäre. Bei Streitfragen werden die Garne in den Konditionieranstalten auf ihren Wassergehalt geprüft.

Der Feuchtigkeitsgehalt der Luft wird mittels Hygrometern gemessen, die an verschiedenen Stellen des Spinnsaales aufgehängt werden, damit eine wirksame Kontrolle über die im Saal enthaltene Feuchtigkeit geführt werden kann. Man wird nun die Feuchtigkeit nicht nach der Wassermenge in Gramm für 1 m³, sondern nach dem Druck des Wasserdampfes messen, welcher auf die Quecksilbersäule in Millimetern ausgeübt wird. Diejenige Spannung, welche das in der Luft enthaltene Wasser in verdampfter Form auf die Quecksilbersäule ausübt, nennt man „absolute Feuchtigkeit“. Das Verhältnis der bestehenden absoluten Feuchtigkeit zur maximalen absoluten Feuchtigkeit bei gleicher Temperatur nennt man „relative Feuchtigkeit". Allgemein wird letztere in Prozenten angegeben. Hat beispielsweise die Saalluft bei 25° C eine absolute Feuchtigkeit von 16,4 mm und beträgt die maximale absolute Feuchtigkeit bei dieser Temperatur 23,43 mm, so ist die relative Feuchtigkeit in Prozenten:

$$\frac{16{,}4}{23{,}43} \cdot 100 = 70\,\% \,.$$

Somit wird bei völliger Sättigung der Maximalwert der relativen Feuchtigkeit = 100% betragen. Der in der Meteorologie mit absoluter Feuchtigkeit bezeichnete Wert stimmt beinahe genau mit dem Zahlenwerte der Sättigung der Luft in Grammen für 1 m³ überein. Aus diesem Grunde wird allgemein als relative Feuchtigkeit das Verhältnis der in der Luft vorhandenen Wassermenge zur völligen Sättigung bei derselben Temperatur bezeichnet. Anschließend folgt Tabelle 6, welche bei jeweiligen Graden Celsius die entsprechende Sättigung der Luft mit Feuchtigkeit angibt. Diese Tabelle stimmt auch mit der in Abb. 14 dargestellten Sättigungskurve überein.

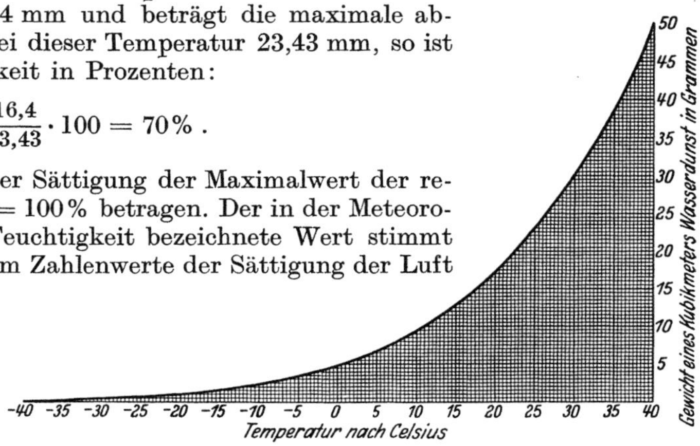

Abb. 14. Sättigungskurve der Luft.

Tabelle 6.

Temperatur der Luft in °C	Feuchtigkeits-gehalt der Luft bei Sättigung in g/m³	Temperatur der Luft in °C	Feuchtigkeits-gehalt der Luft bei Sättigung in g/m³	Temperatur der Luft in °C	Feuchtigkeits-gehalt der Luft bei Sättigung in g/³m
— 40	0	7	7,70	22	19,22
— 20	1,06	8	8,22	23	20,35
— 10	2,36	9	8,76	24	21,54
— 5	3,41	10	9,33	25	22,80
— 4	3,66	11	9,93	26	24,11
— 3	3,93	12	10,57	27	25,49
— 2	4,21	13	11,25	28	26,93
— 1	4,51	14	11,96	29	28,45
0	4,84	15	12,71	30	30,04
+ 1	5,18	16	13,50	31	31,70
2	5,54	17	14,34	32	33,45
3	5,92	18	15,22	33	35,27
4	6,33	19	16,14	34	37,18
5	6,76	20	17,12	35	39,18
6	7,22	21	18,14	40	50,59

Nennen wir F_a die absolute Feuchtigkeit der Luft in g/m³ und S die Sättigung der Luft in g/m³, so ist die relative Feuchtigkeit F_r, in Prozenten ausgedrückt:

$$F_r = \frac{F_a}{S} \cdot 100 \,.$$

Zeigt z. B. das Hygrometer 68% relative Feuchtigkeit an und steht hierbei das Thermometer auf 23° C, so beträgt nach voriger Tabelle die Sättigung S = 20,35 g/m³. Somit können wir mit obiger Gleichung die Wassermenge berechnen, die wirklich in der Luft ist. Es ist

$$F_a = \frac{F_r \cdot S}{100} = \frac{68 \cdot 20{,}35}{100} = 13{,}84 \text{ g/m}^3 .$$

Durch Versuche wurde festgestellt, daß Baumwolle, je nach dem Gehalt der Luft an relativer Feuchtigkeit, mehr oder weniger Prozente Wasser aufnimmt, und zwar:

nimmt Baumwolle an Feuchtigkeit auf	6,32%	7,14%	7,60%	8,20%	8,26%	9,5%
bei einer relativen Feuchtigkeit von	44%	54%	60%	65%	70%	80%

Die zum Spinnen vorteilhafteste relative Feuchtigkeit beträgt 60 bis 70%.

Bekanntlich beeinflußt die Temperatur die Baumwollfaser in großem Maße während des ganzen Spinnprozesses. Die Baumwolle wächst bei einer mittleren Temperatur von 21° C. Durch den Versand nach den verschiedenen Ländern ist sie notgedrungen Temperaturunterschieden unterworfen, welche auf die Baumwollfaser ungünstig einwirken, besonders wenn es sich um niedere Temperatur und um Feuchtigkeitsmangel handelt. An und für sich ist die Baumwollfaser hygroskopisch, d. h. sie nimmt Feuchtigkeit auf und gibt auch welche ab. Deshalb ist es auch erklärlich, daß jede Temperatur- und Feuchtigkeitsänderung die Bearbeitung der Baumwolle beeinflußt. Zwischen 24° und 25° C und 50 bis 52% relativer Feuchtigkeit lassen sich die Baumwollfasern am besten dublieren und strecken. Die Temperatur- und Feuchtigkeitsveränderungen kommen jedoch so häufig vor, daß es eigentlich unmöglich ist, die Baumwolle immer unter gleich guten Verhältnissen zu bearbeiten. Ist der Feuchtigkeitsgehalt der Saalluft zu gering, so beeinflußt die elektrische Ladung den Faserstoff, die Fasern stoßen sich gegenseitig ab und es entsteht unnötiger Flugverlust. Ist die Feuchtigkeit im Saal zu groß, so kleben die Fasern an den belederten Druckzylindern und es entsteht wiederum viel Abfall, der allerdings als Beigabe zur Schußmischung wieder verwendet werden kann. Die Saalluft muß auch, damit die Gesundheit der Arbeiter keinen Schaden erleidet, den nötigen Feuchtigkeitsgehalt besitzen. Aus all diesen Gründen werden in den Spinnereien mehrere Male im Tag die Temperatur gemessen und die relative Feuchtigkeit bestimmt. Man wird also, je nach der Höhe der Temperatur im Saal, diesem letzteren, je nach Bedarf, mehr oder weniger künstliche Befeuchtung zuführen müssen, um eine für das Spinnen geeignete Saalluft zu erzielen. Was die Feuchtigkeit für einen Einfluß auf den Faden hat, zeigt Abb. 15[1]. Faden *I* wurde bei 72%, Faden *II* bei 65% und Faden *III* bei 55% relativer Feuchtigkeit gesponnen. *I*, *II* und *III* sind 60er Kette.

Zum Befeuchten der Saalluft sind verschiedene Systeme auf dem Markte. Derartige Befeuchtungsapparate zerstäuben das Wasser und mischen es auf mechanische Weise der Luft bei. Untersucht man die befeuchtete Luft, so wird man finden, daß die Luft in unmittelbarer Nähe des Apparates beinahe gesättigt, dagegen in einigen Metern Abstand einen viel geringeren Feuchtigkeitsprozentsatz erreicht. Durch Versuche hat sich herausgestellt, daß in einer Entfernung von 25 cm vom Befeuchtungsapparat die Luftbefeuchtung 95% betrug, in einem Abstand von 1 m noch 75% und bei 4 m Abstand nur noch 60%. Dabei waren die Temperaturen um den Befeuchtungsapparat herum bei 25 cm Entfernung 12,5° C, bei 1 m Entfernung 14° C und bei 4 m Entfernung 17,5° C, so daß im Saal auch ein beträchtlicher Unterschied in der Temperatur

[1] Dobson, B. A.: Die Feuchtigkeit beim Baumwollspinnen.

vorhanden war. Will man eine gleichmäßige Luftbefeuchtung bei gleichmäßiger Temperatur erzielen, so wäre die natürliche Ausdünstung vorzuziehen. Durch Besprengen des Bodens mit Wasser erreicht man sie zwar, es ist aber zu befürchten, daß das Personal sich Rheumatismus zuzieht. Auch das Aufhängen von nassen Tüchern wird empfohlen oder das Anbringen von freischwebenden Wasserbecken an verschiedenen Orten des Saales. Hierzu ist aber großer Zeitaufwand nötig. Durch Erwärmen des Wassers in den Trögen geht die Verdunstung bedeutend schneller vor sich, jedoch ist es vollständig unzweckmäßig, heißen Dampf in den Saal einzulassen. Der Dunst wird mit Leichtigkeit von der Luft aufgenommen, wogegen die mechanische Luftbefeuchtung den Nachteil hat, daß sich das von der Luft nicht absorbierte Wasser in Tropfenform auf die Maschinen setzt. Außerdem ist es unmöglich, im ganzen Saale überall gleichmäßig hygrometrische Zustände zu erlangen. Zudem dürfen die Luftbefeuchtungsapparate nicht in der Nähe von Wellensträngen und Riemen angelegt sein.

Abb. 15. Vergrößerung eines bei verschiedenen relativen Feuchtigkeiten gesponnenen Fadens.

Um eine im Saale gleichmäßige relative Feuchtigkeit zu erzielen, soll hier ein System angegeben werden, welches die künstliche Befeuchtung als Basis und zu gleicher Zeit auch den Vorteil hat, die verbrauchte und verunreinigte Luft durch Frischluft zu ersetzen. Zum besseren Verständnis soll die Abb. 16 dienen. Eine derartige Befeuchtungs- und Frischluftanlage kommt der ansehnlichen Kosten halber nur für eine Neuanlage in Betracht. Vom hygienischen Standpunkt aus ist diese Einrichtung einwandfrei. Sie gestattet, im Sommer abgekühlte, befeuchtete Luft in den Saal einzulassen, und im Winter richtig erwärmte und befeuchtete Luft, wie es für das Personal zuträglich ist und es den Spinnprozeß wesentlich fördert, in die Fabrik hineinzubringen. Für den menschlichen Organismus ist reine Luft von 15 bis 17° C und 55 bis 65% relativer Feuchtigkeitsgehalt am zuträglichsten, und auch im Spinnsaal läßt sich die Baumwolle am besten zwischen 58 und 68% relativer Feuchtigkeit bearbeiten. Die Abb. 16 zeigt einen schematischen Schnitt durch einen vierstöckigen Hochbau an. In einer gut gelüfteten Spinnerei soll die Luft mindestens 3mal in 1 Stunde erneuert werden. Sind z. B. die Innenmaße jedes Saales dieser 4 Stockwerke $45 \times 30 \times 3{,}6$ m, so haben die 4 Stockwerke einen Gesamtrauminhalt von 19440 m³. Um die Luft 3mal zu erneuern, müssen somit rund 58000 m³ Luft in 1 Stunde zugeführt werden. Um eine derartig gewaltige Luftmenge in der Spinnerei zu verteilen, gehört eine Kanalisation hinzu, wie sie in Abb. 16 wiedergegeben ist. In jedem Saale, der ganzen Länge nach, sind 3 parallele Blechkanäle *A* an der Decke angebracht, welche alle in den Luftzuführungsschacht *B* münden. Die Blechkanäle selbst sind mit Schlitzen und Drosselklappen *s* versehen, wodurch die gereinigte und befeuchtete Luft in den Saal hineingetrieben wird. Diese Schlitze haben ungefähr 80 cm Länge und können, je nach Bedürfnis, mittels der Drosselklappen zwischen 10 und 40 mm geöffnet werden. An der gegenüberliegenden Seite des Schachtes *B* befindet sich der Luftabführungsschacht *C*. Durch die mit Drahtgitter bedeckten Öffnungen *g* gelangt die verbrauchte Luft in den Schacht *C*. Im Sommer entweicht die verbrauchte Luft durch die Fenster. Dabei wird die Klappe *K* geöffnet, so daß reine frische Luft, welche vor Eintritt in den Saal befeuchtet wird, in die verschiedenen Stockwerke gelangt. Vermittels eines großen Venti-

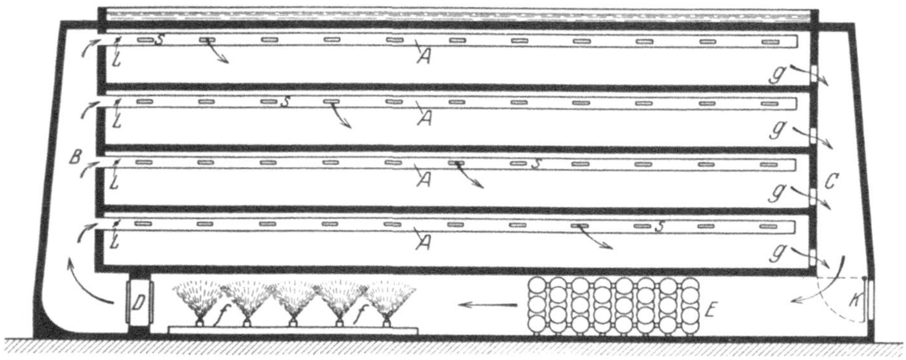

Abb. 16. Luftbefeuchtungsanlage.

lators *D* wird die frische, befeuchtete Luft in den Schacht *B* und von da aus in die Kanäle *A* getrieben. Jeder Kanal *A* ist vermittelst einer Drosselklappe *L* besonders regulierbar. Auch im Winter kann man einen Teil der Luft aus dem Freien beziehen, wenn man diese durch die Heizkörper *E* hindurchziehen läßt. Infolge des Erwärmens der Luft kann diese auch mehr Feuchtigkeit aufnehmen, sobald sie durch die Wasserzerstäuber *f* hindurchzieht. Soll die im Saale von Staub und Baumwollflug geschwängerte Luft gereinigt werden, so wird der Schieber *K* geschlossen, und die zu reinigende Luft wird infolge der Saugkraft des Ventilators *D* durch die Drahtgitter *g* und durch die Streudüsen *f* gezogen, wobei der in der Luft enthaltene Staub und Flug sich an den Wänden als eine dicke filzige Schicht absetzt. Dieselbe muß dann alle 2 bis 3 Monate entfernt werden. Eine derartig ausgeführte Anlage, wie sie aus der Abb. 16 zu ersehen ist, entspricht allen hygienischen Ansprüchen und gestattet auch unter irgendwelchen atmosphärischen Verhältnissen die gewünschte Luftbefeuchtung zu erzielen.

H. Der Spinnplan.

Die Verzüge an den Vorbereitungs- sowie an den Spinnmaschinen sind an bestimmte Gesetze gebunden, welche teils von der Belastung, teils von der zu bearbeitenden Baumwolle abhängen. Ein allzu großer Verzug erzeugt schnittiges Garn, ein allzu kleiner Verzug ist nicht wirtschaftlich. Von letzterem Standpunkt aus besehen sollte so viel wie möglich verzogen werden, denn auf diese

Weise werden Maschinen und Arbeitslöhne gespart. Wie aber aus der weiteren Behandlung jeder einzelnen Maschine ersichtlich sein wird, darf der Verzug nicht über eine gewisse Grenze hinausgetrieben werden. Der Leiter einer Spinnerei wird sich demnach an einen Spinnplan halten müssen, nach welchem der Betrieb zu arbeiten hat.

In den letzten Jahren haben sich verschiedene Spinnereien dazu entschlossen, die Verzüge so einzuteilen, daß sie den Mittelspuler entbehren können. Nach diesem Prinzip wird die Grobspule unmittelbar auf den Feinspuler aufgesteckt. In diesem Falle wird auf dem Feinspuler nicht dubliert. Es ist ja augenscheinlich, daß eine derartige Arbeitsfolge den Herstellungspreis des Garnes bedeutend verbilligt, andererseits ist es aber unvermeidlich, Schnitte im Faden zu erhalten. Einesteils müssen die Verzüge bedeutend größer genommen werden, als dies normalerweise der Fall sein sollte, andererseits läßt die Dublierung zu wünschen übrig. Um nun diesem letzteren Fehler etwas abzuhelfen, werden statt 3 Passagen-Strecken deren 4 angewandt. Bei vorzüglicher Kardierung kann eine derartige Arbeitsmethode für grobe und mittlere Nummern (bis zu Nr. 36 engl.) in Frage kommen.

Je nach der zu verarbeitenden Baumwolle und den erforderlichen Nummern muß jeder Spinnereileiter seinen Spinnplan selbst aufstellen, was nicht mit großen Schwierigkeiten verbunden ist, wenn man sich die Verzugs- und Dublierungsgrenzen sowie die Rentabilität vor Augen hält.

Es soll hier ein Spinnplan angeführt werden, welcher im Verlaufe der Bearbeitung dieses Werkes bei den Vorbereitungs- und den Spinnmaschinen benutzt werden soll. Dieser Spinnplan gibt die klassische Arbeitsmethode an, die von einer modernen Spinnerei ausgeführt wird und deren Garn einen ausgezeichneten Ruf besitzt. Alle angegebenen Nummern sind englisch.

A. Kettgarn.

Austretende Nummer	Eintretende Nummer	Totalverzug
10	2,50	4,—
12	2,50	4,80
18	3,50	5,14
20	3,50	5,71
24	3,50	6,86
27	5,—	5,40
30	5,—	6,—
32	5,—	6,40
36	5,—	7,20

B. Schußgarn.

Austretende Nummer	Eintretende Nummer	Totalverzug
10	2,50	4,—
12	2,50	4,80
14	2,50	5,60
16	2,50	6,40
18	3,50	5,14
20	3,50	5,71
24	3,50	6,86
28	5,— } Vorbereitung für Kette	5,60
36	5,—	7,20

Feinspuler (Kettgarn)
Austretende Nummern: 2,50 3,50 5,—
↓ ↓ ↓
Mittelspuler
Austretende Nummern: 1,25 1,35 1,85
↘ ↙ ↓
Grobspuler
Austretende Nummern: 0,55 0,70

Feinspuler (Schußgarn)
Austretende Nummern: 2,50 3,50
↓ ↓
Mittelspuler
Austretende Nummern: 1,25 1,35
↘ ↙
Grobspuler
Austretende Nummer: 0,55

↘ ↘ ↙

Strecken
III. Passage: Austretende Nummer = 0,15; Dublierung = 8
II. Passage: Austretende Nummer = 0,15; Dublierung = 8
I. Passage: Austretende Nummer = 0,15; Dublierung = 8
Krempeln Austretende Nummer = 0,17
Feinschläger Austretende Nummer = 0,001685 — 1 m Watte wiegt 350 g
Mittelschläger Austretende Nummer = 0,001552 — 1 m Watte wiegt 380 g
Öffner Austretende Nummer = 0,001404 — 1 m Watte wiegt 420 g

Zweiter Abschnitt.

Die Spinnereimaschinen und ihre Berechnungen.

A. Das Ballenmagazin und das Mischen.

Diesem Kapitel sollen erst einige Bemerkungen vorausgeschickt werden, welche für das Untersuchen der Baumwolle von Wert sind.

In jedem Baumwollballen, von jedweder Herkunft und von irgendeiner Qualität, zeigen die Fasern mannigfache Unterschiede untereinander, so die Form, die Dicke, das Gewicht, der Querschnitt und die Farbe der Faser. Die augenscheinlichsten Charakteristiken, wie Länge, Feinheit und Farbe werden vom Klassierer beim Verkauf oder Ankauf der Baumwolle geprüft. Daß die Fasern bei jeder Baumwollsorte keine einheitliche Länge haben, zeigt Abb. 17. Sie steigen von minimaler zu maximaler Länge auf. Infolgedessen ist es ausgeschlossen, die Spinnerei vom idealen Standpunkt aus zu betrachten, d. h. mit annähernd gleicher Faserlänge zu arbeiten. Durch vernünftiges Einstellen der Maschinen können die ganz kurzen Fasern, der sog. Flaum, abgesondert werden, wodurch man dem Ideal bedeutend näher kommt. Nun treten aber öfters Fehler auf, deren Ursprung in der Unregelmäßigkeit der Baumwolle zu suchen ist. Ein derartiger Fehler ist die Knotenbildung der Fasern, wodurch verdickte Stellen im Garn entstehen. Abgesehen von den Knoten, welche die Fasern bei schlecht geschliffenen Karden bilden können, sollen nur die Fehler betrachtet werden, welche von der Rohbaumwolle herrühren. Jede Beimischung eines Fremdkörpers kann Knoten hervorrufen. Bei der Egreniersägemaschine, welche die Fasern von den Samenkörnern abreißen soll, werden öfters letztere von der Säge zerkleinert. Ein solch winziges Stückchen Samenkorn rollt nun die Fasern um sich und bildet eine feste Masse mit den Fasern. Dieser Knoten geht ungehindert durch Schläger und Karden hindurch. Sie befinden sich meistens an der Oberfläche des Fadens und geben dem Gewebe ein gesprenkeltes Aussehen, welches nach dem Färben noch stärker zum Vorschein kommt.

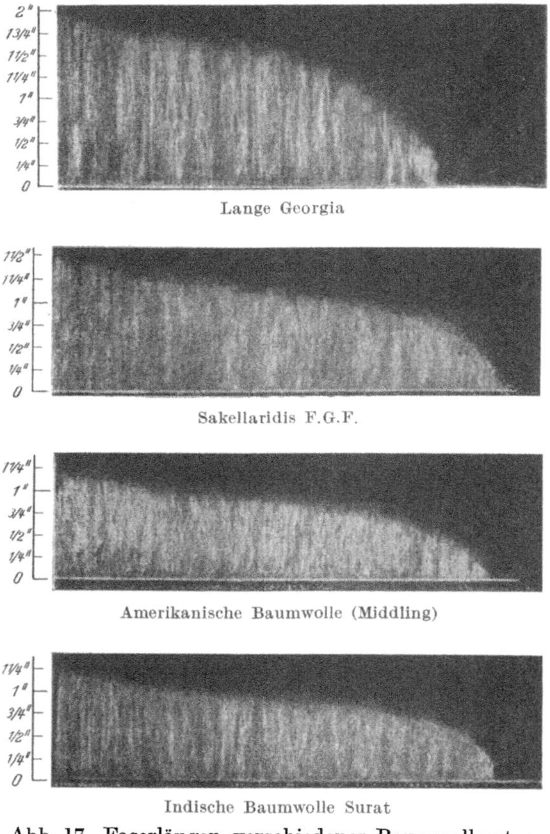

Abb. 17. Faserlängen verschiedener Baumwollsorten.

Auch das Vorhandensein von „toter Baumwolle“ in Ballen erzeugt Knoten. Unter toter Baumwolle versteht man unreife Fasern, welche beim ersten Anblick das Aussehen eines durchsichtigen, zu einem flachen Knäuel verschlungenen Bändchens haben. Die tote Baumwolle entsteht hauptsächlich durch Mangel an Sonne nach dem Aufspringen der Baumwollknospen. Da sie sehr wenig Zellulose enthält, nimmt sie auch keine Merzerisierung an. Auch die Farbe nimmt sie nicht so gut an wie normale Baumwollfasern, so daß tote Baumwollfasern, welche, nebenbei gesagt, die normale Länge haben können, im Gewebe sichtbar sind. Bis jetzt ist es noch nicht gelungen, die Anwesenheit toter Baumwolle im Gewebe zu vermeiden oder zu verschleiern.

Es können auch während des Egrenierprozesses noch andere kleinere Fremdkörper, wie zerkleinerte Pflanzenreste, welche sich mit Flaum umwickeln, zur Knotenbildung beitragen. Auch fremde Fasern, wie Jute, welche von der Verpackung der Ballen herrührt, verursachen denselben Fehler. Eine genaue Feststellung, ob die Knotenbildung von schlecht regulierten Maschinen herrührt, oder ob die Schuld an der Nachlässigkeit der Arbeiter liegt, oder ob die Baumwolle schon im Ballen mit solchen Knoten behaftet ist, kann mit Bestimmtheit nur durch das Mikroskop geschehen.

Beim Eintreffen eines Loses Baumwollballen werden diese sowohl auf ihre Qualität als auf ihr Gewicht geprüft. Die meisten Baumwollspinnereien haben an den Eingangshäfen Klassierer, welche ihnen die Gewichtsliste und die Klassierung des Loses übermitteln. Trotzdem soll jeder Ballen bei der Ankunft in der Spinnerei vom Betriebsleiter zwecks der vorzunehmenden Mischung auf die Qualität untersucht werden. Ein Los besteht gewöhnlich aus 50 oder aus 100 Ballen. Sobald ein solches in der Spinnerei ankommt, betrachtet man es, als wenn keine andere Baumwolle zu bearbeiten wäre wie nur dieses betreffende Los. Durch eine erste Klassierung werden diejenigen Ballen bestimmt, welche für die Kettmischung, und jene, welche für die Schußmischung in Betracht kommen. Hierbei werden 3 Fälle unterschieden:

1. Die erste Klassierung kann ergeben, daß die Kett- sowie die Schußmischung ohne weiteres gespeist werden kann,

2. kann es vorkommen, daß mehr Ballen für die Kettmischung vorhanden sind wie für die Schußmischung. In diesem Falle ist man gezwungen, Ballen, welche für die Kettmischung bestimmt waren, auszuschalten und in die Schußmischung zu bringen,

3. kann es der Fall sein, daß mehr Schußballen im Los vorhanden sind wie Kettballen, dann müssen Schußballen für die Kettmischung bestimmt werden.

Aus obenstehendem ist ersichtlich, daß notgedrungen die Ballen in 2 Klassen Kette und 2 Klassen Schuß eingeteilt werden müssen. Benennt man diejenigen Ballen, welche für die Kette bestimmt sind, mit *I* und *II*, und die Ballen für Schußmischung mit *III* und *IV*, so kommen in Kette *I* nur diejenigen Ballen, welche als Klasse zu hochwertig sind, um in die Schußmischung zu gelangen. Dagegen kommen in Schuß *IV* diejenigen Ballen, welche unter keinen Umständen in die Kettmischung gelangen dürfen. Somit wird es Kette *II* sein, welche gegebenenfalls die Schußmischung zu ergänzen hat, und andererseits die Ballen *III*, welche die Kettballen zu vervollständigen haben, falls von letzteren keine genügende Anzahl vorhanden ist. Die Ballen des ganzen Loses werden demnach zunächst auf Kette und Schuß klassiert, d. h. auf Stapel. Ballen, welche zu große Unterschiede im Stapel aufweisen, sollen nicht miteinander gemischt werden.

Nach der Einteilung der Ballen in die 4 Kategorien *I* bis *IV* werden sie in das Ballenmagazin verbracht, wo sie, je nach dem Resultat ihrer Klassierung, an dem für *I*, *II*, *III* oder *IV* bestimmten Orte aufgestapelt werden. Ist im Ballenmagazin genügend Raum vorhanden, so wird jede Marke für sich in einer Reihe aufgeschichtet. Dies erleichtert die jeweilige Kontrolle über die im Magazin vorhandene Ballenzahl. Die Draufsicht eines in solchem Sinne angelegten Ballenmagazins ist in Abb. 18 wiedergegeben. Zwischen zwei Reihen Ballen soll

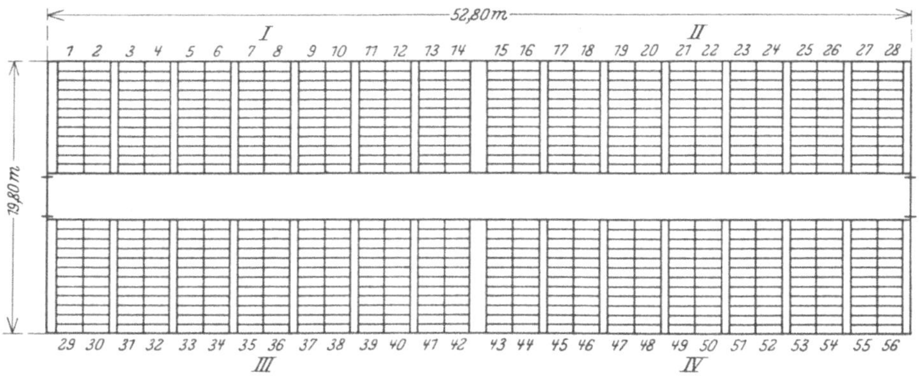

Abb. 18. Anlage eines Ballenmagazins.

ein Zwischenraum von mindestens 50 cm vorhanden sein, damit das Abzählen jeder Reihe erleichtert wird. Was die Kontrolle über die jeweils vorhandene Ballenzahl anbelangt, so ist es vorteilhaft, wenn sich der Betriebsleiter ein Kontrollbuch hält, welches ungefähr die in Abb. 19 angegebene Ausführung haben kann. Es ist übersichtlicher, wenn das Buch derart angelegt wird, daß auf der einen Seite die Ballen *I* und *II* voneinander getrennt, auf der anderen Seite *III* und *IV* aufgeschrieben werden können. In diesem Schema sind nur die Seiten für die Kettballen *I* und *II* angegeben, selbstverständlich muß die andere Seite die Bezeichnung *III* und *IV* für die Schußballen aufweisen. Oben wird die Firma eingetragen, welche das betreffende Los geliefert hat. In der folgenden Rubrik wird die Marke des Loses aufnotiert, z. B. EBJF oder ZCE usw. In der Rubrik „Klasse" werden die Bezeichnungen good middling oder strikt middling, je nach der Bewertung des Loses, aufgeschrieben. Die zur Mischung entnommenen Ballen werden auf der Linie 1 in roter Tinte eingeschrieben, die im Ballenmagazin verbleibenden mit gewöhnlicher Tinte auf Linie 2. Auf diese Weise hat man einen ständigen Überblick der im Magazin enthaltenen Ballen und kann jede Mischung genau verfolgen.

Soll nun z. B. eine Kettmischung vorgenommen werden, so wird eine entsprechende Anzahl Ballen aus den Reihen der Serien *I* und *II* in den Mischungsraum verbracht, wo die Ballen geöffnet werden. Dort wird dann jeder einzelne Ballen auf Klasse und Faser untersucht.

Es kommen folgende Punkte in Betracht:

1. Als Klasse:	Farbe,	Körner,
	Blätter,	Staub,
	Halme,	Sand.
2. Als Faser:	Länge,	Glanz,
	Feinheit,	Elastizität,
	Festigkeit,	Regelmäßigkeit,
	Geschmeidigkeit,	Flaum.

Baumwollballen.

I

														Gesamtzahl der Ballen
Lieferant														
Marke														
Klasse														
1. Übertrag														
2.														
1.														
2.														
1.														
2.														
1.														
2.														
Zu übertragen														

II

														Gesamtzahl der Ballen
Lieferant														
Marke														
Klasse														
Übertrag														
Zu übertragen														

Abb. 19. Schema zur Anlage des Kontrollbuches für Baumwollballen.

Falls der Stoff zum Bleichen bestimmt ist, kann von der Farbe mehr oder weniger Abstand genommen werden.

Je mehr Ballen zu einer Mischung verarbeitet werden, desto besser wird die Mischung ausfallen. Unter 20 Ballen sollte man keine Mischung vornehmen; 30 bis 40 Ballen liefern ein recht gutes Ergebnis. Als Grundsätze beim Anlegen einer Mischung sollen gelten: Die Baumwolle soll möglichst gleichmäßigen Stapel besitzen. Kräftige, rauhe Fasern sollen mit glatten für die Kettmischung zusammen verarbeitet werden, wogegen für Schußmischungen nur weiche und geschmeidige Baumwolle in Betracht kommen soll. Zeigen die Ballen Unterschiede in der Farbe, so sollen die Ballen derart gemischt werden, daß das Garn eine gleichmäßige Farbe erhält.

Je nach der Begutachtung des untersuchenden Betriebsleiters werden die Unterabteilungen mit 0, —, = und ≡ bezeichnet, wobei 0 die geringste und ≡ die beste Qualität bedeutet. Somit wäre also beispielsweise I≡ die allerbeste Klasse, wogegen I0 eine noch bessere Klasse aufweist als II≡. Mit Hilfe dieser Unterabteilungen 0 bis ≡ kann sich der Betriebsleiter am Schlusse der Untersuchung der 30 oder 40 Ballen ein genaues Bild von der Güte der im Mischraum vorhandenen Ballen machen und demgemäß seinen Mischplan entwerfen. Hält man sich beim Zusammenstellen der Mischung genau an die Grundsätze, nach denen sie angelegt werden soll, so ist ein gutes Ergebnis zu erwarten. Der Verfasser hat ausgezeichnete Erfolge erzielt, indem er jeden Ballen auf einem an der Wand des Mischraumes angebrachten schwarzen Brett numerierte. Dieses Brett hatte die Länge des von den Ballen eingenommenen Raumes. Der Arbeiter hatte dann nur den Zahlen nach die Schichten der betreffenden Ballen abzuheben und in den Ballenbrecher zu werfen. Es braucht wohl nicht besonders hervorgehoben werden, daß Ballen mit großen Differenzen im Stapel nicht zusammen gemischt werden dürfen, da man beim Einstellen der Zylinderstellungen der Streckwerke auf erhebliche Schwierigkeiten stoßen würde. Sollte man durch irgendwelche Umstände gezwungen sein, ungleichen Stapel oder Baumwolle von verschiedener Herkunft miteinander zu mischen, so wird man die kürzeren Fasern besonders in einem Mischungsverschlag unterbringen. Die eigentliche Mischung geschieht in diesem Falle auf dem Schläger, indem man z. B. 3 Öffnerwickel der Mischung *A* mit 1 Öffnerwickel der Mischung *B* auf das Lattentuch des Schlägers auflegt, wobei *A* die bessere Baumwollsorte, *B* die geringere ist. Auf diese Weise erreicht man ein gleichmäßiges Mischen der zwei verschiedenen Baumwollen. Man unterscheidet hiernach:

1. das Mischen im Verschlag,
2. das Mischen auf dem Schläger (auch Gattieren genannt).

Beim Anlegen der Mischungsverschläge soll nicht übersehen werden, daß einer, eventuell zwei davon zur Aufnahme der wieder zu verarbeitenden, aus der Spinnerei kommenden guten Abfälle dienen sollen. Die Mischungsverschläge sollen so angelegt sein, daß die abgelagerten Baumwollen leicht auf automatischem Wege in die Speiseregler der Öffner gelangen können. Das Transportieren der Baumwolle vermittels Korbwagen vom Mischverschlag zum Speiseregler ist nicht empfehlenswert, weil öfters durch Unachtsamkeit der Arbeiter der Speiseregler sich mehr oder weniger leert, was größere Unterschiede im Gewicht des Öffnerwickels ergibt. Es braucht ja nicht besonders erläutert werden, welchen ungeheuren Nachteil diese Nachlässigkeit auf die weitere Entwicklung des Arbeitsprozesses zur Folge hat. Für dieselbe Art Baumwolle sollen mindestens 2 Verschläge angeordnet werden.

Mischungsverschlag. Die Wände des Verschlages sind gewöhnlich aus 30 mm dicken und 55 bis 60 mm breiten Latten gebildet, die durch einen Zwischenraum von ungefähr 60 mm voneinander getrennt sind. Die Mischung selbst soll nicht auf dem Zementboden liegen, sondern auf einem zusammengefügten Holzboden. In der Mitte der dem Bedienungsgang zugewandten Seite befindet sich an jedem Verschlag eine verschließbare Türe, damit die Baumwolle unmittelbar auf das zum Speiseregler des Öffners führende Lattentuch aufgelegt werden kann.

Das Ablagern der Baumwolle im Mischungsverschlag hat nicht nur das Ziel der Gleichmäßigkeit der Garne im Auge, sondern es hat auch den Zweck, der Baumwolle die Saaltemperatur des Mischungsraumes zu erteilen. In letzterem soll die Temperatur immer 1 bis 2° C höher gehalten werden als im Saal der Schlagmaschinen, wodurch die Baumwolle getrocknet und den hygroskopischen Verhältnissen des Saales angepaßt wird, was die Reinigung der Baumwolle erleichtert. Gewöhnlich genügen 18 bis 19° C als Temperatur des Mischungsraumes.

Was die Größe der Mischungsverschläge anbelangt, so wurde früher nicht über 4 bis 4,5 m im Geviert gegangen, weil durch größere Abmessungen das horizontale Ausbreiten der Baumwolle erschwert werden sollte. Die Lattenverschläge können 3,5 bis 4 m Höhe erhalten. In neuerer Zeit wurden Mischverschläge mit 6 m im Geviert gebaut, und diese großen Verschläge haben zu einem guten Ergebnis geführt. Angenommen, ein Verschlag hätte als Innenmaße $6 \times 6 \times 4$ m, so wäre der Rauminhalt = 144 m³. Es kann nach des Verfassers Versuchen angenommen werden, daß ein Baumwollballen Louisiana von durchschnittlich 225 kg = $\sim$ 495 lbs Nettogewicht, welcher in gepreßtem Zustande $1{,}60 \times 0{,}60 \times 0{,}70$ m = 0,728 m³ besitzt, nach erfolgtem Durchlassen durch den Ballenbrecher einen Raum von 4,36 m³ beansprucht. Infolgedessen würden in oben bezeichnetem Verschlag von 144 m³ — $\frac{144}{4{,}36} = 33$ Ballen aufgestapelt werden können. Die dem Mischungsverschlag zugeführte Baumwolle darf nicht zu sehr zusammengepreßt werden, weil sonst die Luft nicht genügend durch die Baumwolle hindurchdringen kann und infolgedessen Temperatur- und Feuchtigkeitsunterschiede zwischen den inneren und äußeren Schichten der Mischung bestehen. Dieser Fehler macht sich später bemerkbar, denn derart unfachmännisch behandelte Baumwolle „griest" auf den Karden.

Gebräuchlichste Maße und Gewichte der Ballen.

	Gewicht lbs	Maße m	m	m
Amerikanische Ballen . .	495	1,60	0,60	0,70
Ägyptische Ballen (Mako).	700	1,30	0,80	0,55
Indische Ballen	400	1,25	0,55	0,42

Um die Baumwolle noch mehr zu lockern, als dies durch den Ballenbrecher geschieht, wird sie in letzter Zeit anschließend an den Ballenbrecher durch einen Crightonöffner gelassen, und von diesem aus erst gelangt das vollständig aufgelöste Gut in die Mischungsverschläge. In diesem gut aufgelockerten Zustande kann sich dann die Baumwolle der Saaltemperatur und den hygroskopischen Verhältnissen viel besser anpassen. Mit den Größenverhältnissen des Mischungsraumes sollte nicht zu sparsam umgegangen werden, falls es die Raumverhältnisse gestatten, lieber ein Mischfach mehr als zu wenig. Gewöhnlich genügt es, wenn die Baumwolle ungefähr eine Woche im Mischungsverschlag gelagert hat. Die Mischungsanlagen selbst mit Transportlattentüchern und Füllen der Lattenverschläge auf pneumatischem Wege soll hier nicht weiter erläutert werden[1].

[1] Vgl. dieses Handbuch II, 1.

Zweckmäßig ist es, im Mischraum selbst eine Waage von 500 kg Tragkraft einzubauen, damit die Ballen sowie die Verpackungs- und Reifengewichte kontrolliert werden können. Das Bestimmen des Nettogewichtes der Ballen hat den Vorteil, daß die spätere Garnberechnung hierdurch bedeutend erleichtert wird. Genaue Regeln zur Herstellung einer Mischung von gewissen Baumwoll-

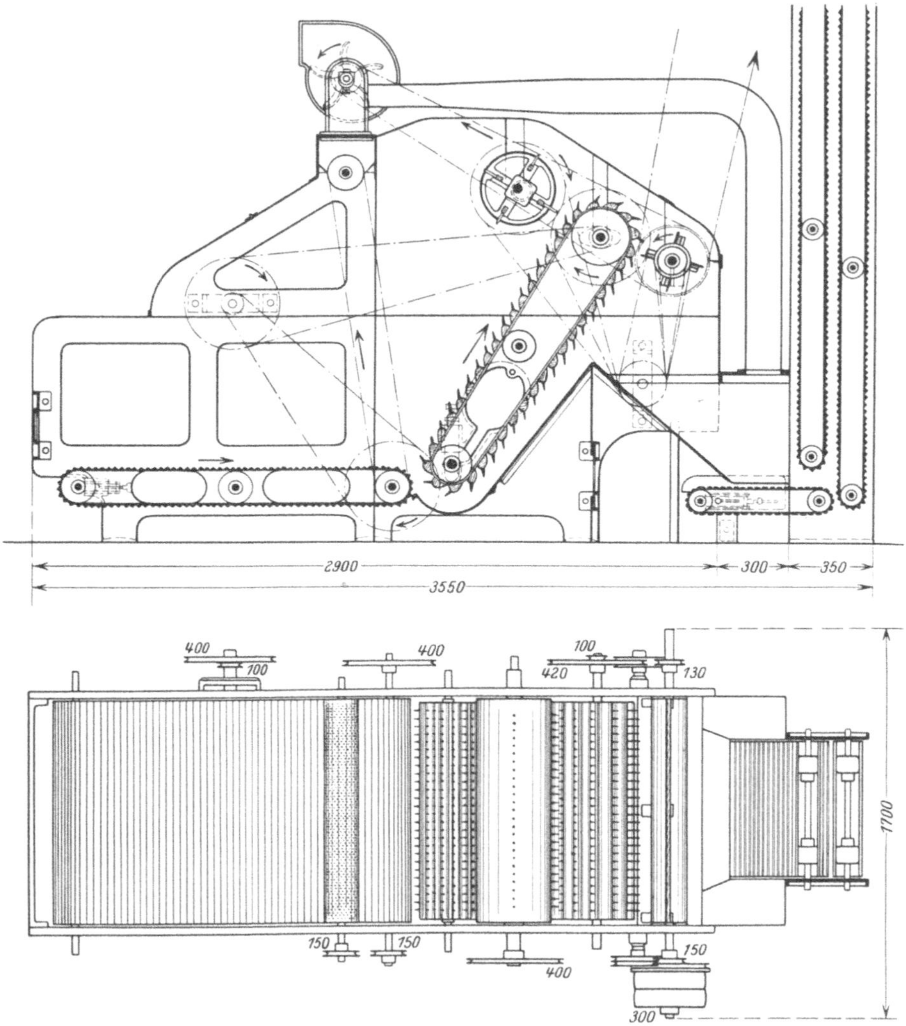

Abb. 20. Längsschnitt und Draufsicht eines Ballenbrechers.

sorten können nicht angegeben werden, da es Stoffe von ungefähr gleichem Stapel und beinahe gleicher Herkunft gibt, welche trotz gewissenhaftester Regulierung der Maschinen sich nicht zusammen verarbeiten lassen.

Abb. 20 stellt den Längsschnitt und die Draufsicht des Ballenbrechers der Elsässischen Maschinenbau-Gesellschaft, Mülhausen i. Els., dar. Die Maschine bezweckt, die zusammengepreßte Baumwolle zu Klumpen zu zerreißen, sie also einigermaßen aufzulockern. Der Ballenbrecher besteht aus einem Kasten, in welchem sich ein aufsteigendes Spitzenlattentuch befindet, dessen Spitzen die von einem horizontalen Lattentuch zugeführte, gepreßte Baumwolle flockenweise abreißen. Parallel zu diesem Spitzenlattentuch, an dessen oberen Teile, dreht in entgegengesetzter Richtung eine Spitzentrommel, welche 4 Reihen Spitzen besitzt. Letztere sind auf einem exzentrisch um die Spitzentrommelwelle befindlichen Vierkantblock befestigt, und zwar derart eingestellt, daß die Spitzen vollständig aus dem Trommelmantel hervorstehen, sobald sie sich gegenüber denjenigen des aufsteigenden Spitzenlattentuches befinden, wie dies deutlich aus der Abb. 20 zu ersehen ist. Die gegenüber liegende Spitzenreihe verschwindet in diesem Augenblick unter dem Trommelmantel und streift somit etwa hängengebliebene Baumwolle von der Spitzentrommel ab. Die Spitzen dieser Trommel und diejenigen des aufsteigenden Spitzenlattentuches sind 20 bis 25 mm voneinander entfernt, je nachdem man die Baumwolle mehr oder weniger gelockert wünscht. Dadurch, daß die Spitzentrommel entgegengesetzt zur Drehrichtung des Spitzenlattentuches dreht, wird die Baumwolle, da sie infolge ihrer Dicke den obenerwähnten Abstand von 20 bis 25 mm nicht durchlaufen kann, in den Kasten zurückgeschleudert. Nachdem die an dem Spitzenlattentuch anhaftende Baumwolle an der Spitzentrommel vorbeigekommen ist, wird sie von einem schnelldrehenden, mit 4 Lederstreifen versehenen Abstreifzylinder von den Spitzen losgelöst und über ein schräg liegendes Blech auf ein horizontales Lattentuch geworfen, von wo sie dann entweder in die Mischungsverschläge oder auch zuerst in einen Crightonöffner befördert wird, wie schon weiter oben erwähnt worden ist. Der durch Auflockern frei werdende Staub und Flaum wird vermittels eines Ventilators aus der Maschine abgesogen.

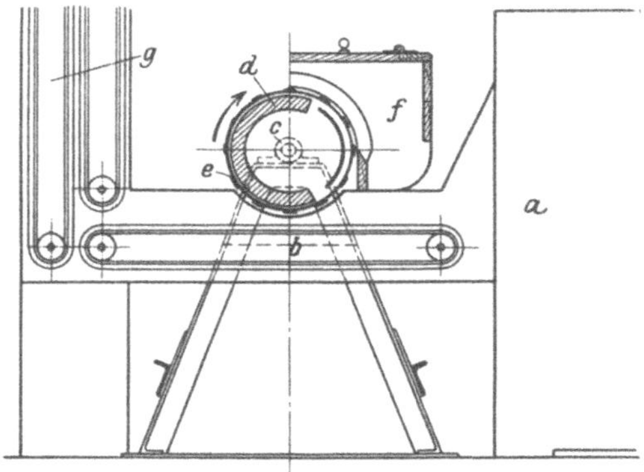

Abb. 21. Einbau der Elektromagnetwalze.

Die Hauptwelle des Ballenbrechers macht 350 Umdrehungen in 1 Minute. Bei dieser Geschwindigkeit und gegenseitiger Spitzenregulierung von 25 mm läßt die Maschine etwa 800 kg Baumwolle in 1 Stunde durch. In der Praxis spielt die Berechnung eines Ballenbrechers eine derart geringe Rolle, daß davon abgesehen werden kann. Die Hauptpunkte sind: Drehzahl der Hauptwelle, Regulierung der Spitzen und die Lieferung.

In den meisten Spinnereien werden die Ballenreifen mit einer Axt durchgeschlagen, obwohl zu diesem Zweck eine Reifenschneidzange verwendet werden soll. Das erstere Verfahren ist durchaus unzulässig, da öfters Blechteile oder Schnallen in die in der Nähe sich befindliche Baumwolle fliegen und dadurch Maschinenschäden und nicht selten Brände entstehen. Es kam früher dem Verfasser öfters vor, daß Stücke Blechreifen bis zum Vorreißer der Karden anstandslos durchgingen und diese unbrauchbar machten. Um diesem Übel abzuhelfen, wendet man neuerdings mit großem Erfolge die E l e k t r o m a g n e t w a l z e n an, welche am Ausgang des Ballenbrechers eingebaut werden. Eine solche Elektromagnetwalze leistet unschätzbare Dienste in einer Spinnerei. Über die Konstruktion derselben sei folgendes bemerkt: Auf einer feststehenden Welle sitzen durch Gleichstrom zu erregende Stahlguß-Magnetstücke, die etwas mehr als den halben Umfang der Walze einnehmen. Um diese magnetischen Elemente dreht sich auf der feststehenden Welle ein geschlossener Messingmantel. Das magnetische Feld umfaßt 180 bis 200° des Walzenumfanges und reicht von einem Seitenschild zum anderen, so daß die ganze Länge der Walze Arbeitsbreite ist. Zum besseren Verständnis ist die Magnetwalze in Abb. 21 wiedergegeben und eine photographische Aufnahme der Einbauanordnung einer solchen im Betrieb in Abb. 22 (Elektrizitätsgesellschaft „Colonia" m. b. H. aus Köln-Zollstock). In Abb. 21 ist *a* der Kasten des Ballenbrechers, von welchem die vom Abstreifflügel geschleuderte Baumwolle auf das horizontale Lattentuch *b* fällt. Über demselben ist die Elektromagnetwalze eingebaut. Die Magnetzone *d* dieser Walze zieht das in der Baumwolle befindliche Eisen aus, der umlaufende Messingmantel nimmt es mit hoch und wirft es am Ende der Zone in den Kasten *f* ab.

Selbst vollständig mit Baumwolle umwickelte Eisenteile werden von der Magnetwalze angezogen. Der Messingmantel dreht mit 50 bis 60 Umdrehungen in 1 Minute. Am einfachsten wird die Einrichtung, wenn man zur Herstellung

Abb. 22. Anordnung einer Elektromagnetwalze.

des Gleichstromes einen $^2/_4$pferdigen Dynamo benutzt, welcher unmittelbar von der Vorgelegewelle des Ballenbrechers angetrieben wird. — Auch für pneumatische Mischung kann die Elektromagnetwalze eingebaut werden.

B. Das Öffnen und Reinigen der Baumwolle.

Beschreibung der Putzereimaschinen. Man unterscheidet Horizontal- und Vertikalöffner. Letztere werden meist für stark gepreßte, sehr schwer zu lösende Baumwolle verwendet. Dem Horizontalöffner geht gewöhnlich ein Kastenspeiser voran, welchem die Aufgabe zufällt, dem Öffner eine auf der ganzen Breite gleiche Wattendicke vorzulegen. Überdies werden hier die Baumwollflocken kräftig aufgelöst, wie dies beim Ballenbrecher geschah. Abb. 23 zeigt einen Kastenspeiser der Elsässischen Maschinenbaugesellschaft, Mülhausen i. Els., und Abb. 24 den Längsschnitt dieser Maschine. Die Baumwolle gelangt von den Mischungsverschlägen her auf einem endlosen Lattentuch auf das

Lattentuch *a* in den geräumigen Kasten der Maschine, welches das Gut dem schräg nach oben geneigten Spitzenlattentuch *b* zuführt, an dessen oberen Teile sich eine in einem Ledermuff drehende Spitzentrommel *c* befindet, deren 6 Reihen Spitzen durch die im Leder *d* vorgesehenen Öffnungen austreten. Diese Spitzentrommel hat dieselbe Drehrichtung wie das Lattentuch *b*. Durch Annähern der Trommel an letzteres wird die Baumwolle besser aufgelöst, aber dafür wird die Wattendicke geringer. Die Maschine hat große Ähnlichkeit mit dem Ballenbrecher; bei diesem jedoch sind die Spitzen des aufsteigenden Lattentuches bedeutend stärker ausgeführt als bei dem des Kastenspeisers. Ein mit 4 Lederstreifen versehener Abstreifflügel *e* befördert die Baumwolle in den Raum *f*. Ein zweiter mit Lederstreifen versehener kleiner Abstreifflügel *g* sorgt dafür, daß die abgestreifte Baumwolle in den Raum *f* fällt und ein etwaiger Überschuß wieder in den Aufnahmekasten gelangt. Unter dem Spitzenlattentuch ist ein Rost angeordnet, durch welchen die durch das Zerpflücken der Baumwolle freiwerdenden Unreinigkeiten durchfallen. Am oberen Teile des Raumes *f* befindet sich ein Regulierungsblech *h*, welches mittels der Schraube *i* den Raum *f* für größeren oder kleineren Durchlaß aufnahmefähig macht.

Abb. 23. Ansicht eines Kastenspeisers.

Durch Hineindrehen der Schraube *i* wird die Auflage dünner, durch Herausdrehen wird sie dicker. Um stets eine gleichmäßige Wattendicke zu erhalten, muß der Aufnahmekasten immer gleich voll sein. Wird der Kastenspeiser mittels Lattentuch gespeist, welches unmittelbar über dem Blech *k* in den Kasten mündet, so drückt die in diesem sich herumwälzende Baumwolle auf das Blech *k*, wodurch ein Ledermuff oder auch eine Zahnkupplung ausgeschaltet wird und somit die ganze Zufuhr solange zum Stillstand bringt, bis das Blech *k* durch Verminderung des Druckes wieder nach vorne pendeln kann und dadurch die Kupplung und somit auch die Speisung wieder einschaltet. Liegt der Mischraum ein Stockwerk höher als der Kastenspeiser, so wird die Baumwolle durch einen rechteckigen Kanal in den Kasten geleitet. Am Eintritt des Kanales *m* in den Kastenspeiser befindet sich eine mit 4 Reihen Zacken versehene Welle *n*, welche langsam nach links dreht. (Wir bezeichnen allgemein mit Linksdrehung die Drehung entgegengesetzt des Uhrzeigersinnes, mit Rechtsdrehung die Drehung im Uhrzeigersinne.) Durch diese langsame Drehung von *n* wird die Baumwolle in den Kasten eingeführt. Ist der Kasten voll, so wird der Widerstand zu groß, um die Welle *n* zu drehen, und die Kupplung schaltet aus, wodurch *n* stillsteht und somit auch die Speisung. In Abb. 24 sind beide Ausführungen angegeben, selbstverständlich kommt nur eine in Frage. Der Antrieb des Kastenspeisers muß vom Öffner aus erfolgen, denn sobald durch Fertigstellung eines Wickels die

Speisung ausgeschaltet wird, muß auch das Spitzenlattentuch des Kastenspeisers seine Bewegung einstellen.

Von dem Raum *f* gelangt die Baumwolle auf ein kurzes, endloses Lattentuch *1* (siehe Abb. 25), welches die auf der ganzen Lattenbreite gleichmäßig verteilte Watte mit Hilfe dreier, mit großen gußeisernen Riffeln versehenen Walzen dem Speise- oder Einzugszylinder *2* zuführt. Letzterer ist geriffelt und in Gewinde geschnitten. Um die Baumwolle ziemlich nahe an das Öffnerorgan anpressen zu können, verwendet man Mulden *3*. Dadurch wird der Klemmpunkt nach vorn verlegt. Die Form des Schnabels der Mulde ändert sich je nach der Art der zu verarbeitenden Baumwollsorte. Die Mulde ist auf einer Schneide oder auch auf

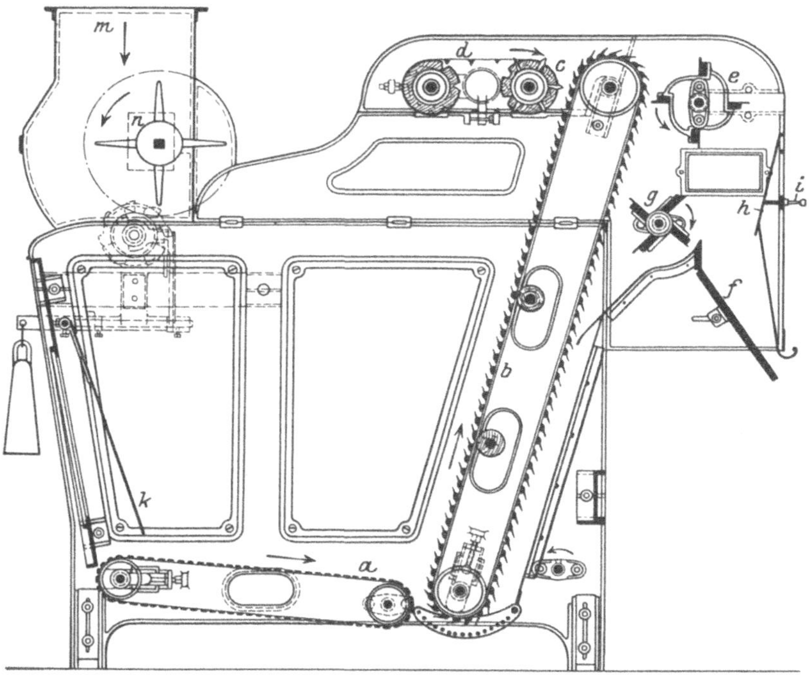

Abb. 24. Längsschnitt durch einen Kastenspeiser.

einer Achse drehbar gelagert, da dickere oder dünnere Stellen zwischen Speisezylinder und Mulde gelangen können. Das andere Ende der Mulde ist zu einem langen Hebelarm *4* ausgebildet, welcher mit einem Regulator *5* in Verbindung ist. Auf der ganzen Länge des Speisezylinders sind 16 Mulden (Finger) nebeneinander angeordnet. Am Ende jeden Muldenhebels ist ein kurzer Gußhebel angehängt. Diese 16 Hebel sind wieder unter sich vermittels Brücken und Kettengliedern verbunden, bis nur ein einziger Aufhängepunkt übrig bleibt (siehe Abb. 26). Und dieser ist an einem langen waagerecht liegenden Hebel angehängt, welcher mit einer Riemengabel verbunden ist. Diese steuert den Riemen der Konusse, welche meistens horizontal gelagert sind, einer über dem andern. Der untere Konus ist der treibende, während der obere mittels Schnecke, Schneckenrad und Zahnkupplung mit dem Speisezylinder in Verbindung ist. Beim Regulator des Schlägers sind die Konusse, aus konstruktiven Gründen, senkrecht gelagert. Der Zweck des Regulators ist, das Gewicht für 1 laufenden

Meter der an die Speisewalzen angepreßten Watte konstant zu erhalten. Gelangen nun eine oder mehrere dicke Stellen zwischen Mulden und Einzugs-

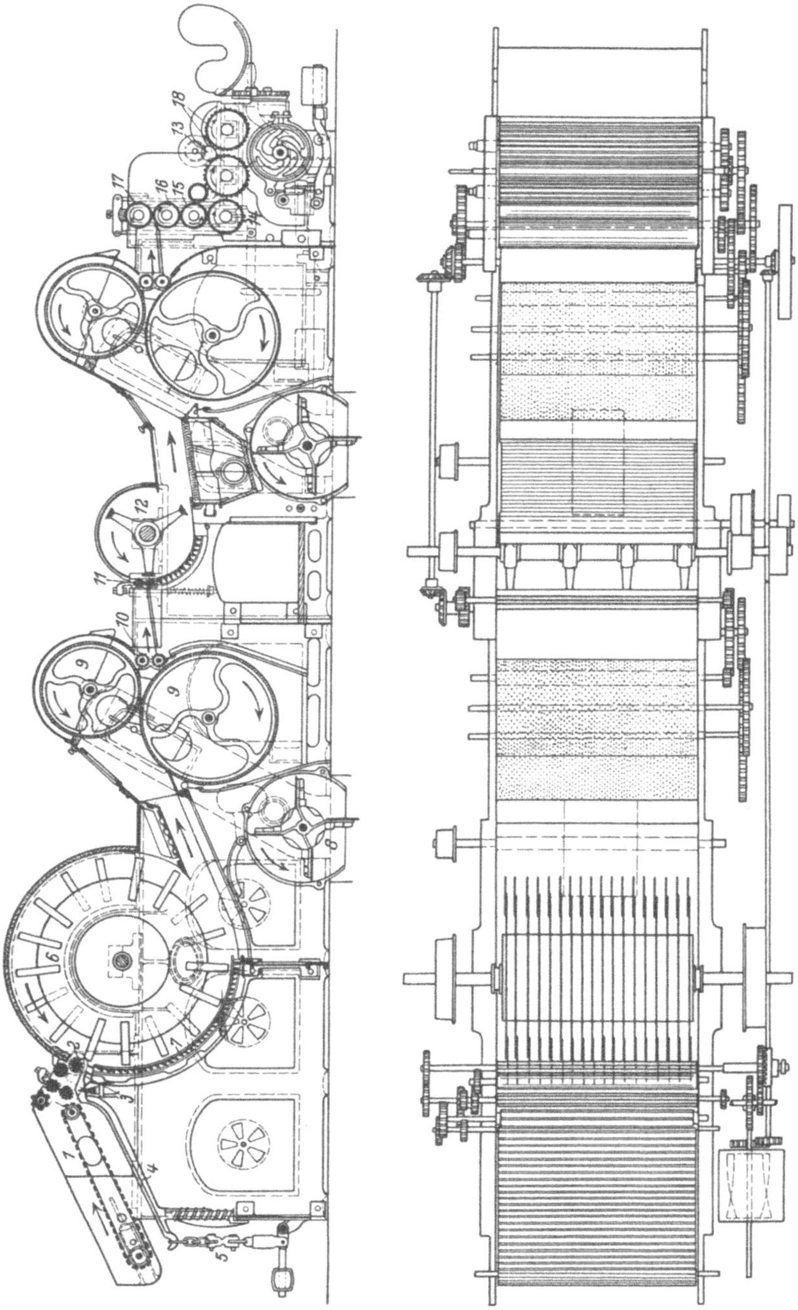

Abb. 25. Schnitt und Draufsicht eines Horizontalöffners mit Schläger und Wickelvorrichtung.

zylinder, so hebt sich das Ende des betreffenden Muldenhebels in die Höhe, was durch Vermittlung des langen waagerechten Hebels und der übrigen Gestänge die Riemengabel der Konusse derart beeinflußt, daß der obere Konus seine Geschwindigkeit verlangsamt und somit auch die Umdrehungszahl des Einzugszylinders verringert. Tanzt der Konusriemen hin und her, so ist dies ein Zeichen, daß die vorgelegte Watte recht ungleichmäßig ist und daß demgemäß der Kastenspeiser untersucht werden muß. Übrigens ist es bedeutend vorteilhafter, den Einzugszylinder sehr langsam drehen zu lassen und eine dicke Vorlage zu geben, um das gewünschte austretende Wattengewicht zu erhalten, denn dadurch läßt man dem Einzugszylinder genügend Zeit, sich rechtzeitig vom Regulator beeinflussen zu lassen. Dreht dagegen der Einzugszylinder schnell bei einer dünnen Vorlage, so ist die verdickte oder verdünnte Stelle schon längst an den Siebtrommeln angelangt, wenn der Einzugszylinder anfängt, sich auf diese fehlerhafte Stelle in der Vorlage einzustellen.

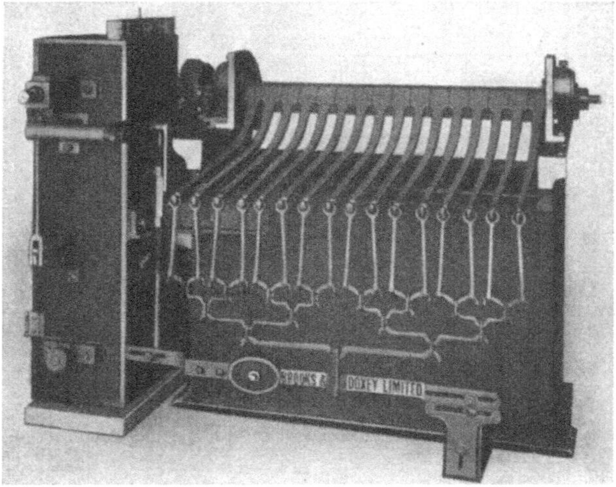

Abb. 26. Speiseregler.

Der Speisezylinder führt nun die Baumwolle dem Schleuderorgan zu, d. h. der mit Stahlnasen besetzten Öffnertrommel *6*. Diese hat einen Durchmesser von ungefähr 1 m und macht 500 Umdrehungen in der Minute. Diese Öffnertrommel hat den Zweck, die mit Unreinigkeiten versehenen Baumwollbatzen gegen die Roststäbe *7* zu schleudern, wobei die zusammengeballten Flocken sich öffnen und die größeren Unreinigkeiten durch den Rost fallen. Der Rost ist exzentrisch zur Trommelwelle, weil die Baumwolle, je mehr sie geöffnet wird, ein desto größeres Volumen einnimmt. Wäre der Rost konzentrisch, so würde sich die Baumwolle am unteren Teile des Rostes anstauen. Auch wird der Abstand der Roststäbe voneinander immer geringer nach unten hin, da die größeren Unreinigkeiten und Flocken eher von der Trommel fortgeschleudert werden als die spezifisch leichteren. Baumwolle, die nicht abgeschleudert wird, streift ein Messer, das 2 bis 3 mm von der Trommel absteht, ab. Ein Ventilator *8*, der die Luft durch 2 Seitenkanäle aus den beiden Siebtrommeln *9* saugt, zieht die Baumwolle an. Staub und Flaum werden durch die Siebtrommeln hindurch nach dem Staubkeller abgeleitet. Nachdem die Watte zwischen den beiden langsam drehenden Siebtrommeln hindurchgeführt worden ist, wird sie von den Auszugszylindern *10* erfaßt und dem Speisezylinder *11* des Schlägers *12* vorgelegt. Zumeist wird heutzutage der Öffner mit Schläger vereinigt gebaut. Abb. 27 zeigt eine Vereinigung von Kastenspeiser, Horizontalöffner, Schläger und Wickelapparat. Auch bei dem Schläger liegt der Speisezylinder auf Mulden und zwischen letzteren und dem Speisezylinder besteht nur ein Abstand von $^1/_{10}$ mm. Die Enden der Muldenhebel sind nicht mit einem Regulator verbunden, sondern sind als Gewichte ausgebaut. Es wiederholt sich nun derselbe Arbeitsvorgang wie beim Öffnen, d. h. es bestehen dieselben Organe, Schleuderorgan, Rost, Ventilator, Siebtrommel und Auszugszylinder. Jedoch wirkt das Schleuderorgan weniger kräftig wie beim Öffner, statt einer mit Stahlnasen besetzten Trommel haben wir hier einen aus 2 oder 3 Schienen bestehenden Schläger, welcher bei einem Durchmesser von 430 mm und 3 Schienen etwa 1000 Umdrehungen macht. Hier wird also die Baumwolle bedeutend schonender behandelt als vorher. Um nun diese einigermaßen gereinigte Baumwolle zu sammeln, wird die aus dem Auszugszylinder austretende Watte in Wickelform aufgerollt. Diese Wickel müssen unter Druck hergestellt werden, um möglichst viel Baumwolle auf die Hülse, die „Seele" *13*, Abb. 25, aufzuwickeln. Damit die einzelnen Lagen des Wickels nicht aneinander kleben, werden diese auf beiden Seiten geglättet. Dies geschieht mittels der Kalanderwalzen, von denen, der Reihenfolge nach, die Umfangsgeschwindigkeit der einen Walze größer ist als die der anderen. So ist die Umfangsgeschwindigkeit der Kalanderwalze *14* größer als diejenige von *15*, diese wiederum größer als *16* und letztere größer als *17*. Sämtliche Kalanderwalzen stehen unter hohem Druck. — An jedem Wickelapparat muß ein Zählwerk vorhanden sein, damit die aufgewickelte Länge immer gleich bleibt. Dieses Zählwerk besteht aus 2 ineinander greifenden

Abb. 27. Kastenspeiser, Horizontalöffner kombiniert mit Schläger und Wickelapparat.

Zahnrädern, deren Zähnezahl nicht durcheinander teilbar sind, z. B. 70 und 31. An dem einen Zahnrad ist eine Nase befestigt, welche in den Schlitz der anderen paßt und dadurch beide auseinander drückt, sobald die beiden gleichen Punkte aufeinander stoßen. An dem einen Zahnrad des Zählwerkes ist ein Hebel befestigt, der mit der die Kalanderwalzen treibenden Welle in Verbindung ist. Sobald ausgeschaltet wird, steht auch das aufsteigende Spitzenlattentuch des Kastenspeisers still, desgleichen die Einzugszylinder von Öffner und Schläger sowie deren Siebtrommeln und die Kalanderwalzen, dagegen setzen die schnelllaufenden Organe ihre Bewegung unverändert fort. Die Wickelwalzen *18* drehen weiter und reißen demnach den Wickel ab. In neuerer Zeit werden die schnellaufenden Teile auf Kugellagern gelagert, wodurch eine bedeutende Kraftersparnis erzielt wird.

Wenn von der Seite des Antriebes die Rede ist, so stellt man sich nach der Richtung zu, wie die Baumwolle ihren Weg nimmt, also in unserem Falle hinter den Kastenspeiser, so daß der Wickelapparat vor einem sich befindet. Dann ist Linksantrieb linker Hand, Rechtsantrieb rechter Hand. Dies Prinzip gilt allgemein für die Putzereimaschinen, für Karden und Strecken. Um die Antriebsseite der Spulen zu bestimmen, stellt man sich vor die Spindeln.

Voröffner. Allgemein wird dem Crightonöffner ein Voröffner vorgebaut, wie er in Abb. 28 abgebildet ist. Der Voröffner selbst wird von einem Kastenspeiser gespeist. Er kann auch mit einem pneumatischen Horizontalöffner verbunden sein, und zwar mit Röhren und gegebenenfalls dazwischen gelagerten Staubkästen. Das Öffnerorgan hat einen Durchmesser von 610 mm und besteht, wie beim normalen Horizontalöffner, aus einer Anordnung von 12 Scheiben, welche mit derart versetzten Stahlnasen versehen sind, daß die ganze dargebotene Baumwollfläche bearbeitet wird. Vom Kastenspeiser aus gelangt die Baumwolle auf ein endloses Lattentuch, welches sie einem Paar mit großen Rillen versehenen gußeisernen Walzen darbietet. Unter dem Öffnerorgan befindet sich ein Rost zum Durchfallen der groben Unreinigkeiten. Ist der Voröffner an einen Crightonöffner angeschlossen, so ist er mit einem Regulator verbunden, welcher in derselben Weise arbeitet wie der des horizontalen normalen Öffners. Auch

Abb. 28. Voröffner.

hier sind 16 Mulden unter dem Einzugszylinder vorhanden, welche das Gut an die Speisewalze anpressen. Mittels eines Verbindungsrohres wird die Baumwolle vom Crightonöffner angesogen.

Crightonöffner. Abb. 29 zeigt einen doppelten Crightonöffner mit Schläger und Wickelapparat vereinigt. Wie schon früher erwähnt wurde, ist dieser Öffner vorteilhaft zum Reinigen von stark gepreßter, schwer zu lösender Baumwolle, leistet also wertvolle Dienste bei indischer Baumwolle. Aber auch Louisiana und geringe ägyptische Baumwolle können bei nicht zu dicker Auflage hier vorzüglich gereinigt werden, ohne dabei die Fasern zu beschädigen. Das Öffnerorgan des Crighton besteht aus einer senkrecht stehenden Welle, Abb. 30, auf welcher 7 Scheiben befestigt sind, deren unterste den kleinsten und deren oberste den größten Durchmesser besitzt. Auf diesen Scheiben sind Stahlnasen festgenietet, welche an Zahl zunehmen, je größer die Scheibe wird. Die Anzahl Schlagnasen bei 7 Scheiben sind, von unten an gerechnet: 4 — 4 — 6 — 8 — 9 — 11 — 11. Die Umfangsgeschwindigkeit und somit auch die Schlagkraft nimmt nach oben zu, je mehr also die Baumwolle aufgelöst wird. Nach Abb. 30 wird die Baumwolle vom Voröffner *C* aus nach der ersten Schlagscheibe *F* gezogen. Durch die Drehung der Vertikalwelle werden die Baumwollbatzen an den Rost H geschleudert. Die Baumwolle wird von den Schlagnasen gelöst, steigt nach oben und, da durch das Auflösen das Gewicht desselben Volumens

Abb. 29. Doppelter Crightonöffner mit Schläger und Wickelapparat.

kleiner wird, müssen die oberen Schlagnasen schneller drehen, damit die Energie der Baumwolle überall dieselbe ist. Dies ist der Grund der konischen Ausführung des Öffnerorgans. — Der Rost kann verschiedenartig hergestellt sein: entweder

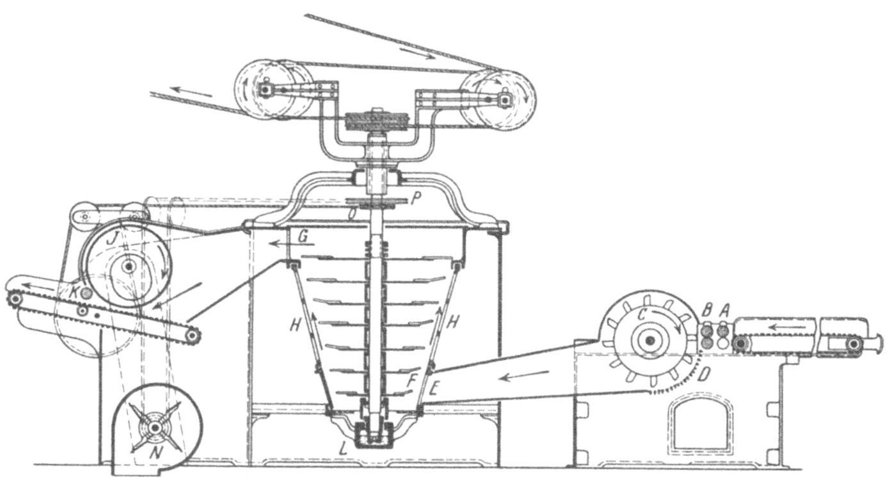

Abb. 30. Öffnerorgan des Crighton.

aus durchlöchertem Blech mit halbdurchstanzten, aufgelappten Löchern oder man hat dreieckige Stäbe, welche aber den Nachteil haben, daß ihr gegenseitiger Abstand voneinander unten kleiner ist wie oben. Daher zerlegt man in diesem Falle den Rost in 3 Teile und verbindet diese durch Stäbe. Weiter hat man Röhrenroste; diese haben Löcher, welche von innen schräg nach außen gelangen. —

Die Vertikalwelle ist oben in einem langen Halslager gelagert, unten in einem sorgfältig ausgeführten Fußlager. — Da die Welle mit 800 Umdrehungen läuft, muß ein Heißlaufen vermieden werden. — Die Konstruktion des Lagers ergibt sich aus der Abb. 31. Darin ist:

A der Lagerkörper	*I* die Gußbüchse
B der Wasserbehälter	*K* u. *L* die Deckel
C der innere freie Raum	*M* das Wasserrohr
D die Büchse des Fußlagers	*N* das Schmierrohr
E der Vierkantfuß	*P* der Regulierungshebel
F u. *G* die Zapfen	*O* die Regulierungsschraube
H die Linse	

Vermittels des Hebels *P* kann die Welle gesenkt oder gehoben und dadurch die Nasen dem Roste näher oder ferner gebracht werden. Die Entfernung der untersten Nase vom Rost ist 15 mm, die der obersten Nase = 30 mm. Dies ist

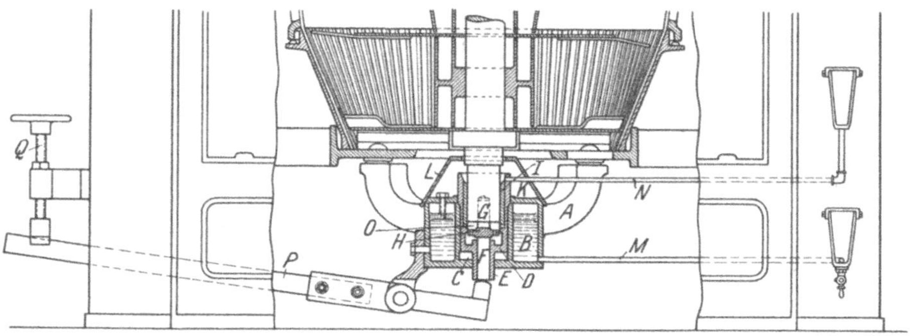

Abb. 31. Fußlager der Vertikalwelle des Crightonöffners.

die mittlere Stellung. Die untersten Nasen können nun mittels *P* bis zu 4 mm vom Roste gebracht werden, oben bis zu 20 mm, andererseits lassen sich die Nasen vom Roste 22 mm unten und 40 mm oben entfernen. Je länger der Stapel ist, desto mehr müssen die Nasen vom Roste entfernt werden. Der Zwischenraum ist mit Baumwolle angefüllt, welche nach und nach in die Höhe steigt. Sind die Nasen sehr nahe am Rost, so klemmen sich die Flocken zwischen Rost und Nase und werden auseinander gerissen. Nachdem die gelösten Baumwollflocken an der obersten Scheibe angelangt sind, werden sie von einem Luftstrom, welcher vom Ventilator *N* herrührt (siehe Abb. 30), an die Siebtrommel *J* gesogen, und mit Hilfe des Abstreifzylinders *K* und des darunter befindlichen Lattentuches wird die Baumwolle dem Einzugszylinder des angebauten Schlägers zugeführt. Die im Crightonöffner aufgelöste Baumwolle kann auch unmittelbar von *G* aus in einen zweiten Crightonöffner geleitet werden, sollte das Gut viele Unreinigkeiten enthalten. Wie schon beim Mischen erwähnt wurde, kann die im Crightonöffner bearbeitete Baumwolle nach dem Austritt aus diesem auch in die Mischfächer abgeleitet werden.

Schläger. Um die vom Öffner hergestellte Watte noch besser zu reinigen und sie zu vergleichmäßigen, werden 4 Öffnerwickel auf das Lattentuch des Mittelschlägers aufgelegt. Diese 4 übereinander gelegten Watten werden nun wiederum zwischen Einzugszylinder und den darunter befindlichen Mulden erfaßt und dem Schläger zugeführt. Dieser kann 2- oder 3armig sein. Der zweiarmige Schläger verlangt eine größere Umdrehungszahl als der dreiarmige, andererseits behandelt er die Baumwolle schonender wie der dreiarmige. Die Konstruktion des Schlägers ist genau dieselbe, wie wir sie beim Horizontalöffner gesehen haben, nur mit dem Unterschied, daß die Mulden des Einzugszylinders auf einen Regulator einwirken, dessen Konusse senkrecht stehen, wie dies deutlich aus Abb. 32 zu ersehen ist. Zwischen dem 3schienigen Schläger und den Siebtrommeln sind 3 Staubkästen angeordnet, in welchen sich Flaum und Staub ansammelt. — Mittelschläger und Feinschläger besitzen dieselbe Bauart, höchstens kann bei diesen beiden Maschinen ein Unterschied im Verzug vorkommen. Vier von dem Mittelschläger hergestellte Wickel werden auf dieselbe Art und Weise, wie oben angegeben, auf den Feinschläger aufgelegt. Somit ist der vom Feinschläger erzeugte Wickel schon 16mal dubliert.

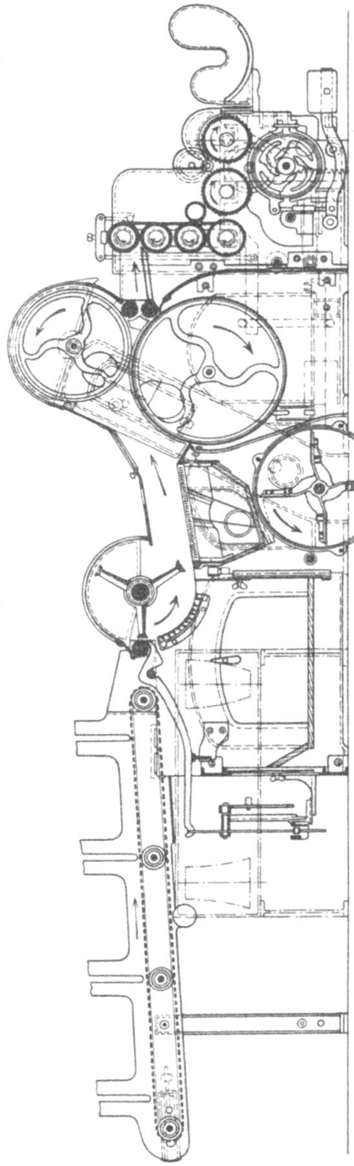

Abb. 32. Längsschnitt durch einen Schläger.

1. Theorie und Einzelheiten der Putzerei.

Das Öffnen der Baumwolle geschieht durch Schleudern der Baumwollbatzen an einen harten Gegenstand. Dadurch zerschellen diese Flocken und die darin befindlichen Unreinigkeiten werden frei. Als Schleuderorgan benutzt man beim Öffner eine mit gehärteten Stahlmassen besetzte Trommel. Da eine Nase an die Stelle der vorhergehenden in ungefähr $^1/_{12}$ sec gelangt und infolge der schraubenförmigen Anordnung der Nasen der Abstand einer Nase zur nächstliegenden in $^1/_{142}$ sec durchlaufen wird, so können wir die ganze Trommel als eine rauhe Fläche betrachten, an welcher die Baumwolle haftet. Der harte Gegenstand wird als Rost ausgeführt, wobei die Roststäbe einen dreieckigen Querschnitt haben. Die Trommel schleudert die Baumwollbatzen gegen die Kanten der Roststäbe, wodurch die frei gewordenen Unreinigkeiten durch den Rost in den Abfallkasten fallen. Aber auch die Baumwolle hat das Bestreben, zwischen den Roststäben durchzufallen, sie wird jedoch daran vom Luftstrom verhindert, welcher durch die Zwischenräume des Rostes, durch die Siebtrommeln und durch die Seitenkanäle nach dem Staubkeller zieht. Ist der Abfallkasten vollständig geschlossen, so kann der Ventilator nicht genügend Luft durch die Roststäbe saugen und die guten Fasern fallen in den Abfallkasten. Andererseits werden zu wenig Unreinigkeiten ausgeschieden, wenn der Lufzug zu groß ist, sei es durch zu große Umdrehungsgeschwindigkeit des Ventilators, sei es durch zu große Öffnungen im Abfallkasten. Um demnach ein gut gereinigtes Gut zu erhalten, muß das richtige Verhältnis zwischen Luftzug und Schleuderkraft der Trommel gefunden werden. Je länger die zu bearbeitenden Fasern sind, desto schonender muß die Baumwolle behandelt werden, in anderen Worten: Die Schleuderkraft der Trommel muß verringert werden. Dies erzielt man dadurch, daß auf die Trommel weniger Reihen Nasen zu sitzen kommen, oder auch, daß man die Umdrehungszahl einer normalen Trommel verringert. Leichte Unreinigkeiten, wie Staub und Flaum, werden vom Ventilator durch die Siebtrommeln nach dem Staubkeller abgeleitet. Auch wird schon eine reichliche Menge davon in den zwischen Schleuder und Siebtrommeln eingebauten Staubkästen gesammelt. Feuchte Baumwolle ist schwierig zu reinigen, da die Adhäsion zwischen Staub und Faser beträchtlich ist.

Die Zuführung der Baumwolle kann entweder auf mechanischem oder auf pneumatischem Wege erfolgen. Bei der ersteren Art dienen dazu Lattentuch und Zylinder. Letztere besorgen die Zuführung des Gutes an das Schleuderorgan. Es ist darauf zu achten, daß die Baumwollflocken schon aus dem Klemmpunkt heraus sind, wenn das Schleuderorgan sie erfaßt.

Der Abstand des Schleuderorgans vom Speisezylinder ist beim Öffner:

4 ÷ 6 mm für indische Baumwolle
6 ÷ 9 mm „ amerikanische „
9 ÷ 11 mm „ ägyptische „

Nun müssen aber die Zylinder, welche das Gut an das Schleuderorgan heranbringen, einen gewissen Durchmesser haben, damit kein Durchbiegen möglich ist. Je größer der Durchmesser, desto größer wird auch die Entfernung zwischen Klemmpunkt und Schleuderorgan. Dadurch wird die Baumwolle früher losgelassen und die Geschwindigkeit, mit welcher das Gut gegen die Roststäbe geschleudert wird, erleidet eine Verringerung. Um den Klemmpunkt dem Schleuderorgan zu nähern, verwendet man Mulden. Diese letzteren haben den Nachteil, daß der Druck vermindert wird, wenn eine dicke Stelle kommt. Für sehr langstapeliges Material sollen Mulden nicht zum Klemmen verwendet werden. In diesem Falle geht die Baumwolle vom endlosen Lattentuch aus zwischen Mulde und Zylinder durch, und vor diesen befindet sich ein Zylinderpaar, welches die Baumwolle an das Schleuderorgan anpreßt, siehe Abb. 33. Hierbei dienen

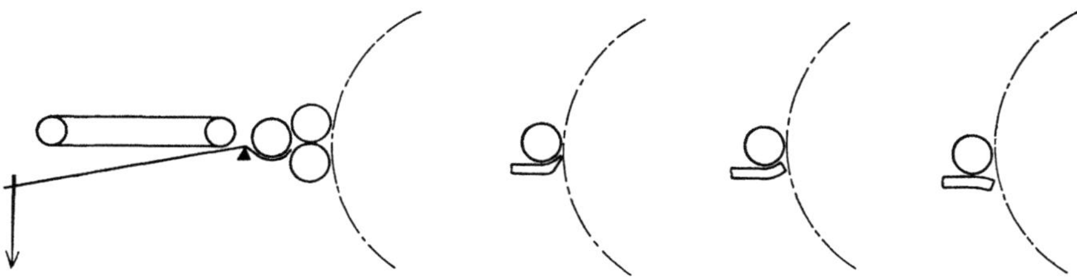

Abb. 33. Abb. 34. Abb. 35. Abb. 36.

Abb. 33 bis 36. Zylinderzuführung und Preßmuldenzuführung an das Schleuderorgan für die verschiedenartigen Baumwollsorten.

die Mulden bloß zum Regulieren der Einzugsgeschwindigkeit der zu reinigenden Baumwolle.

Je nach der Baumwollsorte haben diese Klemmulden verschiedene Formen. Für die *indische Baumwolle* verwendet man wegen der kleinen Unreinigkeiten und der kurzen Fasern die Mulde Abb. 34, für die *amerikanische Baumwolle* wegen der gröberen Unreinigkeiten die Mulde Abb. 35, wogegen für *ägyptische Baumwolle* die Mulde Abb. 36 zur Anwendung kommt. Bei dieser letzteren nimmt die Muldenlippe wegen der langen Fasern die Kreisform an.

Soll der Klemmdruck berechnet werden, so verfahren wir folgendermaßen: Nach Abb. 37 ist

$$x \cdot c = Q \cdot a + G \cdot b\,,$$

wobei G das Eigengewicht des Hebels ist und b die Entfernung des Schwerpunktes des Hebels vom Drehpunkt.

$$x = \frac{Q \cdot a + G \cdot b}{c}\,.$$

x zerlegt sich in 2 Komponenten. Die eine Kraft wird aufgehoben durch die Lagerung des Zylinders. Nun ist

$$\frac{N}{x} = \cos\alpha\,.$$

α macht man gleich 45^0. Somit:

$$N = x \cdot \cos\alpha = \frac{x}{2}\sqrt{2}\,.$$

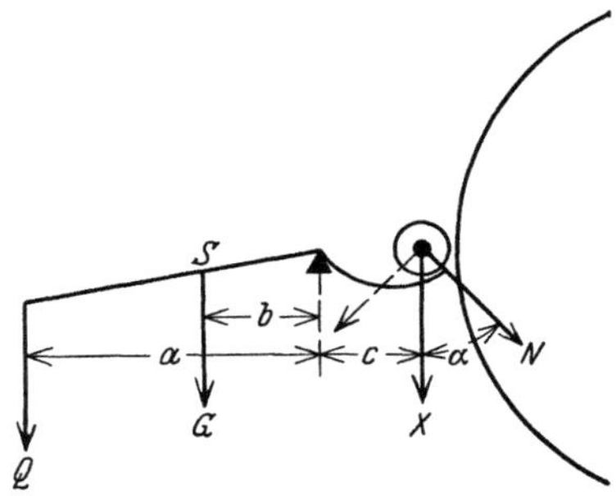

Abb. 37. Schema zur Berechnung des Klemmdruckes.

Die Flügel werden 2- oder 3armig ausgeführt. Erstere haben den Nachteil, daß sie eine große Umdrehungszahl erfordern. Es gibt Praktiker, welche einen 3armigen Flügel auf den Mittelschläger nehmen und den 2armigen auf dem Feinschläger verwenden. Nach ihrer Auffassung soll man am Anfang so viele Unreinigkeiten herausholen, als möglich ist. Andere nehmen zuerst den 2armigen Flügel und erst auf dem Feinschläger den 3armigen, weil man zu den groben Unreinigkeiten weniger Geschwindigkeit gebraucht wie zu den geringeren.

Um vom Unterschied zwischen Öffner- und Schlägerorgan sich ein genaues Bild machen zu können, sei folgendes gesagt:

Auf dem Umfang des Öffnerorgans von 1,05 m Durchmesser befinden sich 17 Stahlnasen, gewindeförmig versetzt, angeordnet, so daß bei einer Umdrehung nur eine der 17 Stahlnasen an denselben Punkt gegenüber des Einzugszylinders gelangt, jedoch alle 17 Nasen zusammen bei einmaliger Umdrehung des Öffnerorgans die ganze Fläche beim Speisezylinder berühren, welche sich zwischen 2 Nasenreihen befindet. Da der Öffner bei diesem oben genannten Durchmesser 500 Umgänge macht, so kommt also jede $^1/_{12}$ sec eine Schlagnase an denselben Ort und jede $^1/_{142}$ sec wird eine Schlagnase den Peripherieweg zur nächstfolgenden zurücklegen.

Unter dem Öffnerorgan ordnet man möglichst viele Roststäbe an, damit die Baumwolle ordentlich geöffnet und gereinigt wird. Zu diesem Zwecke wird bei vielen Konstruktionen der Klemmpunkt so hoch wie möglich gelegt. Das Öffnerorgan rakelt sozusagen die Baumwolle ab, es durchzieht die dargebotene Watte wie ein Rechen und zieht die Flocken heraus. Eine herausgezogene Flocke wird von einer Stahlnase erfaßt und an den nächstliegenden Roststab geschleudert. Der schwerste Teil der vorhandenen Unreinigkeiten fällt heraus und der Luftzug zieht die Flocke gegen die Siebtrommeln zu. Aber schon wird sie wieder von einer anderen Stahlnase erfaßt und gegen einen tiefer gelegenen Roststab geschleudert. Das Spiel wiederholt sich solange, bis die Flocke an dem untersten Roststab angelangt ist und endlich an die Siebtrommeln angesogen werden kann. Selbstverständlich wird der Weg der Flocke nicht senkrecht zur Trommelachse sein, sondern er wird einen spitzen Winkel zu derselben bilden. Infolgedessen kann von einer wirklichen Volumenvergrößerung nicht gesprochen werden; auch gestatten die vorhandenen Zwischenräume zwischen den einzelnen

Scheiben, aus welchen die Trommel besteht, nicht, daß irgendwelche Stockung vorkommen kann. Es ist also überflüssig, den Rost exzentrisch zur Trommelwelle anzuordnen. Und tatsächlich wird der Öffnerrost in neuerer Zeit konzentrisch angelegt.

Beim Schlägerorgan wirkt die ganze Schiene gleichzeitig auf die dargebotene Watte. Hier vollführt der Schläger die Bewegung des Zupfens, genau so, als wenn man mit der einen Hand ein Baumwollbüschel festhält und mit der anderen flockenweise herauszupft. Die Schlägerwelle läuft gewöhnlich mit 1300 Umdrehungen, wobei der Schläger 3 Schienen besitzt, welche einen Kreis von 430 mm Durchmesser beschreiben. Hier folgt demnach eine Schiene der anderen in $^1/_{65}$ sec. Der Arbeitsvorgang ist ähnlich wie beim Öffner, nur daß die herausgezupfte Flocke sich senkrecht zur Schlägerwelle bewegt. Ein moderner Öffnerrost hat etwa 36 Roststäbe, wogegen der Schlägerrost nur aus deren 12 oder höchstens 16 besteht. Das Öffnerorgan hat eine 6mal größere Zentrifugalkraft wie das Schlägerorgan (unter obigen Umständen), deshalb ist die Wirkung des ersteren bedeutend größer als beim letzteren. Weil nun die von den Schlägerschienen herausgezupfte Flocke von einem Roststab zum anderen geschleudert wird, und da die Flocke ihren geraden Weg senkrecht zur Schlägerwelle nimmt, wird sie infolge des Auflösens ihr Volumen vergrößern. Nun folgt eine Schiene der anderen in $^1/_{65}$ sec, somit gelingt es der Flocke nicht, nach dem inneren Kern des Schlägers zu entweichen. Also muß der Rost exzentrisch zur Schlägerwelle sein, damit ein Stauen und ein Bruch der Roststäbe vermieden wird.

Am Schlägerflügel unterscheidet man 1. die Welle, 2. die Lager, 3. das 2- oder 3armige Kreuz. Die Elsässische Maschinenbaugesellschaft bohrt die Welle durch und von dieser Höhlung aus Löcher nach der Oberfläche der Welle, wodurch die Welle durch den Luftzug abgekühlt wird. Die Welle muß symmetrisch sein, damit die Flügel umgedreht werden können, sobald die Schlagkanten infolge der Abnutzung abgerundet sind. Die Lager des Schlägerflügels müssen selbstschmierend sein, entweder Ringschmierlager oder zweireihige Kugellager. Das Kreuz wird aufgekeilt. Die Arme des Kreuzes haben gewöhnlich einen ovalen Querschnitt, damit keine große Angriffsfläche gegen den Luftzug zur Wirkung kommt. Das Kreuz endigt in einem Zapfen, welcher zum Vernieten der Schiene auf das Kreuz dient. Der Querschnitt der Schiene wird verschiedenartig ausgeführt. Gewöhnlich ist er schwalbenschwanzförmig, hat also 2 Schneiden. Lord Brothers verwendet bloß eine Schneide. Nicolas Schlumberger & Cie. in Gebweiler i. Els. benutzt die massive Vierkantschiene.

Um zu verhindern, daß beim Schleudern etwa mitgenommene Fasern in den Abfallkasten gelangen, wird dem Faserbüschel ein Luftstrom entgegengesetzt, welcher von unten nach oben an Geschwindigkeit zunehmen soll. Wird der Querschnitt, durch welchen dieselbe Menge Luft in derselben Zeit ziehen soll, kleiner, so wird die Geschwindigkeit größer. Aus diesem Grunde sind die Roststäbe unten konisch, so daß der Querschnitt dreieckig ausfällt. Im Abfallkasten selbst darf kein Luftzug herrschen; der Abfall darf nicht darin herumwirbeln. Am oberen Teile des Abfallkastens ist mittels eines Schiebers die erforderliche Luftmenge regulierbar. Zur Verminderung des Abfalles läßt man den Ventilator schneller, zur Vermehrung desselben langsamer laufen.

Wie schon weiter oben erwähnt wurde, ist der Schlägerrost exzentrisch zur Welle. Läßt man z. B. den Ventilator schneller laufen, so wird er mehr Fasern und auch Unreinigkeiten vom Rost zurücksaugen. Der Abfall ist also geringer, und die Exzentrizität muß in diesem Falle geringer sein, damit das Putzen kräftiger wird, denn dadurch erhalten die Flocken eine größere Geschwindigkeit. Je näher man den Rost zum Schleuderorgan stellt, desto mehr nähert sich die

Geschwindigkeit des Baumwollbüschels der des Schleuderorganes und desto größer ist die Reinigung. Zu große Annäherung erzeugt Grieß, zu große Entfernung ungenügende Reinigung. Die zweite Begründung der Exzentrizität beruht auf der Vergrößerung des Volumens.

Ein Körper wird nicht am Ausgangspunkt seiner Bewegung sofort seine Höchstgeschwindigkeit erreichen, sondern erst in einer gewissen Entfernung davon, da er erst eine bestimmte Menge lebendige Kraft in sich aufnehmen muß. Z. B. wird ein Geschoß nicht direkt vor dem Lauf, sondern in einer bestimmten Entfernung von diesem seine größte Durchschlagskraft erreicht haben. Aus diesem einfachen Grunde wird man demnach den ersten Roststab nicht unmittelbar unter der Mulde, sondern in einer verhältnismäßig beträchtlichen Entfernung davon anbringen. Je größer die Fasermenge ist, die an die Stäbe geschleudert wird, und je größer die Durchschlagskraft ist, ein desto kräftigerer Luftstrom muß entgegengesetzt werden. Man wird also den Querschnitt der Kanäle der Luftzufuhr verkleinern, d. h. man verringert die Roststabentfernung. Wenn man die Roststäbe beliebig neigen würde, so könnte es vorkommen, daß der Ventilator an der untersten Stelle des Rostes mehr Luft ansaugen würde als an der obersten. Aus diesem Grunde stellt man die Roststäbe schief. Howard & Bullough lassen die letzten Roststäbe mittels eines Handhebels um einen Punkt schwingen. Wenn man z. B. am Morgen indische und am Nachmittag auf derselben Maschine amerikanische Baumwolle verarbeiten will, muß für amerikanische Baumwolle mehr Luft durch den Rost ziehen als für indische. Deshalb vergrößert man den Zwischenraum der Endstäbe, wodurch mehr Luft hindurchzieht.

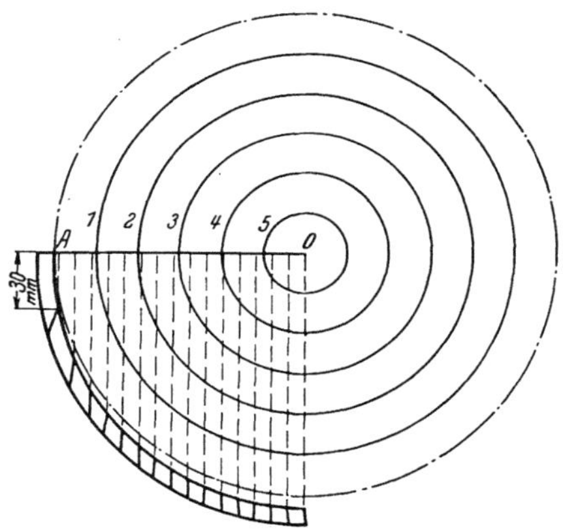

Abb. 38. Ermittlung der Rostneigung.

Bei Exzentrizität des Rostes nimmt das Volumen zu, also nimmt die lebendige Kraft ab, folglich auch die Geschwindigkeit der Baumwolle. Daher wird die Baumwolle immer weniger kräftig abgeschleudert, und da die Kanten dem Schleudern entgegenwirken müssen, so dürfen die Roststäbe immer weniger geneigt sein. Um die Rostneigung zu ermitteln, teilt man die Anzahl Stäbe durch 3, sollen je 3 Stäbe, und durch 4, sollen je 4 Stäbe gleichgerichtet sein. In Abb. 38 ist die Konstruktion angegeben. Der strichpunktierte Kreis ist derjenige, welcher von den Schlägerschienen beschrieben wird. Der erste Roststab erhält eine Entfernung von 25 mm bis zu 40 mm vom Klemmpunkt. Von dem ersten Roststab aus wird die Senkrechte zur Horizontalen durch den Kreismittelpunkt O gezogen und so der Punkt A festgelegt. Soll der Rost beispielsweise 16 Stäbe erhalten, so ergibt dies 15 Rostzwischenräume. Die Horizontale OA wird sodann in 15 gleiche Teile eingeteilt. Je 3 Stäbe sollen gleichgerichtet sein. Man dividiert alsdann die 15 Rostzwischenräume durch 3. Danach werden 5 in gleicher Entfernung voneinander gelegene Kreise beschrieben und von Kreis *1* aus die Tangenten an die 3 ersten Roststäbe gezogen, wobei die Neigung derselben erhalten wird. Die weiteren 3 Roststäbe erhalten die Richtung der Tangenten an Kreis *2* und so weiter.

Zum Absaugen von Staub und Flaum dienen die S i e b t r o m m e l n, welche entweder aus gelochtem Blech oder aus Drahtgeflecht bestehen. Runde oder ovale Löcher sind an der Innenwand der Seitenkanäle ausgeschnitten, wodurch die Verbindung mit den Siebtrommeln hergestellt ist. Durch verstellbare Schieber sind diese Öffnungen auf den erforderlichen Zug einstellbar. Ist der Zug auf einer der beiden Seiten größer oder kleiner wie auf der gegenüberliegenden Seite, so entstehen konische Wickel. Gewöhnlich genügt ein Ventilator für 1 Siebtrommelpaar, und dieser ist in der Mitte der Maschine derart eingebaut, daß er unmittelbar in den Staubkeller mündet oder auch in „Schikanen" vom Querschnitt 1,50 × 0,70 m, welche in den eigentlichen Staubkeller einmünden. Ein derartiger Staubkeller soll mindestens 1,80 m Höhe besitzen, damit der Staub sich ablagern kann. In modernen Spinnereien baut man keine Schikanen, sondern man läßt alle Ventilatoren der Öffner und Schläger in einen Staubsaal einmünden, welcher eine Höhe von 2 bis 2,50 m haben soll. An einer Ecke des Saales ist der Staubturm angebaut. Im oberen Teile dieses letzteren sind mittels Bretter Schikanen angeordnet, damit der hochfliegende Flaum angehalten wird und nur die staubgeschwängerte Luft abzieht.

Brooks & Doxey sowie Lord Brothers geben der unteren Siebtrommel einen kleinen Durchmesser und des oberen einen großen. Hierbei muß der Ventilator gut arbeiten, weil die Baumwolle einen großen Weg zurückzulegen hat. Deshalb haben die Elsässische Maschinenbaugesellschaft und ebenso Dobson & Barlow der unteren Trommel den großen Durchmesser gegeben und der oberen den kleinen. Platt Brothers nimmt die Durchmesser der beiden Siebtrommeln gleich. Der Abstand der Siebtrommelbleche voneinander beträgt 10 bis 15 mm. Die Siebtrommel darf nur gegen das Schleuderorgan eine Ansaugefläche haben, außerdem muß zwischen Gestell und Siebtrommel mit Leder abgedichtet werden, da sonst auch Baumwolle durch solche Spalten angesogen wird. In die Siebtrommeln werden Bleche eingebaut, welche nur die Ansaugeflächen frei lassen, somit den übrigen Umkreis abdichten. Ein gutes Abdichten erkennt man daran, daß die Baumwollflocken in einer geraden Linie angesogen werden. Wirbeln dagegen noch einige Flocken gegen die Schauscheibe, so ist irgendwo ein falscher Luftzug. Zwischen dem Öffnerorgan und den Siebtrommeln befinden sich Staubkästen, und zwar bestehen diese aus etwa 10 cm breiten und 6 mm dicken Roststäben, welche in der Flugrichtung der Baumwolle auf der ganzen Breite der Maschine angeordnet sind. Diese Roststäbe sind in Zwischenräumen von etwa 6 bis 7 mm voneinander getrennt und ruhen auf einem Blech auf, welches man zum Entfernen des angesammelten Staubes und Flaumes herablassen kann. Diese Stäbe bilden auf diese Weise eine Anzahl von schmalen, luftzugfreien Staubkästen. Diese letzteren werden 4 mal im Tag entleert, je nach Bedarf auch mehr. Auch zwischen Schlägerorgan und Siebtrommeln zieht die Baumwolle über Staubkästen. Jedoch liegen die Roststäbe hier parallel zur Schlägerwelle, auch sind die ebenfalls nahe aneinander liegenden Roststäbe nur 15 mm breit. Unter diesem Querrost liegen 3 ziemlich tiefgebaute, zugfreie Staubkästen, in welchen sich eine bedeutende Menge Staub und Flaum absetzt.

Damit die Fasern nicht durch die Löcher der Siebtrommel gehen, muß man die Geschwindigkeit der anfliegenden Baumwolle vermindern, desgleichen muß eine Drehung der Fasern verursacht werden. Die Geschwindigkeit wird vermindert durch Vergrößerung des Querschnittes, eine Drehung der Fasern bewirkt der Luftzug nach oben. Die Löcher in den Siebtrommeln haben einen Durchmesser von 3 bis 4 mm, letztere sind besser.

Wenn die Wickel kleben, liegt gewöhnlich der Fehler in der Mischung. Entweder ist zu viel Abfall in derselben oder der Fehler liegt in der Zusammenstellung, d. h. man hat zu viel weiche Baumwolle bei harter. Auch ein zu starker Luftzug kann ein Kleben der Wickel verursachen. Die Siebtrommeln haben außer Staubabsaugung noch den Zweck, das Vlies zu verdichten. Aus letzterem Grunde läßt man sie langsam drehen. Um die Baumwolle zu zwingen, sich mehr gegen die obere Siebtrommel zu bewegen, werden auf der unteren Leder- oder Blechstreifen angebracht, welche während des Ganges der Maschine „an der unteren Siebtrommel ankleben", wodurch der Luftzug nach oben hin vergrößert wird.

Ein Verhüten des Klebens erreicht man mit dem Glätten der Außenflächen der Watte mittels der unter bedeutendem Drucke stehenden Kalanderwalzen. Um diesen Druck zu berechnen, dient die Abb. 39 als Unterlage.

Ist G das Eigengewicht des Gewichtshebels, so ist für Gleichgewichtszustand

$$x \cdot c = Q \cdot a + G \cdot b\,,$$
$$x = \frac{Q \cdot a + G \cdot b}{c}\,.$$

Ist H das Gewicht des Hakens, an welchem der Gewichtshebel angehängt ist, so ist die Zugkraft in diesem Hebel

$$x + H = Q_1\,.$$

Somit

$$x_1 \cdot c_1 = Q_1 \cdot a_1 + G_1 \cdot b_1\,,$$
$$x_1 = \frac{Q_1 \cdot a_1 + G_1 \cdot b_1}{c_1}\,.$$

Wiederum ist

$$x_1 + H_1 = Q_2\,,$$
$$x_2 \cdot c_2 = Q_2 \cdot a_2 + G_2 \cdot b_2\,,$$
$$x_2 = \frac{Q_2 \cdot a_2 + G_2 \cdot b_2}{c_2}\,.$$

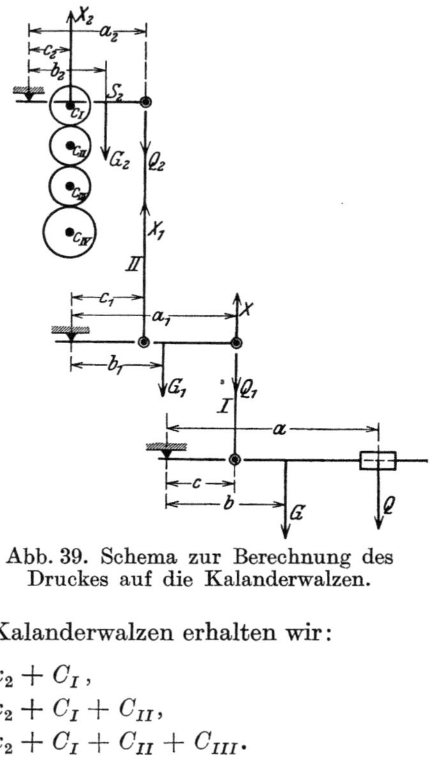

Abb. 39. Schema zur Berechnung des Druckes auf die Kalanderwalzen.

Als Druck auf die Fasermassen zwischen den Kalanderwalzen erhalten wir:

Druck zwischen C_I und $C_{II} = x_2 + C_I$,
„ „ C_{II} und $C_{III} = x_2 + C_I + C_{II}$,
„ „ C_{III} und $C_{IV} = x_2 + C_I + C_{II} + C_{III}$.

Es wurden folgende Abmessungen und Gewichte festgestellt:

$a = 460$ mm	Gewicht des obersten Hebels	$G_2 =$ 3,25 kg	
$b = 310$ „	„ „ mittleren „	$G_1 =$ 4,— „	
$c = 170$ „	„ „ unteren „	$G =$ 5,50 „	
$a_1 = 470$ „	„ „ Belastungsgewichts Q	$=$ 22,— „	
$b_1 = 218$ „	„ „ Hebels I	$=$ 4,— „	
$c_1 = 123$ „	„ „ Hebels II	$=$ 2,— „	
$a_2 = 165$ „	„ der Kalanderwalze C_I	$=$ 70,6 „	
$b_2 = 80$ „	„ „ „ C_{II}	$=$ 74,6 „	(Auf dieser Walze C_{II} befinden sich statt eines Zahnrades deren zwei)
$c_2 = 75$ „	„ „ „ C_{III}	$=$ 70,6 „	

Nach obigen Ausführungen ist dann:

$$x = \frac{Q \cdot a + G \cdot b}{c} = \frac{22 \cdot 460 + 5{,}5 \cdot 310}{170} = 69{,}55 \text{ kg}\,.$$
$$x + H = 69{,}55 + 4 = 73{,}55 \text{ kg} = Q_1\,.$$

Ferner

$$x_1 = \frac{Q_1 \cdot a_1 + G_1 \cdot b_1}{c_1} = \frac{73{,}55 \cdot 470 + 4 \cdot 218}{123} = 288 \text{ kg}\,.$$

Ebenso

$$x_1 + H_1 = 288 + 2 = 290 \text{ kg} = Q_2 .$$

$$x_2 = \frac{Q_2 \cdot a_2 + G_2 \cdot b_2}{c_2} = \frac{290 \cdot 165 + 3{,}25 \cdot 80}{75} = 641 \text{ kg} .$$

Der Druck auf die zwischen den Kalanderwalzen C_I und C_{II} befindliche Watte beträgt:

$$x_2 + C_1 = 641 + 70{,}6 = \mathbf{711{,}6\ kg,}$$

der Druck auf die zwischen den Kalanderwalzen C_{II} und C_{III} befindliche Watte beträgt:

$$x_2 + C_I + C_{II} = 641 + 70{,}6 + 74{,}6 = \mathbf{786{,}2\ kg,}$$

der Druck auf die zwischen den Kalanderwalzen C_{III} und C_{IV} befindliche Watte beträgt:

$$x_2 + C_I + C_{II} + C_{III} = 641 + 70{,}6 + 74{,}6 + 70{,}6 = \mathbf{856{,}2\ kg.}$$

Öffner und Schläger haben außer dem Reinigen noch den Zweck, eine an allen Stellen möglichst gleiche Wattendicke herzustellen. Die Putzerei ist der Ausgangspunkt eines gleichmäßigen und sauberen Fadens. Es ist zunächst dafür zu sorgen, daß der Aufnahmekasten des Kastenspeisers stets voll ist. — Auf dem Mittelschläger werden 4 Öffnerwickel aufgelegt. Durch Unachtsamkeit oder auch durch Ungeschicklichkeit des bedienenden Arbeiters kommt es öfters vor, daß das Ende eines der 4 ablaufenden Wickel durchgeht, so daß zwischen dem Ende des abgelaufenen und dem Anfang des neu aufgelegten Wickels ein mehr oder weniger beträchtlicher Abstand entsteht, z. B. auf 30 cm nur 3 Wattendicken dem Speisezylinder dargeboten werden statt 4. Trotz des Ausschlagens der Regulatorriemengabel wird, wenn der Verzug auf dem betreffenden Schläger beispielsweise mit 4 angenommen werden kann, eine Wattenlänge von 1,20 m im Mittelschlägerwickel vorhanden sein, welche erheblich dünner ist als der übrige Teil des Wickels. Der Regulator soll derart bei der Normalstellung eingestellt sein, daß der Konusriemen in der Mitte des Konus sich befindet. Trotz genauen Einstellens der Maschinen läßt sich ein Nummerunterschied bei derartigen Nachlässigkeiten nicht vermeiden. Der Regulatorriemen soll mit Leichtigkeit hin- und herspielen können. Aus diesem Grunde läßt man den treibenden Konus mit großer Geschwindigkeit drehen.

Beim Auflegen der Wickel auf das endlose Lattentuch des Schlägers ist darauf zu achten, daß sie nicht den gleichen Durchmesser haben. Man möchte erwarten, daß zwischen dem sich bildenden Wickel und den Wickelwalzen kein Verzug stattfindet, da der Wickel dieselbe Umfangsgeschwindigkeit haben sollte wie diejenige der Wickelwalzen. Trotzdem findet ein kleiner Verzug statt, der Grund dafür ist in der Überwindung der Bremsbelastung zu suchen. Zu Anfang der Wickelung ist der Wickeldurchmesser klein, folglich braucht der Wickel mehr Kraft, um die „Pression“ zu heben. Ist er beinahe fertig, so ist weniger Kraft erforderlich, um den Bremswiderstand zu überwinden. Tatsächlich kann auch praktisch nachgewiesen werden, daß die Nummer von Anfang bis zu Ende sich ändert. Nimmt man die genaue Herstellungszeit eines Wickels und berechnet man die Umfangsgeschwindigkeit der Wickelwalzen in dieser Zeit, so wird man beim Abrollen des Wickels eine größere Meterzahl finden als ein Punkt auf den Wickelwalzen in dieser Zeit zurückgelegt hat. Es findet demnach Verzug statt zwischen den Wickelwalzen und dem Wickel. Werden nun 4 volle Wickel auf die Maschine aufgelegt, so ist die Watte aufgequollen, dem entspricht auch die Stellung der Regulatorriemengabel. Sind alle 4 Wickel nur halb voll, so ist die Wattendicke geringer. Dadurch, daß die Auflage dünner ist wie anfangs, geht die Regulatorriemengabel in eine mehr nach unten zu liegende Stellung, d. h. der Einzugszylinder läuft schneller. Sind die 4 Wickel fast abgelaufen, so ist die Wattendicke am geringsten (infolge des großen Bremsdruckes) und die Regulatorriemengabel geht wiederum in eine unter der vorigen befindliche Lage. Wenn also gleich große Wickel aufgelegt werden, so wird die austretende Nummer von Beginn der Wickelung bis zu deren Ende immer feiner.

Beim Schläger muß die Bremsbelastung auf den Wickel leicht entfernt werden können. Eine derartige Bremse zeigt Abb. 40. Durch das Aufwickeln des Gutes wird der Durchmesser des Wickels größer und demnach ein Steigen der Zahnstange verursachen. Wir haben dann für eine Umdrehung der Bremsscheibe:

$$\text{Arbeit der Reibung} = x \cdot f \cdot \pi \cdot D''$$ [1],

wobei x die zu überwindende Bremskraft ist, f der Reibungskoeffizient und D'' der Durchmesser der Bremsscheibe. Ist s die Teilung der Zahnstange und Q_1 der Zug in derselben, so ist die

$$\text{Arbeit der Kraft} = Q_1 \cdot 1' \cdot s\,.$$

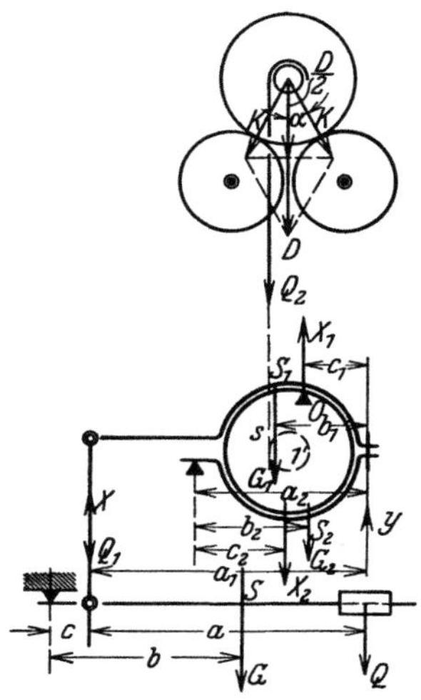

Abb. 40. Schema zur Berechnung der Bremse.

Nun ist aber Arbeit der Reibung gleich Arbeit der Kraft, also

$$Q_1 \cdot 1' \cdot s = x \cdot f \cdot \pi D''\,,$$

woraus

$$Q_1 = \frac{x \cdot f \cdot \pi D''}{1' \cdot s}\,.$$

Ist H das Preßkopfgewicht, so ist der Druck

$$D = Q_1 + 2H\,,$$

denn wir haben beiderseits einen Preßkopf. Den Druck auf die Berührungsflächen findet man, indem man den Druck D in 2 Komponenten zerlegt. Es ist nach Abb. 40

$$\frac{\frac{D}{2}}{K} = \cos\alpha\,,$$

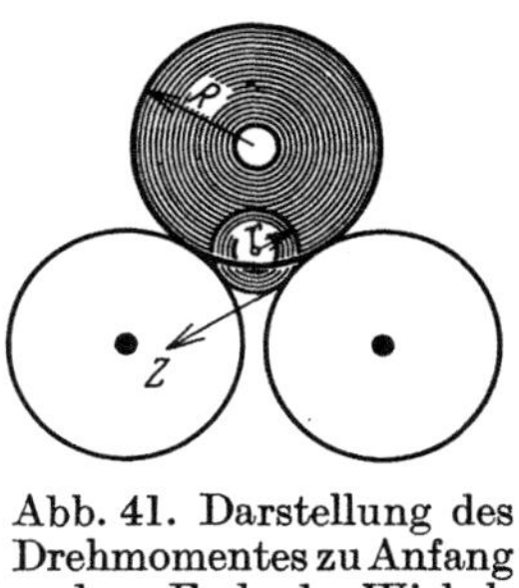

Abb. 41. Darstellung des Drehmomentes zu Anfang und zu Ende der Wickelbildung.

α wechselt. Mit zunehmendem Wickeldurchmesser wird α kleiner, somit wird der $\cos\alpha$ größer, denn je kleiner der Wickel ist, desto größer der cosinus.

$$K = \frac{D}{2 \cdot \text{zunehmende Größe}} = \text{abnehmende Größe.}$$

Der Druck auf die Baumwolle nimmt bei zunehmendem Wickel ab. Diese Tatsache hat einen Einfluß auf das herzustellende Gespinst. Der Maximal- und Minimaldruck wird weiter unten in einem Zahlenbeispiel anschließend an die Berechnung der Bremse gegeben werden.

Mit zunehmendem Wickel wird das Drehmoment größer. Nach Abb. 41 ist

$$Mm_{\min} = r \cdot z \quad \text{und} \quad Mm_{\max} = R \cdot z\,,$$

$$z = K \cdot f \text{ (für kleinen Wickeldurchmesser)},$$

$$z_1 = K_1 \cdot f \text{ (für großen Wickeldurchmesser)}.$$

Zu Anfang wird der Wickel schneller drehen als am Ende. Da aber Verzug besteht, so wird der Verzug am Anfang größer und am Ende kleiner werden. Deshalb nehmen die Nummern mit zunehmendem Wickel ab. Aus diesem Grunde soll man beim Doppeln auf dem Schläger verschieden dicke Wickel zusammen ab-

[1] Die in Abb. 40 angegebenen Bezeichnungen gelten ausschließlich für die spätere Berechnung der Bremse.

laufen lassen. Am vorteilhaftesten legt man 1/4, 1/2, 3/4 und einen vollen Wickel zusammen auf, um die Nummerunterschiede der austretenden Watte auf das Minimum herabzusetzen.

Um den Druck der Bremse auf den Wickel zu berechnen, soll die allgemein übliche zusammengesetzte Bremse als Beispiel dienen, welche in Abb. 40 schematisch dargestellt ist.

Ist G das Eigengewicht des Hebels, an welchem das Gewicht Q hängt, so besteht für Gleichgewicht die Gleichung:

$$Q \cdot a + G \cdot b = x \cdot c\,,$$

$$x = \frac{Q \cdot a + G \cdot b}{c}\,.$$

$$x + H = Q_1\,,$$

wobei H das Eigengewicht des senkrechten Hebels bedeutet, an dem der Gewichtshebel angehängt ist.

$$Q_1 \cdot a_1 + G_1 \cdot b_1 = x_1 \cdot c_1\,,$$

$$x_1 = \frac{Q_1 \cdot a_1 + G_1 \cdot b_1}{c_1}\,.$$

Das Eigengewicht G_1 greift im Schwerpunkt der oberen Bremsbacke an. x_1 greift im Mittelpunkt O der aufliegenden Bremsfläche an.

Um y zu berechnen, denken wir uns O als Drehpunkt:

$$Q_1\,(a_1 - c_1) + G_1\,(b_1 - c_1) = y \cdot c_1\,,$$

$$y = \frac{Q_1\,(a_1 - c_1) + G_1\,(b_1 - c_1)}{c_1}\,.$$

Ferner ist:

$$y \cdot a_2 - G_2 \cdot b_2 = x_2 \cdot c_2\,,$$

$$x_2 = \frac{y \cdot a_2 - G_2 \cdot b_2}{c_2}\,.$$

Der Normaldruck ist gleich $x_1 + x_2$. Die Arbeit der Reibung für eine Umdrehung der Bremsscheibe ist gleich

$$(x_1 + x_2) \cdot f \cdot \pi D''\,,$$

wobei f der Reibungskoeffizient und D'' der Durchmesser der Bremsscheibe ist.

Ist $1'$ die Zähnezahl des Zahnrades auf der Achse der Bremsscheibe und s die Teilung der Zahnstange vom Preßkopf, so ist die Arbeit der Kraft gleich

$$1' \cdot s \cdot Q_2\,.$$

Somit:

$$(x_1 + x_2) \cdot f \cdot \pi \cdot D'' = 1' \cdot s \cdot Q_2\,.$$

$$Q_2 = \frac{(x_1 + x_2) \cdot f \cdot \pi \cdot D''}{1' \cdot s}\,.$$

Als Reibungskoeffizient können wir für Leder auf Guß $f = 0{,}4$ annehmen. Praktisch wurden folgende Abmessungen und Gewichte festgestellt:

$a = 540$ mm	Gewicht des Belastungsgewichtes	Q	$= 11{,}50$ kg
$b = 270$ „	„ „ Gewichtshebels	G	$= 5{,}20$ „
$c = 55$ „	„ „ Verbindungshakens	H	$= 0{,}75$ „
$a_1 = 390$ „	„ der oberen Bremsbacke	G_1	$= 5{,}—$ „
$b_1 = 220$ „	„ „ unteren Bremsbacke	G_2	$= 5{,}50$ „
$c_1 = 190$ „	„ eines Preßkopfes		$= 16{,}—$ „
$a_2 = 320$ „	„ des Wickelstabes (Einlagewalze)		$= 14{,}—$ „
$b_2 = 130$ „	Durchmesser der Bremsscheibe	D''	$= 290$ mm
$c_2 = 200$ „	Teilung der Zahnstange	s	$= 20$ „
	Zähnezahl des Zahnrades.	$1'$	$= 10$

Nach obigen Ausführungen ist:

$$x = \frac{Q \cdot a + G \cdot b}{c} = \frac{11{,}5 \cdot 540 + 5{,}2 \cdot 270}{55} = 138{,}5 \text{ kg}.$$

$$x + H = 138{,}5 + 0{,}75 = 139{,}25 = Q_1 .$$

$$x_1 = \frac{Q_1 \cdot a_1 + G_1 \cdot b_1}{c_1} = \frac{139{,}25 \cdot 390 + 5 \cdot 220}{190} = \mathbf{291{,}5\ kg.}$$

$$y = \frac{Q_1 (a_1 - c_1) + G_1 (b_1 - c_1)}{c_1} = \frac{139{,}25\,(390 - 190) + 5\,(220 - 190)}{190} = 147{,}5 \text{ kg}.$$

$$x_2 = \frac{y \cdot a_2 - G_2 \cdot b_2}{c_2} = \frac{147{,}5 \cdot 320 - 5{,}5 \cdot 130}{200} = \mathbf{232\ kg.}$$

Der Normaldruck $= x_1 + x_2 = 291{,}5 + 232 = 523{,}5$ kg.

Für eine Umdrehung der Bremsscheibe ist die Arbeit der Reibung gleich

$$(x_1 + x_2) \cdot f \cdot \pi \cdot D''$$

und die Arbeit der Kraft $= 1' \cdot s \cdot Q_1$.

$$Q_2 = \frac{(x_1 + x_2) \cdot f \cdot \pi \cdot D''}{1' \cdot s} = \frac{523{,}5 \cdot 0{,}4 \cdot \pi \cdot 290}{10 \cdot 20} = 954 \text{ kg}.$$

Hierzu kommen noch die Gewichte der beiden Preßköpfe sowie das Gewicht der Einlagewalze, so daß wir endgültig erhalten

$$Q_2 = 954 + 32 + 14 = \mathbf{1000\ kg.}$$

Zur Berechnung der vom Wickel zu überwindenden Drucke wurde weiter oben die Formel gefunden:

$$K = \frac{D}{2 \cdot \cos \alpha}.$$

Bei kleinem Durchmesser, mit einer Watteschicht auf dem Wickelstab, beträgt der Wickeldurchmesser 75 mm, und der volle Wickel hat einen Durchmesser von 400 mm. In der Anfangsstellung ist $\alpha = 53^0$, in der Endstellung ist $\alpha = 22{,}5^0$:

$$\cos 53^0 = 0{,}6018\,,$$
$$\cos 22{,}5^0 = 0{,}9239\,.$$

Demnach ist der Druck auf die erste Schicht

$$K_0 = \frac{1000}{2 \cdot 0{,}6018} = \sim 830 \text{ kg}$$

und der Druck auf die letzte Schicht

$$K_x = \frac{1000}{2 \cdot 0{,}9239} = \sim 540 \text{ kg}.$$

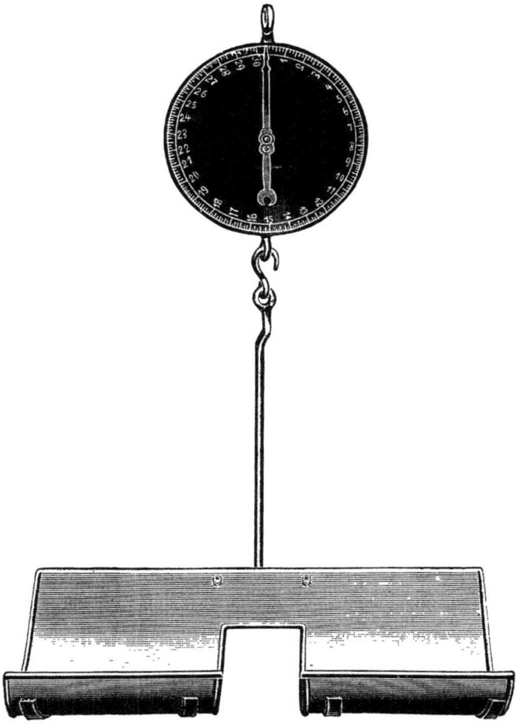

Abb. 42. Waage für Schlägerwickel.

Die Nummern aller Feinschlägerwickel sollen täglich morgens und nachmittags kontrolliert werden. Entweder kann man den ganzen Wickel auf einer besonderen Waage abwiegen, wie sie Abb. 42 zeigt, oder man kann 3 oder auch 5 m abwickeln und das Gewicht auf einer gewöhnlichen Balkenwaage bestimmen. In letzterem Falle stellt man sich ein Holzgerippe her, ein Rechteck aus Latten, welches die genaue Länge von 3 bezüglich 5 m und die Breite des Wickels hat. Mit Hilfe von Diagonalen wird dem Rechteck die nötige Steifigkeit gegeben. Dieses Gerippe wird auf die am Boden abgerollte Wattenlänge gelegt, so daß man genau 3 oder 5 m abreißen kann. Ist das Gewicht nicht das gewünschte, so wird man mittels der Regulierungsschraube die Normalstellung der Regulatorriemengabel weiter nach links oder nach rechts verlegen, je nach Bedarf.

Folgende W a t t e n g e w i c h t e sind bei k u r z e n und m i t t l e r e n F a s e r l ä n g e n erprobt:

Die austretende Watte am	kombin. Öffner u. Schläger	soll	durchschnittl.	450 g	für 1 m	wiegen
,, ,, ,, ,,	Mittelschläger	,,	,,	400 g	,, 1 m	,,
,, ,, ,, ,,	Feinschläger	,,	,,	350 g	,, 1 m	,,

Bei l a n g e n F a s e r n nimmt man die Auflage um etwa 50 g für 1 m geringer. Je leichter die Watte, desto gleichmäßiger und sauberer läßt sich das Gut auf der Karde bearbeiten. Bei feiner und sauberer Baumwolle läßt man öfters den Mittelschläger beiseite, um die Fasern zu schonen. Die Öffnerwickel werden also in diesem Falle sofort auf den Feinschläger aufgelegt. Jedoch leidet durch diese Arbeitsweise die Gleichmäßigkeit der austretenden Feinschlägerwatte. Bei kurzen und mittleren Fasern kann man für eine wirtschaftliche Arbeit beim Öffnerwickel bis

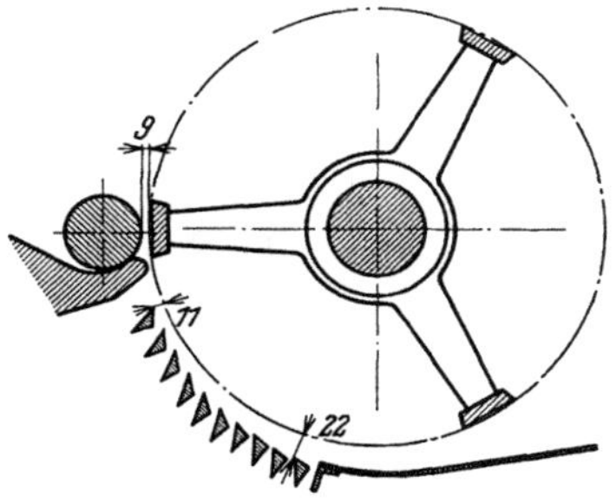

Abb. 43. Einstellen des Schlägerrostes am Öffner.

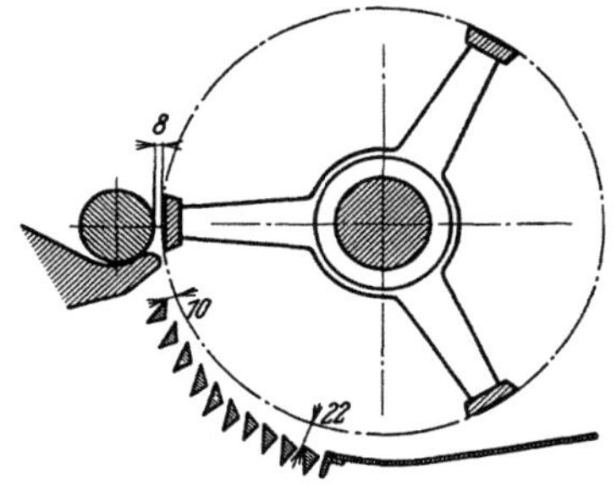

Abb. 44. Einstellen des Schlägerrostes am Mittelschläger.

zu 500 g Maximalmetergewicht gehen. Werden die Wickel schwerer wie angegeben, so entsteht viel Flugverlust und auch die Watte wird bedeutend schlechter. Die Baumwolle ist ungenügend aufgelöst und — gereinigt. Bei dieser Gelegenheit soll vermerkt werden, daß übertriebene Auflage oder übertriebene Geschwindigkeit in der Spinnerei durchaus keinen Zweck hat. Scheinbar wird die Leistung erhöht, aber erst bei Inventur am Ende des Geschäftsjahres wird sich herausstellen, wie viele Ballen infolge übertriebener Geschwindigkeit der Maschinen als Flugabfall verlorengegangen sind. Die Maschinengeschwindigkeiten, welche bis jetzt angegeben wurden und auch im weiteren Verlaufe angegeben werden, entsprechen einem wirtschaftlichen Arbeiten. Bei diesen Geschwindigkeiten leisten die Maschinen das Maximum, ohne hierbei unnötigen Flug zu verursachen.

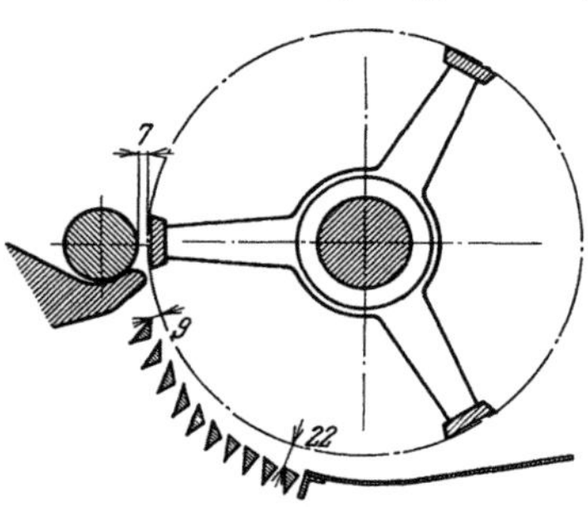

Abb. 45. Einstellen des Schlägerrostes am Feinschläger.

Die Entfernungen der Roststäbe vom Kreis, welchen der Schlägerflügel beschreibt, haben einen großen Einfluß auf den Abfall. Die Abb. 43, 44 und 45 zeigen, wie die Roststäbe sowie der Einzugszylinder zu dem vom Schlägerorgan beschriebenen Kreis eingestellt werden. Diese Entfernungen sind für mittlere

Faserlängen praktisch erprobt. Am Öffnerorgan ist die Entfernung der Schlagnasen vom Einzugszylinder, je nach der Baumwollsorte, etwa 10 bis 15 mm und mehr. Die Roststäbe werden, konzentrisch zum Schlagnasenkreis, auf 20 bis 22 mm eingestellt.

Um den Abstand des Einzugszylinders zum Schlägerorgan zu berechnen, verfährt man auf folgende Weise: Macht ein 3armiger Schläger n Umdrehungen in 1 Minute, so ist die Anzahl Schläge in dieser Zeit gleich

$$S = 3n.$$

Liefert der Einzugszylinder eine Länge von L mm in 1 Minute, so erhält jede Faser für 1 mm $\frac{S}{L}$ Schläge. Hierbei muß aber betont werden, daß die Fasern kreuz und quer durcheinander liegen. Es gibt somit viele Fasern, welche vom Schläger gar nicht getroffen werden können, so die parallel zur Schlägerwelle gelegenen. Diese Fasern werden dann mit den andern flockenweise herausgezupft. Jedoch dürfen die zu bearbeitenden Fasern nur so oft von den Schlagschienen getroffen werden, daß die Fasern nicht darunter leiden. Werden die Fasern infolge der übergroßen Anzahl Schläge beschädigt, so erkennt man dies am schlechten Ablaufen der Wickel. Eine zu große Anzahl Schläge kann herrühren: 1. von einer zu großen Umdrehungszahl des Schleuderorgans in bezug auf die Umfangsgeschwindigkeit des Einzugszylinders, 2. von allzu geringem Abstand der Schlägerschienen vom Speisezylinder. Ist a der Abstand des letzteren vom Schlägerkreis, b der Klemmpunkt, in welchem die Faser zwischen Mulde und Einzugszylinder festgehalten wird, und ist l die Länge der zu bearbeitenden Faser, so hat diese auf die Länge $(l - a)$ eine gewisse Anzahl Schläge erhalten. Die Anzahl Schläge, welche dieser Faser erteilt wurden, sind somit

$$s = (l - a)\frac{S}{L},$$

$$\frac{s \cdot L}{S} = l - a,$$

$$a = l - \frac{s \cdot L}{S}.$$

Wollen wir z. B. einer Faser von 28 mm Länge 9 Schläge erteilen, so können wir den Abstand des Flügels vom Einzugszylinder folgendermaßen bestimmen:

Als Umdrehungszahl des Speisezylinders, welcher 55 mm Durchmesser hat, wurden 37,5 t/min gefunden. Somit ist dessen Umfangsgeschwindigkeit $= \pi \cdot 55 \cdot 37{,}5 = 6480$ mm. Der 3armige Flügel macht 1000 Umdrehungen. Bei dieser Tourenzahl wird die Baumwolle schonend behandelt. Nach obiger Gleichung erhalten wir dann als Abstand

$$a = 28 - \frac{9 \cdot 6480}{1000 \cdot 3} = 8{,}55 \text{ mm}.$$

In manchen Spinnereien verspürt man einen ganz erheblichen Luftzug, wenn man die Türe öffnet, welche zur Putzerei führt. Die vielen Ventilatoren benötigen selbstredend eine gewaltige Luftmenge. Hat die Putzerei den darin befindlichen Maschinen entsprechend einen zu kleinen Rauminhalt, so genügt diese Luftmenge den Ventilatoren nicht. Sobald sich nun eine Türe öffnet, können die Ventilatoren mehr Arbeit leisten und ziehen die nötige Luftmenge von dort herein. Um diesem Übel abzuhelfen, ist man gezwungen, Öffnungen nach einem benachbarten größeren Saale anzuordnen. Im Sommer kann man Außenluft zu Hilfe nehmen. Auch bei zu niedrigen Staubkellern können die Ventilatoren die von ihnen verlangte Arbeit nicht leisten.

2. Abfallbestimmung von Öffner und Schläger.

Nachdem die Maschinen innen und außen gut gereinigt worden sind, wurden 500 kg Baumwolle durch den Öffner gelassen. Diese Abfallbestimmung wurde an einem mit Schläger vereinigten Horizontalöffner, Konstruktion Dobson & Barlow-Bolton, mit amerikanischer Baumwolle 28/30 mm vorgenommen.

Öffner.

Gewicht der Baumwolle beim Eintritt in den Öffner	= 500,— kg
„ „ „ „ Austritt aus dem „	= 484,3 „
Somit beträgt der Verlust	15,7 kg = 3,244%

Dieser Verlust setzt sich aus folgenden Abfallarten zusammen:

Abfall im Kastenspeiser	= 0,25 kg	= 0,0517%
„ unter dem Öffnerrost	= 3,80 „	= 0,7850%
Flaum und Staub in den Staubkästen zwischen Öffnerorgan und Siebtrommeln	= 1,20 „	= 0,2480%
Abfall unter dem Schlägerrost	= 1,30 „	= 0,2684%
Flaum und Staub in den Staubkästen zwischen Schläger und Siebtrommeln	= 0,50 „	= 0,1033%
Kehricht	= 0,40 „	= 0,0827%
Nicht wiedergefundener Abfall (Flug und Staubkeller)	= 8,25 „	= 1,7050%
	15,70 kg	= 3,2441%

Mittelschläger.

Gewicht der Baumwolle beim Eintritt in den Schläger	= 484,3 kg
„ „ „ „ Austritt aus dem „	= 478,7 „
Somit beträgt der Verlust	5,6 kg = 1,171%

Dieser Verlust setzt sich aus folgenden Abfallarten zusammen:

Abfall unter dem Schlägerrost	= 1,50 kg	= 0,313%
Flaum und Staub in den Staubkästen	= 0,50 „	= 0,104%
Kehricht	= 0,55 „	= 0,115%
Nicht wiedergefundener Abfall (Flug und Staub)	= 3,05 „	= 0,639%
	5,60 kg	= 1,171%

Feinschläger.

Gewicht der Baumwolle beim Eintritt in den Schläger	= 478,7 kg
„ „ „ „ Austritt aus dem „	= 474,1 „
Somit beträgt der Verlust	4,6 kg = 0,970%

Dieser Verlust setzt sich aus folgenden Abfallarten zusammen:

Abfall unter dem Schlägerrost	= 0,80 kg	= 0,169%
Flaum und Staub in den Staubkästen	= 0,40 „	= 0,084%
Kehricht	= 0,04 „	= 0,009%
Nicht wiedergefundener Abfall (Flug und Staub)	= 3,36 „	= 0,708%
	4,60 kg	= 0,970%

Demnach beträgt der Gesamtverlust der 3 Maschinen

$$= 3{,}244\% + 1{,}171\% + 0{,}970\% = \mathbf{5{,}385\%}.$$

Derartige Abfallbestimmungen werden gewöhnlich an jedem Baumwollos vorgenommen, welches in der Spinnerei eintrifft.

3. Berechnung des Öffners und des Schlägers.

Um die Geschwindigkeitsverhältnisse der einzelnen Organe der Maschine in möglichst übersichtlicher Weise zu berechnen, teilen wir den Öffner in 3 Gruppen ein: I. den Kastenspeiser, II. den eigentlichen Öffner, III. den Schläger. Zunächst sollen jedoch die Geschwindigkeiten einiger Organe vorausgeschickt werden, welche zur Berechnung der übrigen Teile der Maschine erforderlich sind (Abb. 46).

Die Maschine kann entweder von der Transmission aus getrieben werden, wobei die Trommelwelle sowie die Schlägerwelle einzeln angetrieben werden, oder man kann sie mit einem Elektromotor antreiben, wobei die Welle des Motors mittels Riemens die Trommelwelle des Öffners antreibt und diese wiederum vermittels offenen Riemens die Schlägerwelle. Dieser Einzelantrieb mit Elektromotor ist entschieden dem Gesamtantrieb von der Transmission aus vorzuziehen.

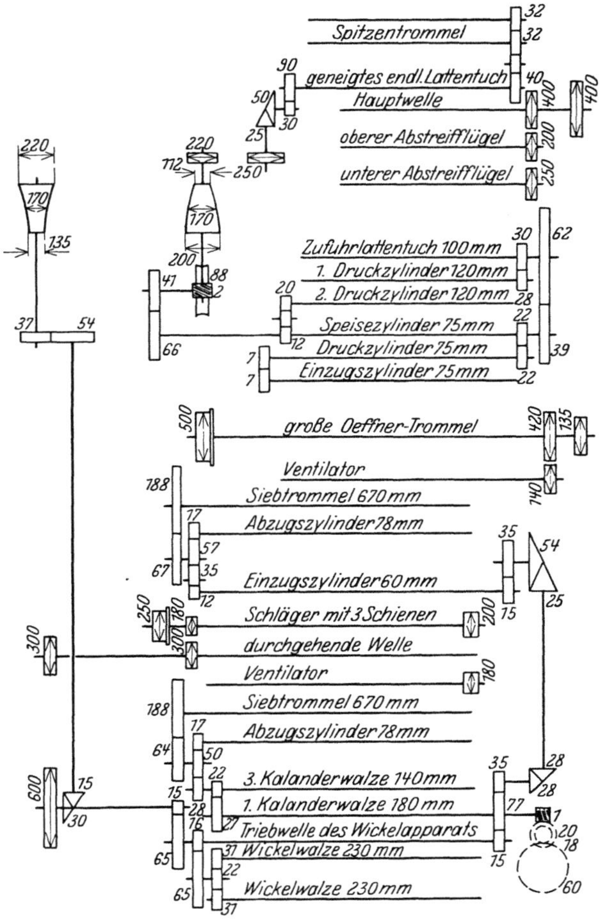

Abb. 46. Antriebsschema eines Horizontalöffners kombiniert mit Kastenspeiser und Schläger.

Umdrehungszahl der Öffnertrommel = **500**

" des Schlägerflügels = **1000**

" der durchgehenden Welle $= 1000 \frac{180}{300} = 600$ theor.; prakt. = **597**

" " Triebwelle des Wickelapparates $= 597 \frac{300}{600} = 298{,}5$ theor.; prakt. = **297**

" des treibenden Kegels $= 297 \frac{30}{15} \frac{54}{37} =$ **868**

" " getriebenen Kegels = **860**

I. Kastenspeiser.

Umdrehungszahl der Hauptwelle des Kastenspeisers $= 500 \frac{135}{400} = 168{,}8$ theor.; prakt. $= \mathbf{167}$

„ „ treibenden Welle des geneigten endlosen Lattentuches $= 860 \frac{220}{250}\frac{25}{50}\frac{30}{90} = 126{,}2$ theor.; prakt. $= \mathbf{125{,}5}$

„ des oberen Abstreifflügels $= 167 \frac{400}{200} = 334$ theor.; prakt. $= \mathbf{333}$

„ „ unteren „ $= 333 \frac{200}{250} = 266{,}5$ theor.; prakt. $= \mathbf{265{,}5}$

„ der Spitzentrommel $= 125{,}5 \frac{40}{32} = \mathbf{157}$

II. Öffner.

Umdrehungszahl	der Zufuhrlattentuchwelle			$= 860 \frac{2}{88}\frac{41}{66}\frac{39}{62} = \mathbf{7{,}63}$
Umfangsgeschwindigkeit	des Zufuhrlattentuches	100	mm	$= \pi \cdot 0{,}100 \cdot 7{,}63 = \mathbf{2{,}40\ m/min}$
Umdrehungszahl	des 1. Druckzylinders	120	„	$= 7{,}63 \frac{28}{30} = \mathbf{7{,}12}$
Umfangsgeschwindigkeit	„ 1. „	120	„	$= \pi \cdot 0{,}120 \cdot 7{,}12 = \mathbf{2{,}688\ m/min}$
Umdrehungszahl	„ 2. „	120	„	$= 860 \frac{2}{88}\frac{41}{66}\frac{12}{20} = \mathbf{7{,}28}$
Umfangsgeschwindigkeit	„ 2. „	120	„	$= \pi \cdot 0{,}120 \cdot 7{,}28 = \mathbf{2{,}745\ m/min}$
Umdrehungszahl	des Regulierzylinders	75	„	$= 860 \frac{2}{88}\frac{41}{66} = \mathbf{12{,}14}$
Umfangsgeschwindigkeit	„ „	75	„	$= \pi \cdot 0{,}075 \cdot 12{,}14 = \mathbf{2{,}865\ m/min}$
Umdrehungszahl	des Einzugszylinders	75	„	$= 860 \frac{2}{88}\frac{41}{66}\frac{22}{22}\frac{7}{7} = \mathbf{12{,}14}$
Umdrehungszahl	„ Ventilators			$= 500 \frac{420}{140} = 1500$ theor.; prakt. $= \mathbf{1490}$
Umdrehungszahl	der Siebtrommel	⌀ 670	„	$= 297 \frac{15}{65}\frac{15}{35}\frac{28}{28}\frac{25}{54}\frac{35}{15}\frac{12}{57}\frac{67}{188} = \mathbf{2{,}385}$
Umfangsgeschwindigkeit	„ „	⌀ 670	„	$= \pi \cdot 0{,}670 \cdot 2{,}385 = \mathbf{5{,}02\ m/min}$
Umdrehungszahl	des Abzugszylinders	⌀ 78	„	$= 297 \frac{15}{65}\frac{15}{35}\frac{28}{28}\frac{25}{54}\frac{35}{15}\frac{12}{17} = \mathbf{22{,}35}$
Umfangsgeschwindigkeit	„ „	⌀ 78	„	$= \pi \cdot 0{,}078 \cdot 22{,}35 = \mathbf{5{,}48\ m/min}$

III. Schläger.

Umdrehungszahl	des Einzugszylinders	⌀ 60	mm	$= 297 \frac{15}{65}\frac{15}{35}\frac{28}{28}\frac{25}{54}\frac{35}{15} = \mathbf{31{,}70}$
Umfangsgeschwindigkeit	„ „	⌀ 60	„	$= \pi \cdot 0{,}060 \cdot 31{,}70 = \mathbf{5{,}98\ m/min}$
Umdrehungszahl	„ Ventilators			$= 1000 \frac{200}{180} = 1111$ theor.; prakt. $= \mathbf{1100}$
Umdrehungszahl	der Siebtrommel	⌀ 670	mm	$= 297 \frac{15}{65}\frac{15}{77}\frac{27}{22}\frac{28}{50}\frac{64}{188} = \mathbf{3{,}12}$
Umfangsgeschwindigkeit	„ „	⌀ 670	„	$= \pi \cdot 0{,}670 \cdot 3{,}12 = \mathbf{6{,}57\ m/min}$
Umdrehungszahl	des Abzugszylinders	⌀ 78	„	$= 297 \frac{15}{65}\frac{15}{77}\frac{27}{22}\frac{28}{17} = \mathbf{27{,}—}$
Umfangsgeschwindigkeit	„ „	⌀ 78	„	$= \pi \cdot 0{,}078 \cdot 27{,}— = \mathbf{6{,}62\ m/min}$
Umdrehungszahl	der 4. Kalanderwalze	⌀ 140	„	$= 297 \frac{15}{65}\frac{15}{77}\frac{27}{23} = \mathbf{15{,}7}$
Umfangsgeschwindigkeit	„ 4. „	⌀ 140	„	$= \pi \cdot 0{,}140 \cdot 15{,}7 = \mathbf{6{,}81\ m/min}$

Umdrehungszahl	der 3. Kalanderwalze	∅ 140 mm	$= 297 \frac{15}{65}\frac{15}{77}\frac{27}{22} = \mathbf{16{,}4}$
Umfangsgeschwindigkeit	„ 3. „	∅ 140 „	$= \pi \cdot 0{,}140 \cdot 16{,}4 = \mathbf{7{,}21\ m/min}$
Umdrehungszahl	„ 2. „	∅ 140 „	$= 297 \frac{15}{65}\frac{15}{77}\frac{27}{21} = \mathbf{17{,}2}$
Umfangsgeschwindigkeit	„ 2. „	∅ 140 „	$= \pi \cdot 0{,}140 \cdot 17{,}2 = \mathbf{7{,}56\ m/min}$
Umdrehungszahl	„ 1. „	∅ 180 „	$= 297 \frac{15}{65}\frac{15}{77} = \mathbf{13{,}36}$
Umfangsgeschwindigkeit	„ 1. „	∅ 180 „	$= \pi \cdot 0{,}180 \cdot 13{,}36 = \mathbf{7{,}56\ m/min}$

Es sei hier auf die glättende Wirkung der Kalanderwalzen aufmerksam gemacht.

Umdrehungszahl	der Wickelwalzen	∅ 230 mm	$= 297 \frac{15}{65}\frac{16}{65}\frac{22}{31} = \mathbf{11{,}97}$
Umfangsgeschwindigkeit	„ „	∅ 230 „	$= \pi \cdot 0{,}230 \cdot 11{,}97 = \mathbf{8{,}65\ m/min}$

Einzelverzüge am Öffner.

Verzug zwischen

dem Zufuhrlattentuch und dem 1. Druckzylinder ∅ 120 mm	$= \frac{2{,}688}{2{,}40} = 1{,}120$
dem 1. Druckzylinder ∅ 120 mm und dem 2. Druckzylinder ∅ 120 mm	$= \frac{2{,}745}{2{,}688} = 1{,}022$
dem Regulierzylinder ∅ 75 mm und dem 2. Druckzylinder ∅ 120 mm	$= \frac{2{,}865}{2{,}745} = 1{,}045$
dem Einzugszylinder ∅ 75 mm und der Siebtrommel ∅ 670 mm	$= \frac{5{,}02}{2{,}865} = 1{,}755$
der Siebtrommel ∅ 670 mm und dem Abzugszylinder ∅ 78 mm	$= \frac{5{,}48}{5{,}02} = 1{,}055$
dem Abzugszylinder ∅ 78 mm und dem Einzugszylinder ∅ 60 mm	$= \frac{5{,}98}{5{,}48} = 1{,}092$
dem Einzugszylinder ∅ 60 mm und der Siebtrommel ∅ 670 mm	$= \frac{6{,}57}{5{,}98} = 1{,}100$
der Siebtrommel ∅ 670 mm und dem Abzugszylinder ∅ 78 mm	$= \frac{6{,}62}{6{,}57} = 1{,}010$
dem Abzugszylinder ∅ 78 mm und der 4. Kalanderwalze ∅ 140 mm	$= \frac{6{,}81}{6{,}62} = 1{,}050$
der 4. Kalanderwalze ∅ 140 mm und der 1. Kalanderwalze ∅ 180 mm	$= \frac{7{,}56}{6{,}81} = 1{,}120$
der 1. Kalanderwalze ∅ 180 mm und den Wickelwalzen ∅ 230 mm	$= \frac{8{,}65}{7{,}56} = 1{,}130$

Somit erhalten wir als Gesamtverzug:

$$1{,}120 \cdot 1{,}022 \cdot 1{,}045 \cdot 1{,}752 \cdot 1{,}055 \cdot 1{,}092 \cdot 1{,}100 \cdot 1{,}010 \cdot 1{,}050 \cdot 1{,}120 \cdot 1{,}130 = \mathbf{3{,}57}$$

oder auch:

$$\frac{230}{100}\frac{62}{39}\frac{66}{41}\frac{88}{2}\frac{170}{170}\frac{37}{54}\frac{15}{30}\frac{15}{65}\frac{16}{65}\frac{22}{31} = \mathbf{3{,}57}.$$

Lieferung des Öffners. Es soll angenommen werden, daß das Gewicht der austretenden Watte für 1 m 420 g betrage.

Um einen Wickel herzustellen, macht die unterste Kalanderwalze: $1 \frac{60}{18}\frac{20}{1} = 66{,}66$ Umdrehungen (siehe Abb. 46). Während dieser Zeit machen die Wickelwalzen $= 66{,}66 \frac{77}{15}\frac{16}{65}\frac{22}{31} = 59{,}8$ Umgänge. Wie aus vorhergehender Berechnung ersichtlich ist, beträgt die Umdrehungszahl der Wickelwalzen = 11,97. Folglich ist die Herstellungszeit eines Wickels $= \frac{59,8}{11,98} = 4,99$ min $= 4'59,4''$. Um einen Wickel herzustellen, brauchte der Arbeiter, praktisch nachkontrolliert, durchschnittlich 5'25'', die Abnehmezeit einbegriffen. Die Anzahl Meter, welche dabei als Wickel aufgewickelt werden, betragen theoretisch $59,8 \cdot \pi \cdot 0,230 = 43,2$ m. Es wurde früher schon nachgewiesen, daß die praktische Meterzahl auf einem Wickel in Wirklichkeit etwas größer ist, ungefähr um 60 bis 70 cm. Jedoch soll bei dieser Berechnung diese Zunahme vernachlässigt werden, denn man kann eben nicht mit genau 5'25'' für 1 Wickel rechnen; es können unvorhergesehene Stillstände vorkommen.

Gewicht eines Wickels $= 0,420 \cdot 43,2 = 18,15$ kg,

Lieferung des Öffners in 10 Arbeitsstunden $= \frac{18,15 \cdot 600}{5,25} = \mathbf{2070\ kg}$.

Es werden 10 Arbeitsstunden angegeben, weil man dann am einfachsten die Lieferung für 1 Stunde bestimmen kann. Es soll an dieser Stelle erinnert werden, daß die Stillstände für Schmieren und Reinigen des Öffners in Betracht gezogen werden sollen.

Berechnung des eintretenden Wattengewichtes.

Um 1 m Watte aufzuwickeln, machen die Wickelwalzen $\frac{1}{\pi \cdot 0,230} = 1,382$ Umdrehungen. Um diese 1,382 Umdrehungen auszuführen, wird die Triebwelle des Zufuhrlattentuches am Eingange des Öffners (siehe Abb. 46) folgende Umdrehungszahl vollführen:

$$1,382 \frac{31}{22} \frac{65}{16} \frac{65}{15} \frac{30}{15} \frac{54}{37} \frac{170}{170} \cdot 0,994 \frac{2}{88} \frac{41}{66} \frac{39}{62} = 0,882 \text{ Umdrehungen.}$$

Die Umfangsgeschwindigkeit des endlosen Zufuhrlattentuchs ist demnach bei 100 mm Durchmesser:

$$\pi \cdot 0,100 \cdot 0,882 = 0,277 \text{ m}$$

während der obigen 1,382 Umdrehungen der Wickelwalzen. 1 m austretende Watte soll 0,420 kg wiegen. Nehmen wir 3,6% Abfall an, so müssen also diese 0,277 m eintretende Watte $= \frac{0,420}{0,964} = 0,436$ kg wiegen.

Folglich wiegt 1 m eintretende Watte:

$$\frac{0,436}{0,277} = \mathbf{1,575\ kg}.$$

4. Berechnung des Mittelschlägers.

Die austretende Watte soll 380 g für 1 m wiegen.

Zuerst muß das Wechselrad berechnet werden; dieses finden wir auf folgende Weise: Die eintretende Watte wiegt 0,420 kg für 1 m. Die Dopplung ist gleich 4 und den Abfall im Schläger nehmen wir zu 1% an. Dann ergibt sich das Gewicht der eintretenden Wattendicke:

$$\frac{4 \cdot 0,420}{0,99} = 1,700 \text{ kg}.$$

Somit ist der Gesamtverzug der Maschine $= \frac{1,700}{0,380} = 4,47$.

Nun kann das Wechselrad bestimmt werden. Es ist:

$$\text{Verzug} = \frac{230}{100}\,\frac{53}{36}\,\frac{88}{1}\,\frac{170}{170}\,\frac{40}{40}\,\frac{25}{W_v}\,\frac{20}{40}\,\frac{15}{65}\,\frac{15}{65}\,\frac{22}{31},$$

$$W_v = \frac{230}{100}\,\frac{53}{36}\,\frac{88}{1}\,\frac{170}{170}\,\frac{40}{40}\,\frac{25}{4{,}47}\,\frac{20}{40}\,\frac{15}{65}\,\frac{15}{65}\,\frac{22}{31} = 31{,}5 \text{ Zähne.}$$

Mit Berücksichtigung des Gleitverlustes des Regulatorriemens nehmen wir ein 32er Wechselrad an. Die Geschwindigkeiten der Maschine ergeben sich wie folgt: Siehe Abb. 47.

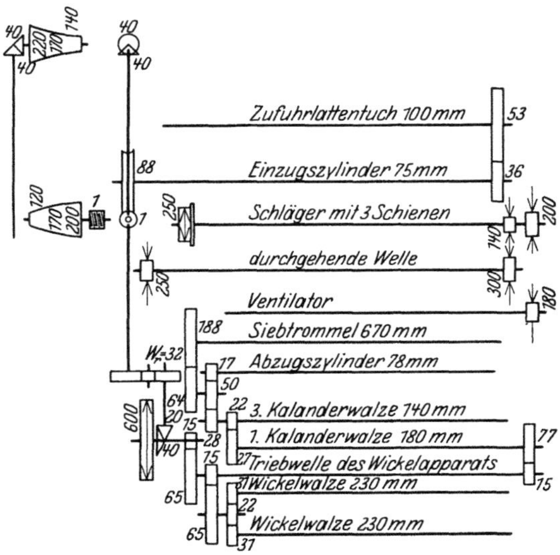

Abb. 47. Schema zur Berechnung des Mittelschlägers.

Umdrehungszahl der Schlägerwelle = **1300**

„ „ durchgehenden Welle $= 1300\,\frac{140}{300} = 606{,}6$ theor.; prakt. = **604**

„ „ Welle, welche die Riemenscheibe ⌀ 600 mm trägt $= 604\,\frac{250}{600} = 251{,}5$ theor.; prakt. = **249**

„ des treibenden Kegels $= 249\,\frac{40}{20}\,\frac{32}{25}\,\frac{40}{40} =$ **637**

„ „ getriebenen Kegels = **630**

„ der Lattentuchwelle $= 630\,\frac{1}{88}\,\frac{36}{53} =$ **4,86**

Umfangsgeschwindigkeit „ „ $= \pi \cdot 0{,}100 \cdot 4{,}86 =$ **1,529 m/min**

Umdrehungszahl des Einzugszylinders ⌀ 75 mm $= 630\,\frac{1}{88} =$ **7,16**

Umfangsgeschwindigkeit „ „ ⌀ 75 „ $= \pi \cdot 0{,}075 \cdot 7{,}16 =$ **1,688 m/min**

Umdrehungszahl „ Ventilators $= 1300\,\frac{200}{180} = 1444$ theor.; prakt. = **1435**

„ der Siebtrommel ⌀ 670 mm $= 249\,\frac{15}{65}\,\frac{15}{77}\,\frac{27}{22}\,\frac{28}{50}\,\frac{64}{188} =$ **2,618**

Umfangsgeschwindigkeit „ „ ⌀ 670 „ $\pi \cdot 0{,}670 \cdot 2{,}618 =$ **5,51 m/min**

Umdrehungszahl	des Abzugszylinders	⌀ 78 mm	$= 249 \frac{15}{65}\frac{15}{77}\frac{27}{22}\frac{28}{17} = \mathbf{22{,}65}$
Umfangsgeschwindigkeit	„ „	⌀ 78 „	$= \pi \cdot 0{,}078 \cdot 22{,}65 = \mathbf{5{,}545\ m/min}$
Umdrehungszahl	der 4. Kalanderwalze	⌀ 140 mm	$= 249 \frac{15}{65}\frac{15}{77}\frac{27}{23} = \mathbf{13{,}13}$
Umfangsgeschwindigkeit	„ 4. „	⌀ 140 „	$= \pi \cdot 0{,}140 \cdot 13{,}13 = \mathbf{5{,}72\ m/min}$
Umdrehungszahl	„ 3. „	⌀ 140 „	$= 249 \frac{15}{65}\frac{15}{77}\frac{27}{22} = \mathbf{13{,}73}$
Umfangsgeschwindigkeit	„ 3. „	⌀ 140 „	$= \pi \cdot 0{,}140 \cdot 13{,}73 = \mathbf{6{,}04\ m/min}$
Umdrehungszahl	„ 2. „	⌀ 140 „	$= 249 \frac{15}{65}\frac{15}{77}\frac{27}{21} = \mathbf{14{,}38}$
Umfangsgeschwindigkeit	„ 2. „	⌀ 140 „	$= \pi \cdot 0{,}140 \cdot 14{,}38 = \mathbf{6{,}32\ m/min}$
Umdrehungszahl	„ 1. „	⌀ 180 „	$= 249 \frac{15}{65}\frac{15}{77} = \mathbf{11{,}19}$
Umfangsgeschwindigkeit	„ 1. „	⌀ 180 „	$= \pi \cdot 0{,}180 \cdot 11{,}19 = \mathbf{6{,}32\ m/min}$
Umdrehungszahl	„ Wickelwalzen	⌀ 230 „	$= 249 \frac{15}{65}\frac{15}{65}\frac{22}{31} = \mathbf{9{,}4}$
Umfangsgeschwindigkeit	„ „	⌀ 230 „	$= \pi \cdot 0{,}230 \cdot 9{,}4 = \mathbf{6{,}80\ m/min}$

Einzelverzüge am Mittelschläger.

Verzug zwischen	Lattentuch und Einzugszylinder	$= \frac{1{,}688}{1{,}529} = 1{,}102$
„ „	Einzugszylinder und Siebtrommel	$= \frac{5{,}51}{1{,}688} = 3{,}26$
„ „	Siebtrommel und Abzugszylinder	$= \frac{5{,}545}{5{,}51} = 1{,}004$
„ „	Abzugszylinder und 4. Kalanderwalze	$= \frac{5{,}72}{5{,}545} = 1{,}032$
„ „	4. Kalanderwalze und 1. Kalanderwalze	$= \frac{6{,}32}{5{,}72} = 1{,}104$
„ „	1. Kalanderwalze und Wickelwalze	$= \frac{6{,}80}{6{,}32} = 1{,}074$

Folglich ist der Gesamtverzug:

$$1{,}102 \cdot 3{,}26 \cdot 1{,}004 \cdot 1{,}032 \cdot 1{,}104 \cdot 1{,}074 = \mathbf{4{,}41}$$

oder auch

$$\text{Gesamtverzug} = \frac{230}{100}\frac{53}{36}\frac{88}{1}\frac{170}{170}\frac{40}{40}\frac{25}{32}\frac{20}{40}\frac{15}{65}\frac{15}{65}\frac{22}{31} = \mathbf{4{,}41}\,.$$

Lieferung des Mittelschlägers. Um einen Wickel herzustellen, muß die erste Kalanderwalze folgende Umdrehungen machen, bei der Annahme, daß der Zählapparat derselbe ist wie beim Öffner:

$$1 \frac{66}{18}\frac{20}{1} = 66{,}66 \text{ Umdrehungen.}$$

Somit werden die Wickelwalzen während dieser Zeit:

$$66{,}66 \frac{77}{15}\frac{15}{65}\frac{22}{31} = 56{,}1 \text{ Umdrehungen}$$

ausführen. Um einen Wickel herzustellen, sind also $\frac{56{,}1}{9{,}4} = 5{,}96$ min $= 5'\,57{,}6''$ erforderlich.

Wird die Abnahmezeit eingerechnet, so braucht der Arbeiter praktisch $= 6{,}2$ min $= 6'\,12''$ durchschnittlich, um einen Wickel herzustellen.

Ein Wickel enthält theoretisch: $56{,}1 \cdot \pi \cdot 0{,}230 = 40{,}6$ m.

Wie beim Öffner, behalten wir der Einfachheit halber diese Zahl bei, denn die durchschnittliche Herstellungszeit eines Wickels kann selbstverständlich nur annähernd gegeben werden.

Somit wiegt ein Wickel $= 0{,}380 \cdot 40{,}6 = 15{,}42$ kg.

Praktische Lieferung des Mittelschlägers in 10 Arbeitsstunden:

$$\frac{15{,}42 \cdot 600}{6{,}2} = \sim \mathbf{1490\ kg}.$$

5. Berechnung des Feinschlägers.

Hier nehmen wir an, daß das austretende Metergewicht des Wickels = 350 g betragen soll. Demnach muß vor allem das erforderliche Wechselrad bestimmt werden.

Die eintretende Watte wiegt 0,380 kg für 1 m. Die Dopplung ist 4 und auch hier soll wieder 1% Abfall angenommen werden. Die eintretende Wattendicke (alle 4 Wattendicken zusammen genommen) wiegt dann für 1 m:

$$\frac{4 \cdot 0{,}380}{0{,}99} = 1{,}540 \text{ kg}.$$

Somit können wir den Verzug feststellen:

$$\text{Verzug} = \frac{1{,}540}{0{,}350} = 4{,}40.$$

Die Berechnung entwickelt sich genau wie beim Mittelschläger, auch hier finden wir ein Wechselrad von 32 Zähnen. Da der Feinschläger genau dieselbe Konstruktion hat wie der Mittelschläger, so sind auch die Verzüge dieselben wie bei diesem. Es ändert sich hier bloß die Lieferung, weil die ein- und austretende Wattendicke von der des Mittelschlägers verschieden ist.

Lieferung des Feinschlägers. Die Meterzahl je Wickel wird, wie beim Mittelschläger, mit 40,6 m gefunden.

Gewicht eines Wickels $= 0{,}350 \cdot 40{,}6 = 14{,}20$ kg.

Produktion des Feinschlägers innerhalb 10 Arbeitsstunden:

$$\frac{14{,}2 \cdot 600}{6{,}2} = \mathbf{1375\ kg}.$$

Nummerbestimmung. Wie schon aus obigem ersichtlich, wird in der Praxis das Metergewicht des Wickels bestimmt. Bei den Berechnungen ist es oft unumgänglich, die wirkliche Nummer anzugeben.

Ist die Länge in Metern und das Gewicht in Kilogramm ausgedrückt, so ist die englische Nummer:

$$N_e = 0{,}00059 \, \frac{L_{\text{m}}}{P_{\text{kg}}}.$$

Wir erhalten demnach:

Nummer des Öffnerwickels $= 0{,}00059 \, \frac{1}{0{,}420} = 0{,}001404$

„ „ Mittelschlägerwickels $= 0{,}00059 \, \frac{1}{0{,}380} = 0{,}001552$

„ „ Feinschlägerwickels $= 0{,}00059 \, \frac{1}{0{,}350} = 0{,}001685$

C. Das Krempeln oder Kardieren der Baumwolle.

Wenn man die Watteschicht des Schlägerwickels gegen das Licht hält, so sieht man, daß darin viele Büschel liegen, in denen noch kleinere Unreinigkeiten und Baumwollstaub enthalten ist. Wollte man diese mittels des Schleuderprinzips entfernen, so würde sich die Baumwolle verschnüren. Diese Baumwollbüschel müssen also in Einzelfasern zerlegt werden und dies wird auf der Krempel erreicht. Die Arbeitsweise der modernen Deckelkarde ist folgende:

Die Watte des Schlägerwickels wird mittels Einzugszylinders und feststehender Mulde dem „Vorreißer" dargeboten, einer mit Sägegarnitur versehenen Walze, welche, diese eingerechnet, einen Durchmesser von 250 mm hat. Der Vorreißer reißt aus der langsam dargebotenen Watte kleine Büschel heraus, von welchen zuerst von einem oder 2 eng an die Sägegarnitur angestellten Messern die Unreinigkeiten (Blätterreste, Knötchen usw.) abgestreift und dann auf die große Trommel übergeführt werden. Diese Trommel ist mit einem aus gehärtetem Stahldraht bestehenden Beschlag überzogen, der als rauhe Fläche betrachtet werden kann, an welcher die Baumwolle anhaftet. Die große Trommel hat einen Durchmesser von 1300 mm (Beschlag einbegriffen) und läuft durchschnittlich mit 175 Umdrehungen. Die aus dünnem, gehärtetem Stahldraht bestehende Garnitur ist elastisch; die Elastizität wird dadurch erreicht, daß man den Stahldraht mit einem Knie versieht und ihn in einer elastischen Stoffunterlage befestigt. Der Einfachheit halber werden die Garniturnadeln mit doppelten Schenkeln verfertigt, welche durch einen Steg miteinander verbunden sind. Je tiefer das Knie bei gleicher Nadelhöhe, desto elastischer ist die Nadel. Um die Krempelgarnitur widerstandsfähig zu gestalten, wird sie mit größtmöglicher Spannung auf die Trommel aufgezogen.

Damit nun die aus der Wickelwatte herausgekämmten Büschel und Fasern auf die große Trommel gelangen, welche notwendig eine gewisse, wenn auch kleine Entfernung vom Vorreißer hat ($^7/_{1000}$ Zoll = 0,18 mm), ist unter dem Vorreißer ein Blech angebracht, das gegen die Mulde hin weit, gegen den Abnehmepunkt an der Trommel nahe am Vorreißer liegt. Dadurch entsteht gegen den Abnehmepunkt eine Luftverdichtung. Dieses Blech hört vor dem Abnehmepunkt auf, damit nachher eine Luftverdünnung stattfinden kann. Die Luft kommt mit der Baumwolle zwischen Vorreißer und Blech und verdichtet sich nach und nach. Die große Trommel hat aber eine bedeutend größere Umfangsgeschwindigkeit als der Vorreißer, somit nimmt der größere Luftzug der Trommel die Luft, welche sich plötzlich beim Aufhören des Bleches ausdehnt, mit und demnach auch die Faserbüschel und Einzelfasern. Die Fasern werden also nicht von den Nadeln der Trommel erfaßt, sondern der infolge der großen Umfangsgeschwindigkeit der Trommel erzeugte Luftstrom saugt die kleinen Faserbüschel an. Über dem oberen Teile der Trommel befindet sich eine entgegengesetzt gerichtete Nadelfläche, aus den „Laufdeckeln" gebildet. Jeder Deckel besitzt einen „Eingang", d. h. der Abstand zwischen dem Nadelbesatz der Trommel und demjenigen des Deckels ist am Anfang desselben größer als am Ende. Nachdem somit der Luftzug, der durch die bedeutende Umfangsgeschwindigkeit der Trommel entsteht, die Faserbüschel an den Trommelbeschlag angesaugt hat, wird die Baumwolle den Deckeln zugeführt. Der am nächsten liegende Deckel erfaßt die Enden der Baumwollbüschel und sucht sie zurückzuhalten. Die Fasern werden der Reihe nach durch die große Trommel aus den Büscheln gerissen; die dabei entstehenden Faserstückchen werden durch nachfolgende Büschel zwischen die Nadeln gepreßt und können nicht mehr an der Zerteilungsarbeit teilnehmen. Nach und nach werden sich die über der Trommelgarnitur befindlichen Deckel gefüllt haben. Dadurch, daß sich die Faserstückchen nicht ineinander betten können, entsteht eine „elastische Füllung" in den Nadelbeschlägen der Deckel wie der Trommel. Die Arbeit geht nun folgendermaßen vor sich: Kommt eine Faser in den Bereich des ersten Deckels, so hakt sie sich an demselben fest; die Füllung federt und drückt das vordere Ende der Faser in den Trommelbeschlag. Indem nun diese Faser an allen Deckeln vorbeistreichen muß, wird sie in den Trommelbeschlag ganz hineingedrückt. Durch dieses viele Federn betten sich die Fasern ineinander ein, die Füllung wird unelastisch und somit unbrauchbar. Deshalb müssen die Garnituren in regelmäßigen Zeitabständen „ausgestoßen" werden. Ein Deckel arbeitet nicht, bevor er „gesättigt", d. h., mit elastischer Füllung versehen ist.

Eine Abnehmewalze, deren Durchmesser mit Beschlag 650 mm mißt, nimmt die Fasern ab, die ihrerseits wieder von einem Hacker als zusammenhängendes Vlies abgenommen, vermittels Auszugswalzen zu einer Bandform verdichtet und in einer Kanne spiralförmig aufgewickelt werden.

Diejenigen Stellen, an welchen die Fasern von der einen Fläche gehalten und von der anderen gestrichen werden und von der einen Fläche auf die andere übergehen, nennt man Krempelpunkte, und die Stellen, an welchen die Fasern durch eine mit gleichgerichteten Nadeln garnierte Walze abgenommen werden, Abnehmepunkte.

1. Die Kratzenbeschläge[1].

Die Grundbedingung für eine gute Arbeit der Krempel bildet der Beschlag, auch Kratzenbeschlag genannt. Als Beschlag bezeichnet man eine mit Spitzen versehene Fläche, wovon je 2 dieser Spitzen aus demselben Drahte durch rechtwinkliges Umbiegen (Steg) hergestellt werden und „Zähne" bilden, welche in einer Unterlage von Stoff nach bestimmten Gesetzen, dem Stiche, stecken. Jede Kratze muß der Stärke und Feinheit des zu kardierenden Faserstoffes, der Sauberkeit sowohl des Vorlegegutes als des gewünschten Flores und der Lieferung der Karde angepaßt werden. Je härter und länger ein Faserstoff ist, desto stärker und widerstandsfähiger muß die Kratze sein. Je feiner und sauberer das Kardengut ausfallen soll, desto feinerer Draht muß zur Herstellung des Beschlages verwendet werden und desto zahlreicher müssen die Nadeln für eine Flächeneinheit im Stoffe stecken.

Ein Kratzenbeschlag besteht aus dem Stoff und dem Kratzendraht.

Der Kratzenstoff muß vor allem sehr widerstandsfähig sein, damit der Beschlag mit sehr hoher Spannung aufgezogen werden kann. Erst infolge dieser großen Spannung ist ein genaues Regulieren möglich. Der Beschlag muß elastisch sein, das gleiche gilt für den Stoff, um ein Ausbrechen der Zähne zu verhindern. Um eine allen Anforderungen an Elastizität und Widerstandsfähigkeit genügende Kratze zu erhalten, wendet man Kratzenstoffe an, die aus verschiedenen, übereinander geklebten Geweben bestehen, wovon die weicheren die Elastizität, die härteren die Widerstandsfähigkeit bedingen. Das Zusammenkleben erfolgt entweder durch Kautschuklösung oder durch „Zement". Hierunter versteht man eine Mischung des besten kölnischen Leims mit Leinöl. Während die Kautschuklösung eine elastisch nachgebende Lage zwischen den einzelnen Geweben bildet, verhärtet die Zementklebung den Stoff. Das untere Gewebe ist fast immer ein sehr dichter Stoff, um die Wirkung des bei Temperaturunterschieden und nach längerer Zeit auftretenden Schwitzens des Gusses, auf

[1] Die Elemente zu dieser Abhandlung wurden dem Verfasser von der Kratzenfabrik Joseph Deiß, Ranspach bei Wesserling (Ober-Elsaß), bereitwilligst übermittelt.

dem die Kratzen aufgezogen werden, abzuschwächen. Dieses Schwitzen des Gusses verursacht ein Rosten der Beschläge und Ausbrechen der Zähne. Man kann diesem Übel vorbeugen, indem man vor dem Aufziehen der Kratze die Trommel mittels Schmirgel fein poliert und sodann mit Graphit einreibt. Auf diese Weise werden die Poren des Gusses verstopft und der Beschlag läßt sich mit großer Spannung aufziehen. Das dichtere Gewebe dient außerdem zur Erleichterung des Einsteckens der Nadeln, sie werden so sicherer geführt und fester gehalten. Gegen die von außerhalb eindringende Feuchtigkeit überzieht man in vielen Fällen das oberste Gewebe mit einer Kautschukschicht. Für Trommelgarnitur ist letzteres ratsam, dagegen ist für Deckel- und Sammlerbeschlag eine Kautschukschicht nicht zu empfehlen.

a) Der Kratzendraht.

Der Kratzendraht wird bei den heutigen Anforderungen aus Stahldraht hergestellt. Dieser kann verschiedene Querschnittsformen haben: Runddraht (Abb.48), Dreieckdraht (Abb. 49), Flachdraht (Abb. 50), Konvexdraht (Abb 51.), Halbflachdraht (Abb. 52).

Die Spitzen des Beschlages werden nach dem Batemanschen System gehärtet, wobei das Härten und Nachlassen in einem luftleeren Raum geschieht, um die Oxydation und das Rauhwerden des getemperten Stahldrahtes zu verhindern. Der so zubereitete Stahl ist glänzend weiß und glatt.

Abb. 48. Abb. 49. Abb. 50. Abb. 51. Abb. 52.

Abb. 48 bis 52. Querschnittsformen für Kratzendraht.

Um die zur sauberen Arbeit unbedingt nötige Spitze bei Runddraht zu erhalten, wird der Zahn vom Knie ab schneidenartig ausgebildet. Dem runden Draht wird durch Preßplatten auf der Stichmaschine die abgeplattete Form erteilt. Der so gequetschte Draht ist an seinem oberen Teile sehr widerstandsfähig und glatt. Beim Schleifen wird dann eine feine, harte Spitze erzielt. Damit der Draht dem Abplatten nicht zu großen Widerstand entgegensetzt, kann nur weicher Stahldraht zur Verwendung kommen. Um die seitlich geschliffenen sowohl wie die seitlich gepreßten Stahldrähte widerstandsfähiger zu machen, werden sie nach dem in allen Industriestaaten patentierten Verfahren von Borensiepen, Kratzenfabrikant in Mettmann (Rheinland), nach Fertigstellung des Beschlages gehärtet.

Nach dem Patent Deiß wird der runde Kratzendraht auf der Stichmaschine vor dem Setzen an allen Teilen, welche die Spitzen der Kratzenzähne bilden, abgeschnitten, abgeschliffen und dann eingesetzt.

Zwischen dem abgeplatteten und dem seitlich geschliffenen Drahte besteht der Unterschied, daß der seitlich geschliffene dichter gesteckt werden kann und dennoch zwischen den Nadeln genügend freier Raum bleibt, um kurze Fasern und Abgang aufzunehmen, da bei ihm im Gegensatz zum seitlich gepreßten die zur Erlangung der Schneide nötige Drahtmasse abgeschliffen wird, während sie bei den abgeplatteten vollständig bleibt und nur in die Länge gepreßt wird. Mithin werden mehr Nadeln beim seitlich geschliffenen als beim seitlich gepreßten Drahte die Fasern bearbeiten, wodurch eine bessere Arbeit erzielt wird.

b) Die Numerierung des Kratzendrahtes.

Die Feinheit des Kratzendrahtes wird durch Nummern angegeben. Hierbei unterscheiden wir die auf dem Kontinente meistens gebräuchliche französische und die englische Numerierung. Tabelle 7 gibt für Runddraht eine Vergleichung der englischen, deutschen und französischen Numerierung und die Durchmesser des zugehörigen Drahtes; für die deutschen Nummern nach der Augsburger Lehre, für die französischen nach der Lehre von Petrement (allgemein gebräuchlich) und von Monchel. Nach der in Deutschland allgemein angewandten Drahtlehre ist die Nummer des Drahtes das Zehnfache des Wertes seines Durchmessers in Millimeter.

Tabelle 7.

Englische Nummer	Deutsche Nummer nach der Augsburger Lehre	Französische Nummer	Durchmesser in mm nach der Lehre von	
			Petrement	Monchel
21	—	0	0,90	—
22	—	2	0,80	—
23	—	4	0,70	—
24	—	6	0,65	—
25	—	8	0,60	—
26	25	10	0,55	0,55
27	25,5	12	0,50	0,48
28	26	14	0,44	0,44
29	28	16	0,38	0,40
30	29	18	0,34	0,36
31	30	20	0,30	0,32
32	32	22	0,28	0,28
33	36	24	0,26	0,24
34	37	26	0,24	0,22
35	38	28	0,22	0,20
36	40	30	0,20	0,18
37	42	32	0,18	0,16
38	44	34	0,16	0,14

In der Praxis mißt man die Drahtdicke durch die „Lehre“, wie sie in Abb. 53 dargestellt ist.

Die Entfernung des Knies ändert sich mit der zu bearbeitenden Fasermasse. Je tiefer das Knie bei gleicher Zahnlänge liegt, desto elastischer und weicher ist der Beschlag, je höher, desto härter wird er. Hierbei spielt die Zahnlänge eine große Rolle. Je kleiner die Zahnlänge gewählt ist, desto härter wird bei gleichbleibendem Knie der Beschlag, und umgekehrt. Will man also eine elastische Kratze erhalten, so ist die Zahnlänge möglichst groß und das Knie tief zu wählen.

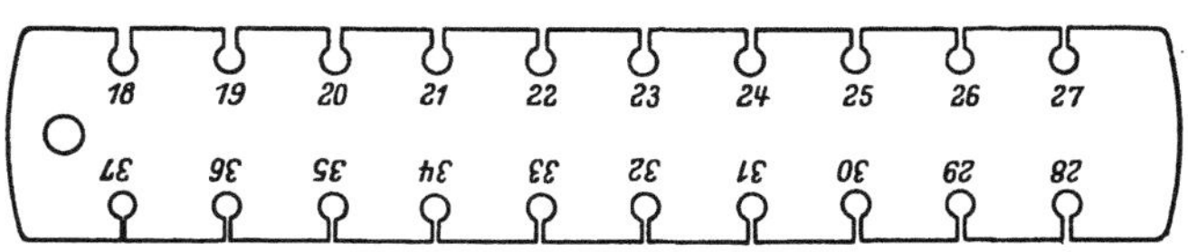

Abb. 53. Lehre zur Bestimmung der Drahtdicke.

Lange Kratzenzähne ohne Knie werden in der Baumwollspinnerei als Polierwalzen für die Beschläge verwendet. Die Größe des Kniewinkels β (Abb. 54) schwankt für Baumwolle zwischen 143^{0} und 160^{0}, im Mittel beträgt er 149^{0}, wogegen der Winkel α, unter dem die Nadeln in das Tuch eingesetzt sind, zwischen $73{,}5^{0}$ und $76{,}5^{0}$, im Mittel $75{,}2^{0}$ beträgt. Die Zähne einer Kratze müssen nach dem Aufziehen derart liegen, daß die Verbindungslinie der Spitze A mit dem Punkte B (Abb. 55) durch den Krümmungsmittelpunkt des Arbeitsteiles geht. Jede andere Lage ist zu verwerfen. Liegt z. B. die Spitze L (Abb. 56) vor dem durch den Fußpunkt der Nadeln gehenden Radius, so wird die Nadel, wenn sie beim Arbeiten zurückgebogen wird, sich erheben und an den Nadeln des gegenüberliegenden Beschlages streifen, wodurch Grieß entsteht und ein häufiges Schleifen nötig wird. Liegt hingegen die Spitze L (Abb. 57) auf der anderen Seite des in Betracht kommenden Halbmessers, so wird die Spitze die Fasern nicht genügend zurückhalten können, da sie bei der geringsten Beanspruchung zurückgebogen wird und die Fasern abgleiten läßt.

Die ganze Zahnlänge, vom Steg bis zur Spitze gemessen, beträgt für Baum-

6*

wolle beim Trommel- und Sammlerbeschlag 10 mm, beim Deckelbeschlag 9,6 mm. Je größer die Lieferung der Karde werden soll, desto niederer muß der Kratzenzahn sein. Beim Trommelbeschlag wird das Knie um $^1/_3$ der aus dem Tuch ragen-

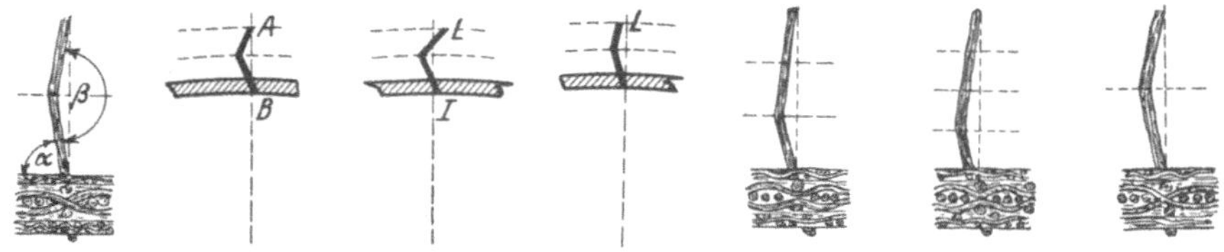

Abb. 54. Abb. 55. Abb. 56. Abb. 57. Abb. 58. Abb. 59. Abb. 60.

Abb. 54 bis 60. Anordnungen der Kratzenzähne.

den Zahnlänge vom Kratzentuch entfernt angeordnet (Abb. 58). Beim Sammlerbeschlag ist das Knie um $^1/_4$ der freien Zahnlänge vom Stoffe entfernt (Abb. 59). Beim Laufdeckelbeschlag wird entweder das Knie wie beim Trommelbeschlag angeordnet (Abb. 58) oder in manchen Fällen in der Mitte der freien Länge, wie Abb. 60 zeigt.

Als Anordnung der einzelnen Zähne zueinander verwendet man meistens den „Säulenstich“ oder „Kolonnensatz“, wie ihn Abb. 61 darstellt. Die gleichen Zähne der aufeinander folgenden Diagonalen stehen hierbei in Säulen untereinander. Die Verteilung der Spitzen ist eine regelrechte und überall gleichmäßige. Auch lassen die Spitzen deutlich Diagonalen erkennen, durch die ein eingehendes Teilen der Fasermassen ermöglicht wird.

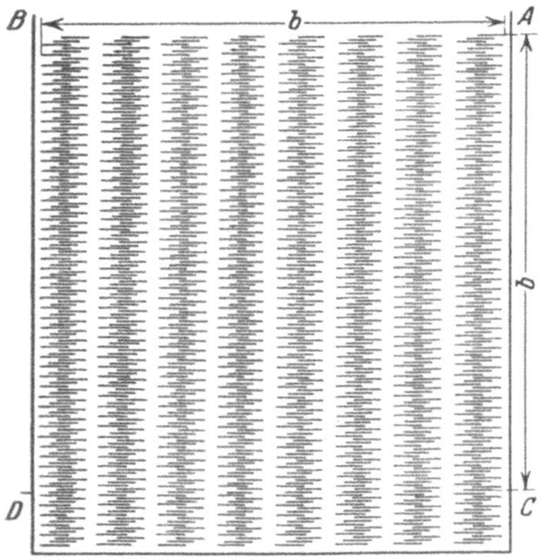

Abb. 61. Säulenstich oder Kolonnensatz.

c) Bevölkerung des Beschlages.

Unter „Bevölkerung“ oder Dichtigkeit eines Beschlages versteht man die Anzahl Nadeln für 1 Flächeneinheit. Je feiner die zu bearbeitende Baumwolle ist, um so feiner muß die Nummer des zur Herstellung des Kratzenbeschlages verwendeten Drahtes sein und um so zahlreicher die Nadeln für 1 Flächeneinheit. Um die Bevölkerung zu ermitteln, verfährt man folgendermaßen: Auf dem Längssinne des Beschlages (siehe Abb. 61) trage man seine Breite $b = AB$ ab und ermittle die im Breitensinne vorhandenen Zahnreihen Z. Diese multipliziere man mit dem Rapport R des Stiches und mit der Anzahl Wiederholungen W dieses Rapportes auf der im Längensinne abgetragenen Breitenlänge $AC = b$. Das Produkt teilt man durch die Anzahl Quadratzentimeter Q, auf welcher die Ermittlung geschah, und erhält so die Anzahl Zähne N für 1 cm². Also:

$$\text{Zähne für 1 cm}^2 = \frac{\text{Zahnreihen im Breitensinne} \cdot \text{Rapport des Stiches} \cdot \text{Wiederholungen des Rapportes im Längensinne auf die Breitenlänge}}{\text{Anzahl Quadratzentimeter}}$$

oder:

$$N = \frac{Z \cdot R \cdot W}{Q}.$$

Der in Abb. 61 dargestellte Beschlag für Trommel hat eine Breite von 5,3 cm und 3zähnigen Säulenstich, die Anzahl Säulen im Breitenstich ist 8, der Rapport hat 3 Zähne, die auf die Länge von 5,3 cm enthaltenen Wiederholungen des Rapportes betragen 47,1. Die Anzahl Zähne auf 1 cm² belaufen sich demnach auf:

$$N = \frac{Z \cdot R \cdot W}{Q} = \frac{8 \cdot 3 \cdot 47{,}1}{5{,}3^2} = 40{,}24 = \sim 40\,,$$

also $2 \cdot 40 = 80$ Spitzen für 1 cm².

Als Bevölkerung der Kratzen ist bei der französischen Benennung die Drahtdicke maßgebend, da mit ihr eine ganz bestimmte Bevölkerung des Beschlages festgelegt wird, wogegen in England die Dichtigkeit, d. h. die Anzahl Nadeln für 1 Quadratzoll, welcher meistens einer bestimmten Drahtdicke entspricht, allein ausschlaggebend ist. Für die englische Nummer eines Beschlages können wir allgemein setzen:

Englische Nummer des Kratzenbeschlages = Konstante · Zähnezahl für 1 Quadratzoll

oder:

$$E = K \cdot N_z\,.$$

Ein Quadratzoll ist gleich 6,4516 cm². Somit können wir setzen:

$$N_z = 6{,}4516 \cdot N_e\,.$$

In die erste Formel eingesetzt, ergibt:

$$E = K \cdot 6{,}4516 \cdot N_e\,.$$

Es soll nun die Konstante K ermittelt werden.

Zur Bestimmung der englischen Nummer des Kratzenbeschlages zählte man früher einfach die Wiederholungen des Rapportes auf die ganze Länge des Blattes, welche 4 Zoll = 10,16 cm betrug. Fand man z. B. 120, so hatte der Beschlag die Nummer 120. Waren bloß 100 Wiederholungen des Rapportes im Längensinne hintereinander angeordnet, so war die Beschlagnummer 100. Die Nadeln waren derart eingesetzt, daß immer 5 Rapporte zu 10 Doppelzähnen auf einen Zoll im Breitensinne, also parallel zur Trommelachse, kamen. Die Ermittlung der Dichte war aus diesen Angaben höchst einfach. Es genügte, die englische Beschlagnummer E mit der konstanten Zahl 10, dem sogenannten crown C, zu multiplizieren und durch 4, die Anzahl Quadratzoll, auf die die Bestimmung geschah, zu dividieren, um die Nadeln N_z für 1 Quadratzoll zu erhalten:

$$N_z = \frac{C}{4} \cdot E\,.$$

Trotzdem mit der Zeit die Anzahl Zähne im Breitensinne wechselte, infolge der neuen Stiche und durch praktische Erfahrungen abgeändert, blieb doch zur Bestimmung der Beschlagnummer die alte Regel bestehen und der crown 10 hat sich nicht geändert. Nur für lichter gesteckte Bänder (Ausstoß- und Polierkratzen) tragen einige englische Kratzenfabrikanten den wirklichen Verhältnissen Rechnung, indem sie statt des crown 10 eine konstante Zahl 8 annehmen. In diesem Falle machen sie ihre neue Einteilung der Kratzenbeschläge dadurch kenntlich, daß sie die neue Crownzahl als Zähler vor die Nummer setzen. So z. B.

$$\text{Beschlag Nr. } 8/80 = \frac{80 \cdot 8}{4} = 160 \text{ Zähne}$$

$$\text{,, \quad ,, } 8/70 = \frac{70 \cdot 8}{4} = 140 \text{ \quad ,,}$$

Die Formel:

$$N_z = \frac{C}{4} \cdot E$$

ergibt:

$$E = \frac{4}{C} \cdot N_z .$$

Die gesuchte Konstante ist mithin gleich $K = \frac{4}{C}$.

Da für die gewöhnlich angewendete englische Numerierung der Kratzenbeschläge $C = 10$ ist, so wird

$$E_g = 0{,}4 \cdot N_z ,$$

d. h.: Die gewöhnliche englische Kratzennummer ist gleich $\frac{4}{10}$ der Bevölkerung für 1 Quadratzoll. Für die leicht gesteckten Beschläge, wo der crown 8 zur Anwendung kommt, ist

$$E_l = 0{,}5 \cdot N_z .$$

Setzen wir für N_z den Wert: $N_z = 6{,}4516 \cdot N_e$ in obige Formeln ein, so erhalten wir

$$E_g \cong 2{,}58 \cdot N_e ,$$

$$E_l = 3{,}23 \cdot N_e .$$

Tabelle 8 gibt eine Übersicht über Drahtdicken und über Bevölkerungen nach der englischen und französischen Einteilung:

Tabelle 8. Nummern, Drahtdicken und Bevölkerungen.

Englische Nummer des Beschlages . . .	50	60	70	80	90	100	110	120	130	140	150
Französische Nummer des Beschlages angegeben durch die Drahtdicken	12	14	16	18	20	22	24	26	28	30	32
aus deutschen Preislisten	14	16	18	20	22	24	26	28	30	32	34
aus englischen Preislisten	16	18	20	22	24	26	28	30	32	34	36
Drahtnummer											
nach französischer Lehre	12	14	16	18	20	22	24	26	28	30	32
nach englischer Lehre .	27	28	29	30	31	32	33	34	35	36	37
Bevölkerung in Zähnen											
für 1 cm² berechnet . .	19,375	23,25	27,125	31	34,721	38,751	42,625	46,5	50,375	54,25	58,12
nach engl. Preislisten .	18	23	26	30	34	38	42	46	50	54	58
für 1 Quadratzoll . . .	125	150	175	200	225	250	275	300	325	350	375
Anzahl Zähne für 4 Quadratzoll	500	600	700	800	900	1000	1100	1200	1300	1400	1500

Die meisten Kratzenfabrikanten geben neben den englischen Nummern die französischen an, doch selten übereinstimmende Drahtdicken. Da nun, je nach der Einteilung, verschiedene französische Nummern als den gleichen Drahtdicken entsprechend aufgeführt werden und die englischen Firmen auf den Vergleichstabellen beider Numerierungen mit Vorliebe die feinste französische Drahtnummer der englischen gleichstellen, so muß man beim Einkaufen von Kratzenbeschlägen auf den Preislisten zuerst den Durchmesser der bis jetzt verwendeten Kratzen aufsuchen und dann erst die in der Preisliste aufgeführte Nummer des Kratzenbeschlages berücksichtigen. Angenommen, man habe bisher als Trommelbeschlag nach französischer Numerierung stets Nr. 24 verwendet und bestellt nach englischer Preisliste die der dort aufgeführten französischen Nr. 24 entsprechende englische Nr. 90, so wird man, wie aus Tabelle 8 zu ersehen ist, eine Kratze erhalten, deren Draht Nr. 20 französisch ist und deren Bevölkerung statt 42 Zähnen für 1 cm² nur 34 besitzt.

d) Anwendung der verschiedenen Drahtnummern und Bevölkerungen für die Karden.

Der Kratzenbeschlag muß dem zu kardierenden Faserstoff entsprechend gewählt werden: je feiner die Fasern sind, desto feiner müssen die sie bearbeitenden Kratzenbeschläge genommen werden. Die Sammler und die Laufdeckel sind im Drahte um eine Nummer feiner als der Trommelbeschlag und auch um eine Nummer dichter gesteckt. Für große Lieferungen und zur Vermeidung des Rollens der Fasern empfiehlt es sich, die Trommel um eine Nummer schwächer zu bevölkern, als ihre Nummer verlangt.

Da die Laufdeckel nur eine einzige Beschlagnummer erhalten, so gibt man ihnen sowie dem Sammler einen Beschlag, der um eine Nummer feiner ist als der der Trommel und versieht die Kratzen mit dichter Bevölkerung. Will man die Güte des Flores auf Kosten der Lieferung erhöhen, so wählt man die Beschläge des Sammlers und der Laufdeckel um zwei Nummern feiner als den Trommelbeschlag. Tabelle 9 gibt einige Aufschlüsse.

Tabelle 9.

Arbeitsteile	Indische Baumwolle				Amerikanische Baumwolle				Mako oder Jumel			
	Drahtnummer		Bevölkerung pro cm²		Drahtnummer		Bevölkerung pro cm²		Drahtnummer		Bevölkerung pro cm²	
	franz. Petrement	Englische	Zähne	Spitzen	franz. Petrement	Englische	Zähne	Spitzen	franz. Petrement	Englische	Zähne	Spitzen
Trommel	26	100	32	68	28	110	38	76	30	120	42	84
Sammler	28	110	42	84	30	120	46	92	32	130	50	100
Laufdeckel	28	110	42	84	30	120	46	92	32	130	50	100
Lieferung in kg für 10 Stunden	70—80	—	—	—	60—70	—	—	—	55—60	—	—	—
Trommel		—	—	—	28	110	38	76	30	120	42	84
Sammler		—	—	—	32	130	50	100	34	140	54	108
Laufdeckel		—	—	—	32	130	50	100	34	140	54	108
Lieferung in kg für 10 Stunden		—	—	—	35—45	—	—	—	35	—	—	—

Nachdem die kleinen Faserbüschel vom Vorreißer herausgerissen und der großen Trommel übergeben worden sind, werden sie von den Kardierpunkten zwischen Deckel und Trommel bearbeitet. Im Verhältnis zur großen Umfangsgeschwindigkeit der Trommel können die Deckel als stillstehend angesehen werden. Wie schon weiter oben gesagt wurde, füllen sich die Beschläge der Deckel sowie die der Trommel mit Fasern und bilden eine elastische Unterlage. Voraussetzung hierbei ist, daß beide Beschläge unter gleichem Winkel stehen. Dies geschieht auf Grund folgender Kräftezerlegung. Nach Abb. 62 ist D der Deckel, T der Trommelbeschlag. P ist die Kraft, mit welcher das Baumwollbüschel vom Trommelbeschlag mitgenommen wird. Diese zerlegt sich in die Komponenten p_1 und p_2. Hierbei sucht p_1 die Fasern gegen die Stoffunterlage des Beschlages zu ziehen, wogegen p_2 sie zu strecken versucht. Es wäre also p_1 die füllende, p_2 die kardierende Kraft. Die Kraft P ist an den ersten Deckeln, d. h. gegen die

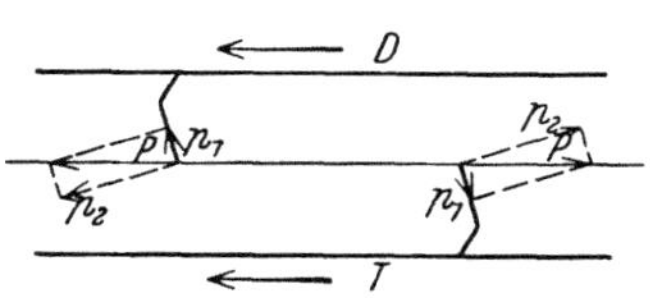

Abb. 62. Häkchenstellung bei Krempelpunkten.

Vorreißerseite zu, am größten und nimmt gegen den Sammler zu beständig ab, denn die Faserbüschel werden, infolge der vielen Kardierpunkte, immer mehr in Einzelfasern zerlegt. Jede Faser hat das Bestreben, infolge der Einwirkung der Komponente p_1 als Füllung auf den Grund des Beschlages zu gelangen. Aber hauptsächlich bleiben die kurzen Fasern in der Füllung, während die langen Fasern länger der Wirkung des gegenüberliegenden Beschlages ausgesetzt sind und deshalb mitgeführt werden. Ein kurze Faser hingegen gleitet ohne weiteres, der Kraft p_1 folgend, als Füllung ein, da sie vom gegenüberliegenden Beschlag nicht mehr erfaßt werden kann. Durch dieses Mitreißen seitens der gegenüberliegenden Zähne werden aber auch viele Fasern zerrissen, besonders wenn der Krempeldraht Seitenschliff besitzt. Durch letzteren erhält der Draht oben zwei Spitzen, welche viel zum Zerreißen der langen Fasern beitragen, wogegen der Runddraht, welcher nur oben flach abgeschliffen ist, die Fasern schonender behandelt. Jedenfalls ist die kardierende Kraft bei Garnituren, welche Seitenschliff besitzen, größer wie beim Runddraht.

Geht die Verbindungslinie zwischen Häkchenspitze und Fußpunkt durch den Mittelpunkt der Trommel, so ist bei etwaigem Zurückbiegen des Häkchens kein Streifen an der gegenüberliegenden Garnitur zu befürchten. Infolge des öfteren Abschleifens der Kratze werden die Häkchen kürzer, demgemäß geht die Verbindungslinie zwischen Spitze und Fußpunkt nicht mehr durch den Trommelmittelpunkt, und bei etwaiger Beanspruchung wird die Kraft P (Abb. 62) das Häkchen zurückbiegen, wodurch der Abstand zwischen den beiden zusammenarbeitenden Garnituren vergrößert wird. Um nun zu verhüten, daß eine Kratze bei normalem Abschleifen allzubald schlecht arbeitet, läßt man die Häkchenspitze etwas vorstehen, so daß der Radius der Trommel und die Verbindungslinie zwischen Häkchenspitze und Fußpunkt einen Winkel von etwa 5 bis 6° bilden, wobei dann während der Arbeitsperiode die Häkchenspitze der Trommelgarnitur derjenigen der Deckelkratze infolge des Zurückbiegens sich um 0,04 mm nähert. Hierbei kann die Kratze der Trommelgarnitur um 3,05 mm abgeschliffen werden, bevor die Häkchen beim Zurückbiegen sich voneinander entfernen. Gewöhnlich ist die Gesamthöhe des Häkchens 10 mm, wobei der obere Teil des Knies 5,5 bis 6 mm besitzt, der untere Teil, Steg mit einbegriffen, 4,5 bis 4 mm mißt.

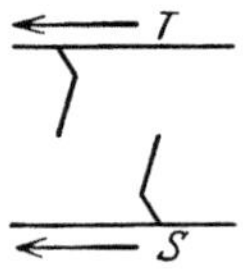

Abb. 63. Häkchenstellung bei Abnehmepunkten.

Liegen die Häkchen in gleicher Richtung, wie Abb. 63 zeigt, so nimmt der eine Beschlag die Fasern des andern ab, wie dies beim Abnehmepunkt des Sammlers der Fall ist, wenn die Umfangsgeschwindigkeit der Trommel größer als die des Sammlers ist, wobei die Fasern von der Trommel an den Sammler abgestrichen werden.

2. Das Einstellen der Krempel.

Sind die Arbeitsteile zu weit voneinander entfernt, so entsteht „Grieß". Er tritt auch auf, wenn der Vorreißer mit Baumwolle umwickelt ist, was bei zu großer Entfernung zwischen Vorreißer und Trommel der Fall sein kann. Desgleichen griest die Karde, wenn mit Öl getränkte Baumwolle auf die Trommel gelangt. Zu einer einwandfreien Arbeit der Krempel ist demnach ganz genaues Einstellen Bedingung. Man verwendet zu diesem Zweck Stellbleche, welche gewöhnlich mit den Nummern *5*, *7*, *10* und *12* bezeichnet sind. Hierbei gibt jede dieser Zahlen die Anzahl Tausendstel Zoll an; z. B. hat Stellblech *5* eine Dicke von $^5/_{1000}$ Zoll usf. Aus Abb. 64 ist ersichtlich, daß die Mulde zuerst mit dem Stellblech *7* angestellt und sodann mit Stellblech *5* nachgeprüft wird. *7* muß eng eingestellt werden und *5* muß leicht durchgezogen werden können. Die Messer werden mit Stellblech *10* an den Vorreißer angestellt. Ist das Messer zu nahe am Vorreißer, so gehen viele gute Fasern in den Abfall, ist es dagegen zu weit entfernt, so werden viele Unreinigkeiten auf die Trommel übertragen. Zum Einstellen des Vorreißerrostes bedient man sich eines Kalibers, welches die genaue Rundung des Rostes besitzt und welches an einem Ende 2,2 mm, am anderen Ende 0,5 bis 0,6 mm dick ist. Ist der Rost zu nahe am Vorreißer, so gehen viele gute Fasern in den Abfall. Der Vorreißer wird in bezug auf die Trommel genau wie die Mulde an den Vorreißer mit den Stellblechen *7* und *5* eingestellt. Das Blech über dem Vorreißer, welches die Trommel zwischen Vorreißer und Laufdeckel abdeckt, wird an beiden Enden mit dem Stellblech *12* eingestellt. Desgleichen wird das Blech, das vom Vorreißerrost aus unter der Trommel als Trommelrost weiter ausläuft, an seinem obersten Ende mit *12* an die Trommel angestellt. An der Stelle, an welcher dieses Blech aufhört und der eigentliche Trommelrost beginnt, wird das Kaliber *34* angewendet, wobei also alle vier Stellbleche zusammen genommen werden. Auch in der Mitte des Rostes, d. h. senkrecht unter der Trommelwelle, wird mit *34* eingestellt. Gegen den Sammler zu läuft der Rost wiederum als Vollblech aus und dieses wird mit *34* oder *36* an die Trommel angestellt. Enthält hierbei der Flaum unter dem Trommelrost viele gute Fasern, so muß dieses Vollblech etwas von der Trommel entfernt werden. Sollten sich während des Ganges der Maschine Flocken am Sammler bemerkbar machen, so wird man auch in diesem Falle dieses letzterwähnte Vollblech etwas weiter von der Trommel abstellen.

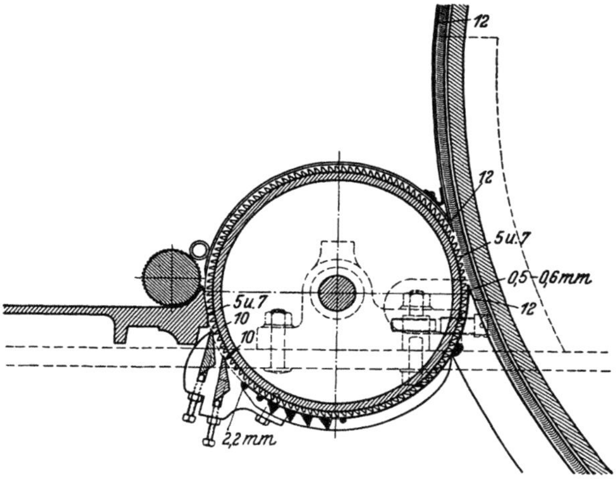

Abb. 64. Einstellen am Eingang der Krempel.

Die Deckel sollten so nahe wie möglich eingestellt werden, gewöhnlich benutzt man dazu das Kaliber *7*, manche verwenden Kaliber *8* und *10*. Dies hängt von der Wattendicke ab, mit welcher die Karde gespeist wird. Für eine genaue Deckeleinstellung müssen natürlich alle Laufdeckel gleichmäßig abgeschliffen sein. Vorsichtshalber wird man während des Ganges der Maschine das Ohr an verschiedene Deckel halten, um zu kontrollieren, ob sich die Beschläge nicht streifen. Jedoch sollen sie so nahe angestellt sein, daß die Deckel beim leisesten Druck mit der Hand an dem Trommelbeschlag streifen.

Auch das Blech, welches vom unteren Teil des Sammlerdeckels sich bis zu den Laufdeckeln hinaufzieht, muß sorgfältig eingestellt werden. Unten an der Trommel, beim Sammler, sowie oben an den Deckeln benutzt man das Stellblech *12*. Dagegen wird der mittlere Teil des Bleches, wo sich die Klappen für das Ausstoßen und das Schleifen befinden, mit Kaliber *24* angestellt. Am oberen Teil des Bleches, also bei den Laufdeckeln, sind Stellschrauben vorhanden, welche gestatten, mehr oder weniger Deckelausstoß zu erhalten. Je näher man das Blech an die Trommel stellt, desto weniger Deckelausstoß erhält man und umgekehrt.

Dies gilt natürlich nur von Deckelketten, welche dieselbe Drehrichtung wie die Trommel haben, z. B. bei allen englischen Karden. Bei der Krempel der Elsässischen Maschinenbaugesellschaft, Mülhausen i. Els., drehen die Deckel im entgegengesetzten Sinne, was den Vorteil haben soll, daß die gröberen Unreinigkeiten, welche zwischen Deckel und Trommel gelangen, rechtzeitig ausgeschieden werden können, wogegen bei den anderen Systemen die betreffenden Unreinigkeiten mehr oder weniger zermalmt in das kardierte Gut gelangen können. Tatsächlich ist der Deckelausstoß an den Karden der Elsässischen Maschinenbaugesellschaft, Mülhausen i. Els., viel schmutziger wie derjenige der übrigen Systeme.

Der Sammler wird äußerst nahe an die Trommel angestellt, selbstverständlich ohne zu streifen. Das Stellblech *5* soll nach dem Einstellen zwischen diesen beiden Organen etwas festgeklemmt sein. Grundsätzlich soll nach jeder Einstellung das betreffende Organ gedreht werden, um festzustellen, ob auch nirgends etwas streift.

An letzter Stelle wird der Kamm eingestellt. Es ist ratsam, nicht zu nahe an den Sammler zu gehen, denn durch etwa vorkommendes Herunterfallen des Antriebsseiles des Kammes bildet sich eine Art Pelz um den Sammler, wodurch entweder der Sammlerbeschlag oder der Kamm beschädigt werden kann, besonders wenn der bedienende Arbeiter an einer anderen Maschine beschäftigt ist und den Fehler nicht sogleich bemerkt. Es ist deshalb vorteilhaft, den Kamm mit Kaliber *34* (alle 4 Stellbleche zusammen genommen) an den Sammler zustellen.

3. Das Aufziehen der Beschläge auf Trommel und Sammler.

Die Bandgarnituren müssen an einem trockenen Orte aufbewahrt werden, um dem Rostigwerden der Nadeln vorzubeugen. Vor allem wird man den als Doppelscheibe aufgewickelten Beschlag in einen Korb derart abwickeln, daß das Ende, welches den Anfangspunkt beim Aufziehen bildet, nach oben zu liegen kommt. Dieses Ende liegt im Zentrum der einen Bandscheibe. Den Anfang des Bandes erkennt man daran, daß die Nadeln nach unten geneigt sind, wenn man die Spitzenseite vor die Augen hält. Bei Trommel und Sammler wird stets links mit dem Aufziehen begonnen, wobei man von den Abzugswalzen aus nach der großen Trommel hinsieht. Durch Anreiben mittels einer Spindel werden etwaige hervorstehende Nadeln wieder in die Tuchunterlage gedrückt und die Unterseite der letzteren mit Graphit bestrichen. Derart vorbereitet wird der Korb mit der Garnitur während 24 Stunden an einen warmen Ort gestellt, z. B. auf das Kesselmauerwerk, damit sich der Beschlag richtig ausdehnen kann. Jedoch soll der Korb nicht unmittelbar auf die heißen Backsteine, sondern in einer Entfernung von etwa einem halben Meter auf Holzböcke gestellt werden.

Trommel und Sammler müssen ebenfalls vorbereitet werden. Die Holzzapfen, welche zum Annageln der Garnituren dienen, werden gegebenenfalls erneuert. Hohle Stellen werden mit Glaserkitt glattgestrichen. Daraufhin wird die Trommel (bei normaler Umdrehungszahl) fein abgeschmirgelt und mit Graphit eingerieben, um etwaigem Schwitzen des Gusses vorzubeugen, denn der Graphit verstopft die Poren. In neuester Zeit ist eine neue Schmirgelmaschine von Dronsfield auf dem Markte, mit der alte Karden, deren Lager und gegebenenfalls auch die Trommelwellen erneuert wurden, neu zentriert werden können. Mittels einer 5 cm breiten Vollschmirgelscheibe, welche auf einer der Horsfellschen Wanderwalze ähnlichen Leitspindel sich hin- und herbewegt, wird der Gußmantel der Trommel so lange abgeschliffen, bis er völlig kreisrund ist.

Zum Aufziehen der Bandgarnituren bedient man sich heutzutage ausschließlich des Apparates von Dronsfield, welcher in Abb. 65 abgebildet ist. Diese zeigt das Aufziehen eines Sammlers. Der Apparat wird mittels einer Winde *U* betätigt, welche auf der Sammlerachse festgeschraubt ist. Die Kette *L* wirkt auf die längs der Schiene *H* entlang laufenden Schraube *K*, welche die Fortbewegung des Führungskörpers *A* bewirkt. Mittels einer Schraube und einer Klemmschiene *D* wird die gewünschte Bandspannung aufrecht erhalten. Der Führungskörper *A* bewegt sich automatisch vorwärts, und zwar so, daß ein Band genau neben das andere zu liegen kommt. Es ist beim Fortbewegen von *A* genau darauf zu achten, daß der Zug auf die ganze Bandbreite wirkt. Dreht die Leitspindel *K* etwas zu schnell oder auch zu langsam, so kann mit dem Handhebel *M* die Bandstellung berichtigt werden. Die Hauptsache beim Aufziehen ist, mit größtmöglicher Spannung das Band auf die Trommel zu bringen und die Spannung gleichmäßig aufrecht zu erhalten. Der Spannungszeiger ist demgemäß beständig zu überwachen. Nur eine große Aufziehspannung ermöglicht es, die verschiedenen Beschläge äußerst nahe aneinander zu stellen.

Abb. 65. Aufziehapparat für Kardenbänder von Dronsfield.

Gewöhnlich beträgt die Bandbreite bei Trommelgarnitur 52 mm, bei Sammlergarnitur 38 mm. Die üblichen Spannungen sind folgende. Trommel: Man fängt die ersten 20 cm mit 50 lbs an, nach dem Festnageln dieser Länge geht man auf 150 lbs, nimmt dann beständig an Spannung zu, bis sie bei voller Bandbreite auf 300 bis 325 lbs gestiegen ist, und geht, sobald am Ende der Trommel das Band wieder schmäler geschnitten werden muß, langsam zurück auf 150 und 50 lbs. Sammler: Anfangs von 50 lbs auf 150 lbs bis zu 250 bis 270 lbs bei voller Bandbreite, sodann nach beendetem Aufziehen wieder langsam auf 150 und 50 lbs zurückgehen.

Um schlechte Ränder am Vlies zu vermeiden, wird gewöhnlich derart aufgezogen, daß die als Spitze zulaufenden Enden nach innen gekehrt sind. Liegen die Spitzen nach außen, so ist das Fehlen ganzer Reihen Nadeln am Rande der Trommel oder des Sammlers unvermeidlich, wodurch dann flockige Ränder erzeugt werden. Zum Aufziehen einer Trommelgarnitur verfährt man folgendermaßen:

Man teilt die einem Trommelumfang gleiche Bandlänge vom Anfangspunkt des Bandes aus in drei gleiche Teile. Der Durchmesser der gußeisernen Trommel einer englischen Karde beträgt 50 Zoll = 1270 mm und der Umfang gleich 3990 mm. Durch die große Spannung, die das Bandstück erleidet, verlängert es sich aber, so daß nicht 3990 mm, sondern nur 3780 mm in drei gleiche Teile zu teilen sind. Die Länge 3780 mm wurde praktisch ermittelt. Jedes Drittel des Trommelumfanges wird mit einem Blaustift markiert. In Abb. 66 bedeuten *I—III*, *III—V* und *V—VII* je ⅓ des Trommelumfanges = 1260 mm, desgleichen *IX—XI*, *XI—XIII* und *XIII—XV*.

Abb. 66 stellt die Draufsicht dar, d. h. die Spitzen nach oben gerichtet. Die Rückseite zeigt Abb. 67. Zum Beginnen des Aufziehens läßt man 8 Doppelhäkchen stehen und zieht von diesem Punkte *II* aus einen Strich bis zu *VI*. Alle die links des Striches sich befindlichen Häkchen, von der Rückseite aus gesehen (Abb. 67), werden herausgenommen und das Tuch längs des Striches *II—VI* abgeschnitten. Dieser eine Umfang wird nun aufgezogen und festgenagelt. Bei normal zunehmender Spannung wird nun der Punkt *VII* genau auf Punkt *I* fallen. Bei etwaigen Abweichungen in der Spannung wird die Umspannungslänge der Trommel entweder größer oder kleiner als 3780 mm sein. Es ist deshalb angebracht, erst dann die Teilung des zweiten Trommelumfanges vorzunehmen, wenn der erste vollständig aufgezogen ist. Vom Punkte *VII* aus wird man den zweiten Trommelumfang *VII—XIV* wiederum in 3 gleiche Teile einteilen. Die Strecke *VII—VIII* entspricht der obigen Linie *I—II*, also 8 Doppelhäkchen. Von *VIII* aus werden senkrecht hinunter ⅔ des Umfanges bis zum Punkte *XII* und von *XII—XIV* wiederum je eine Linie gezogen, worauf die Fläche *VII—VIII—XII—XIV* herausgeschnitten wird. Derart vorbereitet wird jetzt der zweite Umfang aufgezogen. Von nun ab kann das Kratzenband unter voller Spannung spiralförmig aufgezogen werden. Sobald man an die beiden letzten Spiralen gelangt, wird das Band wieder aufgenagelt. Am rechten Ende der Trommel angelangt, wird das Band sich schräg über den Trommelrand legen. Derjenige Punkt des Bandes, welcher den Trommelrand zuerst berührt, wird markiert. In Abb. 68 (Draufsicht) und in Abb. 69 (Rückansicht) ist er mit *A* bezeichnet. Die Trommel wird jetzt nach rückwärts gedreht und durch Abzählen von 8 Häkchenreihen (⅓ der ganzen Bandbreite) der Punkt *B* bestimmt. Vom Punkt *A* aus wird wiederum die Entfernung von 1260 mm = ⅓ des Trommelumfanges (auf dem gelockerten Bande gemessen) abgetragen, wobei der Punkt *C* gefunden wird. Das Dreieck *ABC* wird herausgeschnitten, worauf man von dem Punkte *D*, welcher sich in der Verlängerung von *AB* am anderen Bandrande befindet, nach unten zu ⅔ des Trommelumfanges = 2520 mm auf dem losen Bande abmißt und hierbei den Punkt *E* festlegt, wobei *EF* = *AB* ist. Von *EF* aus wird nochmals ⅓ des Trommelumfanges = 1260 mm abgetragen und die Endpunkte *GH* bestimmt, welche beim späteren Aufwickeln mit den Punkten *BA* zusammenfallen. Die Fläche *DEGI* wird herausgeschnitten, worauf das Band wiederum angespannt und unter abnehmender Spannung fertig aufgezogen wird. Die Befestigungsflächen *ABHG* und *I II VII VIII* werden mit Siegellack ausgegossen.

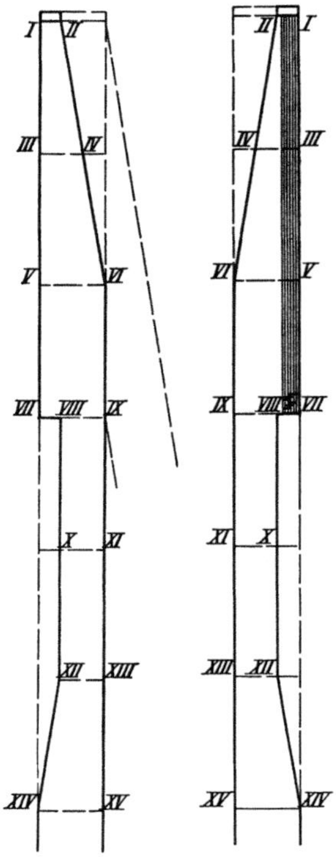

Abb. 66. Abb. 67.

Abb. 66 und 67. Zuschnitt des Bandes am Anfang des Aufziehens.

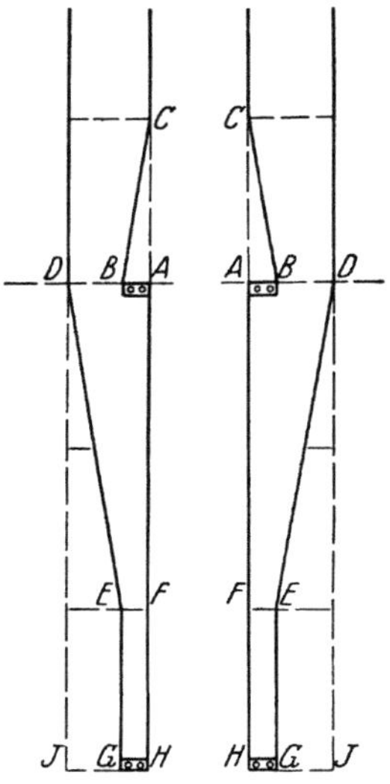

Abb. 68. Abb. 69.

Abb. 68 und 69. Zuschnitt des Bandes am Ende des Aufziehens.

Bei dieser Aufziehmethode werden die Bandränder an den Trommelenden vollständig mit Nadeln besetzt sein, so daß schlechte Ränder des Vlieses nicht möglich sind.

4. Das Ausstoßen der Krempel.

Über diesen Vorgang, den jeder Techniker wohl zur Genüge kennt, ist wenig zu sagen. Abb. 70 zeigt eine gewöhnliche Ausstoßwalze. In modernen Betrieben wird meistens mit Vakuum ausgestoßen, weil dabei die Staubbildung verhindert wird. Durchschnittlich soll eine Karde alle 2 bis 2½ Stunden ausgestoßen werden. Das Ausstoßen hat aber den großen Nachteil, daß es die Nummern der Kardenbänder ungünstig beeinflußt. Gewöhnlich arbeitet eine Serie

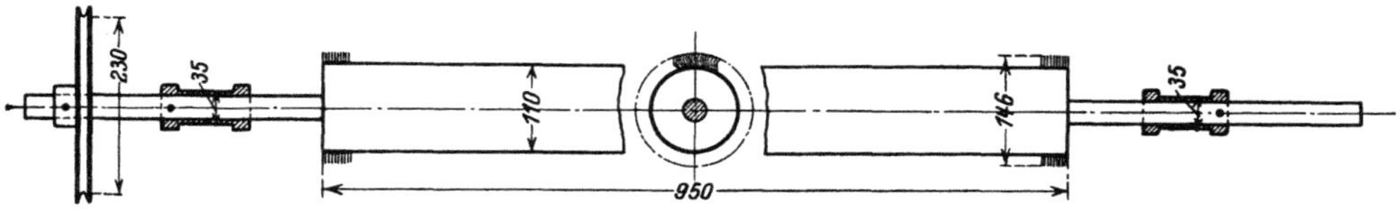

Abb. 70. Ausstoßwalze.

Krempeln für eine bestimmte Anzahl Streckwerkköpfe. Werden nun die Karden eine nach der anderen ausgestoßen, wie dies meist der Fall ist, so werden notgedrungen während einer gewissen Zeit eine Anzahl Kardenbänder auf der Strecke verarbeitet, welche eine feinere Nummer haben, als die Normalnummer sein soll. Um diesem unvermeidlichen Übel einigermaßen vorzubeugen, ist es zweckmäßig, immer die übernächste Krempel auszustoßen. Sind die Krempeln von 1 bis x numeriert, so werden also beim ersten Ausstoß die Karden mit den ungeraden Zahlen, beim folgenden Ausstoß die Maschinen mit den geraden Zahlen ausgestoßen usw.

Die Muldenform. Die Muldenform ändert sich je nach der Länge der zu bearbeitenden Fasern. Diese liegen kreuz und quer in der dem Speisezylinder vorgelegten Wickelwatte. Infolgedessen ist es unmöglich, daß alle Fasern durch den Vorreißer ausgekämmt werden können, vielmehr wird die Baumwolle in kleinen,

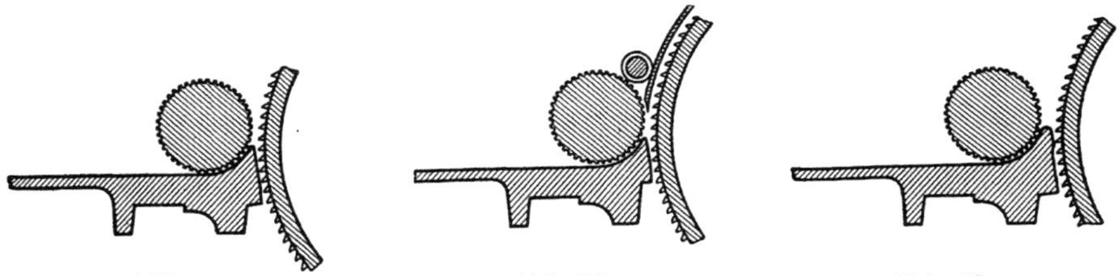

Abb. 71. Abb. 72. Abb. 73.

Abb. 71 bis 73. Muldenformen für verschiedene Baumwollsorten.

herausgerissenen Faserbüscheln der kardierenden Wirkung von Trommel und Deckeln dargeboten. Nun müssen aber lange Fasern schonender behandelt werden als kurze; das Auskämmen und Entwirren der Faserbüschel langer Baumwolle beansprucht mehr Zeit. Das Durchziehen der Vorreißerzähne wird also anhaltender sein müssen, als dies bei kurzer Baumwolle zu sein braucht. Aus diesem Grunde wird die Muldenform wie folgt ausgeführt: Für Sea-Island, Georgia, Sakellaridis und lange ägyptische Baumwolle wird die Form Abb. 71 verwendet, für mittlere Stapellänge die Form Abb. 72 und für kurze Baumwolle die Form Abb. 73.

5. Einfluß der Krempel auf die Gleichmäßigkeit des Gespinstes.

Untersucht man einen auf Ringspinner oder Selfaktor gesponnenen Faden, so bemerkt man schwache Stellen, welche in der Spulerlunte an der betreffenden Stelle nicht vorhanden waren. Nehmen wir an, die Länge der schnittigen Stelle betrage 30 mm und wir hätten z. B. an dem betreffenden Ringspinner einen Verzug von 7,5, so müßte die Länge der schwachen Stelle in der Spulerlunte 4 mm betragen. Dies ist aber unmöglich, der Fehler muß also anderswo gesucht werden. Er kann nur von falschen Zylinderstellungen der Vorbereitungsmaschinen oder auch von der verschiedenen Sauberkeit der Baumwolle herrühren. Natürlich wird hierbei angenommen, daß die Verzugszylinder kein Spiel haben und daß keine Fehler infolge schlechter Rädergetriebe entstehen können. — Betrachten wir nun einen derartig schnittigen Faden, so werden wir sehen, daß nach der dünnen Fadenstelle eine dicke folgt, d. h. dicker als der normale Faden sein soll. Untersucht man die Spulerlunte, welche dieses schlechte Fadenstück geliefert hat, so wird man Unreinigkeiten und nicht parallelgelegte Fasern in dem betreffenden Luntenstück vorfinden. Diese Unreinigkeiten verursachen einen Widerstand beim Strecken. Statt daß die Fasern regelmäßig nebeneinander gleiten, bleiben sie an solchen Unreinigkeiten hängen, wodurch die von der Unreinigkeit zurückgehaltenen Fasern sich mehr oder weniger verknoten und somit verdickte und verdünnte Stellen in den Vorbereitungslunten bilden. Haben die Lunten grobe Nummern, so wird sich dieser Fehler nicht so deutlich bemerkbar machen, überdies ist in diesem Falle der Verzug meistens klein gewählt. Es ist einleuchtend, daß derartig durch Unreinigkeiten zurückgehaltene Fasern einen schlechten Einfluß auf die Gleichmäßigkeit des Gespinstes haben müssen, besonders wenn es sich um rauhe Baumwolle handelt. Will man also einen guten Faden herstellen, so ist die Hauptbedingung eine vorzügliche Arbeit der Krempel. Bei den Karden sollte eigentlich mehr auf eine tadellose Sauberkeit als auf eine große Lieferung gesehen werden. Es sollte vor allem darnach getrachtet werden, jeden Fremdkörper aus dem Krempelflor auszuscheiden.

Nun ist aber auch nicht jede Spinnerei in der Lage, eine genügende Anzahl Karden zur Verfügung zu haben, um solch einwandfreies Gut erzeugen zu können. In diesem Falle kann man sich einigermaßen helfen, indem man die Größe des Verzuges an den Streckwerken möglichst vermindert, wodurch der Gleitwiderstand der Fasern, hervorgerufen durch die Unreinigkeiten, etwas verringert wird. Je größer der Verzug ist, desto langsamer drehen die Einzugszylinder. Folglich wird auch eine Unreinigkeit mehr Faserbüschel infolge des Gleitwiderstandes anhäufen, als wenn dieselbe schnell mitgenommen würde. Tatsächlich kann man auch praktisch erproben, daß eine Verminderung der Verzüge eine Verbesserung des Gespinstes zur Folge hat.

6. Abfallbestimmung bei der Krempel.

Der Einfachheit halber setzen wir den Versuch fort, welcher in der Putzerei ausgeführt wurde. Dort ließ man 500 kg Baumwolle durch Öffner, Mittel- und Feinschläger, wovon noch 474,1 kg beim Feinschläger herauskamen. Diese 474,1 kg Feinschlägerwickel wurden nun auf 9 Krempeln aufgelegt, um einen Durchschnittswert zu erhalten, wobei folgendes erzielt wurde:

Gewicht der Baumwolle beim Eintritt in die Krempeln	=	474,1 kg
„ „ „ „ Austritt aus den Krempeln	=	448,1 „
Verlust	=	26,0 kg.

Dieser Verlust setzte sich aus folgenden Abfallsorten zusammen:

Deckelausstoß	= 11,340 kg	= 2,530%
Trommelausstoß	= 2,380 „	= 0,530%
Sammlerausstoß	= 0,805 „	= 0,180%
Abfall unter dem Vorreißer	= 4,660 „	= 1,040%
Flaum unter dem Trommelrost	= 0,251 „	= 0,056%
Putzwalzenflaum über dem Speisezylinder	= 0,582 „	= 0,130%
Gute, wieder zu verarbeitende Abfälle	= 2,355 „	= 0,525%
Kehrricht	= 0,309 „	= 0,069%
Nicht wiedergefundener Abfall (Flug usw.)	= 3,318 „	= 0,740%
Summe	= 26,000 kg	= 5,800%

Die Verarbeitung dieser 474,1 kg benötigte 8 Stunden 20 Minuten auf 9 Karden.

7. Berechnung der Karde.

Zugrunde gelegt ist eine Karde der Elsässischen Maschinenbaugesellschaft, Mülhausen i. Elsaß.

Eintretende Nummer = 0,001685 englisch

Austretende „ = 0,170 englisch

$$\text{Gesamtverzug} = \frac{0{,}170}{0{,}001685} = 100{,}8$$

Bezeichnen wir mit R_p das Lieferwechselrad und mit R_n das Verzugswechselrad (siehe Abb. 74).

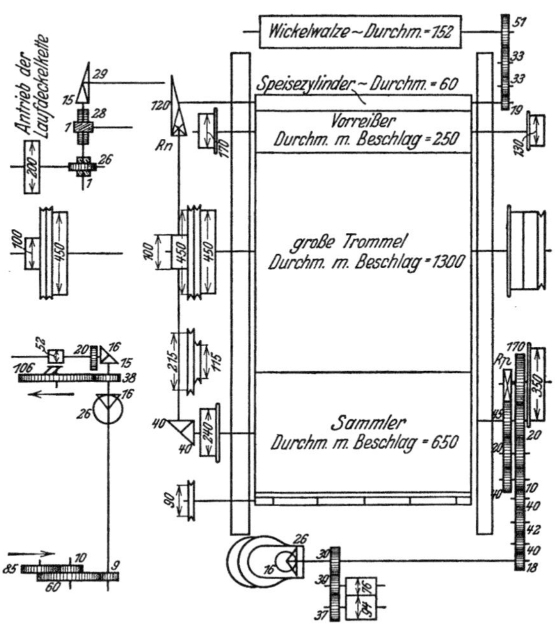

Abb. 74. Schema zur Berechnung der Karde.

Umdrehungszahl der Trommel = **175**

Umfangsgeschwindigkeit der Trommel = $\pi \cdot 1300 \cdot 175$ = **715500 mm in 1 Min.**

Umdrehungszahl des Vorreißers = $175 \frac{450}{170} = 463$ theoretisch; praktisch = **460**

Umfangsgeschwindigkeit des Vorreißers = $\pi \cdot 250 \cdot 460$ = **361500 mm in 1 Min.**

Umdrehungszahl des Sammlers $= 460 \frac{130}{350} \cdot 0{,}995 \frac{R_p}{45} \frac{20}{170} = \mathbf{0{,}444}\, \boldsymbol{R_p}$

Umfangsgeschwindigkeit des Sammlers $= \pi \cdot 650 \cdot 0{,}444\, R_p = \mathbf{906} \cdot \boldsymbol{R_p}$ **mm in 1 Min.**

Umdrehungszahl des Einzugszylinders $= 0{,}444\, R_p \cdot \frac{40}{40} \frac{R_n}{120} = \mathbf{0{,}00370} \cdot \boldsymbol{R_p} \cdot \boldsymbol{R_n}$

Umfangsgeschwindigkeit des Einzugszylinders $= \pi \cdot 60 \cdot 0{,}00370 \cdot R_p \cdot R_n = \mathbf{0{,}698}\, \boldsymbol{R_p} \cdot \boldsymbol{R_n}$ **mm in 1 Min.**

Umdrehungszahl der Wickelwalze $= 0{,}00370 \cdot R_p \cdot R_n \frac{19}{51} = \mathbf{0{,}001378} \cdot \boldsymbol{R_p} \cdot \boldsymbol{R_n}$

Umfangsgeschwindigkeit der Wickelwalze $= \pi \cdot 152 \cdot 0{,}001378 \cdot R_p \cdot R_n = \mathbf{0{,}658} \cdot \boldsymbol{R_p} \cdot \boldsymbol{R_n}$ **mm in 1 Min.**

Umdrehungszahl des Abzugszylinders $= 0{,}444 \cdot R_p \frac{170}{18} = \mathbf{4{,}19} \cdot \boldsymbol{R_p}$

Umfangsgeschwindigkeit des Abzugszylinders $= \pi \cdot 76 \cdot 4{,}19 \cdot R_p = \mathbf{1001} \cdot \boldsymbol{R_p}$ **mm in 1 Min.**

Umdrehungszahl der Auszugszylinder im Drehtopf $= 4{,}19 \cdot R_p \frac{26}{16} \frac{15}{16} = \mathbf{638{,}5} \cdot \boldsymbol{R_p}$

Umfangsgeschwindigkeit der Auszugszylinder im Drehtopf $= \pi \cdot 52 \cdot 638{,}5 \cdot R_p = \mathbf{1044} \cdot \boldsymbol{R_p}$ **mm in 1 Min.**

Zur Bestimmung der Zähnezahl der Wechselräder verfahren wir folgendermaßen:

Der Öffner liefert in 10 Arbeitsstunden		= 2070 kg
Als Abfall ergibt sich:	am Mittelschläger	= 1,171 %
	am Feinschläger	= 0,970 %
	an der Karde	= 5,800 %

Somit Gesamtabfall vom Öffnerausgang bis einschließlich Karde = 7,941 = ∼ **7,95%.**

Die Gesamtzahl der Karden muß demnach eine Produktion haben von

$$2070 \left(\frac{100 - 7{,}95}{100}\right) = 2070 \cdot 0{,}9205 = \mathbf{1905\ kg}.$$

Nehmen wir 37 Krempeln an, so liefert eine Maschine 5,15 kg in 1 Stunde. Bei Berücksichtigung des Ausstoßens (1 Karde) und des Schleifens (2 Karden) werden demnach 40 Karden benötigt, um diese 1905 kg in 10 Stunden zu liefern.

Die austretende Kardenbandnummer ist 0,17 englisch, d. h. 0,17 hanks wiegen 453,6 g oder 0,17 · 768 = 130,6 m wiegen 453,6 g.

Um 5,15 kg in 1 Stunde zu erhalten, wären somit $\frac{130{,}6 \cdot 5{,}15}{6{,}4536} = 1483$ m Kardenband Nr. 0,17 erforderlich. Und in 1 Minute hätten wir $\frac{1483}{60} = 24{,}72$ m.

Die Umfangsgeschwindigkeit der Auszugswalzen im Drehtopf muß demnach gleich 24,72 m/min sein. Aus dem Vorhergegangenen ergibt sich somit:

$$1044 \cdot R_p = 24\,720 \text{ mm},$$

$$R_p = \frac{24\,720}{1044} = 23{,}65 = \sim \mathbf{24\ Zähne}.$$

Mit einem 24er Lieferwechsel liefern die Auszugswalzen des Drehtopfes:

$$1044 \cdot 24 = 25{,}06 \text{ m/min}.$$

Der Verzugswechsel kann nun mit Leichtigkeit bestimmt werden.

Da nach obenstehendem unser Gesamtverzug an der Krempel = 100,8 ist, so muß die Umfangsgeschwindigkeit der Wickelwalze $= \frac{25{,}06}{100{,}8} = 0{,}2485$ m/min sein. In diesem Falle beträgt die Umdrehungszahl der Wickelwalze:

$$\frac{248{,}5}{\pi \cdot 152} = 0{,}52\,.$$

Somit sind die Umdrehungen des Einzugszylinders $= 0{,}52\,\frac{51}{19} = 1{,}396$.

Es wurde weiter oben die Umdrehungszahl des Einzugszylinders mit dem Werte $0{,}00370 \cdot R_p \cdot R_n$ bestimmt. Durch Gleichsetzen ergibt sich:

$$0{,}00370 \cdot 24 \cdot R_n = 1{,}396\,,$$

$$R_n = \frac{1{,}396}{0{,}00370 \cdot 24} = 15{,}72 = \sim 16 \text{ Zähne}.$$

Mit diesem Verzugswechselrad von 16 Zähnen wird der Einzugszylinder eine Umdrehungszahl erhalten von

$$0{,}00370 \cdot 24 \cdot 16 = 1{,}422\,.$$

Dabei ergibt sich als Umfangsgeschwindigkeit:

$$\pi \cdot 60 \cdot 1{,}422 = 268 \text{ mm in 1 Min.}$$

Umdrehungszahl der Wickelwalze $= 0{,}001378 \cdot 24 \cdot 16 = 0{,}529$.
Umfangsgeschwindigkeit der Wickelwalze $= 1{,}422\,\frac{19}{51} \cdot \pi \cdot 152 = 253$ mm in 1 Min.
Der wirkliche Gesamtverzug ist $= \frac{25060}{253} = \mathbf{99}$.

Infolgedessen wird die wahre austretende Kardennummer $= 99 \cdot 0{,}001685 = 0{,}167$ statt 0,17.

Nachdem wir endgültig R_p und R_n bestimmt haben, erhalten wir folgende Umdrehungszahlen und Umfangsgeschwindigkeiten der Karde:

	Umdrehungszahl	Umfangsgeschwindigkeit
Trommel	175	715500 mm in 1 Min.
Vorreißer	460	361500 „ „ 1 „
Sammler	10,66	21750 „ „ 1 „
Einzugszylinder	1,422	268 „ „ 1 „
Wickelzylinder.	0,529	253 „ „ 1 „
Abzugswalzen	100,5	24040 „ „ 1 „
Auszugswalzen im Drehtopf . .	153,2	25060 „ „ 1 „

Einzelverzüge.

Zwischen Wickelwalze und Einzugszylinder $= \frac{268}{253} = 1{,}06$

„ Einzugszylinder und Vorreißer $= \frac{361500}{268} = 1349$

„ Vorreißer und Trommel $= \frac{715500}{361500} = 1{,}981$

„ Trommel und Sammler $= \frac{21750}{715500} = 0{,}03038$

„ Sammler und Abzugswalzen $= \frac{24040}{21750} = 1{,}105$

„ Abzugswalzen und Auszugswalzen im Drehtopf $= \frac{25060}{24040} = 1{,}041$

$$\text{Gesamtverzug} = 1{,}06 \cdot 1349 \cdot 1{,}981 \cdot 0{,}03038 \cdot 1{,}105 \cdot 1{,}041 = \mathbf{99}$$

oder

$$\frac{52}{152}\,\frac{51}{19}\,\frac{120}{16}\,\frac{40}{40}\,\frac{170}{18}\,\frac{26}{16}\,\frac{15}{16} = \mathbf{99}.$$

Der wirkliche Verzug in der Krempel ist:

$$1349 \cdot 1{,}981 = 2670\,,$$

d. h. 1 cm Watte verteilt sich über 2670 cm der Trommeloberfläche.

Die Zeit, welche nötig ist, um den 40,6 m enthaltenden Schlägerwickel an der Karde aufzuarbeiten, beträgt:

$$\frac{40\,600}{253} = 160{,}5 \text{ Minuten} = 2 \text{ Stunden } 40{,}5 \text{ Minuten.}$$

Es ist praktisch unmöglich, eine genau einheitliche Kardennummer zu erzielen, denn der Prozentsatz der Abfälle an den Karden ändert sich je nach der Sauberkeit des zu bearbeitenden Gutes. Er kann zwischen 4 und 6% schwanken. Außerdem ist nach jedem Ausstoßen die Nummer des Kardenbandes feiner, wie sie theoretisch vorgesehen ist. Diese Unregelmäßigkeiten in den Nummern können nur durch das Dublieren an den Strecken und den Spulen einigermaßen ausgeglichen werden.

8. Das Kämmen der Fasern auf der Krempel[1].

Man versteht unter „Kämmen" oder Krempelintensität das Verhältnis zwischen der Anzahl Trommelumläufe und der Speisung in derselben Zeiteinheit.

Bezeichnen wir mit K das Kämmen, mit T_t die Trommelumdrehungen in 1 Minute und mit E_l die Lieferung des Speisezylinders in 1 Minute, so ist

$$K = \frac{T_t}{E_l}\,.$$

In unserem Falle wäre also

$$K = \frac{175}{0{,}0698 \cdot R_p \cdot R_n} = \frac{2508}{R_p \cdot R_n}\,.$$

Hierbei ist der Zähler die Kämmungskonstante.

$$K = \frac{2508}{24 \cdot 16} = \frac{2508}{384} = 6{,}525\,.$$

Aus der vorhergehenden Berechnung der Karde haben wir ersehen, daß 1 cm Wickellänge sich auf eine Länge von 2670 cm auf der Trommel verteilt. Teilen wir diese 2670 cm durch den Umfang der Trommel, so erhalten wir eine Zahl, welche angibt, wie viele Umdrehungen die Trommel während 1 cm Speisung vollführt. In anderen Worten, diese Zahl gibt uns die Kämmung oder die Krempelintensität an.

$$K = \frac{2670}{\pi \cdot 130 \text{ cm}} = 6{,}525\,.$$

Verallgemeinern wir letztere Formel, so erhalten wir

$$K = \frac{V}{\pi \cdot 130}\,,$$

$$\boldsymbol{V = 408 \cdot K}\,.$$

Gehen wir z. B. mit dem Kämmen bis auf 3,5 herunter, so hätten wir

$$V = 408 \cdot 3{,}5 = 1430\,.$$

Dies bedeutet eine Verminderung der Kardierungsintensität, demnach ein schlechtes Arbeiten der Krempel. Das Gewicht eines Meters Wickel ist $= G = 350$ g.

[1] Johannsen-Nieß: Baumwollspinnerei, Rohweißweberei und Fabrikanlagen. Leipzig 1902 (Verlag Bernh. Friedr. Voigt).

Als Nummer ausgedrückt:

$$G = 0{,}59 \frac{1}{N}.$$

Das Gewicht einer Baumwollfaser hängt von ihrer Länge l und ihrer Dicke δ ab. Angenommen, l und δ seien bekannt, und ist das spezifische Gewicht der Baumwollfaser $= 1{,}5 = s$, so erhalten wir als Fasergewicht:

$$\mathfrak{G} = \frac{\pi \delta^2}{4} \cdot l \cdot s.$$

Auf 1 m Wickel entfallen als Anzahl Fasern

$$A = \frac{G}{\mathfrak{G}},$$

$$A = \frac{0{,}59}{N \frac{\pi \delta^2}{4} \cdot l \cdot s} = \frac{0{,}59 \cdot 4}{3{,}14 \cdot 1{,}5} \cdot \frac{1}{N \cdot l \cdot \delta^2} = \sim \frac{0{,}5}{N \cdot l \cdot \delta^2}.$$

Nach mannigfaltigen Versuchen hat man gefunden, daß die englische Nummer einer amerikanischen Baumwollfaser mit

$$\mathfrak{N} = 3200$$

angenommen werden kann.

Ebenfalls wurde nachgewiesen, daß 76800 cm Faserlänge nötig sind, um 1 lb = 453,6 g auszumachen. Demnach wiegen

$$3200 \cdot 76800 = 453{,}6 \text{ g}.$$

Durch Einsetzen dieses Wertes in die Formel $\mathfrak{G} = \frac{\pi \delta^2}{4} \cdot l \cdot s$ erhalten wir

$$453{,}6 = \frac{\pi \delta^2}{4} \cdot 3200 \cdot 76800 \cdot 1{,}5.$$

Der Durchmesser einer Faser beträgt demnach

$$\delta = \sqrt{\frac{453{,}6 \cdot 4}{3{,}14 \cdot 3200 \cdot 76800 \cdot 1{,}5}} = \sqrt{0{,}0000015674} = 0{,}00125 \text{ cm}.$$

Mit Hilfe dieser Angaben ist es ein Leichtes, die Anzahl Fasern zu bestimmen, welche in einer gewissen Wickellänge sich befinden. Wir haben

$$\mathfrak{G} = \frac{\pi \delta^2}{4} \cdot l \cdot s = \frac{\pi \cdot 0{,}0000015674 \cdot 1{,}5}{4} \cdot l = 0{,}0000018456135 \cdot l \text{ g}.$$

Demnach ist die Faserzahl für 1 m Wickel

$$A = \frac{G}{\mathfrak{G}} = \frac{0{,}59}{0{,}0000018456135 \cdot N \cdot l} = \frac{319677}{N \cdot l}.$$

In dieser letzten Formel bedeutet N die englische Wickelnummer und l die mittlere Faserlänge in cm.

$$N = 0{,}001685; \quad l = 27 \text{ mm},$$

$$A = \frac{319677}{0{,}001685 \cdot 2{,}7} = \mathbf{70250000 \text{ Fasern}}$$

in 1 m Schlägerwickel.

Bowman gibt in seinem Buche „The structure of the cotton fibre" an, daß man etwa 265600 Rohbaumwollfasern im Ballen für 1 g annehmen kann.

Da 1 m Wickel in unserem Falle 350 g wiegt ($N = 0{,}001685$), so haben wir für 1 g

$$\frac{70250000}{350} = 200800 \text{ Fasern.}$$

Nehmen wir die mittlere Faserlänge als unbekannt an, so hätten wir nach Bowman

$$350 \cdot 265600 = 92900000 \text{ Fasern in 1 m Wickel,}$$

$$A = \frac{319677}{0{,}001685 \cdot l} = 92900000\,,$$

$$l = 2{,}04 \text{ cm} = 20{,}4 \text{ mm}\,.$$

Diese Zahl für die Faserlänge könnte zutreffen, denn die rohe Baumwolle enthält eine große Anzahl kurzer Fasern, welche schon in der Putzerei ausgeschieden werden und selbstverständlich die mittlere Faserlänge bedeutend herabsetzen. Sogar beim Schlägerwickel — 350 g für 1 m — können wir die wirkliche mittlere Faserlänge nicht mit 27 mm annehmen, denn die Karde scheidet ebenfalls noch viele kurze Fasern aus. Nehmen wir deshalb an, daß die mittlere normale Faserlänge von 27 mm noch um 2 mm herabgesetzt wird, so erhalten wir:

$$A = \frac{319677}{0{,}001685 \cdot 2{,}5} = 75900000 \text{ Fasern auf 1 m Wickel.}$$

Weiter oben wurde als Gewicht einer Faser

$$\mathfrak{G} = 0{,}0000018456135 \cdot l \text{ g}$$

gefunden, wobei l die mittlere Faserlänge in cm bedeutet.

Demnach kommen auf 1 g

$$\alpha = \frac{1}{0{,}0000018456135 \cdot l} = \frac{541828}{l \text{ cm}} \text{ Fasern.}$$

Für $l = 2{,}04$ cm erhalten wir:

$$\alpha = \frac{541828}{2{,}04} = 265600 \text{ Fasern für 1 g,}$$

was genau der Formel von Bowman entspricht.

Mittels dieser Formel $\alpha = \frac{541828}{l \text{ cm}}$ kann man also die Anzahl Fasern für 1 g berechnen, nachdem die mittlere Faserlänge bestimmt wurde.

Aus der vorhergehenden Berechnung der Krempel ist zu ersehen, daß der Einzugszylinder 26,8 cm Watte in 1 Minute befördert. Nehmen wir nach den in der Putzerei ausgeschiedenen kurzen Fasern im Feinschlägerwickel die mittlere Faserlänge mit 2,5 cm an, so werden dem Vorreißer in 1 Minute

$$75900000 \cdot 0{,}268 = 20350000 \text{ Fasern}$$

vorgelegt. Ist d der an den äußersten Spitzen gemessene Durchmesser des Vorreißers, und a die Entfernung einer Zahnspitze zur anderen, so beträgt die Anzahl Spitzen auf einem Umfang des Vorreißers:

$$\frac{\pi d}{a} = \frac{\pi \cdot 250}{a} = \frac{785}{7{,}5 \text{ mm}} = 104{,}7 = \sim 105 \text{ Spitzen}\,.$$

Beträgt die Entfernung zwischen 2 Spitzenbändern, d. h. parallel zur Vorreißerachse gemessen

$$b = 4{,}5 \text{ mm}$$

und ist die arbeitende Länge des Vorreißers

$$B = 940 \text{ mm},$$

so sind

$$\frac{B}{b} = \frac{940}{4,5} = 209 \text{ Reihen Vorreißerzähne auf der ganzen Breite.}$$

Somit arbeiten insgesamt:

$$\frac{B}{b} = \frac{\pi d}{a} = 209 \cdot 105 = 21\,900 \text{ Vorreißerzähne.}$$

Die Umdrehungszahl des Vorreißers $= B_t = 460$ t/min.

Demgemäß laufen in 1 Minute an derselben Arbeitslinie

$$S = B_t \cdot \frac{B}{b} \frac{\pi d}{a} = 460 \cdot 21\,900 = 10\,080\,000 \text{ Zähne}$$

vorüber. Weiter oben wurde festgestellt, daß dem Vorreißer in 1 Minute 20350000 Fasern dargeboten wurden. Während dieser Zeiteinheit arbeiten 10080000 Spitzen, somit kommen auf einen Vorreißerzahn

$$\frac{20\,350\,000}{10\,080\,000} = \mathbf{2{,}015 \text{ Fasern}}.$$

Wie wir soeben gesehen haben, beträgt die Anzahl Zähne, welche in 1 Minute an derselben Arbeitslinie durchlaufen

$$S = B_t \frac{B}{b} \frac{\pi d}{a}. \tag{1}$$

1 m Feinschlägerwickel wiegt

$$G = 0,59 \frac{1}{N} \text{ g}$$

und das Gewicht einer Faser der Länge l und der Dicke δ (in cm) beträgt

$$\mathfrak{G} = \frac{\pi \delta^2}{4} \cdot l \cdot s = \frac{\pi}{4} \cdot 1,5 \cdot \delta^2 \cdot l \text{ g}.$$

In 1 Minute zieht der Speisezylinder eine Länge E_l cm ein, somit ist das Gewicht dieser eingezogenen Watte $= \frac{G \cdot E_l}{100}$ g.

Die Faserzahl, welche sich in dieser in 1 Minute eingezogenen Wattenlänge befindet, beträgt

$$Z = \frac{G \cdot E_l^{\text{cm}}}{100 \cdot \mathfrak{G}} = \frac{0,59 \cdot E_l^{\text{cm}}}{100 \frac{\pi}{4} \cdot 1,5 \cdot \delta^2 \cdot l^{\text{cm}} \cdot N}. \tag{2}$$

Indem wir die Gleichung (2) durch die Gleichung (1) dividieren, erhalten wir die Anzahl Fasern, welche von einem Vorreißerzahn berührt werden.

$$x = \frac{Z}{S} = \frac{4 \cdot 0,59 \cdot E_l \cdot a \cdot b}{100 \cdot \pi^2 \cdot 1,5 \cdot \delta^2 \cdot l \cdot N \cdot B_t \cdot B \cdot d}.$$

In dieser Gleichung sind a, b, π, B_t, B und d unveränderliche Größen, also können wir für

$$\frac{4 \cdot 0,59 \cdot a \cdot b}{100 \cdot \pi^2 \cdot 1,5 \cdot B_t \cdot B \cdot d} = \beta$$

setzen. Demnach lautet die obige Gleichung

$$x = \beta \frac{E_l}{\delta^2 \cdot l \cdot N}.$$

Hierbei sind E_l, δ und l in cm ausgedrückt.

Jedoch ist δ^2 nicht ganz unveränderlich. Bezeichnen wir mit $\mathfrak{N}$ die englische Nummer einer Faser, so haben wir

$$\left(\frac{\pi\,\delta^2_{\mathrm{cm}}}{4}\cdot\mathfrak{N}\cdot 76\,800\right)^{\mathrm{cm}^3}\cdot 1{,}5 = 453{,}6$$

$$\delta^2 = \frac{453{,}6\cdot 4}{1{,}5\cdot 3{,}14\cdot 76\,800\cdot\mathfrak{N}} = \frac{0{,}005\,015\,866\,666}{\mathfrak{N}}\,.$$

Nach dieser letzten Gleichung wird folgende Tabelle gefunden:

$\mathfrak{N}$	δ^2	$\mathfrak{N}$	δ^2	$\mathfrak{N}$	δ^2
3600	0,00000139329	3300	0,000001519959	3000	0,000001671955
3500	0,0000014331047	3200	0,000001567458	2900	0,000001729609
3400	0,0000014811372	3100	0,000001618021	2800	0,0000017913807

$\frac{\beta}{\delta}$ bilden einen Koeffizienten, welchen wir mit η bezeichnen wollen, demnach

$$x = \eta\,\frac{E_l^{\mathrm{cm}}}{l^{\mathrm{cm}}\cdot N}\,.$$

Für die Karde der Elsässischen Maschinenbaugesellschaft ist:

$$a = 0{,}75\ \mathrm{cm}\,,$$
$$b = 0{,}45\ \mathrm{cm}\,,$$
$$d = 25{,}0\ \mathrm{cm}\,,$$
$$B = 94\ \mathrm{cm}\,,$$
$$B_t = 460\ \mathrm{t/min}\,,$$

wodurch der Wert von β bestimmt ist

$$\beta = \frac{4\cdot 0{,}59\cdot 0{,}75\cdot 0{,}45}{100\cdot 3{,}14^2\cdot 1{,}5\cdot 460\cdot 94\cdot 25} = 0{,}000\,000\,000\,497\,.$$

In abgerundeten Zahlen erhalten wir somit folgende Tabelle:

$\mathfrak{N}$	δ^2	η	$\mathfrak{N}$	δ^2	η
3600	0,00000139	0,000358	3100	0,00000162	0,000307
3500	0,00000143	0,000348	3000	0,00000167	0,000298
3400	0,00000148	0,000336	2900	0,00000173	0,000287
3300	0,00000152	0,000327	2800	0,00000179	0,000278
3200	0,00000157	0,000316			

Nehmen wir als Beispiel die englische Fasernummer $\mathfrak{N} = 3200$ an, wie sie schon weiter oben angeführt wurde, wobei $E_l = 26{,}8$ cm, $l = 2{,}5$ cm und $N = 0{,}001685$ war, so erhalten wir

$$x = \eta\,\frac{E_l^{\mathrm{cm}}}{l^{\mathrm{cm}}\cdot N} = 0{,}000316\,\frac{26{,}8}{2{,}5\cdot 0{,}001\,685} = 2{,}015\ \text{Fasern auf 1 Vorreißerzahn.}$$

Wollen wir nun eine längere Faser bearbeiten, sagen wir $l = 4$ cm, wobei $\mathfrak{N} = 3600$ ist, und wollen wir ein $x = 0{,}5$ erhalten, indem wir aber die Krempel lassen wie sie ist, so wäre die Wickelnummer:

$$N = \eta\,\frac{E_l}{x\cdot l} = 0{,}000\,358\,\frac{26{,}8}{0{,}5\cdot 4}\,0{,}00495 = \sim 120\ \text{g für 1 m.}$$

Für unseren Fall $x = 2{,}015$ (Anzahl der von einem Zahn bestrichenen Fasern), können wir jetzt die Krempelintensität (Kämmungen) berechnen:

$$K = \frac{T_t}{E_l},$$

woraus

$$E_l = \frac{T_t}{K}.$$

Aus der Gleichung

$$x = \eta \frac{E_l}{l \cdot N}$$

erhalten wir ebenfalls

$$E_l = \frac{x \cdot l \cdot N}{\eta}.$$

Durch Gleichsetzen ergibt sich

$$K = \eta \frac{T_t}{l \cdot N \cdot x}.$$

Hierbei ist $T_t = 175$ t/min, $l = 2{,}5$ cm, $x = 2{,}015$, $N = 0{,}001685$. Folglich

$$K = 0{,}000316 \frac{175}{2{,}5 \cdot 0{,}001685 \cdot 2{,}015} = \mathbf{6{,}525}.$$

In Worten ausgedrückt: Während der Einzugszylinder 1 cm Wickelwatte einzieht, macht die Trommel 6,525 Umdrehungen, was eine recht gute Kardierung darstellt, da die äußerste Grenze für eine gute Arbeit eine Kämmung von 5,76 angenommen werden muß, wie dies in der nachstehenden Tabelle ersichtlich ist. Dieselbe gibt die Werte von x und von K für eine bestimmte Faserlänge an, bei welcher noch eine gute Arbeit möglich ist.

Faserlänge in mm	x	K pro cm	Faserlänge in mm	x	K pro cm
10	8,—	4,5	35	1,25	8,23
15	5,—	4,8	40	1,—	9,—
20	3,5	5,14	45	0,8	10,—
25	2,5	5,76	50	0,6	12,—
30	1,75	6,86			

Je höher K bei gleichbleibender Faserlänge angenommen wird, desto besser ist die Krempelarbeit.

D. Die Wickelstrecken.

Die Wickelstrecken sowie die Kämmaschine kommen nur bei Bearbeitung von längeren Baumwollsorten in Betracht. Erstere haben den Zweck, die Wickel herzustellen, welche auf die Kämmaschine aufgelegt werden. Um ein vorzügliches Ergebnis zu erhalten, ist die Arbeitsfolge folgende: Die Kardenbänder werden auf einer gewöhnlichen Strecke durchgelassen (Vorstrecke), um die Fasern etwas parallel zu legen und die Gleichmäßigkeit der der Wickelstrecke vorzulegenden Bänder infolge der Dublierung zu erhöhen. Die austretenden Bänder der Vorstrecke werden der ersten Wickelstrecke, auch Bandvereinigungsmaschine genannt, vorgelegt, hier werden die Wickel hergestellt, welche für die zweite Wickelstrecke bestimmt sind. Die austretenden Wickel dieser zweiten Wickelstrecke gelangen zur Kämmaschine. Nachdem die Baumwolle gekämmt und dubliert aus dieser letzteren Maschine herauskommt, läßt man sie noch 3 Strecken (Passagen) durchgehen, von wo sie dann auf den Grobspuler gelangt. Viele Spinnereien lassen die Vorstrecke einfach beiseite und

Abb. 75. Bandvereinigungsmaschine.

bringen die Kardenbänder sogleich auf die Bandvereinigungsmaschine, deren Wickel auf die zweite Wickelstrecke gelangen und von dort auf die Kämmmaschine kommen.

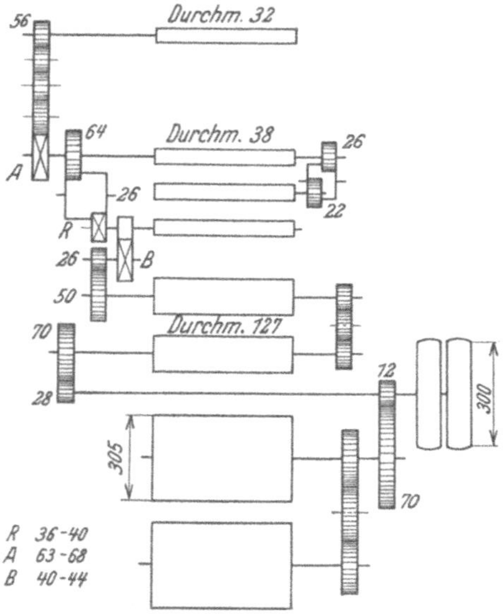

Abb. 76. Schema zur Berechnung der Bandvereinigungsmaschine.

Die für die Kämmaschine bestimmten Wickel sollen auf der ganzen Breite eine gleichmäßige Dicke besitzen, damit die Zangen der Kämmaschine die Watte an allen Stellen gleichmäßig festklemmen. Ist dies nicht der Fall, so kann es vorkommen, daß der Kamm ganze Büschel Fasern aus der Zange herausreißt, welche dann selbstverständlich in den Abfall gelangen. Die Hauptbedingung für ein günstiges Kämmen ist eine ausgezeichnete Kardierung. Bei feiner, langer Baumwolle sollte bei der Karde nicht auf die Lieferung gesehen werden, sondern das Hauptaugenmerk muß auf die Qualität gerichtet sein. Aus diesem Grunde wird man eine möglichst dünne Feinschlägerwatte als Vorlage für die Karde wählen. In einer Spinnerei, in der die Baumwolle gekämmt wird, sollten die Karden nicht über 3 kg in 1 Stunde liefern.

In den seltensten Fällen wird aber eine derartige Spinnerei über eine genügende Anzahl Karden verfügen.

Abb. 75 zeigt die Abbildung der ersten Wickelstrecke (Bandvereinigungsmaschine). Gewöhnlich werden 20 Streck- bezüglich Kardenbänder vereinigt. Die Bänder werden mittels eines Riffelzylinders eingezogen, welcher für je 2 Bänder mit einer glatten Walze belastet ist. Jedes Band läuft über einen ausbalancierten Löffel, welcher zur selbsttätigen Abstellvorrichtung gehört und im Falle eines Bandbruches die Maschine zum Stillstand bringt. Das Streckwerk selbst besteht aus 3 Riffelzylindern von je 38 mm Durchmesser. Die Druckzylinder sind gleichfalls geriffelt. Das verzogene Gut wird jetzt durch 2 unter Hebeldruck stehende glatte Kalanderwalzen geführt, von wo die Watte von 2 Wickelzylindern auf eine hölzerne Hülse als Wickel aufgewickelt wird. Der Wickelapparat hat eine gewisse Ähnlichkeit mit demjenigen des Schlägers. Ein Zähler stellt selbsttätig die Maschine bei vollem Wickel ab. Die Wickelbreite beträgt 223 mm. Abb. 76 zeigt das Antriebsschema der Bandvereinigungsmaschine.

Berechnung. Es wurden folgende Wechselräder festgestellt: $R = 38$; $A = 65$; $B = 44$. Ist die Umdrehungszahl der Hauptwelle $= 215$, so erhalten wir folgende Geschwindigkeitsverhältnisse:

Umdrehungszahl	der Wickelwalzen	$= 215 \frac{12}{70} = 36{,}82$
Umfangsgeschwindigkeit	„ „	$= \pi \cdot 305 \cdot 36{,}82 = 35300$ mm in 1 Min.
Umdrehungszahl	der Kalanderwalzen	$= 215 \frac{28}{70} = 86$
Umfangsgeschwindigkeit	„ „	$= \pi \cdot 127 \cdot 86 = 34350$ mm in 1 Min.
Umdrehungszahl	des 1. Riffelzylinders	$= 86 \frac{50}{26} \frac{44}{26} = 279{,}8$
Umfangsgeschwindigkeit	„ 1. „	$= \pi \cdot 38 \cdot 279{,}8 = 33400$ mm in 1 Min.
Umdrehungszahl	„ 2. „	$= 279{,}8 \frac{38}{64} \frac{26}{22} = 195$
Umfangsgeschwindigkeit	„ 2. „	$= \pi \cdot 38 \cdot 195 = 23300$ mm in 1 Min.
Umdrehungszahl	„ 3. „	$= 279{,}8 \frac{38}{64} = 165$
Umfangsgeschwindigkeit	„ 3. „	$= \pi \cdot 38 \cdot 165 = 19720$ mm in 1 Min.
Umdrehungszahl	„ Einzugszylinders	$= 165 \frac{65}{56} = 191{,}5$
Umfangsgeschwindigkeit	„ „	$= \pi \cdot 32 \cdot 191{,}5 = 19260$ mm in 1 Min.

Einzelverzüge.

Verzug zwischen dem Einzugszylinder und dem 3. Riffelzylinder $= \frac{19720}{19260} = 1{,}022$

„ „ „ 3. Riffelzylinder und dem 2. Riffelzylinder $= \frac{23300}{19720} = 1{,}180$

„ „ „ 2. „ „ „ 1. „ $= \frac{33400}{23300} = 1{,}432$

„ „ „ 1. „ und den Kalanderwalzen $= \frac{34350}{33400} = 1{,}027$

„ „ den Kalanderwalzen und den Wickelwalzen $= \frac{35300}{34350} = 1{,}028$

$$\text{Gesamtverzug} = 1{,}022 \cdot 1{,}180 \cdot 1{,}432 \cdot 1{,}027 \cdot 1{,}028 = 1{,}820$$

oder

$$\frac{305}{32} \frac{56}{65} \frac{64}{38} \frac{26}{44} \frac{26}{50} \frac{70}{28} \frac{12}{70} = 1{,}820\,.$$

Angenommen, das Wattengewicht von 1 laufenden Meter betrage 38 g, so ist die theoretische Lieferung in 10 Arbeitsstunden:

$$P_t = 215\frac{12}{70} \cdot \pi \cdot 0{,}305 \cdot 600 \cdot 0{,}038 = 805\ \text{kg}\,.$$

Für die praktische Lieferung kann man ungefähr 65% annehmen, demnach $P_p = \sim 525$ kg.

Die von der ersten Wickelstrecke herrührenden Wickel werden jetzt auf die zweite Wickelstrecke aufgelegt. Wie aus Abb. 77 ersichtlich, ist letztere mit Kurvenblechen versehen. Gewöhnlich wird diese Maschine für 6 Wickel gebaut. Jedes vom 1. Riffelzylinder gelieferte Vlies läuft über ein Kurvenblech auf einen

Abb. 77. Wickelstrecke mit Kurvenblechen.

polierten Tisch; alle 6 Vliese zusammen gelangen durch Kalanderwalzen und werden unter Druck auf dem Wickelapparat zu einem dichten Wickel aufgerollt. Derartig hergestellte Wickel besitzen eine gleichmäßige Dicke auf der ganzen Wickelbreite, so daß alle Fasern von den Zangen der Kämmaschine auf der ganzen Breite gleichmäßig festgehalten werden. Bei abgelaufenem Vlies oder bei vollem Wickel stellt die Maschine selbsttätig ab. Die Wickelbreite beträgt 268 mm, ist demnach 45 mm breiter wie diejenige der ersten Wickelstrecke.

Berechnung. Abb. 78 zeigt das Antriebsschema der Wickelstrecke mit Kurvenblechen (Elsässische Maschinenbaugesellschaft, Mülhausen i. Els.). Verzugswechselrad = 44.

Ist die Umdrehungszahl der Hauptwelle = 255, so erhalten wir folgende Geschwindigkeitsverhältnisse:

Umdrehungszahl	der Wickelwalzen	$= 255\,\frac{20}{40}\,\frac{15}{20}\,\frac{20}{48} = 39{,}84$
Umfangsgeschwindigkeit	„ „	$= \pi \cdot 305 \cdot 39{,}84 = 38200$ mm in 1 Min.
Umdrehungszahl	der Kalanderwalzen	$= 255\,\frac{20}{40}\,\frac{15}{20} = 95{,}5$
Umfangsgeschwindigkeit	„ „	$= \pi \cdot 126 \cdot 95{,}5 = 37840$ mm in 1 Min.

Umdrehungszahl	des 1. Riffelzylinders	$= 255\,\frac{77}{60} = 327$
Umfangsgeschwindigkeit	„ 1. „	$= \pi \cdot 35 \cdot 327 = 36000$ mm in 1 Min.
Umdrehungszahl	„ 2. „	$= 327\,\frac{25}{100}\,\frac{44}{65}\,\frac{40}{20} = 110{,}5$
Umfangsgeschwindigkeit	„ 2. „	$= \pi \cdot 32 \cdot 110{,}5 = 12160$ mm in 1 Min.
Umdrehungszahl	„ 3. „	$= 327\,\frac{25}{100}\,\frac{44}{65}\,\frac{27}{22} = 67{,}8$
Umfangsgeschwindigkeit	„ 3. „	$= \pi \cdot 35 \cdot 67{,}8 = 7460$ mm in 1 Min.
Umdrehungszahl	„ 4. „	$= 327\,\frac{25}{100}\,\frac{44}{65} = 55{,}25$
Umfangsgeschwindigkeit	„ 4. „	$= \pi \cdot 35 \cdot 55{,}25 = 6075$ mm in 1 Min.
Umdrehungszahl	der hölzernen Wickelzylinder	$= 55{,}25\,\frac{27}{56} = 26{,}65$
Umfangsgeschwindigkeit	„ „ „	$= \pi \cdot 70 \cdot 26{,}65 = 5860$ mm in 1 Min.

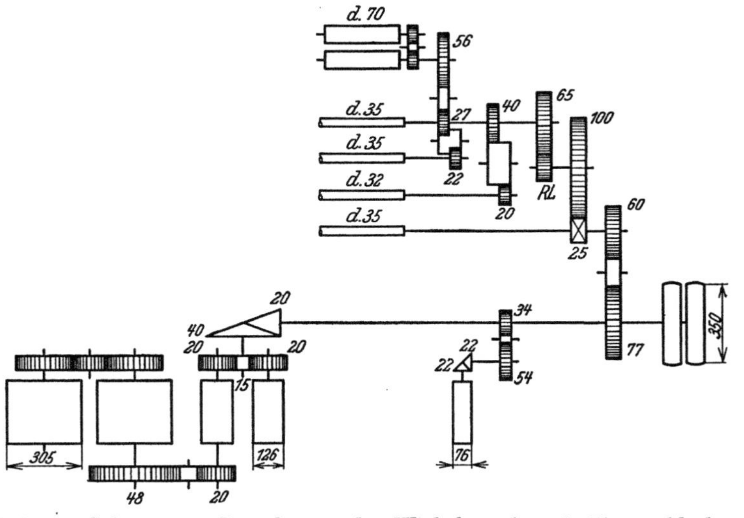

Abb. 78. Schema zur Berechnung der Wickelstrecke mit Kurvenblechen.

Einzelverzüge.

Verzug zwischen dem hölzernen Wickelzylinder u. dem 4. Riffelzylinder	$= \frac{6075}{5860} = 1{,}036$
„ „ „ 4. Riffelzylinder und dem 3. Riffelzylinder	$= \frac{7460}{6075} = 1{,}228$
„ „ „ 3. „ „ „ 2. „	$= \frac{12160}{7460} = 1{,}63$
„ „ „ 2. „ „ „ 1. „	$= \frac{36000}{12160} = 2{,}96$
„ „ „ 1. „ „ den Kalanderwalzen	$= \frac{37840}{36000} = 1{,}05$
„ „ den Kalanderwalzen und den Wickelwalzen	$= \frac{28200}{37840} = 1{,}009$

$$\text{Gesamtverzug} = 1{,}036 \cdot 1{,}228 \cdot 1{,}63 \cdot 2{,}96 \cdot 1{,}05 \cdot 1{,}009 = 6{,}50$$

oder

$$\frac{305}{70}\,\frac{56}{27}\,\frac{65}{44}\,\frac{100}{25}\,\frac{60}{77}\,\frac{20}{40}\,\frac{15}{20}\,\frac{20}{48} = 6{,}50\,.$$

Angenommen, das Wattengewicht des laufenden Meters betrage 40 g, so ist die theoretische Lieferung in 10 Arbeitsstunden:

$$P_t = 255 \frac{20}{40} \frac{15}{20} \frac{20}{48} \cdot \pi \cdot 0{,}305 \cdot 600 \cdot 40 = 915 \text{ kg}.$$

Für die praktische Lieferung kann man ungefähr 60% annehmen, demnach = **550 kg.**

E. Das Kämmen der Baumwolle.

Zur Herstellung von feinen und gleichmäßigen Garnen muß die Baumwolle gekämmt werden. Trotz der besten Kardage ist es nicht möglich, ein vollständig einwandfreies Gut in bezug auf Sauberkeit und Gleichmäßigkeit zu erzielen. Kleine Blattreste, Nissen sowie Anhäufungen von kurzen Faserbüscheln können beim sorgfältigsten Krempeln nicht vermieden werden. Die Regelmäßigkeit eines Garnes hängt in erster Linie von der Gleichmäßigkeit der Fasern in der Länge ab. Die Aufgabe des Kämmens besteht nun darin, die langen Fasern von den kurzen abzusondern, wobei die langen Fasern in weitgehendstem Maße von etwa noch vorhandenen Unreinigkeiten befreit werden sollen. Die ausgeschiedenen kurzen Fasern finden Verwendung in der Streichgarnspinnerei zur Herstellung von groben Nummern. Die aus der Kämmaschine herauskommenden ziemlich gleich langen Fasern nennt man „Zug", die abgesonderten kurzen Fasern bezeichnet man als „Kämmling".

Um die Fasern möglichst schonend zu behandeln, muß das Kämmen stufenweis fortschreitend vor sich gehen. Dies wird erreicht durch eine Trommel, auf welcher Nadelreihen verschiedener Bevölkerung sich befinden.

Die erste Kämmaschine wurde im Jahre 1855 von Josua Heilmann, Mülhausen i. Els., erfunden. Das Spinnen hoher Nummern ist erst durch die Heilmannsche Kämmaschine möglich gemacht worden. Das Prinzip ist folgendes: Man klemmt mit einer Zange die Fasern fest und kämmt den heraushängenden Faserbart mittels eines Kreiskammes. Letzterer besitzt 17 mit immer dichterer Bevölkerung versehene Nadelreihen, welche den Faserbart mit nach vorn geneigten Nadeln auskämmen. Sodann fällt ein feststehender Kamm, „Fixkamm", auch „Vorstechkamm" genannt, vor den Zangenbecken in den gekämmten Faserbart ein. Dieser Fixkamm kämmt das andere Faserende nicht, sondern er hält die kurzen Fasern zurück, wenn die Spitzen des ausgekämmten Faserbartes von einem sich nach vorwärts bewegenden Organ erfaßt und durch den Fixkamm hindurchgezogen werden, reinigt sich das Faserende im Wulste der zurückbleibenden, nicht erfaßten Fasern. Je mehr Unreinigkeiten im Wulste enthalten sind, desto sauberer ist der Zug. Daher kommt es, daß bei der Heilmannschen Kämmaschine das im Wulste ausgekämmte Faserende sauberer ist als die vom Kreiskamm gekämmten Faserteile; es ist deshalb danach zu trachten, den heraushängenden Faserbart möglichst klein zu nehmen, dagegen den hinter der Zange befindlichen Faserbart recht lang zu wählen. Die heraustretenden gekämmten Fasern legen sich infolge der Rückwärtsbewegung der Abreißvorrichtung dachziegelartig übereinander, werden verdichtet und kommen als zusammenhängendes Band zur Maschine heraus.

Dicht vor der Zange befindet sich an der Oberzange ein kleines Bürstchen, welches bewirkt, daß die Fasern zum Kreiskamm abgelenkt werden.

An Hand der Skizzen 79, 80, 81 und 82 kann man sich das Heilmannsche Kämmprinzip leicht vor Augen führen.

Auf der Welle *A* sitzt der Kreiskamm (Rundkamm), dessen Nadelreihen *B* gegenüber eines geriffelten Segmentes *C* sich befinden. In den Abb. 79 bis 82 bedeuten *H* die Oberzange, *G* die Unterzange, *FF* die Speizezylinder, *E* der belederte Abreißzylinder, *DD* die Auszugszylinder und *T* ist der Fixkamm.

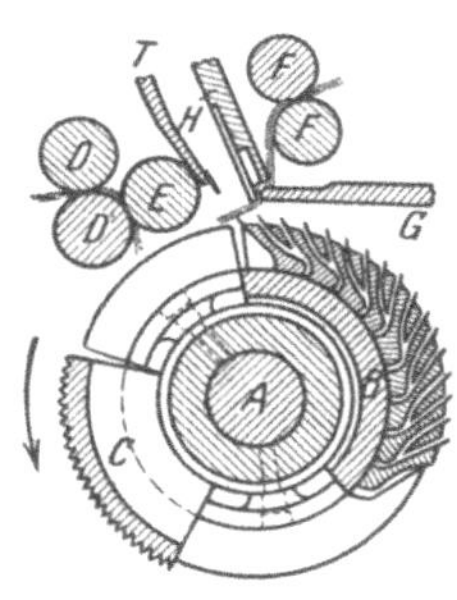

Abb. 79.

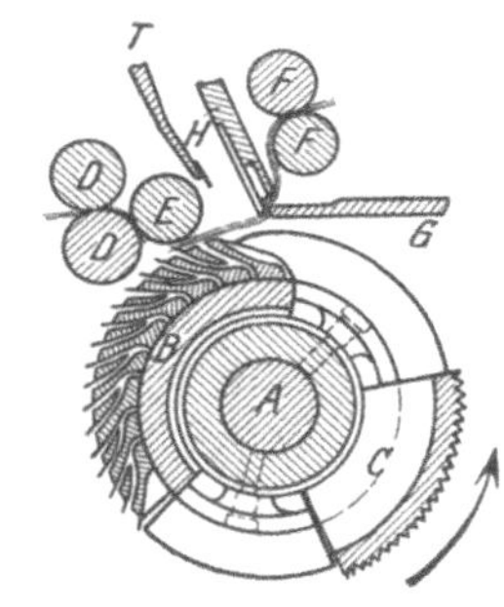

Abb. 80.

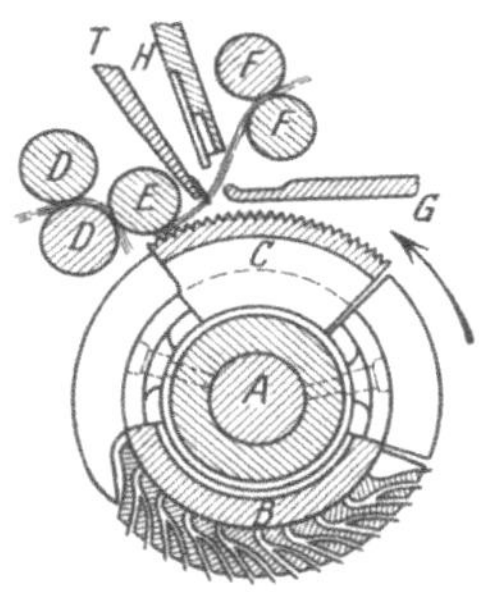

Abb. 81.

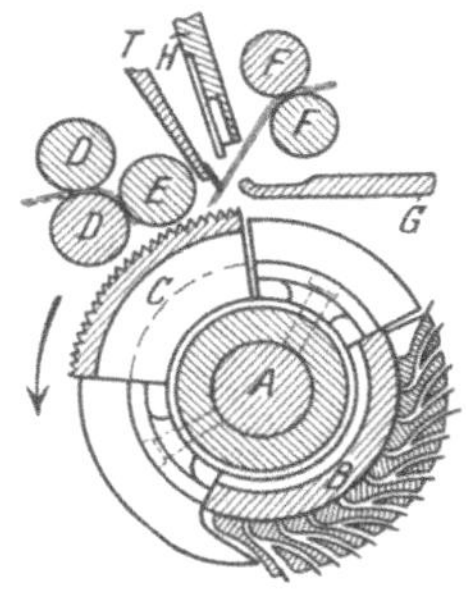

Abb. 82.

Abb. 79 bis 82. Kämmprinzip bei der Heilmannschen Kämmaschine.

In der Abb. 79 haben die Speisezylinder eine gewisse Länge Watte zwischen die beiden geöffneten Zangenbecken vorgeschoben, worauf sich *H* und *G* geschlossen haben und der Kreiskamm das Kämmen des heraushängenden Faserbartes beginnt. Die erste der 17 Nadelreihen besteht aus groben Nadeln mit rundem Querschnitt und mit jeder weiteren Nadelreihe nimmt die Feinheit der Nadeln zu, demnach auch die Bevölkerung. Diese Anordnung hat den Zweck, den von der Zange festgehaltenen Faserbart schonend durchzukämmen.

In Abb. 80 ist der Faserbart durchgekämmt, die kurzen Fasern und Unreinigkeiten sind zwischen den Nadeln hängen geblieben und werden von einer mit großer Geschwindigkeit drehenden Rundbürste (aus Borsten oder Tampiko) gereinigt. Dieser Abgang, der „Kämmling", wird sodann von der Bürste von einem langsam drehenden Doffer abgenommen, welcher mittels eines Hackers vom Kämmling befreit wird.

Die Kreiskammwelle setzt ihre Drehung fort, bis das Riffelsegment *C* gegenüber des Abreißzylinders sich befindet. Während dieser Zeit gehen folgende Bewegungen vor sich: Die Auszugszylinder *DD* drehen rückwärts und liefern einen Teil des im vorigen Kammspiel gekämmten Vlieses zurück. Der belederte Abreißzylinder *E* senkt sich, so daß er auf die gleiche Höhe wie die Riffeln des Segmentes *C* zu liegen kommt. Der Fixkamm senkt sich ebenfalls und sticht kurz vor dem Zangenmaul in den gekämmten Faserbart ein, worauf sich die Zange öffnet. Währenddem gelangt das Segment gegenüber dem Abreißzylinder *E*, wobei die Faserspitzen des gekämmten Faserbartes zwischen *E* und *C* geklemmt werden. Diese Stellung zeigt Abb. 81. Infolge der Weiterbewegung des Kreiskammes und des Druckes, den der belederte Abreißzylinder auf das Segment ausübt, werden die Fasern des gekämmten Bartes erfaßt und das ungekämmte Ende des Faserbartes wird jetzt durch den Fixkamm hindurchgezogen, wobei sich die anderen Enden der gekämmten Faserspitzen im Wulste kämmen. Bei der Vorwärtsbewegung des Abreißzylinders werden die Faserspitzen auf das von den Auszugszylindern zurückgelieferte Ende gelegt, worauf sich nach dieser „Lötung" die Auszugszylinder *DD* nach vorwärts drehen.

Abb. 82 zeigt den Augenblick, in welchem das Segment und der Abreißzylinder den gekämmten Faserbart vollständig zum Fixkamm herausgezogen haben, so daß keinerlei Verbindung zwischen dem gekämmten und dem zu kämmenden Faserbart mehr besteht. Der Fixkamm hebt sich in die Höhe, ebenso hebt sich der Abreißzylinder, die Speisezylinder *F* schieben wieder

Abb. 83. Ansicht der Kämmaschine Heilmann vom Antriebswerk aus gesehen.

eine bestimmte Wattenlänge nach, worauf sich die Zange schließt und ein neues Kämmspiel beginnt.

Abb. 84. Ansicht der Kämmaschine Heilmann vom Streckwerk aus gesehen.

Die Bewegungen, welche die Maschine bei diesen verschiedenen Arbeiten auszuführen hat, sind folgende:

1. Öffnen und Schließen der Zange, 2. Speisung oder Zuführung,
3. Heben und Senken des Abreißzylinders, 4. Einstechen des Fixkammes,
5. Vor- und Rückwärtsbewegung oder „Pilgerschrittbewegung" der

Auszugszylinder. Die Auszugswalzen bewegen sich stetig langsam. Da die Maschine ruckweise arbeitet, so würde das Vlies abgerissen werden. Um dies zu verhindern, ist zwischen Auszugszylindern und Auszugswalzen eine Mulde angebracht, in welcher der Kammzug eine Schleife bildet, so daß immer Reserve vorhanden ist.

Die Kämmaschine nach Heilmann wird heute mit 6, 8 oder 10 Köpfen ausgeführt. Den folgenden Erläuterungen soll eine Kämmaschine Heilmann, Konstruktion Platt Brothers-Oldham, zugrunde gelegt sein. Bei dieser Maschine bedingt ein Kämmspiel eine volle Umdrehung der Kammwalze. Die ,,Duplex-Kämmaschinen" führen 2 Kämmspiele für 1 Kammwalzenumdrehung aus.

1. Kämmaschine Heilmann.

a) Bewegungsmechanismus der Kämmaschine Heilmann. Konstruktion Platt Brothers-Oldham (England).

Abb. 83 zeigt die Ansicht einer 8köpfigen Kämmaschine vom Antriebswerk aus gesehen, Abb. 84 dieselbe Maschine vom Streckwerk aus betrachtet.

Auf der Hauptwelle sitzt ein 21er Stirnrad, welches mittels eines 80er Rades die Kreiskammwelle treibt. Dieses 80er Rad treibt seinerseits vermittels eines gleich großen Rades die Exzenterwelle, auch Steuerwelle genannt, so daß Kreiskammwelle und Exzenterwelle die gleiche Umdrehungszahl besitzen, aber im entgegengesetzten Sinne drehen. Auf der Kreiskammwelle sitzt der Exzenter für

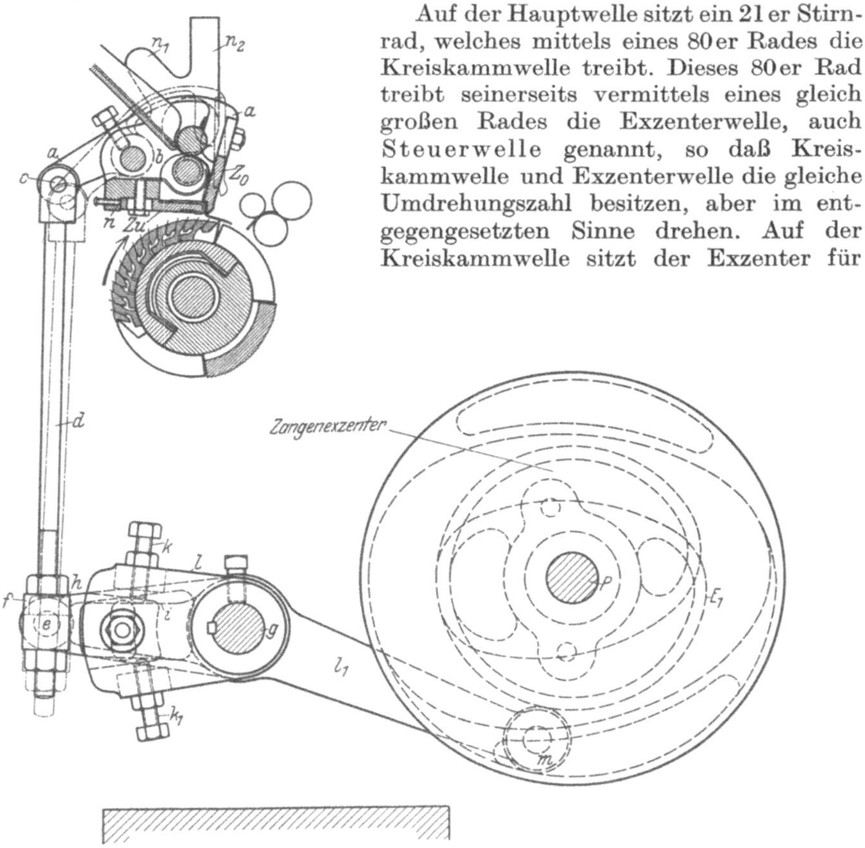

Abb. 85. Bewegungsmechanismus der Zange.

die Bewegung des Fixkammes, während auf der Steuerwelle alle übrigen Exzenter sich befinden, so der Zangenexzenter, der Exzenter zum Heben und

Senken des Abreißzylinders sowie der Exzenter zur Vor- und Rückwärtsbewegung der Auszugszylinder.

1. Das Öffnen und Schließen der Zange. Wie schon oben erwähnt, befindet sich auf der Steuerwelle *P*, Abb. 85, der Exzenter zur Bewegung der Zange. Diese letztere besteht aus Oberzange und Unterzange. Die Oberzange besitzt an der Klemmstelle Riffeln, wogegen die untere Zange vorn abgerundet und mit Leder überzogen ist, wodurch eine elastische und sichere Klemmung der

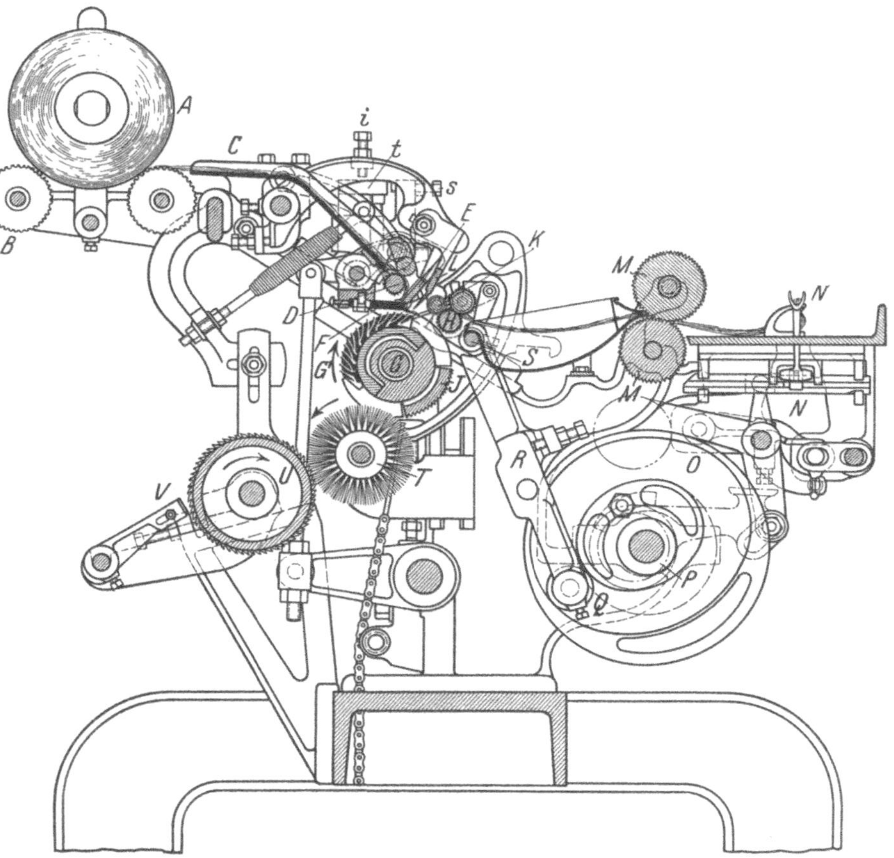

Abb. 86. Schnitt durch die Heilmannsche Kämmaschine.

Baumwolle erzielt wird. In Abb. 85 ist der Bewegungsmechanismus der Zange wiedergegeben. Die Oberzange Z_0 und die Unterzange Z_u sind voneinander vollständig getrennt, so daß diese Organe unabhängig voneinander reguliert werden können.

Die Bewegung der Oberzange Z_0 geht vom Exzenter E_1 von der Steuerwelle *P* aus. Die Oberzange ist an einem zweiarmigen Hebel *a* festgeschraubt, welcher sich um die Achse *b* drehen kann. Das andere Ende des doppelarmigen Hebels *a* ist am Zapfen *c* eingehängt, und letzterer ist mit einem Scharnier verbunden, an welchem sich die Stange *d* befindet. Diese Schubstange *d* ist in einem um Zapfen *e* drehbaren Gelenkkopf *f* befestigt, an dem der auf Welle *g* festgekeilte Arm h festgeklemmt ist. Auf derselben Welle ist ein einarmiger Hebel i aufgekeilt, der zwischen 2 Stellschrauben $k\,k_1$ des auf g lose gelagerten Doppelhebels $l\,l_1$ sich befindet. Am anderen Ende des Doppelhebels $l\,l_1$ befindet sich die Laufrolle m, die in einer Rinne des Exzenters E_1 geführt wird.

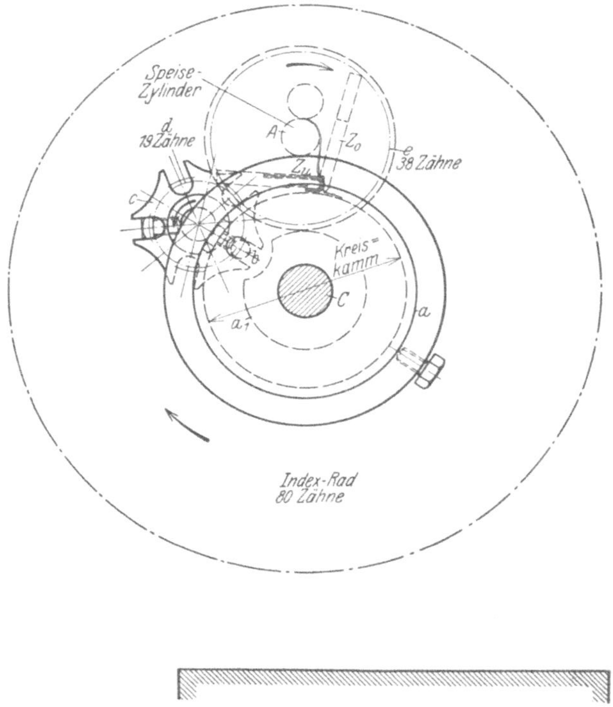

Abb. 87. Bewegungsmechanismus der Speisung.

Sobald m vom großen auf den kleinen Durchmesser des Exzenters gelangt, wird l mit Hilfe der Stellschraube k den Hebel i hinunterdrücken, da h auf derselben Welle aufgekeilt ist, bewegt sich Stange d nach unten in die punktierte Stellung, wobei die Zange geöffnet wird. Gelangt die Laufrolle m vom kleinen auf den großen Durchmesser des Exzenters E_1, so wird sich die Zange schließen.

Durch diese Bewegung der Oberzange würde jedoch der zu kämmende Faserbart nicht genügend geklemmt werden. Um dies zu erreichen, führt die Unterzange eine leichte auf- und abschwingende Bewegung aus, dies geschieht folgendermaßen: Die Unterzange Z_u ist an einem Stück n festgeschraubt, welches auf Achse b befestigt ist und das zwei Ausläufer n_1 und n_2 besitzt. An n_1 befindet sich eine Feder (siehe auch Schnitt Abb. 86), so daß die Unterzange einen Druck gegen die Oberzange ausübt. An n_2 ist eine Stellschraube angebracht, die an das Gestell aufstößt, sobald die Zange geöffnet ist. In Abb. 85 sind Feder und Stellschraube weggelassen, jedoch deutlich in Abb. 86 veranschaulicht. Sobald nun die Oberzange sich schließt und der obere Zangenschnabel den unteren berührt, wird letzterer hinuntergedrückt;

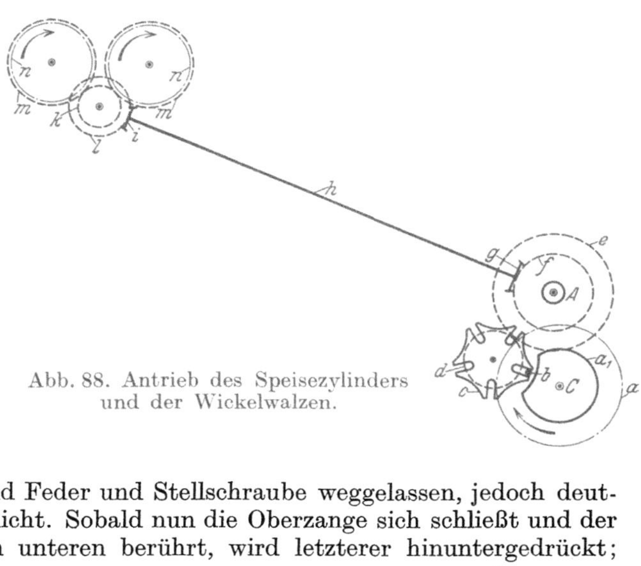

Abb. 88. Antrieb des Speisezylinders und der Wickelwalzen.

die Stellschraube des Unterzangenhebels n_2 entfernt sich vom Gestell und die in n_1 eingehängte Feder wird gespannt. Dadurch wird der ganze Federzug von der im Zangenmaul festgeklemmten Watte aufgenommen.

2. Speisung oder Zuführung. Siehe Abb. 87 und Schema Abb. 88. Auf der Rundkammwelle *C* befindet sich eine Scheibe *a*, welche einen Zapfen *b* trägt. Bei jeder Umdrehung dreht dieser Zapfen *b* das Sternrad *c* um $^1/_5$ Umdrehungen, da dieses 5 Aussparungen besitzt. Sobald der Zapfen *b* das Sternrad um $^1/_5$ gedreht hat, lehnt sich der entsprechende Sternlappen an das konzentrische

Abb. 89. Hintere Ansicht der Heilmannschen Kämmaschine vom Drehkopf aus gesehen.

Stück a_1, wodurch die Stellung des Sternrades bis zur nächsten $^1/_5$-Drehung festgelegt ist. Diese $^1/_5$-Drehung wird mittels zweier Stirnräder *d* und *e* auf den Speisezylinder *A* übertragen, wodurch dieser ruckweise die zu kämmende Watte der Zange liefert. Vom Speisezylinder *a* aus betätigen die Kegelräder *f*, *g* (siehe Schema Abb. 88) die Verbindungsstange *h*, die Kegelräder *i* und *k* sowie die Stirnräder *l* und *m* die beiden hölzernen, geriffelten Wickelwalzen *n*, von welchen die Wickelwatte über ein Führungsblech zum Speisezylinder *A* gelangt. Dieser Antrieb ist gut sichtbar in Abb. 89.

3. Heben und Senken des belederten Druckzylinders. In Abb. 90 ist der Lederdruckzylinder mit *G* bezeichnet. Dieser bildet mit dem Riffelsegment *E* die Zange, welche die gekämmten Fasern erfaßt, durch den Fixkamm zieht und sie den Abreißzylindern übergibt. Während die Nadelreihen des Kreiskammes den Faserbart auskämmen, liegt G auf dem Abreißzylinder G_1. Sobald die letzte Nadelreihe vorbei ist, wälzt sich G auf G_1, bis er auf die erste oder zweite Riffel des Segmentes E zu liegen kommt und damit seine Auszieharbeit beginnt. Gelangt G an die letzten Riffeln von E, so hebt sich der Druckzylinder, indem er sich wiederum auf G_1 abrollt, um aus dem Bereich der Nadeln zu kommen.

Diese Bewegung des Druckzylinders G wird auf einfache Weise durch den Exzenter E_2 bewerkstelligt, der auf der Steuerwelle P sitzt. Doppelhebel $R\,R_1$, welcher zwecks Regulierung zweiteilig ist und vermittels der Schraube S verstellt werden kann, dreht um O. Der Teil R_1 des Doppelhebels trägt flache Klötzchen K, auf welchen die flachen Seiten der Hülsen von G aufliegen. An diesen Hülsen des Druckzylinders sind Haken angehängt,

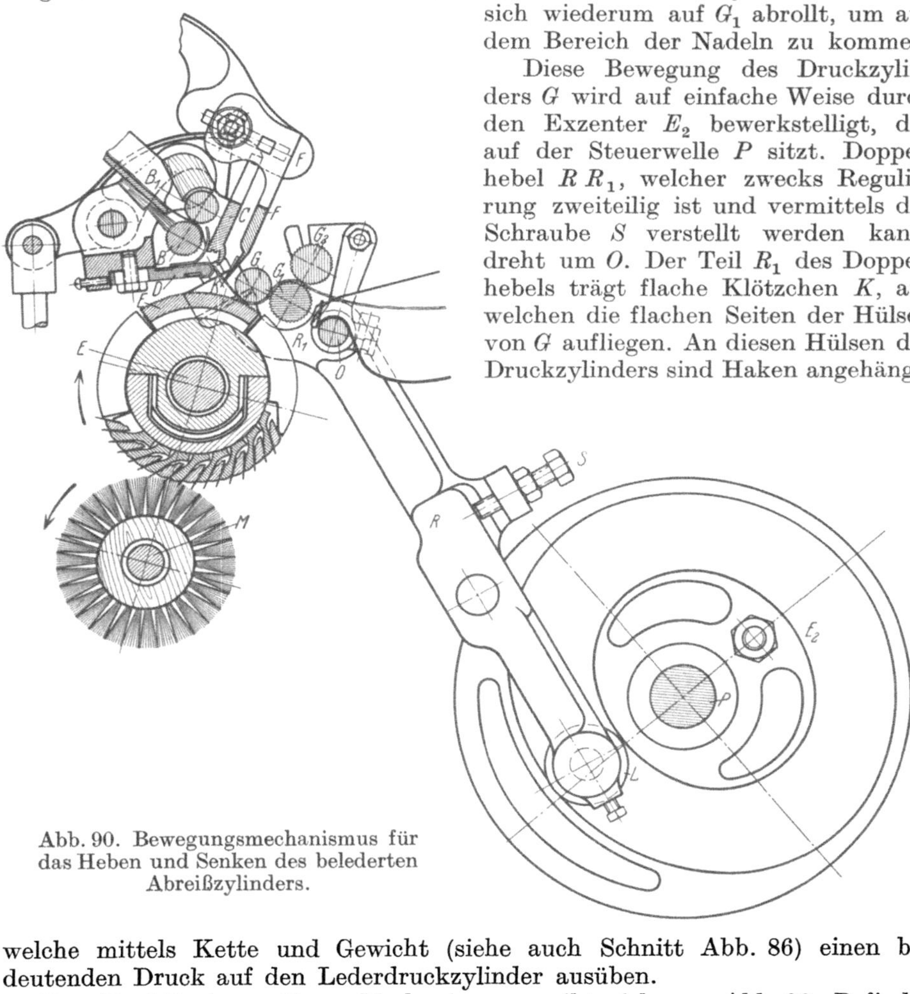

Abb. 90. Bewegungsmechanismus für das Heben und Senken des belederten Abreißzylinders.

welche mittels Kette und Gewicht (siehe auch Schnitt Abb. 86) einen bedeutenden Druck auf den Lederdruckzylinder ausüben.

Das Funktionieren dieses Mechanismus ergibt sich aus Abb. 90. Befindet sich die an Hebel R angebrachte Laufrolle L auf dem kleinen Durchmesser des Exzenters E_2, so drückt der Lederdruckzylinder auf das Segment E und zieht die Fasern aus. Umgekehrt hebt sich G, sobald L auf den großen Durchmesser von E_2 gelangt.

Dadurch, daß G auf G_1 drückt, während er nicht mit dem Segment E in Kontakt ist, wird er alle Drehbewegungen des Abreißzylinders mitmachen, d. h. die Vorwärts- und die Rückwärtsdrehung desselben.

4. Die Bewegung des Fixkammes (Abb. 91). Der Fixkamm F hat gewöhnlich eine Reihe Nadeln, seltener deren zwei. An einer bogenförmigen Gußplatte befestigt, welche an beiden Enden von den Armen a festgehalten wird, sind letztere mittels der Schrauben *b* und *c* vor- und rückwärts, sowie auf- und abwärts regulierbar. Auf jeder Seite des Fixkammes sind die Arme *a* an einem Doppelhebel $d\,d_1$ befestigt, welcher lose auf der Stange *e* drehbar ist. Auf *e* ist ein Hebel *f* befestigt, der einerseits die Laufrolle *g* trägt, auf welche der auf der Kreiskammwelle befindliche Exzenter E_3 einwirkt, andererseits eine Stellschraube *h*, welche gegen d_1 anschlägt.

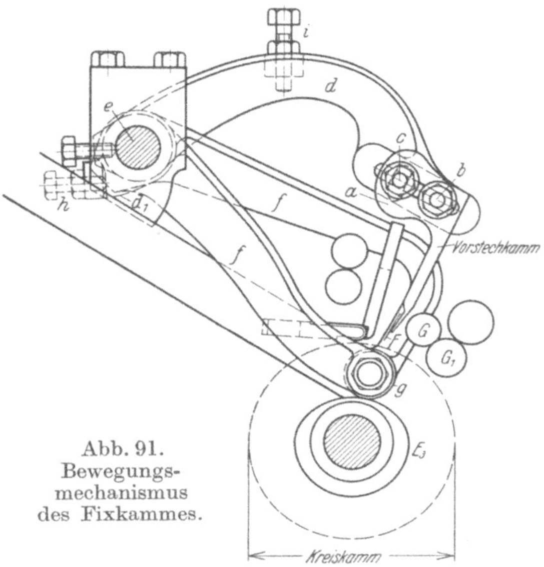

Abb. 91. Bewegungsmechanismus des Fixkammes.

Gelangt nun die Laufrolle *g* vom kleinen auf den großen Exzenterdurchmesser, so stößt Stellschraube *h* gegen d_1 und der Fixkamm wird gehoben. Damit beim Einstechen in den Bart der Fixkamm genau dieselbe Entfernung zwischen dem Segment und den Nadelspitzen des Fixkammes behält, ist an Hebel *d* eine Stellschraube *i* angebracht, welche auf das Gestell aufstößt und so den Weg des Fixkammes begrenzt.

Diese Vorrichtung gestattet der Arbeiterin, den Fixkamm mit der Hand hochzuheben und zu reinigen.

Für Mako erteilt man dem Vorstechkamm 30° Neigung, für amerikanische Baumwolle wird eine solche von 23° angewendet. Je mehr der Fixkamm Neigung besitzt, desto größer ist der Abfall und umgekehrt.

Die Entfernung der Fixkammnadelspitzen vom Kreiskammsegment beträgt ½ mm.

5. Vor- und Rückwärtsdrehung des Abreißzylinders. Wie schon aus dem Vorigen hervorgegangen ist, führt der Abreißzylinder 2 Bewegungen aus: das eine Mal dreht er sich nach rückwärts, wobei er mit Hilfe des belederten Druckzylinders den zum Löten nötigen Faserstoff zurückliefert, das andere Mal dreht er sich nach vorwärts, um das gekämmte Vließ den Auszugswalzen zu übermitteln (Abreißbewegung). Hierbei ist die Vorwärtsdrehung doppelt so groß wie die Rückwärtsdrehung.

In Abb. 92 ist der Bewegungsmechanismus des Abreißzylinders wiedergegeben. Auf der Steuerwelle sitzt ein Exzenter E_4, in dessen Nut eine Rolle *a* liegt, welche am Doppelhebel $b\,b_1$ drehbar befestigt ist. Dieser Doppelhebel dreht lose um die Achse *O*. Auf dem Zapfen *c*, welcher sich am oberen Ende von b_1 befindet, ist eine Klinke *d* befestigt, welche in das mit 20 Kerben versehene Klinkenrad *e* eingreift. Dasselbe sitzt fest auf der Achse *O*, desgleichen ein Zahnrad *f* von 136 Zähnen (Innenverzahnung), in das das 18er Rad *g* eingreift. Dieses Rad *g* sitzt fest auf dem Abreißzylinder.

Auf dem Zapfen *c* ist ein Hebel *h* befestigt, welcher auf einen am Exzenter E_4 befestigten Außenexzenter E_5 mit Hilfe der Laufrolle *i* gepreßt wird. Dieser Druck erfolgt mittels der beiden Federn *k*, welche die Klinke *d* in die Kerben des Klinkenrades zieht. Weil *d* und *h* auf demselben Zapfen *c* befestigt sind, wirkt der Federzug ebenfalls auf die Laufrolle *i*.

In der Abb. 92 befindet sich die Laufrolle *a* am Punkte *I* des Exzenters E_4, also auf dessen kleinsten Durchmesser. Nehmen wir an, die Rolle *a* befinde sich gegenüber des Punktes *II* und der Exzenter E_4 drehe in der eingezeichneten Richtung, so wird die Rolle *a* nach *I* gelangen. Da hierbei der Doppelhebel $b\,b_1$ um *O* schwingt, wird die Klinke *d* das Klinkenrad *e* in der Richtung *R* drehen, wobei infolge der Räder *f* und *g* der Abreißzylinder zurückliefert.

Der Exzenter E_4 dreht jetzt weiter und die Rolle *a* gelangt auf den Punkt *III*. Die Laufrolle *a* wird somit nach außen gedrückt, wobei Hebel $b\,b_1$ im entgegengesetzten Sinne um *O* schwingt und die Klinke *d* das Klinkenrad in der Richtung *A* dreht. Durch Vermittlung der Zahnräder *f* und *g* dreht der Abreißzylinder nach vorwärts (Abreißbewegung).

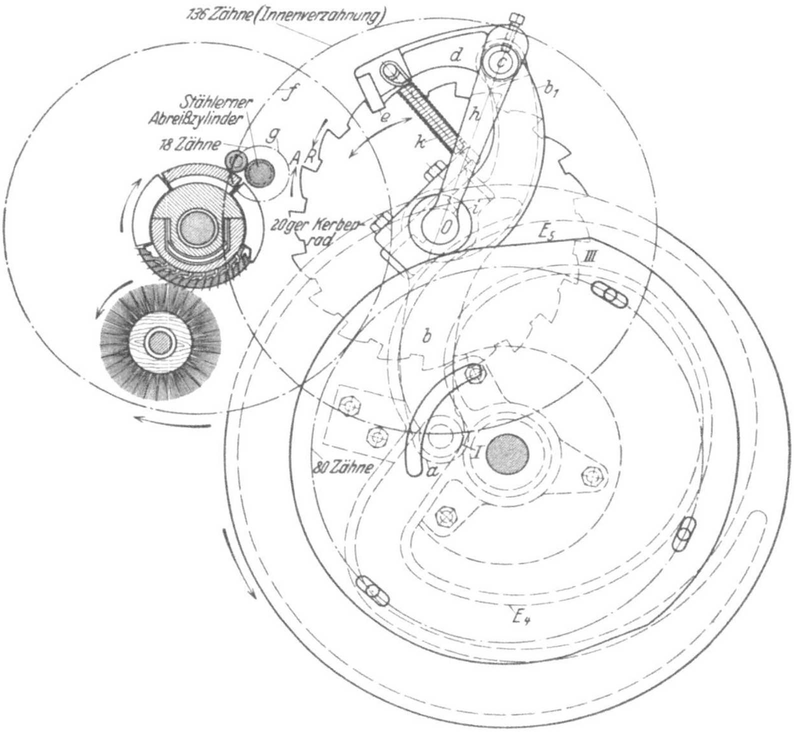

Abb. 92. Bewegungsmechanismus des Abreißzylinders.

Sobald die Rolle *a* auf dem Punkte *III* sich befindet, bewirkt der Exzenter E_5 das Ausheben der Klinke *d* und, da der Durchmesser des Exzenters E_4 von *III* bis *II* radial nach einwärts zieht, bewegt sich die Klinke *d* während dieser Zeit um eine Kerbe vor, worauf infolge der eigenartigen Gestalt des Exzenters E_5 die Federn *k* das Eindringen in die Kerbe des Klinkenrades bewirken; nun das Spiel von neuem beginnt.

Da nun die Entfernung des Punktes *III* vom Mittelpunkt der Steuerwelle doppelt so groß ist als diejenige des Punktes *II*, ist die Umfangsgeschwindigkeit des Abreißzylinders während des Abreißens doppelt so groß wie während des Zurücklieferns.

6. Das Abnehmen des Kämmlings. Sobald der von der Zange festgehaltene Faserbart gekämmt ist, werden die gekämmten Fasern vom belederten Druckzylinder aus dem Riffelsegment durch den Fixkamm gezogen. Der hinter dem

Fixkamm sich befindliche Faserwulst wird im nächsten Kammspiel vom Kreiskamm ausgekämmt. Die kurzen Fasern und Nissen werden sich also in den Nadeln des Rundkammes festsetzen. Sie werden mittels einer schnell rotierenden Rundbürste T herausgebürstet (siehe Abb. 93). Diese Bürsten bestehen entweder aus Borsten oder aus Tampiko. Der an dieser Bürste anhaftende Kämmling wird von einem langsam drehenden, mit Kratzengarnitur versehenen Doffer U abgenommen, worauf dieser wiederum von einem Hacker V vom Kämmling befreit wird. Letzterer fällt in einen Kasten, welcher dann regelmäßig alle 1 bis 1½ Stunden geleert werden muß. In neuerer Zeit wickelt man den Kämmling auf eine Holzwalze, welche mittels Kettenantrieb vom Doffer aus getrieben wird, wie dies in Abb. 93 veranschaulicht ist. Infolge dieser Anordnung wird der Kämmling verdichtet und braucht demgemäß nicht so oft entfernt werden.

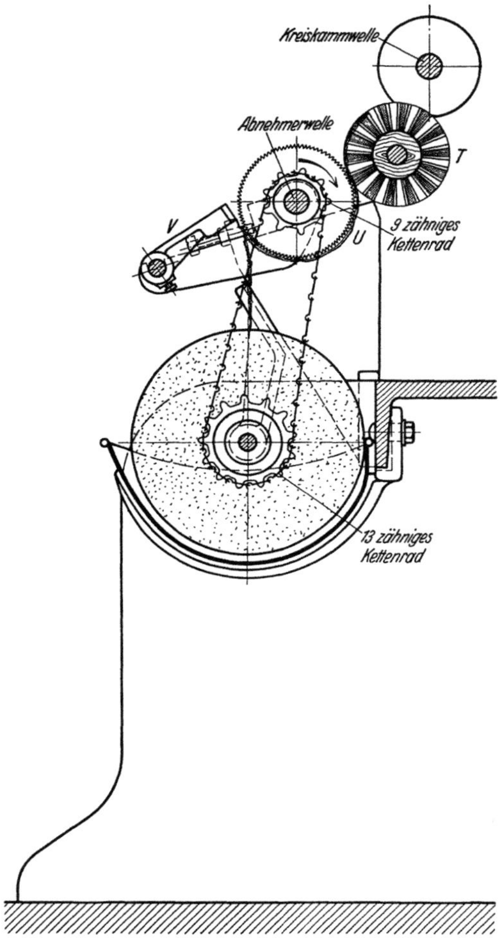

Abb. 93. Aufwickeln des Kämmlings auf eine Holzwalze.

Die Rundbürste erhält ihren Antrieb von der Hauptwelle aus, während Doffer und Hacker von der Kreiskammwelle aus getrieben werden. Siehe Schema Abb. 94.

In neuerer Zeit wird der Kämmling mittels Ventilator und Siebtrommel von der Rundbürste abgesogen (System Roth). Siehe Abb. 89 sowie Abb. 95. Der Ventilator befindet sich im unteren Teil des Antriebgestelles. Über die langsam sich drehenden Siebtrommeln gelangt der Kämmling als verdichtetes Vlies in darunter bereitstehende Blechkästen, welche dann von Zeit zu Zeit geleert werden müssen.

b) Montage und Einstellung der Kämmaschine Heilmann. Konstruktion Platt Brothers-Oldham.

Diese Kämmaschine wird z. Z. mit 8 und 10 Köpfen gebaut, wobei Wickel von 10½" = 267 mm, 11" = 279 mm und 12" = 305 mm Breite verarbeitet werden. In Anbetracht der früheren Wickelbreite von 7½" = 190 mm wird selbstredend auf diese Weise die Lieferung der Maschine bedeutend erhöht unter Beibehaltung der gleichen Güte des Kammzuges.

Die aufzumontierende 8köpfige Kämmaschine soll für eine Stapellänge von 37/38 mm (Mako) eingestellt werden. Bei dieser Gelegenheit sei bemerkt, daß die heutige Kämmaschine H e i l m a n n ein passendes Einstellen für kurzstapelige ebenso wie für langstapelige Baumwolle gestattet.

Die Kämmaschine setzt sich zusammen aus dem Triebkopf und den Baumwolle verarbeitenden Teilen. Der Triebkopf ist auf einer gußeisernen Platte errichtet und hat 2 Endschilde, welche einen gehobelten Tisch tragen, wodurch den hauptsächlichsten Arbeitsteilen große Festigkeit verliehen wird. Um ein ruhiges und stoßfreies Arbeiten der Maschine zu erzielen, ist das Fundament recht breit konstruiert.

Nachdem die Triebkopfplatte und der Tisch, auf welchem die Köpfe der Maschine aufgebaut werden, vermittels der Wasserwaage genau waagerecht gestellt worden sind, werden die 9 Hauptlager auf den Tisch aufgeschraubt, worauf die Exzenterwelle und diejenige Welle, welche die auf- und abgehende Bewegung der Zange bewerkstelligt (in Abb. 85 Welle g), in ihre Lager gelegt. Die Exzenterwelle erstreckt sich über die ganze Länge der Maschine und ist in 2 Teilen mit Flantschenkupplung ausgeführt. Daraufhin werden die Hauptwelle

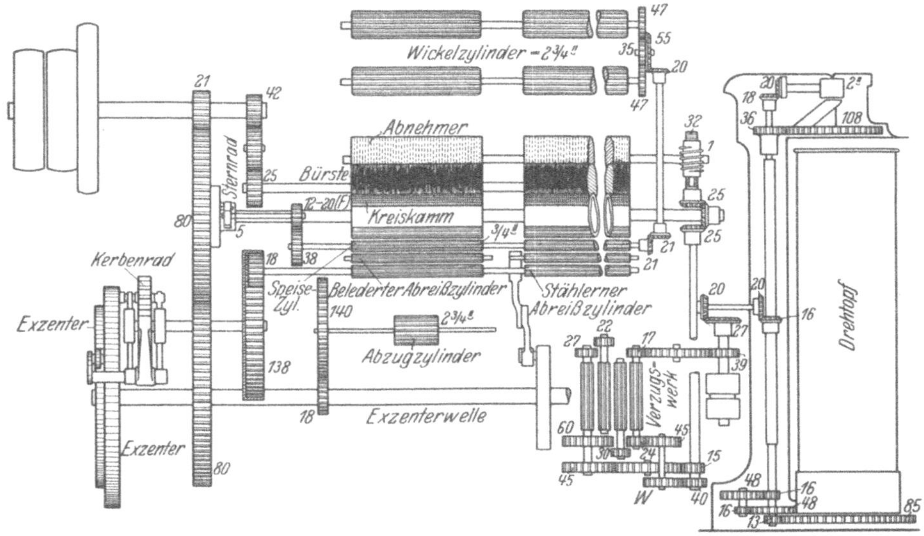

Abb. 94. Antriebsschema der Heilmannschen Kämmaschine.

(Antriebswelle) und ebenso die Achse des Kreiskammes anmontiert. Auf letztere schiebt man sogleich die Segmente auf. Nun wird man den Abreißzylinder in seine ihm bestimmten Lager legen und gleichzeitig auch seinen Antrieb, d. h. die Welle, welche vom Abreißexzenter seine Bewegung erhält (in Abb. 92 Welle O). Das Zahnrad mit Innenverzahnung, welches unmittelbar den Abreißzylinder betätigt, besitzt 136 Zähne; an früheren Modellen finden wir 138 Zähne. Der Durchmesser des Abreißzylinders beträgt $\frac{29''}{32} = 23{,}02$ mm. Der Abreißzylinder verstellt sich niemals, es sei denn, daß die Schraube, welche die auf der Welle aufgekeilte Scheibe mit dem dazugehörigen Abreißexzenter verbindet, gelockert wäre.

Auf der Rundkammwelle ist eine Indexscheibe aufgekeilt, deren Umfang in 20 gleiche Teile eingeteilt ist. Denn die jeweilige Stellung des Kreiskammes bedingt den Anfang bzw. das Ende der Bewegung jedes Baumwolle verarbeitenden Organes.

Vor allem wird die Entfernung zwischen den Armen h (Abb. 85) und dem darunter befindlichen Tisch festgelegt. Die Arme h sind auf derjenigen Welle aufgekeilt, welche die auf- und abgehende Bewegung der Zange übermittelt, die Bewegung wird ihr von dem Zangenexzenter erteilt. Zum Einstellen dieser Arme dreht man die Exzenterwelle so lange, bis die eingegossene Marke des Zangenexzenters sich gegenüber der Rolle m befindet. Vermittels der Schrauben k und k_1 reguliert man die Entfernung zwischen Arm und Tisch auf 2¾″ = 70 mm. Die Exzenterwelle hat an beiden Enden je einen Zangen-

Abb. 95. Pneumatische Vorrichtung zum Absaugen des Kämmlings.

exzenter, infolgedessen kann man die Arme, welche sämtlich in einer Richtung aufgekeilt sind, nur an den Enden der Welle einstellen.

Man wird jetzt die Bleche anbringen, welche den hinteren Teil der Maschine, also Rundkamm, Bürste usw., vom vorderen Teil derselben trennen. Die Segmente auf der Rundkammwelle werden darauf wie folgt befestigt: Man dreht die Indexscheibe so lange, bis die Markiernadel auf 5 steht. Diese Zahl gilt für alle Baumwollsorten. Die Entfernung zwischen Abreißzylinder (auf den Rillen gemessen) und dem Segmentanfang soll 1¼″ = 31,75 mm betragen für Mako von 37/38 mm Stapel und $1^1/_8$″ = 28,6 mm, für amerikanische Baumwolle von 30/31 mm Stapellänge. Hierzu verwendet man das Stellblech B (Abb. 96), das je nach der Faserlänge die entsprechende Größe besitzt. Gewöhnlich besteht ein Spiel dieser Stellbleche B aus 6 verschiedenen Größen.

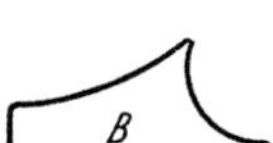

Abb. 96. Stellblech für die Entfernung zwischen Abreißzylinder und Segmentanfang.

Nach dem Festlegen der Segmente werden die Rundkämme, die dazugehörigen Bleche und die kleinen Messingbleche, welch letztere zum Verdichten der Ränder des gekämmten Vlieses dienen sollen, angeschraubt, wonach man die Bürsten anbringt. Ist die Maschine mit Doffer versehen, so wird die Bürste unmittelbar von der Hauptwelle aus vermittels der Übersetzung 21/34 getrieben. Wird dagegen die Kämmaschine mit einer Absaugvorrichtung für den Kämmling ausgerüstet, so läßt man die Bürsten bedeutend schneller drehen. In letzterem Fall beträgt die betreffende Übersetzung 42/25. Der Borstenbürste erteilt man einen Durchmesser von 115 mm, der Tampikobürste einen solchen von 110 mm. Die Entfernung zwischen Rundkammwelle und der Bürstenwelle (für Tampikobürsten) beträgt 81 mm. Bei dieser Entfernung dringt die Tampikobürste 4,25 mm tief in die Nadeln des Rundkammes ein. Der Durchmesser des Doffers beträgt 5″ = 127 mm.

Man wird nun zunächst den Tisch montieren, auf welchem die Bänder des Kammzuges laufen, bei dieser Gelegenheit wird man auch gleich die Abstellerei und das Anbringen der Auszugszylinder bewerkstelligen. Sodann beginnt man mit der ungefähren Festlegung der Stellung des belederten Abreißzylinders, welcher mit dem geriffelten Abreißzylinder arbeitet. Die genaue Einstellung dieses belederten Abreißzylinders wird man erst später vornehmen. Der Durchmesser des letzteren beträgt 21 mm für Mako, für amerikanische Baumwolle nur 19 mm. Das ungefähre Einstellen des belederten Abreißzylinders geschieht folgendermaßen: Der Exzenter E_2 (Abb. 90), welcher zum Heben und Senken des betreffenden Lederzylinders dient, wird losgeschraubt, worauf man die Indexscheibe so lange dreht, bis die Markiernadel auf 8¼ steht. Dies ist die günstigste Stellung zum Regulieren des Abzugszylinders. Das mit 80 Zähnen versehene Rad auf der Exzenterwelle greift hierbei noch nicht in das auf der Kreiskammwelle befindliche Rad, welch letzteres ebenfalls 80 Zähne besitzt. Jetzt stellt man die Rolle L (Abb. 90) derart, daß sie sich genau gegenüber der an dem Exzenter eingeschlagenen Marke befindet, wobei man vorläufig den Exzenter in dieser Stellung 8¼ festlegt. Indem man nun den belederten Abzugszylinder auf die Nisse K setzt, welche zu seiner Unterlage dienen, schraubt man an der Stellschraube S so lange, bis der belederte Abreißzylinder kaum noch das Segment berührt, worauf man dann wieder den Exzenter lockert. Ein Exzenter betätigt 2 belederte Abreißzylinder, so daß eine Kämmaschine von 8 Köpfen 4 solcher Exzenter besitzt.

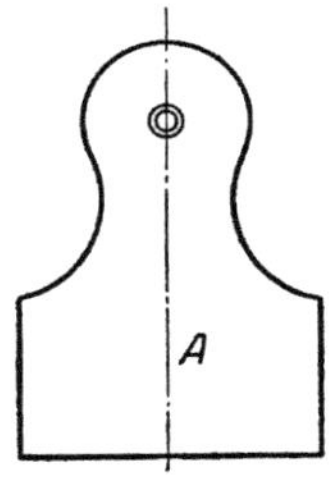

Abb. 97. Stellblech zum Einstellen des Speisezylinders.

Als nächstfolgendes wird man vorteilhaft den Speisezylinder in seine Lager setzen und seine genaue Lage bestimmen. Für Mako beträgt die Entfernung des Speisezylinders vom geriffelten Abreißzylinder 67,5 mm. Zum Einstellen bedient man sich eines Stellbleches A (Abb. 97) von 46,5 mm Breite, welches man zwischen die beiden Zylinder steckt (auf den Riffeln gemessen), worauf man die Lager der Speisezylinder befestigt. Für amerikanische Baumwolle benutzt man ein Stellblech von 42,5 mm, woraus sich dann eine gegenseitige Entfernung von 63,5 mm ergibt. Der Durchmesser des Speisezylinders beträgt ¾″ = 19,05 mm.

Nach all diesen Arbeiten kommen wir nun zur schwierigsten: dem Aufmontieren und Einstellen der Zange. Man verbindet zuerst die beiden Zangenbacken, indem man zwischen der Ober- und der Unterzange einen Zwischenraum von ½ mm läßt (Stahlblech *28*). Dies gilt für alle Baumwollsorten. Nachdem die Zugfedern hinzugefügt worden sind, setzt man die Zange in ihre Lager. Die Achse b (Abb. 85) soll genügend Spiel in der Bohrung der Unterzange haben. Zuerst legt man die Entfernung zwischen dem geriffelten Abreißzylinder und dem Leder der Unterzange fest (Stahlblech B, Abb. 96). Diese beträgt gewöhnlich 1¼″ = 31,75 mm für Mako, aber auch das Kaliber von 30,5 mm hat sich in der Praxis für dieselbe Stapellänge gut bewährt. Für amerikanische Baumwolle verwendet man das Kaliber von $1^1/_8$″ = 28,6 mm. Alle Zangen der Kämmmaschine erhalten ihre Bewegung von 2 Exzentern, und diese Zangenexzenter befinden sich an den Enden der Exzenterwelle. Zum Einstellen der vorhin genannten Entfernung stellt man die Zangenexzenter so, daß sich die Laufrollen *m* genau gegenüber dem Markierstriche befinden, also am tiefsten Punkt des Exzenters. Die Schrauben *k* und k_1 dienen zum Höher- oder Tieferstellen der ganzen Zange. Dreht man *k* heraus und k_1 hinein, so wird, da der Doppelhebel $l\,l_1$ lose auf *g* sitzt und Hebel *i* auf dieser Achse aufgekeilt ist, letztere eine kleine Drehung nach rechts ausführen, wobei die Zugstangen *d* gehoben und die Oberzange gesenkt wird. Die Schraube *s* (siehe Schnitt Abb. 86) dient zum Einstellen der Entfernung zwischen der Unterzange und dem geriffelten Abreißzylinder = 30,5 mm, mit welcher Arbeit man sich zuerst befaßt, worauf man dann das Kaliber 7 mm (Kaliber *C* Abb. 98) für Mako (wogegen für amerikanische Baumwolle = 2,4 mm) zwischen die Schraube *s* und den Anschlag *t* bringt. Der Zweck dieser Einstellung soll sein, die Entfernung zwischen dem Segment und dem Schnabel der Oberzange auf 0,5 mm (Kaliber *28*) zu bringen, was man durch beständiges Schrauben an $k\,k_1$ und *s* erreicht. Bei dieser Einstellung muß fortwährend mit dem Kaliber 30,5 mm nachkontrolliert werden, ob sich auch die Entfernung zwischen Abreißzylinder und der belederten Unterzange nicht ändert. Die Schrauben *s* werden nur an der einen Seite der Zange auf 7 mm eingestellt, die andere Seite wird einstweilen außer acht gelassen. Sodann bringt man die Zugfedern unter nicht allzu großer Spannung auf beiden Seiten der Zange an, da beim Arbeiten die Oberzange die Unterzange hinunterdrückt, wobei sich die Schrauben *s* vom Anschlag *t* entfernen und die Federn genügend gespannt werden. Diese durch die Zangenbewegung hervorgerufene Federspannung genügt vollkommen, um die Schrauben *s* mit ziemlich kräftigem Ruck an den Anschlag *t* zu ziehen, zwecks Verbindung der Unterzange an der Weiterbewegung, worauf die Oberzange ihre Bewegung fortsetzt und auf diese Weise das Öffnen der Zange erfolgt. Nach dem Anhängen der Zugfedern soll nochmals nachgesehen werden, ob sich die Entfernung zwischen Unterzange und geriffeltem Abreißzylinder nicht geändert hat. Ist alles in Ordnung, so werden die Lager der Zangenachse mit ihren Deckeln versehen.

Abb. 98. Stellblech zum Einstellen der Entfernung zwischen der Unterzange und dem geriffelten Abreißzylinder.

Die Zugstangen *d* wirken direkt auf die Oberzange. Wenn man nun die Laufrolle *m* (Abb. 85) genau gegenüber der Stelle des Zangenexzenters stellt, welche den höchsten Punkt desselben anzeigt, befindet sich die Oberzange in ihrer tiefsten Lage. Die Einstellschraube *s* hat sich hierbei um 7 mm vom Anschlag entfernt. Folglich müssen die Zugstangen *d* vermittels der Schraubenmuttern $r\,r_1$ so eingestellt werden, daß die Entfernung zwischen dem Schnabel der Oberzange und dem Segment 0,5 mm beträgt (Kaliber *28*). Dieses kontrolliert man mit dem 7 mm Kaliber (für Mako), denn früher schon wurde die eine Schraube *s* genau auf 7 mm vom Anschlag *t* eingestellt. Nennen wir die beiden zu einer Zange gehörigen Anschlagschrauben s_1 und s_2 und die jeweiligen dazugehörigen Zugstangen d_1 und d_2, so wird man behufs genauer Zangeneinstellung übers Kreuz einstellen. Befindet sich das 7 mm Kaliber zwischen s_1 und *t*, so reguliert man die Zugstange d_2 so lange, bis das Kaliber eben noch, ohne zu klemmen, zwischen s_1 und *t* hindurchgeht. Dasselbe Verfahren wird dann zwischen s_2 und d_1 ausgeführt, nachdem vorher s_2 auf 7 mm Entfernung eingestellt wurde. Von dieser genannten Entfernung hängt die Zangenöffnung ab. Je kleiner der Abstand zwischen *s* und *t* ist, desto mehr entfernen sich Ober- und Unterzange voneinander, weil der Weg der Unterzange durch die Schrauben *s* beschränkt wird. Bei voller Zangenöffnung beträgt die Entfernung zwischen dem Schnabel der Oberzange und dem Segment = 14 mm, die zwischen dem Oberzangenschnabel und dem belederten Teile der Unterzange 13,5 mm, vorausgesetzt, daß mit dem 7 mm Kaliber eingestellt wurde. Bei offener Zange hat die Oberzange einen Neigungswinkel von 11^0, bei geschlossener einen solchen von 33^0.

Nun dreht man die Kreiskammwelle so lange, bis die Markiernadel auf 9½ der Indexscheibe steht, worauf die Exzenterwelle gedreht wird, bis man einen Streifen Papier eben noch zwischen *s* und *t* durchziehen kann. Die Rolle *m* befindet sich hierbei auf dem höchsten Punkte des Zangenexzenters. In dieser Stellung läßt man das 80er Rad, welches sich bis jetzt lose auf der Exzenterwelle befand, in das auf der Rundkammwelle sitzende 80er Rad eingreifen und befestigt es an seiner aufgekeilten Scheibe. Die Oberzangenblätter werden hierauf abgeschraubt, um die Wattenführungsbleche anbringen zu können, worauf die Oberzangenblätter wieder an ihre Stelle kommen. Die Zangeneinstellung ist hiermit beendigt.

Im folgenden wird man jetzt den großen Exzenter, welcher den geriffelten Abreißzylinder betätigt, anmontieren. Der Exzenter selbst wird an einer Scheibe angeschraubt, welche auf der Exzenterwelle aufgekeilt ist. Zur Bestimmung der genauen Stellung des Abreißexzenters dreht man die Kreiskammwelle, bis die Markiernadel auf 6$^1/_8$ steht. In diesem Moment soll der geriffelte Abreißzylinder seine Vorwärtsbewegung beginnen. Mit Leichtigkeit kann man dann am Abreißexzenter durch Drehen desselben die Stellung finden, an welcher der Abreißzylinder seine Bewegung beginnen will, worauf man den Exzenter festschraubt. Man läßt aus folgendem Grunde den Abreißzylinder auf 6$^1/_8$ seine Bewegung beginnen: Der belederte Abreißzylinder setzt sich bei 6¼ auf die zweite Riffel des Segmentes und, weil jener seine Bewegung vom geriffelten Abreißzylinder übertragen bekommt, läßt man den letzteren etwas früher drehen, um Schleifenbildung zu vermeiden.

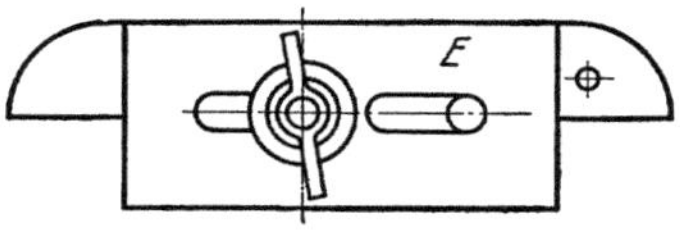

Abb. 99. Stellblech zum Einstellen der Entfernung zwischen Fixkammachse und Speisezylinder.

Ferner montiert man die Lager, in welche diejenige Achse gelagert wird, die die Arme des Fixkammes trägt. Die Entfernung dieser Achse vom Speisezylinder soll 4$^5/_8$″ = 117 mm für Mako und längere Baumwollsorten betragen, für amerikanische Baumwolle 4$^3/_8$″ = 111 mm. Hierzu benutzt man das Kaliber *E* (Abb. 99). Man stellt erst die beiden Enden der Maschine und dann die Zwischenpunkte. Damit der belederte Druckzylinder dem Speisezylinder parallel sei, stellt man ihn mittels eines Holzkalibers von 7 mm (zwischen der Peripherie des Lederzylinders und dem Oberzangenblatt). Nach dem Einstellen dieser Druckzylinder werden diese wieder entfernt und die diesbezüglichen Zugfedern unter geeigneter Spannung angehängt.

Es soll nun zum Einstellen des Fixkammes übergegangen werden. Die Kreiskammwelle wird so lange gedreht, bis die Markiernadel 8¼ anzeigt. Alsdann stellt man den Fixkamm in den in Abb. 100 veranschaulichten Apparat. An den beiden Schrauben wird solange gedreht, bis der Vorstechkamm eine Neigung von 30^0 für Mako hat, während für amerikanische Baumwolle eine solche von 23^0 üblich ist. Zum Messen des Neigungswinkels verwendet man den Pendel Abb. 101. Je mehr der Fixkamm Neigung besitzt, desto bedeutender ist der Abfall und umgekehrt. Die Neigung des Fixkammes wird vermittels Schraube *c* (Abb. 91) festgehalten. Besitzt der Fixkamm die richtige Neigung, so reguliert man die Entfernung zwischen dem Segment und den Spitzen des Vorstechkammes auf 0,5 mm (Kaliber *28*) bei Mako und 0,6 mm (Kaliber *24*) bei amerikanischer Baumwolle mittels der Schraube *i* (Abb. 91 und 86), worauf man den Weg bestimmt, welchen der Fixkamm zurückzulegen hat. Zu diesem letzteren Zweck dreht man so lange an der Schraube *h*, bis das Kaliber *18* = 1 mm für Mako und eventuell Kaliber *19* = $1^1/_{10}$ mm für amerikanische Baumwolle leicht zwischen den Schrauben *i* und dem Anschlag *t* hindurchgeht.

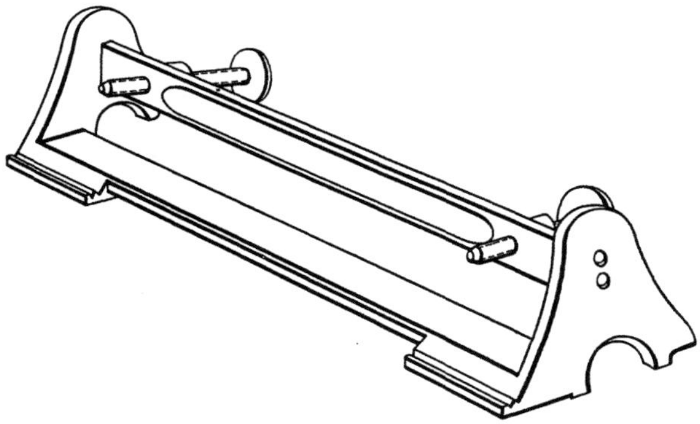

Abb. 100. Apparat zum Einstellen der Fixkammneigung.

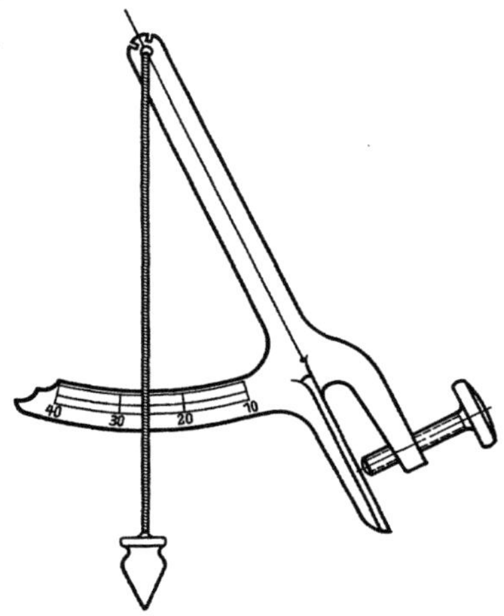

Abb. 101. Apparat zum Kontrollieren der Fixkammneigung.

Für diese engen Regulierungen verwendet man die Stellbleche Abb. 102. Um nun den Abstand von 1 mm festzuhalten, stellt man den Fixkammexzenter dermaßen, daß die an dem Übertragungshebel *f* (Abb. 91) befindliche Rolle *g* auf dem höchsten Punkt des Exzenters aufruht. Sodann dreht man die Rundkammwelle, bis die Markiernadel auf 5½ steht, und legt einen Papierstreifen zwischen die Schrauben *i* und den Anschlag *t*. Man drehe jetzt so lange den Fixkammexzenter, bis der Papierstreifen kaum noch von der Schraube *i* gehalten wird. In dieser Stellung werden die beiden Fixkammexzenter an beiden Enden der Maschine befestigt. Die Stellung 5½ ist gerade der Augenblick, in welchem der Fixkamm das Eindringen in den vom Rundkamm gekämmten Bart vollendet hat. Auf dem Markierpunkt *12* beginnt er sich wieder zu heben.

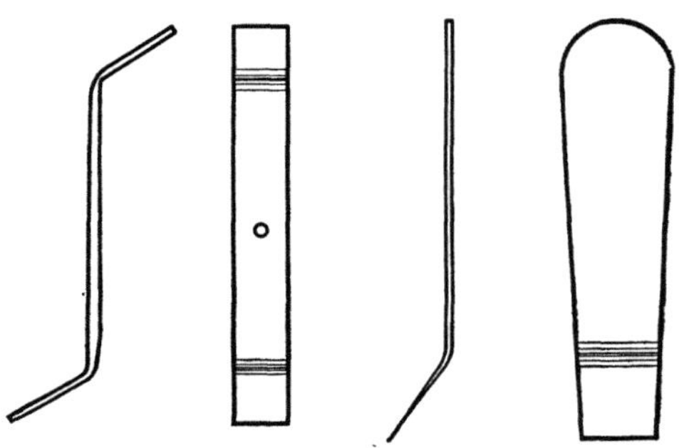

Abb. 102. Stellblech für enge Regulierungen.

Jetzt kann mit der genauen Einstellung des belederten Abreißzylinders begonnen werden. Die ungefähre Einstellung wurde schon weiter oben bei Gelegenheit des Befestigens des Abreißexzenters erläutert. Die Markiernadel soll wiederum auf 8¼ stehen, in welcher Stellung die Laufrolle gegenüber des Markierstriches des Exzenters steht. Vor allem werden die Belastungsgewichte angehängt. Ein solches wiegt 42 lbs = 19,05 kg. Nach Belastung des Zylinders schiebt man an allen 8 Köpfen Papierstreifen zwischen die Klötzchen *K* (Abb. 90) und die Hülsen des Zylinders. Mit einem Holzkeil preßt man die Rolle *L* an den Exzenter E_2, damit kein Spiel zwischen diesen beiden ist; denn wenn die Maschine arbeitet, drücken die belederten Abreißzylinder auf das Segment, so daß die Rolle gegen den Exzenter gepreßt wird. Indem man weiter die Schraube, welche die Klötzchen *K* an dem Führungshebel befestigt, etwas lockert, dreht man so lange an der Einstellschraube *S*, bis man den Papierstreifen eben noch zwischen *K* und der Hülse durchziehen kann. Zwischen *K* und Hülse muß etwas Spiel sein, damit der belederte Abreißzylinder frei auf dem Segment seinen nötigen Druck ausüben kann. Das Klötzchen *K* wird sodann in dieser Stellung an dem Führungshebel befestigt.

Die Hauptarbeiten sind nun erledigt und man wird jetzt die Teile, welche noch an der Kämmaschine fehlen, wie z. B. den Drehtopf, die Luntenführer, die Trichter, die Speisevorrichtung und verschiedene kleinere noch fehlende Stücke montieren. Die Kämmaschine ist in unserem Fall mit 5 Verzugszylindern ausgerüstet, deren jeweiliger Durchmesser 1¼″ = 31,75 mm beträgt. Der Vorderzylinder ist mit 39 lbs = 17,7 kg, die übrigen Druckzylinder mit je 30 lbs = 13,6 kg belastet.

Zum Einstellen des geriffelten Messingzylinders an den belederten Abreißzylinder benutzt man das Kaliber *18* = 1 mm (Abbildung 102). Dieser Messingzylinder macht dieselbe Vor- und Rückwärtsbewegung wie der belederte Abreißzylinder, denn er

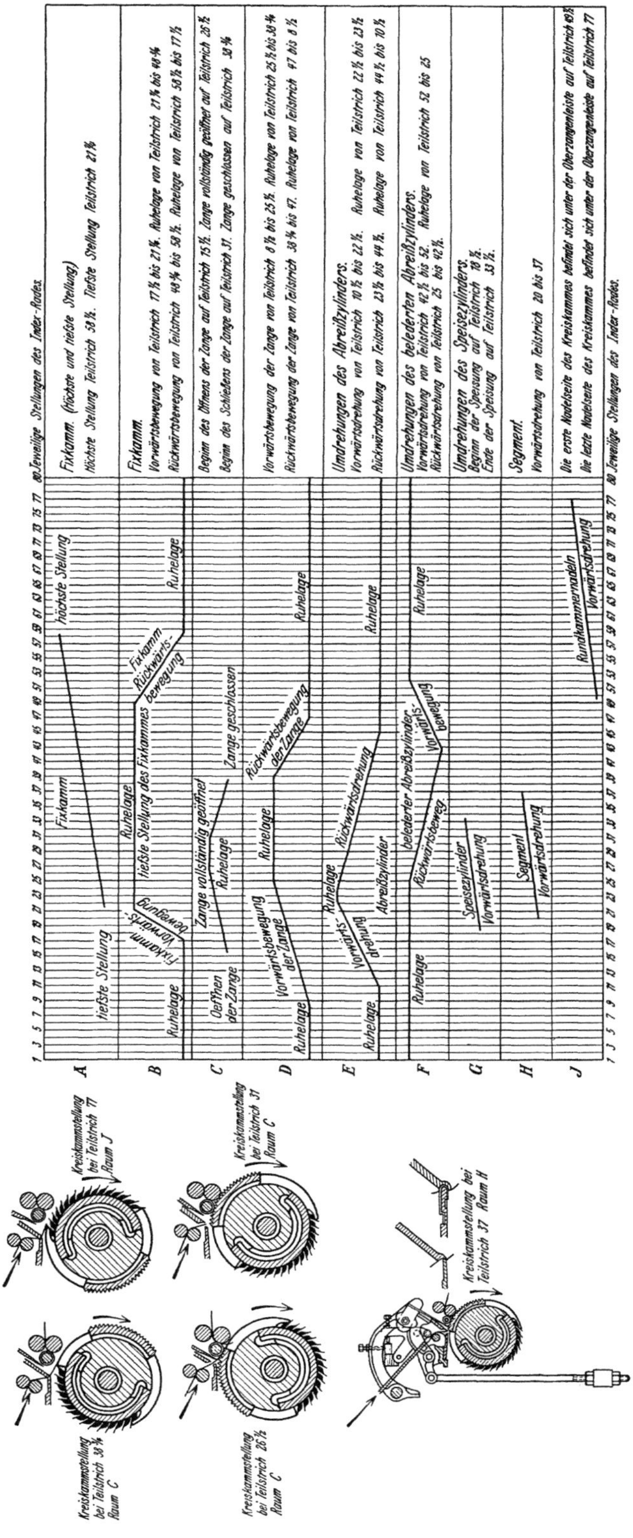

Abb. 103.

Tabelle

Stapellänge	1 1/16″ = 27,— mm	1 1/8″ = 28,57 mm	1 3/16″ = 30,16 mm
Wickelgewicht von 1 Yard in Dwts.[1]	13½	13½	13
Prozentsatz an Kämmling	15%	16%	12%
Angewandtes Speisewechselrad	15	16	17
Nummer u. Dimension des Stellbleches *A* (zwischen Abreiß- u. Speisezylinder)	6 (1 3/4″)	7 (1 13/16″)	8 (1 7/8″)
Nummer u. Dimension des Stellbleches *B* (zwischen Abreißzylinder u. Unterzange)	7 (1 3/16″)	8 (1¼″)	9 (1 5/16″)
Nummer des Stellbleches *C* (zwischen Stellschraube *s* und Anschlag *t* (Abb. 86)	1	1	1
Beginn der Speisung	5½	4	3½
Beginn der Vorwärtsbewegung des belederten Abreißzylinders	6¼	6 1/8	6 1/8
Öffnen der Zange	9	9¼	9½
Nummer des Stellbleches *E* (zwischen Oberzangenschnabel u. Nadelspitze des Kreiskammes)	20	19	20
Nummer des Stellbleches *E* (zwischen Fixkamm u. Segment)	20	20	18
Einstechen des Fixkammes	5½	4½	5½
Neigungswinkel des Fixkammes	28°	26°	30°
Nummer des Stellbleches *E* (zwischen Stellschraube *i* und Anschlag *t* (Abb. 86)	14	18	18

wird von demselben Hebel und demselben Exzenter betätigt wie der andere. Seine Drehung erhält er vom geriffelten Abreißzylinder, da seine Rillen in diejenigen des anderen eingreifen.

Alsdann werden die Führungsbleche aufgesetzt, welche die Verbindung zwischen dem Speisezylinder und den hölzernen Speiserollen herstellen (siehe Schnitt Abb. 86).

Nachdem man noch den Antrieb der Auszugswalzen bewerkstelligt hat, erledigt man das Einstellen der Speisevorrichtung. Eine genaue Einstellung ist hierbei noch nicht möglich; als Anhaltepunkt stellt man die Markiernadel auf 5 und dreht die Maschine von Hand, bis der Zapfen *b* (Abb. 87) das Sternrad *c* bewegen will, worauf man die Stellung festhält. Bei dieser Gelegenheit soll erwähnt sein, daß man Sternräder von 5, 6 und 7 Zähnen herstellt, letztere nur für sehr lange Fasern. Die Speisung kann erst dann genau eingestellt werden, wenn die Maschine im Gang ist und man nachgesehen hat, wie hoch die Abfallprozente sind. Nach letzteren wird der das Sternrad drehende Zapfen vor- oder zurückgeschoben. Je geringer die Speisung, desto sauberer ist der Kammzug. Beginnt man mit der Speisung schon früher als auf 5, z. B. auf 4½, so erhält man weniger Abfall, denn der Abreißzylinder ist dann imstande, mehr Fasern mitzunehmen; bei späterer Speisung ergibt sich mehr Abfall.

Wenn die Zange sich öffnet (auf 3¼ beginnt sie sich zu öffnen und auf 6 ist sie ganz offen), beginnt die Speisung (4½ bis 5¼). Einen Augenblick später (5½) ist der Fixkamm in die Fasermasse eingedrungen und auf 6½ fängt das Abreißen an. Während der Speisung beginnt die Oberzange ihre abwärts gehende Bewegung. Auf 9¼ ist die Speisung beendet und auf 9½ ist die Zange vollständig geschlossen, um im folgenden sich den Nadeln des Kreiskammes zu nähern.

Sollte eine Kämmaschine, welche z. B. Mako verarbeitete, für amerikanische Baumwolle umgestellt werden, so muß außer den oben angegebenen Einstellunterschieden in Betracht gezogen werden, daß das Wechselrad der Speisung und auch die Zylinderstellung der Verzugszylinder geändert werden müssen.

[1] Ein Dwt. = 1,555 g.

10.

1¼″ = 31,75 mm	1⁵⁄₁₆″ = 33,34 mm	1⅜″ = 34,92 mm	1⁷⁄₁₆″ = 36,5 mm	1⅝″ = 41,27 mm	1¾″ = 44,45 mm
12	12	12½	15¼	18	10½
12%	16%	15%	14%	19%	17½%
17	19	19	16	19	19
7 (1¹³⁄₁₆″)	7 (1¹³⁄₁₆″)	9 (1¹⁵⁄₁₆″)	9 (1¹⁵⁄₁₆″)	9 (1¹⁵⁄₁₆″)	10 (2″)
8½ (1⁹⁄₃₂″)	8½ (1⁹⁄₃₂″)	10 (1⅜″)	10 (1⅜″)	10½ (1¹³⁄₃₂″)	11 (1⁷⁄₁₆″)
1	1	1	1	2	2
4½	5	5	4½	5½	5
6⅛	6⅛	6⅛	6⅛	6¼	6¼
9	9½	9½	9½	10½	9½
17	18	19	18	19	20
14	21	20	18	20	21
5	4½	5	4½	4	4½
26°	32°	28°	30°	30°	35°
18	18	18	20	17	18

Aus den von der Maschinenfabrik Platt Brothers in Tabelle 10 erteilten Angaben ist ersichtlich, daß eine bedeutende Abstufung beim Einstellen der verschiedenen Organe und deren Arbeitsdauer besteht, um die verschiedenartigen Baumwollsorten zu verarbeiten. Nach dieser Tabelle ist das Einstellen für eine Stapellänge von 30 mm durchweg feiner wie für eine solche von 32 mm, um denselben Prozentsatz an Kämmling zu erhalten. Dies beweist auch, daß in der 32 mm langen Baumwolle mehr kurze Fasern enthalten waren, so daß die Einstellung geändert werden mußte, um die 12% Kämmling zu erhalten.

Es ist dafür Sorge zu tragen, daß der Fixkamm möglichst nahe an den belederten Druckzylinder anreguliert wird.

Abb. 103 auf S. 125 zeigt das Diagramm, wie die verschiedenen Organe gegenseitig zueinander reguliert sind und wie sie zusammen arbeiten. Das auf der Kreiskammwelle befindliche Indexrad, welches bei der neuesten Konstruktion in 80 gleiche Teile eingeteilt ist, zeigt, wie jede Stellung des betreffenden Organs mit dem Indexrad festgelegt wird. Der Anfang und das Ende der Bewegungen der verschiedenen Organe während eines Kammspiels ergeben sich bei genauer Betrachtung des Diagrammes von selbst.

c) Berechnung der Kämmaschine Heilmann.

Je nach der Baumwollsorte und der gewünschten Qualität des Kammzuges läßt man die Hauptwelle mit 300 bis 360 Umdrehungen in 1 Minute drehen. Nehmen wir 350 t/min an, so ergibt dies:

$$350 \frac{21}{80} = 92 \text{ Kammspiele in 1 Minute (siehe Schema Abb. 94).}$$

Für die Berechnung der Kämmaschine kommt nur der Verzug und die Lieferung in Frage. Weitere Berechnungen sind praktisch nicht von Bedeutung.

Gesamtverzug (ohne Berücksichtigung des Kämmlinges)

$$= \frac{2''}{2\tfrac{3}{4}''} \frac{47}{35} \frac{55}{20} \frac{21}{21} \frac{38}{F} \frac{5}{1} \frac{25}{25} \frac{40}{W} \frac{45}{24} \frac{17}{39} \frac{27}{20} \frac{20}{16} \frac{18}{20}.$$

Der Verzug in der Kämmaschine, dargestellt durch den Prozentsatz des Kämmlings, ist in Tabelle 11 von Platt Brothers wiedergegeben.

Tabelle 11.

Kämmling %	Verzug	Kämmling %	Verzug	Kämmling %	Verzug
7½	1,081	12½	1,142	17½	1,212
8	1,087	13	1,150	18	1,219
9	1,099	14	1,162	19	1,234
10	1,110	15	1,176	20	1,250
11	1,123	16	1,190	22½	1,290
12	1,136	17	1,205	25	1,330

Zur Nummerbestimmung des austretenden Bandes zieht man den Abfall von der Nummer des Wickels ab und betrachtet das Material als verarbeitet.

Es ist:

$$\text{Verzug} = \frac{\text{Austretende Nummer}}{\text{Eintretende Nummer}},$$

$$\text{Bandnummer} = \frac{\text{Wickelnummer (minus Abfall)} \cdot \text{Verzug}}{\text{Anzahl Wickel}}.$$

Will man das Gewicht des austretenden Bandes bestimmen, so ist:

$$\text{Verzug} = \frac{\text{Eintretendes Gewicht je Zeiteinheit}}{\text{Austretendes Gewicht je Zeiteinheit}}.$$

Somit:

$$\text{Gewicht des Bandes} = \frac{\text{Gewicht des Wickels (minus Abfall)} \cdot \text{Anzahl der Wickel}}{\text{Verzug}}.$$

Gewöhnlich wird die Wickellänge in Yards, das Wickelgewicht in Pennyweights (dwt) ausgedrückt. Nach der englischen Numerierung ist:

$$N_e = \frac{L_{\text{hanks}}}{P_{\text{lbs}}} = \frac{L_{\text{yards}}}{840 \cdot P_{\text{lbs}}}.$$

1 Pfund englisch (lb) = 7000 grains (grs) und 24 grains = 1 Pennyweight (dwt).

Wird P in grains ausgedrückt, so ist $P_{\text{lbs}} = \frac{P_{\text{grs}}}{7000}$.

Soll die Gewichtseinheit in Pennyweights (dwt) erfolgen und bezeichnet man die Anzahl Pennyweights mit g, so ist

$$P_{\text{lbs}} = \frac{24 \cdot g}{7000}.$$

Demnach lautet die Numerierungsformel:

$$N_e = \frac{7000}{24 \cdot 840} \frac{L_{\text{yards}}}{g} = 0{,}3472 \frac{L_{\text{yards}}}{g}.$$

Soll die Wickellänge $L = 1$ Yard und $g = 10$ dwts wiegen, so ist die effektive Nummer

$$N_e = \frac{1 \cdot 0{,}3472}{10} = 0{,}03472.$$

Geht vom Wickelgewicht ein Kämmlingsprozentsatz p ab, so wird man statt g die Größe

$$g \frac{100 - p}{100}$$

setzen. Somit wird

$$N_e = \frac{0{,}3472}{g \frac{100 - p}{100}} = \frac{3472}{g(100 - p)}.$$

Produktion der Kämmaschine Heilmann. Produktion in engl. Pfund für 1 Woche und 1 Kopf = Kammspiele in 1 Minute · gelieferte Länge Zug in Zoll · 60 · tatsächliche Arbeitsstunden in 1 Woche · Wickelgewicht in grains minus Abfall; das Ganze dividiert durch 7000 · 36.

2. Ermittlung des Kämmlingsgehaltes.

Man legt Zug und Kämmling, welche in derselben Zeit geliefert wurden, auf die Kämmlingswaage (siehe Abb. 104). Bei dieser steht der Waagebalken im indifferenten Gleichgewicht. Die 3 Arme sind um 120° versetzt. Es herrscht Gleichgewicht, wenn

$$\text{Zug}\cdot AB = \text{Kämmling}\cdot BC \text{ ist.}$$

Daraus:

$$\frac{\text{Zug}}{\text{Kämmling}} = \frac{BC}{AB}.$$

Haben wir z. B. 15% Kämmling, so will das heißen, $\frac{15}{100}$ vom Hundert $= \frac{15}{85 + 15}$.

Demnach

$$\text{Kämmling \%} = \frac{\text{Kämmling}}{\text{Zug} + \text{Kämmling}}.$$

Dividieren wir durch Kämmling, so ist

$$\text{Kämmling \%} = \frac{1}{\frac{\text{Zug}}{\text{Kämmling}} + 1}.$$

Weiter oben haben wir gefunden:

$$\frac{\text{Zug}}{\text{Kämmling}} = \frac{BC}{AB}.$$

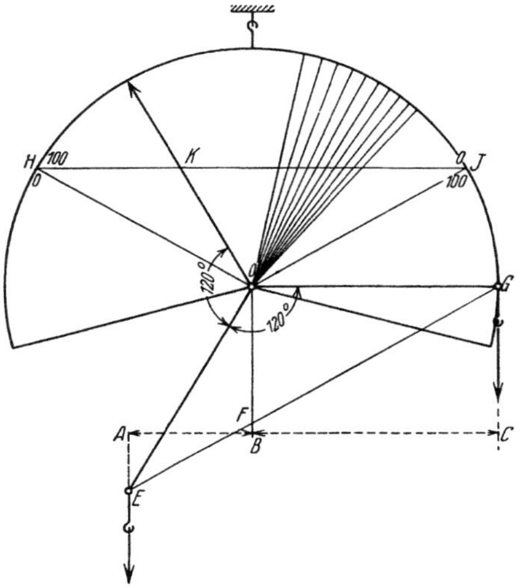

Abb. 104. Kämmlingswaage.

Durch Einsetzen ergibt sich:

$$\text{Kämmling \%} = \frac{1}{\frac{BC}{AB} + 1} = \frac{AB}{BC + AB} = \frac{AB}{AC}.$$

Es verhält sich:

$$\frac{AB}{AC} = \frac{EF}{EG}.$$

Somit:

$$\text{Kämmling \%} = \frac{AB}{AC} = \frac{EF}{EG},$$

d. h. die Kämmlingsprozente werden durch die Abstände bestimmt, welche die Lotrechte auf der Hakenverbindungslinie abschneidet.

Hängen wir ein Stück Zug an den Zughaken und nichts an den Kämmlingshaken, so sind die Stellungen für 0 und 100 festgelegt. Die Linie HJ markiert den Punkt K und, da $HJ = EG$ ist, so ist

$$\Delta HJO \cong \Delta EGO.$$

Es ist $HK = EF$. Also

$$\text{Kämmling \%} = \frac{AB}{AC} = \frac{EF}{EG} = \frac{HK}{HJ}.$$

Ebenso ist

$$\text{Kämmling \%}' = \frac{HK'}{HJ}.$$

Folglich

$$\frac{\text{Kämmling \%}}{\text{Kämmling \%}'} = \frac{HK}{HK'}.$$

Zur Einteilung der Kämmlingswaage teilt man HJ in 100 gleiche Teile und verbindet dieselben mit dem Mittelpunkte O.

Da die Ausschläge immer weniger ausgesprochen werden, so hat Ing. Ch. Gegauff, Mülhausen, ungleichmäßige Arme an der Kämmlingswaage angebracht.

3. Die Kämmaschine Nasmith.

Bewegungsmechanismus und Einstellen der Kämmaschine Nasmith.

Die Heilmannsche Kämmaschine zeichnet sich durch die Vorzüglichkeit des Produktes aus, jedoch ist ihre Lieferung verhältnismäßig gering und sie ist nur beim Verarbeiten von langstapeliger Baumwolle zweckmäßig. Ihre Verwendung bleibt somit auf die feinen Nummern der Spinnerei beschränkt. Viele Versuche

Abb. 105. Vorderansicht der Nasmithschen Kämmaschine.

wurden gemacht, um Verbesserungen an der Maschine einzuführen, mit dem Zwecke, die Leistung zu steigern, ohne dabei die Qualität zu beeinträchtigen, jedoch waren diese Versuche von nur teilweisem Erfolg, weil in jedem Falle, wo eine erhöhte Lieferung erreicht wurde, dies auf Kosten der Qualität geschah, entweder in der Reinheit des gekämmten Garnes oder in der Stärke desselben. Dieser Niedergang in der Güte erklärt sich durch die rauhere Behandlung, welcher die Baumwolle ausgesetzt ist, als nächste Folge der erhöhten Geschwindigkeiten, womit die verschiedenen Teile der Maschine arbeiten.

Die Nasmithsche Kämmaschine besitzt nun die Vorteile der Heilmannschen und gestattet eine sehr große Steigerung der Leistung unter Beibehaltung der Qualität, ohne notwendigerweise die Spielzahl zu erhöhen. Ferner ergibt sie eine große Reinigungsfähigkeit und eine sanfte Behandlung der Baumwolle durch den Fixkamm und die Abreißzylinder, als Folge der kleinen Geschwindigkeit, mit welcher die Baumwolle den Fixkamm durchzieht. Es können verschiedene Stapellängen, von 22 mm bis 50 mm verarbeitet werden, ohne abnormalen Abfall bei kürzeren Sorten zu erzielen. Auch bemerkt man an der Nasmithschen Kämmaschine eine bessere Vliesbildung mit beträchtlicher Überlagerung der Fasern auch bei kürzeren Fasern, eine vollständig gleichmäßige

Verteilung, durch welche das bekannte wolkige Aussehen des Vlieses der Heilmannschen Kämmaschine vollständig vermieden wird. Ein weiterer Vorteil ist die bessere und erleichterte Kontrolle der Länge der als Abfall herauszunehmenden Fasern. Diese Kontrolle geschieht von Zentralpunkten aus, wodurch das Einstellen jedes einzelnen Kopfes vermieden wird.

Abb. 105 zeigt die Vorderansicht der Nasmithschen Kämmaschine, Konstruktion Nicolas Schlumberger & Cie., Gebweiler (Elsaß), Abb. 106 die Hinteransicht und Abb. 107 einen Schnitt. Dieselbe Maschine wird auch von den Firmen Hetherington, Hartmann, Rieter und Asa Lees hergestellt. Die Firma J. Hetherington & Sons, Manchester, baut in letzter Zeit das neueste Modell 1928 von Nasmith. Weiter unten wird auf dieses Modell näher eingegangen werden.

Abb. 106. Hinteransicht der Nasmithschen Kämmaschine.

Die normalen Geschwindigkeiten der Hauptwelle sind:

335 Touren für feinste Sea-Island = 86 Kammzüge in 1 Min.
350 „ „ Florida Baumwolle = 90 „ „ 1 „
370 „ „ ägyptische u. beste amerikanische Baumwolle = 95 Kammzüge in 1 Min.
390 „ „ gröbere Baumwollsorten = 100 „ „ 1 „

Der Kreiskamm besitzt 17 Nadelreihen, ist aber mit keinem Riffelsegment versehen, sondern hat ein glattes, poliertes Ausfüllsegment aus Gußeisen, da der belederte Abreißzylinder nicht mit der Kammwalze in Berührung kommt. Die Zange wird durch eine Kurbel bewegt und bildet ein in sich abgeschlossenes Ganzes mit festem unteren Backen, welcher den Kreiskamm nie berühren kann. Außerdem hat die Zange keine Belederung. Der Druck der Zangenbacken aufeinander wirkt allmählich, wie die Zange schließt, und ist am größten, wenn die feinen Nadeln arbeiten. Bei der Nasmithschen Kämmaschine bewegt sich die Zange nach den Abreißzylindern zu, um diesen die vom Rundkamm ausgekämmte Fasermasse darzubieten. Dadurch ist ein fortschreitendes Abreißen möglich, wie wir dies noch weiter unten sehen werden.

Abb. 108 zeigt die Kurbel *M*, die am Antriebsende der Kreiskammwelle aufgekeilt ist und die Hin- und Herbewegung der Zangenwelle *W* bewirkt. Die

Eigentümlichkeit dieser Anordnung ist, daß die Zangen dadurch verlangsamt gegen die Abreißzylinder bewegt werden und bei möglichst großer Zeitausdehnung des Abreißprozesses eine beschleunigte Rückwärtsbewegung ausführen. Die Bewegung der Zange geschieht demgemäß nicht ruckweise, wie dies bei der Heilmannschen Kämmaschine der Fall ist, sondern sie ist stetig. Die Zangenwelle W (Abb. 109) ist mit der Unterzangenbrücke S durch die Hebel W^1 und V verbunden (je 2 für 1 Zange), mittels der Stellmuttern V^1 kann die Unter-

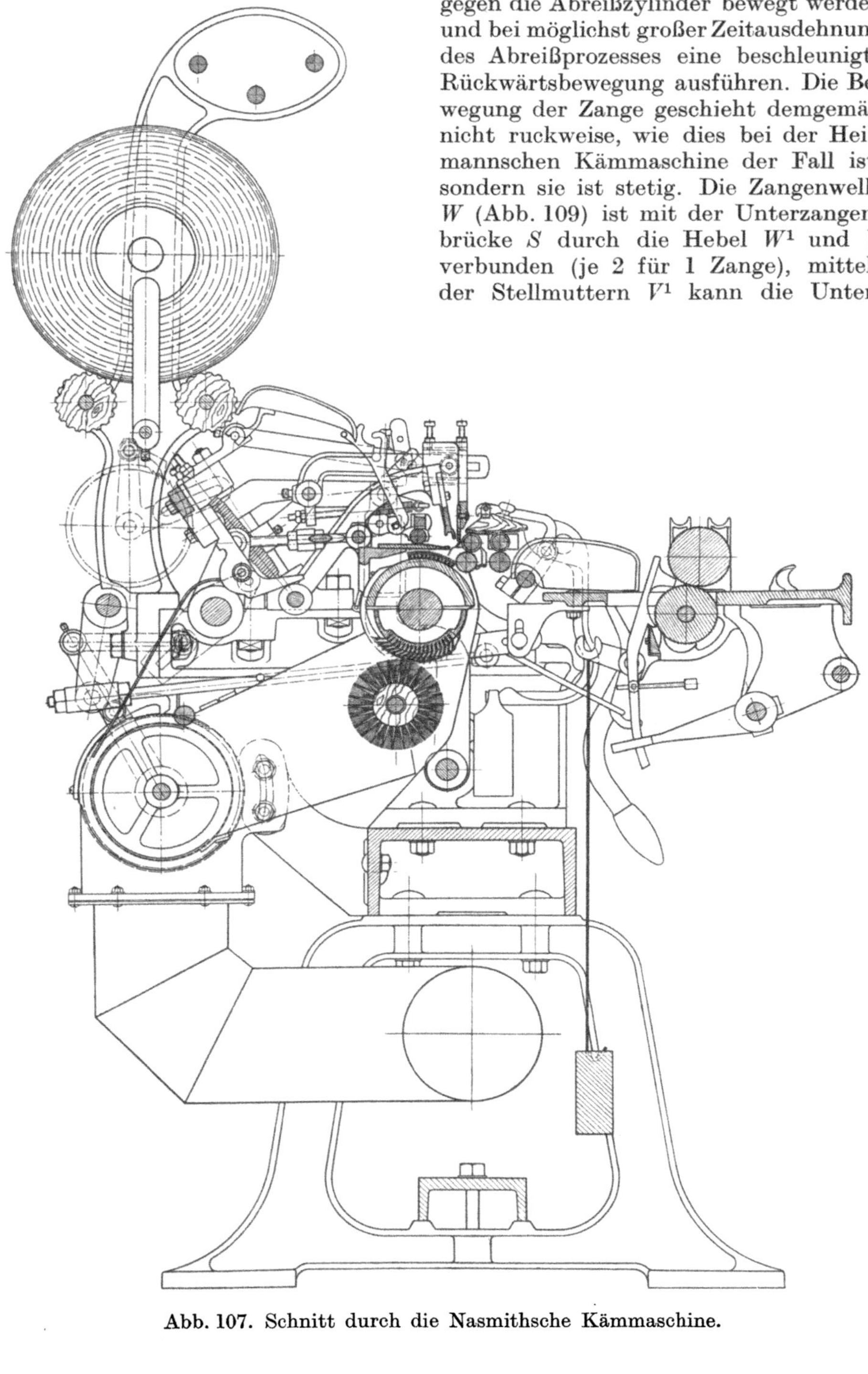

Abb. 107. Schnitt durch die Nasmithsche Kämmaschine.

zange genau parallel und auf den richtigen Abstand von dem stählernen Abreißzylinder eingestellt werden. Sind die Zangen einmal richtig einzeln reguliert, so kann deren Abstand von dem Abreißzylinder D gemeinschaftlich durch die beiden Stellschrauben a und b (Abb. 108) geändert werden. Die Zangenbrücke S ist an beiden Enden an die Arme N angeschraubt, welche ihrerseits um die Zapfen N^1 drehbar gelagert sind. Der obere Zangenhebel dreht um den

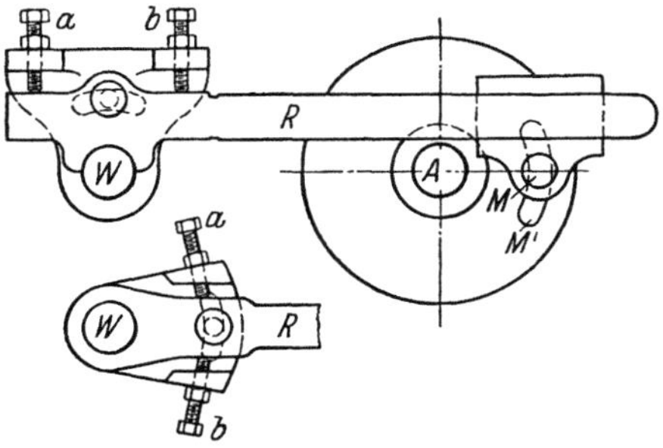

Abb. 108. Kurbel für die Hin- und Herbewegung der Zangenwelle.

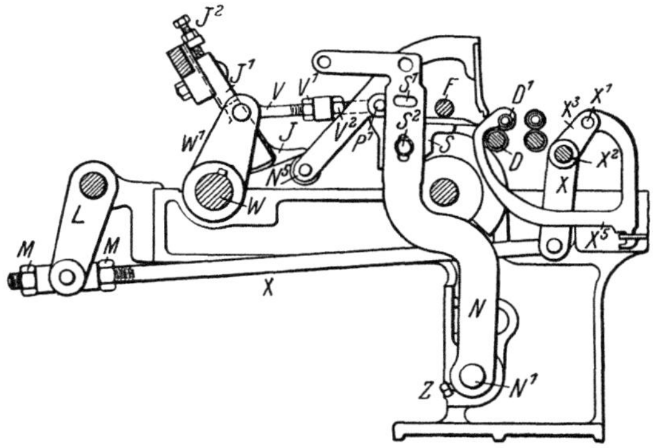

Abb. 109. Stellung der Zange in geöffnetem Zustande.

Zapfen P^1, welcher in angegossenen Augen der Zangenbrücke S gelagert ist. Am unteren Ende dieses oberen Zangenhebels ist die Laufrolle N^5 eingelegt, welche an der unteren Fläche des Leitschuhes J (Abb. 109) entlang gleiten kann und die Zange bei der Vorwärtsbewegung von J öffnet. Sobald sich die Zange nach vollendetem Kammzuge nach rückwärts bewegt, verläßt die Laufrolle N^5 den Gleitschuh J, und die Zange schließt sich unter dem Einfluß von Zugfedern, welche an den unteren Enden der Zangenhebel eingehängt sind. Diese Federn üben beim Öffnen der Zange nur einen kleinen Widerstand aus, aber bei geschlossener Zange ist derselbe sehr wirksam. Mittels der Schraube T (Abb. 110) kann die Entfernung der Unterzange von den

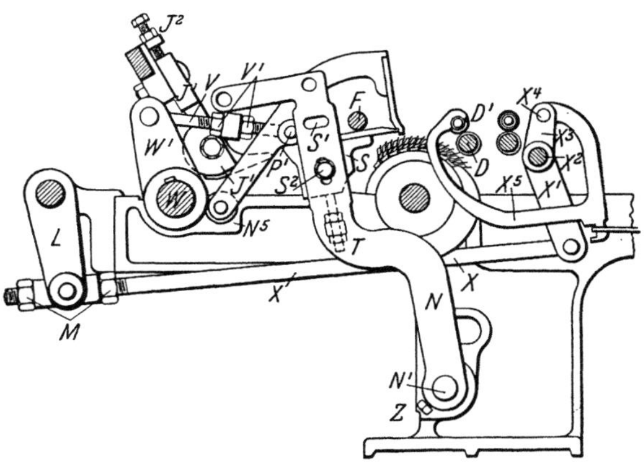

Abb. 110. Stellung der Zange in geschlossenem Zustande.

Nadeln reguliert werden. Abb. 109 zeigt die geöffnete Zange, wobei sie sich dem Abreißzylinder D genähert hat. In Abb. 110 ist die Zange geschlossen und hat sich vom Abreißzylinder entfernt, bei welcher Stellung sich die Kurbel M im hinteren toten Punkt befindet.

Das Einstellen der Zange. Der Darlegung der Regulierung der Nasmithschen Kämmaschine wurde eine solche der Firma Nicolas Schlumberger & Cie., Gebweiler i. Els., zugrunde gelegt. Infolgedessen stimmen die Bezeichnungen in den verschiedenen folgenden Abbildungen, welche zur Erklärung des Regulierens dienen, nicht mit denjenigen überein, welche zur Beschreibung des Mechanismus nötig sind.

Zur Erläuterung der Maschine wurden Zeichnungen der Firma John Hetherington & Sons, Manchester, benutzt. — Auf der Kammwelle sitzt die Indexscheibe, welche in 40 gleiche Teile eingeteilt ist, wobei jeder fünfte Strich mit den entsprechenden Zahlen versehen ist, also 5, 10, 15 usw. bis 40.

Vor allem wird man den Rundkamm auf der Kammwelle befestigen. Das 2½″ = 63,5 mm lange Stellblech (siehe Abb. 111) wird einerseits an den geriffelten Abreißzylinder *D*, andererseits an den Anfang des Segmentes gehalten

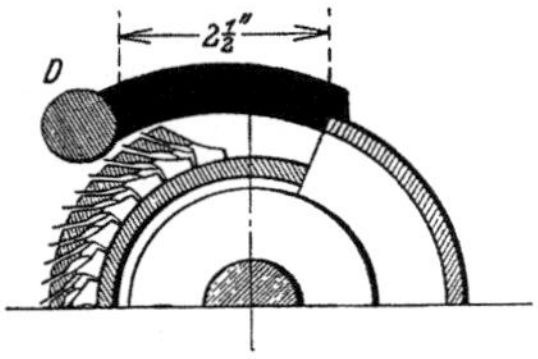

Abb. 111. Stellblech zum Einstellen der Entfernung zwischen Abreißzylinder und Segment.

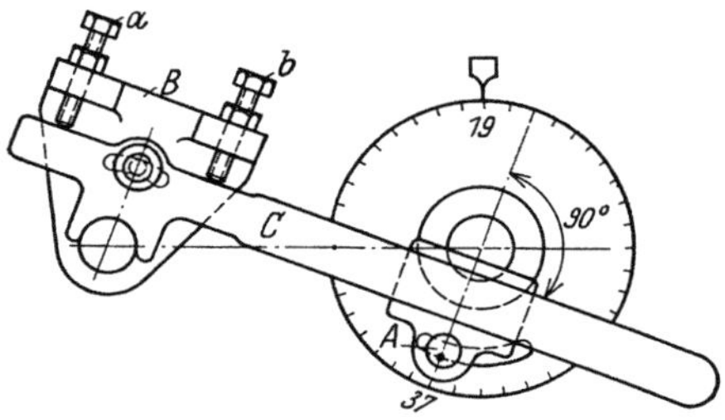

Abb. 112. Einstellen des Kurbelzapfens.

(nach der letzten Nadelreihe), in welcher Stellung der Rundkamm befestigt wird. Hierbei steht der Zeiger der Indexscheibe auf 2½.

Nun wird der Kurbelzapfen *A* (Abb. 112) auf 37 gestellt, der Indexzeiger steht auf 19. In dieser Stellung soll die obere Fläche des Stückes *B* parallel dem Arm *C* sein, was durch Stellen an den Schrauben *a* und *b* erreicht wird. Diese Stellung des Zapfens *A* bedingt den Augenblick, in welchem die Zange sich den Abreißzylindern am nächsten befindet und von welchem eine tadellose Lötung abhängt. Normalerweise soll *A* auf 37 stehen, jedoch kann der Kurbelzapfen, je nach der Faserlänge der Baumwolle, vor- oder zurückgeschoben werden, um eine einwandfreie Lötung zu erzielen. Rückt man *A* zu weit vor, so werden die Spitzen des gekämmten Faserbartes den geriffelten Abreißzylinder berühren, bevor letzterer seine Drehbewegung anfängt. Die Folge davon ist ein Umlegen der Faserspitzen. Schiebt man dagegen *A* zu weit zurück, so wird das Vlies infolge der ungenügenden Lötung wolkig. Übrigens wird hierbei unnützerweise langer Kämmling ausgeschieden.

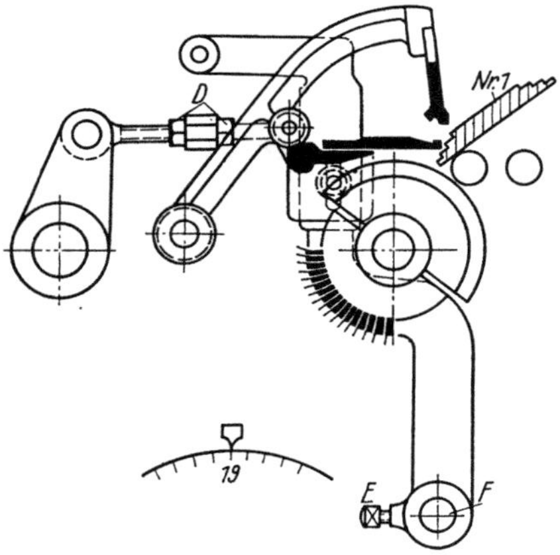

Abb. 113. Einstellen der Entfernung zwischen Unterzange und geriffeltem Abreißzylinder.

Entfernung zwischen Unterzange und geriffeltem Abreißzylinder (Abb. 113). Zu dieser Einstellung benutzt man das Stellblech Nr. 1. Ist die Entfernung zwischen Zange und Abreißzylinder zu groß, so wird auch der Prozentsatz an Kämmling zu groß. Ist diese Entfernung klein, so erhält man weniger Abfall und es gelangen auch keine langen Fasern in den Kämmling. Das Einstellen dieser Entfernung geschieht vermittels der Schraubenmuttern *DD*. Hierbei muß jedoch die Befestigungsschraube *E* des Zapfens *F* gelockert sein. Nähert man die Unterzange dem Abreißzylinder, so muß der Fixkamm gegen die Zange zu derart eingestellt werden, daß er den Abreißzylinder nicht berührt.

Abstand zwischen Speisezylinder und Unterzangenschnabel (Abb. 114). Am günstigsten wird man hier einstellen, wenn die Zange sich nahe dem Abreißzylinder befindet, worauf man die Belastungsgewichte entfernt. Die Stellung des Speisezylinders hängt von der zu bearbeitenden Faserlänge ab. Befindet sich der Speisezylinder zu weit von der Zange entfernt, so ist zu befürchten, daß diejenigen Fasern, welche noch von ihm zurückgehalten werden sollen, herausgerissen werden. Ist jedoch der Speisezylinder zu weit vorn, so wird unnötig viel Abfall entstehen. Mittels des Stellbleches Nr. 2 wird der Speisezylinder eingestellt. Das Spiel besteht aus 4 Stellblechen, welche den Faserlängen von 45 mm, 37 mm, 33 mm und 29 mm entsprechen. Dem Speisezylinder soll nicht zu viel Druck erteilt werden, damit das Vorschieben der Watte gleichmäßig vor sich geht.

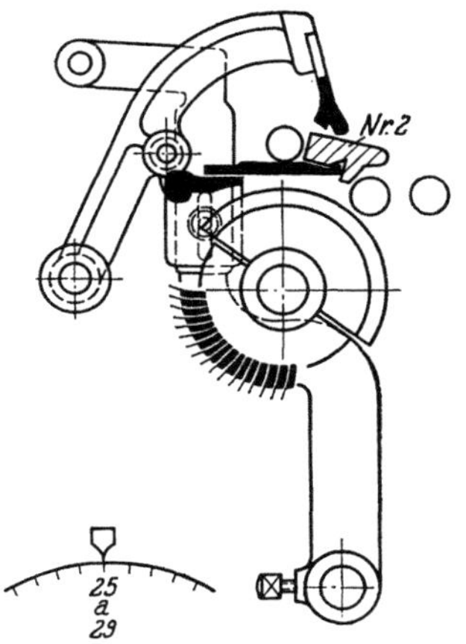

Abb. 114. Einstellen der Entfernung zwischen Speisezylinder und Unterzangenschnabel.

Die Klemmstärke der Zange (Abb. 115). Im Augenblick, in welchem die Zange sich schließt, soll der Druck möglichst gering sein, denn beim Zurückgehen der Zange erhöht er sich. Die mit Schneiden versehenen Muttern *G* werden so lange gedreht, bis die Mitte *m* derselben auf gleicher Höhe ist wie die Oberkante des daneben befindlichen Lagers. Bei sehr langer Baumwolle schraubt man *G* so weit hinunter, bis die Basis *h* der Mutter *G* sich auf gleicher Höhe wie das Lager befindet (Abb. 115a).

Entfernung zwischen Zange und Nadelreihen des Kreiskammes (Abb. 116). Diese Entfernung soll 0,6 mm betragen. Man dreht die Maschine langsam bis

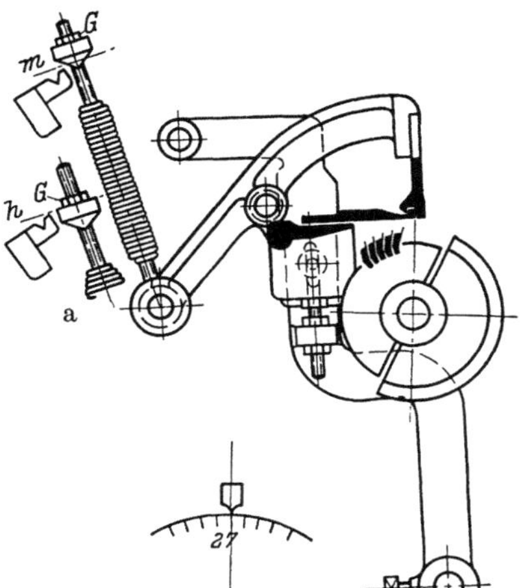

Abb. 115. Einstellen der Klemmstärke der Zange.

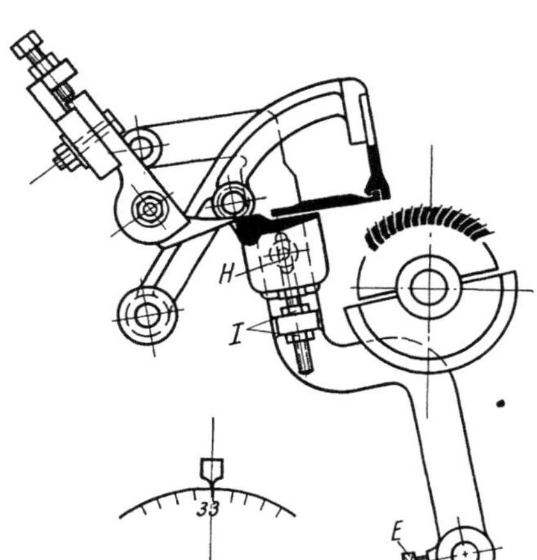

Abb. 116. Einstellen der Entfernung zwischen Zange und Nadelreihen des Kreiskammes.

zum Teilstrich 33. In dieser Stellung ist die Zange dem Kreiskamm am nächsten. Die Schrauben *H* werden gelockert und mittels der Muttern *I I* und dem Stellblech Nr. 3 werden alle Nadelreihen auf die Entfernung 0,6 mm eingestellt. Hierbei soll auch die Entfernung zwischen Zange und geriffeltem Abreißzylinder nachkontrolliert und gegebenenfalls nachgestellt werden (Abb. 113), damit die Zange genau parallel dem Abreißzylinder steht. Beim Einstellen nach Abb. 116 muß die Zange unter Federdruck stehen (ohne Baumwolle).

Schließen der Zange (Abb. 117). Sobald die erste Nadelreihe sich unter der Zange befindet, soll die Laufrolle *K* nur leicht die schiefe Ebene *L* berühren. Man lockert die Schraube *N* und reguliert mittels Stellschraube *M* so lange, bis man mit 2 Fingern die Rolle *L* leicht drehen kann, worauf *N* wieder festgeschraubt wird. Es kommt hauptsächlich auf diese Regulierung hier an, um ein schönes, gleichmäßiges Vlies zu erhalten.

Öffnen der Zange (Abb. 118). Die Zange soll am weitesten offen sein, wenn sie sich in größter Nähe des geriffelten Abreißzylinders befindet. Man öffnet sodann die Schraube *O*, steckt die gewünschte Größe des Stellbleches Nr. 1 zwischen die beiden Zangenbacken und preßt die Rolle *K* gegen die schiefe Ebene *L*, wonach *O* wieder befestigt wird. Die normale Öffnung der Zange beträgt

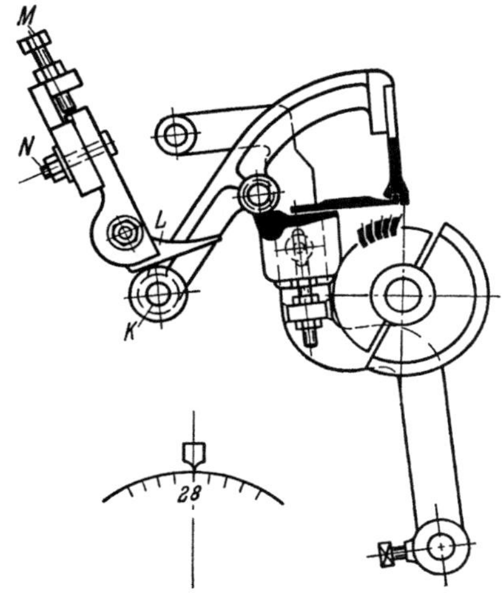

Abb. 117. Schließen der Zange.

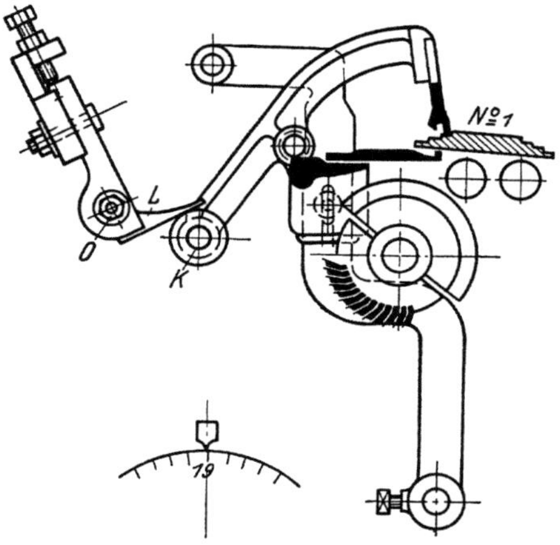

Abb. 118. Öffnen der Zange.

12 mm, wird aber bei ganz langen Fasern etwas größer gewählt. (Siehe auch die Einstelltabelle für verschiedene Baumwollsorten weiter unten.)

Die Speisung. Jede Zange hat ihre eigene Zufuhrwalze *F* (Abb. 109 und 110), welche in bezug auf die erstere verstellbar ist, so daß ihr Abstand von den Zangenlippen der Stapellänge der zu kämmenden Baumwolle angepaßt werden kann. Der Speisezylinder selbst erhält seine drehende Bewegung vermittels Schaltrad und Klinke von der Zange aus. Er dreht sich in einer unbeweglichen Messingbüchse und der Schaltradhebel bewegt sich auf der Außenseite dieser Büchse, so daß zwischen Speisezylinder und Schaltrad keine direkte Verbindung besteht außer durch die Schaltklinke.

Jeder Speisezylinder ist an den Seiten der Zange befestigt und kann in den Schlitzen S^1 vor- oder zurückgeschoben werden. Für längere Baumwollsorten entfernt man den Speisezylinder vom Zangenschnabel, für kürzere wird er letzterem genähert.

Ein von der Zange aus betätigter hin- und herschwingender Hebel trägt am freien Ende einen Zapfen, welcher in einem mit 3 übereinander befindlichen Löchern versehenen Hebel steckt. Durch die hin- und herpendelnde Bewegung dieses letzteren Hebels wird die Schaltklinke einige Zähne des Schaltrades mitnehmen und somit den Speisezylinder drehen. Steckt man den Zapfen in das oberste Loch, so nimmt die Schaltradklinke 4 Zähne des Schaltrades mit, im mittleren Loch werden 5 Zähne und im unteren deren 6 mitgenommen. Die mittlere Stellung ist die normale und entspricht einer Speisung von 6 mm. Natürlich müssen die hölzernen Wickelwalzen um dieselbe Länge vorwärts bewegt werden, was ebenfalls mit Schaltrad und Klinke geschieht.

Die Bewegung des Fixkammes. Abb. 119 zeigt den Aufbau des Vorstechkammes C, welcher durch passende Schlitze an die Arme C^1 festgeschraubt ist. Mit Hilfe dieser Schlitze und der Stellschrauben C^5 wird die Neigung des Fixkammes festgelegt. Die Arme C^1 sind am Oberteil der Zangenarme N eingehängt, so daß der Fixkamm dieselbe hin- und hergehende Bewegung wie die Zange ausführt. Die Tiefe des Einstechens hängt von der Schraube C^4 ab. Bei der Rückwärtsbewegung der Zange kommt die Laufrolle C^2 auf den verstellbaren Hebel I zu liegen, wodurch der Fixkamm in die Höhe gehoben wird. Die Stellung des Hebels I bestimmt den Zeitpunkt, in welchem der Fixkamm in das Vlies einsticht.

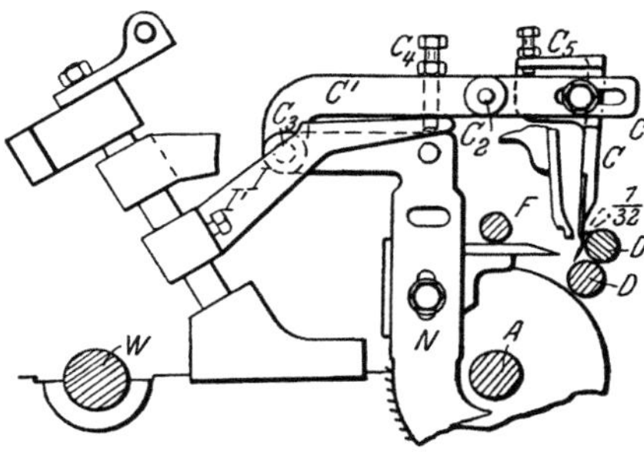

Abb. 119. Einstellen des Fixkammes.

Die Abreißzylinder. Die Stellung und Wirkungsweise des stählernen geriffelten Abreißzylinders ist dieselbe wie bei der Heilmannschen Kämmaschine, mit dem Unterschied jedoch, daß die Drehung des Abreißzylinders bei der Nasmith-Maschine während jedes Kammzuges viel länger andauert als bei der Heilmannschen. Die Oberflächengeschwindigkeit des Abreißzylinders ist dabei nicht größer als bei der Heilmannschen Kämmaschine, aber die Bewegung durch den längeren Kreisbogen nimmt relativ etwas mehr Zeit in Anspruch. Ferner muß die Oberflächengeschwindigkeit des Abreißzylinders bei der Heilmannschen Kämmaschine genau dieselbe sein wie diejenige des Riffelsegmentes und muß die volle Geschwindigkeit sofort beim Rücklauf annehmen. Bei der Nasmithschen Maschine beginnt die Bewegung des Abreißzylinders sanft und endet auch ebenso. Die Exzenterscheibe ist derart geformt, daß das auf der Zangenwelle lose angeordnete Zahnsegment so angetrieben wird, als ob eine Kurbel die Bewegung übertragen würde.

Der belederte Abzugszylinder kommt nicht in Berührung mit dem Kreiskammsegment, welches bei dieser Maschine glatt ist, sondern ruht auf dem geriffelten Abreißzylinder, das ihm seine Bewegung überträgt (siehe Abb. 110). Außer der Drehbewegung erhält der belederte Abzugszylinder eine hin- und hergehende Bewegung, wobei er sich auf dem Abreißzylinder abrollt. Ein auf der Kreiskammwelle aufgekeiltes Kreisexzenter verursacht eine hin- und herschwingende Bewegung des Hebels L (Abb. 110). Vermittels x, x^1, x^2, x^3, x^4 und x^1 erhält D^1 diese Bewegung. Der belederte Zylinder D^1 steht unter Gewichtsbelastung (11½ kg für Wickel von 254 mm Breite bei 42 bis 50 g für 1 laufenden Meter).

Bei der Nasmithschen Kämmaschine wirkt das Abziehen der Fasern fortschreitend von Anfang bis zu Ende. Die Faserspitzen werden nach und nach von den Abzugszylindern erfaßt und aus dem Fixkamm herausgezogen. Sobald die ersten Faserspitzen ausgezogen sind, bieten sich dem Angriffe der Abzugszylinder stets die Spitzen neuer Fasern, indem die Zange, der Fixkamm und der Speisezylinder zusammen den Abreißzylindern mit abnehmender Geschwindigkeit (bewirkt durch den Kurbeltrieb) sich nähern, wenn der dichtere Teil des Wickels die Abreißzylinder erreicht. Infolge des fortschreitenden Ausziehens der Fasern kann ein Wickel von größerer Dichte vorteilhaft gekämmt werden. Wickel von doppeltem gewöhnlichen Gewichte können zur Verwendung kommen, weil die Fasern nicht in dichten Büscheln durch den Fixkamm hindurchgerissen werden, sondern nach und nach in eine viel größere Länge ausgezogen werden. Die Periode der Tätigkeit des Fixkammes ist somit verlängert. Hat die Zange das Ende ihrer Vorwärtsbewegung erreicht, so hört auch die Vorwärtsdrehung der Abreißzylinder auf und die Trennung wird durch einen sofortigen, aber sanften Rückzug der Zange mit dem Fixkamm bewirkt.

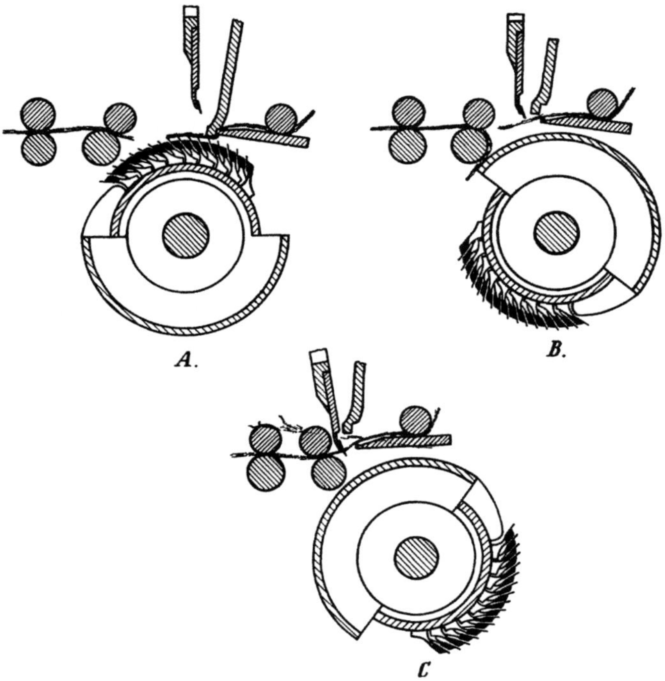

Abb. 120. Drei charakteristische Stellungen des Kreiskammes, der Zange und des belederten Abreißzylinders bei der Nasmithschen Kämmaschine.

Kommen die groben Nadeln in Stellung zur Zange, so hat letztere ihre Rückwärtsbewegung noch nicht vollständig beendet. Sobald aber die feinen Nadelreihen in Tätigkeit treten, bewegt sie sich wieder den Abreißzylindern zu und vermindert die weitere Geschwindigkeit, mit welcher die feinen Nadeln durch die Fasermasse gehen.

Die Vliesbildung. Abb. 120A zeigt, wie die Nadeln des Kreiskammes das Bartende des Wickels kämmen. Die Zange befindet sich hierbei in ihrer hintersten Stellung, d. h. die Kurbel W^1 (Abb. 110) ist am hinteren toten Punkt. Bevor die feineren Nadeln anfangen zu kämmen, bewegt sich die Zange nach den Abreißzylindern zu, so daß die wirkliche Geschwindigkeit, mit welcher die feinen Nadeln die Fasern durchkämmen, vermindert wird und somit der Zug auf die Fasern selbst sich auch verringert. Abb. 120B zeigt die Stellung, in welcher alle Nadeln des Kreiskammes ihre Arbeit beendet haben, wobei die Zange etwa in der Mitte ihres Weges nach den Abreißzylindern angelangt ist. Sowie die letzte Nadelreihe sich unter dem geriffelten Abreißzylinder befindet, beginnt dieser seine Rückwärtsdrehung und, da der belederte Abreißzylinder sich über den Mittelpunkt des geriffelten Abreißzylinders lehnt, wird das im vorigen Kammspiel abgetrennte und gekämmte Ende des Vlieses rückwärts in den freien Raum hinter der letzten Nadelreihe geführt, und die glatte Kante des polierten Kreiskammsegmentes legt dasselbe eng anliegend unten um den geriffelten Abreißzylinder. Infolgedessen wird dem nächstfolgenden Faserbart eine gute Ansatzfläche zur Verbindung mit dem bereits bestehenden Vliese dargeboten. In diesem Zeitpunkt öffnet sich die Zange, der eben gekämmte Faserbart hebt sich gleichzeitig und stellt sich unmittelbar dem Einlauf der Abreißzylinder gegenüber. Der Faserbart würde eigentlich eine noch höhere Stellung einnehmen, aber zur selben Zeit bewegt sich der Fixkamm etwas abwärts und hält den Faserbart in der richtigen Stellung. Jetzt beginnen die Abreißzylinder ihre Vorwärtsbewegung, ergreifen den Faserbart, der durch die sich vorwärts bewegende Zange ihnen dargeboten wird, und ziehen ihn dabei durch den Fixkamm. Die Zange setzt ihre Bewegung nach vorn fort, aber mit abnehmender Geschwindigkeit, indem die Kurbel W^1 sich gegen den anderen toten Punkt hin bewegt, und legt den Faserbart mehr und mehr zwischen die Abzugszylinder, welch letztere fortschreitend frische Fasern erfassen und diese durch den Fixkamm hindurchziehen (Abb. 120C). Sodann bewegt sich der belederte Abreißzylinder von der immer noch nach vorn sich bewegenden

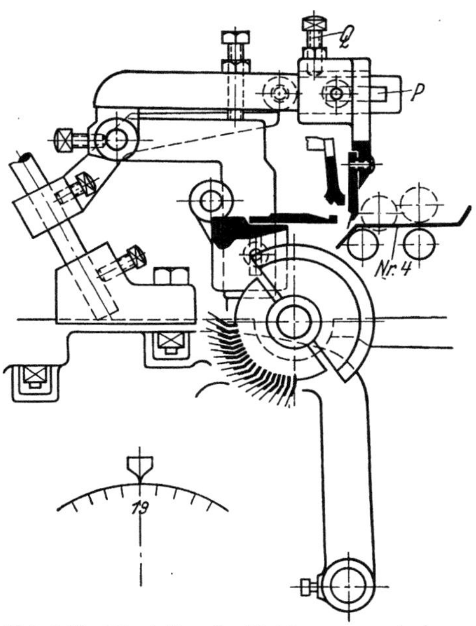

Abb. 121. Einstellen der Entfernung zwischen Fixkamm und geriffeltem Abreißzylinder.

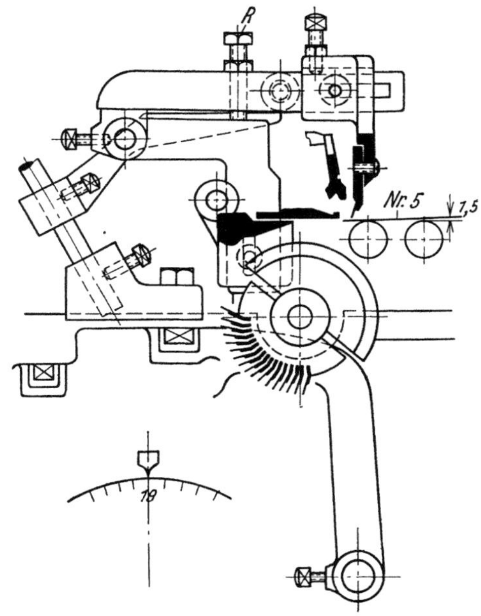

Abb. 122. Eindringen des Fixkammes in das Vlies.

Zange und dem Fixkamm weg, wird aber nach und nach von letzterem eingeholt, indem sowohl Zange sowie belederter Abreißzylinder am Ende ihrer entsprechenden Bewegungen angelangt sind. Die Abreißzylinder drehen sich jedoch um ein geringes weiter, um dadurch die Abtrennung einzuleiten, welche dann durch das Zurückgehen der Zange und des Fixkammes vervollständigt wird.

In der Zeiteinheit werden nicht mehr Fasern durch den Fixkamm gezogen wie bei der Heilmannschen Kämmaschine, aber die Zeitdauer ist bedeutend größer als bei der letzteren, und dieser Umstand erklärt die doppelte Leistung der Nasmithschen Maschine gegenüber der Heilmannschen. Überdies gestattet diese Anordnung eine größere Überlagerung der Fasern beim Löten, so daß selbst bei kurzer Baumwolle das Vlies ein gleichmäßiges Aussehen hat.

Einstellen des Zwischenraumes zwischen Fixkamm und geriffeltem Abreißzylinder (Abb. 121). Diese Einstellung vollzieht sich in dem Augenblick, in welchem der Zwischenraum zwischen Abreißzylinder und Zange am kleinsten ist. Vermittels Stellschraube Q und Schlitz des Armes P stellt man die Nadeln des Fixkammes auf eine Entfernung von 0,8 mm an den Abreißzylinder, was dem Stellblech Nr. 4 entspricht. Die obere Fläche des Fixkammhalters soll hierbei stets parallel dem Arme P sein.

Das Eindringen des Fixkammes in das Vlies (Abb. 122). Diese Einstellung geschieht bei derselben Zangenstellung wie die vorige. Wie dies in Abb. 122 deutlich wiedergegeben ist, legt man das Stellblech Nr. 5 auf den der Zange am nächsten gelegenen geriffelten Abreißzylinder und dreht so lange an der Schraube R, bis das Stellblech vom nächstfolgenden Zylinder eine Entfernung von 1½ mm hat. Beim Ausführen dieser Einstellung bedient man sich bloß einer Schraube, die andere läßt man erst nach dem Einstellen folgen.

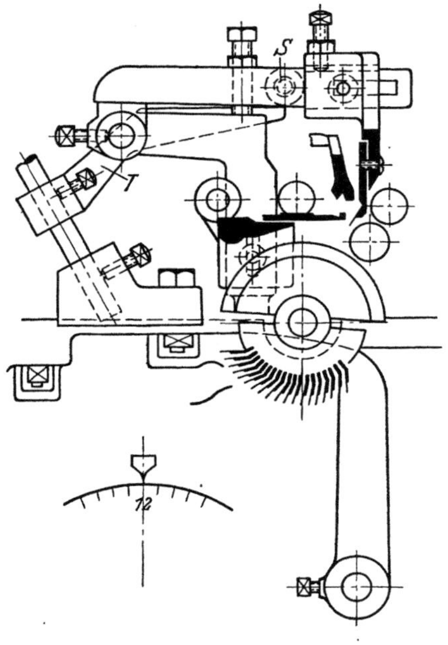

Abb. 123. Das Senken des Fixkammes.

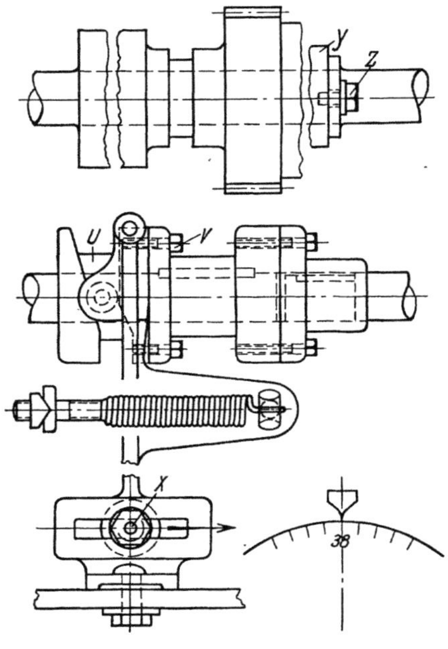

Abb. 124. Einstellen der Kupplung des Abreißzylinders.

Das Senken des Fixkammes (Abb. 123). Man dreht die Indexscheibe so lange, bis die Nadel auf dem Teilstrich 12 steht. Sodann wird das Gleitstück T verschoben, bis die Rolle S dasselbe eben noch berührt.

Das Einstellen der Kupplung des Abreißzylinders (Abb. 124). Der Zeiger steht auf dem Teilstrich 38 der Indexscheibe. Sobald das Zahnsegment, welches den Abreißzylinder betätigt, auf dem toten Punkt angelangt ist, fängt das Zusammenschließen der Kupplung an. Nachdem man die beiden Schrauben V gelockert hat, dreht man die schiefe Ebene U so lange, bis die Zahnkupplung vollständig ineinander eingreift. Sodann schraubt man den Bolzen x zurück, und zwar im entgegengesetzten Sinne zur Antriebsrichtung, damit die Zahnkupplung kein Spiel aufweist. Auf diese Weise geschieht das Auskuppeln geräuschlos. Die Spannung der Spiralfeder soll sehr gering sein. Sobald die Zahnkupplung vollständig getrennt ist, wird man die auf der anderen Seite, aber auf derselben Achse gelegene Zahnkupplung Y in Eingriff bringen und mittels Schraube Z befestigen.

Das Einstellen der Rückwärtsdrehung des Abreißzylinders (Abb. 125). Die Rückwärtsdrehung des geriffelten Abreißzylinders A^1 soll derart geregelt werden, daß das gekämmte Ende niemals von den letzten Nadelreihen erfaßt werden kann. Die Einstellung vollzieht sich folgendermaßen: Man dreht die Maschine von Hand, bis der geriffelte Abreißzylinder seine Rückwärtsdrehung beginnt. Nun lockert man die Schraube E^1 und dreht die Indexscheibe bis der Zeiger gegenüber dem Teilstrich 1 steht, worauf E^1 wieder angezogen wird. Die Schraube E^1 verbindet das 90er Rad, dessen Zähne den Modul 4 haben, mit dem Abreißexzenter.

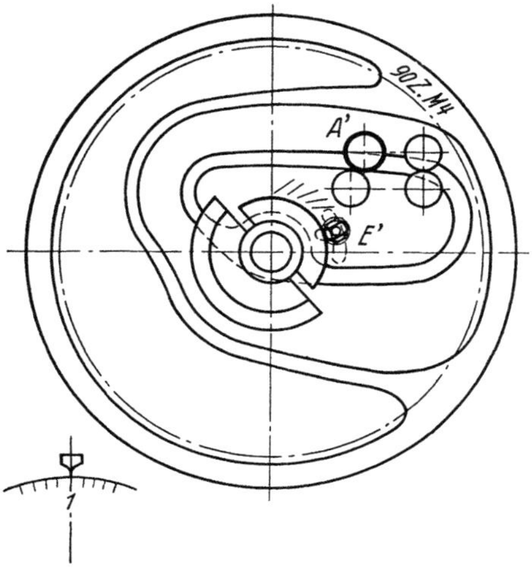

Abb. 125. Einstellen der Rückwärtsdrehung des Abreißzylinders.

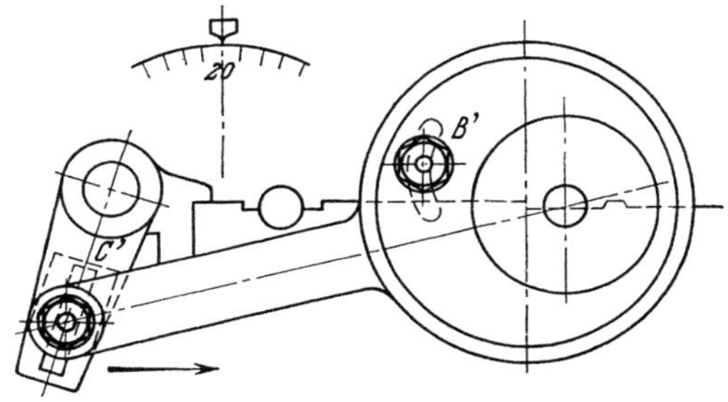

Abb. 126. Rückwärtsschwingung des belederten Abreißzylinders.

Sollte jemals das Vlies ein ungleichmäßiges Aussehen haben, so muß die Stellung der Kurbel nachgesehen werden, welche die Zange hin- und herbewegt. Je länger die Baumwolle ist, desto später soll die Rückwärtsdrehung des Abreißzylinders beginnen.

Rückwärtsschwingung des belederten Abreißzylinders (Abb. 126). Man drehe die Maschine von Hand so lange, bis die Zange ihre Rückwärtsschwingung beginnen will. Sodann lockert man die Schraube B^1 und stellt den Teilstrich 20 der Indexscheibe dem Zeiger gegenüber, um hierauf B^1 wieder festzuschrauben. In diesem Augenblick soll der Hebel C^1 auf dem toten Punkt angelangt sein, um gerade seine durch die Pfeilrichtung angegebene Bewegung zu beginnen.

Tabelle 12a. Zusammensetzung des Kammsegmentes.

Reihenfolge der Kämme	Anzahl Nadeln auf 1 cm	Engl. Nummer der Nadeln	Hervorragen der Nadeln in mm
1—2	9	20 4/8	5
3—4—5—6	12	22 4/8	4,5
7—8	14	23 4/8	4
9—10—11	17	24 4/8	3,5
12—13	21	26 4/8	3
14—15	26	28 3/8	3
16—17	30	30 3/8	3

Tabelle 12b. Fixkamm.

Anzahl Nadeln auf 1 cm	Engl. Nummer der Nadeln	Hervorragen der Nadeln in mm
22	28¾	5

Tabelle 13. Regulierungstabelle für verschiedene Baumwoll-

		Abb. 137.	Abb. 138.		Abb. 139.		Abb. 140.	Abb. 141.		Abb. 142.
		Stellung des Kurbelzapfens	Entfernung zwischen Zange und geriffeltem Abreißzylinder		Entfernung zwischen Speisezylinder und Zangenschnabel		Minimalfederdruck auf die Zange	Entfernung zwischen dem Zangenschnabel und den Kreiskammspitzen		Schließen der Zange.
			Stellblech Nr. 1		Stellblech Nr. 2					
Baumwollsorten	Stapellänge der Baumwolle in mm	Teilstrich auf der Indexscheibe	Teilstrich auf der Indexscheibe	Entfernung in mm	Teilstrich auf der Indexscheibe	Entfernung in mm	Teilstrich auf der Indexscheibe	Teilstrich auf der Indexscheibe	Entfernung in mm	Teilstrich auf der Indexscheibe
Amerik. Baumwolle	27—29	37	19	6,5	25	29	27	33	0,6	28
Mako	34—37	38	20	7	25	33	28	34	0,6	28,5
Sakellaridis	40	39	21	8	25	39	29	35	0,6	29,5
Sea-Island	45—48	40	22	8	25	45	30	36	0,6	30

Stellung des belederten Abreißzylinders in bezug auf den Fixkamm (Abb. 127). Der Zeiger der Indexscheibe steht gegenüber dem Teilstrich 19, also auf dem Punkt, in welchem die Zange am nächsten dem geriffelten Abreißzylinder steht, hierbei beträgt die Entfernung des Fixkammes vom geriffelten Abreißzylinder 0,8 mm. Zum Einstellen soll mit dem 2. und 5. Kopf begonnen werden, weil die Lager der belederten Abreißzylinder dieser Köpfe unmittelbar mit dem Mechanismus verbunden sind. Die Entfernung des belederten Abreißzylinders vom Fixkamm regelt man mit dem Kaliber Nr. 4, mit Hilfe der Einstellmuttern D^1 D^1.

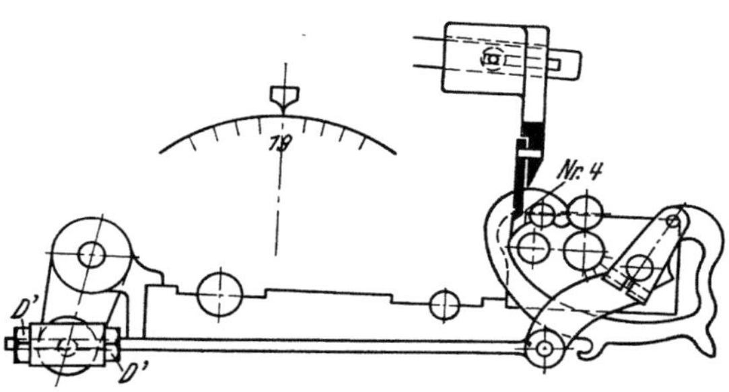

Abb. 127. Stellung des belederten Abreißzylinders in bezug auf den Fixkamm.

Bemerkung: Für die Speisung wird dieselbe Zähnezahl sowohl bei den hölzernen Wickelwalzen als beim Speisezylinder benutzt. Um unnützen Stillstand der Maschine zu verhüten, ist es geboten, das Klinkensperrad um einen halben Zahn vorzurücken, wodurch ein etwaiges Klemmen der Klinke vermieden wird. Das mittels Hebels von der Zange aus getriebene Sperrad des Speisezylinders kann um 4, 5 oder 6 Zähne vorgeschoben werden. Ein Vorrücken von 6 Zähnen verwendet man bei kurzer Baumwolle, ein solches von 4 Zähnen bei langer Sea-Island. Für Mako nimmt die Klinke 5 Zähne des Sperrades mit.

4. Die neue Nasmithsche Kämmaschine. — Modell 1928.

Gegenüber der vorigen Maschine wurde die hier beschriebene nach verschiedenen Gesichtspunkten hin verbessert, so zeigt sie z. B. größere Reinigungsfähigkeit, erhöhte Lieferung, ruhigeren Gang und erleichterte Einstellung.

Die Maschine wird einfach und doppelt gebaut. Da aber die doppelte sowie die einfache Maschine dem Mechanismus nach dieselben sind, außer einigen unbedeutenden Einzelheiten, so wird eine Beschreibung für beide Fälle genügen.

sorten. Nach N. Schlumberger & Cie., Gebweiler (Elsaß).

Abb. 143.			Abb. 146.	Abb. 147.	Abb. 148.	Abb. 149.	Abb. 150.	Abb. 151.	Abb. 152.			
Weite der Zangenöffnung Stellblech Nr. 1		Fixkamm	Entfernung zwischen Fixkamm und geriffeltem Abreißzylinder Stellblech Nr. 4	Eindringen des Fixkammes in den Faserbart Stellblech Nr. 5	Senken des Fixkammes	Schließen der gezahnten Kupplung	Rückwärtsdrehung der Abreißzylinder	Rückwärtsschwingen des belederten Abzugszylinders	Abstand zwischen dem belederten Abzugszylinder und dem Fixkamm Stellblech Nr. 4.	Anzahl Zähne des Sperrrades für die Speisung	Wickelgewicht pro laufenden Meter in g	Kämmlingsprozentsatz
Teilstrich auf der Indexscheibe	Weite in mm	Teilstrich auf der Indexscheibe	Entfernung in mm	Eindringen in mm	Teilstrich auf der Indexscheibe	Teilstrich auf der Indexscheibe	Teilstrich auf der Indexscheibe	Teilstrich auf der Indexscheibe	Teilstrich auf der Indexscheibe	Anzahl Zähne		
19	12	19	0,8	1,5	12	38	1	20	19	5	40	14
20	12	20	0,8	1,5	12	39	2	21	20	5	40	14
21	12	21	0,8	1,5	12	40	3	22	21	5	40	14
22	15	22	0,8	1,5	12	1	4	23	22	4	35	17

Die Zange schwingt um die Achse *N* (Abb. 128), welche sich über dem Kreiskamm *C* befindet, während bei der vorigen Maschine der Drehpunkt der Zange unter dem Kreiskammmittelpunkt liegt. Sie ist in einem Arme *L* gelagert, der auf dem Kreiskammlager aufliegt und um das er schwingen kann (s. auch Abb. 131). Der obere Teil des Hebels *L* ist mittels Gestänge *G* mit der Regulierachse *S* verbunden. Diese neue Anordnung hat manche Vorteile: 1. Kann der Durchmesser des Kreiskammes von 5″ (127 mm) auf 6″ (152 mm) erhöht werden, demnach können 3 Nadelreihen mehr verwendet werden. 2. Kann der Durchmesser des stählernen Abreißzylinders *D* auf 1″ (25,4 mm) erhöht werden, während bei der vorigen Maschine derselbe 0,9″ (∼ 23 mm) betrug. 3. Die Länge des Schwingungsbogens des Zangenmaules ist somit verkleinert worden. Früher durchlief das Zangenmaul einen Weg von 2″ (∼ 51 mm), jetzt ist derselbe auf $1^5/_8$″ (∼ 41 mm) vermindert.

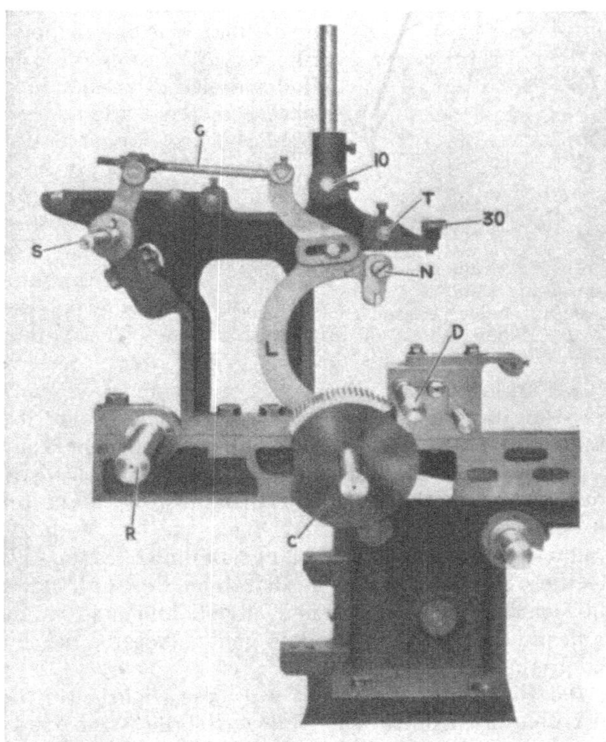

Abb. 128. Mechanismus für die Zangenbewegung.

Der Drehpunkt N kann in einem Schlitz verschoben werden, wobei letzterer einen Kreisbogen um den Mittelpunkt des Kreiskammes bildet.

a) Bewegungsmechanismus der neuen Nasmithschen Kämmaschine.

Den Vorteil dieser neuen Anordnung sieht man in klarer Weise in den Abb. 129 und 130. Abb. 129 zeigt die Bewegung der Zange beim neuesten, Abb. 130 beim älteren Modell. Beim Modell 1928 befindet sich der Drehpunkt der Zange oberhalb des Mittelpunktes des Kreiskammes O. Das Dreieck NAB stellt die Bewegung der Zange dar, hierbei ist AB der Weg, den das Zangenmaul während eines Kammspieles durchläuft. Während des Kämmens durch den Kreiskamm legt die Zange den Weg CB zurück. Die ausgezogenen Linien zeigen die Stellung der Zange, wie sie für kurze Baumwolle in Betracht kommt, wogegen die punktierten Linien die Zangenstellung für lange Baumwolle bedeutet. Im ersten Fall liegt der Punkt A auf der Linie I, in letzterem auf J. Der Schwingungspunkt N der Zange ist von G bis H verschiebbar. Wie oben schon erwähnt wurde, ist $OG = OH$. Infolgedessen befindet sich CB immer im gleichen Abstand von den Nadeln, der Punkt N mag hierbei irgendeine Stellung zwischen G und H einnehmen.

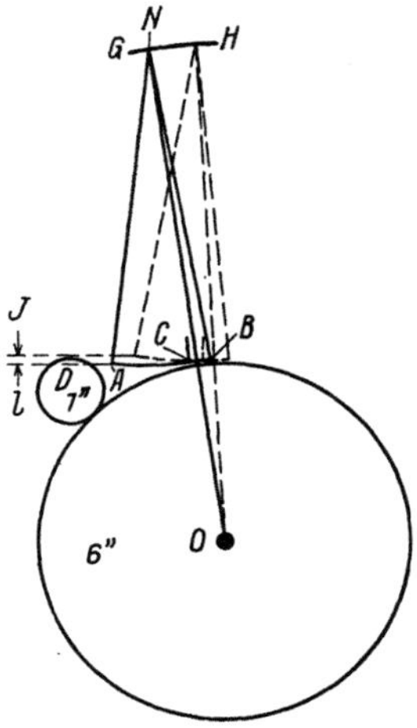

Abb. 129. Schematische Darstellung der Zangenbewegung beim neueren Modell.

Beim älteren Modell (Abb. 130) ist die Stellung des Kreiskammes in bezug auf den Faserbart weit ungünstiger. Der Drehpunkt N der Zange liegt unveränderlich unter dem Mittelpunkt O des Kreiskammes. Das Dreieck NEF zeigt den von der Zange ausgeführten Weg, AB die vom Zangenmaul durchlaufene Strecke. CB stellt denjenigen Weg des Zangenmauls dar, während welchem der Kreiskamm den Faserbart kämmt. Die ausgezogenen Linien zeigen die Stellung der Zange für kurze Baumwolle, die punktierten Linien diejenige für lange Baumwolle. Ist die Zange für kurze Baumwolle eingestellt, so ist die Wirkung des Kämmens beim Punkte C geringer wie bei B, da $NB < NC$ ist. Andererseits kämmt der Kreiskamm für lange Baumwolle am Anfang nicht so wirkungsvoll, wie dies bei den letzten Nadelreihen der Fall ist, was in der Abb. 130 deutlich sichtbar ist. Beim neuen Modell hingegen ist die Entfernung des Zangenmaules in bezug auf die Nadeln genau dieselbe bei der ersten wie bei der letzten Nadelreihe.

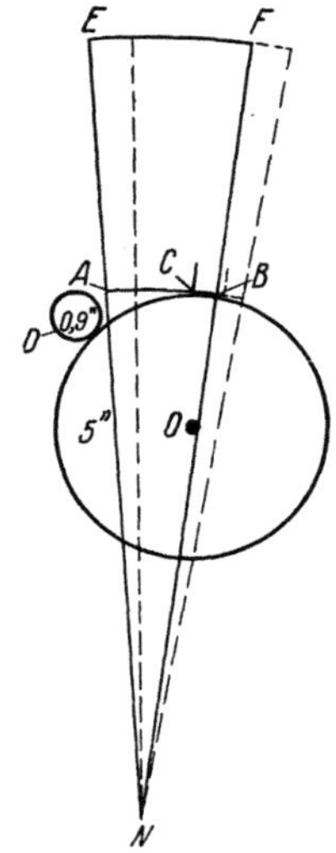

Abb. 130. Schematische Darstellung der Zangenbewegung beim älteren Modell.

Der Fixkamm. Dieser ist wohl das wichtigste Organ der Kämmaschine. Bei der früheren Nasmith-Maschine waren die Arme des Fixkammes auf der Zangenachse angeordnet, bei der neuen dagegen besitzt er seine eigene Achse und schwingt genau wie die Zange, ist aber vollständig unabhängig von ihr. Dies hat folgende Verbesserungen zur Folge: Der Weg, den die Fixkammnadelspitzen während des Abreißens zurücklegen, ist kleiner wie derjenige des Zangenmaules während desselben Zeitraumes. Sodann greift der Fixkamm etwas mehr nach vorn in den vom Kreiskamm gekämmten Faserbart ein. Dadurch wird zwar sein Weg etwas kleiner, aber die Zange bewegt sich etwas schneller als der Fixkamm den Abreißzylindern zu, und zwar derart, daß am Ende der Bewegung die Entfernung zwischen Zangenmaul und Fixkamm wieder normal ist. Hiermit wird die Sauberkeit des durch den Fixkamm gezogenen Faserbartes erhöht, ohne daß jedoch mehr Abfall entsteht. Übrigens sticht der Fixkamm etwas tiefer in den Faserbart ein, als dies bei der Original Nasmith-Maschine der Fall war. Bekanntlich hat die Neigung des Fixkammes einen großen Einfluß auf die Sauberkeit des Vlieses. Da Fixkamm und Zange voneinander unabhängig sind, wurde der Neigungswinkel am Anfang des Kämmens durch den Fixkamm spitzer gehalten, erst am Ende der Bewegung wird er stumpfer. Beim früheren Modell war das Umgekehrte der Fall.

Die Speisung (Abb. 131). Die Speisung wurde ebenfalls ganz neu durchdacht. Beim vorigen Modell befindet sich die Watte zwischen der polierten Innenfläche der Unterzange und den Riffeln des Speisezylinders. Je dicker die Watte, desto schwieriger gestaltet sich eine gleichmäßige Speisung. Man hat deshalb versucht, 2 zusammen arbeitende Speisezylinder anzuwenden. Im Modell 1928 führt die Firma John Hetherington & Sons die Speisung folgendermaßen aus:

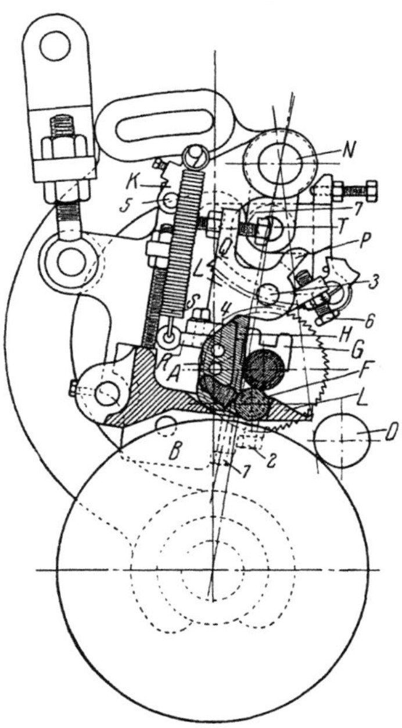

Abb. 131. Die Speisung.

Der Übersichtlichkeit halber wurde in Abb. 131 die Oberzange weggelassen. Die Unterzange *J* ist im Schnitt dargestellt. Sie ist durch die Schrauben *1* und *2* an der Zangenbrücke *B* befestigt. Der mittlere Teil der Unterzange ist ausgehöhlt, um den unteren geriffelten Speisezylinder *F* darin aufnehmen zu können. Derselbe ist in Messingbüchsen gelagert, welche in einem stählernen Haken *H* aufliegen, und dieser Haken ist am Arm *A* befestigt. Letzterer ist mit dem um *3* schwingenden Hebel *L* zusammengegossen. In einem zwischen *L* und *A* gelassenen Zwischenraum befindet sich ein um *4* drehbarer kupferner Hebel *R*, an welchem ein Stück *G* befestigt ist, welch letzteres als Büchse des oberen Speisezylinders dient. Dieser ist ebenfalls geriffelt. Unter dem Einfluß der Feder *S* wird der obere Speisezylinder auf den unteren gepreßt. Der obere Teil der Feder *S* ist an einem um *5* drehbaren Stück *K* aufgehängt. Durch Zurückwerfen von *K* wird der Federdruck entfernt, worauf die Speisezylinder herausgenommen werden können.

Der Hebel *L* besitzt einen Anschlag *P*; sobald letzterer auf der Stellschraube *6* aufliegt, ist die Entfernung zwischen geriffelten Speisezylindern und Zange festgelegt. Im Schwingungshebel *N* der Zange ist ein mit einer Fläche versehener Bolzen *T* befestigt, gegen diese Fläche stützt sich der Kopf der Stellschraube *7*, welch letztere im Arm *Q* des Hebels *L* befestigt ist. Der Zapfen *3*, um den *L* schwingt, bewegt sich mit der Zange, in Abb. 131 sieht man ihn in allernächster Nähe des geriffelten Abreißzylinders *D*.

Die Feder *S* versucht beständig, den Hebel *L* um den Punkt *3* zu drehen, damit der Anschlag *P* auf Schraube *6* aufliege, wobei sie zu gleicher Zeit genügenden Druck auf den unteren Speisezylinder ausübt. Wenn man nun in dieser vordersten Zangenstellung die Stellschraube *7* so lange in *Q* hineinschraubt, bis deren Kopf den abgeflachten Bolzen *T* nicht mehr berührt, so liegt *P* auf *6* auf, und es erfolgt kein Zurückgehen der Speisezylinder. Ist aber andererseits die Schraube *7* derart eingestellt, daß ihr Kopf auf den abgeflachten Teil des Bolzens *T* zu liegen kommt, bevor die Zange ihre Vorwärtsbewegung beendet hat, wie dies in der Abb. 131 veranschaulicht ist, so entfernt sich der Anschlag *P* von der Schraube *6* und die geriffelten Speisezylinder führen außer ihrer normalen Drehbewegung noch eine Vorwärtsbewegung gegen den Zangenschnabel aus, im selben Maße, wie der Hebel *L* die vorwärts schwingende Bewegung von der Zange aus erhält.

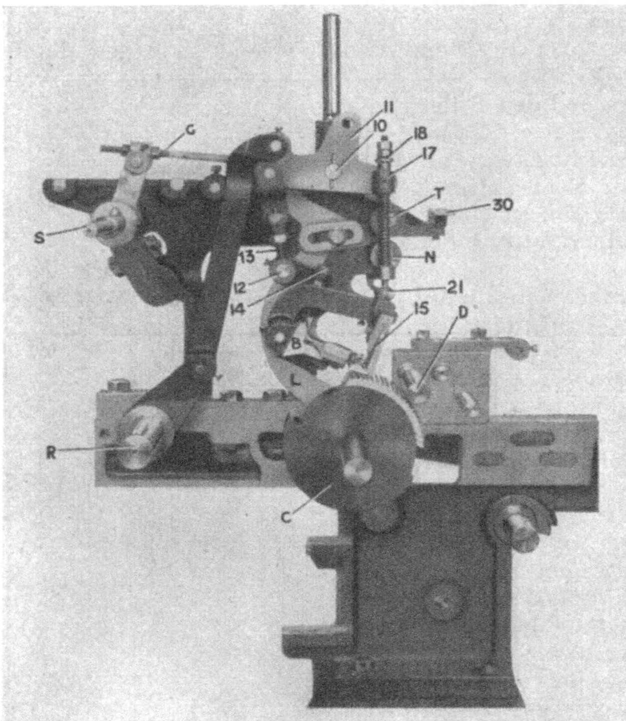

Abb. 132. Schnitt durch einen Kopf bei vollem Federdruck auf die Zange (Speisezylinder und Fixkamm sind nicht eingezeichnet).

Geht die Zange zurück, so gehen auch die Speisezylinder zurück, bis *P* an Schraube *6* stößt.

Es ist hiermit ersichtlich, daß die Stellung der Schraube *6* die Entfernung der Speisezylinder vom Zangenschnabel bedingt, um verschiedenen Stapellängen Genüge zu leisten. Will man mit vor- und rückwärts gehender Zusatzbewegung der Speisezylinder arbeiten, so bringt man ein Stellblech zwischen *P* und *6*, sobald die Zange an ihrem vordersten Punkte angelangt ist, worauf man die Schraube *7* so lange dreht, bis ihr Kopf den Flachbolzen *T* berührt. Die Größe dieser Zusatzbewegung hängt von der Dicke des Stellbleches ab. Soll die Entfernung zwischen Zange und Abreißzylinder geändert werden, wobei man die Stellung von *N* ändert, so wird der Flachbolzen *T* ebenfalls seine Stellung entsprechend verschieben, so daß kein Verstellen der Speisung eintritt. Ein weiterer Vorteil dieser Anordnung liegt darin, daß die Speisung erst dann beginnt, wenn die Zange anfängt sich zu öffnen, wodurch eine bessere Reinigung der Fasermasse erzielt wird.

In der Originalkämmaschine Nasmith beginnt die Speisung schon, wenn die Zange ihre Vorwärtsbewegung anfängt, wodurch sich die Baumwolle hinter dem geschlossenen Zangenmaul anstaut. Sobald sich nun die Zange öffnet, wird diese angestaute Fasermenge herausquellen, bevor der Fixkamm in das gekämmte Bartende eingestochen hat.

Lieferung. Dank der verschiedenen Verbesserungen liefert die neue Maschine 15 bis 18% mehr wie das vorige Modell. Allgemein kann gesagt werden, daß das Wattengewicht bis zu 57 g für den laufenden Meter bei 105 Kammspielen in 1 Minute betragen kann. Die Nasmithsche Kämmaschine Modell 1928 eignet sich besonders für halb gekämmte Garne. Bei 32 mm Stapellänge kann die Maschine in 1 Woche ungefähr 450 kg liefern, wobei 5 bis 6% Kämmling angenommen werden.

Es soll nun in einigen Worten die mechanische Ausführung der Nasmith-Maschine Modell 1928 beschrieben werden. In Abb. 128 wurde schon die Zangenbewegung erläutert. Abb. 132 zeigt den Schnitt durch einen Kopf, wobei die Zange während des Kämmens durch den Kreiskamm geschlossen ist. Die Zange schwingt um die Achse *N*, welche ihrerseits von der Welle *R* aus durch den dreiarmigen, um *10* drehbaren Hebel *11* betätigt wird. Der hintere Arm von *11* ist mit der Zangenbacke *12* durch das Gestänge *13* verbunden. Die untere Zangenbrücke *B* ist mit der Zangenbacke *12* verschraubt und kann vermittels der Stellschraube *14* die Entfernung des Zangenschnabels und den Kreiskammnadelspitzen festgelegt werden. Der vordere Teil des dreiarmigen Hebels *11* ist mit der Oberzange *15* verbunden. Auf der Stange *21* befindet sich eine Spiralfeder, welche an das an *11* befestigte Hohlstück *17* stößt. Dieser Feder wird durch einen auf *21* befestigtem Stellring die nötige Spannung erteilt. Schwingt der dreiarmige Hebel *11* nach vorn, so entfernt sich *17* von dem Anschlag *18* und der volle Federdruck wirkt auf die geschlossene Zange. In Abb. 132 ist diese Stellung wiedergegeben. Soll sich die Zange öffnen, so schwingt *11* nach hinten, das Hohlstück *17* schlägt gegen den auf der Stange *21* befestigten Anschlag *18*, so daß die Feder entspannt wird. Diese Stellung zeigt Abb. 133, welche den Schnitt durch einen Kopf darstellt; hierbei sind die beiden Speisezylinder eingezeichnet, aber der Fixkamm ist weggelassen. Abb. 134 zeigt denselben Schnitt wie Abb. 132, jedoch mit dem Fixkamm und den Speisezylindern.

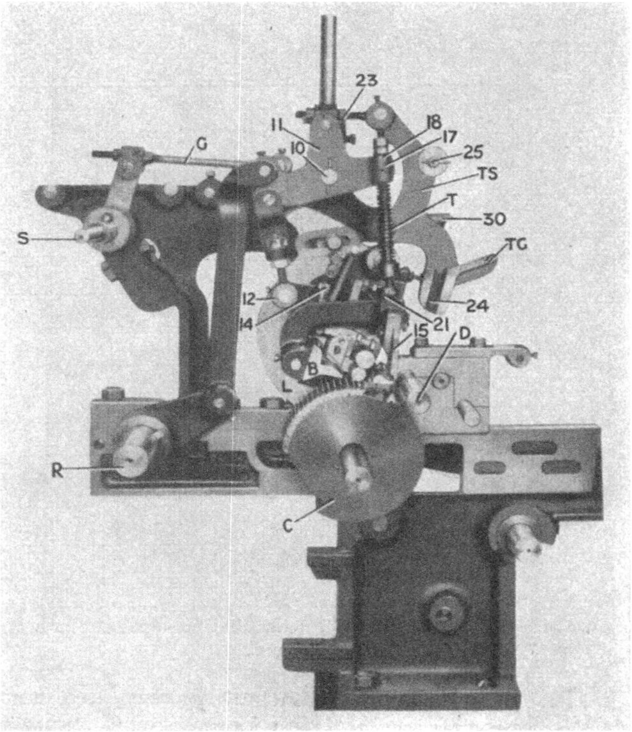

Abb. 133. Schnitt durch einen Kopf bei entlastetem Federdruck auf die Zange (Fixkamm nicht eingezeichnet).

In Abb. 133 sieht man den eigenartig geformten Hebel *TS*, welcher den Fixkamm trägt und den der dreiarmige Hebel *11* unter Zuhilfenahme von *23* um den festgelagerten Bolzen *T* schwingt. Am unteren Teil von *TS* ist eine gefräste Rinne eingelassen, in welcher ein gußeisernes Stück *TA* auf- und abgleiten kann. Im oberen Teil von *TA* befindet sich ein Schlitz *26*, in den der an *TS* befestigte Bolzen *25* hineinragt. Der Fixkamm *TC* ist auf jeder Seite am Stück *TB* befestigt, welches seinerseits an *TA* festgeschraubt ist. *TA* ist mit 2 Haken *29* versehen, um das Herausnehmen aus der Rinne *24* und dem Zapfen *25* zu erleichtern.

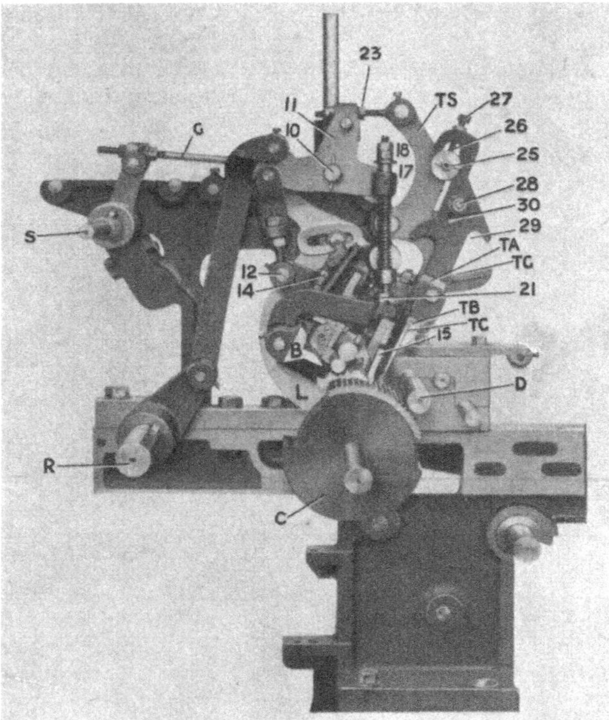

Abb. 134. Derselbe Schnitt wie Abb. 132, mit Speisezylindern und Fixkamm.

b) Das Einstellen der neuen Nasmithschen Kämmaschine.

Stellung Nr. 1 — Abb. 135 — Indexzeiger auf 1½.

Der Rundkamm ist auf der Welle zu befestigen, so daß die Vorderkante des glatten Segmentes 2½″ (63,5 mm) von dem Abreißzylinder absteht.

Stellung Nr. 2 — Abb. 136 — Indexzeiger auf 19.

Der Kurbelzapfen muß so gestellt sein, daß der Hebel beim Teilstrich 19 der Indexscheibe in die tiefste Lage gelangt, damit zu gleicher Zeit die Zange

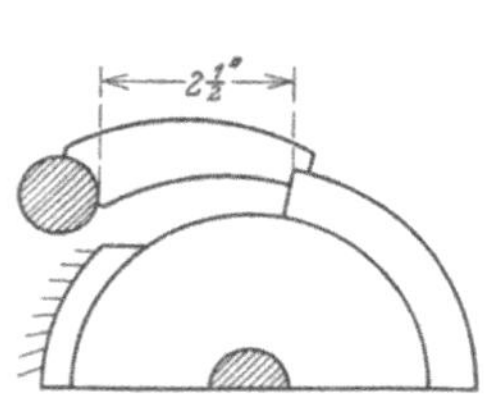

Abb. 135. Stellblech zum Einstellen der Entfernung zwischen Abreißzylinder und Segment.

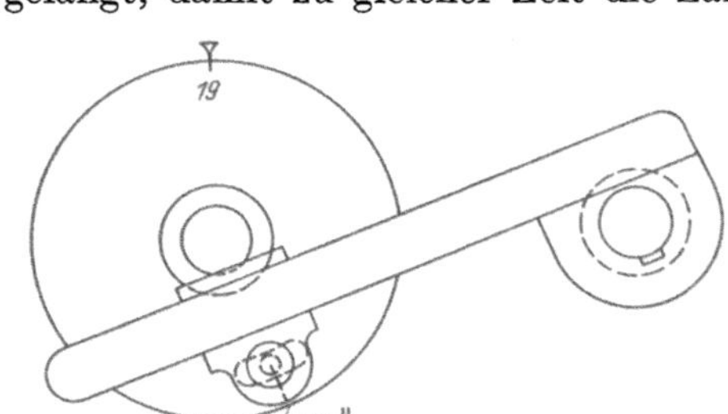

Abb. 136. Einstellen des Kurbelzapfens.

den Endpunkt ihres Hubes erreicht. Wenn der Kurbelzapfen radial unter dem Teilstrich 37½ vorläufig befestigt wird, so wird er ungefähr in richtiger Stellung sein. Die Bewegung der Zange soll jedoch genau geprüft werden; sie muß sichtbar bei Teilstrich 19½ ihren Rückgang begonnen haben. — Diese Stellung darf später nicht geändert werden, um die Lötung des Vlieses zu verbessern, ohne gleichzeitig die Speise-Kurvenscheibe ebensoviel zu verstellen. Um eine gute Lötung des Vlieses zu erhalten, ist es angebracht, die Kurvenscheibe zu verstellen, welche den belederten Abzugszylinder bewegt.

Stellung Nr. 3 — Abb. 137 — Indexzeiger: ohne Bedeutung.

Es soll die Stellung der Achse N, auf welcher die Zange schwingt, festgelegt werden. Vermittels der Schraube *2* wird der Stellhebel Q so befestigt, daß der dritte Strich dem Indexzeiger gegenüber steht. Nachdem Schraube *1* gelockert wurde, reguliert man mit den Schraubenmuttern *3* so lange, bis die Achse N um ½″ vom Stellblech G entfernt ist, welch letzteres auf den Auszugszylindern aufruht. Diese Stellung braucht nicht wieder geändert zu werden, außer man will geringere Qualitäten Baumwolle kämmen. In diesem letzteren Falle stellt man dann die Achse N um ¼″ vom Stellblech G und wiederholt die Stellung Nr. 5.

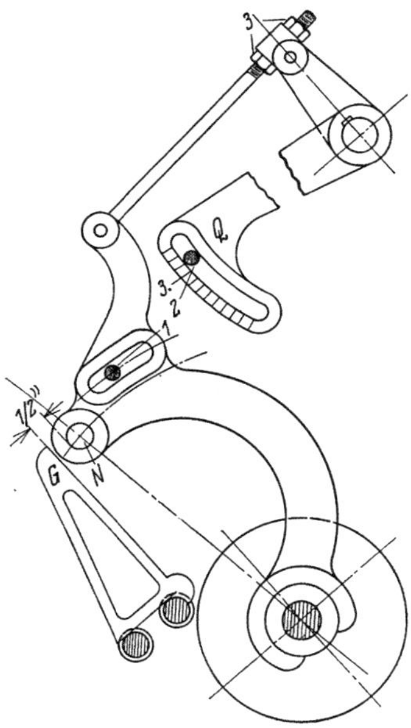

Abb. 137. Einstellen der Zangenachse N.

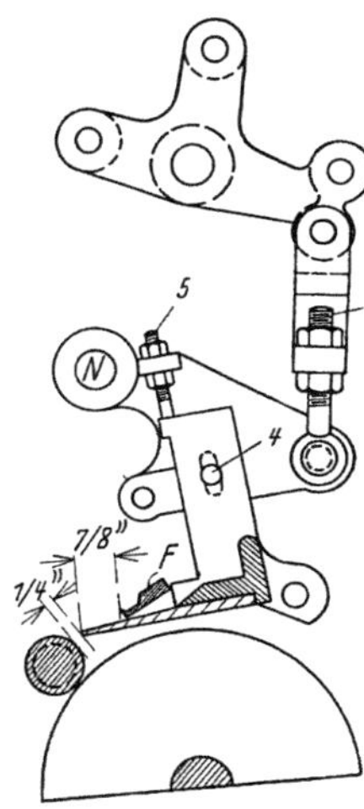

Abb. 138. Einstellen des unteren Zangenschnabels.

Stellung Nr. 4 — Abb. 138 — Indexzeiger auf 30.

Nachdem die Schraube *4* gelockert worden ist, wird mittels der Schraubenmuttern *5* die Stellung der Zange zu den Rundkammnadeln bestimmt. Während dieser Regulierung müssen die Federn ihren vollen Druck auf die Oberzange ausüben. Die Entfernung zwischen Zange und Kreiskammnadelspitzen wird sodann mittels Stellblech auf $^{25}/_{1000}$″ reguliert. Hierbei darf jedoch keine Baumwolle zwischen dem Zangenmaul sein.

Stellung Nr. 5 — Abb. 137 und 138 — Indexzeiger auf 19.

Mittels Schraube *6* stellt man die Zange ¼″ von dem stählernen Abreißzylinder und parallel dazu ein. Diese Entfernung gibt geringen Abfall. Um einen normalen Abfall zu erhalten, löst man die Schrauben *1* und *2* (Abb. 137) und bringt den Quadranten auf den Teilstrich 5 oder 6. Dadurch schwingt aber die Achse N um die Kreiskammwelle, und zwar ungefähr $^{1}/_{32}$″ für 1 Teilstrich des Quadranten. Somit muß die Entfernung zwischen Achse N und Stellblech G neu eingestellt werden. Das Verstellen am Quadranten von einem Teilstrich zum andern ändert den Abfall um ungefähr 2%. Sollte man um mehr als 2 bis 3 Teilstriche ändern, so ist es angebracht, die Regulierung der Speisung nachzusehen.

Stellung Nr. 6 — Abb. 139 — Indexzeiger auf 27.

Öffnen und Schließen der Zange: Man befestigt den Stellring C in einer Entfernung von ½″ vom Ring L, wenn letzterer in seiner tiefsten Lage ist, wodurch der Federdruck auf die Zange genügend sein wird. Sodann wird die Stellmutter *7* des Bolzens *8* hinunter geschraubt, bis sie gerade mit dem Vierkant in Berührung kommt, worauf die Gegenmutter angezogen wird.

Bei völlig geöffneter Zange ist der Federdruck gleich Null. Beim Heben des

Ringes *C* wird die Oberzange vom Federdruck befreit und kann zum Reinigen weit geöffnet werden.

Stellung Nr. 7 — Abb. 140 — Indexzeiger auf 19.

Bei der Beschreibung der Speisung mittels 2 geriffelten Speisezylindern (Modell 1928) wurde auch die Regulierung angedeutet. John Hetherington & Sons konstruierte jedoch vor dieser letzteren Speisung ein Modell, in welchem eine kleine Speisezange die Speisezylinder ersetzte. Um auch diesem Modell gerecht zu werden, soll nun das Einstellen dieser Speisezange beschrieben werden.

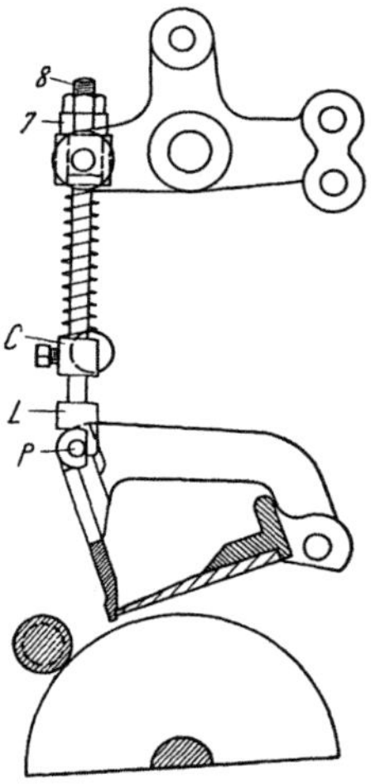

Abb. 139. Einstellen der Zangenöffnung.

Entfernung der Speisezange von der Vorderkante der Hauptzange: Die Welle *M* wird befestigt, wenn Schraube *9* sich in der Mitte des Schlitzes befindet. Mittels der Schraubenmuttern auf der Stange *R* stellt man jede untere Speisezange *F* um $^7/_8''$ (22 mm) von der Vorderkante der Hauptzange und parallel dazu. Später können sämtliche Speisezangen, nach Lösung der Schraube *9*, durch Drehung der Welle *M* gleichzeitig verstellt werden.

Stellung Nr. 8 — Abb. 140 — Indexzeiger auf 4 bis 24 und 25.

Die Zeit der Öffnung der Speisezange ist wichtig, da sie den Prozentsatz des Kämmlinges stark beeinflußt. Mit dem Indexzeiger auf 4 stellt man vorläufig die Kurve *FC* derart, daß die Laufrolle *BB* bei *V* zu fallen beginnt. Dann dreht man die Indexscheibe, bis der Zeiger auf 24 steht, wobei die Rolle *BB* in die in Abb. 140 eingezeichnete Stellung gelangt.

Der Hebel O auf der Welle *W* wird so befestigt, daß die Feder *S* um 4 bis 6 mm gespannt wird. Nachdem Schraube *10* in der Mitte des Schlitzes befestigt worden ist, wird jeder Hebel *I* in Berührung mit der Rolle *B* gebracht und durch Schraube *11* in dieser Lage befestigt. Man bringt sodann den Indexzeiger auf Teilstrich 25, damit die Federkraft auf die Welle *FS* übertragen wird, wobei sämtliche Speisezangen sich öffnen. Mittels Schraube *11* wiederholt man die Stellung jeden Hebels *I*, so daß jede Speisezange ein Streifchen starkes Papier frei läßt.

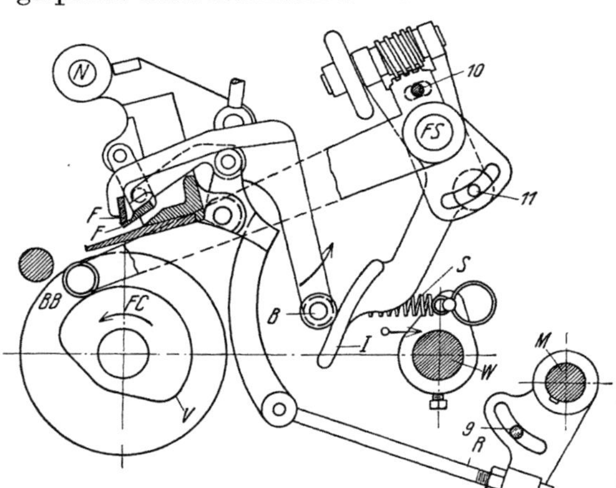

Abb. 140. Einstellen der Speisezange.

Die Öffnung der Speisezange bei der Indexzeigerstellung 25 gibt gute Arbeit. Jedoch erhält man mehr Kämmling, wenn z. B. der Indexzeiger auf 24 steht, d. h. wenn das Öffnen der Speisezange etwas früher geschieht. — Sind alle Hebel *I* richtig eingestellt worden und will man die Zeit des Öffnens der gesamten Speisezange ändern, so wird die Schraube *10* gelockert, mittels der Schnecke verfrüht oder verspätet man die Zeit des Berührens der Hebel *I* mit den Rollen *B*. Das Handrad der Schnecke läßt sich nur drehen, wenn die Rolle *B* außer Berührung mit dem Hebel *I* ist. Sehr wenig

(z. B. 6 bis 7 mm auf dem Umkreis des Handrades) genügt, um den Hebel *I* um einen halben Teilstrich der Indexscheibe früher oder später mit der Rolle *B* in Berührung zu bringen.

Stellung Nr. 9 — Abb. 140 — Indexzeiger verschieden zwischen 6 und 10.

Die Zeit des Schließens der Speisezange bedingt die richtige Aufnahme des zugeführten Materials, je nachdem die Wickelrollen mit 4, 5 oder 6 Zähnen des Sperrades arbeiten. Durchschnittlich wendet man 5 Zähne an. In diesem Falle, wobei der Indexzeiger auf 8 steht, stellt man die Kurvenscheibe *FC* derart, daß in diesem Augenblick die Speisezange eben schließt. Sollte das von dem Wickel gelieferte Material nicht aufgenommen werden, so stellt man die Kurvenscheibe *FC* etwas zeitiger. (Ein Verstellen derselben beeinflußt in keiner Weise die Stellung Nr. 9.) Es soll hauptsächlich darauf geachtet werden, daß zwischen Wickel und Zange kein Verzug stattfindet.

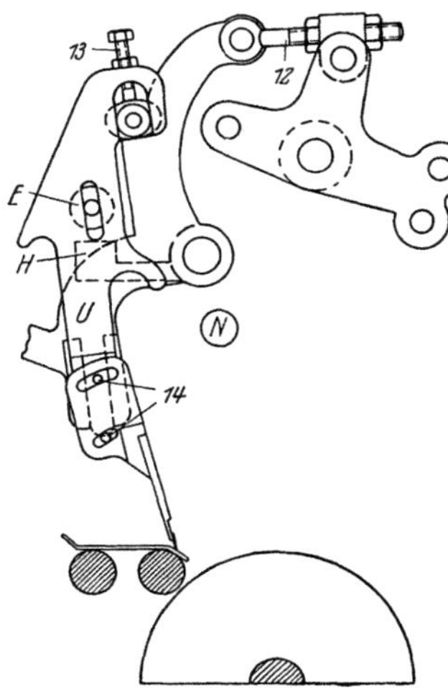

Abb. 141. Einstellen des Fixkammes.

Stellung Nr. 10 — Abb. 141 und 142 — Indexzeiger auf 19.

Die Neigung des Fixkammes ist dann richtig, wenn die Rückseite der Brückenohren mit der Rückseite der daran befestigten Arme übereinstimmt. Steht der Indexzeiger auf 19, so sollen die Nadeln des Fixkammes um $^1/_{16}$ (1½ mm) vom geriffelten Abreißzylinder entfernt sein, eine Stellung, die durch Regulieren an den Schraubenmuttern *12* erreicht wird. Während des Einstellens soll man den Fixkamm leicht nach vorn ziehen, um unnötigen Spielraum zu vermeiden. Um die Tiefe des Fixkammes zu regulieren, verwendet man die Stellschrauben *13*. Hierbei stehen die Nadelspitzen auf einem dünnen Stahlplättchen ($^6/_{1000}$ Zoll), wobei derselbe $^1/_8$″ (3 mm) über der vorderen Abzugswalze stehen soll (Abb. 142).

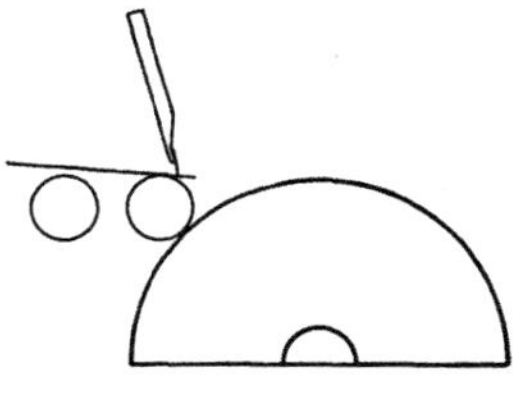

Abb. 142. Regulieren der Tiefstellung des Fixkammes.

Diese beiden Stellungen werden zusammen ausgeführt, da die eine die andere beeinflußt. Bei richtiger Einstellung soll der Fixkamm beim Auf- und Niedergehen frei beweglich sein. Beim Einsetzen eines neuen Fixkammes sind diese Stellungen zu kontrollieren.

Stellung Nr. 10a — Abb. 141 — Indexzeiger auf 13.

Bei dieser Zeigerstellung soll die Rolle *E* die Platte *H* berühren. Findet diese Berührung bei der Zeigerstellung 14 oder 15 statt, so verringert sich der Prozentsatz an Kämmling. Eine spätere Zeigerstellung ist nicht anzuwenden.

Stellung Nr. 11 — Abb. 143 — Indexzeiger auf 19.

Die Welle *Y* wird vermittels einer Kurvenscheibe hin- und herbewegt. Zu je 2 Köpfen ist *Y* durch Stange *16*, mit dem gegabelten auf der Welle *X* aufgekeilten Hebel *J* verbunden. Die anderen 3 Gabeln werden durch Schraube *17* auf der Welle *X* so befestigt, daß die belederten Abzugszylinder *D* (wovon nur einer eingezeichnet ist) mit der geriffelten unteren Walze parallel und in einer Linie zu stehen kommen. Mittels der Stellmuttern der Stange *16* wird die Walze *D* um $^1/_{16}$″ (1½ mm) vom Fixkamm reguliert, wobei letzterer nach vorn gezogen wird, um Spielraum zu vermeiden.

Stellung Nr. 12 — Abb. 143 — Indexzeiger auf 25 und 2.

Die Kurvenscheibe, welche die Walze *Y* bewegt, soll so eingestellt sein, daß die Walze *D* ihre Bewegung gegen den Fixkamm zu bei der Indexzeigerstellung 25 beginnt. Um eine Änderung in der Lötung des Vlieses zu erreichen, kann man eine etwas frühere oder spätere Zeigerstellung benutzen.

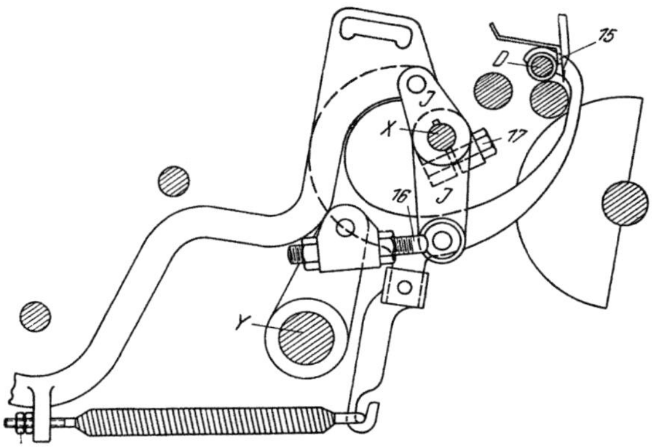

Abb. 143. Einstellen der Kurvenscheibe.

Bei der Zeigerstellung 2 hat die Walze *D* den Endpunkt ihrer Bewegung erreicht. In dieser Stellung werden die Federn durch die Stellmuttern *18* um ¼″ (6÷7 mm) gespannt. Das Vorwärtsrollen der Walzen *D* spannt die Federn mehr und mehr, bis der andere Endpunkt der Bewegung erreicht wird.

Stellung Nr. 13 — Indexzeiger auf 39 und 24.

Zeit der Drehbewegung der Abreißzylinder: Man stellt die Kurvenscheibe, welche den Zahnsektor bewegt, derart, daß der geriffelte Abreißzylinder seine Rückwärtsdrehung genau bei Zeigerstellung 39 beginnt. Bei der Zeigerstellung 24 stellt man die kleine Kurvenscheibe auf der Kreiskammwelle so, daß das Schwungrad, welches mit dem Zahnsektor eingreift, seine Ausschaltungsbewegung anfängt. Bei Vollendung der Ausschaltung muß die Sperrklinke tief in den Zähnen des Sperrades sitzen. Beim Einschalten dagegen soll die Klinke das Rad frei lassen.

Man dreht die Maschine mehrmals mit der Hand, um sich zu vergewissern, daß das Drehen des geriffelten Abreißzylinders, trotz Spielraum im Räderwerk, genau bei 39 und die Aus- und Einschaltung der Räder richtig stattfindet.

Allgemeine Bemerkungen. Die schnell laufenden Teile werden zweimal wöchentlich geölt. Die Messingbüchsen der belederten Walzen werden zweimal wöchentlich mit Talg oder auch Vaseline geschmiert. Die Fixkämme sollen nach jedem Auflegen neuer Wickel gereinigt werden. Ein schlechtes Auflegen der Wickel ist die einzige Ursache verdorbener Kämme.

Abfallkontrolle. Der Prozentsatz an Kämmling kann auf folgende Weise geändert werden:

1. Durch Änderung der Entfernung zwischen Zange und Abreißzylinder, bei der Zeigerstellung 19 (Hebel *Q* Abb. 137), Stellung Nr. 3.

2. Durch Änderung der Zeit des Öffnens der Speisezange. Stellungen 7 und 8. Wenn die Entfernung zwischen Zange und Abreißzylinder wie bei der früheren Nasmith-Maschine eingestellt wird und wenn die Speisezange sich bei der Zeigerstellung 25 öffnet, so wird der Abfall in der Regel gering ausfallen. Man kann deshalb diese Entfernung etwas größer wie gewöhnlich machen.

Durch eine ausgedachte Verbindung dieser beiden Regulierungen kann man sehr reine Arbeit mit 2 bis 4% weniger Abfall als gewöhnlich, je nach der Baumwollsorte, erreichen.

3. Durch Einstellen der Eindringungszeit des Fixkammes.

5. Die vierköpfige Kämmaschine PC der Elsässischen Maschinenbau-Gesellschaft, Mülhausen i. Els.

Diese Kämmaschine zeichnet sich hauptsächlich durch ihre große Leistung und durch die Sauberkeit des Kammzuges aus. Je nach dem Grade der gewünschten Sauberkeit liefert die Maschine 80 bis 100 kg in 10 Arbeitsstunden. Die Maschine verarbeitet unter gleich guten Bedingungen amerikanische Baumwolle und Mako, wie Sea-Island, Sakellaridis usw. Um diese verschiedenen Baumwollen zu bearbeiten, genügt es, die Bevölkerung der Kämme und das eintretende Wattengewicht zu ändern. Die Einstellung der Kämmaschine bleibt für die verschiedenen Baumwollsorten dieselbe, es braucht nur der Prozentsatz des Kämmlings, die austretende Nummer und die Bandspannung geändert werden, was in einigen Minuten ausgeführt werden kann.

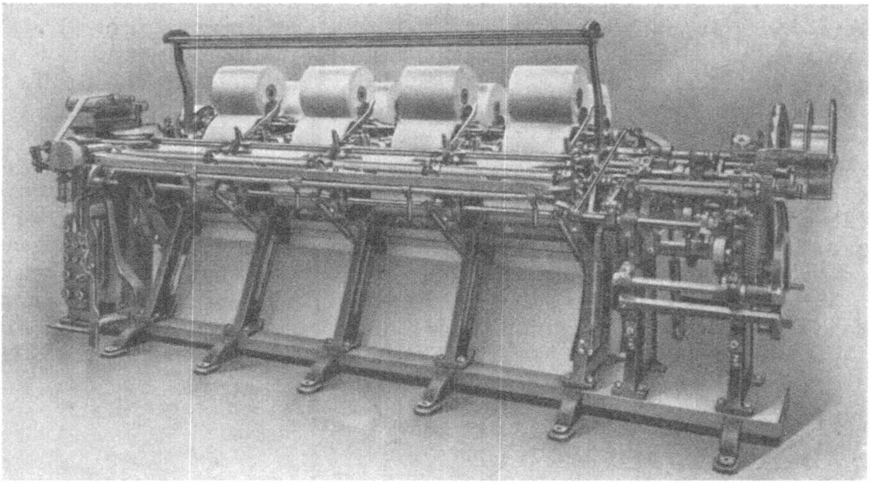

Abb. 144. Vorderansicht der vierköpfigen Kämmaschine der E. M. G. M.

Die Watte, mit welcher die Maschine PC gespeist wird, besteht aus 2 Wickeln (wie dies in Abb. 144 deutlich sichtbar ist), welche hintereinander in derselben waagerechten Ebene angeordnet sind. Das Gewicht für 1 laufenden Meter der beiden Wickel zusammen genommen beträgt 72 g für sehr lange Baumwolle, wie Sea-Island und Sakellaridis, und 84 g für amerikanische Baumwolle und Mako. Die Wickelbreite beträgt 268 mm. Diese Watte wird über ein Leitblech dem gezahnten, stählernen Speisezylinder ruckweise zugeführt. Die Speisung beträgt normalerweise 7,3 mm für 1 Kammspiel. Außer dieser ruckweisen Bewegung kann man diesem Speisezylinder eine von dieser Bewegung vollständig unabhängige Vor- oder Rückwärtsdrehung erteilen, wodurch der Kämmling und demnach die Sauberkeit erhöht oder verringert wird. Im Verlaufe dieser Beschreibung werden wir noch genauer auf diese wichtige Bewegung eingehen.

Die Zangen sind vollständig aus Eisen, ohne Leder- oder Kautschukeinlage. Der Kreiskamm besitzt 21 Reihen Kämme, welche auf 2 Segmente verteilt sind, und zwar besitzen die ersten 11 Reihen grobe Nadeln zum schrittweisen Vorkämmen, die folgenden 10 Reihen haben feine Nadeln, mit welch letzteren die feinen Unreinigkeiten aus dem zu kämmenden Bart herausgeholt werden. Diese

Anordnung erleichtert auch die Montierung, bei einem Kreiskamm sind die feinen Nadeln gewöhnlich eher reparaturbedürftig wie die groben.

Der Fixkamm sticht direkt vor dem Zangenmaul ein, so daß keine ungekämmten Fasern zwischen Segment und Fixkamm durchschlüpfen können.

Die tiefen, abgerundeten Rillen der Abreißzylinder sind schraubenförmig gewunden; der untere Abreißzylinder befindet sich in einer Ledermuffe, welche zu den Auszugswalzen führt. Von diesen aus wird das Vlies durch einen Trichter mit darunter befindlichen kleinen Kalanderwalzen zu einem Band verdichtet, worauf die Bänder der 4 Köpfe auf einem polierten Tisch zu dem Streckwerk geleitet werden. Dasselbe besitzt 3 Verzugszylinder. Von den Druckzylindern ist der erste und zweite mit Tuch und Leder überzogen und befinden sich unter Federspannung. Der Druckzylinder des dritten Riffelzylinders besteht aus einer glatten, gußeisernen Walze, wirkt also nur durch das Eigengewicht. Bei Bandbruch und bei vollen Kannen stellt die Maschine selbsttätig ab.

Das Reinigen der Kämme des Kreiskammes geschieht mit Hilfe einer Rundbürste. Der Kämmling wird von letzterer abgesaugt und als dichte Watte in einem Behälter gesammelt, welcher sodann alle 2 Stunden zu leeren ist. Je nach dem gegebenen Verzug wiegt das austretende, gekämmte Band 4 bis 6 g für 1 m.

a) Gégauffsche Theorie über den Kämmlingsabgang.

Ingenieur C. Gégauff der Elsässischen Maschinenbau-Gesellschaft ging von dem Gedanken aus, daß die im Wulste gekämmte Baumwolle bedeutend sauberer ist als die vom Kreiskamm bearbeiteten Fasern. Aus diesem Grunde verwendet Gégauff eine schwere Auflagewatte für seine Maschine. Die im folgenden beschriebene Theorie von Gégauff zeigt die Vorteile einer starken Speisung.

Ein Baumwollbüschel setzt sich aus Fasern verschiedener Längen zusammen, welche theoretisch von O (Baumwollstaub und Fasertrümmer) bis zur Maximallänge aufsteigen. Setzen wir voraus, daß sich die Fasern gleichmäßig von O bis F

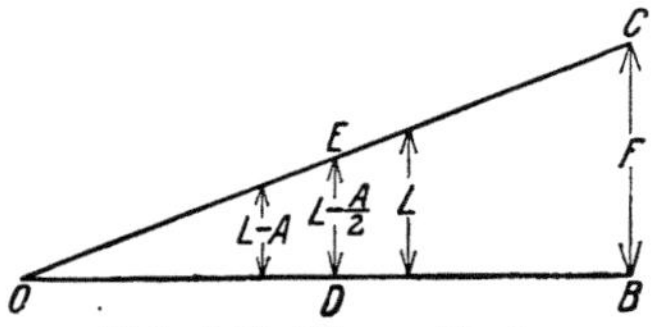

Abb. 145. Theoretisches Faserdiagramm.

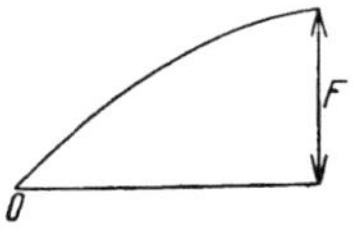

Abb. 146. Praktisches Faserdiagramm für gute Baumwolle (Faserlängen von O bis F).

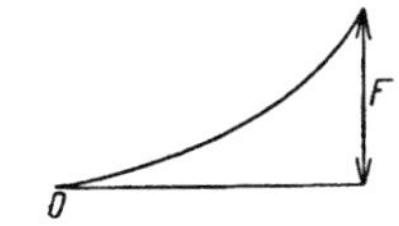

Abb. 147. Praktisches Faserdiagramm für geringe Baumwolle (Faserlängen von O bis F).

verteilen (Abb. 145), so erhalten wir ein rechtwinkliges Dreieck: eine Kathete stellt die Maximalfaserlänge F, die andere die Anzahl der im Büschel enthaltenen Fasern dar, während die Hypothenuse von den jeweiligen Längen der Fasern gebildet wird. Enthält das betreffende Baumwollbüschel viele lange Fasern, so erhält das Diagramm praktisch die Form, wie sie Abb. 146 anzeigt. Sind dagegen viele kurze Fasern darin enthalten, so ergibt sich ein Diagramm von der Form Abb. 147.

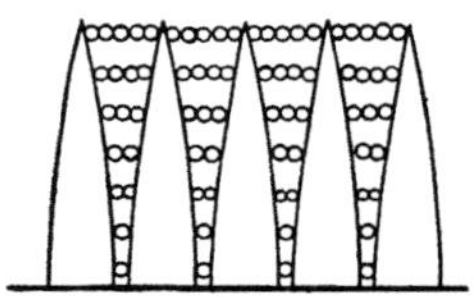

Abb. 148. Vergrößerung der Nadeln eines Kreiskammes.

Beim idealen Kämmen sollte eine Faser von der daneben liegenden vollständig getrennt werden. Dies ist beim Kreiskamm nicht möglich. Abb. 148 zeigt die Vergrößerung der Nadeln eines Kreiskammes. An den Spitzen der Nadeln sind die Zwischenräume größer wie auf dem Grunde des Kammes, dies bedingt schon der runde Querschnitt der Nadeln. Demgemäß können sich zwischen den Spitzen bedeutend mehr Fasern nebeneinander befinden, ohne getrennt zu werden, wie auf dem Grunde; also geht das wirksamste Kämmen auf dem Grunde der Nadeln vor sich. Um diesem Übelstande etwas Rechnung zu tragen, wendet die Elsässische Maschinenbau-Gesellschaft sowohl für den Rundkamm als auch für den Fixkamm flache Nadeln an. In Abb. 149 ist die Arbeitsweise des Kreiskammes schematisch dargestellt. Hieraus ersehen wir, daß die Nadeln erst bei *1* in den Faserbart einstechen, daß also vom Klemmpunkt *K* bis zu *1* theoretisch keine Kämmung stattfindet. Bei *2* hat die vorhergehende Nadelreihe kaum bis zur Hälfte in den Faserbart eingestochen, und erst bei *3* ist die Kämmung durch den Kreiskamm vollends wirksam. Es darf aber nicht außer acht gelassen werden, daß in Wirklichkeit die kurzen Fasern, Nissen und Unreinigkeiten, welche sich zwischen *K* und *3* befinden, jedoch nicht mehr im Zangenmaul festgeklemmt sind, von den vorhergehenden Kämmen herausgeholt werden, wodurch ein Gleiten zwischen den herausgekämmten und den festgehaltenen Fasern entsteht und die zwischen *K* und *3* sich befindliche Fasermasse ebenfalls gereinigt und gekämmt wird. Außerdem befindet sich während des Kämmens durch den Kreiskamm der Schnabel der Oberzange nur 0,7 mm von den Nadelspitzen entfernt, wie wir dies bei der Regulierung der Maschine noch sehen werden. Zur besseren Erklärung der Wirksamkeit des Kreiskammes wurde Abb. 149 etwas übertrieben dargestellt. Der Rundkamm entfernt alle Fasern, welche nicht die Länge *L* besitzen (Abb. 149) und nicht in *K* festgehalten sind.

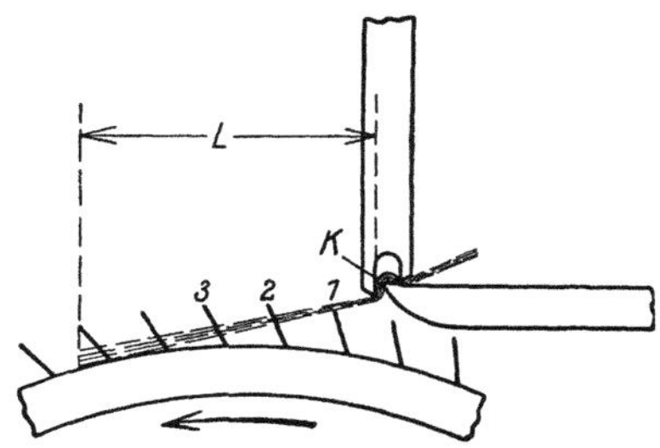

Abb. 149. Schematische Darstellung der Arbeitsweise des Kreiskammes.

Betrachten wir jetzt die Wirkungsweise des Fixkammes. Dieser hat die Aufgabe, denjenigen Teil des Faserbartes, welcher sich hinter dem Klemmpunkt *K* befindet, zu kämmen. Obwohl der Fixkamm nur eine Reihe Nadeln besitzt, so ist doch das durch ihn hindurchgezogene Ende des Faserbartes bedeutend sauberer wie der vom Rundkamm gekämmte Teil. Denn die h'nter dem Fixkamm sich befindliche Fasermasse wirkt gewissermaßen als Kammorgan; die aus diesem Wulste herausgezogenen Fasern reiben sich an den zurückbleibenden und streifen die Nissen, die Blattreste, die Knötchen, die Fasertrümmer usw. ab. Je dicker also die hinter dem Fixkamm sich befindliche Fasermasse ist, desto sauberer wird der Kammzug.

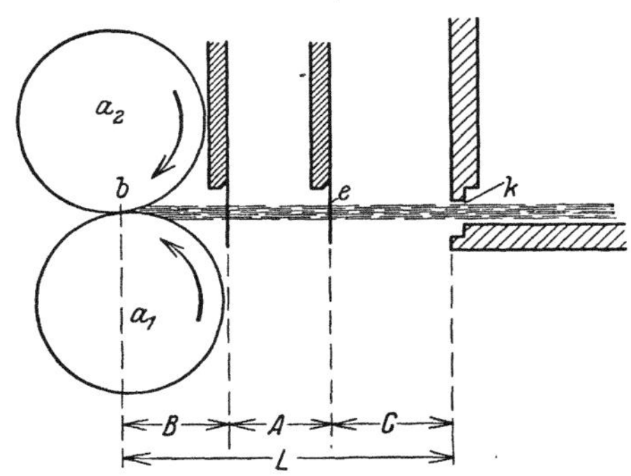

Abb. 150. Darstellung der im Kammzug vorkommenden Faserlängen.

Es lassen sich nun die Faserlängen, welche im Kammzug vorkommen können, auf folgende Weise bestimmen: Sind a_1 und a_2 (siehe Abb. 150) die Abreißzylinder und *b* der Klemmpunkt zwischen denselben, so können im letzten Moment des Abreißens, also kurz bevor die Abreißzylinder zum Stillstand kommen, noch Fasern erfaßt werden, welche am Anfang der Drehbewegung von a_1 und a_2 noch nicht im Bereich von *b* waren. Diese Fasern müssen jedoch während des Kämmens durch den Kreiskamm vom Zangenklemmpunkt *k* festgehalten worden sein, denn sonst wären diese freiliegenden Fasern in den Kämmling gelangt. Während des Abreißens wird die Watte um die Länge *A* verschoben

(Speisung). Der in den Faserbart eingestochene Fixkamm wird um dieselbe Länge A sich den Abreißzylindern nähern, um ein Anstauen der Watte hinter dem Fixkamm zu verhindern. Kurz vor dem Augenblick, in welchem die Abreißzylinder zu drehen aufhören, werden demgemäß noch Fasern erfaßt, die die Länge $L—A$ besitzen. Es kommen also im Kammzug die Maximalfaserlänge F und die Minimalfaserlänge $L—A$ vor. Der Fixkamm kann demnach höchstens im Punkt c einfallen, denn wegen der Rundung der Zylinder kann er nicht näher zum Klemmpunkt b verschoben werden. Der Punkt c befindet sich somit in einer Entfernung C von der Zange, welche gleich $L—A—B$ ist, wobei A die Speisung bedeutet und B die kürzeste Entfernung, welche der Fixkamm vom Klemmpunkt b haben kann.

Die Größe von B hängt unmittelbar von dem Durchmesser der Abreißzylinder ab. Alle Konstrukteure reduzieren denselben soviel wie möglich. Bei der Kämmaschine PC beträgt der Durchmesser der Abreißzylinder 21 mm. Wie schon weiter oben erwähnt wurde, sind diese der ganzen Länge nach mit schraubenförmigen, abgerundeten Riffeln versehen. Dadurch wird das Vlies nicht plötzlich auf seiner ganzen Breite erfaßt, sondern nach und nach; somit werden die Zylinder nicht so sehr auf Biegung beansprucht und der Klemmdruck kann verringert werden.

Die Sauberkeit S kann in folgender Formel ausgedrückt werden:

$$S = (L - A - B).$$

S nimmt zu, wenn L zunimmt oder wenn A oder B abnehmen. An einer Kämmmaschine ist aber B konstant, es können sich also nur L oder A verändern. Folglich kann bei konstanter Faserlänge die Sauberkeit erhöht werden, wenn die Speisung abnimmt. Wird A verringert, so leidet die Lieferung darunter. Wird bei gleichbleibender Faserlänge die Speisung erhöht, so wird die Sauberkeit geringer. Soll die Lieferung erhöht werden und die Sauberkeit dieselbe bleiben, so kann dies nur geschehen, wenn längere Baumwolle verarbeitet wird. In diesem Falle wird aber auch L größer (siehe Abb. 149), was wiederum mehr Kämmling ergibt, denn alle Fasern, welche kürzer sind wie L und nicht von der Zange festgehalten werden, kämmt der Kreiskamm heraus. — Abb. 145 stellt die ihrer Länge nach geordneten und in einer Ebene auf derselben Grundlinie ausgebreiteten Fasern dar. Hierin tragen wir die Werte L und A ab. Wie schon oben bewiesen wurde, kommen im Kämmling Fasern von O bis zur Länge L vor, dagegen im Zug solche von $L—A$ bis F. Demnach gelangen sicher alle Fasern von O bis $L—A$ in den Kämmling und alle Fasern von $L—F$ in den Zug. Von $L—A$ bis L liegt eine Anzahl Fasern, welche teilweise in den Zug, teilweise in den Kämmling gelangen. Es wird wohl der Wirklichkeit entsprechen, wenn wir annehmen, daß die eine Hälfte in den Zug, die andere Hälfte in den Kämmling gelangt. Danach würde sich das Trapez $BCDE$ im Zug und das Dreieck ODE im Kämmling vorfinden. Bezeichnen wir mit g das Gewicht des Kämmlings und mit G das Gewicht der zu kämmenden Watte, so ist

$$Q = \frac{g}{G}$$

das Verhältnis des Kämmlings zum Auflagegewicht. Der Prozentsatz q des Kämmlings wird dann

$$q = \frac{g}{G} \cdot 100 .$$

$Q = \frac{g}{G}$ läßt sich mit Hilfe der beiden ähnlichen Dreiecke ODE und OBC berechnen. g stellt den Inhalt des Dreieckes ODE und G den Inhalt des Dreieckes OBC dar. Es ist

$$Q = \frac{g}{G} = \frac{ODE}{OBC} = \frac{\left(L - \frac{A}{2}\right)\frac{OD}{2}}{F\frac{OB}{2}} = \frac{\left(L - \frac{A}{2}\right)}{F}\frac{OD}{OB}.$$

Ebenso verhält sich:

$$\frac{L - \frac{A}{2}}{F} = \frac{OD}{OB}.$$

Somit

$$Q = \frac{\left(L - \frac{A}{2}\right)^2}{F^2}$$

oder in Prozenten ausgedrückt:

$$q = \frac{100\left(L - \frac{A}{2}\right)^2}{F^2}.$$

Nach dieser Formel kann der Prozentsatz an Kämmling theoretisch berechnet werden, wenn die Maximallänge der Fasern, die Speisung A und die Entfernung der Zange zum Klemmpunkt der Abreißzylinder bekannt ist. Praktisch wird ja der prozentuale Abgang an Kämmling etwas anders aussehen, denn wir nehmen bei obiger Berechnung ein Dreieck OBC an, dessen Hypotenuse CO eine gerade Linie bildet. Das Diagramm der Fasern kann entweder nach Abb. 146 oder nach Abb. 147 ausfallen. Soll nun der Prozentsatz des Kämmlings oder für einen bestimmten Prozentsatz Kämmling und eine festgelegte Speisung die Entfernung der Zange von den Abreißzylindern berechnet werden, so wird man am sichersten verfahren, wenn man zuvor das Faserdiagramm der Auflagewatte herstellt. Hat man keinen Faserdiagrammapparat zur Hand, so berechnet man einfach das q nach der Maximalfaserlänge. Ist praktisch der Prozentsatz geringer, als sich theoretisch ergibt, so sind die Fasern im Diagramm so verteilt, wie es Abb. 146 angibt; ist dagegen der Prozentsatz an Kämmling größer als theoretisch, so kommt das Diagramm Abb. 147 in Frage.

Aus der Formel $Q = \frac{g}{G} = \frac{\left(L - \frac{A}{2}\right)^2}{F^2}$ geht hervor, daß der Kämmling um so geringer ausfällt, je kleiner $\left(L - \frac{A}{2}\right)$ ist. Für konstante Faserlängen F und L nimmt also der Kämmling ab, je kleiner die Speisung A gewählt wird, wodurch aber auch die Produktion sich verringert. Um nun die Lieferung bei gleicher Zugsauberkeit zu erhalten, wendet Gégauff eine dicke Vorlagewatte an. Bei der Kämmmaschine PC kommen deshalb Watten von 72 bis 84 g für 1 m in Betracht, was im Gegensatz zu den leichten Vorlagen der Kämmaschinen Heilmann und Nasmith sofort auffällt. Deshalb ist auch der Kreiskamm der elsässischen Kämmaschine in 2 Segmenten ausgeführt; das erste Segment, welches aus groben Kämmen besteht, bezweckt eigentlich ein Vorkämmen, wogegen das aus feinen Nadeln bestehende zweite Segment die Watte kräftig durchkämmt, wobei nach dem vorhergehenden Entwirren den Fasern nicht mehr geschadet werden kann.

b) Beschreibung und Regulierung der Kämmaschine PC.

Abb. 151 zeigt einen Schnitt durch diese Maschine. Die Wellen der in dieser Beschreibung vorkommenden Zeichnungen sind mit denselben Buchstaben versehen, wie dies in dem Schnitte Abb. 151 angegeben ist, so daß man sich leicht zurechtfinden kann. Zu gleicher Zeit soll auch das Antriebsschema Abb. 152 wiedergegeben werden.

Antrieb des Kreiskammes. Wie aus Abb. 152 ersichtlich ist, treibt die Antriebswelle mittels der Übersetzung $\frac{15}{89}\,\frac{89}{84}$ die Welle K, welche ihrerseits mittels

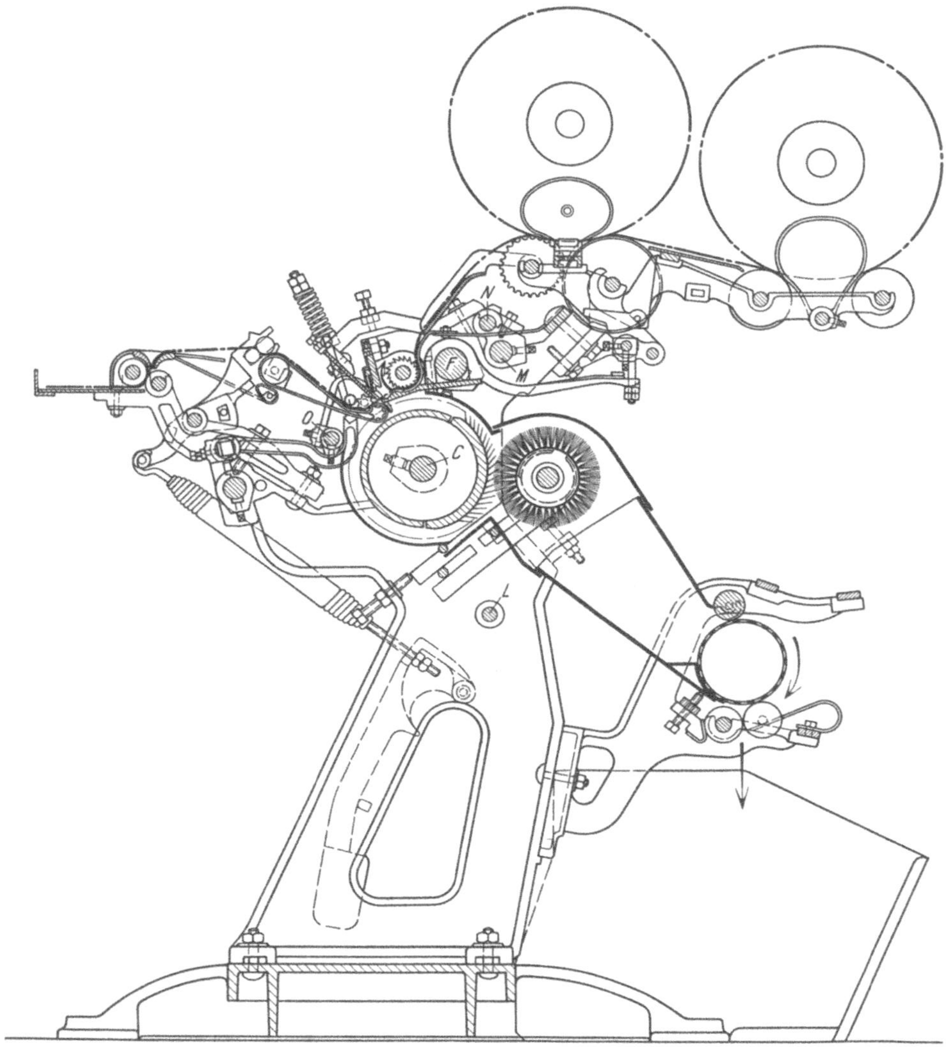

Abb. 151. Schnitt durch die Kämmaschine PC.

des Rädergetriebes $\frac{48}{48}\,\frac{48}{48}$ die Exzenterwelle A antreibt (siehe auch Abb. 153). Auf dem auf A festgekeilten Rade von 48 Zähnen ist eine Kurbel *1* angebracht, welche eine andere Kurbel *2* betätigt, wodurch die Kreiskammwelle C ihre Bewegung erhält. Wie aus Abb. 153 deutlich sichtbar ist, befindet sich der Mittelpunkt der Welle A exzentrisch zu demjenigen der Kreiskammwelle, wodurch letzterer bei jeder Umdrehung von A einmal eine beschleunigte, dann eine verlangsamte Bewegung erteilt wird. Sobald die groben Nadeln des ersten Nadelsegmentes in den zu kämmenden Bart einstechen, wird die Bewegung beschleunigt, so daß der Bart erst langsam und dann immer schneller durch-

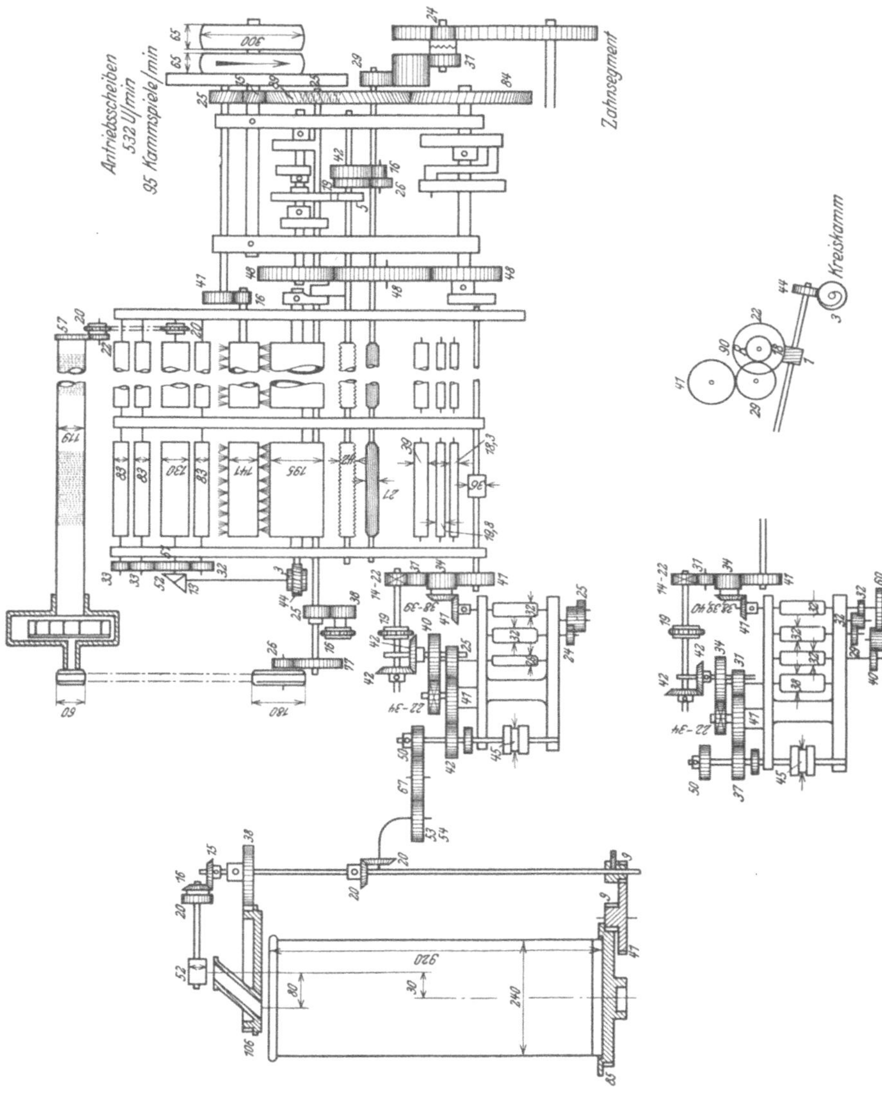

Abb. 152. Antriebsschema der Kämmaschine PC.

gekämmt wird, worauf die Kreiskammwelle ihre Drehbewegung wieder verlangsamt.

Bewegung der Zange. Die früher einköpfige Kämmaschine PAK der Elsässischen Maschinenbau-Gesellschaft war mit schwingender Zange versehen, d. h. nach dem Kämmen durch den Rundkamm bewegte sich die Zange zu den Abreißzylindern.

Diese Maschine wurde in klarer und leicht verständlicher Weise von Otto Johannsen-Reutlingen ausführlich beschrieben[1]. Da aber die vierköpfige Kämmaschine PC immer mehr und mehr das ältere Modell verdrängt, so soll von einer nochmaligen Beschreibung des letzteren abgesehen werden.

Bei der Kämmaschine PC schwingt nicht die Zange, sondern die Abreißvorrichtung führt die Schwingung aus.

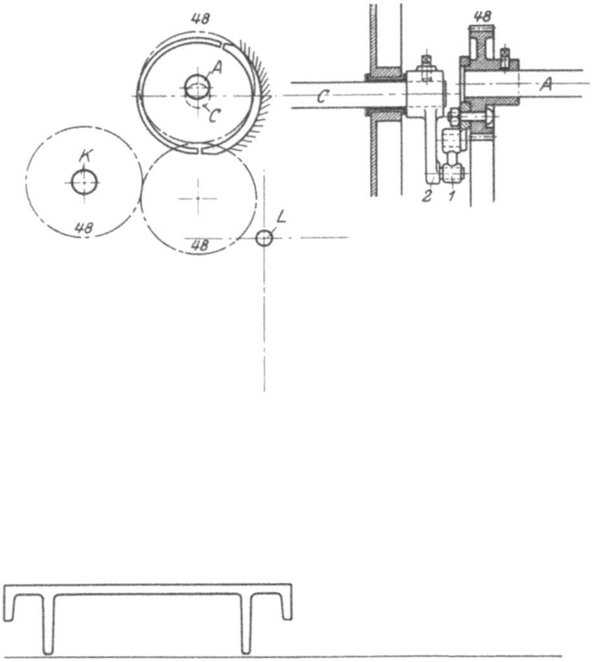

Abb. 153. Antrieb der Kreiskammwelle.

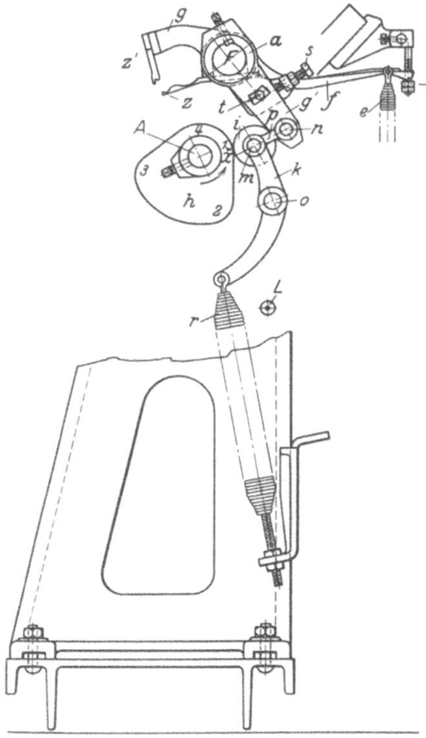

Abb. 154. Bewegung der Zange.

Die Unterzange *Z* (siehe Abb. 154) ist an einem hufeisenförmigen Bügel *a*, welcher auf der Zangenachse *F* lose sitzt, festgeschraubt. Dieser Bügel *a* läuft in einen Hebel *f* aus, welcher unter Federwirkung *e* steht und durch die Stellschraube *b* in seiner Abwärtsbewegung gehindert wird. In Wirklichkeit wird der Federdruck von einer Flachfeder ausgeübt, wie dies in Abb. 155 veranschaulicht ist, obwohl des besseren Verständnisses halber in Abb. 154 eine Spiralfeder eingezeichnet wurde. Der Bügel *a* befindet sich in der Mitte der Zange, zu beiden Seiten von *a* sitzen, festgekeilt auf *F*, die Hebel *g*, von welchen der dem Exzenter *h* am nächsten gelegenen als Doppelhebel *gg'* ausläuft. Dieser Arm *g'* steht unter Einwirkung des Exzenters *h*. Die Rolle *i*, welche an dem um *0* drehenden Hebel *k* befestigt ist, wird infolge der Federwirkung *r* an den Exzenter *h* gepreßt. Die Bewegung des Hebels *k* überträgt sich auf *g'* mittels des einfachen Hebels *p*, welcher lose auf die Achsen *m* und *n* aufgeschoben ist. Dreht nun das Exzenter *h* von *1* nach *2*, so bewegt sich der Hebel *k* nach rechts,

[1] Leipziger Monatsschrift für Textilindustrie, 1897, Nr. 7, 8 u. 9.

und zwar so lange, bis sich die Rolle i gegenüber von 2 befindet. Durch diese Bewegung wurde aber ebenfalls die Achse F nach links gedreht, was zur Folge hat, daß die Oberzange Z' sich senkt, auf den Schnabel der Unterzange Z trifft und diesen hinunterdrückt. Die Abwärtsbewegung der Zange dauert so lange, bis g' an die Regulierungsschraube s anstößt, eine Stellung, die natürlich mit Punkt 2 des Exzenters h übereinstimmen muß. Zu diesem Zweck ist die Zangenachse F mittels Schraube und Schlitz t für das vorläufige Regulieren einstellbar.

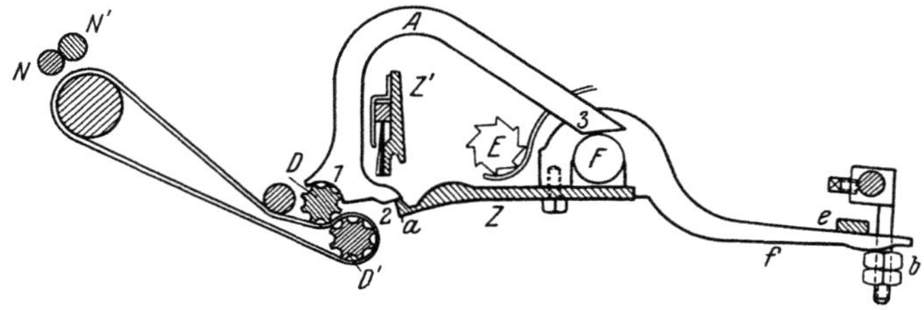

Abb. 155. Einstellen der Unterzange.

Zwischen 2 und 3 befindet sich die Rolle i auf dem größten Durchmesser des Exzenters h; die Zange ist während dieser Periode geschlossen und befindet sich in unmittelbarer Nähe der Nadeln des Kreiskammes. Von 3 bis 4 öffnet und hebt sich zu gleicher Zeit die Zange, zwischen 4 und 1 bleibt sie geöffnet.

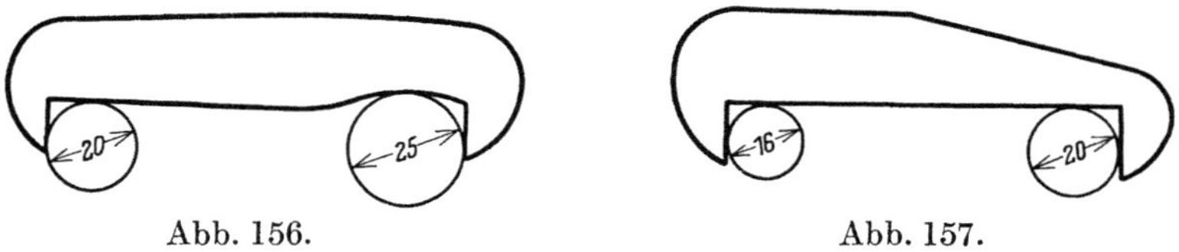

Abb. 156 und 157. Stellbleche zum Einstellen der Entfernung zwischen Abreiß- und Speisezylinder.

Das Regulieren der Zange. Bevor man mit dem Einstellen der Maschine beginnt, soll untersucht werden, ob der Abreißzylinder und der Speisezylinder genau parallel liegen. Hier benutzt man die Stellbleche I und II (Abb. 156 und 157). Das erstere verwendet man an der Antriebsseite, wo die Achse des Speisezylinders 25 mm Durchmesser und die des Abreißzylinders 20 mm Durchmesser hat. Auf den übrigen Teilen der Maschine mißt die Achse des Abreißzylinders 16 mm, hier verwendet man das Stellblech II. Zuerst wird die Antriebsseite reguliert, dann die Endseite und zuletzt die Mitte der Maschine. Die Einstellung geschieht mittels der Schrauben h_2 (Abb. 158). Sind Speisezylinder und Abreißzylinder genau parallel, so dreht man das Schwungrad neben der Antriebsriemenscheibe so lange, bis die Marke x auf dem Zangenexzenter sich gegenüber der Laufrolle i befindet (siehe Abb. 154). Nebenbei gesagt, sind alle Exzenter auf der Exzenterwelle A mit den Marken x versehen

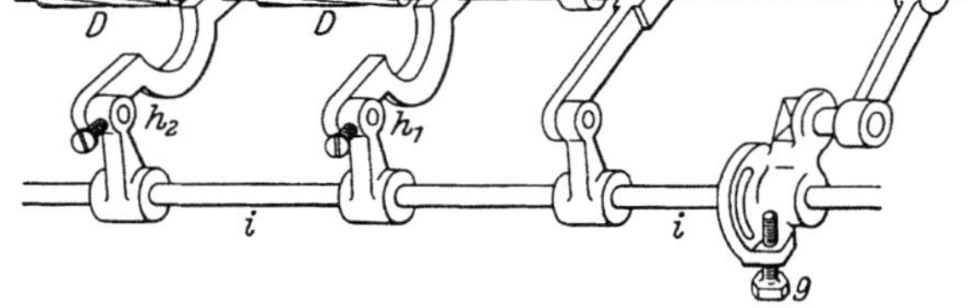

Abb. 158. Einstellen der Entfernung zwischen Abreiß- und Speisezylinder.

und alle diese Marken müssen sich zur selben Zeit gegenüber ihren entsprechenden Rollen befinden. Bei dieser Exzenterstellung beenden gerade die Abreißzylinder ihre Auszugsbewegung.

Die Stellung der Unterzange *Z* wird folgendermaßen reguliert (siehe Abb. 155): Man legt das Stellblech *A* bei *1* auf den oberen Abreißzylinder, während das andere Ende *3* auf der Zangenachse *F* aufliegt. Mittels der Schraubenmuttern *b* wird so lange reguliert, bis der untere Zangenschnabel das Stellblech bei *2* berührt. Hierbei muß die Flachfeder *e* auf den Hebel *f* drücken.

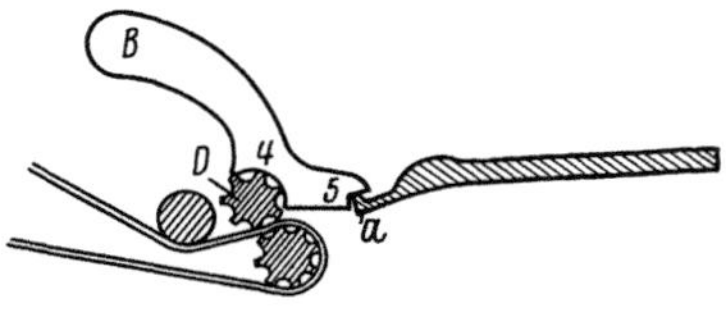

Abb. 159. Stellblech zum Einstellen der Entfernung zwischen Abreißzylinder und Unterzange.

Der Abstand zwischen Abreißzylinder und Unterzange kann, je nach der zu bearbeitenden Baumwollsorte, zwischen 11 und 14 mm sein. Zum Einstellen benutzt man das Stellblech *B* (siehe Abb. 159). Dieses wird wiederum auf den oberen Abreißzylinder gelegt, mittels der Schraube *g* (siehe Abb. 158), welche sich am Ende der Achse *i i* befindet, wird die Unterzange so lange nach vorn geschoben, bis der Schnabel in die Kerbe *5* des Kalibers *B* stößt.

Um die Entfernung des Oberzangenschnabels von den Nadelspitzen des Kreiskammes einzustellen, dreht man die Exzenterwelle *A* so lange, bis der große Durchmesser des Exzenters *h* (Abb. 154) sich gegenüber der Laufrolle *i* befindet. Die einzustellende Entfernung soll 0,7 mm betragen (siehe Abb. 160), sie reguliert sich an jedem Kopf mit Hilfe der Stellschraube *w*. Um alle Oberzangen zugleich zu heben oder zu senken, bedient man sich der Schraube *s*. Während des Einstellens soll das Bürstchen *B* etwas gehoben werden, um freien Raum für das Einstellen der Entfernung des Oberzangenschnabels zum Nadelsegment zu haben. Nach dem fertigen Einstellen senkt man das Bürstchen wieder hinunter, und zwar dermaßen, daß es den Bart in den Rundkamm eindrückt, ohne jedoch dabei die Nadelspitzen zu berühren.

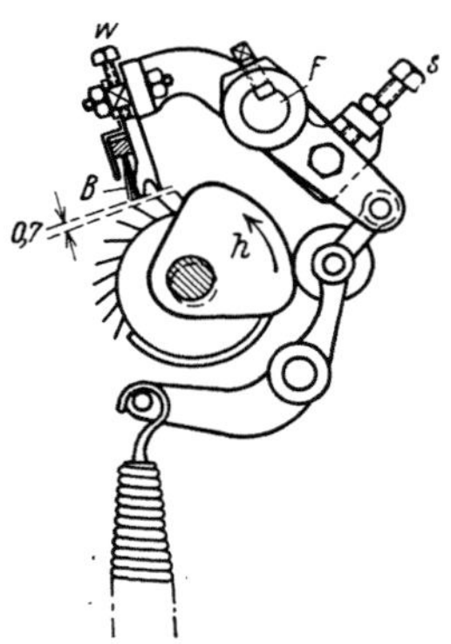

Abb. 160. Einstellen der Entfernung zwischen dem Oberzangenschnabel und den Nadelspitzen des Kreiskammes.

Bewegung des Fixkammes. Diese beschränkt sich auf ein horizontales Vor- und Zurückgehen des Fixkammes (siehe Abb. 161). Auf der Exzenterwelle *A* sitzt der Fixkammexzenter *a*, auf welchen die am Hebel *b* befestigte Rolle *c* infolge der Spiralfeder *d* gepreßt wird. Der Hebelarm *b* ist auf der Achse *M* befestigt, desgleichen ein Hebel *f*, der in *N* eingehängt ist. Auf *N* ist ein Gleitstück *g* festgeschraubt, auf welchem der Rahmen *y* des Fixkammes hin- und hergeschoben und mittels Schraube *i* auf *g* befestigt werden kann. Am Ende des Rahmens *y* ist auf beiden Seiten der Fixkamm *x* befestigt. Sobald die Exzenterwelle anfängt, nach links zu drehen, senkt sich der Hebelarm *b*, gleichzeitig schwingt der Hebel *f* um den Drehpunkt *M*. Dadurch wird der ganze Rahmen *y* mit dem Fixkamm *x* nach vorn geschoben. Gelangt die Rolle *c* auf den großen Durchmesser des Exzenters *a*, so schwingt der Fixkamm wieder nach rechts. Es soll betont werden, daß der Fixkamm keine auf- und abgehende Bewegung ausführt, denn sobald der Bart vom Kreiskamm ausgekämmt worden ist, schwingt die Zange in die Höhe, wobei der Bart von der Zange in den Fixkamm hineingedrückt wird, bevor sie sich öffnet.

Das Einstellen des Fixkammes. Die Exzenterwelle A steht wiederum in der „Regulierungsstellung“, d. h. die Marke auf dem Fixkammexzenter steht genau gegenüber der Laufrolle, bei welcher Stellung die Abreißzylinder gerade ihre Bewegung beenden. In diesem Moment soll der Fixkamm x den oberen Abreißzylinder D beinahe berühren (siehe Abb. 162). Um zu dieser Stellung zu gelangen, löst man die Schrauben i und schiebt den ganzen Rahmen y nach vorn.

Der Fixkamm soll den ausgekämmten Bart durch und durch stechen, so daß keine Fasern zwischen Fixkamm und Riffelsegment durchschlüpfen können.

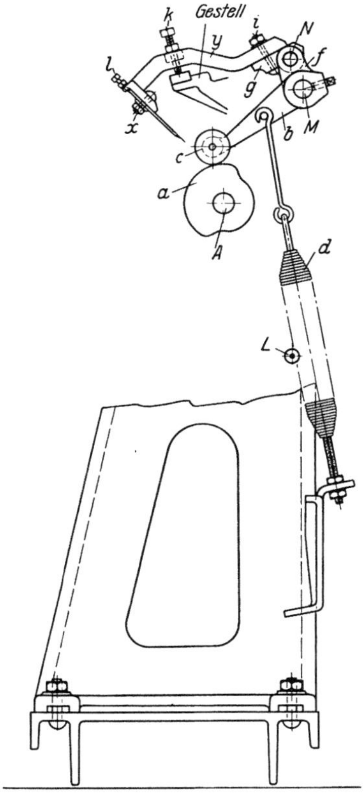

Abb. 161. Bewegung des Fixkammes.

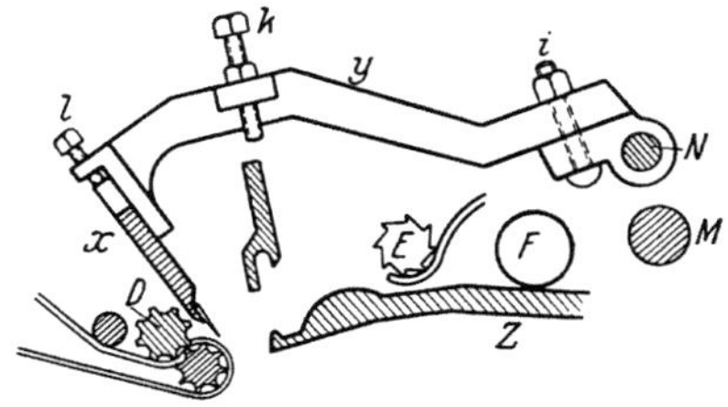

Abb. 162. Einstellen des Fixkammes.

Zum Regulieren dieser Stellung des Fixkammes bedient man sich des Stellbleches C (siehe Abb. 163). Zangen sowie Fixkammexzenter stehen dazu in der oben erwähnten Regulierungsstellung. Der Schnabel *9* des Stellbleches C stützt sich hierbei auf die Unterzange, während

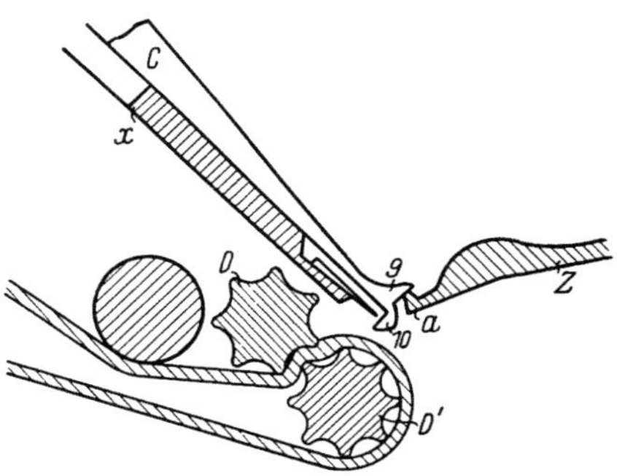

Abb. 163. Regulieren der Tiefstellung des Fixkammes.

zwischen der Kerbe *10* und den Spitzen des Fixkammes ein klein wenig Spiel sein soll. Für das erste grobe Einstellen bedient man sich der Stellschraube k, welche sich auf das Gestell stützt, während das genaue Einstellen mit Hilfe der Stellschrauben l ausgeführt wird (Abb. 162).

Die Bewegung der Abreißzylinder. Die Abreißzylinder führen 1. eine Drehbewegung und 2. eine hin- und herschwingende Bewegung aus.

1. Die Drehbewegung besteht aus Vor- und Rückwärtsdrehung der Abreißzylinder. Die Vorwärtsdrehung bezweckt das Abreißen des ausgekämmten Bartes, die Rückwärtsdrehung dient zum Zurückliefern eines Teiles dieses Bartes, zum sog. „Löten“.

Von der Hauptwelle x' (siehe Abb. 164) aus treibt ein 15er Zahnrad mit Hilfe des Zwischenrades von 89 Zähnen das auf der Welle K befestigte Zahnrad von

84 Zähnen. In einem Schlitze dieses Rades ist ein Zapfen *s* festgeschraubt, auf dem ein Hebel *o* lose angebracht ist. Dieser Hebel *o* ist mit dem um *P* drehbaren Doppelhebel *S* mittels eines Gelenkes *r* verbunden. Der Doppelhebel *S* ist oben als Zahnsegment ausgebildet und greift in das auf Achse *R* befindliche 24er Rad ein. Letzteres ist mittels einer Zahnkupplung mit dem 31er Rad verbunden (siehe Abb. 165), welches die dem 24er Rad erteilte Bewegung auf das 29er Rad und somit auf die Abreißzylinder überträgt. Infolge der Drehung des 84er Rades schwingt das Segment *S* hin und her und erteilt so den Abreißzylindern eine Vor- und Rückwärtsdrehung.

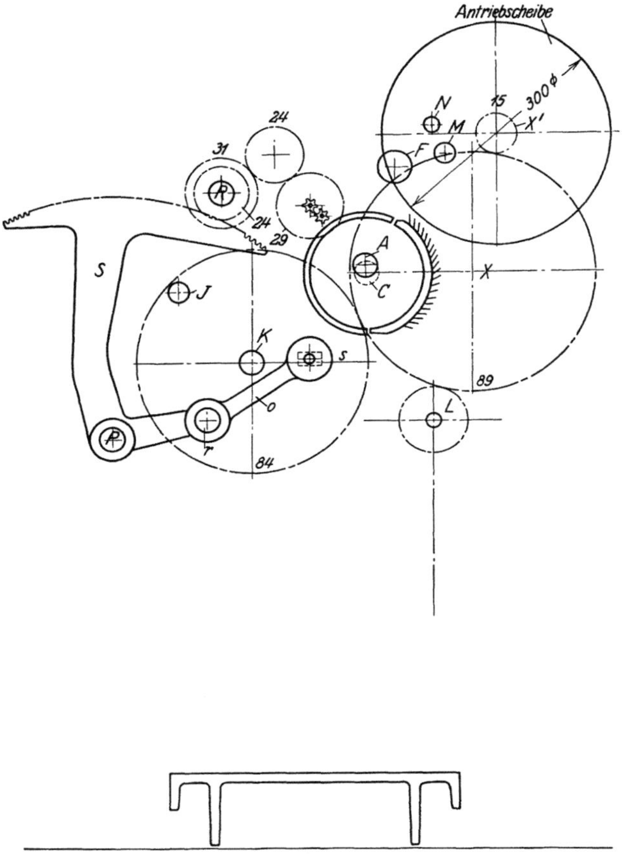

Abb. 164. Bewegung der Abreißzylinder. (Von der Seite aus gesehen.)

Zum Löten des Vlieses ist die Rückwärtsdrehung kleiner als die Vorwärtsdrehung des Abreißzylinders. Zu diesem Zweck schaltet ein Exzenter (Abb. 165) im gegebenen Moment die Zahnkupplung aus und ein. Es ist natürlich beim Einstellen des Segmentes darauf zu achten, daß die Zähne der Kupplung beim Einschalten nicht aufeinander geraten.

Zum Einstellen der Abreißzylinder befindet sich die Maschine in der schon früher erwähnten Regulierstellung. In dieser (siehe Abb. 166) soll der Hebel *o* derart stehen, daß der gerade Teil *m* desselben genau durch den Mittelpunkt der Welle *K* geht. Dies wird mit Hilfe der Regulierschraube *n* erreicht.

Die Vorwärtsbewegung des Ledermuffes soll während des Abreißens möglichst groß genommen werden; höchstens, wenn es sich um kürzere Baumwolle, wie z. B. amerikanische, handelt, wird die Abreißlänge vermindert. Letztere hängt von der Stellung des Zapfens *s* ab, dessen Umkreis gegenüber den Marken *1*, *2*, *3* oder *4* gestellt wird. Hierbei ist z. B. für Mako und andere lange Baumwollsorten die Stellung *1* oder *2* am angebrachtesten und für kurze Baumwollen *3* oder sogar *4*. In Abb. 166 z. B. steht *s* an der Marke *3*.

In Abb. 167 ist der Exzenter wiedergegeben, welcher das Ein- und Ausschalten der Zahnkupplung (Abb. 165) bewirkt. Derselbe ist mit einem aus Bronze hergestellten Stück *H* versehen, welches eine schiefe Ebene bildet und das konzentrisch vor- oder zurückgeschoben werden kann. Dieses Stück *H* wird derart eingestellt, daß die Zahnkupplung in demjenigen Augenblick ineinander greift, in welchem das vom Segment getriebene 24er Rad stillsteht. Um die Größe der Rückwärtsdrehung zu erhöhen oder zu vermindern, schiebt man die schiefe

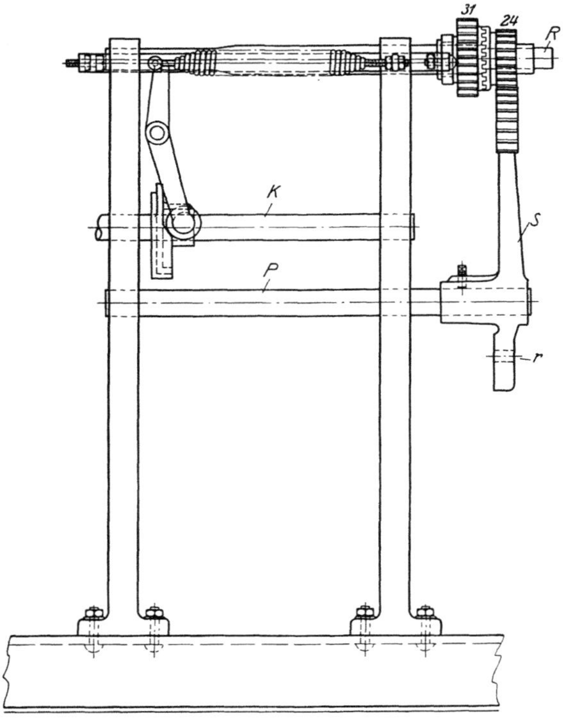

Abb. 165. Bewegung der Abreißzylinder. (Von vorne aus gesehen.)

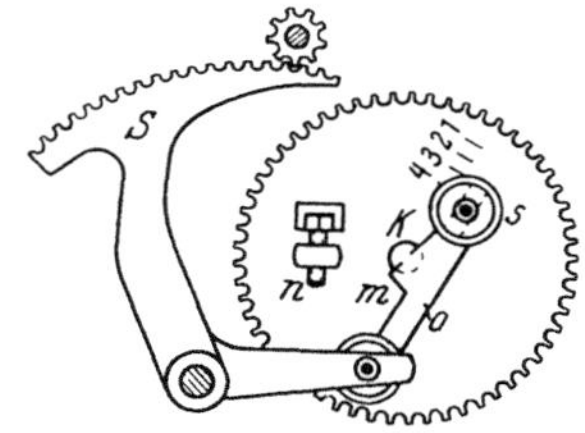

Abb. 166. Einstellen der Abreißzylinder.

Ebene L zurück oder vor. Gewöhnlich gibt man dem Abreißledermuff 15 bis 18 mm Rückwärtsbewegung.

2. Die hin- und herschwingende Bewegung der Abreißzylinder. Bei der früheren einköpfigen Kämmaschine PAK der Elsässischen Maschinenbau-Gesellschaft wurde der Zange eine schwingende Bewegung erteilt und die Abreißzylinder waren festgelagert. Bei der Kämmaschine PC hingegen bewegen sich die Abreißzylinder nach der stillstehenden Zange zu, und zwar durchlaufen sie zuerst die Strecke A (siehe Schema 168), während welcher die Abreißzylinder noch nicht drehen, sondern langsam die Strecke B bis zur punktierten Stellung, d. h. so nahe wie möglich an den Fixkamm. Während dieser zweiten Vorwärtsbewegung B drehen sich die Abreißzylinder, welche mit langen, schraubenförmigen Windungen versehen sind, wodurch fortschreitend zuerst die äußersten Bartspitzen, sodann die nachfolgenden Fasern abgerissen werden. Zur Erlangung eines gleichmäßigen Vlieses ist diese fortschreitende Abreißbewegung sehr wichtig. — Diese beiden Bewegungen werden von 2 Exzentern hervorgerufen (siehe Abb. 169). Die Entfernung A (Abb. 168) wird von den Abreißzylindern mit Hilfe des Exzenters E_1 bewerkstelligt, während Exzenter E_2 das Durchlaufen der Strecke B bewirkt. E_1 und E_2 sind auf derselben Welle K aufgekeilt.

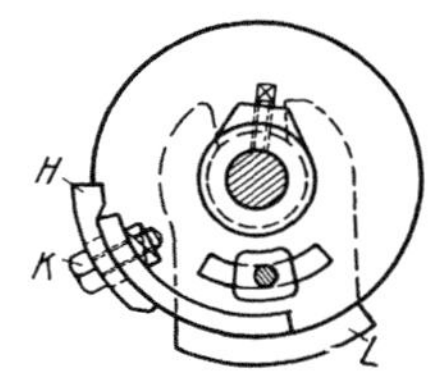

Abb. 167. Exzenter für das Ein- und Ausschalten der Zahnkupplung.

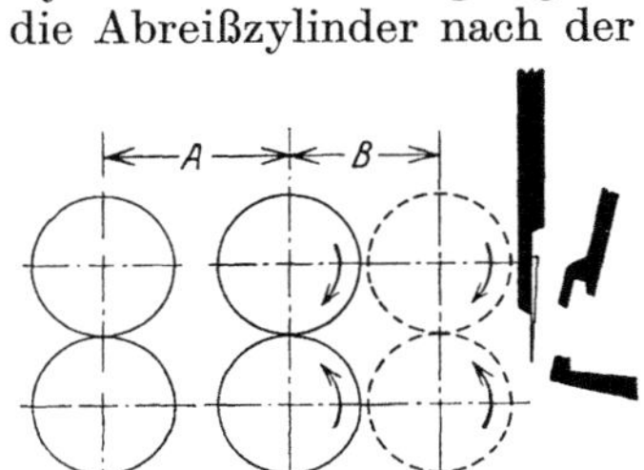

Abb. 168. Schematische Darstellung der Bewegung der Abreißzylinder.

Zum genauen Verständnis dieser immerhin verwickelten Bewegung wollen wir annehmen, daß sich die Exzenterrolle o_1 gegenüber dem Punkte *1* befindet. Rolle o_1 ist im Zapfen *a* gelagert, welcher sich im dreiarmigen Hebel *b* befindet. Letzterer trägt oben die Rolle o_2 und ist seinerseits um den Punkt *c* drehbar gelagert. Zapfen *c* ist mit Hebel *d* fest verbunden, welch letzterer auf *I* befestigt und mit einer Stellschraube *s* versehen ist. Wie aus Abb. 169 ersichtlich ist, dient *s* zum Regulieren der Zylinderstellung. Mit Hilfe des mit *d* verbundenen Stückes *e* und der Stange *f* wird die Drehbewegung von *I* auf die Abreißzylinder übertragen.

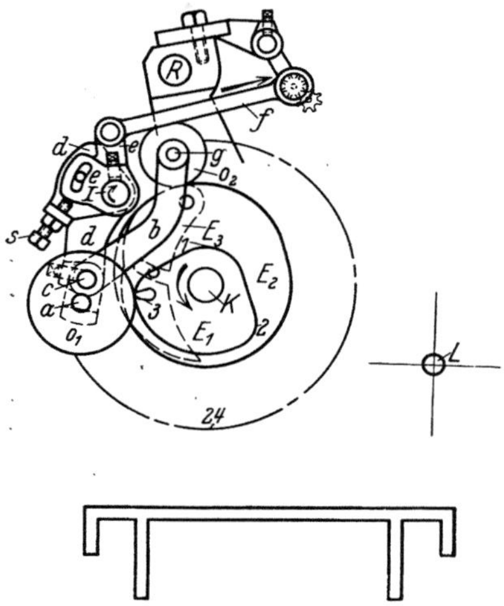

Abb. 169. Mechanismus für die hin- und hergehende Bewegung der Abreißzylinder.

Dreht sich Welle *K* in der angegebenen Pfeilrichtung, so wird die Rolle o_1 eine Bewegung nach außen ausführen. Hierbei dreht sich Hebel *b* um den Zapfen *g*, wobei *c* seine schwingende Bewegung mit Hilfe des Hebels *d* auf die Achse *I* überträgt und letztere eine kleine Drehbewegung im angegebenen Pfeilsinne ausführt. Hierbei werden vermittels *e* und *f* die Abreißzylinder der Zange zu bewegt. Bei dieser soeben beschriebenen Bewegung legen die Abreißzylinder die Strecke *A* (Abb. 168) zurück.

Bei der Weiterdrehung des Exzenters E_1 bewegt sich die Rolle o_1 auf dem konzentrischen Teil *2—3*. Hierbei führen die Punkte *a* und *e* keine schwingende Bewegung aus und Achse *I* würde ebenfalls in der jetzigen Stellung beharren. Nun tritt aber Exzenter E_2 in Wirkung. Dasselbe besteht aus dem eigentlichen Exzenter E_2 und dem Segment E_3, welches einstellbar auf E_2 aufgeschraubt ist. — Rolle o_2 entfernt sich während der Periode *2—3* des Exzenters E_1 vom Mittelpunkt *K* und Hebel *b* dreht sich jetzt um den Punkt *a*. Da aber Hebel *b* auf *a* festgekeilt ist, bewegt sich *c* nach außen und überträgt seine Bewegung auf die Achse *I*, wobei die Abreißzylinder die Strecke *B* (Abb. 168) durchlaufen und das schrittweise Abreißen ausführen.

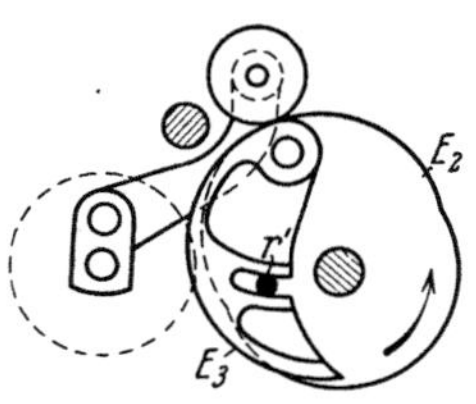

Abb. 170. Segment des Exzenters für die Abreißbewegung.

Von *3* bis *1* vollzieht sich die Rückkehr zur Anfangsstellung und das Spiel beginnt von neuem.

Zur Erlangung eines gleichmäßigen Vlieses probiert man verschiedene Stellungen des Segmentes E_3 (Abb. 170). Zu diesem Zwecke braucht bloß der Bolzen *r'* gelöst und dem Segment eine andere Stellung gegeben zu werden. Die geringste Verschiebung von E_3 ändert das Aussehen des Vlieses, so daß man auf leichte Weise die vorteilhafteste Stellung ausfindig machen kann. Mit jeder Maschine werden 2 Segmente geliefert, wovon eines mit LOUI markiert ist, das gewöhnlich für amerikanische Baumwolle verwendet wird.

Es soll noch bemerkt werden, daß die Exzenterregulierung nach Abb. 167 zu wiederholen ist, falls vorher die Abreißlänge nach Abb. 166 neu eingestellt wurde.

Wie im Schnitt, Abb. 151, deutlich sichtbar ist, wird der Abreißledermuff mit Hilfe einer Spiralfeder gespannt. Diese ist an das eine Ende eines Doppelhebels angehängt, der in der Mitte seinen Drehpunkt hat, während das andere Ende auf den unteren Teil der Achse der Spannrolle wirkt. Bewegt sich nun der Abreißmechanismus vorwärts, d. h. gegen die Zange zu, so spannt sich die Feder; gehen jedoch die Abreißzylinder zurück, um aus dem Bereich der Nadeln zu gelangen, so entspannt sich die Feder. Gerade während des Abreißens muß die meiste Kraft angewendet werden, um eine gute Klemmung der Fasern zu erhalten. Durch diese Anordnung wird der Ledermuff ohne Stoß gespannt und entspannt, wodurch das Leder geschont wird.

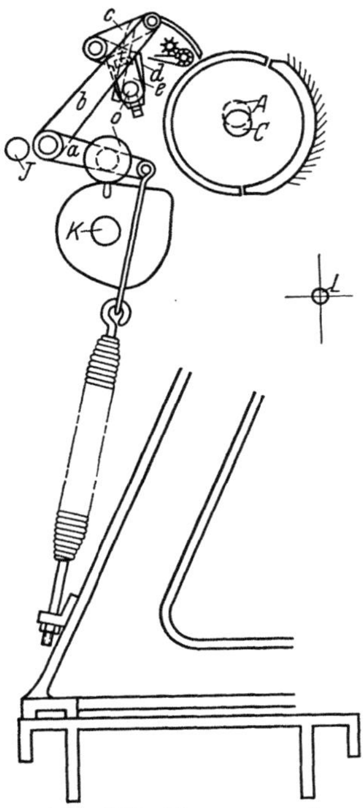

Abb. 171. Bewegung des Säbels.

Der Säbel (siehe Abb. 171 und 172). Dieser hat den Zweck, die von den Abreißzylindern zurückgelieferte Fasermasse um den Ledermuff zu legen, so daß der während des nächstfolgenden Kammspieles ausgekämmte Faserbart sich genau mit derselben verlötet.

Der Säbel wird vom Exzenter *K* mittels der Rolle *o* und der Hebelübertragung *a*, *b*, *c*, *d* und *e* betätigt (Abb. 171).

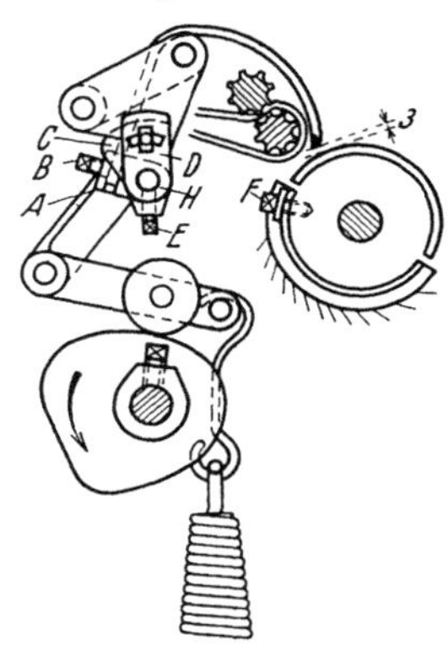

Abb. 172. Einstellen der Säbelbewegung.

Mit Hilfe der auf der Hauptwelle befestigten Handscheibe wird der Exzenter in die in Abb. 172 angegebene Stellung gebracht. Nach Lösen der in Stück *A* befindlichen Stellschraube *E* reguliert man mittels *B* den Säbel derart, daß er so nahe wie möglich an den Abreißledermuff gelangt, ohne denselben zu berühren, also ungefähr ½ mm. Hebel *C* wird derart an *H* befestigt, daß Schraube *D* sich in der Mitte des Schlitzes befindet. Sodann läßt man den Säbel auf die Verschalung des Rundkammes aufliegen und zieht die Stellschraube *E* an, wodurch *A* und demnach die Stellung des Säbels festgelegt ist. Jetzt wird der Bolzen *D* nochmals gelockert und alle 4 Säbel werden nun auf eine Entfernung von 3 mm von der Rundkammverschalung gestellt, worauf *D* wiederum befestigt wird. Es muß jedoch jedesmal nachgesehen werden, ob die Schraube *F* des Rundkammes beim Drehen den Säbel nicht berührt.

c) Die Speisung.

Bei jeder Kämmaschine hat die Bartlänge, d. h. derjenige Teil der Fasermasse, welche aus der geschlossenen Zange herausragt und vom Kreiskamm gekämmt werden soll, einen großen Einfluß auf die Sauberkeit des Kammzuges und auf den Prozentsatz des Kämmlings. Je länger dieser Bart ist, desto mehr lange Fasern werden vom Kreiskamm herausgekämmt und desto größer ist dann selbstverständlich der Prozentsatz an Kämmling.

Wie schon früher in der Gégauffschen Theorie nachgewiesen wurde, nimmt die Sauberkeit des Kammzuges mit der Länge des Bartes zu.

Bei den meisten Kämmaschinen wird die aus der Zange heraushängende Bartlänge vergrößert oder verkleinert, wenn man den Abstand der Abreißzylinder von der Zange vergrößert oder verkleinert. Je näher diese Zylinder zur Zange gelangen, desto kürzer wird der nach dem Abreißen zurückbleibende Bart, wodurch die Sauberkeit des Zuges und der Prozentsatz an Kämmling verringert wird. Ein entfernteres Einstellen der Abreißzylinder zur Zange ergibt jedoch einen saubereren Kammzug und mehr Kämmling.

Werden aber die Abreißzylinder verstellt, so muß notgedrungen auch der Fixkamm anders eingestellt werden, was aber schon großen Zeitverlust und viel Arbeit zum Einstellen von einigen Maschinen zur Folge hat.

Die Elsässische Maschinenbau-Gesellschaft hat nun diesen Übelstand umgangen, indem sie dem Speisezylinder für die Periode des Kämmens durch den Kreiskamm eine Zusatzbewegung erteilt, welche entweder positiv oder negativ sein kann. In anderen Worten: die Speisung kann für die Periode des Kämmens durch den Fixkamm, unabhängig von der Zylinderstellung, verlängert oder verkürzt werden, um mehr oder weniger Kämmling zu erhalten.

Diese Umschaltung wird dadurch erreicht, daß man einen Bolzen in einem Schlitz verschiebt, was höchstens einige Sekunden in Anspruch nimmt, wodurch dann die ganze Maschine auf den neuen Kämmlingsprozentsatz eingestellt ist.

Soll jedoch eine Kämmaschine PC, welche vorher lange Baumwolle verarbeitet hat, für kurze umgestellt oder soll der Prozentsatz an Kämmling in größerem Maße geändert werden, so genügt diese Veränderung für die Zusatzbewegung nicht mehr, sondern es muß die Entfernung der Abreißzylinder von der Zange neu eingestellt werden.

Gewöhnlich wird der Mechanismus bei einer gegebenen Baumwollsorte für einen Durchschnittsprozentsatz eingestellt, wobei man dann durch positive, eventuell negative Zusatzbewegung des Speisezylinders den Kämmling in gewünschtem Maße erhöhen oder verringern kann.

Will eine Kämmerei nur amerikanische Baumwolle oder Mako verarbeiten, so wird sie eine kleine oder mittlere Entfernung von Zange und Abreißzylinder wählen, sollen dagegen nur lange Baumwollen, wie Georgia, Sakellaridis usw. gekämmt werden, so wird man auf eine größere Zylinderstellung einstellen.

Wollte man z. B. einerseits amerikanische Baumwolle mit 8 bis 10% Kämmling und andererseits Sakellaridis mit 20 bis 24% Kämmling verarbeiten, so wäre dieselbe Zylinderstellung für beide Fälle nicht geeignet. Ist man aber genötigt, die Zylinderstellung einer Kämmaschine zu ändern, so wird man nicht immer sofort das gewünschte Ergebnis erzielen. Gerade in diesen Fällen zeigt sich der Wert der neuen Zusatzbewegung, mit der man ohne großen Zeitverlust die geeignete Bartlänge ausfindig machen kann. Das Wesen der Zusatzbewegung ist folgendes:

Der Speisezylinder arbeitet normalerweise, d. h. ohne jede Zusatzbewegung, mit einer Speisung von 7,3 mm für 1 Kammspiel. Gibt man positive Zusatzbewegung, so liefert der Speisezylinder mehr als 7,3 mm, bei negativer Zusatzbewegung weniger als 7,3 mm. Und dies bis zum Augenblick, in welchem die Zange sich schließt und der Kreiskamm auf den Bart einzuwirken beginnt.

Selbstverständlich muß die Länge, welche z. B. bei positiver Zusatzbewegung zu viel gespeist worden ist, wieder zurückgezogen werden, bevor das Abreißen erfolgt. Bei negativer Zusatzbewegung wird die zum Kämmen zurückgezogene Wattenlänge wieder nachgeliefert, ehe die Abreißzylinder den Faserbart erfassen.

Eine positive Zusatzbewegung von 2 mm will heißen: Vor dem Schließen der Zange schiebt der gezahnte Speisezylinder statt 7,3 mm eine Wattenlänge von $7{,}3 + 2 = 9{,}3$ mm vor. Die Zange schließt sich und der Kreiskamm kämmt diesen verlängerten Bart. Sobald die letzte Reihe des Kreiskammes durch den Bart gezogen ist, öffnet sich die Zange und der Speisezylinder dreht die 2 mm zuviel gelieferte Wattenlänge wieder zurück, bevor die Abreißzylinder die gekämmten Fasern erfassen.

Die wirkliche Speisung für 1 Kammspiel ist also 7,3 mm geblieben, der Bart wurde einfach um 2 mm während des Kreiskämmens verlängert, was einen größeren Kämmlingsprozentsatz und eine größere Sauberkeit des Kammzuges zur Folge hat.

Eine negative Zusatzbewegung von 2 mm will heißen: Vor dem Schließen der Zange schiebt der gezahnte Speisezylinder statt 7,3 mm eine Wattenlänge von 7,3 — 2 = 5,3 mm vor. Sobald dieser kurze Bart gekämmt ist und die Zange sich wieder öffnet, muß die fehlende 2 mm Watte wieder zurückerstattet werden, und zwar bevor die Abreißzylinder den gekämmten Faserbart erfassen, sonst hätte man ja nur 5,3 statt 7,3 mm gespeist. In diesem Falle wird also je Kammspiel zweimal gespeist.

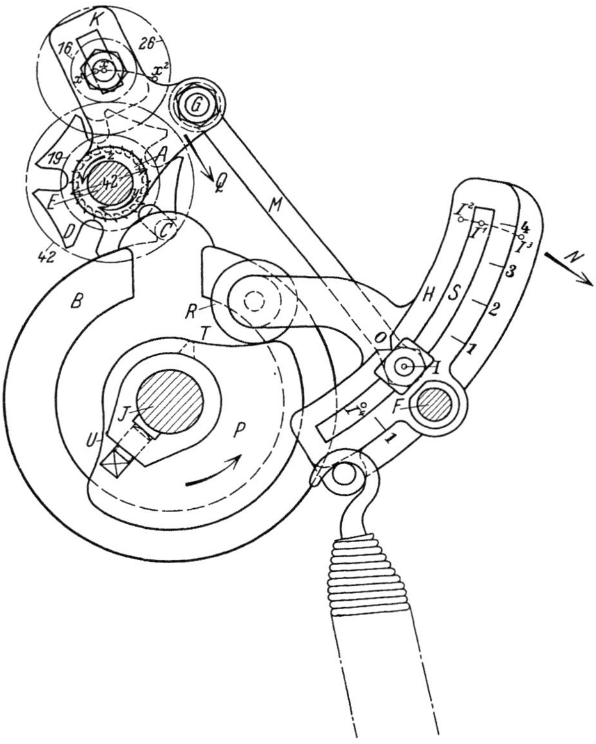

Abb. 173. Mechanismus für die Zusatzbewegung der Speisung.

Dadurch, daß aber in Wirklichkeit der zu kämmende Bart bloß 5,3 mm lang war, erhält man weniger Kämmling und die Sauberkeit ist geringer. Der zweite Nachschub bringt demnach die wirkliche Speisung auf 7,3 mm.

In beiden Fällen, sowohl bei der positiven wie bei der negativen Zusatzbewegung, bleibt die Lieferung dieselbe, weil eben die Speisung in beiden Fällen 7,3 mm beträgt; geändert haben sich bloß der Prozentsatz an Kämmling und die Kammzugsauberkeit.

Es soll nun der Mechanismus beschrieben werden, mit dessen Hilfe man erreicht, daß bei einer negativen Zusatzbewegung die 7,3 mm in 2 nacheinanderfolgenden, ruckweisen Bewegungen erfolgen, und daß bei der positiven Zusatzbewegung der Speisezylinder zuerst mehr als 7,3 mm liefert, um dann den Überschuß durch eine Rückwärtsdrehung des Speisezylinders vor dem Beginn des Abreißens wieder zurückzuholen (siehe Abb. 173).

Die Speisung vollzieht sich durch ruckweises Vorwärtsbewegen des Speisezylinders A, welcher mit der Welle E ein Stück bildet. Die auf der Exzenterwelle J festgekeilte Scheibe B, welche einen Zapfen C trägt, dreht sich bei jedem Kammspiel einmal um ihre Achse und dreht hierbei das Sternrad D um $\frac{1}{5}$ Umdrehung. Dieses Sternrad D ist lose auf die Welle E aufgeschoben und ist mit einem Rad von 19 Zähnen verbunden. Letzteres dreht mittels der Übersetzung $\frac{19}{26}\,\frac{16}{42}$ das Zahnrad mit 42 Zähnen, welches auf der Welle festgekeilt ist.

Die Achse x, welche das lose aufgeschobene Doppelrad von 16 und 26 Zähnen trägt, ist in dem Hebel K befestigt und dieser ist auf E lose aufgeschoben, so daß K um E schwingen kann.

Abb. 173 zeigt die Lage O, in welcher weder positive noch negative Zusatzbewegung stattfindet. Der Hebel K schwingt deshalb nicht und die Stellung der Achse x kann demnach als feststehend betrachtet werden. Für diesen Fall ist die Länge der vom Speisezylinder für 1 Kammspiel gelieferten Watte gleich

$$\frac{1}{5} \cdot \frac{19}{26} \frac{16}{42} \cdot 42 \cdot 3{,}1416 = 7{,}3 \text{ mm}.$$

Für diesen besonderen Fall befinden sich die Punkte G, I und F in einer geraden Linie.

Der Punkt F ist der Drehpunkt eines dreiarmigen Hebels H, wobei ein Arm eine Laufrolle R trägt, welche infolge Federzuges auf den Exzenter P gepreßt wird, während die beiden anderen Arme einen Führungsschlitz bilden, in welchem der Zapfen I hin- und herbewegt werden kann. M bildet der Verbindungshebel zwischen dem Zapfen I und dem in K befestigten Zapfen G. Sobald nun das Exzenter P um J dreht, schwingt das ganze Stück H um F. Da aber F, I und G sich in einer geraden Linie befinden, wird I ganz unmerklich um F schwingen und praktisch keinen Einfluß auf das Stück K haben. Das Doppelrad 16/26 arbeitet also wie ein gewöhnliches Zahngetriebe, welches um eine feste Achse dreht. Bei jedem Kammspiel wird demnach der gezahnte Speisezylinder A die Watte um 7,3 mm im Sinne des Pfeiles y ruckweise weiterschieben.

Angenommen, es soll eine positive Zusatzbewegung von 4 mm erteilt werden. Zu diesem Zweck wird der Bolzen I in dem Schlitze S so weit verschoben, bis er sich gegenüber der Marke *4* befindet. Da nun der Hebel H um F drehbar ist, so wird I^1 sich auf dem Punkte I^3 befinden, wenn die Laufrolle R auf dem großen Durchmesser des Exzenters P sein wird, und auf I^2, wenn R auf den kleinen Durchmesser des Exzenters gelangt. Da aber zwischen I^1 und K eine durch Hebel M bedingte starre Verbindung besteht, wird der Zapfen x bei der Stellung von I^3 sich in x^2 und bei der Stellung von I^2 sich in x^1 befinden.

In diesem Falle wird das Doppelrad 16/26 nicht mehr wie ein gewöhnliches Zahnrad arbeiten, sondern wie ein Planetenrad eines Differentialgetriebes.

Gelangt die Rolle R vom kleinen Exzenterdurchmesser zum großen, in Abb. 173 die Strecke T, so wird der Hebel H im Sinne des Pfeiles N sich um F drehen, wobei der Bolzen I von I^2 nach I^3 gelangt und der Hebel M das um E drehende Stück K mitnimmt, so daß der Zapfen x sich von x^1 nach x^2 bewegt. Das mit dem Sternrad D zusammen befestigte Rad von 46 Zähnen erhält folglich eine kleine Drehbewegung im Sinne des Pfeiles y, und der Speisezylinder A schiebt in dieser Regulierstellung *4* die Watte um 4 mm vor.

Die normale Speisung von 7,3 mm, infolge der $\frac{1}{5}$ Drehung des Sternrades D, hat in derselben Zeit stattgefunden. Die beiden Bewegungen addieren sich, so daß in Wirklichkeit $7{,}3 + 4 = 11{,}4$ mm vor dem Schließen der Zange gespeist wurde.

Gelangt jetzt die Rolle R auf die Strecke U des Exzenters P, so wird der Hebel K im umgekehrten Sinne schwingen: x gelangt von x^2 nach x^1. Demnach dreht der Speisezylinder im Sinne des Pfeiles z und nimmt hierbei genau dieselbe Länge Watte, in diesem Falle 4 mm, wieder zurück. Die effektive Speisung für 1 Kammspiel ist somit: $7{,}3 + 4 - 4 = 7{,}3$ mm.

Das Zurückdrehen der Watte geschieht gerade vor dem Abreißen. Infolgedessen hatte nur der vom Kreiskamm zu kämmende Bart eine um 4 mm größere Länge, so daß die Sauberkeit des Kammzuges und der Prozentsatz an Kämmling erhöht wurden. Dies geschah einzig und allein durch diesen Zusatzbewegungsmechanismus, während bei anderen Kämmaschinen die Zylinderstellung, d. h. der Abstand zwischen Zange und Abreißzylinder vergrößert werden müßte, um einen sauberen Zug zu erhalten. Das ganze wurde durch einfaches Verschieben des Bolzens I nach I^1 erreicht.

Soll nun weniger Kämmling und dementsprechend geringere Kammzugssauberkeit erzeugt werden, so wird dem Speisezylinder eine negative Zusatzbewegung erteilt. Nehmen wir eine solche von 1 mm an, so wird I nach I^4 verschoben.

Sobald die Laufrolle R die Kurve T des Exzenters P durchläuft, schwingt der Hebel H wiederum im Sinne des Pfeiles N, aber dieses Mal wird K im entgegengesetzten Sinne des Pfeiles Q um E schwingen.

Die Differentialbewegung der Räder wird ebenfalls im entgegengesetzten Sinne erfolgen; der Speisezylinder A dreht im Sinne des Pfeiles z und zieht 1 mm Watte zurück.

Wie gewöhnlich hat dabei die Bewegung um $\frac{1}{5}$ Drehung des Sternrades stattgefunden, nur daß sich jetzt die beiden entgegengesetzten Bewegungen voneinander subtrahieren, so daß effektiv $7{,}3 - 1 = 6{,}3$ mm Watte gespeist wurde.

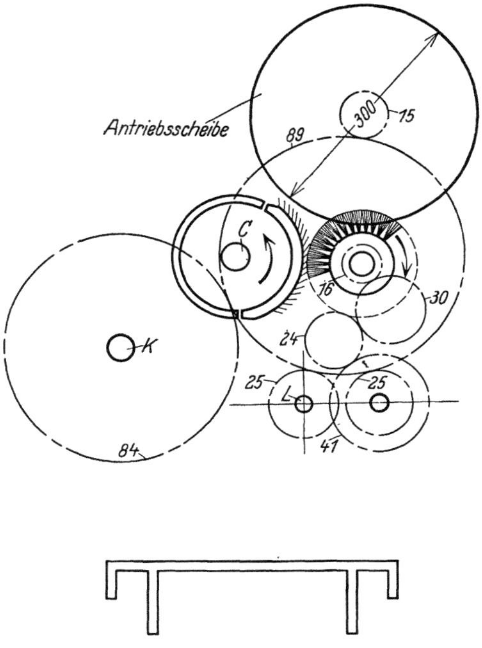

Abb. 174. Antrieb der Kreiskammbürste.

Der vom Kreiskamm gekämmte Bart wird demgemäß kürzer sein, so daß das Ergebnis weniger Kämmling und daher eine geringere Sauberkeit sein wird.

Gelangt R auf die Exzenterfläche U, so schwingt der Hebel K im Sinne des Pfeiles Q, folglich erhält der Speisezylinder A eine Vorwärtsbewegung (im Sinne des Pfeiles y), welche einer Wattenlänge von 1 mm entspricht. Die wirkliche Speisung ist daher $7{,}3 - 1 + 1 = 7{,}3$ mm.

Bei einer im Betriebe sich befindlichen Kämmaschine ist leicht zu ersehen, ob die Maschine mit positiver, negativer oder gar keiner Zusatzbewegung arbeitet. In letzterem Falle wird der Speisezylinder bei jedem Kammspiel eine kleine, ruckweise Vorwärtsbewegung ausführen.

Bei positiver Zusatzbewegung erhält der Speisezylinder zwei ruckweise Bewegungen, von welchen die eine, die größere, die Watte vorschiebt, während die andere, die kleinere, eine Rückwärtsbewegung ist.

Bei negativer Zusatzbewegung wird der Speisezylinder zwei kleine, ruckweise Bewegungen im selben Sinne ausführen.

Befindet sich der Bolzen I an der Stelle O des Hebels H, d. h. liegen F, I und G in einer geraden Linie, so arbeitet die Maschine mit der Zylinderstellung, wie sie nach Abb. 159 eingestellt wurde. Diese Zylinderstellung hängt von der Natur der Baumwolle und von dem gewünschten Prozentsatz an Kämmling ab. Für kurze Baumwolle und für geringen Kämmlingsprozentsatz wird man 11 mm Zylinderstellung wählen, wogegen man für lange Fasern, welche sehr

Tabelle

Baumwollsorte	Gewünschte Sauberkeit des Kammzuges	Prozentsatz an Kämmling %	Gewicht pro laufenden Meter eines aufgelegten Wickels in g	Fixkamm		
				Anzahl Nadeln pro cm	Nummern der flachen Nadeln	Tiefeneinstellung mit dem Stellblech
Amerikanische Baumwolle	Sehr wenig Kämmling	8	40	21 oder 22	22/28	0,2 mm tiefer wie normal
	Wenig Kämmling	14	40	22	22/28	desgl.
	Gute Sauberkeit	20	40	22	22/28	desgl.
	Extra sauber	22	36	23	22/28	desgl.
Mako (Jumel)	Sehr wenig Kämmling	8	40	21 oder 22	22/28	normal, d. h. nach dem Stellblech
	Wenig Kämmling	11	40	22	22/28	desgl.
	Ziemlich gute Sauberkeit	14	40	22 oder 23	22/28	desgl.
	Gute Sauberkeit	16	40	23	22/28	desgl.
	Sehr gute Sauberkeit	18,5	40	23	22/28	desgl.
	Extra sauber	21	36	24	23/29	desgl.
Sakellaridis	Gute Sauberkeit	18	34	22/28	22/28	sehr tief, 1 mm mehr wie normal
	Extra sauber	21	34	23/29	23/29	desgl.
Sea-Island oder Georgia 1/s	Ziemlich gute Sauberkeit	18	34	23/29	23/29	sehr tief, 1 mm mehr wie normal
	Gute Sauberkeit	21	34	23/29	23/29	desgl.
	Extra sauber	23	34	23/29	23/29	desgl.

Anmerkung: Soll die Maschine wenig Kämmling liefern, so ist die Anwendung eines Fixkammes
zug gelangen können.

sauber gekämmt werden sollen, bis zu 14 mm Zylinderstellung geben kann. In der Tabelle 14 sind die Zylinderstellungen für die verschiedenen Baumwollsorten angegeben.

Eine Verschiebung des Bolzens *I* nach den Punkten *1*, *2*, *3* oder *4* ist einer Vergrößerung der Zylinderstellung gleichwertig; wird dagegen der Bolzen *I* nach I^4, also unterhalb des Drehpunktes *F*, verschoben, so kommt dies einer Verminderung der Zylinderstellung und demnach einer Verminderung des Kämmlingsprozentsatzes gleich. Gelangt man an das Ende des Schlitzes *S*, ohne das gewünschte Resultat zu erreichen, so muß eben die normale Zylinderstellung nach Abb. 159 geändert werden.

Antrieb der Kreiskammbürste (Abb. 174). Der Antrieb geht von der Hauptwelle aus mittels Rädergetriebes mit folgender Übersetzung:

$$n \cdot \frac{15}{89} \frac{89}{25} \frac{41}{24} \frac{24}{30} \frac{30}{16}.$$

Zum Einstellen der Kreiskammbürste verwendet man das Kaliber *t* (Abb. 175). Man dreht den Kreiskamm so lange, bis die Verschalung des nicht mit Nadeln versehenen Teiles des Rundkammes sich gegenüber der Bürste *x*

14.

Einstellen der Unterzange mit dem Stellblech[1]	Zylinderstellung in mm	Stellung des Bolzens I im Schlitz S Abb. 173	Stellung des Bolzens s betreffs der Abreißlänge Abb. 166	Kreiskamm	Segment zum Löten des Vlieses (Bezeichnung)
Kleine Öffnung, 10 Kanten weniger wie Stellblech A	11	— 1 unter 0	Nr. 3	Halb-Fein (zu 17 Kammreihen)	LOUI
8 Kanten weniger wie Stellblech A	12	0	Nr. 3	Halb-Fein oder Fein	LOUI
desgl.	12	+ 2 über 0	Nr. 3	Hochfein	LOUI
desgl.	12	+ 2 oder + 3	Nr. 3	Hochfein	LOUI
Normale Einstellung mit Stahlblech A	12	— 2	Nr. 2	Halb-Fein (zu 17 Nadelreihen)	LOUI oder Jumel
desgl.	12	— 1	Nr. 2	Halb-Fein (zu 17 Nadelreihen)	desgl.
desgl.	12	0	Nr. 2	Fein	desgl.
desgl.	12	+ 1	Nr. 2	Fein	desgl.
desgl.	12	+ 2	Nr. 2	Hochfein	desgl.
desgl.	12	+ 3	Nr. 2	Hochfein	desgl.
Vergrößerte Öffnung, 4 Kanten mehr wie Stellblech A	13	+ 1 oder + 2	Nr. 2	Hochfein	LOUI oder Jumel
desgl.	14	+ 2	Nr. 2	Hochfein	desgl.
Vergrößerte Öffnung, 4 Kanten mehr wie Stellblech A	13	+ 1	Nr. 2	Hochfein	LOUI oder Jumel
desgl.	13	+ 2	Nr. 2	Hochfein	desgl.
desgl.	14	+ 2	Nr. 2	Hochfein	desgl.

mit 21 oder 22 Nadeln auf 1 cm unbedingt nötig, da sonst ungekämmte Fasermassen in den Kamm-

befindet. In dieser Stellung soll das Kaliber *t* leicht, aber ohne Spiel, zwischen Verschalung und Bürstenspitzen hindurchgehen. Um einstellen zu können, wird der Deckel *u* entfernt und mit der Schraube *z* reguliert.

Infolge des längeren Gebrauches legen sich die Borsten. Es ist deshalb ratsam, von Zeit zu Zeit die Bürsten umzudrehen, damit ihre Lebensdauer erhöht und der Kamm besser gereinigt wird. Der Durchmesser der Kreiskammbürste beträgt 141 mm.

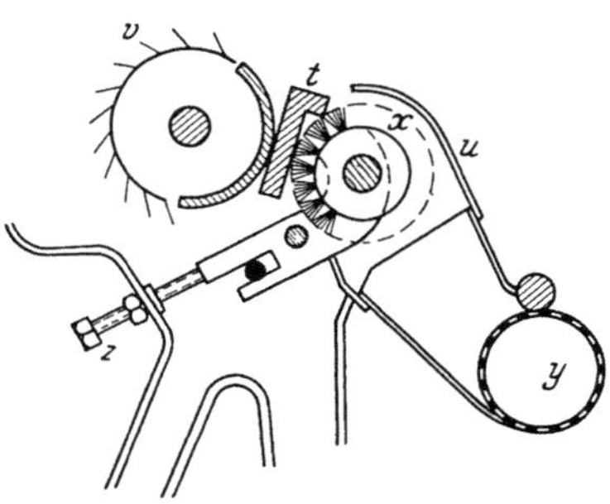

Abb. 175. Einstellen der Kreiskammbürste.

In der Tabelle 14 sollen für die verschiedenen Baumwollsorten und für den gewünschten Prozentsatz an Kämmling die Einstellung und die Arbeitsweise angegeben werden.

[1] Das Einstellen der Unterzange mit dem Stellblech A (siehe Abb. 155) wird als normal bezeichnet. Da die Schraubenmutter b 6 Kanten besitzt, so bedeutet z. B. 10 Kanten weniger wie normal, daß die Schraubenmutter b um 10 Kanten oder $1^2/_3$ Umdrehungen, nach beendigtem Einstellen mit Stellblech A, gelockert werden soll.

Tabelle 15a. Kreiskamm mit flachen Nadeln.

	Mittelfeiner Kreiskamm						Feiner Kreiskamm						Hochfeiner Kreiskamm					
	Laufende Nummer	Anzahl Nadeln pro cm	Nummern der Nadeln	Länge der Nadeln in Zollmaß	Hervorstehende Länge der Nadeln mm	Gesamthöhe einer Nadelreihe mm	Laufende Nummer	Anzahl Nadeln pro cm	Nummern der Nadeln	Länge der Nadeln in Zollmaß	Hervorstehende Länge der Nadeln mm	Gesamthöhe einer Nadelreihe mm	Laufende Nummer	Anzahl Nadeln pro cm	Nummern der Nadeln	Länge der Nadeln in Zollmaß	Hervorstehende Länge der Nadeln mm	Gesamthöhe einer Nadelreihe mm
Segment für Grobkämmen	1	6	18/22	1/2	6	20,5	1	6	18/22	1/2	6	20,5	1	6	18/22	1/2	6	20,5
	2	8	18/22	1/2	6	20,5	2	8	18/22	1/2	6	20,5	2	8	18/22	1/2	6	20,5
	3	8	18/22	1/2	6	20,5	3	8	18/22	1/2	6	20,5	3	10	18/22	1/2	6	20,5
	4	10	18/22	7/16	5	22	4	10	18/22	7/16	5	22	4	12	19/24	1/2	6	20,5
	5	10	18/22	7/16	5	22	5	10	18/22	7/16	5	22	5	14	19/24	7/16	5	22
	6	12	19/24	7/16	5	22	6	12	19/24	7/16	5	22	6	14	19/24	7/16	5	22
	7	12	19/24	7/16	5	22	7	12	19/24	7/16	5	22	7	16	20/26	7/16	5	22
	8	14	19/24	7/16	5	22	8	14	19/24	7/16	5	22	8	18	20/26	7/16	5	22
	9	14	19/24	7/16	5	22	9	14	19/24	7/16	5	22	9	18	20/26	7/16	5	22
	10	16	20/26	7/16	4	23	10	16	20/26	7/16	4	23	10	21	21/27	7/16	4	23
	11	18	20/26	7/16	4	23	11	18	20/26	7/16	4	23	11	21	21/27	7/16	4	23
Segment für Feinkämmen	12	18	20/26	7/16	4	23	12	18	20 26	7/16	4	23	12	23	21/27	7/16	4	23
	13	21	21/27	7/16	4	23	13	21	21/27	7/16	4	23	13	23	21/27	7/16	4	23
	14	23	21/27	3/8	3	24	14	21	21/27	7/16	4	23	14	26	23/29	7/16	4	23
	15	26	23/29	3/8	3	24	15	23	21/27	3/8	3	24	15	26	23/29	7/16	4	23
	16	26	23/29	3/8	3	24	16	23	21/27	3/8	3	24	16	29	24/30	3/8	3	24
	17	26	23/29	3/8	3	24	17	26	23/29	3/8	3	24	17	29	24/30	3/8	3	24
							18	26	23/29	3/8	3	24	18	29	24/30	3/8	3	24
							19	29	24/30	3/8	3	24	19	32	25/31	3/8	3	24
							20	29	24/30	3/8	3	24	20	32	25/31	3/8	3	24
							21	29	24/30	3/8	3	24	21	32	25/31	3/8	3	24
	Anmerkung: Die 4 folgenden Nadelreihen werden weggelassen.																	
	Für geringen Prozentsatz an Kämmling.						Für das gewöhnliche Kämmen der gebräuchlichsten Baumwollsorten.						Für große Sauberkeit bester Baumwollsorten.					

Allgemeine Angaben über die Kämmaschine PC. Die Umdrehungszahl der Hauptwelle beträgt 532, wonach die Kreiskammwelle 95 Umdrehungen in 1 Minute macht.

Jede Ablieferung der Kämmaschine wird von 2 Wickeln gespeist.

Ist die Nummer der Kardenbänder zu grob, so müssen im gegebenen Verhältnis weniger Kannen auf der Bandvereinigungsmaschine dubliert werden. Wenn es angängig ist, sollten die Kardenbänder etwas feiner gehalten werden, besonders wenn es sich um lange Baumwolle handelt, wie z. B. Georgia, Sakellaridis usw., welche sehr sauber zu kämmen sind und deren Wickel bloß 34 g bis 36 g für einen laufenden Meter wiegen. Jedenfalls wird die Wickelwatte gleichmäßiger, wenn man feine Kardenbänder genügend dubliert, als wenn man die Dublierung auf der Bandvereinigungsmaschine wegen allzu schwerer Kardennummer verringern muß.

Ein Satz (Assortiment) von Kämmaschinen mit den nötigen Vorbereitungsmaschinen setzt sich folgendermaßen zusammen:

1 Bandvereinigungsmaschine, 1 Wickelstrecke zu 6 Ablieferungen, 4 Kämmmaschinen PC zu 4 Ablieferungen. Ein derartiges Assortiment liefert:

für amerikanische Baumwolle und Mako	360—400 kg	Kammzug
für Georgia, Sakellaridis und andere lange Baumwollsorten . . .	320—360 kg	„

Die Kämmaschine PC verbraucht ungefähr 1½ PS. Die Gesamtlänge der Maschine beträgt 3,575 m, die Totalbreite = 1,335 m. Eine Arbeiterin kann 4 Maschinen überwachen.

Tabellen 15a und 15b zeigen die Anordnung der Kreiskamm- und Fixkammnadeln für die verschiedenen Baumwollsorten.

Tabelle 15b. Fixkamm mit flachen Nadeln.

	Anzahl Nadeln pro cm	Nummern der Nadeln	Länge der Nadeln in Zollmaß	Hervorstehende Länge der Nadeln mm
Für geringen Prozentsatz an Kämmling . . .	21 oder 22	22/28	5/8	6
Für durchschnittlich gute Sauberkeit	23	22/28	5/8	6
Für extra gute Sauberkeit	24	23/29	5/8	6

F. Das Herstellen von Stapeldiagrammen.

Mit den im Baumwollhandel gebräuchlichen Angaben über Stapellängen ist dem Spinnereitechniker insofern nicht gedient, als diese Längenbezeichnungen der Baumwollfasern sich nur auf den annähernden Maximalstapel — den Kaufstapel — beziehen. In dieser Hinsicht gibt auch das allgemein übliche Stapelziehen zur Feststellung der Faserlänge nur Anhaltspunkte, aber keinen Aufschluß über das Vorhandensein und das Längenverhältnis der in großer Zahl im Rohstoff enthaltenen kurzen Fasern. Die genaue Kenntnis der Stapelbeschaffenheit einer bestimmten Baumwollsorte ist von jedem Spinner von großem Wert, besonders ist sie für jene Spinnereien beinahe unentbehrlich geworden, welche die Baumwolle kämmen oder welche das neue große Verzugsverfahren in ihrem Betrieb einzuführen gedenken.

Abb. 176 gibt ein „Stapeldiagramm“ und dadurch ein getreues Bild einer Baumwollsorte, daß alle enthaltenen Fasern nebeneinander ihrer Länge nach geordnet auf eine schwarze Kontrastfläche aufgelegt werden. Aus einem solchen Stapeldiagramm läßt sich sowohl die wirkliche, mittlere Stapellänge, als auch die für eine bestimmte Baumwollsorte günstige Zylinderstellung ermitteln, von der wiederum die Höhe des Verzuges, wie auch das Gewicht des mittleren Druckzylinders bedingt ist.

Durch Eintragen des Klemmpunktabstandes im Diagramm (siehe Abb. 177) ergibt sich ohne weiteres die prozentuale Verteilung der geklemmten und freischwebenden Fasern, welche sich in jedem Augenblick zwischen Vorder- und Mittelzylinderpaar befinden.

Aus dem Vergleich des Diagrammes einer gegebenen Baumwollsorte mit den Diagrammen der Halbfabrikate und Abfälle können leicht wertvolle Schlüsse

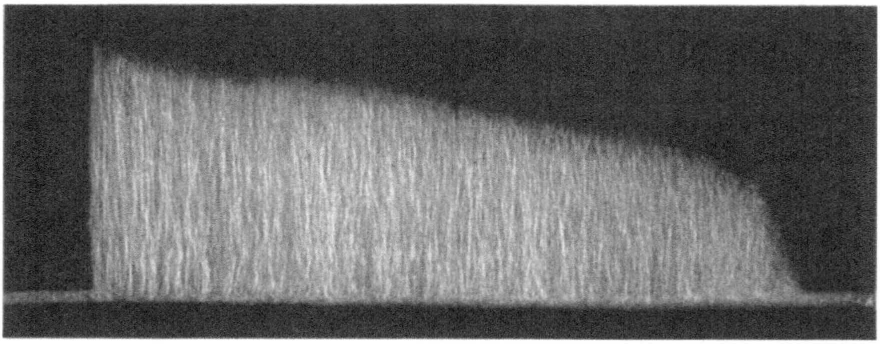

Abb. 176. Stapeldiagramm.

auf die Arbeitsweise der zu kontrollierenden Maschinen gezogen werden, welchen außer der Reinigung auch die Ausscheidung der kurzen Fasern zufällt (Öffner, Schläger und Krempel).

Abb. 178 zeigt einen Stapeldiagramm-Apparat der Firma Henry Baer & Co., Zürich IV, Elisabethenstraße 12, welcher höchst einfach zu handhaben ist. Am besten verwendet man zum Herstellen von Faserdiagrammen Lunten, deren Fasern schon parallel gelegt sind. Soll Rohbaumwolle untersucht werden, so wird man die Fasern des zu untersuchenden Baumwollbüschels mit den Fingern vorher parallelisieren. Es soll ausschließlich leicht angefeuchtete Baumwolle für Diagramme verwendet werden; es wird deshalb vorteilhaft sein, das zu untersuchende Material während einer Nacht im Garnkeller zu lagern. Aus der so befeuchteten Baumwolle formt man ein längliches Büschel und erteilt diesem zwischen den Fingern eine leichte Drehung, so daß es im Aussehen einer Grobspulerlunte gleicht. Wie aus Abb. 178 ersichtlich ist, besteht der Apparat aus ineinander greifenden Reihen von Nadelkämmen. Die 8 unteren Nadelreihen *1* sind in den lose eingeschobenen Stiften *2* gelagert. Die 3 oberen Nadelreihen *3* sind derart in Schlitze eingesetzt, daß sie in die Zwischenräume der unteren Nadelreihen eingreifen.

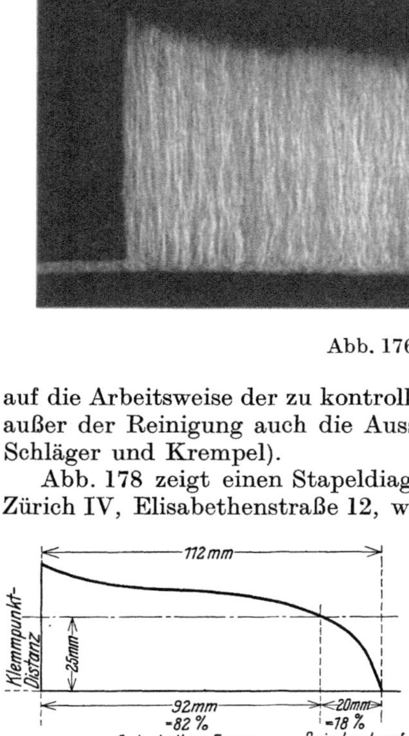

Abb. 177. Prozentuale Verteilung der geklemmten und freischwebenden Fasern im Diagramm.

Das zu untersuchende Baumwollbüschel legt man leicht angestreckt, nach Entfernen der oberen Nadelreihen, über die unteren Nadelreihen und drückt sie in die Nadeln etwas ein, so daß die Fasern senkrecht zu den Kämmen liegen. Das gegen den Beschauer gerichtete, über den ersten Kamm (als erster Kamm ist hier der hinterste Kamm bezeichnet nach Abb. 178) vorstehende Ende desselben sei ungefähr 2 bis 2,5 cm lang und stumpf, ähnelt also einem kleinen Malpinsel mit abgeschnittener Spitze. Einzelne, abstehende Fasern sind zu entfernen. Mit der Faserzange (Abb. 179a) ergreift man nun einen kleinen Teil der Fasern, zieht sie nebenan einmal durch den vordersten Kamm, um anhaftende Nissen usw. abzustreifen und richtet die Fasern mit Daumen und Zeigefinger der linken Hand gerade. Die Form eines solchen Faserbüschelchens soll die eines sehr schmalen, in die Länge gezogenen Dreieckes sein, dessen Grundlinie (in der Zange gehalten) nicht breiter sein soll als höchstens 3 mm. Diesen Faserbart legt man dann etwas daneben wieder in die Nadeln der Kämme ein, löst behutsam die Zange und drückt mit dem kleinen Holzrechen (Abb. 179b) die Faserschicht tiefer in die Nadeln ein. Dies sorgfältig auszuführende Verfahren wird so oft wiederholt, bis eine genügende Menge Fasern gesammelt ist. Öffnet man die Zange, so sollen die Faserenden, die sie festgehalten hat, alle den gleichen Abstand vom ersten Kamm aufweisen, die einzelnen Faserschichten sollen demnach genau übereinander zu liegen kommen. Hierauf wird der Apparat mit der vorderen Seite, wie wir ihn in Abb. 178 sehen, so gedreht, daß die Enden der die Kämme tragenden Stifte gegen den Beschauer gerichtet sind. Jetzt werden die 3 oberen Kämme eingelegt, deren Nadelbelag in die Zwischenräume der unteren Kämme greift. Die oberen Kämme dienen dazu, durch eine vermehrte Nadelreibung den Widerstand der Faserenden gegen das Herausziehen zu erhöhen bzw. die Parallelstreckung der einzelnen Faserbündel zu fördern.

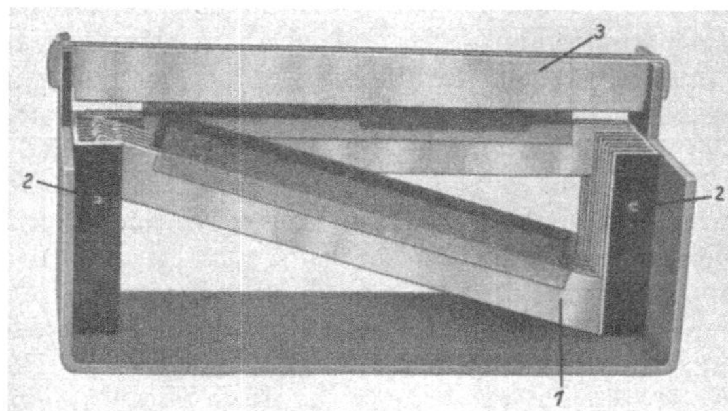

Abb. 178. Stapeldiagramm-Apparat.

b a

Abb. 179. Faserzange (a) und Holzrechen (b) zur Herstellung eines Faserdiagramms.

Auf einem mit schwarzem Tuch bespannten Brettchen, der „Kontrastfläche“, auf das vorher mit spitzer Kreide ein gerader Strich, die Grundlinie des Diagrammes, gezogen wurde, erfolgt nun mit Hilfe der Faserzange das Ab- und Nebeneinanderlegen der einzelnen dünnen Faserbärte von links nach rechts. Diejenigen Kämme, aus deren Nadelreihen keine greifbaren Fasern mehr herausragen, läßt man jeweils durch Zurückziehen eines Drahtstiftes *2* nach unten fallen. Dies Verfahren wird so lange fortgesetzt, bis nur mehr je ein oberer und ein unterer Kammstab zurückbleiben. Den in den Nadeln dieser beiden verbliebenen, kleinen Faserrest setzt man endlich an das Ende der vorhergegangenen Faserbärte, womit das Faserdiagramm fertig ist. Die Länge eines solchen beträgt gewöhnlich 130 bis 150 mm.

G. Die Strecke.

1. Allgemeines.

Die Aufgabe dieser Maschine besteht darin, die auf der Karde gereinigten und entwirrten Baumwollfasern parallel nebeneinander zu legen und die Ungleichmäßigkeiten des Bandes auszugleichen. Das Grundprinzip der Strecke bildet der Verzug. Nehmen wir ein Baumwollbüschel zwischen Daumen und Zeigefinger, und ziehen wir mit denselben Gliedern der anderen Hand Fasern heraus, so werden zuerst die längsten Fasern entfernt. Hierbei müssen jedoch Daumen und Zeigefinger der ziehenden Hand stärker zusammengepreßt werden, wie die der zurückhaltenden Hand. Auch bemerken wir hierbei, daß die Entfernung der einen Hand von der anderen abnehmen muß, je mehr Fasern herausgenommen worden sind, denn die Fasern werden mit jedem Ausziehen kürzer. Ist der Druck der zurückhaltenden Hand zu klein, so wird die andere Hand ganze Faserbüschel statt einzelne Fasern herausziehen. Durch das Gefühl in den Händen wird vermieden, daß die Fasern durch zu kurze Entfernung einer Hand von der anderen zerreißen. Wendet man aber nun mechanische Rückhaltezangen an, so kann nur durch entsprechende Entfernung der Auszugs- und Rückhalteorgane und durch entsprechende Belastung dieser beiden dafür gesorgt werden, daß die Fasern nicht zerrissen und daß nicht ganze Büschel herausgerissen werden.

In der Praxis benutzt man als derartige Organe eiserne geriffelte Zylinder, welche mit belederten Druckzylindern belastet sind. Hierbei werden die ausziehenden Zylinder sich mit größerer Umfangsgeschwindigkeit bewegen als die zurückhaltenden. Dadurch, daß durch die rückhaltenden Zylinder infolge ihrer Umdrehung stets neues Baumwollmaterial zugeführt wird, werden zuerst die langen Fasern, dann die kürzeren von den ausziehenden Zylindern erfaßt. Durch den ständigen Nachschub frischer Fasern werden demnach gleichzeitig kurze Fasern mit den längeren vermischt. Während die langen Fasern nach dem Verlassen der Einzugszylinder sogleich von den Auszugszylindern erfaßt werden, schwimmen die kurzen Fasern von einem Zylinderpaar zum anderen hinüber. Durch Anordnen mehrerer Zylinderpaare, deren nächstfolgendes eine größere Umfangsgeschwindigkeit besitzt wie das vorhergehende, entsteht ein Streckwerk, wie wir es heute bei Strecke, Spuler und Spinnmaschinen der Baumwollindustrie vorfinden.

Diejenige Zahl, welche anzeigt, wievielmal die Umfangsgeschwindigkeit des Einzugszylinders in derjenigen des Auszugszylinders enthalten ist, nennt man Verzug:

$$\text{Verzug} = \frac{\text{Austretende Länge}}{\text{Eintretende Länge}}\,.$$

Betrachten wir jetzt einen Riffelzylinder und dessen Druckzylinder. Bei genügender Vergrößerung wird man bemerken, daß die Riffeln wie Messer schneidend wirken, sobald ein unelastischer glatter Zylinder unter Gewichtsdruck auf dieselben gepreßt wird. Würden nun die Baumwollfasern zwischen einen derartigen Klemmpunkt gelangen, so würden sie teilweise durchschnitten werden. Bildet aber der Druckzylinder eine elastische Oberfläche, so drücken sich die Fasern in die Druckzylinder ein, und die scharfen Riffelkanten werden demgemäß die Fasern nicht mehr beschädigen können. Je größer die Riffelkanten sind, desto weicher muß die elastische Unterlage sein. Je nach der Anzahl Riffeln auf Zylinderdurchmesser werden die eisernen Druckzylinder zuerst mit einer 1½ bis 2 mm dicken Filzschicht beklebt, worüber ein weicher, glatter Lederüberzug gespannt wird, dessen Leder eine Dicke von durchschnittlich 0,8 mm aufweist. Um die allzu schnelle Abnutzung dieses Leders zu verhindern, nimmt man die zu bearbeitende Wattenbreite schmäler als die Druckzylinder und bewegt die Watte gleichförmig, parallel zur Achse, hin und her.

Das Mitnehmen des Belastungszylinders geschieht infolge des auf den Riffelzylinder ausgeübten Druckes, also durch Reibung. Infolge der Zapfenreibung des Druckzylinders wird diese normale Reibung verkleinert, d. h. die Zapfenreibung verringert die zum Ausziehen der Fasern nötige Reibung. Der Druckzylinder besitzt eine nur wenig geringere Umfangsgeschwindigkeit als der Riffelzylinder; diese Geschwindigkeitsdifferenz genügt aber, um eine Reibung zwischen Fasern und Zylinder hervorzurufen, die die Fasern elektrisch erregt. Derartig elektrisch erregte Fasern suchen sich gegenseitig voneinander abzustoßen und widersetzen sich somit dem Parallellegen. Durch Feuchtigkeit wird die Elektrizität in die Luft abgeleitet und dieser Fehler einigermaßen wieder ausgeglichen. Zu feuchte Luft verursacht das Kleben der Fasern an den Lederzylindern und beeinträchtigt auch die Haltbarkeit des Leders. Sehr oft wird man in Spinnereien größere oder kleinere Verschiedenheiten in den Garnnummern finden. Dies ist meistens dem Umstande zuzuschreiben, daß die Lederzylinder infolge allzu großer Zapfenreibung oder infolge ungenügenden Belastungsdruckes mehr oder weniger nacheilen. Ein derartig unregelmäßiges Drehen der Druckzylinder läßt sich praktisch nachweisen, indem man die Maschine zum Stillstand bringt und die Druckzylinder in gleicher Höhe mit Bleistiftstrichen markiert. Nach einigen Umdrehungen stellt man die Maschine wieder ab, wobei man bemerken wird, daß die Striche nicht mehr in derselben Linie liegen. Selbstredend ist hierbei vorausgesetzt, daß die Druckzylinder genau gleichen Durchmesser haben. Um dem Übel abzuhelfen, hat man versucht, den Druckzylinder mittels Zahnräder vom Riffelzylinder anzutreiben, wobei die Zähne der beiden ineinander greifenden kleinen Räder verhältnismäßig lang sein müssen, damit bei vorkommenden dicken Stellen die Räder nicht außer Eingriff kommen[1].

Wie schon früher erwähnt wurde, kann man nicht allgemein gültige Zahlen für den Verzug aufstellen, da letzterer von der Dicke der Fasermasse sowie von der mehr oder weniger regelmäßigen Anordnung der Fasern abhängt.

Jeder nächstfolgende Riffelzylinder oder vielmehr jeder Auszugszylinder eines Streckwerkes besitzt eine größere Umfangsgeschwindigkeit wie der vorhergehende Einzugszylinder. Infolgedessen werden sich die Fasern aneinander streichen, wodurch sie parallel gelegt werden. Je dicker das Band, desto kleiner muß der Verzug zwischen zwei Zylindern sein, um zu vermeiden, daß infolge des allzu großen Geschwindigkeitsunterschiedes die locker und wirr durcheinander liegenden Fasern sich gegenseitig verknoten und zerreißen. Die Zerreißstelle liegt nicht im Knoten, sondern vor oder nach demselben. Demgemäß enthält der aus derartig bearbeitetem Fasermaterial hergestellte Faden sehr viele kurze Fasern, sowie Knötchen, wodurch natürlich die Gleichmäßigkeit des Garnes ungünstig beeinflußt wird. Sind beim zweiten Zylinderpaar die Fasern schon etwas entwirrt und ist die Fasermasse etwas dünner, so wird auch mehr Verzug gegeben. Auch die Belastung muß zunehmen. Halten wir mit der einen Hand zwischen Daumen und Zeigefinger ein dickes Faserbüschel und ziehen wir mit der anderen Hand Fasern heraus, so brauchen wir bedeutend weniger Kraft zum Zurückhalten der Fasermasse, wie wenn wir ein dünnes Faserbüschel halten und daraus einige Fasern herausziehen wollen. Da aber von Verzugszylinder zu Verzugszylinder die Fasermasse dünner wird, so muß mit jedem nächst

[1] Brüggemann, H.: Das Strecken der Fasermassen. Stuttgart 1898.

folgenden Zylinder die Belastung größer sein. Ist die Belastung zu gering, so kommt das Gut büschelweise zum Auszugszylinder heraus.

Betrachten wir nun ein Kardenband von z. B. Nr. 0,15 englisch, es sei die größte Faserlänge = 29 mm. Spannen wir ein solches Band zwischen 2 Klemmen in einem Abstand von 29½ mm und versuchen wir an der einen Klemme, der Auszugsklemme, zu ziehen, indem wir die andere Klemme festhalten, so werden wir bemerken, daß wir bei dieser Entfernung eine große Kraft benötigen und eher einige Fasern zerreißen, um die beiden Klemmen auseinander zu bringen. Obwohl die größte Faserlänge 29 mm ist und wir demnach theoretisch 29,5 mm einklemmen könnten, um ohne Zerreißgefahr die Fasern zu verziehen, so sehen wir, daß trotzdem die Fasern zerrissen werden. Es muß also theoretische und praktische Klemmpunkte geben, wobei letztere um eine gewisse Zahl größer sind als erstere. Verlegen wir nun in diesem Beispiel die Klemmpunkte immer weiter auseinander, so werden wir bei jeder größeren Entfernung immer weniger Kraft zum Ausziehen nötig haben. Um aber ein fetzenweises Ausziehen zu verhindern, dürfen wir die praktischen Klemmpunkte nur so weit auseinander legen, daß wir eben noch gleichmäßig, ohne Zerreißgefahr, mit einer gewissen, nicht allzu großen Kraftaufwendung das Band auseinander ziehen können. In obigem Beispiel wurde 41 mm als praktische Klemmpunktsentfernung ermittelt. Mit diesem verzogenen Band wird jetzt wiederum so verfahren, als praktische Klemmpunktsentfernung wurde 36 mm gefunden. Beim dritten Zylinderpaar wurden 32 mm ermittelt. Hieraus folgt, daß der praktische Klemmpunkt sich dem theoretischen nähert, je dünner das Band ist und je mehr die Fasern parallel gelagert sind.

Im allgemeinen ist es deshalb nicht möglich, Zylinderstellungen für irgendeine Sorte Baumwolle anzugeben. Sie hängen eben ab von der Faserlänge, der Nummer und der mehr oder weniger beträchtlichen Rauheit der Fasern; diese beeinflußt die Reibung der Fasern aneinander. Es bleibt nichts anderes übrig, als die Zylinderstellungen auf empirischem Wege festzustellen. Wie dies geschieht, wurde schon in dem Kapitel „Verzug und Dublierung" zur Genüge besprochen. Sind die Riffelzylinder zu weit voneinander entfernt, so entstehen in regelmäßigen Abständen Schnitte im Gut, zu nahe aneinander gestellte Zylinder zeigen dicke Stellen, unregelmäßig im Vlies verteilt.

Als Belastungen der belederten Druckzylinder kommen entweder Gewichte oder Federn oder auch beide zusammen in Betracht. Die Gewichte haben den Vorteil, daß sie durch eine einfache Vorrichtung alle zusammen zugleich gehoben werden können, so daß die Druckzylinder dann nur durch ihr Eigengewicht auf die Riffelzylinder drücken und auf diese Weise bei längerem Stillstand der Maschine das Leder geschont wird. Die Belastung mittels Zugfedern hat den Vorteil, daß bei unregelmäßigen Stellen in der Fasermasse die Feder nachgibt und so Stöße und die damit hervorgerufenen Schnitte vermieden werden können. Ferner können die Belastungen vergrößert oder verkleinert werden, je nachdem die Feder gespannt oder entspannt wird. Jedoch soll hierbei auch bemerkt werden, daß die Federn mit der Zeit lahm werden und auch das Entlasten der Druckzylinder auf Schwierigkeiten stößt. Die Firma John Hetherington & Sons, Manchester, wendet zum Belasten des Vorderzylinders den Gewichtsdruck mit Federeinlage an, wie dies in Abb. 180 veranschaulicht ist.

Um die Stöße bei ungleichen Banddicken aufzufangen, ist es zweckmäßig, die Gewichte an federnden Gewichtshaken aufzuhängen. Einen derartigen, aus Federstahl hergestellten Gewichtshaken zeigt Abb. 181.

Die Druckzylinder sind ein sehr teurer Artikel, deshalb ist ihnen die größte Sorgfalt zuzuwenden. Vor allem muß darauf gesehen werden, daß der Druckzylinder genau parallel dem Riffelzylinder liegt und daß die Riffeln nicht gegen die Klebstelle des Leders auf-, sondern beim Drehen von ihr ablaufen. Es ist deshalb praktisch, die Drehrichtung der Druckzylinder für Strecke, Spuler oder Spinnmaschinen mit aufgestempelten Pfeilen anzudeuten. Die Umfänge von Druck- und Riffelzylinder müssen so bemessen werden, daß die Riffeln nicht in regelmäßigen Zeiträumen an dieselbe Stelle des Leders gelangen und nach und nach Rillen in dasselbe eindrücken.

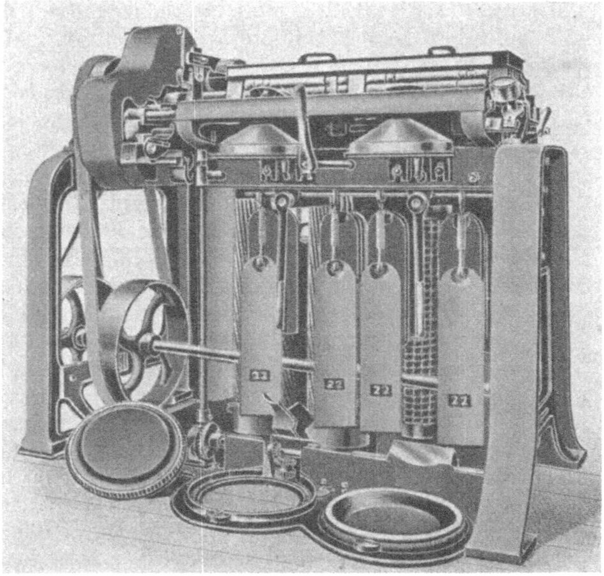

Abb. 180. Ansicht einer Strecke.

Die Belastung der Druckzylinder der Strecke wird auf beiden Seiten dieser mittels Gewichtshaken aufgehängt. Werden letztere direkt auf die Zapfen des Druckzylinders gehängt, so entsteht, je nach der Größe der Belastung, eine starke Reibung zwischen Haken und Achsen des Lederzylinders, wodurch Geschwindigkeitsunterschiede zwischen dem Riffelzylinder und seinem Druckzylinder auftreten. In neuerer Zeit laufen die Zapfen der Lederdruckzylinder in gußeisernen Büchsen, auf die die Gewichtshaken angehängt werden. Wie bekannt, werden die belederten Druckzylinder durch Reibung mitgenommen. Infolgedessen ist der praktische Verzug kleiner wie der theoretische, da notgedrungen ein Gleiten des Druckzylinders stattfindet. Es sei bei dieser Gelegenheit gleich gesagt, daß dieses Nacheilen des Lederzylinders ein Lockern des Leders zur Folge hat. Die Fasern, welche mit dem Riffelzylinder in direkter Berührung sind, bewegen sich schneller vorwärts als diejenigen, welche den Lederdruckzylinder berühren. Durch diese Reibung wird aber, wie schon oben bemerkt, Elektrizität erzeugt und diese wirkt schädlich auf das Parallellegen der Fasern. Die Reibung des Druckzylinders beeinflußt auch den Verzug ungünstig.

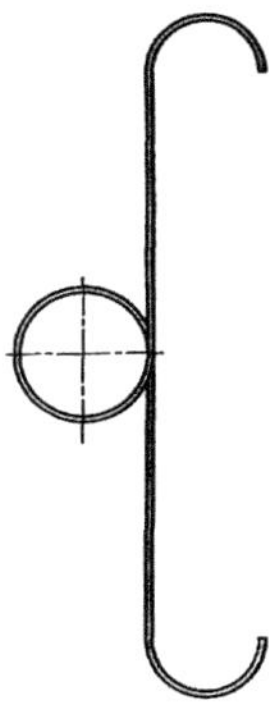

Abb. 181. Federnder Gewichtshaken.

Man hat nun diese Nachteile zu umgehen versucht, indem man den Druckzylinder als stählernen Riffelzylinder ausführte. Derartige Riffeldruckzylinder wurden zuerst in Amerika von der Metallic Drawing Roll Co. in Indian Orchard, Massachusetts, verbreitet und haben dort Anklang gefunden. Die Riffeln sind gröber und tiefer wie bei den gewöhnlichen Riffelzylindern der Strecke. Der Unter- und der Oberzylinder greifen wie Zahnräder ineinander ein, wobei durch Ringe an den Enden dafür gesorgt ist, daß zwischen den Riffelspitzen des Oberzylinders und dem Riffelgrund des Unterzylinders ein Zwischenraum von 1 mm herrscht, damit die Fasern nicht beschädigt werden. Auch der Druck auf die Riffeldruckzylinder braucht nicht so groß zu sein, wie dies bei den belederten Druckzylindern der Fall ist, somit wird Kraft gespart. Der Verzug mit Zuhilfenahme von Riffeldruckzylindern gestaltet sich günstig, ein Gleitverlust besteht nicht, das heraustretende Vlies sieht gleichmäßig aus und überdies fällt die statische Elektrizität vollständig weg. Es wurde zwar vielfach behauptet, daß eine derartige Arbeitsmethode Kräuselungen der Fasern zur Folge hat und diese einen schädlichen Einfluß auf die weitere Behandlung derselben haben. Aber eben diese Kräuselung erhöht die Adhäsion des Bandes, welch letztere man mit derjenigen des Kardenbandes vergleichen kann, als die Fasern noch wirr durcheinander lagen. Wenn bei der Arbeitsmethode mit belederten Druckzylindern der praktische Verzug kleiner wie der theoretische ist, so sehen wir bei den Riffeldruckzylindern das Gegenteil. Die Fasern folgen den Riffeln bis auf den Grund, wodurch natürlich der zurückgelegte Weg größer wird (in der Praxis um $^1/_5$); demgemäß ist die Produktion einer solchen Strecke größer, als theoretisch vorgesehen wurde. Bis jetzt haben sich die geriffelten Druckzylinder noch sehr wenig eingebürgert, denn die meisten Praktiker sind Anhänger einer elastischen Klemmung, d. h. es werden fast allgemein Lederroller verwendet. Diese müssen jedoch stets sauber gehalten werden, um ein Anhaften der Fasern und somit ein Wickeln zu verhindern.

Als Putzvorrichtungen wurden verschiedene Anordnungen mit mehr oder weniger Erfolg angewendet. Wir wollen uns darauf beschränken, hervorzuheben, welche Fehler bei einer Putzvorrichtung für Lederdruckzylinder vermieden werden sollen. Hält man eine mit Plüsch bedeckte Holzplatte auf die Oberzylinder, so werden zwar die am Leder anhaftenden Fasern aufgefangen, jedoch bilden diese mit der Zeit Anhäufungen von kurzen und mit Unreinigkeiten versehenen Fasern, welche dann und wann zwischen den Zylindern herunterfallen und als sogenannte Brettelflocken in das Vlies gelangen. Läßt man einen Filz, der als endloses Tuch über 2 Rollen gespannt ist, über die Lederrollen drehen, so bleiben zwar die Fasern und eventuellen Unreinigkeiten auch daran hängen, bilden sich aber als Wülste aus, sobald dessen Umfangsgeschwindigkeit kleiner wie diejenige des Vorderzylinders und größer wie diejenige des Einzugszylinders ist. Gibt man dem endlosen Putztuch eine Laufgeschwindigkeit, die kleiner ist wie die Umfangsgeschwindigkeit des Lederrollers des Einzugszylinders, so werden sich die anhaftenden Fasern und Unreinigkeiten zu einer Watte vereinigen, die leicht abgenommen werden kann. Abb. 182 stellt eine derartige Putzvorrichtung dar. Die Gußwalze A erhält vom Antrieb aus eine Umfangsgeschwindigkeit, die kleiner ist als diejenige des Druckrollers des Einzugszylinders IV. Damit das Putztuch stets sauber auf die Lederzylinder gelangt, ist im gußeisernen Deckel ein Viereck ausgespart, in welchem der Kamm K eine hin- und hergehende Bewegung ausführt und dabei die anhaftende Watte zu einem leicht zu entfernenden Häufchen zusammenscharrt.

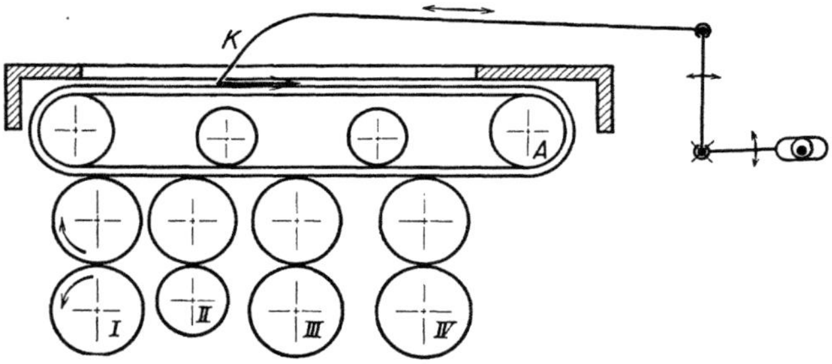

Abb. 182. Putzvorrichtung mit endlosem Tuch.

Zum Putzen der Riffelzylinder verwendet man einfache Holzkeile, welche mit Plüsch überzogen sind. Sie haben den Nachteil, daß der sich daran ablagernde Flaum von dem Vlies mitgenommen wird, falls die Arbeiterin diese Keile nicht oft genug reinigt. Die Maschinenfabrik N. Schlumberger & Cie. in Gebweiler (Elsaß) wendet deshalb mit Plüsch besetzte Holzkeile A an (Abb. 183), welche in der Mitte einen freien Raum besitzen, so daß der sich ansetzende Flaum durchfallen kann.

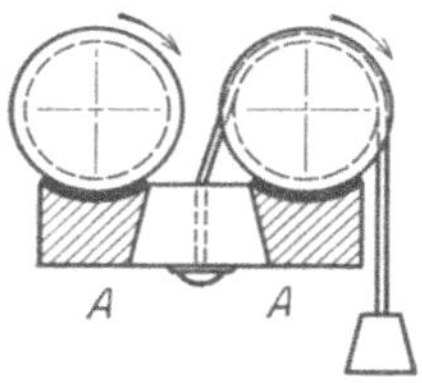

Abb. 183. Putzvorrichtung für Riffelzylinder.

Abb. 184 zeigt einen Schnitt der Strecke von Dobson & Barlow, Bolton. 6 bis 8 Kardenbänder werden durch die versetzten Einschnitte A über die Einziehwalzen C—D, über die Löffel B und durch den gläsernen Luntenführer E nach dem Einzugszylinder F geführt. Der Luntenführer E hat eine langsame, hin- und hergehende Bewegung, wodurch die belederten Druckzylinder bedeutend geschont werden. F—G—H—J bilden das Streckwerk, welches weiter oben ausführlich besprochen wurde. Die verzogenen, aus dem Streckwerk heraustretenden Bänder, welche zusammen ein Vlies bilden, werden zu einem einzigen Bande verdichtet, indem das Vlies über die glatte Metall-

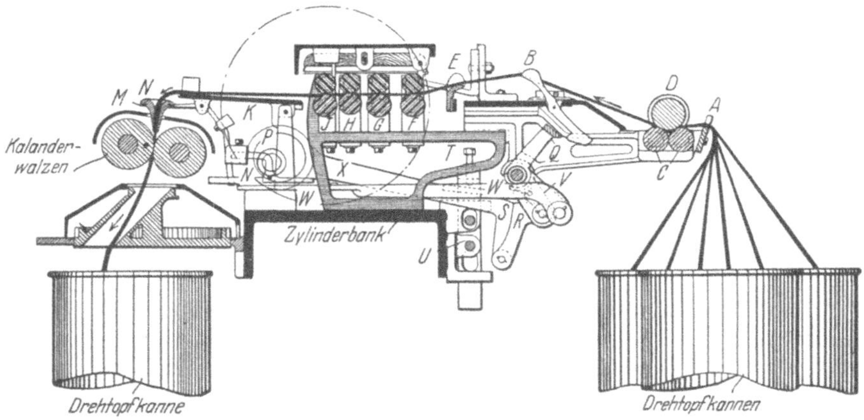

Abb. 184. Schnitt durch die Strecke.

fläche K durch den Trichter M und durch die Kalanderwalzen nach dem Drehtopf abgeleitet werden, wo das Band in Spiralform gesammelt wird. 6 oder 8 dieser Kannen werden sodann der zweiten Strecke vorgelegt. Jede weitere Strecke hat genau dieselbe Konstruktion wie die soeben beschriebene.

Im Kardenband liegen die Fasern wirr durcheinander, infolgedessen ist durch das gegenseitige Einhaken die Adhäsion sehr groß. Dagegen zeigt sich schon bei dem Austritt aus der ersten Strecke (1. Passage) eine gewisse Parallellegung der Fasern, wodurch die Adhäsion vermindert wird. Damit nun kein „falscher Verzug“ entsteht, d. h. Verzug durch das Eigengewicht des Bandes, legt man in die Kannen Spiralfedern, welche oben einen Blechteller tragen, der das Band beständig in die Höhe drückt. Bei groben Nummern verwendet man Federn erst am Ausgang der zweiten Passage, wogegen bei feinen Nummern schon die Kannen am Ausgang der ersten Strecke mit Federn versehen werden.

Gewöhnlich gibt man einen Verzug ungefähr gleich der Anzahl vorgelegter Bänder, denn die Strecke hat nicht den Zweck, das Band zu verfeinern, sondern es zu vergleichmäßigen und die Fasern parallel zu legen. Ein geringer Verzug trägt viel zur Vergleichmäßigung des Bandes bei. Bei einer Dublierung von 6 wird man an der ersten Passage einen Verzug von 6, 1, an der zweiten einen solchen von 6, 2 und an der dritten einen Verzug von 6, 3 geben.

Jede Strecke ist mit selbsttätigen Ausrückvorrichtungen versehen, und zwar soll die Maschine abgestellt werden, wenn

1. ein Band beim Einlaufen abgerissen ist oder wenn die Kanne leer ist,
2. das auslaufende Vlies abgerissen ist oder wenn der vordere Unter- oder Oberzylinder wickelt,
3. die Kannen voll sind.

Außerdem soll jede Strecke mit einer Vorrichtung versehen sein, welche gestattet, auf einfache Weise die Belastungsgewichte der Oberzylinder gemeinsam zu heben. Abb. 185 zeigt die Seiten- und Vorderansicht einer derartigen Entlastungsvorrichtung von Asa Lees & Co.

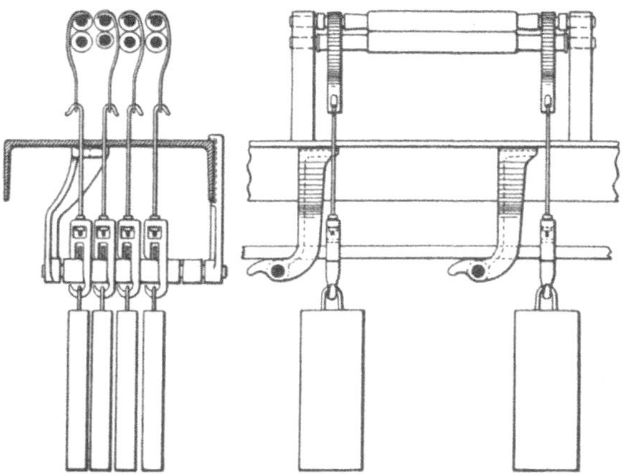

Abb. 185. Entlastungsvorrichtung der Streckzylinder.

Bei der mechanischen Ausrückvorrichtung wird jedes Band über einen polierten, gußeisernen Löffel zum Einzugszylinder geführt, wie dies in Abb. 184 veranschaulicht ist. Der Löffel schwingt um eine Achse und, da der hintere Teil schwerer als der vordere ist, hat der Löffel beständig das Bestreben, nach rückwärts zu schwingen. Nur durch den Bandzug wird der Löffel hinuntergedrückt. Sobald dieser Bandzug fehlt, hebt sich der Löffel und schwingt infolge seines Übergewichtes nach rückwärts, wobei er die hin- und herschwingende Bewegung eines auf einer Welle sich befindlichen Hebels verhindert, wodurch eine unter Federzug befindliche Stange aus einer Kerbe ausgehoben wird und den Riemen von der Festscheibe auf die Losscheibe befördert. — Der Bandtrichter, welcher das zu einem Band zu verdichtende Vlies den Kalanderwalzen zuführt, ist, ebenso wie der Löffel, als Hebel ausgebildet, dessen unterer Teil schwerer ist wie das andere Ende, an welchem sich der Trichter befindet. Auch letzterer wird durch den Bandzug hinuntergedrückt. Reißt das Vlies vorn, so schwingt der Trichter in die Höhe und das hintere Ende seines Hebels widersetzt sich der Hin- und Herbewegung einer Schiene, wodurch wie oben die Maschine abgestellt wird. — Um die Strecke bei vollen Kannen auszurücken, befindet sich unter dem Drehkopf eine polierte Scheibe, die mittels 3 Zapfen in denselben eingelassen ist. Je mehr die Kanne sich füllt, desto größer wird der Druck der Baumwolle gegen die Scheibe, wodurch letztere gehoben wird und dabei einen Stift hebt, welcher im gegebenen Augenblick die Hin- und Herbewegung einer Schiene aufhält und somit wie oben das Abstellen der Maschine bewirkt.

Die elektrische Ausrückvorrichtung beruht im Prinzip darauf, daß Baumwolle ein schlechter Elektrizitätsleiter ist und demnach bei geringer Stromstärke als Isolation verwendet werden kann. Befindet sich z. B. zwischen 2 Eisenzylindern, von denen der eine positiven, der andere negativen Strom erhält, ein Baumwollband, so dient letzteres als Isolation zwischen den beiden Zylindern. Fehlt das Band, so schließt sich der Stromkreis, wodurch 2 Spulen magnetisiert werden, diese ziehen einen um eine feste Achse schwingenden Gußhebel an, wodurch letzterer infolge dieser leichten Drehung in eine mit Nasen versehene Büchse eingreift. Diese liegt lose auf einer Welle und bildet mit dem anliegenden, auf dieser Welle festgekeilten Stück eine Klauenkupplung, welch letztere unter Federwirkung steht. Sobald der lose aufgeschobene Teil der Klauenkupplung angehalten wird, dreht sich der festgekeilte Teil weiter, entfernt sich von ersterem und bewirkt infolge Hebelübertragung das Verschieben des Riemens von der Festscheibe auf die Losscheibe. Der Stromschluß findet in folgenden Fällen statt:

1. wenn die gußeiserne Druckwalze mit dem Einziehzylinder in Berührung kommt. Erstere hat negativen, letztere positiven Strom;

2. wenn der vordere Unter- oder Oberzylinder wickelt. Die Büchsen der Zapfen des vorderen Druckzylinders besitzen positiven, der Streckwerkdeckel hat negativen Strom. Im Deckel ist eine Stellschraube befestigt, welche nahe an die Büchse des Druckzylinders reguliert ist. Wickelt nun der untere oder der obere Zylinder, so heben sich infolge der Vergrößerung des Zylinderdurchmessers die Büchsen des Druckzylinders, wodurch Kontakt entsteht und somit der Stromkreis geschlossen wird;

3. wenn das auslaufende Band zwischen den beiden Kalanderwalzen fehlt. Die vordere ist negativ, die hintere positiv geladen. Da die vordere Kalanderwalze infolge ihrer schrägen Lager mittels ihres Eigengewichtes auf die hintere Kalanderwalze preßt, so tritt Kontakt ein, sobald das isolierende Baumwollband fehlt;

4. wenn die Kannen voll sind. An den Lagern der vorderen Kalanderwalzen sind Federn angebracht, die wie die Kalanderwalze negativ geladen sind und welche bis nahe an den oberen Rand des unter den Kalanderwalzen sich befindlichen Drehkopfes gehen. Der Drehkopf selbst besitzt positiven Strom. Ist die Kanne voll, so drückt die Baumwolle auf den unteren, drehenden Teil des Drehkopfes, wodurch letzterer gehoben wird und mit der negativ geladenen Feder in Berührung kommt, so daß der Stromkreis geschlossen wird.

Die Strecke ist mit einer magnetelektrischen Maschine versehen, welche von der Hauptwelle der Strecke aus getrieben wird. Der Anker dieser Maschine erhält etwa 1500 Umdrehungen in 1 Minute. Ein derartiger Dynamo genügt für 3 Strecken. Gewöhnlich ist die magnetelektrische Maschine auf der dritten Strecke angebracht, von wo aus dann der positive und der negative Strom mittels 6 bis 8 mm dicken Stangen auf die beiden anderen Passagen übertragen wird. Hierbei wird der negative Strom zu den zu magnetisierenden Spulen und von hier aus zu den oben erwähnten Teilen abgeleitet, der positive Strom zur Erde, also zu den übrigen Teilen der Maschine. Eine gute Isolation mit Ebonit ist Hauptbedingung eines guten Arbeitens der Anlage. Da die mit Nasen versehene Büchse der Klauenkupplung an dem von den Spulen abgestoßenen Gußstück 4 mal in 1 Sekunde vorübergeht, so ist für eine sofortige Ausrückung genügende Sicherheit gewährleistet. In modernen Betrieben findet deshalb meistens die elektrische Ausrückvorrichtung Verwendung.

Geschwindigkeiten des vorderen Riffelzylinders. Die Umfangsgeschwindigkeit des vorderen Riffelzylinders soll bei Bearbeitung von amerikanischer Baumwolle für Gespinste bis zu Nr. 44 englisch 34 m in 1 Minute nicht übersteigen. Je größer die Geschwindigkeit des Riffelzylinders ist, desto bedeutender wird auch der Abfall sein. Normalerweise rechnet man mit 1 bis 1,4% Abfall, auf allen 3 Passagen zusammen genommen. Erteilt man dem vorderen Riffelzylinder eine größere Geschwindigkeit, als oben angegeben, so wird der Druckzylinder auf dem Riffelzylinder auf- und abhüpfen, wodurch Schnitte im Vlies erzeugt werden. Man wird also genötigt sein, eine stärkere Belastung anzuwenden, um diesem

Übel abzuhelfen, wodurch natürlich die Lagerschalen übermäßig beansprucht werden und die Maschine mehr Kraft zum Antrieb erfordert.

Sollen feinere Baumwollen auf der Strecke verarbeitet werden, so wird man die Geschwindigkeit des ersten Riffelzylinders verringern. Bei ägyptischer Baumwolle geht man gewöhnlich nicht über eine Umfangsgeschwindigkeit von 28 m in 1 Minute hinaus, bei Sea-Island nicht über 22 m, wogegen bei indischer Baumwolle eine solche von 40 m noch zulässig ist.

Belastungen der Druckzylinder. Über Belastungen der Druckzylinder gibt es verschiedene Ansichten. Einige Konstrukteure belasten alle 4 Streckzylinder gleichmäßig, andere verwenden auf dem vorderen Zylinder das größte Gewicht, wogegen wiederum andere Firmen den Einzugszylinder bis zum Vorderzylinder aufsteigend belasten. Es sollen in Tabelle 16 die angewandten Belastungen einiger Firmen für amerikanische Baumwolle angegeben werden.

Tabelle 16.

	Vorderzylinder kg	2. Zylinder kg	3. Zylinder kg	4. Zylinder kg
Elsässische Maschinenbau-Gesellschaft, Mülhausen	9	9	9	9
oder	11	9	9	9
oder	11	11	9	9
John Hetherington & Sons, Manchester	10	8	8	8
Dobson & Barlow, Bolton	9	9	9	9
Tweedales & Smalley, Accrington	9	8,15	7,25	6,35

Für ägyptische Baumwolle verwendet man leichtere Gewichte, z. B. 8,15 kg auf jeden Zylinder, für Sea-Island 7,25 kg.

Es soll noch bemerkt werden, daß jeder Druckzylinder an jedem Ende mit den oben genannten Gewichten belastet ist.

Das Lackieren der Lederdruckzylinder. Um die Arbeitsdauer und die Glätte des Leders zu erhöhen, werden die Druckzylinder lackiert. Der Lack darf nicht an einem heißen Orte oder an der Sonne getrocknet werden, denn sonst wird er brüchig. Es sind vorzügliche Präparate im Handel.

Falls Spinnereien dennoch den Lack selbst herstellen wollen, sollen im folgenden einige Rezepte angegeben werden, welche sich in der Praxis bewährt haben. O. Johannsen-Reutlingen gibt in seinem Werke „Handbuch der Baumwollspinnerei" folgendes Rezept an:

42 g Kölnerleim, 84 g Alaun und 34 g Tannin werden in 3½ l Rotwein gegeben und durch Kochen über gelindem Feuer zur Lösung gebracht. Während des Siedens mischt man 170 g zerkleinerte Hausenblase (Fischleim) und ebensoviel Gelatine hinzu; nachdem das Gemisch sich einige Minuten in Siedewallung befand, läßt man es bei gewöhnlicher Zimmertemperatur 24 Stunden abstehen, um es schließlich nochmals zu kochen und dann in Flaschen abzufüllen. Der Luftzutritt ist durch Verkorkung abzuhalten.

H. Brüggemann gibt in seinem Werke „Das Strecken der Fasermassen" folgende Vorschriften:

Rezept von Saladin:

Starker Essig	200 g	Knoblauch	12 g
Wasser	100 g	Eiweiß (ungefähr)	10 g
Gelatine oder Leim	50 g	Schwefeläther	5 g
Ruß, Zinnober oder Graphit	50 g	Alaun	3 g

Leim und Alaun werden fein gestößelt und im Wasserbade aufgelöst, ohne bis zum Kochen zu erhitzen. Hierauf wird der Zinnober zugesetzt, indem man mit einem hölzernen Löffel so lange rührt, bis die Mischung gleichförmig ist. In einer Steingutschüssel wird das Eiweiß, der Knoblauch und der Essig bis auf ein Drittel eingekocht, worauf beide Mischungen zusammengeschüttet und nach inniger Mischung durch ein Sieb oder durch ein vorher genetztes Leinwandtuch hindurchgetrieben werden. Nun wird der Äther zugesetzt, und der Lack ist fertig.

Rezept einer **Mülhauser Baumwollspinnerei**: 3 Schoppen Ruß werden mit ⅓ l Weingeist zu einem dicken Brei zubereitet, in einer Pfanne mit 1 l Holzessig und kölnischem Leim zusammengerührt und alsdann unter beständigem Rühren durch ein sehr feines Sieb gerieben. Zur Erleichterung des Durchsiebens gibt man 1 l gewöhnlichen, warmen Essig bei. Ist die Masse zweimal durchgesiebt, so läßt man sie an einem warmen Orte (z. B. im Kesselhaus) etliche Tage stehen, bevor sie in Benutzung genommen wird.

Vorkommende Fehler an der Strecke. Der häufigste Fehler an der Strecke besteht im Liefern von schnittigem Vlies. Dies kann verschiedene Ursachen haben. Zu weite Zylinderstellungen erzeugen schnittiges Vlies; Druckzylinder, welche infolge mangelhafter Ölung am Drehen gehindert sind, rufen denselben Fehler hervor. Zeigen sich Schnitte nur dann, wenn die Maschine in Gang gesetzt wird, so ist dies ein Zeichen, daß entweder die Vierkante, welche die Riffelzylinder zusammenfügen, Spiel haben, oder auch, daß die Verzahnungen der Räder einen Defekt haben, oder daß die Achse eines Rades locker ist. Ist die Umfangsgeschwindigkeit der Kalanderwalzen zu groß im Verhältnis derjenigen des vorderen Riffelzylinders, so entstehen ebenso Schnitte. Desgleichen werden Schnitte erzeugt, wenn die Belederung eines Druckzylinders locker ist. Hohle Druckzylinder ergeben eine schlechte Klemmung. Allzu große Geschwindigkeit der Vorderzylinder ohne genügende Belastung verursachen gleichfalls Schnitte, wie dies ja schon weiter oben eingehend besprochen wurde. Liegt einer der Druckzylinder nicht genau parallel seinem Riffelzylinder, so entsteht hierdurch eine mangelhafte Klemmung. Ist die Belastung infolge schlechten Regulierens nicht gleichmäßig auf beiden Seiten des Druckzylinders, so erhält man auch Schnitte.

Ein weiterer Fehler an der Strecke besteht im Wickeln der Zylinder. Ist der vordere Riffelzylinder zu weit vom zweiten Riffelzylinder entfernt, so wickelt meist der zweite Riffelzylinder. Beschädigte Riffeln befördern ebenfalls ein Wickeln der Riffelzylinder. Zerreißt das Vlies vorn, so wickeln entweder der vordere Riffelzylinder oder sein Druckzylinder. Der Lederzylinder wickelt, wenn entweder der Lack brüchig, das Leder durch Öl oder Fett beschmutzt, die Oberfläche des Leders rauh, der Druck zu groß oder die Feuchtigkeit der Luft zu groß ist.

Die Behandlung der Strecke. Um die Wickel am Riffelzylinder zu entfernen, sollen weder Messer noch sonst ein hartes Instrument benutzt werden, sondern ein aus weichem Kupfer hergestellter Haken, der die Riffeln nicht beschädigt. Das Entfernen der Wickel mit der bloßen Hand nimmt zuviel Zeit in Anspruch.

Alle 2 bis 3 Monate sollen die Riffelzylinder aus ihren Lagern herausgenommen werden, um sie von dem anhaftenden Schmutz und Öl zu reinigen. Die Riffelzylinder werden zu diesem Zwecke in eigens dazu hergestellte hölzerne Lagerböcke gelegt, wobei darauf geachtet werden muß, daß die Zylinder genügend unterstützt sind, damit sie nicht durch das Eigengewicht durchbiegen. Zum Reinigen der Riffeln verwendet man zuerst trockene Putzfäden, sodann werden sie mit pulverisierter Kreide eingerieben. Ist der Schmutz in den Riffeln zu hart, so daß man denselben mit trockenen Putzfäden nicht entfernen kann, so wäscht man die Riffelzylinder mit einer warmen, starken Sodalösung ab, welche mit Abgangöl gesättigt ist. Das Sättigen mit Öl verhindert den weißen Niederschlag auf den blanken Teilen der Maschine. Das Reinigen der Riffeln mit Kratzengarnituren ist zu verwerfen.

Das Auswechseln der Lederdruckzylinder soll systematisch vor sich gehen. Die Druckzylinder werden der Reihenfolge nach auf ein Holzgestell gelegt, so daß sich der Lederroller des vorderen Riffelzylinders an erster, derjenige des Einzugszylinders an vierter Stelle befindet (siehe Abb. 186).

Die Lederroller *1* werden gewöhnlich alle 3 Wochen durch neue ersetzt, worauf die entfernten Druckzylinder zum Lackieren gegeben werden. Man wird nun zuerst alle Lederroller *4* untersuchen, ob das Leder noch fest auf der Tuchunterlage sitzt, und die schlechten entfernen, worauf *3* an Stelle von *4*, wobei *3* gleich untersucht wird, *2* an Stelle von *3* und *1* an Stelle von *2* gelegt wird. Ist *4* noch brauchbar, so findet keine Auswechslung statt. Jetzt werden alle Leder-

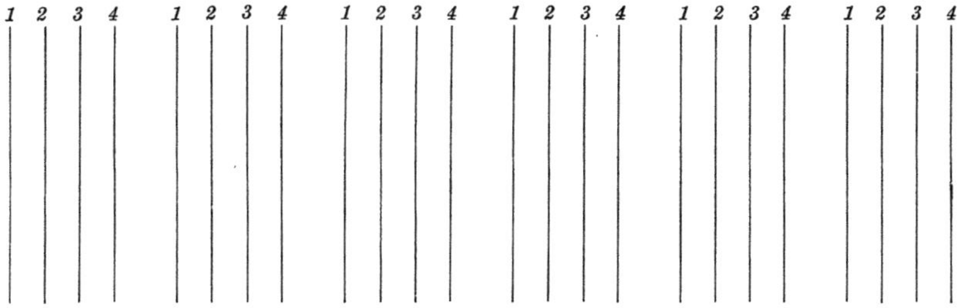

Abb. 186.

roller *3* untersucht, d. h. alle diejenigen, die sich an dritter Stelle befinden. Die schlechten werden herausgenommen und *2* gelangt an Stelle von *3*, wobei *2* gleich untersucht wird, *1* an Stelle von *2*. Diejenigen Zylinder *3*, welche noch brauchbar sind, bleiben an ihrer Stelle und eine Auswechslung bleibt somit überflüssig. Nun untersucht man die Zylinder *2* und verfährt wie oben. Die fehlenden Zylinder werden demnach auf *1* oder auf *2* kommen. Bei jedem Großputzen wird in gleicher Weise verfahren.

2. Berechnung der in der Spinnerei nötigen Kannen.

Nehmen wir beispielsweise 3 Grobspuler zu 80 Spindeln und 6 Strecken an. Jede Strecke bestehe aus 3 Passagen zu 5 Ablieferungen mit 8facher Dublierung. Die Berechnung ist äußerst einfach, man verfährt dabei folgendermaßen:

3 Grobspuler zu 80 Spindeln.

In Betrieb:	240 Kannen mit Federn	Zusammen: 600 Kannen mit Federn
In Reserve:	240 + 120 Kannen mit Federn	

III. Passage-Strecke.

6 Köpfe zu 5 Ablieferungen, Dublierung 8.

In Betrieb (am Eingang der III. Passage)	$= 6 \times 5 \times 8 =$ 240 Kannen mit Federn	360 Kannen mit Federn
In Reserve (am Eingang der III. Passage)	= 120 Kannen mit Federn	

Letztere genügen für den Ausgang der II. Passage.

II. Passage-Strecke.

6 Köpfe zu 5 Ablieferungen, Dublierung 8.

In Betrieb (am Eingang der II. Passage)	$= 6 \times 5 \times 8 =$ 240 Kannen mit Federn	360 Kannen mit Federn
In Reserve (am Eingang der II. Passage)	= 120 Kannen mit Federn	

Letztere genügen für den Ausgang der I. Passage.

I. Passage-Strecke.

6 Köpfe zu 5 Ablieferungen, Dublierung 8.

In Betrieb (am Eingang der I. Passage)	$= 6 \times 5 \times 8 =$ 240 Kannen ohne Federn	360 Kannen ohne Federn
In Reserve (am Eingang der I. Passage)	= 120 Kannen ohne Federn	

Letztere genügen für den Eingang der I. Passage und für die Krempeln.

Gesamtzahl der nötigen Kannen = 1320 Kannen mit Federn und 360 Kannen ohne Federn.

3. Die Berechnung der Strecke.

Der Berechnung wurde eine Strecke der Elsässischen Maschinenbau-Gesellschaft, Mülhausen, zugrunde gelegt.

Die Karderie besteht aus 40 Karden (siehe Berechnung der Karde), wovon 37 arbeiten und eine Gesamtkilozahl von $37 \cdot 51{,}6 = \sim 1910$ kg in 10 Arbeitsstunden liefern.

Der früher erwähnte Spinnplan soll zur weiteren Berechnung dienen. Es stehen uns 30 Ablieferungen der III. Passage zur Verfügung und, da die Abfälle der Strecken sich auf 1,2 bis 1,4% belaufen (wir nehmen 1,3% an), so müssen diese 30 Ablieferungen in 10 Stunden Arbeitszeit $1910 \times 0{,}987 = 1885$ kg liefern. Eine Ablieferung der III. Passage müßte demnach $\frac{1885}{30} = 62{,}8$ kg in 10 Arbeitsstunden liefern. Nehmen wir weiter an, daß das Großputzen der Strecken alle 12 Wochen vor sich geht, und nehmen wir für 5 Ablieferungen 2 Stunden Stillstand, so würden insgesamt die Strecken 12 Stunden in jedem Zeitraum von 12 Wochen nicht arbeiten. Dies ergibt demnach in 1 Woche 1 Stunde und im Tag $= \frac{1}{6} = 0{,}1666 = \sim 0{,}167$ Stunden. Diesen Verlust müssen die Strecken nachholen, sonst würden die Grobspuler Mangel an Kannen haben und die Karden müßten wegen Überproduktion abstellen, sobald das Großputzen im Gange ist. Um nun diesen täglichen Verlust von 0,167 Stunden auszugleichen, soll eine Ablieferung folgende effektive 10 Stundenproduktion haben:

$$\frac{62{,}8 \cdot 10{,}167}{10} = \mathbf{63{,}8\ kg}\,.$$

Diese Zahl gestattet uns, auf einfache Weise die Geschwindigkeit des vorderen Riffelzylinders festzustellen:

Die austretende Streckbandnummer (an allen 3 Passagen) beträgt 0,15 englisch, d. h. 0,15 hanks $= 0{,}15 \cdot 840$ Yards $= 0{,}15 \cdot 768$ m $= 115{,}5$ m wiegen 453,6 g. Der Wirkungsgrad einer Strecke schwankt zwischen 74 und 85%, je nachdem eine schlechte oder eine gute Arbeiterin die 3 Passagen bedient. Nehmen wir einen mittleren Wert von 79% an, so muß die Geschwindigkeit des vorderen Riffelzylinders für folgende Lieferung in 10 Arbeitsstunden berechnet werden:

$$\frac{63{,}8 \cdot 100}{79} = 80{,}8\ \text{kg}\,.$$

Diese 80,8 kg entsprechen einer Länge von

$$\frac{115{,}2 \cdot 80{,}8}{0{,}4536} = 20\,500\ \text{m}\,,$$

welche in 10 Stunden = 600 Minuten wirklich von einer Ablieferung geleistet werden müssen.

Demnach liefert eine Ablieferung in 1 Minute $= \frac{20\,500}{600} = \mathbf{34{,}2\ m}$.

Diese letztere Zahl stellt die Umfangsgeschwindigkeit des vorderen Riffelzylinders dar und, da der Durchmesser desselben 32 mm beträgt, ist die Geschwindigkeit des Vorderzylinders

$$\frac{34{,}2}{\pi \cdot 0{,}032} = \mathbf{340}\ \text{Umdrehungen in 1 Min.}$$

Diese Drehzahl ist normal für amerikanische Baumwolle und wird auch von der betreffenden Maschinenfabrik angegeben.

I. Passage. Austretende Nummer des Kardenbandes = 0,17 englisch (nach dem Spinnplan).

Bei der Berechnung der Karde wurde jedoch ausgeführt, daß die wirkliche Nummer 0,167 beträgt. Austretende Nummer an der I. Passage = 0,15.

$$\text{Verzug an der I. Passage} = \frac{\text{Austretende Nummer}}{\text{Eintretende Nummer}} = \frac{0{,}15 \cdot 8}{0{,}167} = \mathbf{7{,}18.}$$

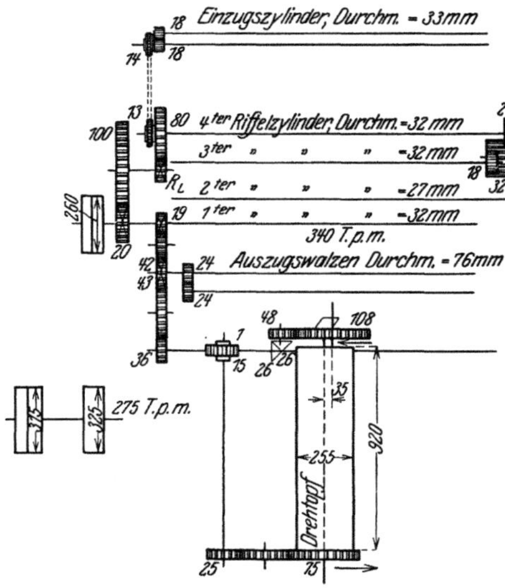

Abb. 187. Antriebsschema der Strecke.

Nach dem Rädergetriebe (siehe Abb. 187) haben wir einen Gesamtverzug von

$$\frac{76}{33}\,\frac{14}{13}\,\frac{80}{R}\,\frac{100}{20}\,\frac{19}{43} = \frac{438}{R} = \mathbf{7{,}18.}$$

438 ist die Konstante.

$$R = \frac{438}{7{,}18} = \mathbf{61\ Zähne.}$$

Umdrehungszahl der Hauptwelle = **275**

Umdrehungszahl des I. (vorderen) Riffelzylinders $= 275\,\frac{325}{260} = 343{,}5$ theoretisch, praktisch = **340**

Umfangsgeschwindigkeit „ I. „ „ $= \pi \cdot 32 \cdot 340 =$ **34200 mm in 1 Min.**

Umdrehungszahl des IV. Riffelzylinders $= 340\,\frac{20}{100}\,\frac{61}{80} =$ **51,9**

Umfangsgeschwindigkeit „ IV. „ $= \pi \cdot 32 \cdot 51{,}9 =$ **5215 mm in 1 Min.**

Umdrehungszahl „ III. „ $= 51{,}9\,\frac{24}{18} =$ **69,2**

Umfangsgeschwindigkeit „ III. „ $= \pi \cdot 32 \cdot 69{,}2 =$ **6955 mm in 1 Min.**

Umdrehungszahl „ II. „ $= 51{,}9\,\frac{44}{16} =$ **142,7**

Umfangsgeschwindigkeit „ II. „ $= \pi \cdot 27 \cdot 142{,}7 =$ **12110 mm in 1 Min.**

Umdrehungszahl des Speisezylinders $= 51{,}9\,\frac{13}{14} =$ **48,15**

Umfangsgeschwindigkeit „ „ $= \pi \cdot 33 \cdot 48{,}15 =$ **4995 mm in 1 Min.**

Umdrehungszahl der Kalanderwalzen $= 340\,\frac{19}{43} =$ **150,1**

Umfangsgeschwindigkeit „ „ $= \pi \cdot 76 \cdot 150{,}1 =$ **35900 mm in 1 Min.**

Einzelverzüge an der I. Passage:

Verzug zwischen dem Speisezylinder und dem IV. Riffelzylinder $= \frac{5215}{4995} = 1{,}044$

„ „ „ IV. und dem III. Riffelzylinder $= \frac{6955}{5215} = 1{,}333$

„ „ „ III. „ „ II. „ $= \frac{12110}{6955} = 1{,}740$

„ „ „ II. „ „ I. „ $= \frac{34200}{12110} = 2{,}825$

„ „ „ I. Riffelzylinder und den Kalanderwalzen $= \frac{35900}{34200} = 1{,}05$

Gesamtverzug $= 1{,}044 \cdot 1{,}333 \cdot 1{,}740 \cdot 2{,}825 \cdot 1{,}05 = \mathbf{7{,}18}$.

II. Passage.

Austretende Nummer der I. Passage $= 0{,}15$
„ „ „ II. „ $= 0{,}15$
Verzug an der II. Passage $= \frac{0{,}15 \cdot 8}{0{,}15} = 8{,}$—
Verzugswechsel $R = \frac{438}{8} = 54{,}75 = \sim$ **55 Zähne.**

Mit dem Verzugswechselrad von 55 Zähnen ergibt sich als wirklicher Verzug:

$$\frac{438}{55} = \mathbf{7{,}96}\,.$$

Die austretende effektive Nummer wird daher $\frac{0{,}15 \cdot 8}{7{,}96} = \mathbf{15{,}05}$.

Dieser Unterschied kann praktisch vernachlässigt werden, so daß wir die Nummer 0,15 beibehalten werden.

Die Berechnung der II. Passage gestaltet sich folgendermaßen:

Umdrehungszahl der Hauptwelle = **275**

Umdrehungszahl des I. Riffelzylinders $= 275 \frac{325}{260} = 343{,}5$ theoretisch, praktisch $= \mathbf{340}$

Umfangsgeschwindigkeit „ I. „ $= \pi \cdot 32 \cdot 340 =$ **34200 mm in 1 Min.**

Umdrehungszahl „ IV. „ $= 340 \frac{20}{100} \frac{55}{80} = \mathbf{46{,}7}$

Umfangsgeschwindigkeit „ IV. „ $= \pi \cdot 32 \cdot 46{,}7 =$ **4700 mm in 1 Min.**

Umdrehungszahl „ III. „ $= 46{,}7 \frac{24}{18} = \mathbf{62{,}25}$

Umfangsgeschwindigkeit „ III. „ $= \pi \cdot 32 \cdot 62{,}25 =$ **6260 mm in 1 Min.**

Umdrehungszahl „ II. „ $= 46{,}7 \frac{44}{16} = \mathbf{128{,}5}$

Umfangsgeschwindigkeit „ II. „ $= \pi \cdot 27 \cdot 128{,}5 =$ **10900 mm in 1 Min.**

Umdrehungszahl „ Speisezylinders $= 46{,}7 \frac{13}{14} = \mathbf{43{,}4}$

Umfangsgeschwindigkeit „ „ $= \pi \cdot 33 \cdot 43{,}4 =$ **4500 mm in 1 Min.**

Umdrehungszahl der Kalanderwalzen $= 340 \frac{19}{43} = \mathbf{150{,}1}$

Umfangsgeschwindigkeit „ „ $= \pi \cdot 76 \cdot 150{,}1 =$ **35900 mm in 1 Min.**

Einzelverzüge an der II. Passage.

Verzug zwischen dem Speisezylinder und dem IV. Riffelzylinder $= \frac{4700}{4500} = 1{,}044$

„ „ „ IV. und dem III. „ $= \frac{6260}{4700} = 1{,}333$

„ „ „ III. „ „ II. „ $= \frac{10900}{6260} = 1{,}740$

„ „ „ II. „ „ I. „ $= \frac{34200}{10900} = 3{,}135$

„ „ „ I. Riffelzylinder und den Kalanderwalzen $= \frac{35900}{34200} = 1{,}05.$

Gesamtverzug $= 1{,}044 \cdot 1{,}333 \cdot 1{,}740 \cdot 3{,}135 \cdot 1{,}05 = 8{,}$—.

III. Passage.

Austretende Nummer der II. Passage = 0,15

„ „ „ III. „ = 0,15

Somit Verzug an der III. Passage $= \frac{0{,}15 \cdot 8}{0{,}15} = 8{,}$—

Aus der Konstante ergibt sich das Verzugswechselrad: $\frac{438}{8} = 54{,}75 = \sim$ **55 Zähne.**

Die Berechnung der III. Passage ist also genau dieselbe wie diejenige der II. Passage.

Höhe des Verzuges. Der Verzug zwischen den III. und IV. Streckzylindern soll normalerweise 1,5 nicht übersteigen, der höchst zulässige Verzug an dieser Stelle kann mit 1,75 angenommen werden. Zwischen den II. und III. Streckzylindern liegt der Verzug in der Nähe der Zahl 2, man soll jedoch eher etwas weniger geben. Dagegen nimmt man allgemein als Verzug zwischen dem I. und II. Streckzylinderpaar die Zahl 3 an, bei sehr schöner Baumwolle kann man sogar bis zu 3,5 mit dem Verzug gehen.

Bei dieser Gelegenheit soll jedoch bemerkt werden, daß man bei Größernahme des Verzuges die Zylinderstellungen enger stellen muß, denn dieselben hängen bekanntlich von der Dicke der Fasermassen ab. Um ein gleichmäßiges Vlies zu erhalten, wird man jedoch möglichst wenig Verzug geben und den I. und II. Riffelzylinder einander nähern, und zwar, wenn angängig, bis zur Maximallänge der Fasern.

Das Numerieren an der Strecke. Das Numerieren der Streckbänder geht täglich zweimal vor sich, morgens und nachmittags. Diese Numerierung wird am praktischsten auf der II. Passage vorgenommen. Auch das Auswechseln des Wechselrades bei etwaigen Nummerunterschieden soll auf der II. Passage erfolgen und nicht auf der III. Passage, wie dies fast allgemein, und zwar meistens der Bequemlichkeit halber, ausgeführt wird.

In obigem Falle markieren 8,4 Yards die Nummer 15 auf der englischen Garnwaage.

H. Die Spuler.

Die von der Strecke gelieferten Bänder sind nun vergleichmäßigt und die Fasern sind parallel gelegt worden. Nur die gegenseitige Adhäsion hält das Band zusammen, welches im wesentlichen eine kaum feinere Nummer besitzt als das Kardenband. Soll jetzt das austretende Band der dritten Passage (Strecke) verfeinert werden, so wird selbstverständlich die Adhäsion geringer werden, da weniger Fasern im Querschnitt enthalten sind. Um diese verringerte Faserreibung zu erhöhen, ist man genötigt, dem verfeinerten Band eine leichte Drehung zu erteilen. Von jetzt an wird dieses verfeinerte, leicht gedrehte Band „Lunte" bezeichnet, sie wird auf den Spulern, auch Spindelbänke oder Flyer genannt, erzeugt.

Je nach der gewünschten Verfeinerung der Lunte ist man genötigt, mehrere Spuler, d. h. 2, 3 oder gar 4, hintereinander zu schalten. Diese wirken somit als Satzmaschinen. Wir haben also 1. Grobspuler oder Grobflyer, 2. Mittelspuler, 3. Feinspuler und 4. Extrafeinspuler. In äußerst seltenen Fällen, bei ganz hohen Nummern, wird noch ein 5. Spuler, der Doppelfeinspuler, angewendet.

Beim Grobspuler ergibt ein eintretendes Band eine Lunte. Dem Mittelspuler werden für jede austretende Lunte 2 eintretende Lunten vorgelegt. Beim Feinspuler werden 2 Mittelspulerlunten für 1 austretende Feinspulerlunte aufgesteckt.

Abb. 188. Grobspuler.

Durch diese verschiedenen Dopplungen wird die Endlunte, d. h. diejenige, welche auf der Spinnmaschine aufgesteckt wird, ausgeglichen. Soll die Endlunte grob ausfallen, so genügen in der Regel 2 Spindelbänke, Grob- und Mittelspuler. Bei einzelnen Firmen hat sich die Arbeitsweise eingebürgert, daß eine Grobbanklunte direkt auf den Feinspuler aufgesteckt wird, also ohne Dublierung. Bei dieser Methode wird demnach der Mittelspuler weggelassen. Es ist einleuchtend, daß eine derartig hergestellte Feinspulerlunte nie so gleichmäßig ist, wie eine auf Mittel- und Feinflyer dublierte. Um nun trotzdem ein einigermaßen gleichmäßiges Garn zu erzielen, wird in diesem Falle eine IV. Passage (Strecke) angewandt. Übrigens ist der auf den verschiedenen Spulern zu erteilende Verzug begrenzt, denn die Lunte soll keine Schnitte aufweisen. Die normalen Verzüge, welche ohne Schnittegefahr bei den verschiedenen Spulern angewendet werden können, sowie die auf den betreffenden Maschinen gebräuchlichen Luntennummern sind in Tabelle 17 zusammengestellt.

Alle diese Spuler haben gleiche Bauart; der Unterschied der einzelnen Maschinen untereinander besteht nur in den Größenverhältnissen, welche den zu erzeugenden Lunten angepaßt sind. Abb. 188 zeigt die Abbildung eines Grob-

Tabelle 17. Verzugstabelle für Spuler.

Maschinen	Kurze Baumwolle	Mittelstaplige Baumwolle	Langstaplige Baumwolle	Austretende englische Vorgespinstnummern
Grobspuler	3—4	4—4,5	4—5	0,24—1,3
Mittelspuler	4—5	4—5	5—6	1—3
Feinspuler	5—6	5—6	5—8	1,8—10
Extrafeinspuler			5—9	4,8—30
Doppelfeinspuler			5—9	8,5—35

spulers, Abb. 189 diejenige eines Feinspulers der Elsässischen Maschinenbau-Gesellschaft, Mülhausen i. Els.

Jeder Lunte soll nur soviel Drehung erteilt werden, als notwendig ist, um ihr genügende Festigkeit zu geben, damit sie auf der nächsten Maschine die volle

Abb. 189. Feinspuler.

Spule nachziehen kann, ohne daß ein „falscher Verzug“ zu befürchten ist. Unter falschem Verzug versteht man den Verzug zwischen aufgesteckter Spule und Einzugszylinder. Ein solcher kann auch stattfinden zwischen dem vorderen Zylinderpaar und den Spulen, auf welche die austretenden Lunten aufgewickelt werden. Hat jedoch die eintretende Lunte zuviel Draht erhalten, so läßt sie sich im Streckwerk des Spulers gar nicht oder zum mindesten sehr schwer verziehen; das austretende Gut kommt alsdann schnurartig oder im besten Falle fetzenweise zum vorderen Zylinderpaar heraus.

Um die Drehung der Vorgespinste zu bestimmen, wendet man das Köchlinsche Drahtgesetz an. Es ist:

$$T = \alpha \sqrt{N},$$

wobei T der Draht der Lunte auf 1 englischen Zoll und N die austretende englische Nummer ist. Den Drahtkoeffizienten α ersieht man aus Tabelle 18, welche aus mittleren Werten zusammengesetzt ist.

Die niedrigsten Koeffizienten wendet man für bessere Sorten Baumwolle an, die höheren Koeffizienten für geringere Sorten.

Tabelle 18.

Baumwollsorte	Grobspuler	Mittelspuler	Feinspuler	Extra-feinspuler
Indische Baumwolle	1,28—1,3	1,2	1,5	—
Amerikanische Baumwolle . . .	1,1—1,2	1,16—1,25	1,2—1,5	1,0
Mako (ägyptische Baumwolle) .	0,7—0,9	0,8—1,0	1,0—1,15	0,9—1,0
Sea-Island	0,7	0,78	1,1	0,9

1. Beschreibung des Bewegungsmechanismus des Spulers.

Die wichtigsten Vorgänge in einem Spuler sind:

1. Das Verziehen der Fasermasse,
2. das Drahtgeben der Lunte,
3. das Aufwinden auf die Spule.

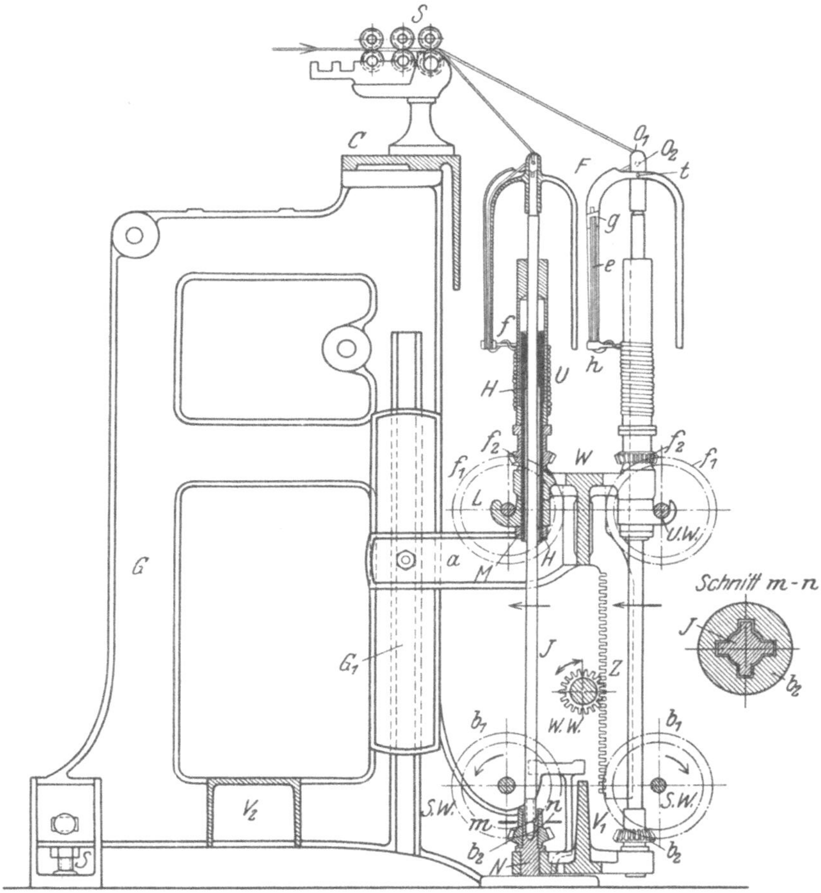

Abb. 190. Schnitt durch einen Spuler.

Das Gestell des Spulers besteht aus 2 Endschilden mit mehreren dazwischen befindlichen Mittelständen. Durch Aufschrauben der Zylinderbank *C* (Abb. 190) wird das Ganze zu einem starren Gerippe vereinigt. Die Mittelständer sind vorn und hinten mit Stellschrauben *s* versehen, damit die Zylinderbank, auch **Brustbaum** genannt, genau waagerecht gestellt werden kann. Sind zu große Unebenheiten im Fußboden vorhanden, so wird durch Unterlegen von Hartholzklötzen nachgeholfen.

Das Streckwerk *S* besteht gewöhnlich aus 3 Riffelzylindern, wie dies in Abb. 190 dargestellt ist. Die Druckzylinder (Lederroller) sind mit Gewichten belastet. Bei langen Fasern jedoch, bei Mako und Sea-Island, verwendet man auf dem Einzugszylinder freie Belastung (Selbstbelastung). Bei ganz feiner Baumwolle erhält schon der Mittelzylinder freie Belastung. Die Riffelzylinder sind in „**Stanzen**" gelagert, welch letztere ihrerseits auf der Zylinderbank *C* festgeschraubt sind. Gewöhnlich besteht jeder von Mitte Stanze zu Mitte Stanze gemessene Riffelzylinder, dessen Länge man kurzerhand Systemlänge nennt, aus 4 geriffelten Tischen beim Grobspuler, wobei eine Lunte auf 1 Tisch kommt, d. h. 4 Spindelteilungen bilden eine Systemlänge. Beim Mittelspuler kommen 6

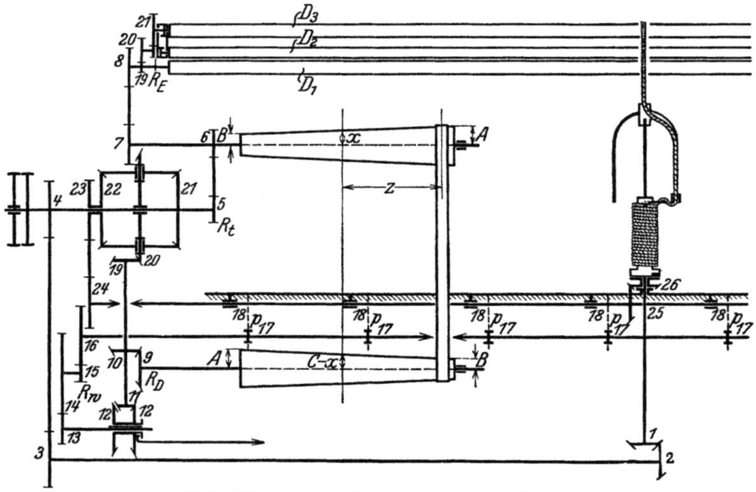

Abb. 191. Antriebsschema eines Spulers.

oder 8 Spindeln, beim Feinflyer 8 und beim Extrafeinflyer 10 oder 12 Spindeln auf 1 Systemlänge. Beim Mittelspuler kommt eine Lunte auf 1 Tisch, dagegen bei Fein- und Extrafeinspuler deren 2 auf 1 Riffeltisch.

Der Antrieb des Streckwerkes geschieht unmittelbar von der Hauptwelle aus, siehe Schema Abb. 191. Der am Ende der Hauptwelle befindliche Drahtwechsel *5* treibt das Rad *6*, wobei dann *7* das auf dem vorderen Riffelzylinder befestigte Rad *8* treibt.

Die Teilung der Riffeln der Streckzylinder nimmt mit den feiner werdenden Nummern ab. Gewöhnlich beträgt die Riffelteilung:

1,65 mm	beim	Grobspuler
1,60 „	„	Mittelspuler
1,55 „	„	Feinspuler

Zur Schonung der belederten Druckzylinder werden bei allen Spulern die eintretenden Lunten bzw. Bänder hin- und hergeführt, damit die Lunten nicht beständig auf derselben Stelle des Zylinders arbeiten, wodurch Rillen in den Lederroller eingepreßt werden.

Die gebräuchlichsten Druckzylinder auf dem vorderen Riffelzylinder sind **Büchsenroller** Abb. 192. Zwei hohle Gußzylinder, welche betucht und beledert sind, werden auf eine Spindel aufgeschoben. In der Mitte derselben befinden sich 2 Ansätze, zwischen welchen der Gewichtshaken eingehängt wird. Zur Aufnahme des Schmierfettes ist die Spindel an den Ansätzen und gegen die beiden Enden zu etwas verjüngt. Das Schmieren der vorderen Druckzylinder wird nur bei jedem Großputzen vorgenommen, d. h. alle 8 bis 10 Wochen. Die mittleren und hinteren Druckzylinder sind als Vollzylinder ausgeführt.

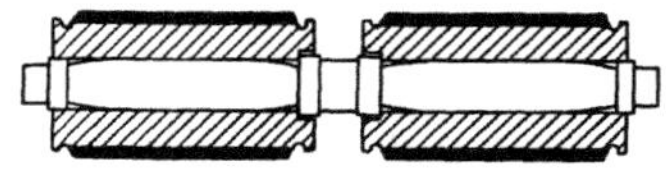

Abb. 192. Büchsenroller.

Die Zylinderstellungen hängen von der Faserlänge, der Nummer und dem Druck der Lederzylinder ab. Genaue Zylinderstellungen sind deshalb durch Versuche festzustellen. Als Anhaltspunkt kann man benützen, daß man beim Feinspuler zwischen den vorderen und dem Mittelzylinder die größte Faserlänge als Entfernung von Mittelpunkt zu Mittelpunkt der Verzugszylinder annimmt, beim Mittelspuler gibt man 1 mm zu und beim Grobspuler 1 bis 1,5 mm mehr wie beim Mittelspuler. Beim Extrafeinspuler gibt man ½ mm we-

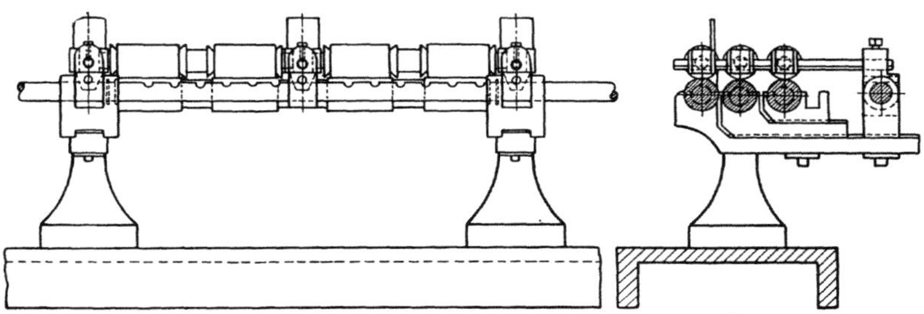

Abb. 193. Vorder- und Seitenansicht der Zylinderstanzen.

niger wie beim Feinspuler. Als Entfernung zwischen Mittelzylinder und Einzugszylinder gibt man 8 bis 10 mm mehr, als diejenige zwischen Vorder- und Mittelzylinder beträgt. Bei freier Belastung geht man sogar bis zu 12 mm.

In Abb. 193a und b sind die Zylinderstanzen wiedergegeben. Aus Abb. 193b ist ersichtlich, wie alle 3 Streckzylinder regulierbar sind. Abb. 194a, 194b und 194c

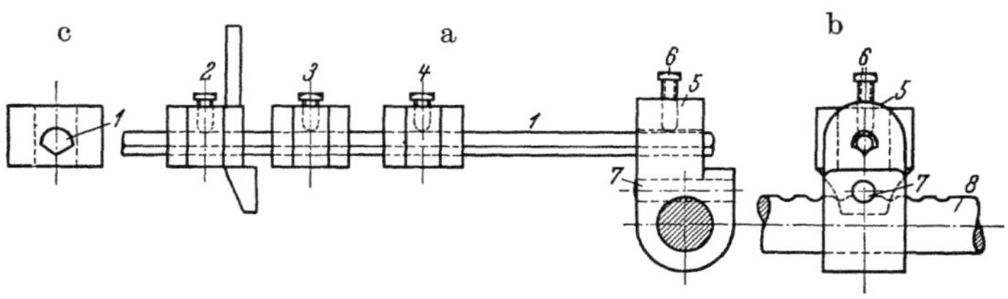

Abb. 194. Halter der Druckzylinder von Tweedales & Smalley.

zeigen die Halter der Druckzylinder, wie sie Tweedales & Smalley bauen. Auf einem halbrunden, unten in *V*-Form verlaufenden Stahlstäbchen *1* sitzen die 3 Halter *2*, *3* und *4*. Stäbchen *1* ist im Kopf *5* mittels Schraube *6* befestigt. Dadurch, daß nun noch der Kopf *5* mittels Splint *7* in einen Kerb der Stange *8* eingreift, ist eine genaue parallele Lage der Druckzylinder bedingt.

Als Putzvorrichtungen der Druckzylinder kommen Plüschplatten oder Plüschwalzen in Betracht. Die Riffelzylinder sind gewöhnlich mit kleiner Putzvorrichtung versehen, doch ist es für ganz gute Arbeit vorteilhaft, an den Zylinderstangen Flachfedern anzubringen, zwischen welche man die Achsenenden der Plüschwalzen klemmen kann. Dieser Plüschzylinder berührt gewöhnlich nur den vorderen Riffelzylinder; es ist jedoch vorteilhaft, daß er den vorderen und den mittleren Riffelzylinder berührt, als Umfangsgeschwindigkeit erhält die Plüschwalze das arithmetische Mittel der Umfangsgeschwindigkeiten des vorderen und des mittleren Riffelzylinders.

Die Belastungen der Druckzylinder können entweder Einzelbelastungen oder auch Sattelbelastungen sein. Auf den Spulern von Tweedales & Smalley wurden für amerikanische Baumwolle die in Tabelle 19 vermerkten Einzelbelastungen festgestellt:

Tabelle 19.

Maschinen	Vorderzylinder	Mittelzylinder	Hinterzylinder
Grobspuler	10 lbs = 4,536 kg	14 lbs = 6,350 kg	10 lbs = 4,536 kg
Mittelspuler	14 ,, = 6,35 ,,	10 ,, = 4,536 ,,	8 ,, = 3,629 ,,
Feinspuler	18 ,, = 8,16 ,,	14 ,, = 6,350 ,,	12 ,, = 5,443 ,,

Beim Grobbank- sowie beim Mittelspuler verteilen sich die Gewichte auf je 2 Lunten, dagegen beim Feinspuler auf 4 Lunten.

Dobson & Barlow geben die in den Tabellen 20 und 21 angegebenen Belastungen der Spulerzylinder für die verschiedenen Baumwollsorten an:

Tabelle 20. Indische und amerikanische Baumwolle.

Maschinen	Vorderzylinder	Mittelzylinder Hinterzylinder	Bemerkungen
Grobspuler . .	18 lbs = 8,16 kg	24 lbs = 10,9 kg	Belastung vermittels Sattel und Hebel
Mittelspuler . .	16 ,, = 7,25 ,,	20 ,, = 9,07 ,,	
Feinspuler . . .	18 ,, = 8,16 ,,	24 ,, = 10,9 ,,	

Tabelle 21. Ägyptische Baumwolle und Sea-Island.

Maschinen	Vorderzylinder	Mittelzylinder	Hinterzylinder	Bemerkungen
Grobspuler . .	16 lbs = 7,25 kg	20 lbs = 9,07 kg ←		Belastung vermittels Sattel und Hebel
oder	14 ,, = 6,35 ,,	12 lbs = 5,44 kg	Selbstbelastung	
Mittelspuler . .	14 ,, = 6,35 ,,	18 lbs = 8,16 kg ↔		
oder	12 ,, = 5,44 ,,	10 lbs = 4,54 kg	Selbstbelastung	
Feinspuler . . .	16 ,, = 7,25 ,,	10 lbs = 9,07 kg ←		
oder	10 ,, = 4,54 ,,	Selbstbelastung	Selbstbelastung	
Extrafeinspuler .	8 ,, = 3,63 ,,	,,	,,	

Für amerikanische Baumwolle gestaltet sich die Berechnung des Druckes auf den Mittel- und Hinterzylinder folgendermaßen: siehe Abb. 195.

Zur Feststellung der Auflagedrucke beim Grob- und Feinspuler besteht folgende Gleichung:

$$P \cdot 20 = Q_1 \cdot 45\,,$$

$$Q_1 = \frac{10{,}9 \cdot 20}{45} = \mathbf{4{,}85\ kg}\,.$$

Zur Bestimmung von Q_2 ist:

$$P \cdot 25 = Q_2 \cdot 45\,,$$

$$Q_2 = \frac{10{,}9 \cdot 25}{45} = \mathbf{6{,}05\ kg}\,.$$

Beim Mittelspuler bestehen dieselben Hebelverhältnisse wie beim Grob- und Feinspuler, es ändern bloß die Gewichte. Es ist

$$Q_3 = 16 \text{ lbs} = 7{,}25 \text{ kg} \quad \text{und} \quad P = 20 \text{ lbs} = 9{,}07 \text{ kg}.$$

Als Auflagereaktion am hinteren Zylinder haben wir die Gleichung:

$$P \cdot 20 = Q_1 \cdot 45\,,$$

$$Q_1 = \frac{9{,}07 \cdot 20}{45} = \mathbf{4{,}03\ kg}\,.$$

Ferner

$$P \cdot 25 = Q_2 \cdot 45\,,$$

$$Q_2 = \frac{9{,}07 \cdot 25}{45} = \mathbf{5{,}04\ kg}\,,$$

$$Q_3 = \mathbf{7{,}25\ kg}\,.$$

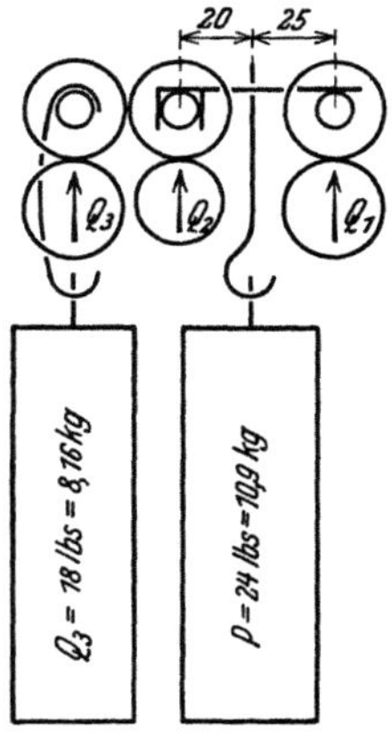

Abb. 195. Schema zur Berechnung der Auflagedrucke.

Die Durchmesser der Riffelzylinder wählt man bei den Spulern je nach der zu bearbeitenden Baumwolle. Tabelle 22 gibt einen Überblick über die gebräuchlichen Durchmesser:

Tabelle 22.

Maschinen	Indische Baumwolle			Kurze amerik. Baumwolle			Normale amerik. Baumwolle			Mako und Sea-Island		
	Vorderzyl. in mm	Mittelzyl. in mm	Hinterzyl. in mm	Vorderzyl. in mm	Mittelzyl. in mm	Hinterzyl. in mm	Vorderzyl. in mm	Mittelzyl. in mm	Hinterzyl. in mm	Vorderzyl. in mm	Mittelzyl. in mm	Hinterzyl. in mm
Grobspuler	27	25	27	29	25	29	30—32	25	30—32	35	32	35
Mittelspuler	27	25	27	29	25	29	30—32	25	30—32	32	29—30	32
Feinspuler	25	23	25	27	23	27	27—29	23	27—29	32	25—29	32
Extrafeinspuler . .							27—29	23	27—29	32	25—29	32

Der Antrieb der Spindeln geschieht mittels der Übersetzung *4—3—2—1* (Abb. 191). In Abb. 190 sind die beiden Hyperbelräder mit b_1 und b_2 benannt. Die beiden Wellen *SW* laufen durch die ganze Maschine. Da die beiden Wellen vermittels zweier Stirnräder unmittelbar miteinander verbunden sind, drehen sie sich im entgegengesetzten Sinne. Da aber die beiden Reihen Spindeln in demselben Drehsinne laufen sollen, werden die Hyperbelräder b_1 der vorderen Spindelreihe links von den Hyperbelrädern b_2 befestigt und diejenigen der hinteren Spindelreihe rechts davon.

Die Spindeln bestehen aus vorzüglichem Stahl, sind unten kegelförmig zugespitzt und in entsprechenden Fußlagern *N* gelagert. Letztere sind in Näpfen der Fußbank V_1 eingelassen und auf- und abstellbar. Manche Konstrukteure schrauben die Rädchen b_2 an der Spindel fest; die Firma Rieter in Winterthur steckt diese lose auf die Spindel, welche durch vier an derselben befindliche Längsrippen mitgenommen wird, wie dies in Abb. 190, Schnitt *m—n*, veranschaulicht ist.

Um bei den schnellen Umdrehungen der Spindeln ein Schleudern möglichst zu verhindern, sind die Spindeln etwas über ihrer Mitte in Halslagern *H* geführt, welche mittels Schrauben *M* an der sich auf- und abbewegenden Wagenbank befestigt sind. Lange Halslager sind den kurzen vorzuziehen.

Der obere Teil der Spindel ist etwas konisch und mit einem Schlitz versehen. Auf dieses konische Ende wird der genau darauf passende Flügel aufgesetzt

(Abb. 196a und b), vermittels eines durchgehenden Stiftes t wird die Mitnahme des Flügels durch die Spindel erzielt. Der Flügel besitzt zwei gleich schwere Arme, von denen der eine hohl und, zum Durchziehen der Lunte, der ganzen Länge nach mit einem Schlitze versehen ist, während der andere Arm einen elliptischen Querschnitt hat. Der Kopf des Flügels ist mit der Bohrung o_1 sowie mit zwei gegenüberliegenden Öffnungen o_2 versehen. In g und am unteren Teil des hohlen Flügelarmes ist der Flügelfinger h eingehängt. Damit der Finger bei der Spindeldrehung einen Druck gegen den Garnkörper der Spule ausübt, ist er mit einem Gegengewichte in Stangenform verbunden. (Abb. 196b zeigt einen Schnitt durch a—b.) Der Schwerpunkt von e befindet sich bei voller Spule näher an der Flügelachse als bei leerer, und die Fliehkraft von e, deren Größe den Druck des Fingers gegen den Garnkörper bestimmt, ist, da die Spindel mit gleichbleibender Drehzahl läuft, kleiner bei voller als bei leerer Spule.

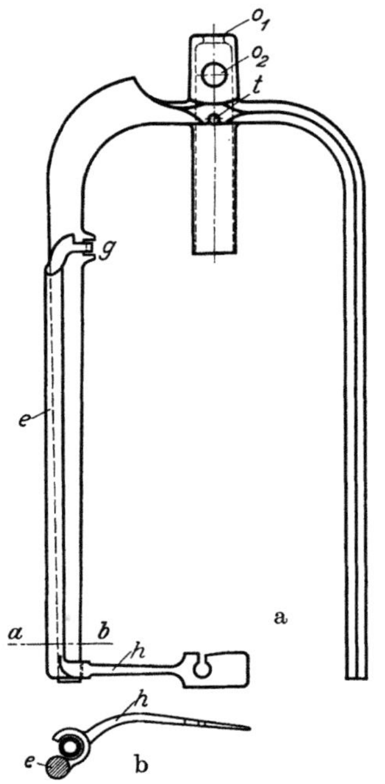

Abb. 196. Spulerflügel.

Vom Streckwerk aus wird die Lunte durch die Bohrung o_1, durch das Loch o_2 und durch den hohlen Flügelarm über den Preßfinger h zur Spule geleitet. Dadurch wird eine gewisse Spannung erzeugt, mit welcher die Lunte auf die Spule aufgewickelt wird. Bei dieser Gelegenheit soll bemerkt werden, daß nach praktischen Erfahrungen beim Grobspuler die Lunte durch die Flügelkopföffnungen o_1 und o_2 direkt durch den hohlen Flügelarm geführt und daraufhin zweimal um den Preßfinger gewunden wird. Manche Spinner wickeln bei der hinteren Flügelreihe dreimal und bei der vorderen zweimal um den Preßfinger. Beim Mittel- sowie beim Feinspuler zieht man die Lunte durch die Öffnungen o_1 und o_2, worauf dieselbe um den Flügelkopf gewickelt wird, so daß die Lunte 180° umspannt, bevor sie in den hohlen Flügelarm geleitet wird. An beiden Flügelreihen wird dann die Lunte zweimal um den Preßfinger gewickelt.

Die Elsässische Maschinenbau-Gesellschaft, Mülhausen i. Els., wendet folgende Spindeldurchmesser an:

Grobspuler	19 mm	Feinspuler	17 mm
Mittelspuler	19 „	Extrafeinspuler	16 mm

Praktische höchste minutliche Umdrehungen der Spindeln für die verschiedenen Baumwollsorten ergibt Tabelle 23.

Tabelle 23.

Maschinen	Indische Baumwolle	Amerikanische Baumwolle	Mako und Sea-Island
Grobspuler . .	650	600	450
Mittelspuler . .	780	750	650
Feinspuler . .	1100	1070	1000
Extrafeinspuler	—	1280	1250

Die Spulen werden vom Differentialrad *23* (Abb. 191) mittels der Übersetzung *23*—*24*—*25*—*26* angetrieben. Die Spulenrädchen f_2 (Abb. 190) sind lose auf das Halslager H aufgeschoben und sitzen auf dem am unteren Teil des Halslagers befindlichen Ansatze auf. Das Hyperbelrädchen f_2 ist oben mit einer Scheibe versehen und diese trägt eine Nase, welche in die am unteren Teile der Holzspule angeordneten Einschnitte paßt und auf diese Weise die Drehung der Spule bewerkstelligt. Die Kegelrädchen f_2 werden von den Hyperbelrädchen f_1 angetrieben, letztere sind auf den im Wagen gelagerten Spulenwellen *UW* befestigt. Ebenso wie die Spindelwellen *SW* drehen auch die Spulenwellen *UW* in entgegengesetztem Sinne, so daß bei der vorderen Spulenreihe die Rädchen f_1 links von f_2 eingreifen, bei der hinteren Spulenreihe auf der rechten Seite von f_2. Da aber die Spulenwellen die auf- und abgehende Wagenbewegung mitmachen und der Antrieb vom Differentialrad aus mittels Stirnräder zu den Spulenwellen führt, darf der Antrieb nicht starr sein, sondern er muß ein Gelenk bilden, das „Rädergehänge".

Die auf- und abgehende Bewegung des Wagens erfolgt vom unteren Kegel aus mit der Übersetzung *9—10—11—12—13—14* bis *15—16—17—18* (Abb. 191).

Der Wagen ist in gewissen Abständen mit Stücken *a* (Abb. 190) verschraubt, an welchen ein Gleitklotz befestigt ist, der mit der Zahnstange *18* ein Stück bildet. Dieser Gleitklotz bewegt sich in einer am Gestell *G* angegossenen Nut G_1 auf und ab. Damit nun der Wagen sich abwechselnd auf und ab bewegt, sind 2 Zwillingskegelräder *12* (Abb. 191) eingeschaltet, welche vom Kegelrädchen *11* angetrieben werden. Es ist vorteilhaft, wenn letzteres aus Stahl hergestellt ist. Mittels einer vom Kehrzeug aus bewegten Stange greifen abwechselnd die Zwillingskegelräder in das Rädchen *11* ein.

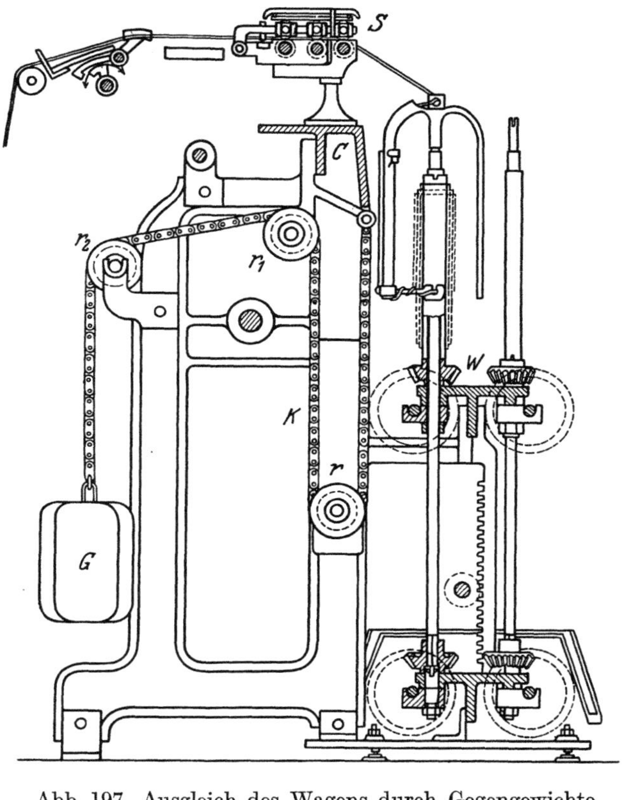

Abb. 197. Ausgleich des Wagens durch Gegengewichte. Allgemeine Ausführung.

Um das Gewicht des Wagens auszugleichen, sind Gegengewichte angebracht. Wie auf Abb. 197 ersichtlich ist, sind die Gegengewichte *G* an den Ketten *K* aufgehängt. Letztere sind am Gestell befestigt und werden über die Rollen r, r_1 und r_2 geleitet. Die Rolle r ist in der Längsachse des Gleitstückes G_1 (Abb. 190) angebracht, infolgedessen brauchen die Gewichte nur halb so schwer wie der Wagen zu sein, legen aber dafür die doppelte Hublänge als Weg zurück.

Tweedales & Smalley führt die Konstruktion Abb. 198 aus. Am Gestell ist die Querachse w angebracht, auf welche die beiden Kettenrollen r_1 und r_2 aufgekeilt sind. Beim Grob- und Mittelspuler beträgt der Durchmesser der kleinen

Rolle $r_1 = 3^1/_{16}'' = 77{,}8$ mm und derjenige der großen Rolle $r_2 = 7^1/_8'' = 181$ mm, dagegen ist beim Feinspuler der Durchmesser der Rolle $r_1 = 2^3/_8'' = 60{,}3$ mm und derjenige der Rolle $r_2 = 5'' = 127$ mm. An der Kette K_1 ist ein Hebel H aufgehängt, dessen eines Ende sich genau unter dem Schwerpunkt des Wagens befindet, während das andere am Gestell in C eingehängt ist. Auch bei dieser Anordnung braucht das Gewicht nur halb so groß zu sein wie das Wagengewicht, aber der von den Gewichten zurückgelegte Weg ist doppelt so groß wie der Wagenhub.

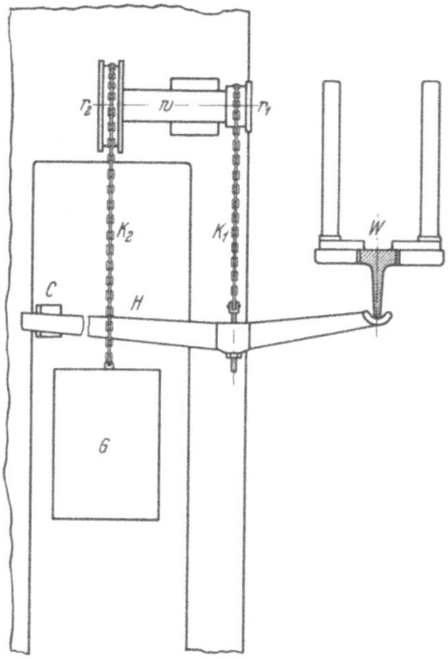

Abb. 198. Ausgleich des Wagens durch Gegengewichte. Konstruktion Tweedales & Smalley.

2. Spulenwicklung und Flügelwicklung.

Abb. 199. Holzspule für Spuler.

Die vom Streckwerk heraustretende und mit geringer Drehung versehene Lunte soll zu einer Spule derart aufgewickelt werden, daß letztere oben und unten abgeschrägt ist, um ein Übereinanderfallen der einzelnen Schichten zu verhindern. Diese Form wird angewandt, um glatte, zylindrische Holzspulen, wie eine solche in Abb. 199 abgebildet ist, verwenden zu können. Scheibenspulen kann man wegen ihres großen Gewichtes und der Reibung der Lunte an den Scheiben nicht anwenden. Damit die Lunte aufgewickelt werden kann, muß ein Geschwindigkeitsunterschied zwischen Flügel und Spule bestehen, d. h. die Spule wird dem Flügel voreilen oder umgekehrt. Dreht die Spule schneller wie der Flügel, so spricht man von **Spulenwicklung**, dagegen ist die Umdrehungszahl des Flügels bei **Flügelwicklung** größer als diejenige der Spule. Bezeichnen wir mit f die Flügelumdrehungen und mit s_x die jeweiligen Spulenumdrehungen, so ist die Windungszahl

$$n_x = f - s_x \text{ bei Flügelwicklung}$$

und

$$n_x = s_x - f \text{ bei Spulenwicklung.}$$

Demnach

$$s_x = f - n_x \text{ bei Flügelwicklung}$$

und

$$s_x = f + n_x \text{ bei Spulenwicklung.}$$

Bei kleinem Spulendurchmesser ist die Windungszahl am größten und bei großem Spulendurchmesser am kleinsten, da das Streckwerk in der Zeiteinheit stets dieselbe Anzahl Meter Lunte liefert. Somit ist nach den letzten beiden Gleichungen die Spulengeschwindigkeit bei Flügelwicklung am Anfang der Spule am kleinsten und bei voller Spule am größten, dagegen ist bei Spulenwicklung die Spulengeschwindigkeit am Anfang der Spule am größten und bei voller Spule am kleinsten.

Da bei voreilendem Flügel die Spule mit jeder Schicht schneller drehen muß, wobei natürlich das Spulengewicht stets zunimmt, so wird der Kegelriemen durch den schwereren Gang der Maschine höher beansprucht und gleiten, weshalb die Aufwindung ungünstig beeinflußt wird. Bei voreilender Spule hingegen drehen die Spulen mit zunehmendem Spulendurchmesser langsamer; der Kegelriemen wird demgemäß weniger Gleitverluste aufweisen. Aus diesem Grunde wird heute an den Spindelbänken die Spulenwicklung allgemein bevorzugt. Die Flügelwicklung hat noch einen anderen Nachteil: Der Antrieb der Spindeln erfolgt direkt von der Hauptwelle aus mittels der Räder *4—3—2—1* (Abb. 191), der Antrieb der Spulen erfolgt von der Hauptwelle aus mittels einer großen Übersetzung über die beiden Kegel und das Differentialgetriebe. Zwischen den Zähnen der Getriebe besteht ein zum guten Arbeiten der Zahnräder notwendiger kleiner Spielraum. Bei Flügelwicklung wird natürlich durch diesen Umstand die Spindel einen Augenblick vorher drehen wie die Spule, wodurch bei jedesmaligem Ingangsetzen der Maschine ein Schnitt in der Lunte erzeugt wird. Bei Spulenwicklung dagegen wird die Lunte beim Anlassen der Maschine während eines Augenblickes etwas durchhängen. Auch dieses spricht für die Bevorzugung der Spulenwicklung.

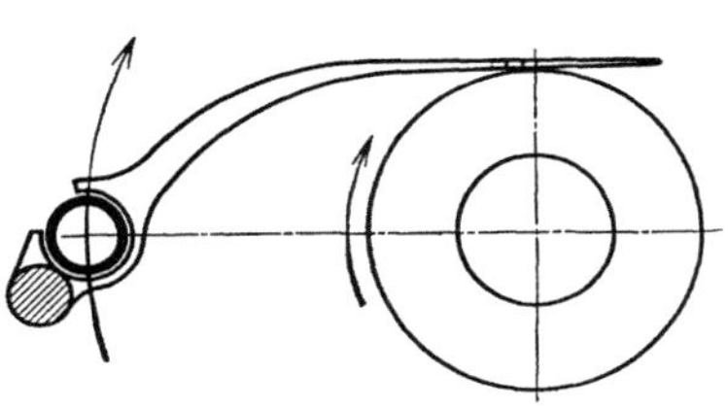

Abb. 200. Stellung des Flügels bei Spulenwicklung.

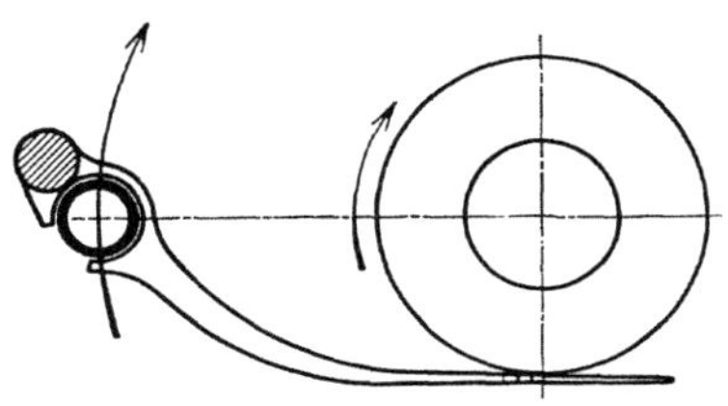

Abb. 201. Stellung des Flügels bei Flügelwicklung.

Es ist einfach, bei einem Spuler zu unterscheiden, ob derselbe Spulenwicklung oder Flügelwicklung hat. Dreht die Spule schneller wie der Flügel (Spulenwicklung), so geht der Flügelfinger dem hohlen Flügelarm in bezug auf die Drehrichtung vor (Abb. 200), dagegen bei Flügelwicklung schleppt der hohle Flügelarm den Finger nach (Abb. 201).

3. Das Differentialgetriebe.

Um diese veränderliche Bewegung der Spulen zu erzeugen, verwendet man ein zusammen arbeitendes Kegelpaar, wobei der obere Kegel, der treibende, eine konstante Umdrehungszahl besitzt. Infolge der Verschiebung des Kegelriemens erhält der untere Kegel eine veränderliche Drehbewegung. Letztere wird vermittels des Differentialgetriebes den Spulen übermittelt. Es sollen im folgenden die gebräuchlichsten Differentialgetriebe besprochen und berechnet werden.

a) Das Differentialgetriebe von Houldsworth (Abb. 202).

Dieses älteste Differentialgetriebe, welches 1824 von Houldsworth erfunden wurde, besteht aus einem auf der Hauptwelle befestigten Kegelrad r_1, in welches 2 Räder r_2 eingreifen, die das Rad r_3 treiben. Dieses sitzt lose auf der Hauptwelle und ist mittels einer Büchse mit dem Stirnrad a verbunden, von welchem die Bewegung auf die Spulen übertragen wird. Die Kegelräder r_2 sind drehbar in einem auf der Hauptwelle lose gelagerten Stirnrad r_4 angeordnet, das seine Drehung vom unteren Kegel aus erhält. Die Kegelräder r_2 übertragen demnach die Umdrehungszahl n der Hauptwelle auf das Rad r_3 und erhalten ihrerseits eine Bewegung vom Rade r_4 aus, so daß n_2 aus n plus oder minus einer Zusatzbewegung n_1 besteht, je nachdem das Rad r_4 im entgegengesetzten oder im gleichen Sinne wie die Hauptwelle dreht.

Zum besseren Verständnis dieses Differentialgetriebes werden wir alle vorkommenden Bewegungen in ihre Einzelteile zerlegen.

a) Nehmen wir an, das Differentialrad r_4 sei nicht in Eingriff mit r_5 und die Hauptwelle drehe mit n Umdrehungen, so wird das Rad r_1 diese Umdrehungszahl n vermittels der Zwischenräder r_2 auf das Rad r_3 übertragen. r_3 wird demnach n Umdrehungen vollführen, aber in umgekehrtem Sinne wie die Hauptwelle.

b) Nehmen wir jetzt an, das Rad r_1 stehe still. Erteilen wir dem Stirnrade r_4 eine Umdrehungszahl n_1,

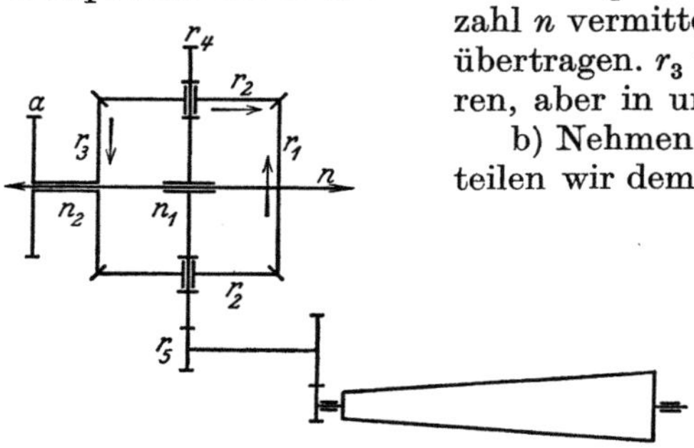

Abb. 202. Differentialgetriebe von Houldsworth.

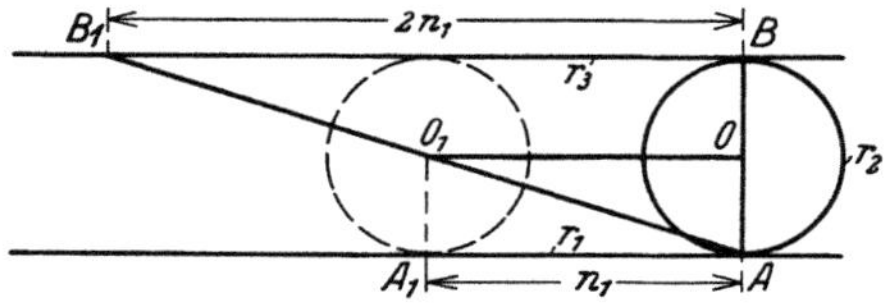

Abb. 203. Graphische Bestimmung der Auflagepunkte beim Abrollen eines Rades auf einer geraden Ebene.

so wird sich r_2 auf r_1 abwickeln. Wir können diese Bewegung am besten graphisch durch Abb. 203 darstellen.

Legen wir einen Stab r_3 auf das Rad r_2 und rollen wir dieses Rad r_2, indem wir r_3 parallel zur Fläche r_1 auf das Rad r_2 drücken, mit einer Geschwindigkeit n_1 auf r_1 ab. Der Punkt A wird sich nach B_1 bewegen, O nach O_1 und der Punkt B nach A_1. Der Punkt A hat also die doppelte Geschwindigkeit des Punktes O erhalten, somit $2\,n_1$.

Dasselbe geschieht im Differentialgetriebe. Da r_1 dieselbe Zähnezahl besitzt wie r_3, so wird bei n_1 Umdrehungen des Rades r_4 das Rad r_3 eine Umdrehungszahl $2n_1$ erhalten. Dreht sich r_4 im gleichen Sinne wie die Hauptwelle, so wird r_3 auch im selben Sinne wie r_4 drehen. Als resultierende Bewegung des Kegelrades r_3 ergibt sich aus den Betrachtungen a) und b), daß

$$n_2 = n \pm 2\,n_1\,,$$

wobei plus angewendet wird, wenn r_4 und r_1 im entgegengesetzten Sinne drehen, denn dann wirken eben beide Drehungen n und n_1 im selben Sinne auf r_3. Dreht die Hauptwelle im gleichen Sinne wie r_4, so wird minus angewendet.

Dieses Differentialwerk hat den Nachteil, daß das Verbindungsrohr zwischen r_3 und a im entgegengesetzten Sinne dreht wie die Hauptwelle, wodurch große Reibung entsteht. Die Abnutzung ist deshalb bedeutend und die Reibung übt eine schädliche Wirkung auf den Kegelriemen aus, da sie ihn zum Gleiten bringt. Aus diesem Grunde ist diese Verbindungsröhre zwischen a und r_3 beim verbesserten Houldworthschen Differentialgetriebe auf einer stillstehenden zweiten Röhre gelagert, in welch letzterer die Hauptwelle dreht. Dasselbe ist der Fall mit der Nabe des Stirnrades r_4.

Um einen ruhigen und gleichmäßigen Gang des Differentialgetriebes zu erzielen, verwendet man vorteilhaft Stirnräder, denn Kegelräder kann man nie so vollkommen genau herstellen wie erstere.

Um ein Rutschen des Kegelriemens möglichst zu vermeiden, wird man den Kegeln eine große Geschwindigkeit erteilen und mit dem Anwachsen der Spulen die Drehzahl des unteren Kegels abnehmen lassen, damit die Umdrehungszahl des Differentialrades abnimmt.

Im folgenden sollen einige der gebräuchlichsten Differentialgetriebe näher erörtert werden.

b) Das Stirnraddifferentialgetriebe von Curtis & Rhodes (Abb. 204).

Die Hauptwelle trägt einen Arm A, durch das eine Ende desselben ist ein Zapfen lose eingesetzt, der die beiden Stirnräder r_4 und r_5 trägt; das andere Ende von A ist als Gegengewicht ausgebildet. Das Rad r_4 greift in das Doppelrad $r_3 - r_2$ ein, dessen Achse im Hebel A befestigt ist. r_2 greift in r_1 ein, das mit dem Rad b, welches seinen Antrieb vom unteren Kegel erhält, aus einem Stück gegossen ist.

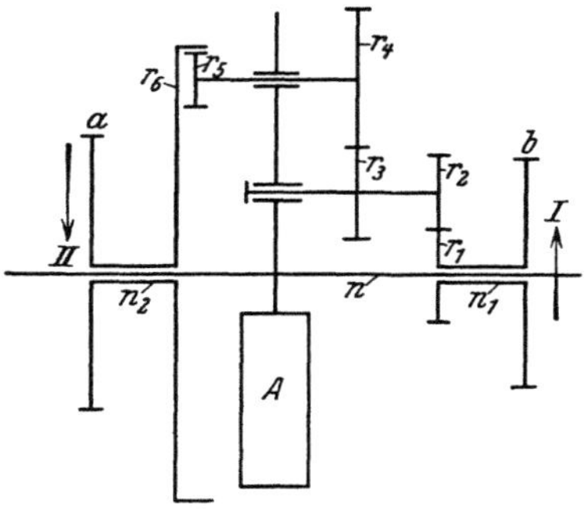

Abb. 204. Differentialgetriebe von Curtis & Rhodes.

Das Rad r_5 greift in ein innen verzahntes Rad r_6 ein, das mit dem zu den Spulen führenden Rad a ebenfalls aus einem Stück gegossen ist.

Dieses Differentialgetriebe hat den Vorteil, daß sowohl die Rohrwelle von b sowie diejenige von a im gleichen Sinne drehen wie die Hauptwelle.

a) Nehmen wir an, das Doppelrad $r_2 - r_3$ sei vom Zapfen entfernt und das Rad r_5 sei mit r_6 fest verbunden. Dreht nun A im eingezeichneten Sinne I mit n Umdrehungen, so wird durch einfaches Mitnehmen das Rad a ebenfalls n Drehungen im gleichen Sinne ausführen.

b) Setzen wir jetzt das Doppelrad $r_2 - r_3$ wieder ein und denken wir uns r_5 nicht mehr mit r_6 fest verbunden, sondern in normalem Eingriff. Lassen wir ferner das Rad r_1 stillstehen, so wird bei n Umdrehungen des Stückes A in der Drehrichtung I das Rad r_2 auf r_1 abrollen, und das Rad a wird $n\frac{r_1}{r_2}\frac{r_3}{r_4}\frac{r_5}{r_6}$ Umdrehungen machen. Hierbei dreht das Rad a im entgegengesetzten Sinne, d. h. in der Drehrichtung II.

Da nun die beiden eben erläuterten Bewegungen a) und b) entgegengesetzten Drehsinn haben, werden sie voneinander subtrahiert und das Rad a erhält

$$n\left(1 - \frac{r_1}{r_2}\frac{r_3}{r_4}\frac{r_5}{r_6}\right) \text{ Drehungen.}$$

c) Das Rad b erhält seine Bewegung vom unteren Kegel. Angenommen, das Stück A stehe still und b erhalte n_1 Umdrehungen im Sinne I, so wird diese Bewegung auf a übertragen mit der Übersetzung

$$n_1\frac{r_1}{r_2}\frac{r_3}{r_4}\frac{r_5}{r_6}.$$

In diesem Falle wird a im Sinne I drehen.

Die unter a), b) und c) angegebenen Drehungen addieren sich, wenn das Rad b im gleichen Sinne wie die Hauptwelle dreht, ist jedoch die Drehbewegung von b entgegengesetzt der Hauptwelle, so werden die Drehungen voneinander subtrahiert.

Als resultierende Drehung des Rades a ergibt sich demnach

$$n_2 = n\left(1 - \frac{r_1}{r_2}\frac{r_3}{r_4}\frac{r_5}{r_6}\right) \pm n_1 \frac{r_1}{r_2}\frac{r_3}{r_4}\frac{r_5}{r_6}.$$

Dieses Differentialgetriebe wird von verschiedenen Konstrukteuren ausgeführt. Die Elsässische Maschinenbau-Gesellschaft, Mülhausen i. Els., verwendet die in Tabelle 24 angegebenen Zähnezahlen.

Tabelle 24.

Bezeichnung des Rades	Grob-spuler	Mittel-spuler	Fein-spuler	Extrafein-spuler
r_1	31	27	25	25
r_2	27	38	37	37
r_3	21	25	21	21
r_4	23	25	29	29
r_5	15	15	15	15
r_6	90	90	90	90

Hieraus ergibt sich die Umdrehungszahl des Rades a wie folgt:

Für Grobspuler: $n_2 = 0{,}8254\, n \pm 0{,}1746\, n_1$
„ Mittelspuler: $n_2 = 0{,}8935\, n \pm 0{,}1065\, n_1$
„ Feinspuler: $n_2 = 0{,}9184\, n \pm 0{,}0816\, n_1$
„ Extrafeinspuler: $n_2 = 0{,}9184\, n \pm 0{,}0816\, n_1$

Das Vorzeichen + gilt für voreilende Spule, das Vorzeichen — für voreilende Spindel.

c) Das Differentialgetriebe von Tweedales & Smalley (Abb. 205).

Die Kegelräder r_2 und r_3 sind durch eine Querwelle miteinander verbunden und letztere ist drehbar in einem Kreuzkopf der Hauptwelle gelagert. Das Rad b erhält seine Drehung vom unteren Kegel und ist durch eine Rohrwelle mit r_1 verbunden. Auf dieselbe Weise ist das Rad a, welches die resultierende Drehung des Differentialgetriebes auf die Spulen überträgt, mit r_4 verbunden.

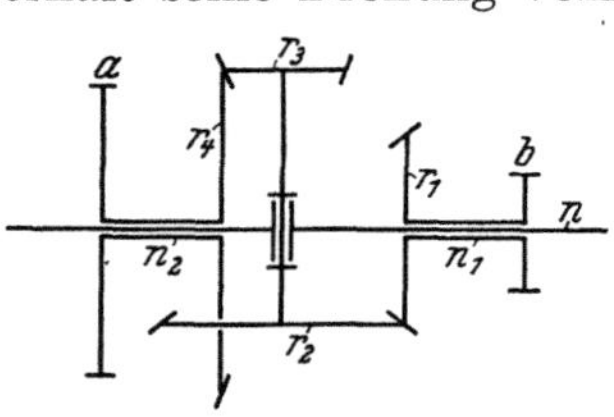

Abb. 205. Differentialgetriebe von Tweedales & Smalley.

a) Denken wir uns r_1 außer Eingriff mit r_2 und sei r_3 mit r_4 aus einem Stück hergestellt, so würde bei n Umdrehungen der Hauptwelle das Rad a ebenfalls n Umdrehungen ausführen, und zwar im selben Sinne wie die Hauptwelle.

b) Nehmen wir ferner an, das Rad r_1 sei in Eingriff mit r_2, würde aber festgehalten. Dreht nun die Hauptwelle mit n Umdrehungen, und zwar in derselben Richtung wie unter a), so wird sich r_2 auf r_1 abrollen, wobei a $n\frac{r_1}{r_2}\frac{r_3}{r_4}$ Drehungen erhält, und zwar in entgegengesetzter Richtung wie vorher. Somit sind die unter a) und b) ausgeführten Drehungen voneinander zu subtrahieren, so daß die Resultante dieser beiden Drehungen

$$n\left(1 - \frac{r_1}{r_2}\frac{r_3}{r_4}\right)$$

sein wird.

c) Das Rad b erhält aber noch eine Zusatzbewegung vom unteren Kegel aus. Bezeichnen wir mit n_1 die dem Rade b übertragene Tourenzahl, wobei b dieselbe Drehrichtung erhält wie die Hauptwelle, so wird das Rad b noch

$$n_1 \frac{r_1}{r_2}\frac{r_3}{r_4}$$

Umdrehungen im selben Sinne wie die Hauptwelle ausführen. Demnach ist die resultierende Drehung n_2 des Rades a gleich

$$n_2 = n\left(1 - \frac{r_1}{r_2}\frac{r_3}{r_4}\right) + n_1 \frac{r_1}{r_2}\frac{r_3}{r_4}.$$

Beim Differentialgetriebe von Tweedales & Smalley hat

$r_1 = 18$ Zähne	$r_4 = 48$ Zähne
$r_2 = 30$ „	$a = 50$ „
$r_3 = 16$ „	$b = 34$ „

Demnach ist:

$$n_2 = n\left(1 - \frac{18}{30}\frac{16}{48}\right) + n_1 \frac{18}{30}\frac{16}{48},$$

$$n_2 = 0{,}800\,n + 0{,}200\,n_1.$$

Diese neueren Differentialgetriebe haben den großen Vorteil, daß die Übersetzung vom Rade b nach dem Rade a ins Langsame stattfindet, so daß das Rad b und somit die Kegel eine beträchtliche Geschwindigkeit erreichen können. Je schneller aber der Kegelriemen läuft, desto weniger ist ein Gleiten zu befürchten.

d) Das Differentialgetriebe von Brooks & Shaw (Abb. 206).

Auf der Hauptwelle ist ein 30er Stirnrad r_1 befestigt, welches mittels des Doppelrades $r_2 = 18$ Zähne und $r_3 = 18$ Zähne (kleinerer Modul) seine Drehung auf $r_4 = 33$ Zähne überträgt. Die Räder r_2 und r_3 sind um 180° doppelt angeordnet, um ein Schleudern des Getriebes zu verhindern. Die Spindeln, auf welchen die aus einem Stück gegossenen Doppelräder r_2 und r_3 sich befinden, sind in einer dicht geschlossenen Ölkammer gelagert. An beiden Enden sind die Spindeln mit Gewinde und Muttern versehen und dienen zum Zusammenpressen der beiden Schalenhälften. Dadurch, daß die Spindeln hohl ausgebohrt sind, kann das Öl von außen hineingespritzt werden. Dies geschieht mittels eines engen, seitwärts eingebauten Trichters, dessen besondere Anordnung zugleich das Herausspritzen während des Ganges verhindert.

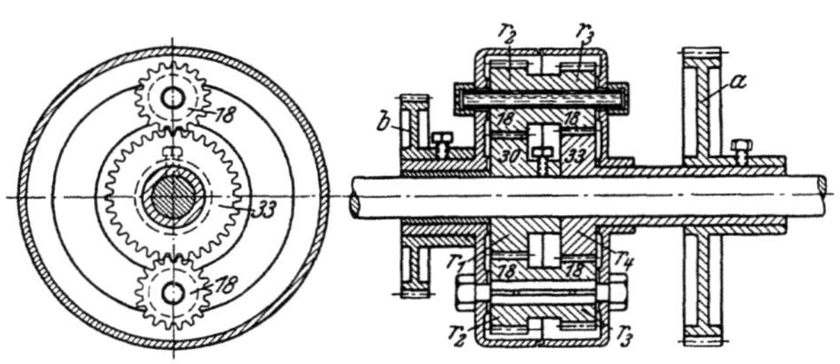

Abb. 206. Differentialgetriebe von Brooks & Shaw.

Das Rad b erhält seine Drehung vom unteren Kegel und das Rad a überträgt die aus verschiedenen Drehungen zusammengesetzte Bewegung auf die Spulen.

a) Steht das Rad b still und läuft die Hauptwelle mit n Umgängen, so wird diese Drehung auf das Spulenrad a übertragen. Somit wird letzteres

$$n \frac{r_1}{r_2}\frac{r_3}{r_4}$$

Umdrehungen machen, und zwar in demselben Sinne wie die Hauptwelle.

b) Nehmen wir an, das Rad r_1 sei außer Eingriff, r_3 sei mit r_4 fest verbunden und die Hauptwelle stehe still. Dreht nun das Rad b mit n_1 Umdrehungen im selben Sinne wie vorhin die Hauptwelle, so wird auch a eine Umdrehungszahl von n_1 ausführen, ebenfalls im gleichen Sinne wie unter a).

c) Bei der Drehung von b wird sich aber in Wirklichkeit das Rad r_2 auf r_1 abrollen. Das Rad r_2 wird sich also auf seiner Spindel drehen und seine Bewegung dem Rade r_4 mitteilen. Bei n_1 Umdrehungen wird demnach das Rad r_4 infolge des Abrollens eine Tourenzahl von

$$n_1 \frac{r_1}{r_2} \frac{r_3}{r_4}$$

erhalten, und zwar im entgegengesetzten Sinne wie unter a) und b), weshalb diese letztere Drehbewegung von den vorigen subtrahiert werden muß. Die dem Rade a mitgeteilte resultierende Bewegung lautet demnach

$$n_2 = n \frac{r_1}{r_2} \frac{r_3}{r_4} + n_1 - n_1 \frac{r_1}{r_2} \frac{r_3}{r_4}$$
$$= n \frac{r_1}{r_2} \frac{r_3}{r_4} + n_1 \left(1 - \frac{r_1}{r_2} \frac{r_3}{r_4}\right).$$

Brooks & Doxey wählt für

Grobspuler	das	Zahnverhältnis	$\frac{30}{18} \frac{18}{37}$
Mittelspuler	,,	,,	$\frac{30}{18} \frac{18}{35}$
Feinspuler	,,	..	$\frac{30}{18} \frac{18}{33}$
Extrafeinspuler	,,	,,	$\frac{30}{18} \frac{18}{33}$

Somit ist

für Grobspuler: $n_2 = 0{,}811\, n + 0{,}189\, n_1$
,, Mittelspuler: $n_2 = 0{,}857\, n + 0{,}143\, n_1$
,, Feinspuler: $n_2 = 0{,}910\, n + 0{,}090\, n_1$

e) Das Differentialgetriebe von Dobson & Barlow (Abb. 207).

Abb. 207 zeigt einen Schnitt durch das Getriebe. Auf der Hauptwelle befestigt sitzt das auf der rechten Seite verzahnte Rad B. An die Nabe von B stößt eine auf der Hauptwelle lose aufgeschobene Büchse D, welche gegen B zu halbkugel-

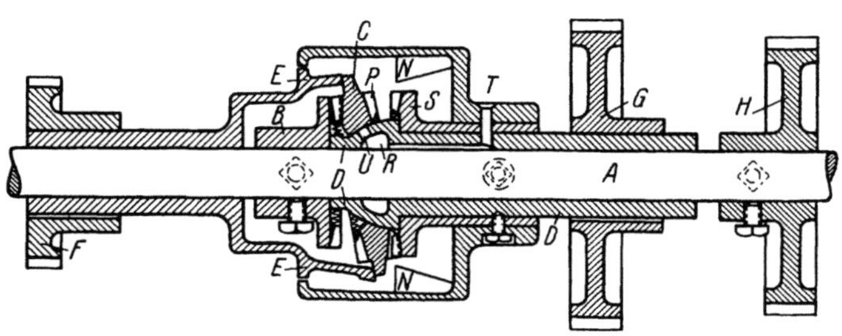

Abb. 207. Differentialgetriebe von Dobson & Barlow.

förmig ausgebildet ist. In der Mitte der Büchse dieses sphärischen Lagers D ist das innen verzahnte Rad S aufgeschraubt und am Ende desselben ist das zu den Spulen führende Rad G aufgekeilt. Auf dem sphärischen Lager sitzt lose ein beiderseitig verzahntes Rad C, das einerseits in die Zähne von B, anderseits in diejenigen von S eingreift. Die schiefe Stellung dieses Rades C ist durch eine schräg abgeschnittene Glocke E festgelegt. Auf der Nabe dieser Glocke E ist das Rad F aufgekeilt, welches vom unteren Kegel seine veränderliche Drehbewegung erhält. Infolge dieser schrägen Fläche E wird das Rad C eine seitliche schwingende Bewegung ausführen, als ob es hin- und hertaumelte.

Die Ölung des Differentialgetriebes Dobson & Barlow erfolgt durch T. Nachdem das Öl in den Behälter R gelangt ist, wird es durch die Öffnung U auf das sphärische Lager sowie auf die Zähne der Räder B, C und S geschleudert. Desgleichen wird die schiefe Kante von E mit Öl versehen. Durch die zentrifugale Bewegung der Vorrichtung läuft das Öl beständig durch alle Teile während des Ganges um und wird vermittels der Ansätze N gleichmäßig verteilt. Die Verkapselung des Differentialgetriebes ist überall gut abgedichtet, so daß ein Herausschleudern des Öles nicht zu befürchten ist.

a) Angenommen, das Rad F und somit auch die Glocke E seien mit der Hauptwelle fest verbunden und letztere würde n Umdrehungen machen, so wird auch das Rad G dieselbe Anzahl Umdrehungen ausführen, und zwar in demselben Sinne, denn das Ganze würde wie ein Block sich drehen.

b) Im Differentialgetriebe Dobson & Barlow hat $B = 30$ Zähne, C auf jeder Seite 33 Zähne und S ebenfalls 33 Zähne. Lassen wir nun F mit n_1 Umdrehungen drehen, so wird das Rad C sich auf B abwälzen und das taumelnde Rad C wird dem Rad B um 3 Zähne oder, in anderen Worten, um $\frac{3}{33}$ Umdrehungen voreilen, da auch S in derselben Richtung wie F dreht. Folglich beträgt die Drehung von $S = \frac{3}{33} = \frac{1}{11}$ Umdrehungen.

c) Drehen wir nun B allein im obigen Sinne mit n, so wird, wie unter b), das Rad S bei einer Umdrehung von B um $\frac{1}{11}$ voreilen, aber diesmal wird S im umgekehrten Sinne drehen, so daß die dem Rade G übermittelte resultierende Drehbewegung sich durch folgende Formel ausdrücken läßt:

$$n_2 = n + \frac{1}{11}(n_1 - n)\,.$$

4. Das Rädergehänge.

Das Rädergehänge hat den Zweck, die Drehbewegung des Differentialrades auf die Spule zu übertragen, ohne daß durch die lotrechte Verschiebung der Spule eine Zusatzdrehung auf sie erfolgt.

a) Das Rädergehänge mit 5 Rädern (Abb. 208).

Bezeichnen wir mit O die Hauptwelle und mit B die Spulenwelle, so bilden die Räder a, z_1, r_1, z_2 und r_2 ein Rädergehänge, welches durch die beiden lose auf den entsprechenden Achsen sich befindlichen Hebel OD und DB zusammengehalten wird, wobei D ein Gelenk bildet.

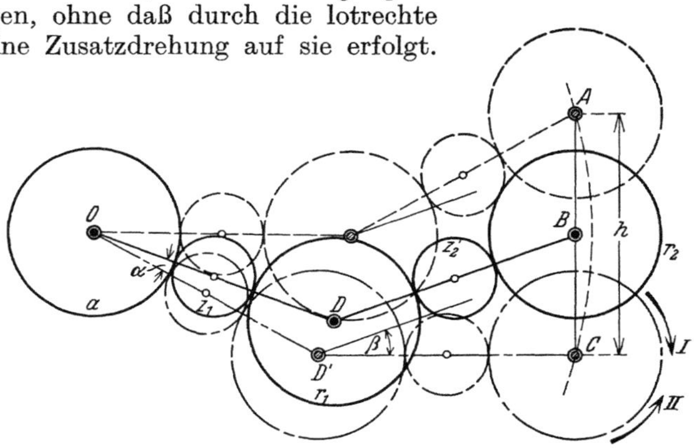

Abb. 208. Rädergehänge mit 5 Rädern.

Ein Rädergehänge soll derart konstruiert sein, daß der Spulenwagen ohne den geringsten Zwang senkrecht auf- und abbewegt werden kann. Die Spulen dürfen bei dieser Bewegung keine Zusatzdrehung im positiven oder im negativen Sinne erhalten, sonst würde das Vorgarn bei jedem Hub einmal verstreckt werden, das andere Mal schlaff durchhängen.

Bliebe der Winkel, den die beiden Arme OD und DB miteinander bilden, während des Hubes beständig konstant, so würde die Spulenwelle B nicht vertikal auf- und abbewegt werden, sondern die äußersten Punkte A und C des Hubes würden um O einen Kreisbogen beschreiben, wie dies in Abb. 208 angedeutet ist. Bewegt sich der Wagen von der untersten Wagenstellung C nach der Mittellage B, so muß das Gelenk einknicken, d. h. der stumpfe Winkel bei D wird kleiner, hingegen nimmt der stumpfe Winkel von B nach der obersten Wagenstellung A wieder zu, soll die Vertikale CBA eingehalten werden. Dreht sich der Hebel OD um O, und zwar um den $\sphericalangle\,\alpha$, so wird seine Bewegung dem Punkte B mitgeteilt werden. Während dieser Zeit wird sich z_1 auf dem Differentialrade a abrollen und die erlangte Drehung dem Rade r_2 mitteilen, wodurch die Spulen eine Zusatzdrehung erhalten, die eben vermieden werden soll. Diese im Rädergehänge fehlerhaften Drehbewegungen können wie beim Differentialgetriebe abgeleitet werden.

a) Das Differentialrad a stehe still und ODB sei ein starrer Hebel. Betrachten wir die Spulenbankbewegung von C nach B. Bewegen wir die Spulenbank von der untersten Stellung C bis zur Mitte B, so wird sich $OD'C$ um den $\sphericalangle\,\alpha$ nach oben bewegen und das Zwischenrad z_1 wird sich auf a abwälzen. Somit erhält r_2 infolge dieser Abwälzung eine Drehung von

$$\alpha\,\frac{a}{z_1}\,\frac{z_1}{r_1}\,\frac{r_1}{z_2}\,\frac{z_2}{r_2} = \alpha\,\frac{a}{r_2}$$

nach der Richtung I.

b) Denken wir uns das Rad a entfernt und drehen wir wiederum den starren Arm $OD'C$, so daß C nach B gelangt, so wird r_2 durch einfaches Mitnehmen eine Bewegung um α nach der Richtung II ausführen. Ist nun α größer wie $\alpha\,\frac{a}{r_2}$, so ergibt sich folgende resultierende Drehung nach Richtung II:

$$\alpha - \alpha\,\frac{a}{r_2} = \alpha\left(1 - \frac{a}{r_2}\right) = \alpha\,\frac{r_2 - a}{r_2}\,.$$

Die Spulenbank soll sich genau senkrecht heben, folglich muß der Hebel $OD'C$ während des Aufwärtssteigens des Punktes C in D' zusammenknicken. Benennen wir den sich dabei bildenden Winkel mit β, so wird

c) bei festgehaltenem Rade r_1 das Zwischenrad z_2 sich auf r_1 abwälzen, wobei dem Rade r_2 die Bewegung

$$\beta\,\frac{r_1}{z_1}\,\frac{z_1}{r_2} = \beta\,\frac{r_1}{r_2}$$

übertragen wird, und zwar nach Richtung I.

d) Denken wir uns r_1 entfernt und drehen wir den Hebelarm $D'C$ um β, so wird r_2 durch Mitnahme eine Bewegung um β nach der Richtung II vollbringen.

Die resultierende Bewegung von c) und d) lautet demnach, wenn β größer wie $\beta\,\frac{r_1}{r_2}$ angenommen wird:

$$\beta - \beta\,\frac{r_1}{r_2} = \beta\left(1 - \frac{r_1}{r_2}\right) = \beta\,\frac{r_2 - r_1}{r_2}\,.$$

Da die beiden resultierenden Bewegungen von a) und b), sowie c) und d) nach derselben Richtung II ausgeführt werden, addiert man dieselben, um die

Gesamtbewegung des Rades r_2 zu erhalten, welche demnach folgendermaßen lautet:

$$\text{Gesamtbewegung} = \alpha \frac{r_2 - a}{r_2} + \beta \frac{r_2 - r_1}{r_2}.$$

Nun aber soll diese Gesamtbewegung gleich Null sein, damit die Spulen keine Zusatzbewegung erhalten. Die vorige Gleichung kann aber nur gleich Null werden, wenn $\frac{r_2 - a}{r_2} = 0$ und $\frac{r_2 - r_1}{r_2} = 0$ gemacht wird, d. h. wenn die Räder a, r_1 und r_2 gleiche Zähnezahl erhalten.

Somit kann das Rädergehänge mit 5 Rädern theoretisch richtig konstruiert werden, jedoch ist die Entfernung zwischen Hauptwelle und Spulenwelle derart gering (ungefähr 350 mm), daß man praktisch auf Schwierigkeiten stößt, diese 5 Räder unterzubringen, deren Modul nicht zu klein genommen werden darf.

Obwohl das 5räderige Rädergehänge theoretisch einwandfrei arbeitet, ist es doch diesem Umstand zuzuschreiben, daß im Maschinenbau meistens 3räderige Rädergehänge zur Anwendung gelangen.

b) Das Rädergehänge mit 3 Rädern (Abb. 209).

Die Berechnung der Zusatzbewegung geschieht ähnlich wie bei dem vorigen Rädergehänge.

a) Angenommen, ODB bilde einen starren Hebel und wir bewegen die Spulenbank von der Mittelstellung B nach der obersten Stellung A, so wird der Hebel ODB einen Winkel α beschreiben. Halten wir hierbei das Differentialrad a fest, so rollt sich r_1 auf a ab, diese Drehbewegung wird auf r_2 übertragen, so daß das Spulenrad eine Drehung von

$$\alpha \frac{a}{r_1} \frac{r_1}{r_2} = \alpha \frac{a}{r_2}$$

im Sinne I ausführt.

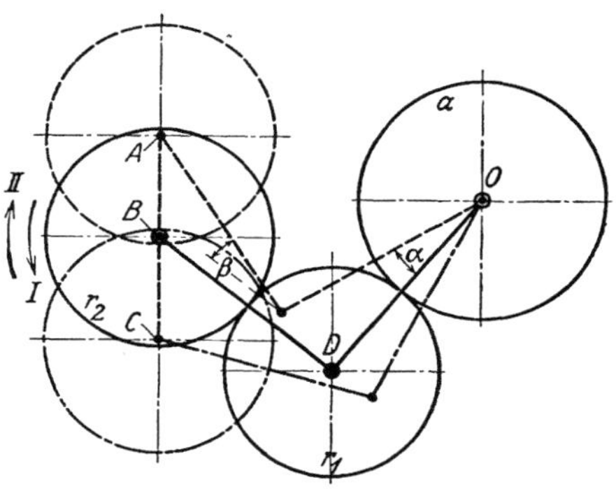

Abb. 209. Rädergehänge mit 3 Rädern.

b) Denken wir uns das Rad a weg, so bewegt sich das Rad r_2 beim Durchlaufen der Strecke BA um den $\sphericalangle \alpha$ im Sinne der Richtung II.

Diese beiden Bewegungen sind einander entgegengesetzt, müssen also voneinander subtrahiert werden. Ist α größer wie $\alpha \frac{a}{r_2}$, so lautet die resultierende Bewegung aus a) und b) kombiniert

$$\alpha - \alpha \frac{a}{r_2} = \alpha \left(1 - \frac{a}{r_2}\right) = \alpha \frac{r_2 - a}{r_2}.$$

Beim starren Arm ODB würde aber der Endpunkt B einen Kreisbogen um 0 beschreiben. Infolgedessen muß der Hebelarm ODB bei D einknicken.

c) Knickt der Hebel BD um den $\sphericalangle \beta$ ein und halten wir das Rad r_1 fest, so wird r_2 auf r_1 abrollen, und zwar um $\beta \frac{r_1}{r_2}$ nach der Richtung II.

d) Durch einfache Mitnahme bewegt sich das Rad r_2 um den $\sphericalangle \beta$ nach der Richtung II, sobald wir uns das Rad r_1 fortdenken.

Die resultierende Bewegung von r_2, welche von c) und d) herrührt, lautet somit:

$$\beta + \beta \frac{r_1}{r_2} = \beta \left(1 + \frac{r_1}{r_2}\right) = \beta \frac{r_2 + r_1}{r_2}.$$

Werden alle unter a) bis b) und c) bis d) abgeleiteten Bewegungen zusammen genommen, so erhält man als Gesamtbewegung:

$$\alpha \frac{r_2 - a}{r_2} + \beta \frac{r_2 + r_1}{r_2}.$$

Diese Summe soll gleich Null sein, wenn keine Zusatzbewegung von r_2 stattfinden soll, d. h.

$$\alpha (r_2 - a) + \beta (r_2 + r_1) = 0.$$

Es wäre eigentlich naheliegend, daß man $r_2 = a$ wählt, jedoch trachten die Konstrukteure durch geschickte Wahl der Räder und der Gelenkarme die ganze Gleichung möglichst 0 nahe zu bringen. Befindet sich das Knie unterhalb der Hauptwelle, so ist weniger Abnutzung der Gelenkzapfen zu befürchten, wie wenn das Gelenk oberhalb der Hauptwelle ist.

Heutzutage werden durchweg Rädergehänge mit 3 Rädern gebaut, da weniger Reibung vorhanden ist und somit mehr Kraft gespart wird wie bei 4- und 5räderigen Gehängen.

Brooks & Doxey hat sich ein 4räderiges Gehänge patentieren lassen, welches theoretisch einwandfrei ist. Es besitzt 2 Gelenke, das eine wird von einem Hebel geführt, welcher am Gestell befestigt ist und dort seinen Drehpunkt hat. Jedoch ist diese Firma wieder zum 3räderigen Gehänge zurückgekehrt.

Der von den 3räderigen Gehängen verursachte Aufwindungsfehler ist übrigens sehr gering und verteilt sich auf den ganzen Hub. Beim Hinaufbewegen des Wagens wird ein ganz geringer Prozentsatz mehr aufgewickelt, beim Hinabbewegen wird etwas weniger auf die Spule gewickelt. In der Praxis ist es mit bloßem Auge kaum wahrnehmbar, daß die Schichten abwechselnd straff und lose aufgewickelt werden.

5. Die Aufwindung am Spuler.

Beim Spuler ist der Faden passiv, dagegen Flügel und Spule aktiv, d. h. die Spindel sowie die Spule erhalten einen zwangsläufigen Antrieb. Um die Aufwicklung zu bewerkstelligen, geht der Wagen auf und ab, währenddessen der Flügel mit konstanter Geschwindigkeit in derselben Höhe dreht. Je dicker die Spule wird, desto langsamer muß der Wagen sich bewegen, weil die Spiralen mehr Zeit gebrauchen, um aufzuwickeln. Man unterscheidet Rechts- und Linksdraht. Um Rechtsdraht zu geben, dreht sich die Spindel nach links von oben gesehen, um Linksdraht zu erteilen, umgekehrt. Der durchweg gebräuchliche Draht ist der Linksdraht.

Man unterscheidet Flügelwicklung und Spulenwicklung. Bei ersterer dreht der Flügel schneller wie die Spule, bei letzterer die Spule schneller wie der Flügel. Es ist:

Flügelwicklung = Flügelumdrehungen — Spulenumdrehungen,

Spulenwicklung = Spulenumdrehungen — Flügelumdrehungen.

Bei der Flügelwicklung muß die Spule mit jeder Schicht schneller laufen, wogegen bei der Spulenwicklung die Spule mit jeder Schicht langsamer dreht.

Bezeichnen wir mit l die gelieferte Luntenlänge in 1 Minute, mit d den Spulendurchmesser und mit n die entsprechende Umdrehungszahl der Spule, so ist

$$l = n \cdot \pi d.$$

Nimmt πd zu, so muß n abnehmen, da l für dieselbe Maschine immer konstant ist. Sei n_x die Anzahl aufgewickelter Spiralen, l die Luntenlänge, die der

Zylinder in 1 Minute liefert, sei ferner d_x der Durchmesser der Spule, auf den aufgewickelt wird, f die Flügelumdrehungszahl in 1 Minute und s_x die Drehzahl der Spulen in derselben Zeiteinheit, so ist

$$n_x = f - s_x \text{ für Flügelwicklung, d. h. der Flügel eilt vor,}$$
$$n_x = s_x - f \text{ für Spulenwicklung, d. h. die Spule eilt vor.}$$

Es ist aber auch

$$n_x = \frac{l}{\pi d_x}.$$

Durch Gleichsetzen erhalten wir:

$$\frac{l}{\pi d_x} = f - s_x \text{ für Flügelwicklung}$$

und

$$\frac{l}{\pi d_x} = s_x - f \text{ für Spulenwicklung.}$$

l ist konstant, dagegen nimmt πd_x mit jeder folgenden Schicht zu. Die vorige Formel für Spulenwicklung kann demnach in folgenden Worten ausgedrückt werden:

$$\frac{\text{gleichmäßige Bewegung}}{\text{veränderlicher Durchmesser}} = \text{veränderliche Bewegung} - \text{gleichmäßige Bewegung.}$$

Da aber $\frac{\text{gleichbleibend}}{\text{zunehmend}} = \text{abnehmend}$ ist, und weil der Durchmesser der Spule mit jeder folgenden Schicht größer wird, so ist die veränderliche Bewegung abnehmend. Wir haben also:

$$\text{abnehmend} = \text{abnehmend} - \text{gleichmäßig,}$$

d. h. mit jeder folgenden Schicht muß bei Spulenwicklung die Spule langsamer drehen. Haben wir Flügelwicklung, also $n_x = f - s_x$, so finden wir auf dieselbe Art

$$\text{abnehmend} = \text{gleichmäßig} - \text{veränderlich}$$
$$= \text{gleichmäßig} - \text{zunehmend,}$$

d. h. bei Flügelwicklung muß die Bewegung der Spule zunehmen.

Von Schicht zu Schicht werden größere Flächen umwickelt, infolgedessen ist die Zeitdauer zum Umwickeln einer Spirale größer als am Anfang der Wickelung. Nach jeder Aufwindung auf die Länge eines Hubes wird der Wagenhub um einen Luntendurchmesser oben und um einen unten verkürzt. Ist δ der Luntendurchmesser, d_x der Spulendurchmesser (von Mitte Lunte zu Mitte Lunte gemessen), ferner n_x die Anzahl Spiralen für 1 Wagenhub und h_x der Wagenhub (von der Mitte der obersten Spirale zur Mitte der untersten gemessen), siehe Abb. 210, so ist

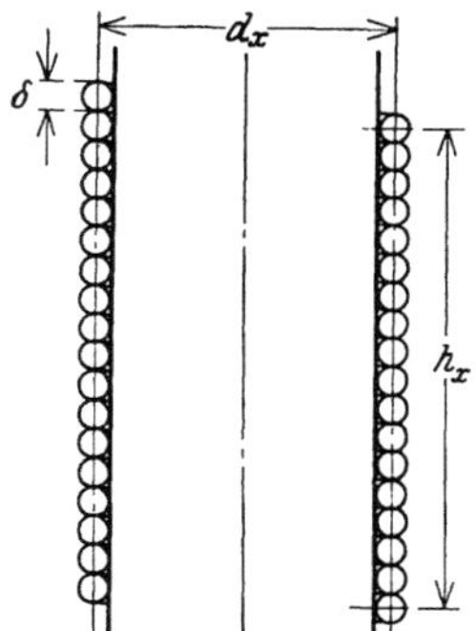

Abb. 210. Schematische Darstellung der ersten Schicht auf der Spule.

$$h_x = n_x \cdot \delta$$
$$= \frac{l}{\pi d_x} \cdot \delta = \frac{\text{gleichförmig}}{\text{zunehmend}} = \text{abnehmend.}$$

Der Wagen erhält eine von Schicht zu Schicht abnehmende Geschwindigkeit. Die Spule erhält 2 Bewegungen: 1. eine Verschiebung zur Bildung der Schichten und 2. eine Drehung zur Aufwicklung. Um aus einer gleichförmigen Bewegung eine veränderliche zu erhalten, können nur Kegelpaare in Betracht gezogen werden, auf welchen der Kegelriemen nach Bedürfnis verschoben wird. Die Wagengeschwindigkeit soll derart beschaffen sein, daß der Wagen während der Dauer einer Schicht gleichmäßig sich hebt bzw. senkt, damit eine Spirale genau neben die andere zu liegen kommt, um dann bei der folgenden Schicht mit verminderter Geschwindigkeit sich von neuem gleichmäßig aufwärts bzw. abwärts zu bewegen. Mit der Schichtenzunahme muß die Wagengeschwindigkeit abnehmen, da die Verzugszylinder während des ganzen Aufbaues der Spule immer dieselbe Länge in der Zeiteinheit liefern. Ist der Wagen bei der Aufwärtsbewegung an der obersten Spirale angekommen und soll er umgeschaltet werden, so bleibt er einen kurzen Moment stehen, denn das Wagengewicht ist durch Gegengewichte ausgeglichen. Zur Abwärtsbewegung müßte er also einen anderen Antrieb haben. Damit sich nun der Wagen wechselseitig hebt und senkt, genügt es, die Welle, auf welcher sich die beiden Umschaltungskegelräder *12* (Abb. 191) befinden, mit einem Keil zu versehen und die Umschaltungskegelräder auf einer Büchse zu befestigen, welche sich längs des Keiles verschieben läßt. Die Spirale, welche von einer Schicht zur nächstfolgenden übergeht, nennt man Überführungsspirale. Im selben Moment, in welchem die Lunte auf die dickere Spule aufläuft, wird der Kegelriemen ruckweise verschoben und der Wagen senkt sich wieder gleichförmig.

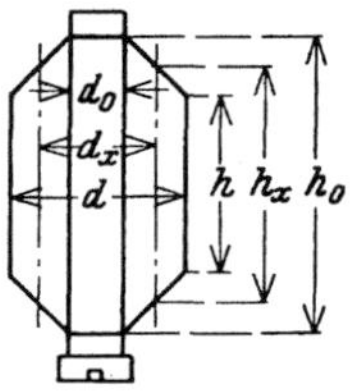

Abb. 211. Schematische Darstellung einer Spule unter Angabe von drei charakteristischen Durchmessern und Höhen.

Nehmen wir drei charakteristische Stellungen des Kegelriemens an. Wickeln wir auf d_0 (siehe Abb. 211), so befindet sich der Kegelriemen auf der Anfangsstellung. Der Radius des oberen Kegels habe A Einheiten an dieser Stelle und der untere Kegelradius habe B Einheiten (siehe Antriebsmechanismus Abb. 191). Die zweite Riemenstellung ergibt sich, wenn wir auf dem größten Spulendurchmesser d wickeln, also ist der Kegelriemen in seiner Endstellung. Wir wählen die Radien der beiden Kegel an der Endstellung so, daß der untere Radius A Einheiten und der obere B Einheiten hat. Die dritte Stellung sei eine Mittelstellung des Kegelriemens, wobei auf dem Spulendurchmesser d_x gewickelt wird. Für diese mittlere Lage sei der obere Radius des Kegels $= x$, somit ist der untere Radius $= C - x$, denn $A + B$ ist immer gleich einer Konstanten C.

Für jede Schicht wird der Riemen um gleichviel verschoben. Folglich wird irgendeine Riemenstellung eine Funktion der Anzahl Schichten sein. Die Anzahl Schichten, welche wir bis zum Durchmesser d_x der Spule haben, ist gleich

$$\frac{d_x - d_0}{2\,\delta},$$

denn $d_x - d_0$ ist die Durchmesserzunahme und δ ist der Luntendurchmesser. Sei e die Einheit, um welche der Kegelriemen für eine Schicht verschoben wird, und ist die Mittelstellung des Riemens um z (Abb. 191) von der Riemenanfangsstellung entfernt, so ist

$$z = \frac{d_x - d_0}{2\,\delta} \cdot e\,.$$

Ist l die ganze Länge des Kegels, so ist

$$l = \frac{d - d_0}{2\,\delta} \cdot e\,.$$

Gegeben ist A und B. Sei h_0 der Wagenhub für den Spulendurchmesser d_0 (Abb. 211), h_x derjenige für d_x und h der Hub für den Spulendurchmesser d, so verschiebt sich (nach Abb. 191) der Wagen für v Umdrehungen des Vorderzylinders um

$$h_0 = v \frac{8}{7} \frac{A}{B} \frac{9}{10} \frac{11}{12} \frac{13}{14} \frac{15}{16} \cdot 17 \cdot p$$

für die Anfangsstellung des Riemens, wobei p die Teilung der Zahnstange des Wagens ist.

Für die Mittelstellung des Riemens ist der Wagenhub

$$h_x = v \frac{8}{7} \frac{x}{C-x} \frac{9}{10} \frac{11}{12} \frac{13}{14} \frac{15}{16} \cdot 17 \cdot p\,.$$

Für die Endstellung ist

$$h = v \frac{8}{7} \frac{A}{B} \frac{9}{10} \frac{11}{12} \frac{13}{14} \frac{15}{16} \cdot 17 \cdot p\,.$$

Wir können $v \frac{8}{7} \frac{9}{10} \frac{11}{12} \frac{13}{14} \frac{15}{16} \cdot 17 \cdot p$ als konstant betrachten und für diesen Ausdruck $= M$ setzen. Sodann wird

$$h_0 = M \frac{A}{B}\,,$$

$$h_x = M \frac{x}{C-x}\,,$$

$$h = M \frac{B}{A}\,.$$

Weiter oben wurde ermittelt, daß $h_x = n_x \cdot \delta$ ist, also

$$h_0 = n_0 \cdot \delta\,,$$

$$h_x = n_x \cdot \delta\,,$$

$$h = n \cdot \delta\,.$$

Setzen wir diese Größen ein, so erhalten wir

$$n_0 \cdot \delta = M \frac{A}{B}\,,$$

$$n_x \cdot \delta = M \frac{x}{C-x}\,,$$

$$n \cdot \delta = M \cdot \frac{B}{A}\,.$$

Aus diesen beiden letzten Gleichungen finden wir:

$$\frac{n_0}{n_x} = \frac{A}{B} \frac{C-x}{x}\,,$$

$$\frac{n_0}{n} = \frac{A}{B} \frac{A}{B} = \frac{A^2}{B^2}\,.$$

Es wurde aber auch gefunden:

$$\frac{n_0}{n_x} = \frac{d_x}{d_0} = \frac{A}{B} \frac{(C-x)}{x}\,,$$

$$\frac{n_0}{n} = \frac{d}{d_0} = \frac{A^2}{B^2}\,.$$

Ferner ist auch

$$z = \frac{d_x - d_0}{2\,\delta} \cdot e$$

und

$$l = \frac{d - d_0}{2\,\delta} \cdot e\,.$$

Daraus folgt

$$\frac{z}{l} = \frac{d_x - d_0}{d - d_0}.$$

Dividieren wir Zähler und Nenner durch dieselbe Zahl d_0, so erhalten wir

$$\frac{z}{l} = \frac{\frac{d_x}{d_0} - 1}{\frac{d}{d_0} - 1}.$$

Durch Einsetzen der obigen Werte von $\frac{d_x}{d_0}$ und $\frac{d}{d_0}$ ergibt sich

$$\frac{z}{l} = \frac{\frac{A}{B}\frac{(C - x)}{x} - 1}{\frac{A^2}{B^2} - 1},$$

$$= \frac{\frac{AC}{Bx} - \frac{A}{B} - 1}{\frac{A^2 - B^2}{B^2}},$$

$$= \frac{\frac{AC}{Bx} - \frac{(A + B)}{B}}{\frac{(A + B)(A - B)}{B^2}}.$$

Nun ist $A + B = C$, demnach ist

$$\frac{z}{l} = \frac{\frac{A(A + B)}{Bx} - \frac{A + B}{B}}{\frac{(A + B)(A - B)}{B^2}}$$

$$= \frac{\frac{A}{x} - 1}{\frac{A - B}{B}}.$$

Durch Multiplizieren übers Kreuz erhalten wir

$$z\frac{A - B}{B} = l\left(\frac{A}{x} - 1\right) = \frac{lA}{x} - l,$$

$$l + z\frac{(A - B)}{B} = \frac{lA}{B}.$$

Wir multiplizieren die Gleichung mit $\frac{B}{A - B}$ und erhalten

$$\frac{B \cdot l}{A - B} + z = \frac{B}{A - B} \cdot \frac{l \cdot A}{x}.$$

$\frac{B \cdot l}{A - B}$ ist eine Konstante. Bezeichnen wir dieselbe mit K, so haben wir

$$K + z = K\frac{A}{x},$$

$$\mathbf{(K + z)\, x = K \cdot A}.$$

x sowie z sind veränderliche Längen. In dieser letzten Gleichung bildet A eine unveränderliche Länge, desgleichen K. Deshalb kann das Produkt $K \cdot A$

als ein Rechteck angesehen werden (siehe Abb. 212), dessen eine Seite K und dessen andere Seite A ist. Betrachten wir die andere Seite der Gleichung, d. h. $(K + z)x$; addieren wir zu K eine veränderliche Länge z, größer als 1, so wird die Länge x kleiner als A sein, damit das Rechteck $K \cdot A$ den gleichen Flächeninhalt hat wie $(K + z)x$. Wollen wir nun die verschiedenen Punkte x_1, x_2, x_3 usw. finden, d. h. die verschiedenen Durchmesser des Kegels, so lautet demnach unsere Aufgabe, ein gegebenes Rechteck mit den Seiten K und A in verschiedene Rechtecke umzuwandeln, die alle denselben Flächeninhalt haben wie $K \cdot A$. Wie aus dem gegebenen Rechteck $K \cdot A$ ein anderes entstehen wird, das bei den Seiten $(K + z)$ und x den gleichen Flächeninhalt hat, zeigt die Konstruktion Abb. 212

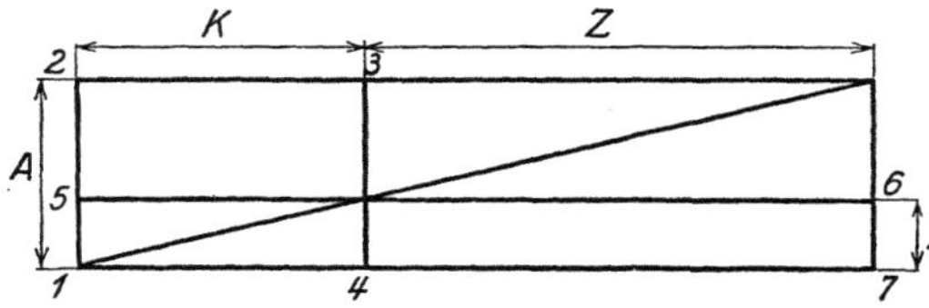

Abb. 212. Umwandlung eines gegebenen Rechteckes auf graphischem Wege in verschiedene Rechtecke gleichen Flächeninhaltes.

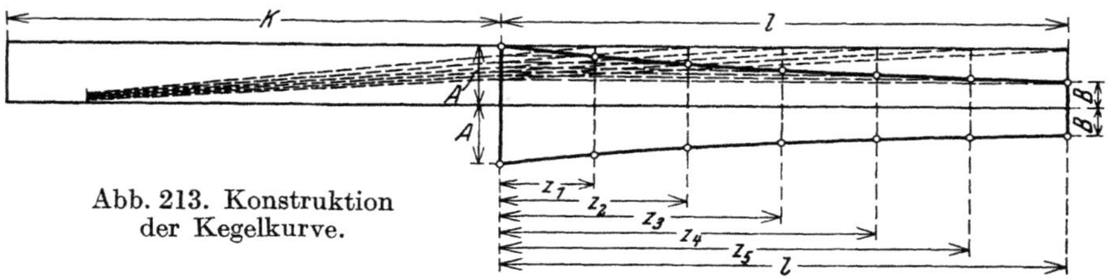

Abb. 213. Konstruktion der Kegelkurve.

Die Rechtecke *1—2—3—4* und *1—5—6—7* haben gleichen Flächeninhalt. Wird z geändert, so ändert sich auch x. Auf diese Weise konstruiert man die eine Hyperbel bildende Kegelkurve. Siehe Abb. 213.

Berechnung von A und B.

Es ist

$$A + B = C.$$

Weiter oben wurde gefunden:

$$\frac{n_0}{n} = \frac{d}{d_0} = \frac{A^2}{B^2}.$$

Somit

$$B = A\sqrt{\frac{d_0}{d}} \qquad \text{und} \qquad A = B\sqrt{\frac{d}{d_0}}.$$

Setzen wir B in die Gleichung $A + B = C$ ein, so erhalten wir

$$A + A\sqrt{\frac{d_0}{d}} = C.$$

Daraus

$$\boldsymbol{A = \frac{C}{1 + \sqrt{\frac{d_0}{d}}}} \quad (A \text{ ist der große Kegelradius}).$$

Auf dieselbe Weise erhalten wir B.

$$B + B\sqrt{\frac{d}{d_0}} = C,$$

$$\boldsymbol{B = \frac{C}{1 + \sqrt{\frac{d}{d_0}}}} \quad (B \text{ ist der kleine Kegelradius}).$$

Die vom Kegelriemen zu leistende Arbeit kann entweder mittels großer Kraft und kleinem Weg oder auch umgekehrt, mittels großem Weg und kleiner Kraft, geleistet werden. Ist die zu übertragende Kraft groß, so gehört ein breiter Riemen dazu. In solchem Falle wird aber der Riemen infolge der Hyperbelform des Kegels nicht überall aufliegen. Aus diesem Grunde ist die Breite des Riemens begrenzt. Um die zu übertragende Kraft möglichst klein zu machen, wird man also den Kegelriemen einen großen Weg durchlaufen lassen, wobei dann ein schmaler Kegelriemen verwendet werden kann.

Sind die Kegel kurz, so ist die Kegelkurve steil und auch ein schmaler Riemen wird in diesem Falle auf einer Kante arbeiten. Man hätte somit Interesse, einen sehr langen Kegel zu verwenden, wodurch auch die Riemenbreite erhöht werden könnte. Aber dann muß der Kegelriemen mit jeder Schicht sich auch um eine größere Strecke verschieben. In letzterem Falle wäre die Überführungsspirale schon beendet, ehe der Kegelriemen an seine richtige Stellung gelangt sein würde, wodurch Schnitte in der Lunte erzeugt würden. Überdies würden die abgeschrägten Enden der Spule unschön aussehen, da die Überführungsspiralen voneinander abgleiten würden, wodurch das Abwickeln der Spule erschwert werden könnte. Zur Erlangung einer schönen Spule ist es durchaus notwendig, daß der Kegelriemen beim Umsteuern in kürzester Zeit einen möglichst kleinen Weg zurücklegt.

Es wurden verschiedene Versuche gemacht, um den Riemen auf kurzen Kegeln breit zu halten. Z. B. hat Armerot einen Gelenkriemen verwendet, welcher aus schmalen, durch Gelenkstücke verbundenen Riemchen besteht. Um die Kraft zu vergrößern und den Weg zu verkleinern, hat Platt zwei nebeneinander liegende Kegelpaare verwendet, er erhält auf diese Weise zwei Kegelriemen. Im gewöhnlichen Falle hat man Kegel von 760 mm (Tweedales & Smalley) bis 1 m Länge (Els. Maschinenbau-Gesellschaft)[1] und Riemen von 45 bis 50 mm Breite, wobei die minutliche Kegelgeschwindigkeit des treibenden Kegels durchschnittlich folgende ist:

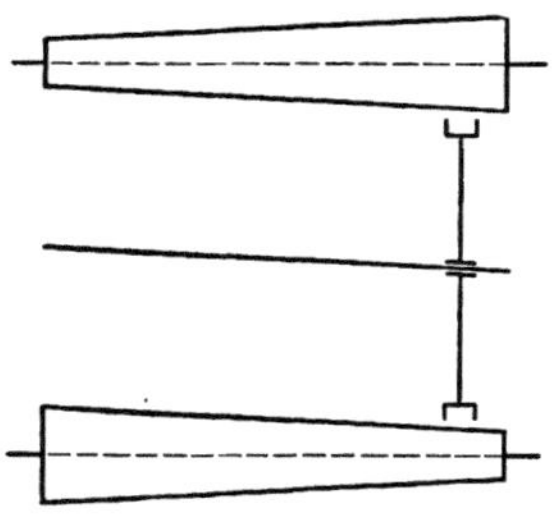
Abb. 214. Schiefe Führung der Kegelriemengabel nach Buckley.

Grobspuler	ca. 480	Umdrehungen	in 1 Min.
Mittelspuler	„ 420	„	„ 1 „
Feinspuler	„ 350	„	„ 1 „

Der Drahtwechsel wird natürlich die Kegelgeschwindigkeit beeinflussen.

Ein Kegelriemen soll oben und unten, d. h. beim treibenden sowie beim getriebenen Kegel, gefangen sein, damit nicht etwa ein Teil des Riemens zurückbleibt und auf diese Weise Schnitte in den Lunten erzeugt werden. Die Führung der Kegelriemengabel geschieht durch eine waagerecht laufende Zahnstange. Diese Führung ist nicht fehlerlos, denn beim Anfang des Abzuges befindet sich der obere Teil des Riemens schon an seinem Platz, während der untere zurückbleibt, weil die obere

[1] **Kegelmaße:** Elsässische Maschinenbau-Gesellschaft:
Grobspuler: Großer ∅ = 158 mm, kleiner ∅ = 81,5 mm, Kegellänge = 1,020 m; Mittelspuler: Großer ∅ = 153 mm, kleiner ∅ = 88 mm, Kegellänge = 1,020 m; Feinspuler: Großer ∅ = 152 mm, kleiner ∅ = 89 mm, Kegellänge = 1,020 m.
Dobson & Barlow:
Grobspuler: Großer ∅ = 180 mm, kleiner ∅ = 80 mm, Kegellänge = 940 mm; Mittelspuler: Großer ∅ = 180 mm, kleiner ∅ = 80 mm, Kegellänge = 940 mm; Feinspuler: Großer ∅ = 170 mm, kleiner ∅ = 84 mm, Kegellänge = 840 mm.
Tweedales & Smalley:
Grobspuler: Großer ∅ = 165 mm, kleiner ∅ = 76 mm, Kegellänge = 760 mm; Mittelspuler: Großer ∅ = 165 mm, kleiner ∅ = 76 mm, Kegellänge 760 mm; Feinspuler: Großer ∅ = 165 mm, kleiner ∅ = 76 mm, Kegellänge = 760 mm.

Riemengabel in diesem Augenblick näher dem treibenden Kegel steht wie die untere dem getriebenen. Gegen Ende des Abzuges liegt der Fall umgekehrt. Es sind also Schnitte an der Überführungsspirale nicht zu vermeiden. Buckley gibt der Riemengabel eine schiefe Führung, um den vorigen Fehler zu vermeiden (siehe Abb. 214).

a) Verkürzung durch den Draht (siehe Abb. 215).

Bezeichnen wir mit t den Draht für 1 Längeneinheit, so ist die Länge einer Spirale $= \frac{1}{t}$. Nach Abb. 215 ist

$$AC = \sqrt{(AB)^2 + (BC)^2}$$
$$= \sqrt{\pi^2 \delta^2 + \frac{1}{t^2}}.$$

Die Verkürzung v ist gleich

$$v = AC - BC$$
$$= \sqrt{\pi^2 \delta^2 + \frac{1}{t^2}} - \frac{1}{t}$$
$$= \frac{1}{t}\left(\sqrt{\pi^2 \delta^2 t^2 + 1} - 1\right).$$

Für eine Verkürzung v_1 erhalten wir

$$v^1 = \frac{1}{t_1}\left(\sqrt{\pi^2 \delta_1^2 t_1^2 + 1} - 1\right).$$

Folglich:

$$\frac{v}{v_1} = \frac{t_1}{t},$$

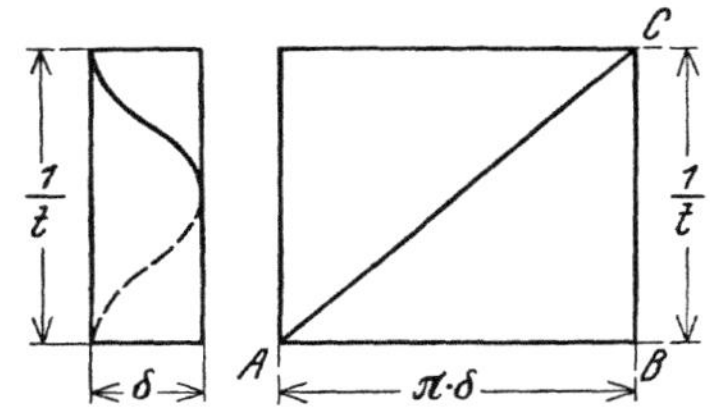

Abb. 215. Graphische Darstellung der Luntendrehung zur Berechnung der Verkürzung durch den Draht.

d. h. die Verkürzungen sind dem Draht umgekehrt proportional.

Es ist auch

$$\frac{v}{v_1} = \frac{t_1}{t} = \sqrt{\frac{N_1}{N}}.$$

Je feiner die Nummer, desto geringer ist die Verkürzung.

6. Die Umsteuerung.

(Kehrzeug oder Schaltapparat.) (Abb. 216.)

Sie hat drei verschiedene Aufgaben zu erfüllen:

1. Den Wagen zu steuern, damit er das eine Mal nach oben, das andere Mal nach unten bewegt wird.
2. Das Verschieben des Kegelriemens.
3. Das Verkürzen der Schichten.

Zu diesen drei Arbeiten, welche zusammen bei der Überführungsspirale geleistet werden müssen, also in einer möglichst kurzen Zeit, sind Kraftspeicher nötig. Letztere müssen bei der vorhergehenden Schicht gespannt werden und während der nächstfolgenden Schicht in Spannung gehalten bleiben. Als Kraftspeicher kommen Spiralfedern oder Gewichte in Betracht.

Auf dem Wagen befindet sich die Führung *1*, in welcher mittels Knopf *2* eine Zahnstange *2—3* geführt ist. Der Knopf *2* kann sich leicht in einem aus der Führung *1* ausgehobelten Gleitschlitten bewegen. Die Zahnstange *2—3* ist mit dem Rade *4* in Eingriff und, da erstere durch den „Balancier" *5—5'* unterstützt wird, kann *2—3* mit dem Rade *4* nie zu tief eingreifen. Das Stück *5—5'* besitzt Ohren *6—6'*, welche mit Haken *7—7'* versehen sind. Daran greifen die Ketten *8—8'* an, welche die Haken *9—9'* tragen. Letztere sind mit einem Ringe *10—10'* versehen und endigen in dem Kraftspeicher *11—11'*. Bewegt sich der Wagen nach oben bzw. nach unten, so wird *11* resp. *11'* gespannt. Diese Spannung muß nun während der folgenden Schicht aufrecht erhalten werden.

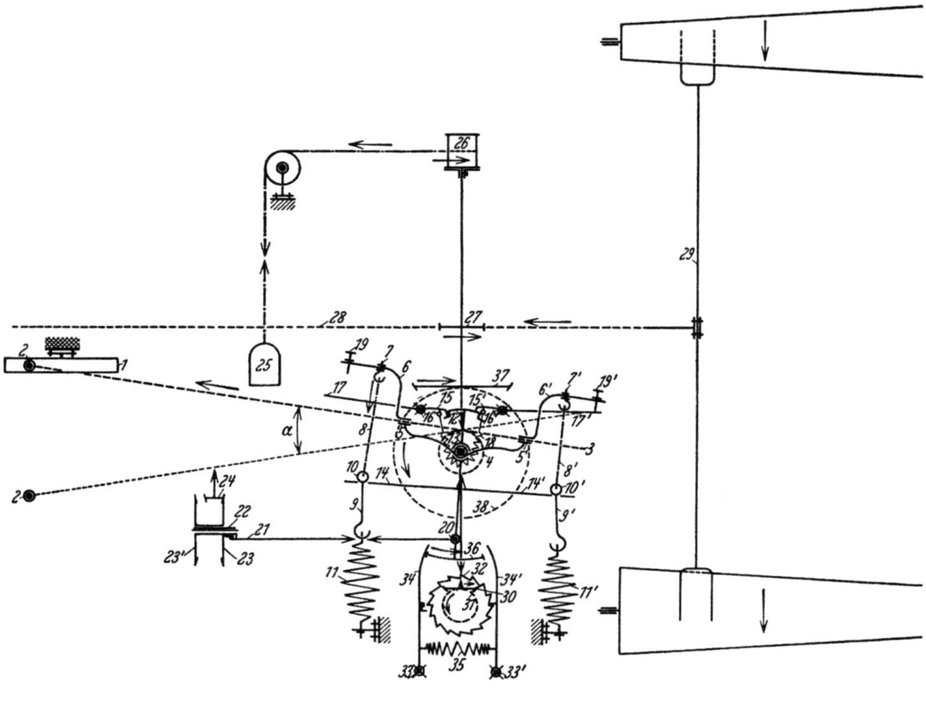

Abb. 216. Umsteuerung.

Dazu dient das Stück *12—13—14* bzw. *14'*, welch letzteres Öffnungen für den Haken *9* bzw. *9'* hat, die jedoch den Ring *10* bzw. *10'* nicht durchlassen. Die Klinken *15—16—17* bzw. *15'—16'—17'*, welche durch die Spiralfeder *18* gegen das Stück *12* gepreßt werden, erhalten die Kraftspeicher während des folgenden Hubes gespannt. Kommt der Wagen in seiner untersten Stellung an, so stößt die Stellschraube *19* gegen das Klinkenende *17*, hebt Schnabel *15* aus der Kerbe von *12*, so daß Kraftspeicher *11'* wirken kann. Dadurch wird das Stück *12—13—20* um *13* gedreht, bis der Schnabel *15'* infolge der Wirkung der Feder *18* in die andere Kerbe von *12* einfällt. Abgenützte Schnabelenden *15* bzw. *15'* verursachen schlechte Spulenkegel. Beim Umschalten besteht zwischen Ring *10* und Stück *14* ein Zwischenraum von 1 bis 2 mm. In Abb. 216 ist die Umsteuerung so dargestellt, daß der Wagen in seiner obersten Stellung angekommen ist und soeben umgeschaltet hat.

Die Rechtsdrehung von *12—13—20* bewirkt vermittels der Stange *20—21* ein Umschalten der Kegelräder *23—23'* aus *24*, also das Wechseln der Bewegungsrichtung des Wagens. Der zweite Zweck der Steuerung besteht darin, den Kegelriemen ruckweise zu verschieben. Dazu dient das Gewicht *25*, das an der Scheibe *26* angehängt ist, die mit dem Triebe *27* die Stange *28* mit der Riemengabel *29* längs der beiden Kegel stetig verschieben will. Dieser Verschiebung wirkt das durch *30* und *31* angetriebene Sperrad *32* entgegen, in das eine Klinke *33'—34'* eingreift und es zurückhält. Die Feder *35* sichert das Eingreifen. Sie wird gespannt durch den Hammer *36*, der die andere Klinke *33—34* ausschaltet, während die Klinke *33'—34'* in das Sperrad einhängt. Das Gegengewicht *25* kann jetzt eine Verschiebung der Riemengabel *29* hervorbringen, die gleich dem halben Weg des Sperradzahnes mal der Teilung ist. Sei z die Zähnezahl des Sperrades *32* und d der Durchmesser desselben, so ist, wenn p die Teilung der Zahnstange *28* ist, die Verschiebung des Kegelriemens gleich

$$\frac{\pi d}{2z} \cdot \frac{30}{31} \cdot 27 \cdot p . \quad \text{(Siehe Abb. 216.)}$$

Der dritte Zweck besteht darin, die Schichten zu verkürzen. Hierzu treibt *37—38* und *4* die Zahnstange *2—3* gegen die Achse von *4*, wodurch der zum Ausklinken nötige Winkel α immer früher erreicht wird. Die Schicht wird daher kürzer.

Betrachten wir jetzt die Abb. 217. Dadurch, daß die Zahnstange OA bzw. OB bei jedem Hubwechsel gegen O sich bewegt, verkürzt sie sich. (Die Zahn-

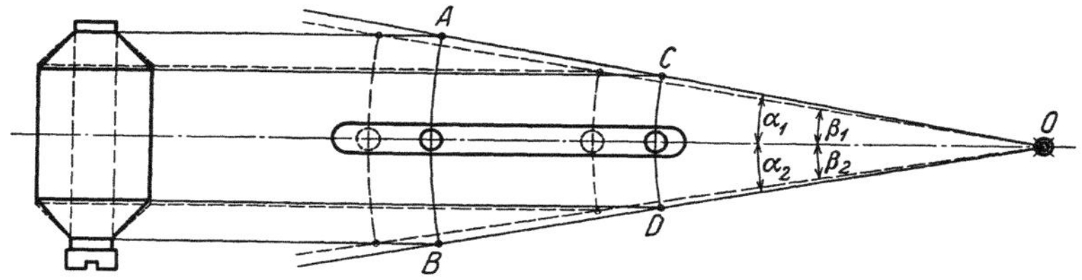

Abb. 217. Bildung der Spulenkegel (Richtige Stellung der Gleitschiene).

stange entspricht *2—3* in Abb. 216.) Der Winkel $(\alpha_1 + \alpha_2)$ bleibt jedoch während des ganzen Aufbaues der Spule konstant. Damit der obere Spulenkonus gleich dem unteren wird, muß der Flügelfinger genau in der halben Hubhöhe sich befinden, wenn die Zahnstange waagerecht in der Wasserwaage steht, d. h. in dieser Wagenstellung muß $\sphericalangle \alpha_1 = \sphericalangle \alpha_2$ sein. Will man die Neigung der Spulenkegel ändern, so verändert man die Anfangsstellung des Knopfes *2* in der Gleitschiene *1* (Abb. 216). Je mehr man die Anfangsstellung AB (Abb. 217) dem Punkte O nähert, desto spitzer wird der Konuswinkel, wie dies auch in der Abbildung ersichtlich ist. Ist dagegen der Gleitknopf beim Beginn des Abzuges am Ende der Kulisse angelangt und ist die Abschrägung der Spulenkegel noch immer zu stark, so wird das Rad *4* (Abb. 216) gewechselt. In diesem Fall würde man das Rad *4* um einen Zahn verringern.

Bei gleicher Hubhöhe ändert sich der Schwingungswinkel der Zahnstange, sobald die Neigung des Spulenkegels eine Änderung erleidet. In Abb. 217 wurde eine punktierte Stellung eingezeichnet, bei welcher die Anfangsstellung des Gleitknopfes der Zahnstange vom Drehpunkte O entfernt wurde. Bei gleicher Hubhöhe ergibt sich ein weniger abgeschrägter Spulenkegel; die Änderung des Schwingungswinkels $(\beta_1 + \beta_2)$ ist deutlich sichtbar.

Es ist natürlich für eine Spinnerei vorteilhaft, die Spulen so wenig wie möglich abzuschrägen, um das Gewicht zu erhöhen. Die Überführungsspiralen dürfen hierbei jedoch nicht übereinander fallen.

Zur Erzielung gleichmäßiger Kegel muß die Mittellinie OX (Abb. 218) genau in der Mitte der Hubhöhe sein, d. h. $\sphericalangle \alpha_1 = \sphericalangle \alpha_2$. Die Höhe AB wird dann gleich der Höhe CD sein. (Siehe ausgezogene Spule.) Ist hingegen $\sphericalangle \beta_1 > \sphericalangle \beta_2$,

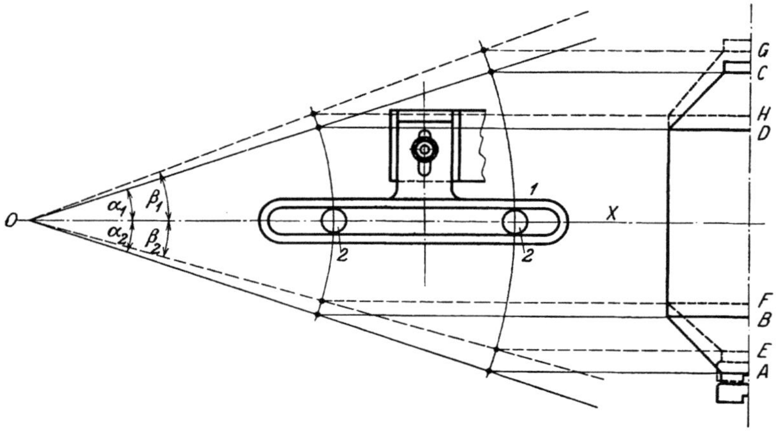

Abb. 218. Ungleichmäßige Spulenkegel infolge unrichtiger Stellung der Gleitschiene.

so wird der obere Spulenkegel spitzer und länger ausfallen wie der untere, es ist $EF < GH$ (siehe punktierte Spule). In diesem Falle müßte das Gleitstück *1* nach oben verschoben werden, damit $\beta_1 = \beta_2$ werde.

Nach jeder Neuregulierung des Gleitstückes *1* oder des Knopfes *2* muß auch der Hub wieder neu eingestellt werden.

7. Wechselräder an den Spulern.

Es kommen folgende Wechselräder in Betracht (siehe Abb. 191):

R_E = Verzugswechselrad dient zum Ändern der austretenden Nummer.

R_T = Drahtwechsel dient zum Verändern der Drehungen des Garnes, indem bei gleichbleibenden Flügelumgängen der vordere Verzugszylinder (bei gleichbleibender Nummer somit das ganze Streckwerk) schneller oder langsamer bewegt wird.

R_w = Wagenwechsel dient zum Ändern der Wagengeschwindigkeit, damit die Lunten genau nebeneinander aufgewickelt werden.

R_R = Sperrad dient zum Anpassen der austretenden Lunte an die Geschwindigkeiten der Spule und des Wagens, d. h. die Wagengeschwindigkeit wird durch das Sperrad nur von Schicht zu Schicht beeinflußt (Abb. 224).

In seltenen Fällen ändert man den „Differentialwechsel“ R_D, und zwar nur dann, wenn trotz Änderung von Wagenwechsel oder Sperrad oder Verstellen der Anfangsstellung des Kegelriemens die Aufwindung nicht nach Wunsch vor sich geht.

a) Verzugsberechnung.

$$\text{Verzug } E = \frac{\text{Austretende Nummer}}{\text{Eintretende Nummer}} = \frac{N}{\mathfrak{N}}.$$

$$\text{Ebenso ist } E_1 = \frac{N_1}{\mathfrak{N}}.$$

Durch Dividieren der beiden Gleichungen erhalten wir:

$$\frac{E}{E_1} = \frac{N}{N_1}.$$

Es ist auch

$$\text{Verzug} = \frac{\text{Umfangsgeschwindigkeit des Vorderzylinders}}{\text{Umfangsgeschwindigkeit des Hinterzylinders}}$$

$$= \frac{\pi D_1}{\frac{19}{20}\frac{R_E}{21}\cdot \pi D_3} = \frac{\pi D_1 \cdot 20 \cdot 21}{\pi D_3 \cdot 19 \cdot R_E} \text{ (Abb. 191).}$$

Es ist

$$\frac{\pi \cdot D_1 \cdot 20 \cdot 21}{\pi \cdot D_3 \cdot 19} = \text{konstant} = k.$$

Demnach

$$E = \frac{k}{R_E}.$$

Für einen Verzug E_1 ist

$$E_1 = \frac{k}{R_{E_1}}.$$

Somit

$$\boldsymbol{\frac{E}{E_1} = \frac{R_{E_1}}{R_E} = \frac{N}{N_1}},$$

d. h. die Verzugswechsel verhalten sich umgekehrt wie die austretenden Nummern.

b) Berechnung des Drahtwechsels.

Es seien n die minutliche Umdrehungszahl der Hauptwelle und f die Spindelumgänge, so ist nach Abb. 191

$$f = n\frac{4}{3}\frac{2}{1}.$$

Bezeichnen wir mit l die minutliche Lieferung des Vorderzylinders, so ist

$$l = n\frac{R_T}{6}\frac{7}{8}\cdot \pi \cdot D_1,$$

wobei D_1 in Zoll ausgedrückt wird, wenn der Draht für 1 Zoll berechnet werden soll; in Dezimetern, wenn die Drehung der Lunte für 1 dm angegeben werden soll.

$$\text{Draht } t = \frac{n\frac{4}{3}\frac{2}{1}}{n\frac{R_T}{6}\frac{7}{8}\cdot \pi \cdot D_1} = \frac{1}{R_T}\frac{4\cdot 2\cdot 6\cdot 8}{3\cdot 1\cdot 7\cdot \pi \cdot D_1} = \frac{1}{R_T}\cdot K \text{ (Konstante).}$$

$$t = \frac{K}{R_T}.$$

Für einen Draht t_1 ist

$$t_1 = \frac{K}{R_{T_1}}.$$

Nach dem Köchlinschen Drahtgesetz ist $t = \alpha\sqrt{N}$, folglich

$$R_T = \frac{K}{\alpha\sqrt{N}}$$

und

$$R_{T_1} = \frac{K}{\alpha\sqrt{N_1}}.$$

Durch Division ergibt sich

$$\frac{R_T}{R_{T_1}} = \frac{\sqrt{N_1}}{\sqrt{N}},$$

d. h. die Drahtwechsel verhalten sich umgekehrt wie die Wurzeln aus den Nummern.

c) Die Wagenbewegung.

Die vom Streckwerk gelieferte Lunte soll in genau nebeneinander liegenden Windungen auf die Spule aufgewickelt werden. Zu diesem Zwecke erhält der Wagen die auf- und abgehende Bewegung. Die Wagenbewegung ist für 1 Schicht konstant, ändert sich jedoch von Schicht zu Schicht. Mit zunehmender Spule muß die Wagengeschwindigkeit abnehmen, denn die Zeitdauer zur Aufwindung einer Spirale auf großem Spulendurchmesser ist größer wie bei kleinem Spulendurchmesser. Um kegelförmige Spulenenden zu erzeugen, wird die Hubhöhe des Wagens mit jeder folgenden Schicht verringert. Allgemein ist die Hubhöhe h_x für einen beliebigen Spulendurchmesser d_x

$$\text{Hubhöhe} = \frac{\text{Lieferung des Vorderzylinders}}{\pi \cdot d_x} \cdot \eta,$$

wobei η die Höhe einer Spirale ist. Die auf die Holzspule aufgewickelte Lunte wird infolge des Einflusses des Preßfingers platt gedrückt, so daß der Querschnitt der aufgewundenen Lunte eine Ellipse bildet. Somit kann man von der Höhe η und der Dicke δ einer Spirale sprechen. Eine leichtgedrehte Lunte, wie wir dies beim Grobspuler haben, wird durch den Preßfinger verhältnismäßig breiter gedrückt werden, wie dies z. B. beim Feinspuler oder beim Extrafeinspuler der Fall ist, denn hier widersetzt sich der Draht dem Breitdrücken der Lunte.

Damit beim Aufwinden der Lunte auf die Spule eine Spirale genau neben die andere zu liegen kommt, wird man den Wagenwechsel bestimmen müssen. In der Praxis werden die Spiralen nicht genau nebeneinander gelegt, sondern bei der ersten Schicht muß beim Aufwinden das Holz der Leere noch sichtbar sein, d. h. es soll von Spirale zu Spirale, je nach der Luntennummer, etwa $^1/_{10}$ bis $^2/_{10}$ mm Zwischenraum herrschen. Übrigens wird es in der Praxis wohl niemandem einfallen, einen Wagenwechsel zu berechnen, sondern man bestimmt denselben durch Ausprobieren. Der Vollständigkeit halber soll jedoch die Berechnung eines Wagenwechsels durchgeführt werden. Zu diesem Zwecke ist es nötig, die Höhe η der abgeplatteten Lunte zu kennen. Nach praktischen Versuchen wurde Tabelle 25 aufgestellt, die jedoch nach obigen Ausführungen nicht mathematisch richtig sein kann. Sie soll deshalb nur als ungefährer Anhaltspunkt dienen. Die Höhe η der breitgedrückten Lunte berechnet sich nach der Formel

Tabelle 25.

Austretende englische Nummer des Vorgespinstes	Koeffizient k_h	Koeffizient k_d
Bis zu 0,65	3,36	0,45
Von 0,7 bis 1,20	3,27	0,48
„ 1,3 „ 1,80	3	0,50
„ 1,9 „ 3	2,84	0,55
„ 3,1 „ 3,80	2,56	0,60
„ 3,9 „ 8,50	2,30	0,64
„ 9 „ 13	2,07	0,71
„ 13,5 „ 35	1,90	0,76

$$\eta = \frac{k_h}{\sqrt{N_e}}.$$

Die Dicke δ der Spirale ergibt sich aus

$$\delta = \frac{k_d}{\sqrt{N_e}} .$$

Mit feiner werdender Nummer nehmen η und δ ab, deshalb steht $\sqrt{N_e}$ im Nenner.

Bezeichnen wir mit n_x die Anzahl der aufgewickelten Spiralen, mit l die aufgewickelte Luntenlänge und mit d_x den in Betracht kommenden Spulendurchmesser, so ist

$$n_x = \frac{l}{\pi\, d_x} .$$

Ist h_x der Wagenhub und η die Höhe einer aufgewickelten Spirale, so haben wir

$$h_x = \frac{l}{\pi\, d_x} \cdot \eta .$$

In Abb. 191 ist p die Teilung der Zahnstange und *18* ist die für 1 Wagenhub h_x entwickelte Zähnezahl. Somit ist

$$h_x = 18 \cdot p = \frac{l}{\pi\, d_x} \cdot \eta ,$$

$$18 = \frac{l \cdot \eta}{\pi \cdot d_x \cdot p} .$$

So viel Zähne entwickelt die Zahnstange *18*, folglich auch der Trieb *17*. Hätte letzterer genau so viel Zähne wie *18*, d. h. Anzahl entwickelter Zähne für 1 Hub, so würde die Wagenwelle eine Umdrehung ausführen, wenn wir den Bruch $\frac{l \cdot \eta}{\pi \cdot d_x \cdot p}$ durch 17 dividieren. Die Umdrehungszahl des Triebes *17* ist sodann

$$\frac{l \cdot \eta}{\pi \cdot d_x \cdot p \cdot 17} .$$

Der untere Kegel macht also folgende Umdrehungszahl

$$U_x = \frac{l \cdot \eta}{\pi \cdot d_x \cdot p \cdot 17} \frac{16}{15} \frac{14}{13} \frac{12}{11} \frac{10}{9} .$$

Wir können $\frac{\eta}{p \cdot 17} \frac{16}{15} \frac{14}{13} \frac{12}{11} \frac{10}{9}$ gleich einer Konstanten D setzen und, da $\frac{l}{\pi\, d_x} = n_x$ ist, so erhalten wir als Drehzahl des unteren Kegels

$$U_x = n_x \cdot D$$

d. h. der untere Kegel macht ein Vielfaches der Wicklungen.

In der Gleichung

$$U_x = \frac{l \cdot \eta}{\pi \cdot d_x \cdot p \cdot 17} \frac{16}{15} \frac{14}{13} \frac{12}{11} \frac{10}{9}$$

ist nach Abb. 191 der Trieb *15* der Wagenwechsel; er soll künftighin mit R_w bezeichnet werden. Die Höhe der Spirale wurde weiter oben berechnet nach der Formel $\eta = \frac{k_h}{\sqrt{N_e}}$. Dies ergibt

$$\sqrt{N_e} = \frac{l \cdot k_h}{\pi \cdot d_x \cdot p \cdot 17 \cdot U_x} \frac{16}{R_w} \frac{14}{13} \frac{12}{11} \frac{10}{9} .$$

Für eine andere Nummer wird beim gleichen Spulendurchmesser d_x auch der untere Kegel dieselbe Umdrehungszahl U_x ausführen. Folglich ist

$$\sqrt{N_{e_1}} = \frac{l \cdot \eta}{\pi \cdot d_x \cdot p \cdot 17 \cdot U_x} \frac{16}{R_{w_1}} \frac{14}{13} \frac{12}{11} \frac{10}{9} ,$$

vorausgesetzt, daß der Koeffizient k_h der gleiche bleibt.

Durch Division erhalten wir

$$\frac{\sqrt{N_e}}{\sqrt{N_{e_1}}} = \frac{R_{w_1}}{R_w},$$

d. h. die Wagenwechsel verhalten sich umgekehrt wie die Wurzeln aus den Nummern.

In dieser Formel wurden die Faktoren k_h als gleichbleibend angesehen. Genau genommen sollte in Wirklichkeit jede Nummer ihren Koeffizienten haben. Zur richtigen Feststellung des Wagenwechsels sollte demnach noch das Verhältnis des Koeffizienten k_h in Betracht gezogen werden. Die Bestimmung von k_h ist schwierig und zeitraubend.

d) Berechnung des Sperrades.

Sei d_0 der Durchmesser der Holzleere und d der maximale Spulendurchmesser, so beträgt die Schichtendicke $= \frac{d - d_0}{2}$.

Dividieren wir diese Schichtendicke durch die Dicke einer Schicht, so erhalten wir theoretisch die Anzahl Schichten für 1 Spule. Es soll bei dieser Gelegenheit erwähnt werden, daß die Anzahl Schichten in Wirklichkeit größer ist, wie theoretisch nachgewiesen, denn die Schichten legen sich praktisch nicht aufeinander, sondern sie betten sich in die Zwischenräume der darunter liegenden Schicht ein. Deswegen kann man auch nur annähernd ein Schaltrad für den Spuler berechnen. Die Berechnung des Sperrades gestaltet sich folgendermaßen:

Wie wir schon oben gesehen haben, ist die Luntendicke $\delta = \frac{k_d}{\sqrt{N_e}}$. Nehmen wir einen Grobspuler an, dessen austretende Nummer $= 0{,}55$ ist, so ist für diesen Fall $k_d = 0{,}45$.

Es ist die

$$\text{Anzahl Schichten einer Spule} = \frac{d - d_0}{2\,\frac{0{,}45}{\sqrt{N_e}}} = \frac{(d - d_0)\sqrt{N_e}}{0{,}9} = s\,.$$

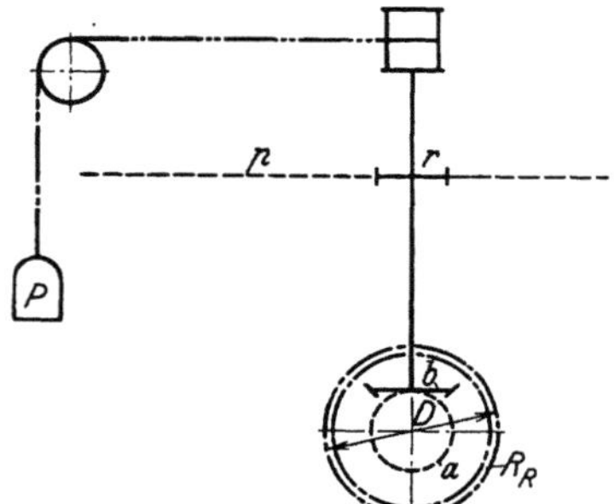

Abb. 219. Schema zur Berechnung des Sperrades.

Da $\frac{(d - d_0)}{0{,}9} = c$ (konstant) ist, so haben wir

$$s = c\,\sqrt{N_e}\,. \tag{A}$$

Bei jeder Schicht soll das Sperrad um einen halben Zahn weiter rücken. Sei R_R die Zähnezahl des Sperrades (siehe Abb. 219), ferner a das Kegelrad, welches auf der Achse des Sperrrades sitzt, b das Kegelrad, das a antreibt und welches auf der Achse sitzt, auf der das Stirnrad r befestigt ist. Stirnrad r greift in die an der Riemengabel des Kegelriemens befestigte Zahnstange ein und letztere besitzt eine Teilung p.

Dreht das Sperrad um einen halben Zahn, so wird die Zahnstange der Riemengabel folgenden Weg ausführen:

$$t = \frac{1}{2\,R_R}\,\frac{a}{b}\cdot r\cdot p\,.$$

Bezeichnen wir mit L die Länge, welche die Riemengabel während der Bildung einer Spule zu durchlaufen hat, so beträgt die Schichtenzahl einer Spule

$$s = \frac{L}{\frac{1}{2 R_R} \frac{a}{b} \cdot r \cdot p} = \frac{2 \cdot L \cdot b \cdot R_R}{\pi D \cdot a \cdot r \cdot p}. \quad \text{(B)}$$

Durch Gleichsetzen von A und B erhalten wir:

$$c \sqrt{N_e} = \frac{2 \cdot L \cdot b \cdot R_R}{a \cdot r \cdot p},$$

$$R_R = \frac{a \cdot r \cdot p \cdot c}{2 \cdot L \cdot b} \sqrt{N_e}.$$

Der Bruch $\frac{a \cdot r \cdot p \cdot c}{2 \cdot L \cdot b}$ ist eine konstante Größe $= K$. Somit

$$R_R = K \sqrt{N_e}.$$

Für eine Nummer N_{e_1} ändert sich das Sperrad, demnach ist

$$\frac{R_R}{R_{R_1}} = \frac{\sqrt{N_e}}{\sqrt{N_{e_1}}},$$

d. h. die Sperräder verhalten sich proportional den Wurzeln aus den Nummern.

Diese letzte Formel wird allgemein zur Bestimmung des Sperrades bei Änderung der Nummer verwendet.

Die hin- und hergehende Bewegung des Luntenführers. Sie wird bei den Spulern und auch bei den Spinnmaschinen angewendet. In Abb. 220 ist der Luntenführer der englischen Maschinenfabrik Brooks & Doxey wiedergegeben.

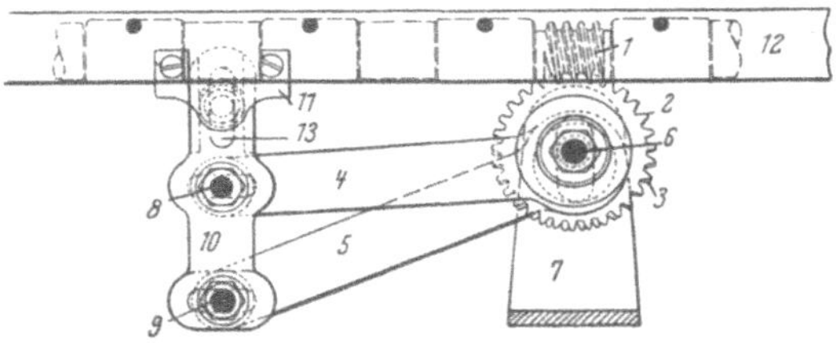

Abb. 220. Luntenführer von Brooks & Doxey.

Ungefähr in der Mitte des hinteren Verzugszylinders ist eine Schnecke *1* eingeschnitten, welche in zwei Zahnräder *2* und *3* eingreift, von denen das eine einen Zahn mehr besitzt als das andere. An jedes dieser Zahnräder ist ein Exzenter angegossen, welches die Exzenterhebel *4* bzw. *5* beeinflussen. Die Zahnräder *2* und *3* mit ihren Exzentern sitzen lose auf dem Zapfen *6*, der an dem am Brustbaum befestigten Lager *7* angeschraubt ist. Die Exzenterhebel *4* und *5* sind mit ihren Zapfen *8* und *9* in einem Stück *10* befestigt und letzteres ist vermittels Stück *11* mit dem Luntenführer *12* verbunden. Das Stück *10* besitzt oben einen Schlitz *13*, mit dessen Hilfe der Ausschlag des Luntenführers vergrößert oder verkleinert werden kann.

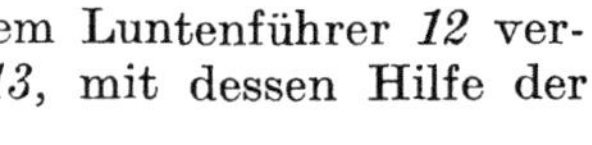
Abb. 221. Diagramm des vom Luntenführer Brooks & Doxey beschriebenen Weges.

Die Schnecke *1* treibt gleichzeitig die beiden Zahnräder *2* und *3* und, da *2* z. B. 30 Zähne und Rad *3* sodann 31 Zähne besitzt, so werden nach 30 Touren des Rades *2* die beiden Exzenter nicht mehr genau in die Anfangsstellung gelangen. Denken wir uns beide Exzenter in der gleichen Stellung und macht das Rad *2* eine Umdrehung, so werden die Exzenterstangen *4* und *5* dieselbe Bewegung ausführen und der Luntenführer *12* wird um einen Zoll ausschlagen, wenn der Maximalhub der beiden Exzenter einen Zoll beträgt. Der Minimalhub der Exzenter ist gleich 3/8 Zoll. Bei dieser ersten Umdrehung von *2* ist aber das Rad *3* um einen Zahn zurückgeblieben. Bewegt sich nun Stück *10* in derselben Richtung wie vorher, so wird der Ausschlag von *4* hinter demjenigen von *5* zurückbleiben. Wenn die eine Exzenterstange den Luntenführer vordrücken will, hält ihn die andere zurück. Dadurch, daß dieser Unterschied zwischen den beiden Exzenterhuben immer ausgesprochener wird, beschreibt der Luntenführer einen Weg, wie er in dem Diagramm (Abb. 221) wiedergegeben ist.

8. Zählwerke.

Die Arbeiterinnen, welche die Spuler bedienen, werden durchweg im Akkord bezahlt. Da es nun sehr umständlich wäre, jeden Abzug abzuwiegen, so werden allgemein Zähler angewendet, welche vom vorderen Riffelzylinder aus betätigt werden. Ein höchst einfaches Zählwerk ist in Abb. 222 dargestellt.

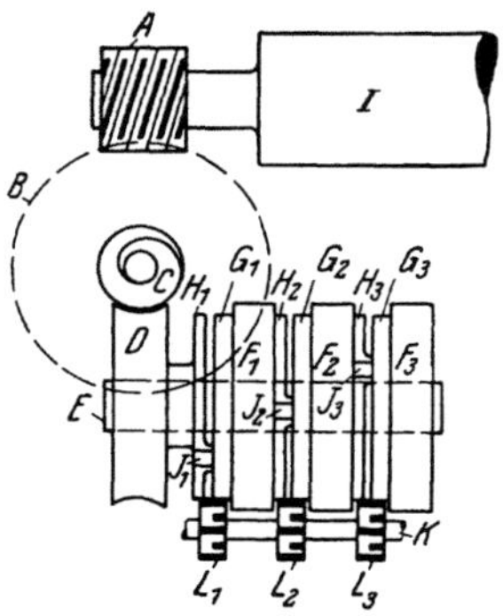

Abb. 222. Zählwerk.

Auf dem Endzapfen des vorderen Riffelzylinders I ist die eingängige Schnecke A befestigt, welche das Schneckenrad B treibt. Auf der Achse dieses letzteren sitzt die eingängige Schnecke C, die das Schneckenrad D treibt, welches lose auf der Achse E des Zählers aufgeschoben ist. An D ist eine schmale Messingscheibe H_1 angegossen, welche eine Hohlkehle J_1 besitzt. Dieselbe reicht bis zu einem schmalen messingnen Zahnrädchen G_1 (Zähnezahl $= 20$), welches mit den Messingscheiben F_1 und H_2 ein Stück bildet. Der Umfang der Scheibe F_1 ist in 10 gleiche Teile geteilt, wobei die Teilstriche mit Zahlen versehen sind, und zwar von *0* bis *9*. J_1 und G_1 greifen gleichzeitig in ein lose auf K sitzendes kleines Messingrädchen L_1 von 8 Zähnen ein, wovon 4 nur die Zahnbreite G_1 besitzen, die 4 anderen doppelt so breit sind. Sobald nun D eine volle Umdrehung ausgeführt hat, greift der auf der Scheibe H_1 ruhende breite Zahn von L_1 in die Hohlkehle J_1 ein und wird von dieser mitgenommen, wodurch die Scheibe F_1 um 1/10-Umdrehung gedreht wird. Hat nun F_1 eine volle Umdrehung ausgeführt, so wird die Hohlkehle J_2 das Rädchen L_2 drehen, wodurch F_2 1/10-Umdrehung macht. Dasselbe Spiel vollzieht sich mit J_3 und L_3. Die Berechnung eines solchen Zählers ist einfach:

Wird F_1 um 1/10-Umdrehung gedreht, so wird, wenn $B = 39$ Zähne und $D = 25$ Zähne besitzen, während dieser Zeit der Vorderzylinder folgende Umgänge machen:

$$1 \frac{25}{1} \frac{39}{1} = 975 .$$

Hat die Zahlenscheibe F_1 eine volle Umdrehung durchlaufen, so geben F_2 und F_1 zusammen die Zahl *10* und bei 10 vollen Umdrehungen von F_1 werden die 3 Zahlenscheiben zusammen die Zahl 100 anzeigen. Tweedales & Smalley geben für Zylinderdurchmesser von 31,75 mm dem Rad $B = 39$ und $D = 20$ Zähne, bei Zylinderdurchmesser von 28,57 den Rädern $B = 36$ und $D = 24$ Zähne und bei Zylinderdurchmesser von 25,4 mm den Rädern $B = 39$ und $D = 25$ Zähne. Mit diesen Räderverhältnissen bleibt bei jeder Maschine die Anzahl gelieferter Meter für 1 Zahl dieselbe.

Ein sehr interessantes und häufig angewendetes Zählwerk ist der

Zähler von Caflish. Siehe Abb. 223. Wie schon aus der Zeichnung ersichtlich, ist dieses Zählwerk ein Stirnraddifferentialgetriebe. Am Ende des vorderen Verzugszylinders befindet sich eine Schnecke, welche ein 42er Schneckenrad antreibt. Auf der Achse des letzteren ist ein 9er Rädchen befestigt, welches einesteils das Rad von 59 Zähnen, anderenteils ein solches von 39 Zähnen antreibt. Mit dem 59er Rad ist ein Rad von 56 Zähnen verbunden und mit dem 39er Rad ein solches von 37 Zähnen. Ähnlich wie im ersten Fall das 9er Rädchen die beiden Räder von 59 und 39 Zähnen antreibt, greifen jetzt die beiden Räder von 37 und 56 Zähnen in ein kleines Stirnrad von 9 Zähnen und treiben dasselbe. Dieses letztere Rädchen ist am Zifferblatt befestigt[1].

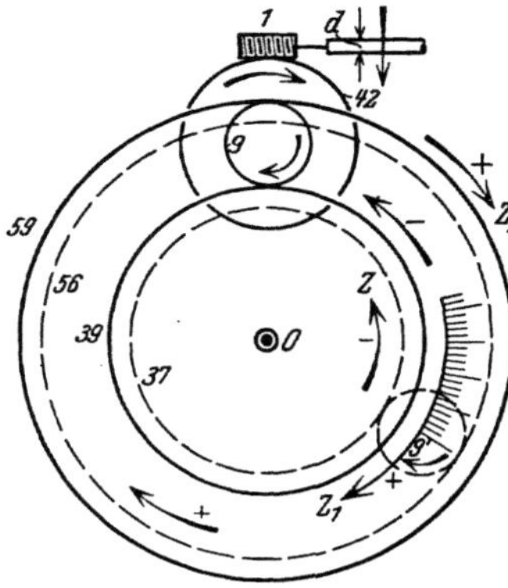

Abb. 223. Zähler von Caflish.

Denken wir uns das 37er Rad herausgenommen und sei *9'* mit *56* aus einem Stück hergestellt, so wird, wenn das Zifferblatt und somit das *9'* Rädchen z_1 Umdrehungen um *0* ausführt, auch das Rad *56* mit z_1 Umdrehungen nach der Richtung + drehen. Bringen wir jetzt das 37er Rad wieder mit *9'* in Eingriff und drehen wir das Zifferblatt wiederum mit z_1 Touren in der + -Richtung um *0*, so wird sich *9'* auf dem 37er Rad abrollen, wodurch das 56er Rad eine Drehung von $z_1 \frac{37}{56}$ im + -Sinne erhalten wird, also eine Zusatzdrehung. Halten wir jetzt das Zifferblatt fest und drehen wir das 37er Rad im — -Sinne mit z Umdrehungen, so wird *9'* gedreht und dieses letztere verursacht die Drehung des 56er Rades im + -Sinne. Diese Drehung ist gleich $z \frac{37}{56}$.

Nach diesen Betrachtungen ergibt sich als resultierende Bewegung des Rades *56*:

$$\begin{aligned} z_2 &= z_1 + z_1 \frac{37}{56} + z \frac{37}{56} \\ &= z_1 \left(1 + \frac{37}{56}\right) + z \frac{37}{56} \\ &= z_1 \frac{56 + 37}{56} + z \frac{37}{56}. \end{aligned}$$

Daraus erhalten wir die zu bestimmende Umlaufszahl z_1 des Zifferblattes:

$$\begin{aligned} z_1 &= \frac{z_2 - z \frac{37}{56}}{\frac{93}{56}} \\ &= \left(z_2 - z \frac{37}{56}\right) \frac{56}{93} \\ &= \frac{56 z_2 - 37 z}{93}. \end{aligned}$$

[1] Das Rad *42* mache x Umdrehungen, so wird Rad *59* (*56*) $= x \frac{9}{59}$ im + -Sinne und Rad *39* (*27*) $= x \frac{9}{39}$ im — -Sinne ausführen. Da Rad *59* mit *56* und *39* mit *37* verbunden ist, so ergibt sich durch Division:

$$\frac{x \frac{9}{59} \cdot 56}{x \frac{9}{39} \cdot 37} = \frac{9 \cdot 59 \cdot 39}{9 \cdot 59 \cdot 37} = \frac{2184}{2183}.$$

Der Zähler ist um eine Einheit größer wie der Nenner, die Zählscheibe wird sich somit in der +-Richtung bewegen.

Bezeichnen wir mit l die Lieferung des vorderen Riffelzylinders während einer Umdrehung des Zifferblattes.

$$z = \frac{l}{\pi d} \frac{1}{42} \frac{9}{39}$$

und

$$z_2 = \frac{l}{\pi d} \frac{1}{42} \frac{9}{59}.$$

Setzen wir diese Werte in die Gleichung $z_1 = \frac{56 \cdot z_2 - 37 \cdot z}{93}$ ein, so erhalten wir

$$z_1 = \frac{l}{\pi d} \frac{1}{42} \frac{9}{59} \frac{56}{93} - \frac{l}{\pi d} \frac{1}{42} \frac{9}{39} \frac{37}{93} = \frac{l}{\pi d} \frac{1}{42} \left(\frac{3}{59} \frac{56}{31} - \frac{1}{13} \frac{37}{31} \right),$$

$$z_1 = \frac{l}{\pi d} \frac{1}{42} \left(\frac{3 \cdot 56 \cdot 13 \cdot 31 - 1 \cdot 37 \cdot 59 \cdot 31}{59 \cdot 31 \cdot 93 \cdot 31} \right) = \frac{l}{\pi d} \frac{1}{42} \left(\frac{2184 - 2183}{23777} \right) = \boldsymbol{\frac{l}{\pi d} \frac{1}{42} \frac{1}{23777}}.$$

Für die l m Lunte, welche während einer Umdrehung des Zifferblattes geliefert wurden, hat der Vorderzylinder 23777 Touren ausgeführt.

Ändert man den Durchmesser des Riffelzylinders, so muß auch das Schneckenrad geändert werden, wenn der Vorderzylinder die gleiche Anzahl Meter für 1 Umdrehung des Zifferblattes liefern soll. Im allgemeinen verwendet man jedoch an den Spulern dasselbe Schneckenrad für Grob-, Mittel- und Feinspuler. Es wurde festgestellt:

Für Grobbank: $d = 0{,}03016$ m $= 1^3/_{16}''$
„ Mittelspuler: $d = 0{,}02857$ m $= 1^1/_8''$
„ Feinspuler: $d = 0{,}02699$ m $= 1^1/_{16}''$

Gewöhnlich ist $z_1 = 1$, d. h. das Zifferblatt macht eine Umdrehung für die l m gelieferte Lunte. Die Schnecke ist eingängig und an allen 3 Maschinen besitzt das Schneckenrad 42 Zähne. Das Zifferblatt ist in 100 gleiche Grade eingeteilt. Es soll nun festgestellt werden, wieviel Meter Lunte der Vorderzylinder für 1 Grad liefert. Es wäre also $z_1 = \frac{1}{100}$ und wir erhalten aus obiger Gleichung:

$$l = \frac{\pi d \cdot 42 \cdot 23777}{100}.$$

Für Grobspuler ist $l = \frac{\pi \cdot 0{,}03016 \cdot 42 \cdot 23777}{100} = 945{,}73$ m

„ Mittelspuler „ $l = \frac{\pi \cdot 0{,}02857 \cdot 42 \cdot 23777}{100} = 895{,}87$ m

„ Feinspuler „ $l = \frac{\pi \cdot 0{,}02699 \cdot 42 \cdot 23777}{100} = 846{,}33$ m

Somit beträgt die Anzahl Umdrehungen des vorderen Riffelzylinders bei einem Grad des Zifferblattes:

$\frac{945{,}73}{\pi \cdot 0{,}03016} = 9986{,}34$ Umdrehungen beim Grobspuler

$\frac{895{,}87}{\pi \cdot 0{,}02857} = 9986{,}34$ „ „ Mittelspuler

$\frac{846{,}33}{\pi \cdot 0{,}02699} = 9986{,}34$ „ „ Feinspuler

9. Die Nummerbestimmung an den Spulern.

Die Nummer des Vorgarnes wird nur dann bestimmt, wenn die Maschine mit anderen Wechselrädern versehen worden ist, um eine gröbere oder feinere Nummer zu erzeugen. In der Spinnerei wird die Nummer nur an den Strecken und an den Spinnmaschinen ermittelt und nötigenfalls geändert. Würde man bei irgendeinem Nummerunterschied an den Spulern die Verzugswechselräder ändern, so würden die auf der gleichen Spinnmaschine aufgesteckten Feinspulen mehr oder weniger große Nummerunterschiede aufweisen. Demzufolge wäre das Spinnen gleichmäßiger Garne ein Ding der Unmöglichkeit. Man wird also logischerweise nur bei Änderung der Vorgarnnummer die austretenden Nummern an den Spulern kontrollieren. Dazu nimmt man:

für Grobspuler . . 25 m oder auch 21 Yards = 22,965 m auf der Yardrolle
„ Mittelspuler . 50 m „ „ 42 „ = 45,930 m „ „ „
„ Feinspuler . . 100 m „ „ 84 „ = 91,860 m „ „ „

Zur Nummerbestimmung der Lunten sollen je 2 Spulen zusammen abgewickelt werden, um eine möglichst genaue Nummer zu erhalten. Zweckmäßig nimmt man dazu eine Spule aus der vorderen Spindelreihe und eine solche der hinteren, denn die Nummern dieser beiden Spulen sind, wenn auch unbeträchtlich, verschieden voneinander. Auf einer Spule der vorderen Spindelreihe ist eine größere Luntenlänge aufgewickelt wie auf der hinteren. Weil nun die Entfernung von Vorderzylinder und Flügelkopf bei der vorderen Reihe größer ist wie bei der hinteren Reihe, so verteilt sich der Draht auf eine größere Länge in der vorderen Spulenreihe. Infolgedessen hat die Lunte der hinteren Reihe etwas mehr Draht als diejenige der vorderen Reihe, verkürzt sich also auch mehr. Durch Abwickeln von 2 Grobspulen aus der vorderen und hinteren Spindelreihe hat sich ergeben, daß auf der Spule der vorderen Reihe, je nach der Nummer, etwa 8 bis 10 m Lunte mehr vorhanden war wie auf derjenigen der hinteren.

Zur Erzielung einer genauen Garnnummer trägt das Aufstecken viel bei. Bei der Strecke wurden an der 2. und 3. Passage bei einer 8fachen Dublierung 4 volle und 4 halbvolle Kannen auf eine Ablieferung genommen. Außerdem wurden die Kannen mit Spiralfedern ausgerüstet, damit das Eigengewicht des Bandes die Nummer des heraustretenden Bandes nicht ungünstig beeinflußt. Beim Mittel- und Fein- bzw. Extrafeinspuler wird schon der besseren Arbeitsverteilung wegen halb und halb aufgesteckt, d. h. eine volle und eine halbvolle Spule werden zusammen dubliert. Sind genügend gezeichnete Holzleeren in der Vorspinnerei vorhanden, so ist es vorteilhaft, die Spulen der vorderen Spindelreihe mit denjenigen der hinteren Reihe zu dublieren. Diese letztere Arbeitsmethode ist etwas umständlich und wird in der Praxis wohl selten ausgeführt. Immerhin ist hiermit ein Mittel gegeben, um die Gleichmäßigkeit der Vorgespinstnummer zu verbessern.

Tabelle 26. Mittlere Werte für Spindelteilung, Wagenhub, Durchmesser der vollen Spulen und Durchmesser-Nettogewicht der Spulen.

Maschine	Spindelteilung in mm	Wagenhub in mm	Spulendurchmesser in mm	Spulengewicht in g
Grobspuler	260	250	150	720
Mittelspuler . . .	170	250	125	650
Feinspuler	130	175	95	285
Extrafeinspuler . .	110	175	75	230

10. Die Lieferung der Spuler.

Sie hängt von der austretenden Nummer, der Geschwindigkeit der Spindeln und dem Nettogewicht der Spulen ab. Außerdem sind noch verschiedene Zeitverluste in Betracht zu ziehen, wie das Abnehmen des Abzuges mit der dazugehörigen Flaumentfernung von den Flügeln, das Wiederandrehen von abgerissenen Lunten, Mangel an Arbeiterinnen zum Helfen beim Abnehmen, Putzen usw. Ferner hängt die Lieferung viel von der Geschicklichkeit der bedienenden Arbeiterin ab, so daß ein Verlustkoeffizient in wenigen Fällen richtig sein wird. Im allgemeinen treibt der vordere Verzugszylinder mittels einer Schnecke einen Zähler, die Kontrolluhren, auf welche weiter oben bereits hingewiesen wurde. Die praktische Lieferung wird man am einfachsten dadurch erhalten, daß man 5 oder 10 Holzleeren abwiegt, sie zur Aufwindung von Spulen während eines Abzuges benutzt und daraufhin das Nettogewicht einer Spule bestimmt. Selbstredend muß während dieses Abzuges die genaue Zeitdauer aufgenommen werden, und zwar vom Anfang des einen Abzuges bis zum Beginn des folgenden. Durch Berechnung der Kontrolluhr und durch Zählen der Vorderzylindertouren kann festgestellt werden, um wieviel Striche das Zeigerblatt des Zählers während eines Abzuges sich fortbewegt hat. Es ist nun ein leichtes, die am Ende des Zahltages vom Zählwerk angezeigten Striche in Kilogramm gelieferte Baumwolle umzurechnen. Soll die Lieferung der Spuler theoretisch berechnet werden, z. B. für Überschlagsrechnungen, so verfährt man folgendermaßen: Es ist

$$\text{Draht} = \frac{\text{Spindeltouren}}{\text{Lieferung}},$$

$$t = \frac{s_i}{l},$$

$$l = \frac{s_i}{t}.$$

Die zu einer Spule von p Gramm Nettogewicht aufgewickelte Luntenlänge beträgt, wenn wir das Gewicht in Gramm und die Länge in Metern ausdrücken wollen, gleich

$$l' = 1{,}69 \cdot p \cdot N_e \text{ für englische Numerierung}$$

und

$$l'' = 2 \cdot p \cdot N_f \text{ für französische Numerierung.}$$

Ableitung der Lieferungsformel. Bezeichnen wir mit

P die Lieferung einer Spindel in 10 Arbeitsstunden in Gramm,
S die Spindelumgänge,
t den Draht für 1 Zoll englisch,
p das Gewicht einer Spule in Gramm,
N_e die englische Nummer,
x den Zeitverlust in Minuten.

Es ist

$$\text{Lieferung} = \frac{\text{Spindeldrehungen}}{\text{Draht}}.$$

Soll die Lieferung in Metern ausgedrückt werden, so muß diese Längeneinheit auch für den Draht gelten. Demnach ist

$$L_{\text{m}} = \frac{S}{39{,}37 \cdot t}$$

(denn 39,37 Zoll = 1 m). Ist L′ die Länge der Lunte (in Metern ausgedrückt), welche zu einer Spule aufgewickelt ist, und wiegt diese Spule p Gramm, so ist

$$L'_{\text{m}} = \frac{p \cdot N_e}{0{,}59}$$

(denn die englische Nummer ist $N_e = 0{,}59 \frac{L}{P}$, wobei L in Metern und P in Gramm ausgedrückt wird).

L ist die Länge der Lunte in Metern, welche während 1 Minute geliefert wurde.

L' ist die Länge der Lunte in Metern, welche während eines Abzuges geliefert wurde.

Indem wir beide durcheinander dividieren, erhalten wir die Zeit z, welche nötig ist, um die auf die Spule aufgewickelten p Gramm herzustellen.

$$\frac{L'}{L} = z = \frac{39{,}37 \cdot t \cdot p \cdot N_e}{0{,}59 \cdot S}.$$

Beim Spuler kann man zwei Arten von Verlusten annehmen: Die erste besteht in Verlusten während des Ganges der Maschine, welche durch die Geschicklichkeit der Arbeiterin sowie durch aufmerksame Wartung des Meisters verringert werden können, z. B. das Zerreißen von Lunten, Reinigen der Maschine, Einzellaufen von aufgesteckten zu dublierenden Spulen usw. Um diesen Verlusten Rechnung zu tragen, welche mehr oder weniger oft vorkommen, multiplizieren wir die oben erhaltene Zeit z mit einem Koeffizienten k, welcher größer wie 1 sein soll und der je nach der zu verarbeitenden Baumwolle den Wert ändert. Nach Nieß sollen diese Koeffizienten k zwischen 1,05 und 1,43 schwanken.

Die zweite Art von Verlusten ist unvermeidlich; es handelt sich hier um die Zeit, welche nötig ist, um die verschiedenen Arbeiten auszuführen, die das Abnehmen eines Abzuges erfordert. Bezeichnen wir sie mit x. In x sind alle unvermeidlichen Verluste einbegriffen, so z. B. auch das Reparieren eines zerrissenen Kegelriemens und dergl. Die Gesamtzeit, um einen Abzug herzustellen, ist demnach

$$T = z \cdot k + x.$$

O. Johannsen gibt für k die in Tabelle 27 wiedergegebenen Koeffizienten an:

Tabelle 27.

Maschinen	Kurze Baumwolle	Mittlere Baumwolle	Lange ungekämmte Baumwolle	Lange gekämmte Baumwolle
Grobspuler . .	1,20	1,15	1,10	1,05
Mittelspuler . .	1,20	1,15	1,10	1,05
Feinspuler . .	1,30	1,20	1,15	1,10
Extrafeinspuler	1,35	1,30	1,20	1,15

Die Bestimmung dieser Koeffizienten ist etwas langwierig, aber nicht schwierig. Man bestimmt z. B. die praktische Lieferung aller Grobbänke, wie dies am Anfang dieses Kapitels besprochen wurde. Durch öfteres Beobachten erhält man einen guten Durchschnittswert für x. Man berechnet dann die theoretische Lieferung nach der unten stehenden Lieferungsformel, indem man $k = 1$ setzt. Die theoretische Lieferung wird größer ausfallen als die praktische. Erstere muß demnach durch einen Koeffizienten $k > 1$ dividiert werden, damit das Resultat gleich der praktischen Lieferung wird. Dasselbe Verfahren wird dann bei den Mittel-, Fein- und Extrafeinspulern angewendet.

Nach praktischen Beobachtungen beim Abnehmen eines Abzuges kann angenommen werden, daß durchschnittlich eine Arbeiterin in 1 Minute

12 Spulen abnimmt am Grobspuler, die Holzleeren auf die Spindeln setzt und die Lunte umwickelt,

13 Spulen abnimmt am Mittelspuler, die Holzleeren auf die Spindeln setzt und die Lunte umwickelt,
14 Spulen abnimmt am Feinspuler, die Holzleeren auf die Spindeln setzt und die Lunte umwickelt,
15 Spulen abnimmt am Extrafeinspuler, die Holzleeren auf die Spindeln setzt und die Lunte umwickelt.

Nehmen wir ferner 2 Minuten Stillstand an, um den Kegelriemen auf die Anfangsstellung zu bringen, den an den Flügeln anhaftenden Flaum abzustreifen und um den normalen Gang der Maschine zu bewerkstelligen. Ist die Anzahl Spindeln des Spulers $= s$ und sind A Arbeiterinnen mit dem Abnehmen beschäftigt, so ist z. B. für den Mittelspuler

$$x = \left(\frac{s}{13 \cdot A} + 2\right) \text{ Minuten.}$$

Setzen wir die Gleichung: $T = z \cdot k + x$ den Wert von z ein, so ergibt dies

$$T = \frac{39{,}37 \cdot t \cdot p \cdot N_e \cdot k}{0{,}59 \cdot S} + x\,.$$

Dies ist die Gesamtzeit, welche zur Herstellung eines Abzuges nötig ist, d. h. von Beginn des Abzuges bis zu Anfang des folgenden Abzuges.

Nehmen wir 10 Arbeitsstunden an $= 10 \cdot 60$, so wird der Spuler während dieser 10 Stunden

$$\frac{10 \cdot 60}{T} = \frac{10 \cdot 60}{\dfrac{39{,}37 \cdot t \cdot p \cdot N_e \cdot k}{0{,}59 \cdot S} + x}$$

Abzüge machen.

Wiegt eine Spule p Gramm netto, so ist die Leistungsfähigkeit einer Spindel in 10 Arbeitsstunden:

$$\boldsymbol{P = \frac{10 \cdot 60 \cdot p}{\dfrac{39{,}37 \cdot t \cdot p \cdot N_e \cdot k}{0{,}59 \cdot S} + x}} \quad \text{oder auch} \quad \boldsymbol{\frac{10 \cdot 60 \cdot p \cdot 0{,}59 \cdot S}{39{,}37 \cdot t \cdot p \cdot N_e \cdot k + 0{,}59 \cdot S \cdot x}}\,.$$

Trotz der zur Zeit gebräuchlichen achtstündigen Arbeitszeit ist es doch einfacher, die Lieferung einer Spindel für 10 Stunden zu berechnen, da man dann sofort die Lieferung für 1 Stunde und Spindel hat.

Das x kann aber auch nur annähernd bestimmt werden, denn es treten viele unvorhergesehene Fälle ein, welche diesen Faktor ungünstig beeinflussen. Sollen z. B. beim Abnehmen 2 Arbeiterinnen von gegenüberstehenden Spulern einander helfen, oder sind bei einem Spuler 2 Hilfsarbeiterinnen zum Abnehmen vorgesehen, so kann es vorkommen, daß eine oder die andere fehlt, oder daß die Arbeiterin des einen Spulers während dieser Zeit mit Aufstecken beschäftigt ist, oder auch, daß sie zu gleicher Zeit den Abzug zu bewerkstelligen hat wie die Nachbarin. So gibt es vielerlei Fälle, welche die eine Arbeiterin verhindern, der anderen zu helfen, so daß x nicht immer richtig sein kann.

Eine erhebliche Vereinfachung bietet die Lieferungsformel, wenn man sie nach französischer Numerierung ableitet. Der Aufbau der Formel geschieht ähnlich wie vorher.

Bezeichnen wir mit

S die Spindeltouren pro Minute,
t den Draht pro Dezimeter,
p das Nettospulengewicht in Gramm,
N_f die französische Nummer,
x den Zeitverlust durch Abnehmen des Abzuges, durch Andrehen der abgerissenen Lunten usw.,
(in diesem x sind alle Zeitverluste einbegriffen)

so ist

$$P = \frac{60 \cdot 10 \cdot p}{\frac{10 \cdot t}{S} \cdot N_f \frac{1000}{500} \cdot p + x}.$$

Bevor wir uns mit der Berechnung der Spuler beschäftigen, soll an dieser Stelle eine Zusammenstellung der gebräuchlichen Formeln erfolgen.

I. Verzugswechselrad

$$\frac{N}{N_1} = \frac{R_{E_1}}{R_E}$$

II. Drahtwechsel

$$\frac{R_T}{R_{T_1}} = \frac{\sqrt{N_1}}{\sqrt{N}}$$

III. Wagenwechsel

$$\frac{R_w}{R_{w_1}} = \frac{\sqrt{N_1}}{\sqrt{N}}$$

IV. Sperrad

$$\frac{R_R}{R_{R_1}} = \frac{\sqrt{N}}{\sqrt{N_1}}$$

11. Berechnung der Spuler.

a) Berechnung des Grobspulers (siehe Schema Abb. 224).

Bauart: Elsässische Maschinenbau-Gesellschaft, Mülhausen i. Els. Betreffs der vorkommenden Luntennummern verwenden wir bei den untenstehenden Berechnungen den früher aufgestellten Spinnplan. Diesem zufolge kommen beim Grobspuler 2 austretende Nummern in Betracht: Nr. $0{,}55_e$ und Nr. $0{,}70_e$. Das Assortiment besteht aus 3 Grobspulern zu je 80 Spindeln.

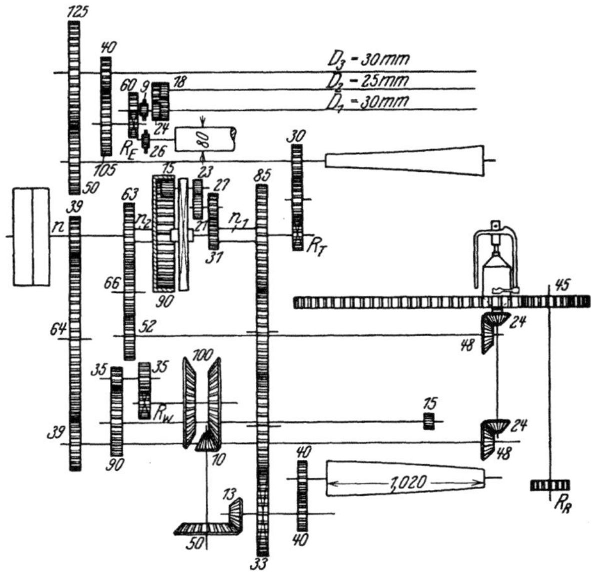

Abb. 224. Antriebsschema des Grobspulers der E.M.G.M.

Praktische Umdrehungszahl der Hauptwelle = **300.**

Spindeltouren $= 300 \frac{39}{39}\frac{48}{24} = \mathbf{600}.$

Austretende Nummer $0{,}55_e$.

Draht für 1 Zoll $= \alpha\sqrt{N} = 1{,}13\sqrt{0{,}55} = 1{,}13 \cdot 0{,}741 = \mathbf{0{,}837}.$

Draht für 1 dm $= \frac{1{,}13 \cdot 0{,}741}{0{,}254} = \mathbf{3{,}30}.$

Um diesen Draht zu erhalten, muß die Umfangsgeschwindigkeit des Vorderzylinders $= \frac{600}{3,30} = 181,8$ dm/min betragen. Demnach ist die Umdrehungszahl des Vorderzylinders:

$$\frac{181,1}{\pi \cdot 0,30} = 192,6\,.$$

Der Drahtwechsel kann nun bestimmt werden. Es ist:

$$R_T = 192,6 \frac{125}{50} \frac{30}{300} = 48,1 = \sim \textbf{48 Zähne.}$$

$$\text{Gesamtverzug} = \frac{0,55}{0,15} = \textbf{3,666}\,.$$

$$\text{Verzugswechsel } R_E = \frac{30 \cdot 26 \cdot 60 \cdot 105}{80 \cdot 9 \cdot \text{Verzug} \cdot 40} = \frac{170,7}{\text{Verzug}} = \frac{\text{Konstante}}{\text{Verzug}}\,,$$

$$R_E = \frac{170,7}{3,666} = 46,5 = \sim \textbf{46 Zähne.}$$

Da sich die Lunte beim Drahtgeben etwas verkürzt und demnach die austretende ungedrehte Lunte etwas dünner sein muß, als die theoretische Berechnung angibt, so wird man einen etwas größeren Verzug wählen, wir verwenden deshalb ein Rad mit 46 Zähnen. Mit diesem Verzugswechsel von 46 Zähnen gestalten sich die Geschwindigkeitsverhältnisse folgendermaßen:

Umdrehungszahl	der Messingwalze	$= 300 \frac{48}{30} \frac{50}{125} \frac{40}{105} \frac{46}{60} \frac{9}{26} = \mathbf{19,42}$
Umfangsgeschwindigkeit	„ „	$= \pi \cdot 0,080 \cdot 19,42 = \mathbf{4,88\ m/min}$
Umdrehungszahl	des 3. Riffelzylinders	$= 300 \frac{48}{30} \frac{50}{125} \frac{40}{105} \frac{46}{60} = \mathbf{56,1}$
Umfangsgeschwindigkeit	„ 3. „	$= \pi \cdot 0,030 \cdot 56,1 = \mathbf{5,29\ m/min}$
Umdrehungszahl	„ 2. „	$= 300 \frac{48}{30} \frac{50}{125} \frac{40}{105} \frac{46}{60} \frac{24}{18} = \mathbf{74,8}$
Umfangsgeschwindigkeit	„ 2. „	$= \pi \cdot 0,025 \cdot 74,8 = \mathbf{5,875\ m/min}$
Umdrehungszahl	„ vorderen Riffelzylinders	$= 300 \frac{48}{30} \frac{50}{125} = \mathbf{192}$
Umfangsgeschwindigkeit	„ „ ,	$= \pi \cdot 0,030 \cdot 192 = \mathbf{18,11\ m/min}$

Einzelverzüge und Gesamtverzug.

Verzug zwischen der Messingwalze und dem 3. Riffelzylinder	$= \frac{5,29}{4,88} = 1,083$
„ „ dem 3. Riffelzylinder und dem 2. Riffelzylinder	$= \frac{5,875}{5,29} = 1,11$
„ „ „ 2. „ „ „ 1. „	$= \frac{18,11}{5,875} = 3,08$

$$\text{Gesamtverzug} = 1,083 \cdot 1,11 \cdot 3,08 = \mathbf{3,705}$$

oder

$$\frac{30}{80} \frac{26}{9} \frac{60}{46} \frac{105}{40} = \mathbf{3,705}\,.$$

Antrieb der Spule. Bei der Elsässischen Maschinenbau-Gesellschaft, Mülhausen i. Els., haben die Spuler Spulenwicklung und sind mit dem Differentialgetriebe von Curtis & Rhodes ausgerüstet.

Nach Seite 213 ist

$$\frac{l}{\pi d_x} = s_x - f\,,$$

$$s_x = f + \frac{l}{\pi d_x}\,.$$

Da d_x von Anfang bis zu Ende der Spule zunimmt, so muß daher $\frac{l}{\pi d_x}$ von Schicht zu Schicht abnehmen. Damit nun die letzte Gleichung denselben Wert behält, werden die Spulendrehungen von Schicht zu Schicht abnehmen. Infolgedessen haben die Spulen zu Anfang des Abzuges die größte Geschwindigkeit, bei der vollen Spule dagegen die kleinste. Bezeichnen wir mit n_1 die veränderlichen Umdrehungen des Rades b (siehe Abb. 204), welches seine Drehung vom unteren Kegel erhält, ferner mit n_2 die Umdrehungszahl des Rades a, das die Bewegung auf die Spulen überträgt, so ist nach Seite 206

$$n_2 = n\left(1 - \frac{r_1}{r_2}\frac{r_3}{r_4}\frac{r_5}{r_6}\right) + n_1 \frac{r_1}{r_2}\frac{r_3}{r_4}\frac{r_5}{r_6}\,.$$

Durch Einsetzen der entsprechenden Räder haben wir dann für den Grobspuler

$$n_2 = 0{,}8254\,n + 0{,}1746\,n_1\,.$$

Besitzt der Differentialwechsel 33 Zähne, so ist

$$n_1 = n\,\frac{R_T}{30}\frac{A}{B}\cdot 0{,}99\,\frac{40}{40}\frac{33}{85} = 0{,}01281\cdot n\cdot R_T\,\frac{A}{B} \text{ (siehe auch Abb. 191).}$$

Man multipliziert mit 0,99, um dem Gleiten des Kegelriemens Rechnung zu tragen. Durch Einsetzen erhalten wir:

$$n_2 = 0{,}8254\cdot n + 0{,}1746\cdot 0{,}01281\cdot n\cdot R_T\,\frac{A}{B}\,,$$

$$n_2 = n\left(0{,}8254 + 0{,}00224\,R_T\,\frac{A}{B}\right).$$

Nach Abb. 224 drehen die Spulen mit einer Umdrehungszahl von

$$s_x = n_2\,\frac{63}{52}\frac{48}{24} = 2{,}423\cdot n_2\,.$$

Somit ist

$$s_x = 2{,}423\cdot n\left(0{,}8254 + 0{,}00224\cdot R_T\,\frac{A}{B}\right),$$

$$s_x = n\left(2 + 0{,}0054275\,R_T\,\frac{A}{B}\right). \qquad (1)$$

Nach Obenstehendem ist aber auch

$$s_x = f + \frac{l}{\pi d_x}\,.$$

Nach Abb. 224 ist:

$$f = n\,\frac{39}{39}\frac{48}{24} = 2\,n$$

und

$$l = n\,\frac{R_T}{30}\,\frac{50}{150}\cdot\pi\cdot 30 = 0{,}4\cdot\pi\cdot n\cdot R_T\,.$$

Demnach

$$s_x = 2\,n + \frac{0{,}4\cdot\pi\cdot n\cdot R_T}{\pi d_x}\,,$$

$$s_x = n\left(2 + 0{,}4\,\frac{R_T}{d_x}\right). \qquad (2)$$

Durch Gleichsetzen der beiden Gleichungen (1) und (2) ergibt sich

$$n\left(2 + 0{,}4\,\frac{R_T}{d_x}\right) = n\left(2 + 0{,}0054275 \cdot R_T\,\frac{A}{B}\right),$$

$$0{,}4\,\frac{1}{d_x} = 0{,}0054275\,\frac{A}{B},$$

$$\frac{A}{B} = \frac{0{,}4}{0{,}0054275}\,\frac{1}{d_x},$$

$$\frac{A}{B} = \frac{73{,}7}{d_x}.$$

Die Zahl 73,7 ist konstant für diesen Grobspuler $= k$

$$\frac{A}{B} = \frac{k}{d_x}.$$

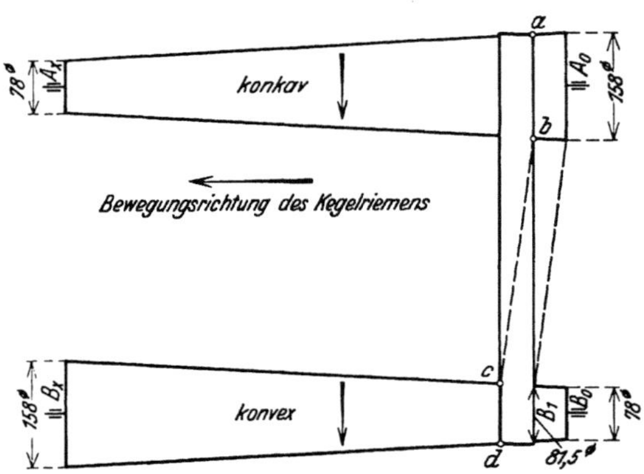

Abb. 225. Schematische Darstellung der Spulerkegel.

Damit der Kegelriemen in allen Stellungen die gleiche Spannung hat, muß $A + B = C =$ konstant sein.

$$A + B = C.$$

Nun ist

$$A = B\,\frac{k}{d_x},$$

$$B + B\,\frac{k}{d_x} = C,$$

$$B = \frac{d_x \cdot C}{d_x + k}.$$

Auf dieselbe Weise finden wir

$$A = \frac{k \cdot C}{d_x + k}.$$

Beträgt z. B. der Durchmesser der Holzleere $d_0 = 42$ mm und derjenige der vollen Spule $d = 150$ mm, so hätten wir zu Anfang des Abzuges

$$\frac{A_1}{B_1} = \frac{73{,}7}{42} = 1{,}757$$

und zu Ende des Abzuges

$$\frac{A_x}{B_x} = \frac{73{,}7}{150} = 0{,}4925.$$

Die Spuler der Elsässischen Maschinenbau-Gesellschaft sind derart konstruiert, daß die Enddurchmesser der Kegel einander gleich sind (siehe Abb. 225). Es ist

$$A_0 = B_x \quad \text{und} \quad B_0 = A_x.$$

Setzen wir $\frac{d}{d_0} = m$, so ist $m = \frac{150}{42} = 3{,}57$.

Wir haben dann für den oberen Kegeldurchmesser am Anfang des Abzuges, d. h. für den Spulendurchmesser d_0

$$A_0 = \frac{k \cdot C}{d_0 + k}$$

und für d

$$B_x = \frac{d \cdot C}{d + k}.$$

Da $d = d_0 \cdot m$ ist, so ergibt sich

$$B_x = \frac{d_0 \cdot m \cdot C}{d_0 \cdot m + k}.$$

Es ist aber $A_0 = B_x$, also

$$\frac{k \cdot C}{d_0 + k} = \frac{d_0 \cdot m \cdot C}{d_0 \cdot m + k},$$

$$k \cdot C(d_0 \cdot m + k) = d_0 \cdot m \cdot C(d_0 + k),$$

$$k \cdot d_0 \cdot m + k^2 = d_0^2 \cdot m + d_0 \cdot m \cdot k,$$

$$k = d_0 \sqrt{m}.$$

Für den kleinen Kegeldurchmesser A_x haben wir

$$A_x = \frac{k \cdot C}{d + k} = \frac{k \cdot C}{d_0 \cdot m + k}$$

und

$$B_0 = \frac{d_0 \cdot C}{d_0 + k}.$$

Da $A_x = B_0$ ist, so ergibt sich

$$\frac{k \cdot C}{d_0 \cdot m + k} = \frac{d_0 \cdot C}{d_0 + k},$$

$$k(d_0 + k) = d_0(d_0 \cdot m + k),$$

$$k^2 + k\,d_0 = d_0^2 \cdot m + k \cdot d_0,$$

$$k = d_0 \sqrt{m}.$$

Am Anfang des Abzuges haben wir

$$\frac{A_0}{B_0} = \frac{k}{d_0} = \frac{d_0 \cdot \sqrt{m}}{d_0},$$

$$\frac{A_0}{B_0} = \sqrt{m}.$$

Am Ende des Abzuges haben wir

$$\frac{A_x}{B_x} = \frac{k}{d} = \frac{k}{d_0 \cdot m} = \frac{d_0 \cdot \sqrt{m}}{d_0 \cdot m} = \frac{1}{\sqrt{m}},$$

$$\frac{A_0}{B_0} = \sqrt{3{,}57} = 1{,}888,$$

$$A_0 = 1{,}888 \cdot B_0.$$

Bei der Elsässischen Maschinenbau-Gesellschaft beträgt die Summe der beiden Kegeldurchmesser = 236 mm.

$$A_0 + B_0 = 236 \text{ mm},$$

$$A_0 = 236 - B_0.$$

Folglich

$$1{,}888 \cdot B_0 = 236 - B_0,$$

$$1{,}888 \cdot B_0 + B_0 = 236$$

$$2{,}888 \cdot B_0 = 236.$$

Wir erhalten somit folgende Kegeldurchmesser

$$B_0 = \frac{236}{2{,}888} = \mathbf{81{,}5\ mm},$$

$$A_0 = 236 - 81{,}5 = \mathbf{154{,}5\ mm}.$$

In Wirklichkeit aber arbeitet der Kegelriemen nicht in der Senkrechten, in welcher die beiden Durchmesser A_0 und B_0 liegen, denn der Kegelriemen kann infolge der konischen Auflagefläche nicht überall gleichmäßig aufliegen. Auf dem oberen Kegel wird der Riemen auf der rechten Kante und auf dem unteren Kegel auf der linken Kante arbeiten, so daß der Riemen in der Linie *a b c d* zieht (siehe Abb. 225). Da aber B_1 größer wie B_0 ist, so würden die Spulen nicht die vorgesehene Geschwindigkeit erhalten und der Faden würde durchhängen. Damit nun die Aufwindung dennoch richtig ist, rückt man den Riemen etwas nach rechts, wodurch der Fehler korrigiert wird. Statt daß beim Grobspuler ein oberer Kegeldurchmesser von 154,5 mm mit einem unteren von 81,5 mm arbeitet, wird in Wirklichkeit ein Durchmesser von 158 mm mit demjenigen von 81,5 mm arbeiten. (Der Durchmesser von 158 mm wurde praktisch ermittelt.)

Es können nun alle Kegeldurchmesser berechnet werden, indem man jedesmal die Spulendicke um eine Schicht vergrößert. Am Ende des Abzuges ist dann

$$A_x = 81{,}5\ \text{mm} \qquad \text{und} \qquad B_x = 158\ \text{mm}.$$

Mit diesen Ergebnissen können wir jetzt die Spulengeschwindigkeit am Anfang und am Ende des Abzuges berechnen.

$$n_2 = 0{,}8252\, n + 0{,}1748\, n_1 .$$

Am Anfang des Abzuges ist

$$n_1 = 300 \frac{48}{30} \frac{158}{81{,}5} \cdot 0{,}99 \frac{40}{40} \frac{33}{85} = 249{,}5 .$$

Am Ende des Abzuges ist

$$n_1 = 300 \frac{48}{30} \frac{81{,}5}{158} \cdot 0{,}99 \frac{40}{40} \frac{33}{85} = 66{,}4 .$$

Am Anfang des Abzuges ist dann

$$n_2 = 0{,}8252 \cdot 300 + 0{,}1748 \cdot 249{,}5 = 291{,}6 ,$$

und am Ende des Abzuges

$$n_2 = 0{,}8252 \cdot 300 + 0{,}1748 \cdot 66{,}4 = 259{,}6 .$$

Daraus ergibt sich

Umdrehungszahl der Spulen am Anfang des Abzuges $= 291{,}6 \frac{63}{52} \frac{48}{24} = \mathbf{707}$,

„ „ „ „ Ende „ „ $= 295{,}6 \frac{63}{52} \frac{48}{24} = \mathbf{629}$.

Berechnung des Wagenwechsels. Die Umfangsgeschwindigkeit des vorderen Riffelzylinders in der Zeiteinheit ist gleich

$$l = n \frac{R_T}{30} \frac{50}{125} \cdot \pi \cdot 30 = 0{,}4 \cdot \pi \cdot n \cdot R_T .$$

Ist n_0 die Anzahl Spiralen, welche mit dieser Lieferung l auf den Spulendurchmesser d_0 aufgewickelt werden können, so ist

$$n_0 = \frac{l}{\pi d_0} = \frac{0,4 \cdot n \cdot R_T}{d_0}.$$

Ist η die Entfernung von Mitte Spirale zu Mitte Spirale, so ist der Weg, welchen der Wagen in der Zeiteinheit zurücklegt

$$h_0 = n_0 \cdot \eta = \frac{0,4 \cdot n \cdot R_T}{d_0} \cdot \eta. \qquad \text{(A)}$$

Nach dem Antriebsmechanismus (Abb. 224) ist die Umdrehungszahl der Wagenwelle in der Zeiteinheit am Anfang des Abzuges gleich

$$n \frac{48}{30} \cdot \frac{A}{B} \cdot 0,99 \frac{40}{40} \frac{13}{50} \frac{10}{100} \frac{R_w}{35} \frac{35}{90}.$$

Das Rad auf der Wagenwelle besitzt 15 Zähne und die Teilung der Wagenzahnstange beträgt 10 mm, demnach ist der Wagenweg in der Zeiteinheit

$$h_0 = n \frac{48}{30} \frac{A}{B} \cdot 0,99 \frac{40}{40} \frac{13}{50} \frac{10}{100} \frac{R_w}{35} \frac{35}{90} \cdot 15 \cdot 10 \text{ mm}. \qquad \text{(B)}$$

Durch Gleichsetzen von (A) und (B) ergibt sich

$$\frac{0,4 \cdot n \cdot 48}{d_0} \cdot \eta = n \frac{48}{30} \frac{A}{B} \cdot 0,99 \frac{40}{40} \frac{13}{50} \frac{10}{100} \frac{R_w}{35} \frac{35}{90} = 15 \cdot 10.$$

Nach Seite 239 ist

$$\frac{A}{B} = 1,888.$$

Ferner ist

$$d_0 = 42 \text{ mm}$$

und für $N = 0,55$ ist

$$\eta = \frac{3,36}{\sqrt{N}} \quad \text{(siehe Tabelle 25).}$$

Somit

$$\frac{0,4}{42} \frac{3,36}{\sqrt{N}} = \frac{1,888 \cdot 0,99 \cdot 13 \cdot 10 \cdot R_w \cdot 15 \cdot 10}{30 \cdot 50 \cdot 100 \cdot 90},$$

$$R_w = \frac{0,4 \cdot 3,36 \cdot 30 \cdot 50 \cdot 90}{42 \cdot 1,888 \cdot 0,99 \cdot 13 \cdot 15} \frac{1}{\sqrt{N}} = \frac{11,87}{\sqrt{0,55}} = \frac{11,87}{0,741} = \textbf{16 Zähne.}$$

Berechnung des Schaltrades R_R. Für die austretende Luntennummer 0,55 ist nach Tabelle 25 die Luntendicke $\delta = \frac{0,45}{\sqrt{N}}$. Beträgt der volle Spulendurchmesser 150 mm und der Durchmesser der Holzleere 42 mm, so ist die Schichtenzahl nach Seite 226

$$s = \frac{(d - d_0)\sqrt{0,55}}{2 \cdot 0,45} = \frac{(150 - 42) \cdot 0,741}{0,9} = 88. \qquad \text{(A)}$$

Andererseits beträgt die Schichtenzahl

$$s = \frac{L}{\frac{1}{2 R_R} \frac{a}{b} \cdot r \cdot p} \quad \text{(siehe Abb. 219 sowie Seite 227)} \qquad \text{(B)}$$

$$s = \frac{2 \cdot L \cdot b \cdot R_R}{a \cdot r \cdot p}.$$

Um den Weg zu bestimmen, den der Kegelriemen zurücklegt, verfährt man folgendermaßen:

Länge des Kegels	=	1020 mm
Minus einer Riemenbreite	=	50 „
		970 mm
5 mm Spiel auf jeder Seite	=	10 „
L	=	960 mm = Kegellänge, welche zur Bildung der Spule nötig ist.

Ferner haben

$a = 22$ Zähne $\qquad r = 45$ Zähne

$b = 20$ „ $\qquad p = 8$ mm Teilung.

Durch Kombination von (A) und (B) erhalten wir

$$\frac{2 \cdot 960 \cdot 20 \cdot R_R}{22 \cdot 45 \cdot 8} = 88,$$

$$R_R = \frac{88 \cdot 22 \cdot 45 \cdot 8}{2 \cdot 960 \cdot 20} = 18{,}15 = \mathbf{18\ Zähne.}$$

Bestimmung der Wechselräder für die austretende Nummer 0,70. Durch Anwendung der auf Seite 235 zusammengestellten Formeln erhalten wir:

1. Verzugswechselrad:

$$\frac{N}{N_1} = \frac{R_{E_1}}{R_E}, \qquad \frac{0{,}55}{0{,}70} = \frac{R_{E_1}}{46},$$

$$R_{E_1} = 36{,}1 = \sim \mathbf{36\ Zähne.}$$

2. Drahtwechsel:

$$\frac{R_T}{R_{T_1}} = \frac{\sqrt{N_1}}{\sqrt{N}}, \qquad \frac{48}{R_{T_1}} = \frac{\sqrt{0{,}70}}{\sqrt{0{,}55}} = \frac{0{,}837}{0{,}741},$$

$$R_{T_1} = 42{,}5 = \mathbf{42\ oder\ 43\ Zähne.}$$

3. Wagenwechsel:

$$\frac{R_w}{R_{w_1}} = \frac{\sqrt{N_1}}{\sqrt{N}}, \qquad \frac{16}{R_{w_1}} = \frac{\sqrt{0{,}70}}{\sqrt{0{,}55}} = \frac{0{,}837}{0{,}741},$$

$$R_{w_1} = 14{,}16 = \mathbf{14\ Zähne.}$$

Genau genommen sollte zur Berechnung dieses Wagenwechsels statt $\eta = \frac{3{,}36}{\sqrt{N}}$ für die Nummer 0,70 der Wert $\eta = \frac{3{,}27}{\sqrt{N}}$ bei der Berechnung des Wagenwechsels angewendet werden. Aber für die Praxis ist obige Formel genügend, falls die Nummerunterschiede nicht zu groß sind.

4. Sperrad:

$$\frac{R_R}{R_{R_1}} = \frac{\sqrt{N}}{\sqrt{N_1}}, \qquad \frac{18}{R_{R_1}} = \frac{\sqrt{0{,}55}}{\sqrt{0{,}70}} = \frac{0{,}741}{0{,}837},$$

$$R_{R_1} = 20{,}3 = \sim \mathbf{20\ Zähne.}$$

Lieferung der Grobspuler. 1. Austretende Nummer = **0,55**. Als Spulengewicht wurde 700 g festgestellt. Wir wenden die Lieferungsformel für englische Nummer an:

$$P = \frac{10 \cdot 60 \cdot p \cdot 0{,}59 \cdot S}{39{,}37 \cdot t \cdot p \cdot N_e \cdot k + 0{,}59 \cdot S \cdot x} = \frac{10 \cdot 60 \cdot 700 \cdot 0{,}59 \cdot 600}{39{,}37 \cdot 0{,}837 \cdot 700 \cdot 0{,}55 \cdot 1{,}085 + 0{,}59 \cdot 600 \cdot 4},$$

$$P = \frac{148\,800\,000}{13780 + 1420} = 9780 \text{ g} = \mathbf{9{,}78 \text{ kg}} \text{ für 1 Spindel in 10 Arbeitsstunden.}$$

Lieferung des Grobspulers von 80 Spindeln in 10 Arbeitsstunden = 9,78 · 80 = **783 kg.**

Die Werte von k und x wurden vom Verfasser praktisch ermittelt.

2. Austretende Nummer = **0,70**. Mit dem 43er Drahtwechsel erhält die Lunte eine Drehung von 0,945 für 1 Zoll. Das Spulengewicht bleibt dasselbe.

$$P = \frac{10 \cdot 60 \cdot p \cdot 0{,}59 \cdot S}{39{,}37 \cdot t \cdot p \cdot N_e \cdot k + 0{,}59 \cdot S \cdot x} = \frac{10 \cdot 60 \cdot 700 \cdot 0{,}59 \cdot 600}{39{,}37 \cdot 0{,}945 \cdot 700 \cdot 0{,}70 \cdot 1{,}085 + 0{,}59 \cdot 600 \cdot 4}$$

$$= \frac{148\,800\,000}{19780 + 1417},$$

$$P = 7030 \text{ g} = \mathbf{7{,}03 \text{ kg}} \text{ für 1 Spindel in 10 Arbeitsstunden.}$$

Lieferung des Grobspulers von 80 Spindeln in 10 Arbeitsstunden = 7,03 · 80 = **563 kg.**

In beiden Fällen 1. und 2. stehen zum Abnehmen des Abzuges 3 Arbeiterinnen zur Verfügung.

b) Berechnung des Mittelspulers.

Siehe Schema der Elsässischen Maschinenbau-Gesellschaft, Mülhausen i. Els. (Abb. 226).

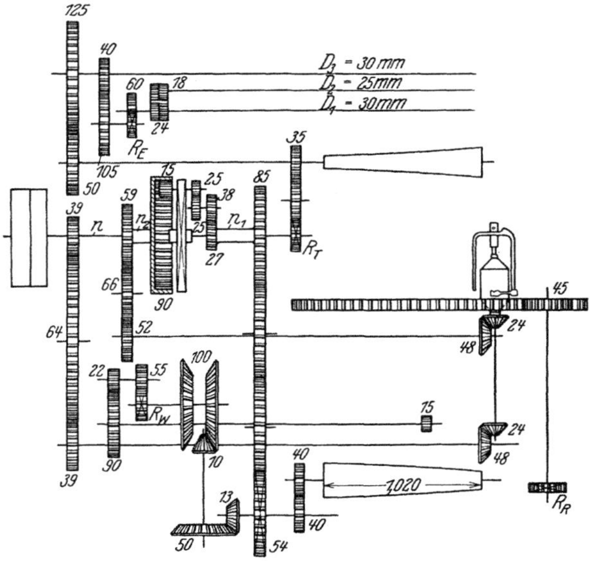

Abb. 226. Antriebsschema des Mittelspulers der E.M.G.M.

Hier haben wir nach dem Spinnplan 3 Assortimente:

1.	Austretende Nummer	= 1,25,	eintretende Nummer	= 0,55
2.	,, ,,	= 1,35,	,, ,,	= 0,55
3.	,, ,,	= 1,85,	,, ,,	= 0,70

Praktische Umdrehungszahl der Hauptwelle = **375**

Umdrehungszahl der Spindeln $= 375 \frac{39}{39} \frac{48}{24} = \mathbf{750}$.

Austretende Nummer = 1,25.

Draht für 1 Zoll engl. $= 1{,}2\sqrt{1{,}25} = 1{,}2\cdot 1{,}118 = \mathbf{1{,}341}$

Draht für 1 dm $= \dfrac{1{,}341}{0{,}254} = \mathbf{5{,}27}$

Umfangsgeschwindigkeit des Vorderzylinders $= \dfrac{750}{5{,}27} = 142{,}4$ dm/min

Umdrehungen des vorderen Riffelzylinders $= \dfrac{750}{\pi\cdot 0{,}30} = 151$

Drahtwechsel $= 151\,\dfrac{125}{50}\,\dfrac{35}{375} = 35{,}25 = \sim$ **35 Zähne**

Gesamtverzug $= \dfrac{1{,}25\cdot 2}{0{,}55} = \mathbf{4{,}545}$

Verzugswechsel $R_E = \dfrac{30}{30}\,\dfrac{60}{\text{Verzug}}\,\dfrac{105}{40} = \dfrac{157{,}5}{\text{Verzug}} = \dfrac{157{,}5}{4{,}545} = 34{,}65 = \sim$ **34 Zähne**

Umdrehungszahl	des 3. Riffelzylinders		$= 375\,\dfrac{35}{35}\,\dfrac{50}{125}\,\dfrac{40}{105}\,\dfrac{34}{60} = \mathbf{32{,}40}$
Umfangsgeschwindigkeit	„ 3.	„	$= \pi\cdot 0{,}030\cdot 32{,}40 = \mathbf{3{,}055}$ **m/min**
Umdrehungszahl	„ 2.	„	$= 32{,}40\,\dfrac{24}{18} = \mathbf{43{,}20}$
Umfangsgeschwindigkeit	„ 2.	„	$= \pi\cdot 0{,}025\cdot 43{,}2 = \mathbf{3{,}393}$ **m/min**
Umdrehungszahl	„ 1.	„	$= 375\,\dfrac{35}{35}\,\dfrac{50}{125} = \mathbf{150}$
Umfangsgeschwindigkeit	„ 1.	„	$= \pi\cdot 0{,}030\cdot 150 = \mathbf{14{,}15}$ **m/min**

Verzüge.

Verzug zwischen dem 3. und 2. Verzugszylinder $= \dfrac{3{,}393}{3{,}055} = 1{,}111$

„ „ „ 2. „ 1. „ $= \dfrac{14{,}15}{3{,}392} = 4{,}17$

$$\text{Gesamtverzug} = 1{,}111\cdot 4{,}17 = \mathbf{4{,}63}$$

oder

$$\frac{30}{30}\,\frac{60}{34}\,\frac{105}{40} = \mathbf{4{,}63}\,.$$

Antrieb der Spule. Es ist

$$s_x = f + \frac{l}{\pi\, d_x}\,.$$

Nach dem Antriebsschema haben wir

$$f = n\,\frac{39}{39}\,\frac{48}{24} = 2\,n\,,$$

$$l = n\,\frac{R_T}{35}\,\frac{50}{125}\cdot\pi\cdot 30 = 0{,}343\cdot\pi\cdot n\cdot R_T\,.$$

Somit

$$s_x = n\left(2 + 0{,}343\,\frac{R_T}{d_x}\right). \qquad \text{(A)}$$

Nach dem Antriebsschema ist aber auch

$$s_x = n_2\,\frac{59}{52}\,\frac{48}{24} = 2{,}27\,n_2\,.$$

Für das Differentialgetriebe Curtis & Rhodes besteht die Gleichung:

$$n_2 = x \cdot n + y \cdot n_1 ,$$

$$y = \frac{27}{38}\,\frac{25}{25}\,\frac{15}{90} = 0{,}1184 ,$$

$$x = 1 - y = 0{,}8816 ,$$

$$n_2 = 0{,}8816 \cdot n + 0{,}1184\, n_1 .$$

Aus dem Getriebe ersehen wir

$$n_1 = n\,\frac{R_T}{35}\,\frac{A}{B} \cdot 0{,}99\,\frac{40}{40}\,\frac{54}{85} = 0{,}01798 \cdot n \cdot R_T\,\frac{A}{B} .$$

Durch Einsetzen ergibt sich

$$n_2 = 0{,}8816 \cdot n + 0{,}1184 \cdot 0{,}01798 \cdot n \cdot R_T \frac{A}{B} ,$$

$$n_2 = n\left(0{,}8816 + 0{,}002128 \cdot R_T\,\frac{A}{B}\right) .$$

Setzen wir diesen Wert von n_2 in die Gleichung $s_x = 2{,}27 \cdot n_2$, so erhalten wir

$$s_x = 2{,}27\, n\left(0{,}8816 + 0{,}002128 \cdot R_T\,\frac{A}{B}\right) ,$$

$$s_x = n\left(2 + 0{,}004825 \cdot R_T\,\frac{A}{B}\right) . \qquad \text{(B)}$$

Aus (A) und (B) folgt:

$$n\left(2 + 0{,}343\,\frac{R_T}{d_x}\right) = n\left(2 + 0{,}004825 \cdot R_T \cdot \frac{A}{B}\right) ,$$

$$0{,}343\,\frac{1}{d_x} = 0{,}004825\,\frac{A}{B} ,$$

$$\frac{A}{B} = \frac{0{,}343}{0{,}004825}\,\frac{1}{d_x} = \frac{71{,}1}{d_x} = \frac{k}{d_x} .$$

Der Durchmesser der Holzleere $d_0 = 42$ mm.
Der Durchmesser der vollen Spule $d = 120$ mm.
Die Kegel besitzen die gleichen Maße wie diejenigen der Grobspuler

$$A_0 = B_x \quad \text{und} \quad B_0 = A_x \quad \text{(s. Abb. 225)}.$$

Setzen wir für $\frac{d}{d_0} = m$, so ist $m = \frac{120}{42} = 2{,}855$.

Wie beim Grobspuler wird für den oberen Kegeldurchmesser am Anfang des Abzuges

$$A_0 = \frac{k\,C}{d_0 + k} \qquad (C = A + B)$$

und für das Ende des Abzuges

$$B_x = \frac{d\,C}{d + k} .$$

Nach Seite 239 ist

$$k = d_0\,\sqrt{m} .$$

Ebenso

$$\frac{A_0}{B_0} = \sqrt{m} ,$$

$$A_0 = \sqrt{2{,}855} \cdot B_0 = 1{,}69 \cdot B_0 .$$

Die Summe der beiden zusammengehörigen Kegeldurchmesser beträgt 236 mm, wie beim Grobspuler.

$$A_0 + B_0 = 236\,,$$

$$A_0 = 236 - B_0\,,$$

$$1{,}69 \cdot B_0 = 236 - B_0\,,$$

$$2{,}69 \cdot B_0 = 236\,,$$

$$B_0 = \frac{236}{2{,}69} = 87{,}7 \text{ mm} = \backsim 88 \textbf{ mm}\,,$$

$$A_0 = 236 - 88 = \mathbf{148\ mm}\,.$$

Wie wir schon beim Grobspuler gesehen haben, arbeitet der Kegelriemen nicht in der senkrechten Linie von A_0 und B_0, sondern A_0 arbeitet mit dem Durchmesser B_1. Um nun eine schlechte Aufwindung zu verhüten, läßt man den unteren Kegeldurchmesser von 88 mm mit einem größeren oberen Kegeldurchmesser arbeiten. Letzterer wurde an der Maschine zu 153 mm ermittelt.

Am Ende des Abzuges ist dann

$$\boldsymbol{A_x = 88\ \mathrm{mm}} \qquad \text{und} \qquad \boldsymbol{B_x = 153\ \mathrm{mm}}\,.$$

Um die Spulengeschwindigkeit zu berechnen, verwenden wir wiederum die Gleichung für das Differentialgetriebe. Für den Mittelspuler ist

$$n_2 = 0{,}8816 \cdot n + 0{,}1184 \cdot n_1\,.$$

Zu Anfang des Abzuges ist

$$n_1 = 375 \frac{35}{35} \frac{153}{88} \frac{40}{40} \frac{54}{85} = 414{,}5\,,$$

und zu Ende des Abzuges

$$n_1 = 375 \frac{35}{35} \frac{88}{153} \frac{40}{40} \frac{54}{85} = 137\,.$$

Am Anfang des Abzuges haben wir dann

$$n_2 = 0{,}8816 \cdot 375 + 0{,}1184 \cdot 414{,}5 = 380\,,$$

und am Ende desselben

$$n_2 = 0{,}8816 \cdot 375 + 0{,}1184 \cdot 137 = 347{,}22\,.$$

Somit

Umdrehungszahl der Spulen am Anfang des Abzuges $= 380 \frac{59}{52} \frac{48}{24} = \mathbf{862}$,

„ „ „ „ Ende „ „ $= 347{,}22 \frac{59}{52} \frac{48}{24} = \mathbf{787{,}5}$.

Berechnung des Wagenwechsels. Die Umfangsgeschwindigkeit des vorderen Riffelzylinders in der Zeiteinheit ist gleich

$$l = n \frac{R_T}{35} \frac{50}{125} \cdot \pi \cdot 30 = 0{,}343 \cdot \pi \cdot n \cdot R_T\,.$$

Diese Lieferung l wird auf den Spulendurchmesser d_0 aufgewickelt. Die Anzahl Spiralen n_0 sind dann

$$n_0 = \frac{l}{\pi d_0} = \frac{0{,}343 \cdot n \cdot R_T}{d_0}\,.$$

Ist η die Entfernung von Mitte zu Mitte Spirale und h_0 der Weg, den der Wagen in der Zeiteinheit am Anfang des Abzuges zurücklegt, so ist

$$h_0 = n_0 \cdot \eta = \frac{0{,}344 \cdot n \cdot R_T}{d_0} \cdot \eta \,. \tag{A}$$

Die Umdrehungszeit der Wagenwelle je Zeiteinheit am Anfang des Abzuges ist gleich

$$n \frac{35}{35} \frac{A}{B} \cdot 0{,}99 \frac{40}{30} \frac{13}{50} \frac{10}{100} \frac{R_w}{55} \frac{22}{90} \,.$$

Das Rad auf der Wagenwelle hat 15 Zähne und die Teilung der Wagenzahnstange beträgt 10 mm, somit ist der Wagenweg in der Zeiteinheit am Anfang des Abzuges

$$h_0 = n \frac{35}{35} \frac{A}{B} \cdot 0{,}99 \frac{40}{40} \frac{13}{50} \frac{10}{100} \frac{R_w}{55} \frac{22}{90} \cdot 15 \cdot 10 \text{ mm} \,. \tag{B}$$

Durch Gleichsetzen der beiden Gleichungen (A) und (B) erhalten wir, wenn wir sogleich für $R_T = 35$ setzen:

$$\frac{0{,}343 \cdot n \cdot 35}{d_0} \cdot \eta = n \frac{35}{35} \cdot \frac{A}{B} \cdot 0{,}99 \frac{40}{40} \frac{13}{50} \frac{10}{100} \frac{R_w}{55} \frac{22}{90} \cdot 15 \cdot 10 \,.$$

Nach Vorhergehendem ist

$$\frac{A}{B} = 1{,}69 \,,$$

ferner nach Tabelle 25 setzen wir in die Gleichung $\eta = \frac{k_h}{\sqrt{N}}$ für k_h den Wert 3,1. Es ist dann

$$\frac{0{,}343}{42} \frac{3{,}1}{\sqrt{N}} = \frac{1{,}69 \cdot 0{,}99 \cdot 13 \cdot 22 \cdot 15 \cdot R_w}{35 \cdot 50 \cdot 55 \cdot 90} \,,$$

$$R_w = \frac{0{,}343 \cdot 3{,}1 \cdot 35 \cdot 50 \cdot 55 \cdot 90}{42 \cdot 1{,}69 \cdot 0{,}99 \cdot 13 \cdot 22 \cdot 15} \frac{1}{\sqrt{N}} = \frac{30{,}5}{\sqrt{N}} \,,$$

$$R_w = \frac{30{,}5}{\sqrt{1{,}25}} = \frac{30{,}5}{1{,}118} = 27{,}3 = \sim \mathbf{27\ Zähne.}$$

Berechnung des Sperrades R_R. Für die austretende Nummer 1,25 ist die Luntendicke $\delta = \frac{0{,}48}{\sqrt{N}}$ (siehe Tabelle 25). Beträgt der volle Spulendurchmesser $d = 120$ mm und der Durchmesser der Holzleere $= 42$ mm, so ist die Schichtenzahl

$$s = \frac{(d - d_0) \cdot \sqrt{1{,}25}}{2 \cdot 0{,}48} = \frac{(120 - 42) \cdot 1{,}118}{0{,}96} = 90{,}8 = \sim 91 \,. \tag{A}$$

Nach Abb. 219 und nach Seite 227 beträgt die Schichtenzahl

$$s = \frac{L}{\frac{1}{2 \cdot R_R} \cdot \frac{a}{b} \cdot r \cdot p} = \frac{2 \cdot L \cdot b \cdot R_R}{a \cdot r \cdot p} \,. \tag{B}$$

Die zur Bildung der Spule nötige Kegellänge L ist gleich 960 mm wie beim Grobspuler, ebenso sind die Werte von a, b, r und p dieselben.

Durch Gleichsetzen von (A) und (B) und durch Einsetzen der entsprechenden Werte erhalten wird die Gleichung

$$\frac{2 \cdot 960 \cdot 20 \cdot R_R}{22 \cdot 45 \cdot 8} = 91 \,,$$

$$R_R = \frac{91 \cdot 22 \cdot 45 \cdot 8}{2 \cdot 960 \cdot 20} = 18{,}8 = \sim \mathbf{19\ Zähne.}$$

Bestimmung der Wechselräder für die austretende Nummer 1,35. Eintretende Nummer = 0,55. Durch Anwendung der auf Seite 235 zusammengestellten Formeln erhalten wir:

1. Verzugswechselrad:

$$\frac{N}{N_1} = \frac{R_{E_1}}{R_E},$$

$$\frac{1,25}{1,35} = \frac{R_{E_1}}{34},$$

$$R_E = 31,5 = \sim \mathbf{31\ Zähne.}$$

2. Drahtwechsel:

$$\frac{R_T}{R_{T_1}} = \frac{\sqrt{N_1}}{\sqrt{N}},$$

$$\frac{35}{R_{T_1}} = \frac{\sqrt{1,35}}{\sqrt{1,25}} = \frac{1,16}{1,118},$$

$$R_{T_1} = 33,75 = \sim \mathbf{34\ Zähne.}$$

3. Wagenwechsel:

$$\frac{R_w}{R_{w_1}} = \frac{\sqrt{N_1}}{\sqrt{N}},$$

$$\frac{27}{R_{w_1}} = \frac{\sqrt{1,35}}{\sqrt{1,25}} = \frac{1,16}{1,118},$$

$$R_{w_1} = \mathbf{26\ Zähne.}$$

4. Sperrad:

$$\frac{R_R}{R_{R_1}} = \frac{\sqrt{N}}{\sqrt{N_1}},$$

$$\frac{19}{R_{R_1}} = \frac{\sqrt{1,25}}{\sqrt{1,35}} = \frac{1,118}{1,16},$$

$$R_{R_1} = 19,72 = \sim \mathbf{20\ Zähne.}$$

Bestimmung der Wechselräder für die austretende Nummer 1,85. Hier ist die eintretende Nummer = 0,70.

$$\text{Gesamtverzug} = \frac{1,85 \cdot 2}{0,70} = \mathbf{5,29}\,.$$

1. Verzugswechsel

$$R_E = \frac{30}{30}\,\frac{60}{\text{Verzug}}\,\frac{105}{40} = \frac{157,5}{\text{Verzug}} = \frac{157,5}{5,29} = 29,8 = \sim \mathbf{29\ Zähne.}$$

$$\text{Draht für 1 dm} = \frac{1,2 \cdot \sqrt{1,85}}{0,254} = \frac{1,2 \cdot 1,359}{0,254} = \mathbf{6,41\ t/dm}$$

$$\text{Umfangsgeschwindigkeit des vorderen Riffelzylinders} = \frac{750}{6,41} = \mathbf{117\ dm/min}$$

$$\text{Umdrehungszahl des vorderen Riffelzylinders} = \frac{117}{\pi \cdot 0,30} = \mathbf{124}\,.$$

2. Drahtwechsel $R_T = 124 \frac{125}{50} \frac{35}{375} = 28{,}9 = \sim$ **29 Zähne**

oder auch Drahtwechsel:

$$\frac{R_T}{R_{T_1}} = \frac{\sqrt{N_1}}{\sqrt{N}},$$

$$\frac{35}{R_{T_1}} = \frac{\sqrt{1{,}85}}{\sqrt{1{,}25}} = \frac{1{,}359}{1{,}118},$$

$$R_T = 28{,}9 = \sim \textbf{29 Zähne.}$$

3. Wagenwechsel:

Der Unterschied zwischen den Nummern 1,25 und 1,85 ist ziemlich groß. Mit der üblichen Formel würde man einen Wechsel von 22 Zähnen erhalten. Für die Gleichung $\eta = \frac{k_h}{\sqrt{N}}$ benutzen wir jetzt einen Koeffizienten $k_h = 2{,}9$ und setzen denselben in die Wagenwechselgleichung Seite 247 ein:

$$R_{w_1} = \frac{0{,}343 \cdot 2{,}9 \cdot 35 \cdot 50 \cdot 55 \cdot 90}{42 \cdot 1{,}69 \cdot 0{,}99 \cdot 13 \cdot 22 \cdot 15} \frac{1}{\sqrt{N}},$$

$$R_{w_1} = \frac{28{,}55}{\sqrt{1{,}85}} = 20{,}3 = \sim \textbf{20 Zähne.}$$

4. Sperrad.

Auch hier liegt der Fall ähnlich wie vorhin. Bei der Vorgespinstnummer 1,25 benutzten wir ein $\delta = \frac{0{,}48}{\sqrt{N}}$, dagegen für die Nummer 1,85 können wir schon $\delta = \frac{0{,}52}{\sqrt{N}}$ nehmen. Nach Seite 247 ist dann

$$s = \frac{(120 - 42) \cdot 1{,}359}{2 \cdot 0{,}52} = 102$$

und

$$R_{R_1} = \frac{102 \cdot 22 \cdot 45 \cdot 8}{2 \cdot 960 \cdot 20} = \textbf{21 Zähne.}$$

Hätten wir denselben Wert von δ wie bei Nummer 1,25 genommen und die gebräuchliche Formel angewendet, so würden wir ein Sperrad von 23 Zähnen erhalten haben.

Lieferung der Mittelspuler. Der einfacheren Rechnung halber soll diesmal die Lieferungsformel nach französischer Numerierung benutzt werden. Nach Seite 235 lautet diese Formel

$$P = \frac{60 \cdot 10 \cdot p}{\frac{10 \cdot t}{S} \cdot N_f \frac{1000}{500} \cdot p + x}.$$

1. Vorgespinstnummer **1,25**$_e$.

$$\text{Nr. } 1{,}25_e = 1{,}059_f,$$
$$t = 5{,}27 \text{ t/dm},$$
$$p = 519 \text{ g},$$
$$S = 750 \text{ t/min},$$
$$x = 8 \text{ Minuten.}$$

Somit
$$P = \frac{60 \cdot 10 \cdot 519}{\frac{10 \cdot 5{,}27}{750} \cdot 1{,}059 \cdot 2 \cdot 519 + 8} = \frac{311\,500}{77{,}2 + 8} = \mathbf{3{,}66\ kg}$$

für 1 Spindel in 10 Arbeitsstunden.

Lieferung eines Mittelspulers von 140 Spindeln in 10 Arbeitsstunden:

$$3{,}66 \cdot 140 = \sim \mathbf{512\ kg}.$$

2. Vorgespinstnummer **1,35**$_e$.

Nr. $1{,}35_e = 1{,}143_f$,

$$t = \frac{1{,}2\sqrt{1{,}35}}{0{,}254} = \frac{1{,}2 \cdot 1{,}16}{0{,}254} = 5{,}48\ \mathrm{t/dm},$$

$p = 519$ g,

$S = 750$ t/min,

$x = 8$ Minuten.

$$P = \frac{60 \cdot 10 \cdot 519}{\frac{10 \cdot 5{,}48}{750} \cdot 1{,}143 \cdot 2 \cdot 519 + 8} = \frac{311\,500}{86{,}6 + 8} = \mathbf{3{,}29\ kg}$$

für 1 Spindel in 10 Arbeitsstunden.

Lieferung eines Mittelspulers von 140 Spindeln in 10 Arbeitsstunden

$$3{,}29 \cdot 140 = \sim \mathbf{460\ kg}.$$

3. Vorgespinstnummer **1,85**$_e$.

Nr. $1{,}85_e = 1{,}567_f$,

$$t = \frac{1{,}2\sqrt{1{,}85}}{0{,}254} = \frac{1{,}2 \cdot 1{,}359}{0{,}254} = 6{,}41\ \mathrm{t/dm},$$

$p = 519$ g,

$S = 750$ t/min,

$x = 8$ Minuten.

$$P = \frac{60 \cdot 10 \cdot 519}{\frac{10 \cdot 6{,}41}{750} \cdot 1{,}567 \cdot 2 \cdot 519 + 8} = \frac{311\,500}{139 + 8} = \mathbf{2{,}12\ kg}$$

für 1 Spindel in 10 Arbeitsstunden.

Lieferung eines Mittelspulers von 140 Spindeln in 10 Arbeitsstunden

$$2{,}12 \cdot 140 = \sim \mathbf{296\ kg}.$$

c) Berechnung des Feinspulers.

Siehe Schema der Elsässischen Maschinenbau-Gesellschaft, Mülhausen i. Els., Abb. 227. Nach dem Spinnplan haben wir 3 Assortimente:

1. Austretende Nummer = 2,50, eintretende Nummer = 1,25
2. ,, ,, = 3,50, ,, ,, = 1,35
3. ,, ,, = 5,00, ,, ,, = 1,85

Praktische Umdrehungszahl der Hauptwelle = **375**

Umdrehungszahl der Spindeln $= 375 \frac{33\ 60}{33\ 21} = \mathbf{1070}$

Austretende Nummer = 2,50.

Draht auf 1 dm $= \frac{1{,}3\sqrt{2{,}5}}{0{,}254} = \frac{1{,}3 \cdot 1{,}58}{0{,}254} = \mathbf{8{,}09}$

Umfangsgeschwindigkeit des vorderen Riffelzylinders $= \frac{1070}{8{,}09} = 132{,}3$ dm/min

Umdrehungszahl des vorderen Riffelzylinders $= \frac{132{,}3}{\pi \cdot 0{,}27} = 156$

Drahtwechsel $R_T = 156 \frac{135}{40} \frac{35}{375} = 49{,}1 = \sim$ **49 Zähne**

Gesamtverzug $= \frac{2{,}50 \cdot 2}{1{,}25} = 4$

Verzugswechselrad $R_E = \frac{27}{27} \frac{60}{\text{Verzug}} \frac{105}{40} = \frac{157{,}5}{4} = 39{,}35 =$ **39 oder 38 Zähne**

Mit dem 39er Rad ist der Gesamtverzug $\frac{27}{27} \frac{60}{39} \frac{105}{40} = \frac{157{,}5}{39} = 4{,}04$

„ „ 38er „ „ „ „ $\frac{27}{27} \frac{60}{38} \frac{105}{40} = \frac{157{,}5}{38} = \mathbf{4{,}14}$

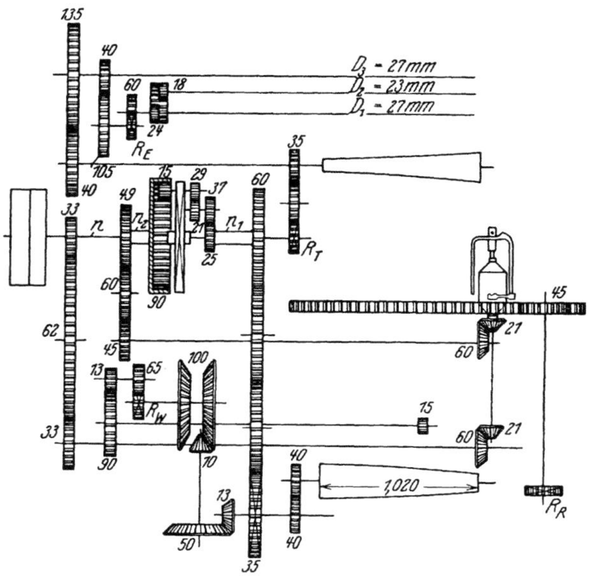

Abb. 227. Antriebsschema des Feinspulers der E.M.G.M.

Wir verwenden das 38er Verzugswechselrad

Umdrehungszahl des 3. Riffelzylinders $= 375 \frac{49}{35} \frac{40}{135} \frac{40}{105} \frac{38}{60} = \mathbf{37{,}55}$

Umfangsgeschwindigkeit „ 3. „ $= \pi \cdot 0{,}027 \cdot 37{,}55 = \mathbf{3{,}185}$ **m/min**

Umdrehungszahl „ 2. „ $= 375 \frac{49}{35} \frac{40}{135} \frac{40}{105} \frac{38}{60} \frac{24}{18} = \mathbf{50{,}1}$

Umfangsgeschwindigkeit „ 2. „ $= \pi \cdot 0{,}023 \cdot 50{,}1 = \mathbf{3{,}62}$ **m/min**

Umdrehungszahl des vorderen Riffelzylinders $= 375 \frac{49}{35} \frac{40}{135} = \mathbf{155{,}5}$

Umfangsgeschwindigkeit „ „ „ $= \pi \cdot 0{,}027 \cdot 155{,}5 = \mathbf{13{,}21}$ **m/min**

Verzüge.

Verzug zwischen dem 3. und dem 2. Verzugszylinder $= \frac{3{,}62}{3{,}185} = 1{,}136$

„ „ „ 2. „ „ 1. „ $= \frac{13{,}21}{3{,}62} = 3{,}646$

$$\text{Gesamtverzug} = 1{,}136 \cdot 3{,}646 = \mathbf{4{,}14}.$$

Antrieb der Spule. Nach Seite 213 ist

$$s_x = f + \frac{l}{\pi\, d_x}.$$

Nach dem Antriebsschema erhalten wir

$$f = n \frac{33}{33} \frac{60}{21} = 2{,}8571\, n$$

$$l = n \frac{R_T}{35} \frac{40}{135} \cdot \pi \cdot 27 = 0{,}2285 \cdot \pi \cdot R_T \cdot n$$

$$s_x = 2{,}8571 \cdot n + \frac{0{,}2285 \cdot R_T \cdot n}{d_x}$$

$$s_x = n \left(2{,}8571 + 0{,}2285 \frac{R_T}{d_x}\right). \qquad \text{(A)}$$

Nach Abb. 227 erhalten wir auch folgenden Wert von s_x:

$$s_x = n_2 \frac{49}{45} \frac{60}{21} = 3{,}11 \cdot n_2.$$

Für das im Feinspuler eingebaute Differentialwerk Curtis & Rhodes lautet die Gleichung:

$$n_2 = n \left(1 - \frac{25}{37} \frac{21}{29} \frac{15}{90}\right) + n_1 \frac{25}{37} \frac{21}{29} \frac{15}{90}$$

$$n_2 = 0{,}9185 \cdot n + 0{,}0815 \cdot n_1.$$

Der Differentialwechsel besitzt 35 Zähne, somit erhalten wir für n_1:

$$n_1 = n \frac{R_T}{35} \frac{A}{B} \cdot 0{,}99 \frac{40}{40} \frac{35}{60} = 0{,}0165 \cdot n \cdot R_T \frac{A}{B}.$$

Durch Einsetzen ergibt sich:

$$n_2 = 0{,}9185 \cdot n + 0{,}001345 \cdot n \cdot R_T \frac{A}{B},$$

$$n_2 = n \left(0{,}9185 + 0{,}001345 \cdot R_T \frac{A}{B}\right).$$

Folglich:

$$s_x = 3{,}11 \cdot n \left(0{,}9185 + 0{,}001345 \cdot R_T \frac{A}{B}\right),$$

$$s_x = n \left(2{,}8571 + 0{,}00418 \cdot R_T \frac{A}{B}\right). \qquad \text{(B)}$$

Durch Gleichsetzen der beiden Gleichungen (A) und (B) erhalten wir:

$$n \left(2{,}8571 + 0{,}2285 \frac{R_T}{d_x}\right) = n \left(2{,}8571 + 0{,}00418 \cdot R_T \frac{A}{B}\right),$$

$$0{,}2285 \frac{1}{d_x} = 0{,}00418 \frac{A}{B},$$

$$\frac{A}{B} = \frac{0{,}2285}{0{,}00418} \frac{1}{d_x},$$

$$\frac{A}{B} = \frac{54{,}6}{d_x}.$$

Für diesen Feinspuler ist die Zahl 54,6 konstant $= k$

$$\frac{A}{B} = \frac{k}{d_x}.$$

Der Durchmesser der Holzleere ist $d_0 = 35$ mm.
Der Durchmesser der vollen Spule ist $d = 95$ mm.
Setzen wir wiederum für $\frac{d}{d_0} = m$, so ist $m = \frac{95}{35} = 2{,}741$.

Der Feinspuler besitzt nicht dieselben Kegelmaße wie der Grob- und Mittelspuler. Beim Feinspuler wurden folgende Maße ermittelt:

$$A_0 = 151{,}5 \text{ mm}, \quad B_0 = 84 \text{ mm}.$$

Auch hier besteht für den Anfang des Abzuges die Gleichung

$$A_0 = \frac{k \cdot C}{d_0 + k} \qquad (C = A + B)$$

und für das Ende des Abzuges

$$B_0 = \frac{d \cdot C}{d + k}.$$

Nach Seite 239 ist

$$k = d_0 \sqrt{m}$$

und

$$\frac{A_0}{B_0} = \sqrt{m},$$

$$A_0 = \sqrt{2{,}714} \cdot B_0 = 1{,}645 \cdot B_0,$$

$$A_0 + B_0 = 151{,}5 + 84 = 235{,}5 \text{ mm},$$

$$A_0 = 235{,}5 - B_0,$$

$$1{,}645 \cdot B_0 = 235{,}5 - B_0,$$

$$2{,}645 \cdot B_0 = 235{,}5,$$

$$B_0 = \frac{235{,}5}{2{,}645} = 89 \text{ mm},$$

$$A_0 = 235{,}5 - 89 = 146{,}5 \text{ mm}.$$

Wie wir schon beim Grobspuler und beim Mittelspuler bemerkt haben, arbeitet der Kegelriemen nicht in der vertikalen Linie von A_0 und B_0, dagegen arbeitet A_0 mit dem Durchmesser B_1 (siehe Abb. 225). Nach praktischen Abmessungen arbeitet der Durchmesser von 151,5 mm mit einem solchen von 89 mm. Am Ende des Abzuges ist dann

$$\boldsymbol{A_x = 89 \text{ mm}} \quad \text{und} \quad \boldsymbol{B_x = 151{,}5 \text{ mm}}.$$

Mit den erhaltenen Werten können wir jetzt die Spulengeschwindigkeiten berechnen. Dazu benutzen wir die Differentialgleichung

$$n_2 = 0{,}9185 \cdot n + 0{,}0815 \cdot n_1.$$

Am Anfang des Abzuges ist

$$n_1 = 375 \frac{49}{35} \frac{151{,}5}{89} \cdot 0{,}99 \frac{40}{40} \frac{35}{60} = 516.$$

Am Ende des Abzuges ist

$$n_1 = 375 \frac{49}{75} \frac{89}{151{,}5} \cdot 0{,}99 \frac{40}{40} \frac{35}{60} = 178{,}2.$$

Es ist dann zu Anfang des Abzuges

$$n_2 = 0{,}9185 \cdot 375 + 0{,}0815 \cdot 516 = 386{,}6$$

und zu Ende desselben

$$n_2 = 0{,}9185 \cdot 375 + 0{,}0815 \cdot 178{,}2 = 359{,}04$$

Folglich:

Umdrehungszahl der Spulen am Anfang des Abzuges $= 386{,}6\,\frac{49}{45}\frac{60}{21} = \mathbf{1203}$

„ „ „ „ Ende „ „ $= 359{,}04\,\frac{49}{45}\frac{60}{21} = \mathbf{1117}$

Berechnung des Wagenwechsels. Umfangsgeschwindigkeit des vorderen Riffelzylinders in der Zeiteinheit

$$l = n\,\frac{R_T}{35}\,\frac{40}{135} \cdot \pi \cdot 27 = 0{,}2285 \cdot \pi \cdot R_T \cdot n\,.$$

Anzahl Spiralen, welche dieser Lieferung entsprechen und auf dem Spulendurchmesser d_0 aufgewickelt werden:

$$n_0 = \frac{l}{\pi d_0} = \frac{0{,}2285 \cdot R_T \cdot n}{d_0}\,.$$

Bezeichnen wir mit η die Entfernung von Mitte zu Mitte Spirale und mit h_0 den Weg, den der Wagen in der Zeiteinheit am Anfang des Abzuges zurücklegt, so ist:

$$h_0 = n_0 \cdot \eta = \frac{0{,}2285 \cdot R_T \cdot n}{d_0} \cdot \eta\,. \tag{A}$$

Nach dem Antriebsschema (Abb. 227) ist die Umdrehungszahl der Wagenwelle in der Zeiteinheit am Anfang des Abzuges gleich

$$n\,\frac{R_T}{35}\,\frac{A}{B} \cdot 0{,}99\,\frac{40}{40}\,\frac{13}{50}\,\frac{10}{100}\,\frac{R_w}{65}\,\frac{13}{90}\,.$$

Die Teilung der Wagenzahnstange beträgt 10 mm und das darin eingreifende Rad hat 15 Zähne, somit ist der vom Wagen in der Zeiteinheit durchlaufene Weg

$$h_0 = n\,\frac{R_T}{35}\,\frac{A}{B} \cdot 0{,}99\,\frac{40}{40}\,\frac{13}{50}\,\frac{10}{100}\,\frac{R_w}{65}\,\frac{13}{90} \cdot 15 \cdot 10\text{ mm}\,. \tag{B}$$

Durch Vereinigung von (A) und (B) ergibt sich dann

$$\frac{0{,}2285 \cdot R_T \cdot n}{d_0} \cdot \eta = n\,\frac{R_T}{35}\,\frac{A}{B} \cdot 0{,}99\,\frac{40}{40}\,\frac{13}{50}\,\frac{10}{100}\,\frac{R_w}{65}\,\frac{13}{90} \cdot 15 \cdot 10\,.$$

Es ist

$$\frac{A}{B} = 1{,}645\,,$$

$$d_0 = 35\text{ mm}\,,$$

$$h_0 = \frac{2{,}84}{\sqrt{N}} \qquad \text{(siehe Tabelle 25).}$$

Durch Einsetzen dieser Werte in die obige Gleichung erhalten wir:

$$\frac{0{,}2285}{35}\,\frac{2{,}84}{\sqrt{N}} = \frac{1{,}645 \cdot 0{,}99 \cdot 13 \cdot R_w \cdot 13 \cdot 15}{35 \cdot 50 \cdot 65 \cdot 90}\,,$$

$$R_w = \frac{0{,}2285 \cdot 2{,}84 \cdot 50 \cdot 65 \cdot 90}{1{,}645 \cdot 0{,}99 \cdot 13 \cdot 13 \cdot 15}\,\frac{1}{\sqrt{N}}\,,$$

$$R_w = \frac{46}{\sqrt{N}} = \frac{46}{\sqrt{2{,}5}} = \frac{46}{1{,}58} = 29{,}1 = \sim \mathbf{29\ Zähne.}$$

Berechnung des Schaltrades R_R. Nach der Tabelle 25 ist für die austretende Vorgespinstnummer 2,5 die Luntendicke $\delta = \frac{0,55}{\sqrt{N}}$. Beträgt der volle Spulendurchmesser 95 mm und der Durchmesser der Holzleere 35 mm, so ist die Schichtenzahl nach Seite 226

$$s = \frac{(d - d_0)\sqrt{2,5}}{2 \cdot 0,55} = \frac{(95 - 35) \cdot 1,58}{1,10} = \sim 86. \qquad \text{(A)}$$

Nach Abb. 219 sowie nach Seite 227 erhalten wir für die Schichtenzahl

$$s = \frac{L}{\frac{1}{2 R_R} \frac{a}{b} \cdot r \cdot p} = \frac{2 \cdot L \cdot b \cdot R_R}{a \cdot r \cdot p}. \qquad \text{(B)}$$

Es ist

$L = 960$ mm	$b = 20$	$p = 8$ mm
$a = 22$	$r = 45$	

Durch Gleichsetzen von (A) und (B) ergibt sich

$$\frac{2 \cdot 960 \cdot 20 \cdot R_R}{22 \cdot 45 \cdot 8} = 86,$$

$$R_R = \frac{86 \cdot 22 \cdot 45 \cdot 8}{2 \cdot 960 \cdot 20} = 17,75 = \sim \mathbf{18\ Zähne.}$$

Bestimmung der Wechselräder für die austretende Vorgespinstnummer 3,5. Eintretende Nummer = 1,35.

Gesamtverzug $= \frac{3,5 \cdot 2}{1,35} = \mathbf{5,19}$.

1. Verzugswechselrad

$$R_{E_1} = \frac{27}{27} \frac{60}{\text{Verzug}} \frac{105}{40} = \frac{157,5}{\text{Verzug}} = \frac{157,5}{5,19} = 30,35 = \sim \mathbf{31\ Zähne.}$$

Draht auf 1 dm $= \frac{1,22\sqrt{3,5}}{0,254} = \frac{1,22 \cdot 1,87}{0,254} = \mathbf{8,98}$

Umfangsgeschwindigkeit des vorderen Riffelzylinders $= \frac{1070}{8,98} = \mathbf{119\ dm/min}$

Umdrehungszahl des vorderen Riffelzylinders $= \frac{119}{\pi \cdot 0,27} = \mathbf{140,2}$

2. Drahtwechsel $R_{T_1} = 140,2 \frac{135}{40} \frac{35}{375} = 44,15 = \sim \mathbf{44\ Zähne.}$

3. Wagenwechsel R_{w_1}.

Nach der vorhergehenden Wagenwechselberechnung ergibt sich nach Einsetzen des hier anzuwendenden $\eta = \frac{2,56}{\sqrt{3,5}}$ (siehe Tabelle 25)

$$R_{w_1} = \frac{0,2285 \cdot 2,56 \cdot 50 \cdot 60 \cdot 90}{1,645 \cdot 0,99 \cdot 13 \cdot 13 \cdot 15} \frac{1}{\sqrt{3,5}} = 20,5 = \sim \mathbf{21\ Zähne.}$$

4. Sperrad R_{R_1}.

Nach Tabelle 25 ergibt sich die Luntendicke $\delta = \frac{0,60}{\sqrt{N}}$.
Wie weiter oben ist

$$s = \frac{(95 - 35)\sqrt{3,5}}{2 \cdot 0,60} = 112$$

und

$$R_{R_1} = \frac{112 \cdot 22 \cdot 45 \cdot 8}{2 \cdot 960 \cdot 20} = 22,2 = \sim \mathbf{22\ Zähne.}$$

Berechnung der Wechselräder für die austretende Vorgespinstnummer 5.

Eintretende Nummer = 1,85.

$$\text{Gesamtverzug} = \frac{5 \cdot 2}{1,85} = \mathbf{5,4}.$$

1. Verzugswechselrad

$$R_{E_1} = \frac{27}{27}\,\frac{60}{\text{Verzug}}\,\frac{105}{40} = \frac{157,5}{\text{Verzug}} = \frac{157,5}{5,4} = 29,2 = \sim \mathbf{29\ Zähne.}$$

$$\text{Draht auf 1 dm} = \frac{1,22 \cdot \sqrt{5}}{0,254} = \mathbf{10,74}$$

$$\text{Umfangsgeschwindigkeit des vorderen Riffelzylinders} = \frac{1070}{10,74} = \mathbf{99,5\ dm/min}$$

$$\text{Umdrehungszahl des vorderen Riffelzylinders} = \frac{99,5}{\pi \cdot 0,27} = \mathbf{117,2}$$

2. Drahtwechsel $R_{T_1} = 117,2\,\frac{135}{40}\,\frac{35}{375} = \mathbf{36,9} = \sim \mathbf{37\ Zähne.}$

3. Wagenwechsel R_{w_1}.

Es ist $\eta = \frac{2,30}{\sqrt{N}}$

$$R_{w_1} = \frac{0,2285 \cdot 2,30 \cdot 50 \cdot 60 \cdot 90}{1,645 \cdot 0,99 \cdot 13 \cdot 13 \cdot 15} \cdot \frac{1}{\sqrt{5}} = 15,38 = \sim \mathbf{16\ Zähne.}$$

4. Sperrad R_{R_1}.

Es ist $\delta = \frac{0,64}{\sqrt{N}}$

$$s = \frac{(95 - 35)\sqrt{5}}{2 \cdot 0,64} = \sim 105.$$

$$R_{R_1} = \frac{112 \cdot 22 \cdot 45 \cdot 8}{2 \cdot 960 \cdot 20} = 23,1 = \sim \mathbf{23\ Zähne.}$$

Lieferung der Feinspuler. 1. Austretende Nummer = **2,5**. Als Spulengewicht wurde 290 g festgestellt. Zur Berechnung benutzen wir die Leistungsformel für englische Nummer.

$$P = \frac{10 \cdot 60 \cdot p \cdot 0,59 \cdot S}{39,37 \cdot t \cdot p \cdot N_e \cdot k + 0,59 \cdot S \cdot x}.$$

Hierbei ist

$S = 1070,$

$p = 290\ \text{g},$

$t = 1,93\ \text{t/Zoll},$

$N = 2,5,$

$k = 1,045,$

$x = 6\ \text{Minuten}.$

$$P = \frac{10 \cdot 60 \cdot 290 \cdot 0,59 \cdot 1070}{39,37 \cdot 1,93 \cdot 290 \cdot 2,5 \cdot 1,045 + 0,59 \cdot 1070 \cdot 6} = \frac{113\,000\,000}{57\,500 + 3790} = \mathbf{1847\ g}$$

für 1 Spindel in 10 Arbeitsstunden.

Leistung eines Feinspulers von 184 Spindeln in 10 Arbeitsstunden:

$$= 184 \cdot 1,847 = \mathbf{340\ kg}.$$

2. Austretende Nummer = **3,5**.

Es ist

$$S = 1070,$$
$$p = 280 \text{ g},$$
$$t = 2{,}25 \text{ t/Zoll},$$
$$N = 3{,}5,$$
$$k = 1{,}045$$
$$x = 6 \text{ Minuten}.$$

$$P = \frac{10 \cdot 60 \cdot 280 \cdot 0{,}59 \cdot 1070}{39{,}37 \cdot 2{,}25 \cdot 280 \cdot 3{,}5 \cdot 1{,}045 + 0{,}59 \cdot 1070 \cdot 6} = \frac{106000000}{95250 + 3790} = \mathbf{1123\ g}$$

für 1 Spindel in 10 Arbeitsstunden.

Lieferung eines Feinspulers von 184 Spindeln in 10 Arbeitsstunden:

$$184 \cdot 1{,}123 = \sim \mathbf{206\ kg}.$$

3. Austretende Nummer = **5**.

Es ist

$$S = 1070,$$
$$p = 272 \text{ g},$$
$$t = 2{,}725 \text{ t/Zoll},$$
$$N = 5,$$
$$k = 1{,}045,$$
$$x = 6 \text{ Minuten}.$$

$$P = \frac{10 \cdot 60 \cdot 272 \cdot 0{,}59 \cdot 1070}{39{,}37 \cdot 2{,}725 \cdot 272 \cdot 5 \cdot 1{,}045 + 0{,}59 \cdot 1070 \cdot 6} = \frac{103200000}{145900 + 3790} = \mathbf{688\ g}$$

für 1 Spindel in 10 Arbeitsstunden.

Lieferung eines Feinspulers von 184 Spindeln in 10 Arbeitsstunden:

$$184 \cdot 0{,}688 = \sim \mathbf{127\ kg}.$$

J. Der Selbstspinner (Selfaktor).

1. Aufbau des Kötzers.

Die auf dem Fein- bzw. Extrafeinflyer hergestellten Spulen werden nun auf das Aufsteckgatter der Spinnmaschine aufgesteckt, und zwar wird der Faden mit einer Lunte gesponnen, oder — bei besseren Garnen — werden die Spulen auf der Spinnmaschine nochmals dubliert. Dem Aufbau der Spulenform gemäß wird die Lunte mehr oder weniger senkrecht zur Spulenachse abgewickelt. Eine derart abzuwickelnde Spule nennt man Laufspule.

Zur Herstellung eines Garnkötzers ist jedoch diese Wicklungsart nicht anwendbar, denn die Kötzer sollen derart aufgewickelt werden, daß sie ohne jegliches Umspulen für das Webschiffchen verwendbar sind. Der Faden muß längs der Spindelachse mit großer Geschwindigkeit abgezogen werden können, die Spule soll demnach als Schleifspule ausgebildet werden. Dies erreicht man am einfachsten, indem man den Kötzer kegelförmig ausführt, d. h. einen Kegelmantel auf den anderen setzt. Dazu ist zunächst ein Kegelansatz herzustellen, auf welchen dann die Kegelmäntel aufgesetzt werden können. Demnach wird also die Form des Ansatzes einen Doppelkegel aufweisen. Ge-

Gewöhnlich wird der Kötzer auf eine Papierhülse aufgewickelt, wobei man durchgängige und kurze Papierhülsen unterscheidet. Letztere werden hauptsächlich für den Weiterversand verwendet. Auf die kurzen Papierhülsen wird nur ein Teil des Ansatzes aufgewunden, der Rest des Kötzers wird auf die nackte Spindel aufgewickelt. Zwecks leichten Abziehens des Kötzers von der Spindel wird letztere leicht konisch geformt. Diesem Umstande muß beim Aufbau des Kötzerkörpers, der zwecks Aufwickelns einer maximalen Fadenlänge zylindrisch sein soll, Rechnung getragen werden. Um aber eine solche Länge zu einem Kötzer wickeln zu können, muß der Faden unter großer Spannung aufgewunden werden. Würde man aber den Faden in gleichmäßig entfernten Spiralen zu einem Kegelmantel wickeln, so würden sich bei der großen Fadenspannung die einzelnen Spiralen in die darunter befindlichen Schichten eingraben, wodurch ein axiales Abziehen des Fadens öfters Fadenbrüche hervorrufen würde. Im Webschiffchen würden infolge der Schläge auf dasselbe die einzelnen Kegelmäntel abgeschleudert werden. Damit ein axiales Abziehen unter großer Geschwindigkeit stattfinden kann und damit auch die Schläge auf den im Webschiffchen aufgesteckten Kötzer keine nachteilige Wirkung haben, wird derart aufgewunden, daß der von der Kegelspitze zur Kegelbasis aufgewickelte Faden in steilen Spiralen verläuft, wogegen die von unten nach oben aufgewundenen Fadenspiralen eine geringe Ganghöhe aufweisen. Erstere Art Windung nennt man den kreuzenden oder trennenden Teil, letzteren den bildenden Teil.

Endlich soll der Garnkörper eine genügende innere Festigkeit haben, um gegen Verbiegen oder eventuelles Zerbrechen gesichert zu sein, was hauptsächlich für das Spinnen auf die nackte Spindel in Frage kommt. Das durch den kreuzenden und bildenden Teil ermöglichte feste Aufwickeln ergibt schon an und für sich eine innere Festigkeit. Man erhöht jedoch die Widerstandsfähigkeit des Garnkörpers, indem man bei der Ansatzbildung mit jeder folgenden Schicht die Höhe des oberen Kegelmantels vergrößert. Ist der Kötzeransatz beendigt, so läßt man die Höhen der aufeinander gewickelten Kegelmäntel stetig abnehmen, so daß ungefähr der Endkegel dem unteren Ansatzkegel gleich ist. Auf diese Weise erleidet man wenig Raumverlust beim Verpacken der Kötzer, denn die Kötzerspitzen passen in die Zwischenräume, welche die Ansatzkegel beim Nebeneinanderlegen der Kötzer bilden. Derartig aufgebaute Kötzer werden auf dem Selbstspinner hergestellt.

2. Arbeitseinteilung des Selbstspinners[1].

Man verwendet heutzutage den Selbstspinner für ganz leicht gedrehte Schußgarne und für feine Garne (über Nr. 50_e). Für mittlere Nummern bei Kette sowie für härter gedrehte Schußgarne gebraucht man der billigeren Herstellung und der größeren Leistung halber den Ringspinner, auf welchen weiter unten näher eingegangen wird. Die Selbstspinner werden auch Unterbrochenspinner wegen der unterbrochenen Arbeitsweise genannt, weil der Faden während einer Periode gesponnen und während einer anderen Periode aufgewickelt wird. Abb. 228 zeigt die Ansicht eines Selfaktors der Elsässischen Maschinenbau-Gesellschaft, Mülhausen i. Els. Als höchste Spindelzahl eines Selbstspinners kann 1400 angenommen werden, jedoch wählt man unter normalen Verhältnissen eine solche von 1000 bis 1100. Wie aus Abb. 228 ersichtlich ist, besteht der Selbstspinner aus dem ungefähr in der Mitte der Maschine befindlichen Triebstock (Headstock), welchen man seinerseits in den großen,

[1] Unter Anlehnung an das Buch „Nitscheln und Draht“ von H. Brüggemann. Stuttgart 1903; jetzt Verlag Alfred Kröner, Leipzig.

den Antrieb enthaltenden Kopf und den kleinen Kopf einteilt, dem Wagen und den Verzugszylindern.

Die auf dem Aufsteckgatter aufgesteckten Spulen gelangen durch Fadenführer in das Streckwerk, welch letzteres gewöhnlich aus 3 Verzugszylindern besteht. Man verwendet folgende Durchmesser:

Indische Baumwolle	22—19—22 mm
Amerikanische Baumwolle	25—20—25 „
Mako	27—22—27 „

Vom Vorderzylinder aus gelangt das Gut zu den im Wagen gelagerten, mit etwa 14° bis 17° gegen die Streckzylinder zu geneigten Spindeln. Letztere erteilen dem Faden während der gleichförmigen Wagenausfahrt die endgültige

Abb. 228. Selbstspinner.

Drehung. Von der Spindelspitze aus führt der Faden in steilen Spiralen der Spindel entlang bis zur Kötzerspitze. Die Spindeln drehen während der Wagenausfahrt mit großer Geschwindigkeit, und bei jeder Spindelumdrehung gleitet der Faden an der Spindelspitze ab, wodurch der Draht erteilt wird. Ist der Wagen am Ende des Wagenweges angekommen, so bleibt er stehen. Damit nun das gesponnene Stück, welches normalerweise 1,600 m lang ist, auf den Kötzer aufgewickelt werden kann, müssen vorerst die von der Spindelspitze zur Kötzerspitze reichenden steilen Spiralen, welche man Verbund nennt, abgewickelt werden. Demnach wird man die Spindeln während dieser Periode, welche man als Abwinden bezeichnet, um etwa 10 bis 12 Touren rückwärts drehen lassen, wobei der Verbund mittels eines Organes, des Winders, welcher bei der Ausfahrt über den Fäden sich befindet, senkrecht zur Spindelachse nach abwärts geführt wird, während ein anderes Organ, der Gegenwinder, den freigewordenen Verbund spannt, indem der während der Ausfahrt unter den Fäden liegende Gegenwinderdraht in die Höhe steigt. Ist diese Periode beendigt, so beginnt die letzte Periode, die Wageneinfahrt, während welcher der gesponnene Faden in Form eines Kegelmantels auf den Kötzer aufgewickelt wird. Um Zeit zu gewinnen, läßt man den Wagen beschleunigt einfahren, verzögert jedoch gegen Ende der Einfahrt die Wagengeschwindigkeit, damit der Wagen nicht mit aller Wucht an die Prellböcke stößt. Während der Einfahrt stehen die Verzugszylinder still. Ist der Wagen am Ende der Einfahrt angelangt, so bewegt sich der Winder mit bedeutender Geschwindigkeit in die Höhe, wobei die Verbundspiralen von der Kötzerspitze zur Spindelspitze gebildet werden. Zu gleicher Zeit senkt sich der Gegenwinder unter die Fäden, worauf das Spiel von neuem beginnt. Wir können somit die Arbeitsweise des Selbstspinners folgendermaßen einteilen:

I. Ausfahrt.
1. Antrieb der Spindeln,
2. Antrieb der Zylinder,
3. Antrieb des Wagens,
4. Antrieb des Winders und des Gegenwinders.

II. Abwinden (Abschlagen).
1. Antrieb der Spindeln,
2. Antrieb des Winders und des Gegenwinders.

III. Einfahrt.
1. Antrieb des Wagens,
2. Antrieb der Spindeln,
3. Antrieb des Winders und des Gegenwinders,
4. Antrieb der Zylinder.

Will man dem Faden mehr Draht erteilen, als dies bei der Ausfahrt möglich ist, so arbeitet man mit Nachdraht. Sobald der Wagen am Ende der Ausfahrt angelangt ist, bleibt er stehen, desgleichen die Zylinder, worauf die Spindeln entweder mit gleicher oder auch mit erhöhter Geschwindigkeit in derselben Drehrichtung (gewöhnlich nach rechts) drehen. Ist der Nachdraht beendigt, so beginnt das Abwinden.

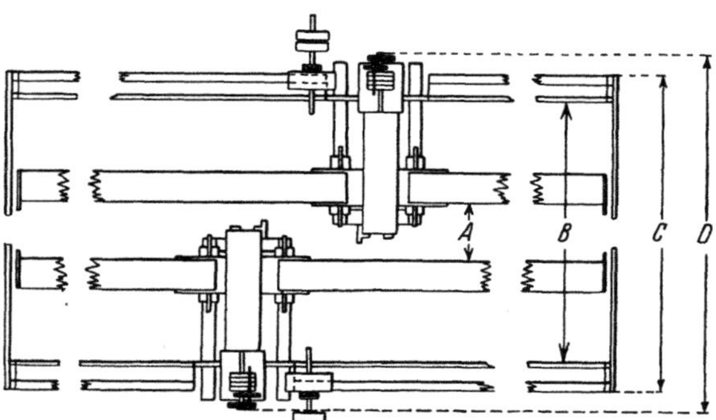

Abb. 229. Stellung zweier gegeneinander versetzten Selbstspinner. *

Der praktischen Arbeitsweise halber läßt man je 2 Selbstspinner gegeneinander arbeiten. Um möglichst Platz zu gewinnen, versetzt man die Antriebsgestelle gegeneinander, wie dies in Abb. 229 angedeutet ist. Hierbei ist A die Entfernung von Wagen zu Wagen nach beendigter Ausfahrt von beiden; sie beträgt gewöhnlich 960 mm. Mit B ist die Entfernung von Zylinderbank zu Zylinderbank bezeichnet, mit C die Entfernung von Aufsteckgatter zu Aufsteckgatter und mit D die totale Breite von 2 zusammen arbeitenden Selfaktoren. Letztere beträgt bei der Elsässischen Maschinenbau-Gesellschaft 6,350 m.

3. Erklärung der in den verschiedenen Schemas verwendeten Zeichen.

Bevor wir auf die Besprechung der einzelnen Perioden eingehen, sollen zum besseren Verständnis der verschiedenen Schemas die darin vorkommenden Zeichen erklärt werden. Auf S. 26 sind die in den Schemas vorkommenden Zeichen in Fig. *a* bis Fig. *x* wiedergegeben.

Die verschiedenen Spiele eines Selbstspinners lassen sich am einfachsten an Hand ihrer schematischen Gesamtzeichnung erklären, auf der alle Arbeitsteile, ihre Antriebe und Kupplungen in derselben Ebene dargestellt sind. In einer solchen Zeichnung können die Ausbildungen der Maschinenteile nicht berücksichtigt, sondern nur durch einfache Striche dargestellt werden, um das klare Bild nicht zu stören, auch müssen bestimmte Kennzeichen für die am häufigsten vorkommenden Arbeitsteile im voraus als feststehend angenommen werden, weil dadurch das Lesen der Zeichnung wesentlich vereinfacht wird.

Dicke Linien *1* (Fig. *a*) stellen die arbeitenden Teile dar, dünne Linien *2* geben die Gestelle an. Einfache Strichelung *3* bedeutet, daß das Gestell am Boden befestigt ist, also seine Stellung nicht verändert; gekreuzte Strichelung *4* (Fig. *b*) zeigt an, daß das Gestell auf einem sich verschiebenden Träger befestigt ist, z. B. auf dem Wagen des Selbstspinners. Ein voller Kreis (Fig. *c*) stellt eine Riemenscheibe in der Vorderansicht dar. In der Seitenansicht (Fig. *d*) sind die Riemenscheiben gekennzeichnet durch von Bogen *5* begrenzte Strecken, welche die Welle *6* schneiden oder auf einer Nabe *7* sitzen, je nachdem sie fest oder lose auf der Welle sind. Das Maß *150″* bedeutet, daß der Durchmesser der Scheibe 150 mm beträgt.

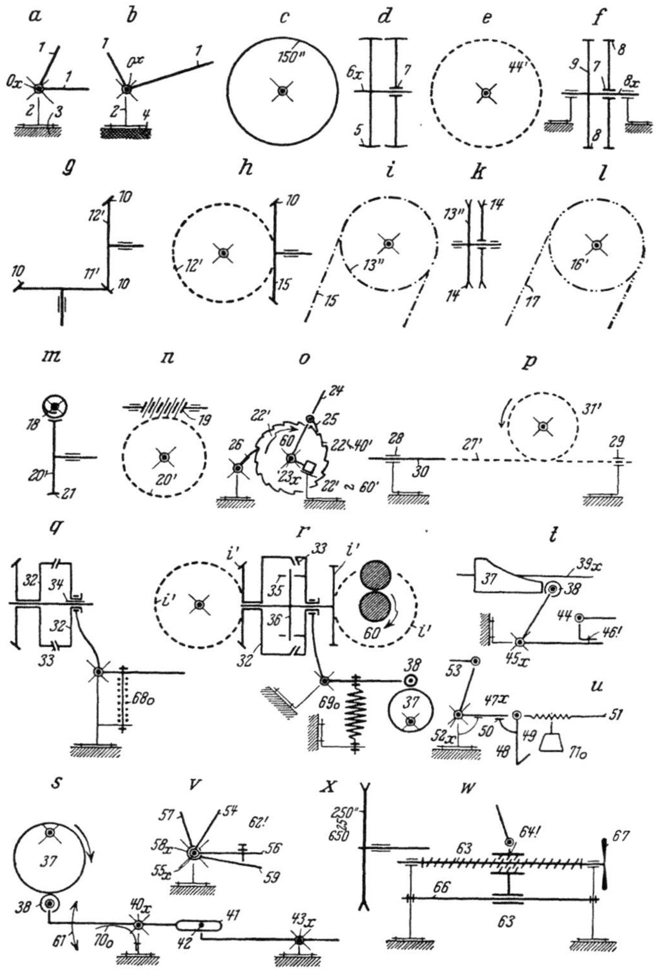

Erklärung der in den verschiedenen Schemas verwendeten Zeichen. *

Ein gestrichelter Kreis (Fig. *e*) stellt ein Zahnrad von vorn gesehen dar; eine die Welle 8_x (Fig. *f*) schneidende Strecke *9*, die durch zwei kurze Striche *8* begrenzt ist, stellt ein auf der Welle aufgekeiltes Zahnrad, von der Seite gesehen, dar. Schneidet die Strecke die Welle nicht, sondern ist eine durch kurze Striche *7* angedeutete Nabe vorhanden, so bedeutet dies, daß das Rad sich lose auf der Welle 8_x dreht. Die Zahl *44′* gibt die Anzahl Zähne des Rades an. Durch von schrägen Strichen *10* (Fig. *g*) begrenzte Strecken *11′*, *12′*, die senkrecht aufeinander stehen, werden die Kegelräder in der einen Ansicht dargestellt, während das eine Rad *12'* (Fig. *h*) in der anderen Ansicht durch einen gestrichelten Kreis angegeben wird.

Ein strichpunktierter Kreis *13''* (Fig. *i*) zeigt einen Wirtel oder eine Seilrolle in der Vorderansicht, während die Seitenansicht (Fig. *k*) eine von Pfeilspitzen *14* begrenzte Strecke ist. Das dazugehörige Seil *15* ist entsprechend strichpunktiert.

Durch einen Punktpunktstrichkreis *16'* (Fig. *l*) wird ein Kettenrad in der Vorderansicht dargestellt. Die dazugehörige Kette *17* ist entsprechend gezeichnet.

Ein Kreis mit einer, zwei oder drei Anlaufslinien *18* (Fig. *m*) stellt eine endlose Schraube mit ein, zwei oder drei Gängen in der Vorderansicht dar. In der Seitenansicht (Fig. *n*) werden die Anzahl Gänge angegeben durch ein, zwei oder drei dicke, schräge Striche *19* zwischen längeren, dünneren Strichen. Das getriebene Schraubenrad *20'* ist in der einen Ansicht (Fig. *m*) als eine Strecke angegeben, welche an beiden Enden senkrecht auf ihr stehende Bogenstücke *21* trägt und in der anderen (Fig. *n*) durch einen gestrichelten Kreis *20'*. *1'* bezeichnet eine eingängige, *2'* eine zwei- und *3'* eine dreigängige Schraube.

Die zum Sperrad *22'* (Fig. *o*) gehörige, am lose sich um die Achse des Sperrades drehenden Hebel 23_x, *24* hängende Klinke *25*, ebensowohl wie die feststehende Gegenklinke *26* wird nur durch Striche an kleinen Kreisen angegeben.

Eine Zahnstange *27'* ist in Fig. *p* in der Vorderansicht dargestellt; sie ist in Lagern *28*, *29* geführt und endet stabförmig bei *30*. Das zugehörige Zahnrad ist *31'*.

Eine Kupplung (Fig. *q*) wird dargestellt durch rechtwinklig aufeinander stehende Strecken *32*, die von schrägen Strichen *33* begrenzt sind. Gleitet der eine Teil der Kupplung zwecks Ein- und Auskuppelns auf einem Keile *34*, so wird dieser durch einen zur Achse parallelen Strich angegeben. Überträgt der zweite, ebenfalls lose Teil der Kupplung (Fig. *r*) seine Bewegung durch Stifte *35* auf ein auf der Welle festsitzendes Kreuz *36*, so werden die Stifte da, wo sie durch das Kreuz schneiden würden, unterbrochen. Bei Klauenkupplungen (Fig. *q*) überragen die kurzen, schrägen Begrenzungslinien *33* beiderseits die parallel zur Achse verlaufenden Geraden. Reibungskupplungen (Fig. *r*) werden durch bloß nach innen gerichtete, kurze, schräge Begrenzungslinien *33* angegeben.

Exzenter werden als Radialexzenter *37* (Fig. *r* und *s*) gezeichnet, wenn der vom Mittelpunkt der Rolle *38* zurückgelegte Weg in einer zur Exzenterachse senkrechten Ebene, als Axialexzenter (Fig. *t*), wenn dieser Weg in einer zur Exzenterachse parallelen Ebene liegt. Im letzten Falle wird die Exzenterrolle nicht auf der Höhe der Welle 39_x gezeichnet, sondern darunter, um die Übersichtlichkeit nicht zu stören. Ein um 40_x (Fig. *s*) sich drehender Hebel wird nur dann mit einem Schlitze *41* gezeichnet, wenn der Finger *42* des anderen Hebels *42*, 43_x bei den Hebelschwingungen sich darin verschieben muß. Dient der Schlitz eines Hebels aber nur dazu, den Aufhängepunkt *44* (Fig. *t*) in verschiedenen Entfernungen vom Drehpunkt 45_x festzulegen, so wird statt des Schlitzes ein Gleitstück *46*! gezeichnet.

Sind auswechselbare Scheiben oder Seilwirtel der Maschine beigegeben, so werden sie durch ihre Grenzwerte bezeichnet, und zwischen diesen wird der sich gleichbleibende Größenunterschied zweier aufeinanderfolgenden Scheiben angegeben; also Fig. *x*: *250''* 25 *650''* heißt, daß eine Scheibe von *250''*,

275'', 300'', 325'', 350'', 375'', 400'', 425'' usw. auf die Welle aufgesteckt werden kann.

Bei Wechselrädern werden ebenfalls die äußersten Zähnezahlen angegeben und zwischen ihnen, quer dazu, die Zähne, um welche das folgende Rad größer als das vorhergehende ist. B. B. *22'* ⊢ *40'* (Fig. *o*) heißt: das Sperrad *22'* läßt sich ersetzen durch Räder mit den Zähnezahlen *22'* bis *40'* oder *22'* ⊱ *60'*, die Wechselräder sind um 2 Zähne voneinander verschieden.

Müssen senkrecht zur Zeichnungsebene stehende Kupplungen oder Arbeitsteile zur Verdeutlichung der Bewegungen in die Zeichenebene umgelegt werden, so wird dazu Kegelübertragungen nötig, die stets mit $\frac{i'}{i'}$ bezeichnet werden. In Wirklichkeit liegt also die Kupplung *32, 33* (Fig. *r*) senkrecht zur Zeichenebene; sie wurde aber mittels der Kegelräderübersetzung $\frac{i'}{i'}$ als parallel dazu dargestellt.

Die Hebel werden immer mit ihren wirkenden Punkten bezeichnet, z. B. der Hebel *38*, 45_x, *46*! (Fig. *t*), wobei der festliegende Drehpunkt mit einem tiefgestellten x versehen ist.

Liegt der Drehpunkt selbst auf einem beweglichen Teile, so wird seine Bezeichnung mit einem hochgestellten x versehen, z. B. 0^x (Fig. *b*) und 47^x (Fig. *u*); das Pendel 47^x, *48*, *49* schwingt also auf dem Hebel *51*, 52_x, *53*. Gleichzeitig wird immer nur ein Buchstabe an den Hebelenden verwendet, an denen andere Hebel, Stangen usw. angelenkt sind. Hier bezeichnet also 47^x (Fig. *u*) sowohl den Finger des Hebels *51*, 52_x, *53*, als auch das Auge 47^x des Pendels 47^x, *48*, *49*, *50*. Daß beide voneinander unabhängig sind, wird durch die Unterbrechung zwischen dem Hebel *51*, 52_x und dem Finger 47^x dargestellt, während das Auge 47^x mit dem Pendel 47^x, *48*, *49*, *50* zusammenhängend gezeichnet ist. *50* stellt einen Anschlag dar, der die Rechtsschwingung des Hebels begrenzt. Sind zwei Hebel um denselben Punkt, jedoch voneinander unabhängig, drehbar angeordnet, (Fig. *v*), so wird jeder Hebel für sich bezeichnet, also *54*, 55_x, *56* und *57*, 58_x, *59*. Einstellbare Arbeitsteile werden durch! (Achtung, Einstellung!) kenntlich gemacht. So zeigt in Fig. *t* das! an, daß das Ende *46* auf dem Hebel verstellbar ist. Der Drehungssinn eines Arbeitsteiles wird durch einen Pfeil (Fig. *p* und *s*) dargestellt. Steht neben einem Pfeil eine Zahl, so heißt das, der Arbeitsteil macht diese Anzahl Umdrehungen in der Minute. Die ruckweise Drehung, z. B. eines Sperrades, das nur beim Hingange des Klinkenhebels bewegt wird, ist durch einen mit Knie versehenen Pfeil *60* (Fig. *o* und *r*) angegeben, die schwingende Bewegung durch einen beiderseits begrenzten Pfeil *61* (Fig. *s*).

Stellschrauben *62*! (Fig. *v*) schneiden das Gestell oder den Hebel, in dem sie festliegen; der kurze äußere Strich bezeichnet den Kopf der Schraube, der am Gestell oder am Hebel anliegende Strich die Gegenmutter.

Bei sich über die Spindel *63* (Fig. *w*) verschiebenden Muttern *64*! wird die Geradführung durch zwei kurze, parallele Striche *65*, die auf beiden Seiten der Stange *66* liegen, dargestellt. Das Handrad *67* zum Zurückführen der Mutter *64*! in die Anfangsstellung ist durch keulenförmige Linien dargestellt.

Um Gegengewichte und Federn kenntlich zu machen, sind sie mit einer tiefgestellten, kleinen Null ($_0$) versehen.

68_0 in Fig. *q* ist eine Druckfeder im Schnitte gezeichnet.

69_0 in Fig. *r* stellt eine Zugfeder in der Ansicht dar.

70_0 in Fig. *s* gibt eine Flachfeder an.

71_0 in Fig. *u* zeigt ein Gegengewicht, das in den Kerben des Hebels *51*, 52_x in verschiedener Entfernung vom Drehpunkt 52_x aufgehängt werden kann.

4. Die Spindeln, die Trommeln und der Wagen.

Die Spindeln können entweder rechts, d. h. im Sinne des Uhrzeigers, drehen oder links. Im ersteren Falle erhalten wir Rechtsdraht, im letzteren Linksdraht. Beim Rechtsdraht verlaufen die Spiralen von rechts oben nach links unten, wie dies bei einem rechtsgängigen Schraubengewinde der Fall ist, beim Linksdraht von links oben nach rechts unten. Der gewöhnliche Draht ist der Rechtsdraht. Der Linksdraht wird in der Praxis oft als „verkehrter Draht" bezeichnet. Die Spindeln der Selbstspinner, welche eine Länge von 385 mm — 410 mm — 435 mm oder 450 mm besitzen, sind durch Fußlager gestützt und durch Halslager gehalten. Die Fußlager sind gewöhnlich aus Bronze und mit einem Ölvorratsraum versehen. In bezug auf die Halslager unterscheidet man beim Selbstspinner feste und bewegliche Halslager. Durch die letzteren spart man an Kraft, denn die Knoten der Spindelschnüre verursachen bei jedem Auflaufen einen Schlag auf die Spindeln. Beim Schmieren der Spindeln werden 1. die Kötzer mit Öl bespritzt, 2. werden die Spindelschnüre ölig und gleiten infolgedessen. Man hat deshalb ein Filzband an die Fußlager gelegt und die Halslager mit schraubenförmigen Schmierrillen versehen. Bei der Ausfahrt laufen die Spindeln mit etwa 8000 bis 10000 Umdrehungen; dabei wird das Öl durch die Zentrifugalkraft gehoben. Bei der Einfahrt laufen die Spindeln mit etwa 400 Umdrehungen und das Öl senkt sich wieder. Die Elsässische Maschinenbau-Gesellschaft verwendet zur ständigen Schmierung der Fußlager und der Halslager geflochtene Zöpfe aus Baumwolle oder Wolle. Die Hals- und Fußlager müssen am Selbstspinner durch scharnierte Stützen miteinander verbunden sein, damit die Spindelneigung je nach Bedarf geändert werden kann (s. Abb. 230). Der Wirtel ist auf die Spindel warm aufgezogen.

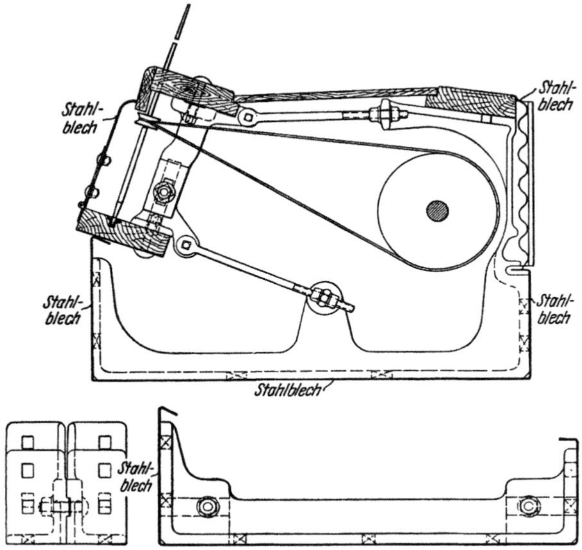

Abb. 230. Wagen aus Stahlblech.

Die Trommeln können liegend oder stehend angeordnet werden, die erstere Anordnung ist häufiger. Sie bestehen aus Weißblech und setzen sich aus verschiedenen Schüssen zusammen, die miteinander verlötet werden. Damit die Verlötung möglich ist, muß die Trommel eine gewisse Starrheit erhalten. Deswegen sind im Innern der Trommel Rippen angebracht, welche zum Auswuchten ausgebuchtet sind. Bei der stehenden Anordnung werden die kurzen Trommeln mittels Kegelräder angetrieben; die Wirtel der Spindeln sind treppenförmig versetzt und eine Trommel treibt 24 Spindeln. Der einzige Vorteil dieser Anordnung besteht darin, daß man die Umgänge der Trommeln ändern kann, indem man andere Kegelräder einsetzt.

Die Trommelwelle liegt in Sellerslagern. Der Lagerblock sitzt entweder auf Holzgerüsten oder auf gußeisernen Leisten (Traversen). Um den Wagen starr zu machen, sind darin Querleisten und Eisenstreben angebracht. Einige Konstrukteure fertigen die Wagen aus gepreßtem Stahlblech an, wie dies Abb. 230 zeigt. Dies hat den Vorteil, daß sie weniger der Feuersgefahr ausgesetzt sind wie die hölzernen.

I. Die Ausfahrt.

Bei der Ausfahrt des Wagens drehen die Spindeln mit Höchstgeschwindigkeit, die Streckzylinder liefern das zur nötigen Feinheit verzogene Gut, wobei der Wagen langsam, der Zylinderlieferung entsprechend, ausfährt und die Fäden straff hält. Der Winder befindet sich hierbei über, der Gegenwinder unter den Fäden.

1. Antrieb der Spindeln bei der Ausfahrt.

Die Spindeln erhalten ihre Drehbewegung durch Spindelschnüre von der Spindeltrommel, dessen Welle durch 3, seltener 2 Seile von einem auf der Hauptwelle befestigten Wirtel getrieben wird. Eine Spindelschnur kann entweder eine oder auch mehrere Spindeln zusammen treiben. Wird nur eine Spindel von einer Spindelschnur getrieben, so werden infolge der verschiedenen Spannungen, welche die Spindelschnüre haben, die Spindelumdrehungen von Spindel zu Spindel verschieden sein. Die Spannungsunterschiede können herrühren: 1. durch das verschiedene Aufziehen der Spindelschnüre, 2. durch Feuchtigkeitsunterschiede in der Luft und 3. durch ungleichmäßige Schmierung der Spindeln. Um möglichst gleichmäßig angetriebene Spindeln zu erhalten, treibt man mit einer Spindelschnur bis zu 24 Spindeln. Der Einzelantrieb hat auch den Nachteil des Knotens, der bei jedem Auflaufen auf den Wirtel der Spindel einen Schlag versetzt. Die Mehrspindelantriebe haben jedoch den großen Nachteil, daß gleich eine größere Anzahl Spindeln still steht, sobald eine Schnur zerreißt. Die Spannung der Schnüre hat einen großen Einfluß auf die Spinnmaschine. Steht letztere längere Zeit still, so ziehen sich die Spindelschnüre zusammen, wobei der Kraftverbrauch zunimmt. Gewöhnlich werden dünne Schnüre verwendet (1,6 mm Durchmesser), bei dicken Schnüren ist der Kraftverbrauch größer.

Beim Antrieb der Spindeln ergibt sich die Aufgabe, von einem Festwirtel aus gleichförmige Drehbewegung auf einen sich verschiebenden Wirtel zu übertragen. Diese Übertragung geschieht mittels Seilen, welche im Wagen über 2 Rollen derart laufen, daß sie eine Schleife bilden (siehe Abb. 231). Die Seile haben einen Durchmesser von 14 mm, und zwar verwendet man deren 3 für große Selbstspinner. Mittels des auf der Hauptwelle auswechselbaren, dreispurigen Wirtels wird mit Hilfe der S c h l e i f e die Trommelwelle angetrieben. Der Leitwirtel *a* dient hierbei als Spannrolle. Die Schleife ist derart angelegt, daß die Seile nicht aneinander streifen.

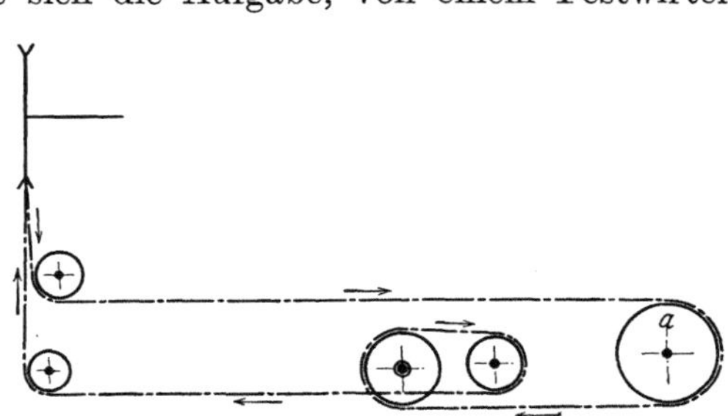

Abb. 231. Schleife für den Antrieb der Spindeltrommelwelle.

Will man die Richtung des Drahtes ändern, so läßt man die Spindeln umgekehrt drehen, somit müssen die Spindelschnüre verkehrt eingezogen werden, so daß das vorher auflaufende Ende ablaufendes Ende wird. Dieses Umdrehen der Spindelschnüre ist aber sehr zeitraubend. Statt eines einzigen, aufgekeilten

Wirtels auf der Trommelwelle verwendet man daher 2 gegeneinander drehende, lose aufgeschobene Wirtel. Zwischen diesen beiden ist ein Kreuz auf die Trommelwelle aufgekeilt. Je nach der gewünschten Drahtrichtung verbindet man das Kreuz mit dem einen oder dem anderen Loswirtel.

Nach der Art des Gespinstes erhalten die Spindeln in der Baumwollspinnerei eine oder zwei Spindelgeschwindigkeiten zur Herstellung des Garnes. Soll die Spindeldrehung nur dazu dienen, dem gestreckten Vorgute die nötige Zerreißfestigkeit zu erteilen, so genügt in der Regel eine Spindelgeschwindigkeit.

Zylinder- und Wagengeschwindigkeit müssen zueinander in einem bestimmten Verhältnis stehen. Soll z. B. viel Draht gegeben werden, so müßte der Wagen sehr langsam ausfahren, und die Zylinder müßten hierbei langsam drehen. Die Folge davon wäre eine Leistungsverminderung; außerdem würden die Wagenauszugsseile infolge des langsamen Ausfahrens gleiten. Man wird also die normale Geschwindigkeit der Zylinder und des Wagens beibehalten und erteilt nach beendeter Ausfahrt den noch fehlenden Draht (Nachdrahtsperiode). Hierbei stehen Zylinder und Wagen still, nur die Spindeln drehen entweder mit der Geschwindigkeit, welche sie während der Ausfahrt haben, oder mit erhöhter Geschwindigkeit.

Bei ganz feinen Gespinsten kommt es hauptsächlich auf die Regelmäßigkeit des Garnes an. Betrachtet man nach vollendeter Ausfahrt einen Faden, so bemerkt man, daß er an einigen Stellen etwas dicker, an anderen etwas dünner aussieht. Natürlich wird sich der Draht auf die dünneren Stellen werfen, da hier der Querschnitt der Fasermasse geringer ist als an den dickeren Stellen und somit dem Drahtgeben weniger Widerstand geleistet wird. Um derartige Garne zu vergleichmäßigen, läßt man den Wagen sowie die Zylinder etwa 20 mm vor beendeter Ausfahrt stillstehen, worauf die Spindeln mit erhöhter Geschwindigkeit drehen und der Wagen ganz langsam die Ausfahrt beendet. Die Zylinder bleiben entweder stehen oder drehen äußerst langsam, so daß die Liefergeschwindigkeit geringer ist wie die Wagengeschwindigkeit. Infolgedessen werden die dickeren Stellen verzogen, wogegen der Faden an den zu dünnen Stellen zerrissen wird.

Ist dem Gespinst der nötige Draht erteilt worden, so muß der Antriebsriemen von der Festscheibe auf die Losscheibe bewegt werden. Bei großen Maschinen verlangt der Antrieb der Spindeln einen breiten Antriebsriemen, dessen Verschiebung von der Festscheibe auf die Losscheibe und umgekehrt desto mehr Zeit beansprucht, je breiter der Riemen ist. Dadurch wird aber die Lieferung beeinträchtigt. Deshalb verwendet man oft statt eines breiten Riemens zwei schmale; die Verschiebung der Riemen geht auf diese Weise schneller vor sich und die Lieferung wird erhöht.

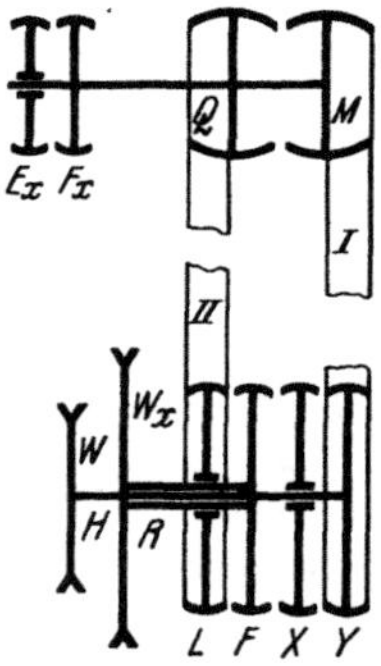

Abb. 232. Anordnung der Hauptwelle bei Nachdraht. *

Wird mit Nachdraht gearbeitet und soll die Spindelgeschwindigkeit während des Nachdrahtes erhöht werden, so kann die Hauptwelle die Anordnung erhalten, wie sie schematisch in Abb. 232 wiedergegeben ist. Auf dem Vorgelege sind die beiden gleichgroßen Scheiben Q und M befestigt, welche die auf der Hauptwelle H befindlichen Riemenscheiben $F-L$ bzw. $X-Y$ treiben. Die Anordnung ergibt sich aus der Abbildung. Bei der Ausfahrt treibt der Riemen I die Festscheibe Y und Riemen II befindet sich auf der Losscheibe. Somit treibt Wirtel W die Spindeln während der Ausfahrt an. Am Ende der Ausfahrt rückt Riemen I auf die Losscheibe X und Riemen II auf die Scheibe F. Demgemäß treibt der größere Wirtel W_x die Trommelwelle mit erhöhter Geschwindigkeit.

Die zum Antrieb der Trommelwelle nötige Schleife wird in diesem Falle über beide Wirtel der Hauptwelle geführt, wie dies in Abb. 233 dargestellt ist.

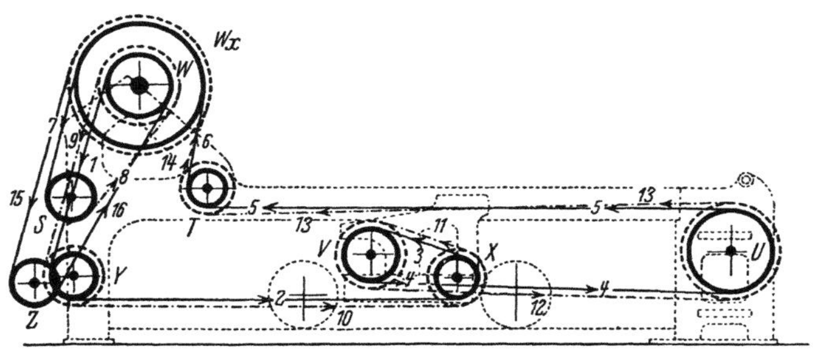

Abb. 233. Schleife zum Antrieb der Spindeltrommelwelle bei Nachdraht. *

Der besseren Übersichtlichkeit halber wurde eine parallele Lage der Hauptwelle in bezug auf die Zylinder gezeichnet.

Der Nachdraht besitzt den großen Vorteil, daß er die Unregelmäßigkeiten des Drahtes ausgleicht. Nehmen wir beispielsweise an, die Zylinder würden bei der Ausfahrt ein in allen Querschnitten gleichmäßiges Fadenstück liefern, so daß sich der Draht nicht auf eine schwache Stelle werfen kann. Je weiter sich der Wagen vom Zylinder entfernt, desto größer wird der Widerstand sein, den der Faden dem Draht entgegensetzt. Letzterer wird von jeder nachfolgenden Spirale weiter gegen die Zylinder gedrückt, so daß das von den Spindeln nach den Zylindern zu reichende Fadenstück eine etwas stärkere Drehung in der Nähe der Spindeln hat, als dies bei dem vom Vorderzylinder ablaufenden Fadenstück der Fall ist. Je mehr der Wagen sich dem Ende seiner Ausfahrt nähert, in desto stärkerem Maßstabe macht sich diese ungleiche Drahtverteilung bemerkbar. Arbeitet man deshalb mit Nachdraht, so bleibt während der Nachdrahtsperiode immer dieselbe Fadenlänge den Spindeldrehungen unterworfen. Drehen jedoch während des Nachdrahtes die Spindeln mit erhöhter Geschwindigkeit, so wird sich der Draht gleichmäßig über die ganze Fadenlänge verteilen, denn infolge der erhöhten Energie der Spindeln wird die Trägheit der Fasermasse leichter bezwungen werden können.

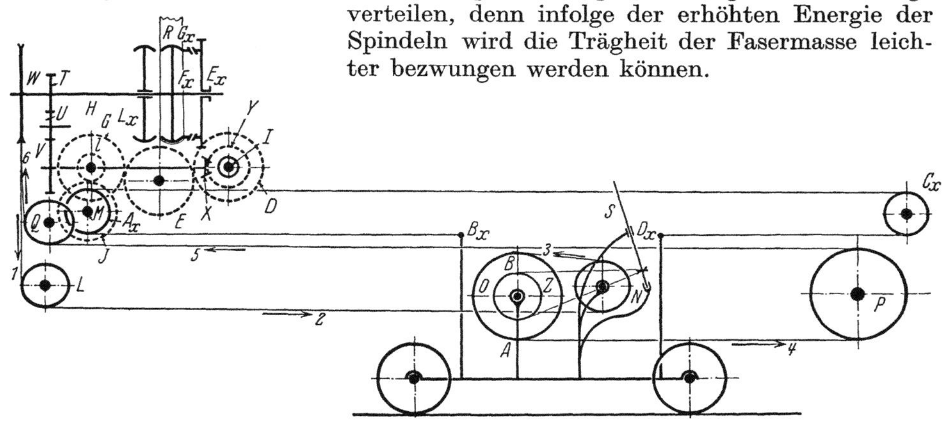

Abb. 234. Antrieb der Zylinder und des Wagens bei der Ausfahrt. *

2. Antrieb der Zylinder bei der Ausfahrt.

Er erfolgt von der Hauptwelle aus vermittels der Räder $T—U—V—X—Y$ (siehe Abb. 234). Das Rad Y befindet sich auf dem vorderen Verzugszylinder I. Der zweite und dritte Verzugszylinder werden vom Vorderzylinder aus getrieben, wie wir dies bei jedem gewöhnlichen Streckwerk vorfinden. Das Streckwerk jeder Wagenhälfte hat seine besondere Verzugsvorrichtung. Bei sehr langen Selbstspinnern wird in der Mitte jeder Wagenhälfte ein Streckwerk angeordnet.

3. Antrieb des Wagens bei der Ausfahrt.

Damit weder Schleifen noch Schnitte im Garn entstehen, muß der Wagen mit derselben Geschwindigkeit ausfahren, mit welcher der Zylinder liefert. Je nach der zu spinnenden Nummer ist die Verkürzung des Fadens durch den Draht mehr oder weniger bedeutend, jedenfalls muß bei der Wagenausfahrt mit diesem Umstand gerechnet werden. Die Wagenausfahrt ist von der Zylinderbewegung abhängig, deshalb wird der Wagen vom Vorderzylinder aus getrieben, und zwar vermittels der Räder D—E—G—I—J. Das Rad J sitzt auf der Wagenauszugswelle M (siehe Abb. 234). Da der Vorderzylinder bei der Ausfahrt eine gleichförmige Drehbewegung hat, so wird auch der Wagen gleichförmig ausfahren müssen. Die Wagenauszugswelle geht durch die ganze Länge der Maschine hindurch. Sie besitzt 3 Trommeln (in Abb. 234 mit A_x bezeichnet), eine im großen Kopfstück und je eine an den Enden der Wagenauszugswelle. Diese Trommeln werden auch Mandausen genannt (von main-douce). Sie sind mit Seilrillen versehen, und zwar von einem Ende der Trommel bis zur Mitte derselben mit Rechtsgewinde, vom anderen Ende bis zur Mitte mit Linksgewinde (siehe Abb. 235). Auf jeder dieser Trommeln laufen 2 Seile von 14 mm Durchmesser, von denen bei Beginn der Ausfahrt das eine aufgewickelt, das andere abgewickelt ist. Das eine Seil ist am Punkte B_x des Wagens angebracht (Abb. 234), das andere führt über eine im kleinen Kopfstück befindliche Seilrolle zum vorderen Teil des Wagens und ist am Punkte D_x befestigt. Bei der Ausfahrt wird das Seil, welches über die Seilrolle C_x führt, den Wagen hinausziehen. Infolgedessen wird sich dieses Seil auf A_x aufwickeln, dagegen wird sich das andere Seil von der Trommel abwickeln und den Wagen zurückhalten.

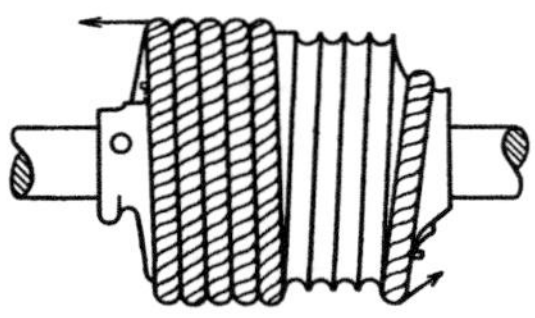

Abb. 235. Wagenauszugstrommel (Mandause).*

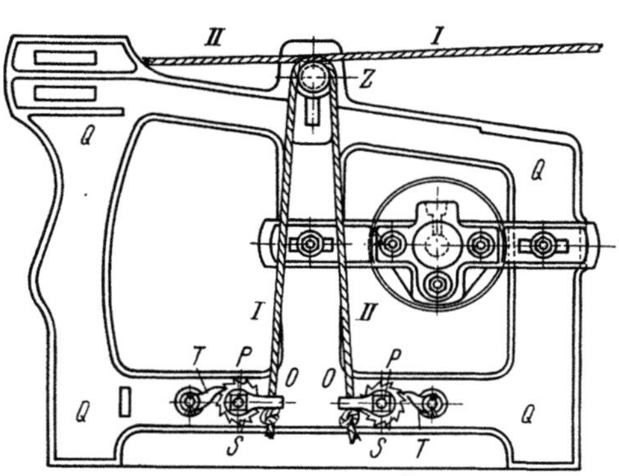

Abb. 236. Befestigung der Wagenauszugsseile am seitlichen Wagenschild.*

In Abb. 234 wurden die Wagenauszugsseile schematisch an den Punkten B_x und D_x befestigt. In Wirklichkeit werden die Seile an den seitlichen Wagenschilden Q (Abb. 236) derart befestigt, daß man sie nachspannen kann. Die Mandausenseile I und II werden über den Knopf Z durch O nach einer Rolle geführt, auf welcher sie befestigt sind. Mit der Rolle ist ein Sperrad P verbunden, dessen Klinke T jedes Lockern der Seile unmöglich macht. Damit das Sperrad mittels eines Schraubenschlüssels gedreht werden kann, ist die Sperradachse an ihrem äußeren Ende vierkantig ausgebildet.

Wie schon weiter oben bemerkt wurde, wird in der Feingarnspinnerei mit Nachzug gearbeitet, d. h. etwa 20 mm vor Ende der Ausfahrt wird die Bewegung der Zylinder ausgeschaltet, und der Wagen vollendet äußerst langsam die Ausfahrt. Während dieser Zeit drehen die Spindeln mit unveränderter Geschwindigkeit weiter, wobei jedoch der Wagen keinen Ruck erhalten darf, da sonst sogar die nichtgeschnittenen Fäden reißen würden. Die Maschinenfabrik Platt Brothers, Oldham, führt den Nachzug mit Hilfe eines Differentialgetriebes aus. Die diesbezügliche Anordnung ist im Schema Abb. 237 wiedergegeben. Von der Hauptwelle *H* aus wird mittels der Räder *P*—*Q*—*R* die Zwischenwelle *O* angetrieben. Auf dieser sitzt ein Muff *IJ*, dessen Teil *I* längs eines Keiles axial auf *O* verschoben werden kann; der andere Teil *J* des Muffes ist mit dem Stirnrade *G* verbunden, auf dessen Nabe das Kegelrad *X* sitzt, welches mit *Y* in Eingriff ist. Ist *I* mit *J* gekuppelt, so wird der Vorderzylinder *I* gedreht, was somit während der Ausfahrt der Fall ist. Das Rad *G* greift in das Stirnrad *F* ein, das lose auf der Welle *A* aufgeschoben ist. Auf dieser Welle sitzt gleichfalls ein Muff *US*, dessen Teil *S* mittels Keils axial verschoben werden kann und dessen anderer Teil *U* ein Kegelrad *T* trägt, welches mit einem auf der Mandausenwelle *W* aufgekeilten Kegelrad *V* in Eingriff steht. Sind *U* und *S* zusammengekuppelt, so wird sich bei Drehung der Welle *A* auch die Wagenauszugswelle drehen. Auf der Welle *A* ist eine Scheibe *B* aufgekeilt, in welcher die Planetenräder *C* lose drehbar angeordnet sind. Auf der einen Seite greifen die Planetenräder *C* in das Kegelrad *E* ein, welch letzteres lose auf der Welle *A* und auf der Nabe des Rades *F* sitzt. Auf der anderen Seite greifen die Planetenräder *C* in das auf *A* lose aufgeschobene Kegelrad *D* ein, auf dessen Nabe das Schraubenrad *K* sitzt. Letzteres wird von einer eingängigen Schnecke *N* getrieben, auf dessen Achse das Kegelrad *M* sich befindet, und letzteres erhält seine Bewegung von dem auf der Zwischenwelle *O* befestigten Rade *L*. Infolge dieser Anordnung erhält die auf Welle *A* gekeilte Scheibe *B* während der Ausfahrt die resultierende Drehung der von *K* und von *F* mitgeteilten Bewegung. *K* dreht hierbei sehr langsam, dagegen *F* bedeutend schneller. Die resultierende Drehung, welche die Welle *A* erhält, wird bei der Ausfahrt des Wagens auf die Mandause übertragen. Das Differentialgetriebe mit den dazu gehörigen Antrieben ist so ausgeführt, daß die Ausfahrtsgeschwindigkeit ungefähr der Zylinderlieferung gleich ist.

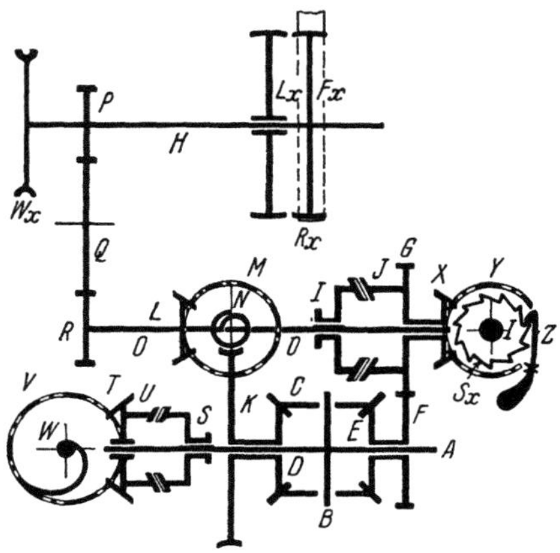

Abb. 237. Schematische Darstellung der Nachzugsbewegung von Platt Brothers, Oldham. *

Ungefähr 20 mm vor beendeter Ausfahrt wird die Kupplung *IJ* ausgeschaltet, wobei das Rad *G* stehen bleibt. Da jedoch der Antriebsriemen R_x auf der Festscheibe F_x bis zur vollendeten Ausfahrt bleibt, wird während der Nachzugsperiode die Zwischenwelle *O* weiterdrehen und diese Drehung vermittels *L*—*M*—*N* und *K* auf das Kegelrad *D* übertragen. Letzteres wird nun die Planetenräder *C* und somit auch *B* mitnehmen wollen. Da sich aber hierbei *C* auf dem stillstehenden Kegelrade *E* abrollt, wird *B* die Hälfte der Umdrehungen erhalten, welche das Schraubenrad *K* ausführt. Während des Nachzuges bleibt *US* zusammengekuppelt, so daß auf diese Weise der Wagen sehr langsam seine Ausfahrt beendet. Damit infolge des Abrollens von *C* auf *E* keine Rückwirkung auf den Vorderzylinder stattfindet, was eine Rückdrehung des Zylinders zur Folge hätte, ist auf dem Vorderzylinder ein Sperrad S_x befestigt; mittels Klinke *Z* wird jede Rückwärtsdrehung des Zylinders unmöglich gemacht.

Eine verbesserte Nachzugsbewegung von Platt Brothers zeigen die Abb. 238a und 238b. Abb. 238a gibt die Seitenansicht, Abb. 238b die Draufsicht. Die Anordnung des Differentialwerkes ist dieselbe wie bei der vorigen Ausführung, jedoch wird das Rad K nicht mehr von der Zwischenwelle O vermittels Kegelräder und Schnecke angetrieben, sondern es ist als Stirnrad ausgebildet und wird von einem mit der gleichen Zähnezahl versehenen, auf dem Vorderzylinder befestigten Rade N angetrieben. Während der Nachzugsperiode

a

b

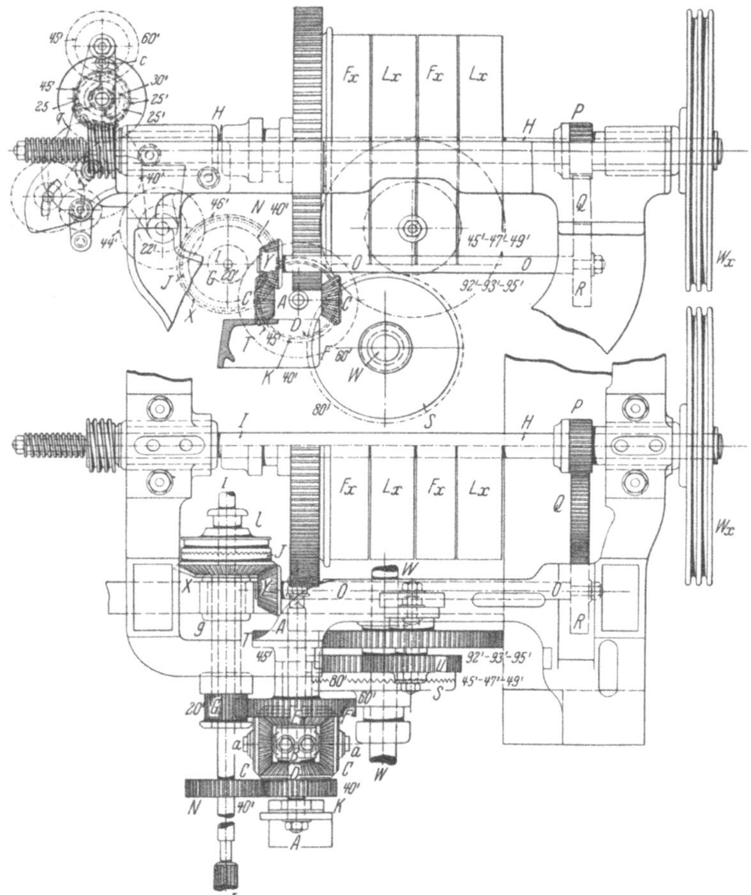

Abb. 238a und b. Verbesserte Nachzugsbewegung von Platt Brothers, Oldham.*

dreht bei der neueren Ausführung der Vorderzylinder sehr langsam, dagegen ist die Wagengeschwindigkeit etwas größer als die Liefergeschwindigkeit des Zylinders.

Auf Welle A ist das Stück B festgekeilt, auf dessen Achse a—a die beiden Planetenräder C—C lose drehbar sind. Auf der einen Seite greifen die Planetenräder C in das mit K aus einem Stück hergestellte Rad D, auf der anderen Seite sind die Planetenräder C mit E in Eingriff, welch letzteres mit F aus einem Stück gegossen ist. K—D sowie E—F sind lose auf die Welle A geschoben. Das Rad K besitzt 40 Zähne und ist mit einem auf dem Vorderzylinder befestigten

Rade N, das ebenfalls 40 Zähne hat, in Eingriff. Bei der Wagenausfahrt wird also K mit derselben Geschwindigkeit wie der Vorderzylinder drehen. Das mit 60 Zähnen versehene Rad F ist mit G in Eingriff, das 20 Zähne besitzt und lose auf dem Vorderzylinder ist. Mittels der Nabe g ist G mit X verbunden. Bei der Ausfahrt sind I und J gekuppelt und X erhält seine Drehung von der Hauptwelle vermittels P—Q—R—Y—X. Infolgedessen dreht auch G bei der Ausfahrt ebenso schnell wie der Vorderzylinder, und das Rad F wird ⅓ Umdrehungen des Vorderzylinders machen. Soll der Nachzug erfolgen, so wird der Muff IJ ausgeschaltet, der Antriebsriemen bleibt auf der Festscheibe F_x. Dadurch wird das Rad E die erwähnte langsame Drehung auf die Planetenräder C übertragen, und diese rollen sich auf dem mit sehr geringer Geschwindigkeit drehenden Kegelrade D ab. Die resultierende Bewegung überträgt B vermittels der Räder $T = 45'$, des Rades $92'$—$93'$—$95'$, des Triebes $45'$ bis $47'$—$49'$ und des Rades $80'$, welches mit dem Teil U der Kupplung US ein Stück bildet. S kann mittels Längskeiles auf der Mandausenwelle axial verschoben werden. Sind U und S zusammengekuppelt, so entspricht dies der vorigen Ausführung. Während der Ausfahrt ist die resultierende Bewegung von B derart, daß die Nachzugsgeschwindigkeit ungefähr dieselbe ist wie die Liefergeschwindigkeit. Während der Nachzugsperiode ist die an sich langsame Wagenauszugsgeschwindigkeit etwas größer wie die Liefergeschwindigkeit des Zylinders.

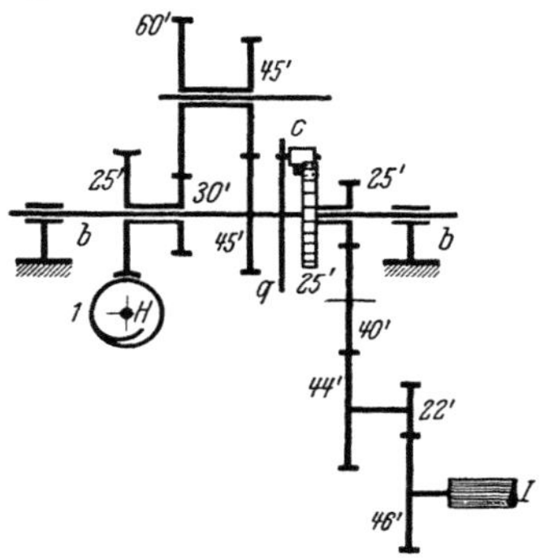

Abb. 238c. Schematische Darstellung der Bewegung des Zylinders während des Nachzuges. *

Die Bewegung des Zylinders während des Nachzuges wird folgendermaßen ausgeführt (Abbildung 238a zeigt die Anordnung, wie sie in Wirklichkeit aussieht, und Abb. 238c zeigt ein übersichtliches Schema):

Auf der Hauptwelle H sitzt die eingängige Schnecke 1, die in ein auf der Welle b lose aufgeschobenes Schraubenrad $25'$ eingreift. Dieses sitzt mit dem 30er Stirnrad auf einer Nabe und letzteres greift in ein 60er Rad ein, das mit $45'$ verbunden lose auf einer Zwischenachse aufgeschoben ist. Dieses 45er Rad greift in ein auf der Welle b aufgekeiltes Zahnrad ein, das ebenfalls 45 Zähne besitzt. Auf die Welle b ist ferner ein Sperrad lose aufgeschoben, auf dessen Nabe ein 25er Stirnrad sitzt, welches vermittels der Räder $40'$—$44'$—$22'$ mit dem auf dem Vorderzylinder festsitzenden Rad $46'$ in Verbindung ist. Neben dem Sperrad ist eine Scheibe q aufgekeilt, die auf einem Zapfen eine lose drehbare Klinke c trägt. Dreht die Scheibe q schneller wie das Sperrad, so bewirkt eine Schleppfeder das Eingreifen der Klinke in das Sperrad. Fährt der Wagen aus, so verursacht der Vorderzylinder I vermittels der Räder $46'$—$22'$—$44'$—$40'$ und $25'$ eine schnelle Umdrehung des Sperrades. Weil nun die Scheibe q infolge der von der Schnecke 1 übertragenen Bewegung bedeutend langsamer dreht wie das Sperrad, wird die Klinke außer Eingriff sein. Wird für die Nachzugsperiode der auf dem Zylinder befindliche Muff IJ ausgeschaltet, so bleibt der Vorderzylinder stehen und somit auch das Sperrad. Dagegen dreht q langsam weiter, die Klinke c greift in die Zähne des Sperrades ein, und diese langsame Drehbewegung wird nun auf den Vorderzylinder übertragen.

Dobson & Barlow konstruiert eine Anordnung für den Nachzug, in welcher kein Differentialgetriebe vorkommt, siehe Abb. 239a, 239b, 239c und 239d. Des besseren Verständnisses halber soll noch das Schema dieser Anordnung in Abb. 239e wiedergegeben werden.

Der Antrieb des Vorderzylinders bei der Ausfahrt geht von der Hauptwelle *H* aus vermittels der Räder *1—I—2—3* und *4*. Letzteres ist lose auf dem Vorderzylinder *I* aufgeschoben und bildet ein Stück mit dem Muffenteil *C* (Abb. 239b

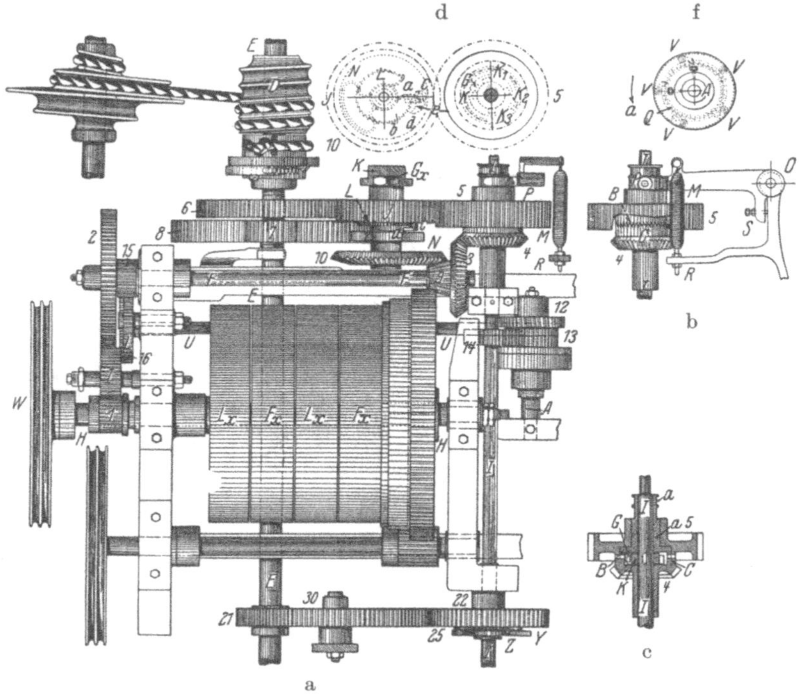

Abb. 239a bis d, f. Wagennachzug von Dobson & Barlow, Bolton.*

und 239c). Der andere Muffenteil sitzt ebenfalls lose auf dem Zylinder. Zwischen beiden ist ein Kreuz *K* auf den Zylinder *I* aufgekeilt. Die Nabe des Muffenteiles *B* trägt einen Daumen *G* (Abb. 239c und 239d), der das feste Kreuz *K* mitnimmt, sobald die Kupplung *BC* ineinander greift. Auf der Nabe des Muffenteiles *B* sitzt das Rad *5*, das vermittels der Räder *J* bis *6—7—8* die Wagenauszugswelle treibt.

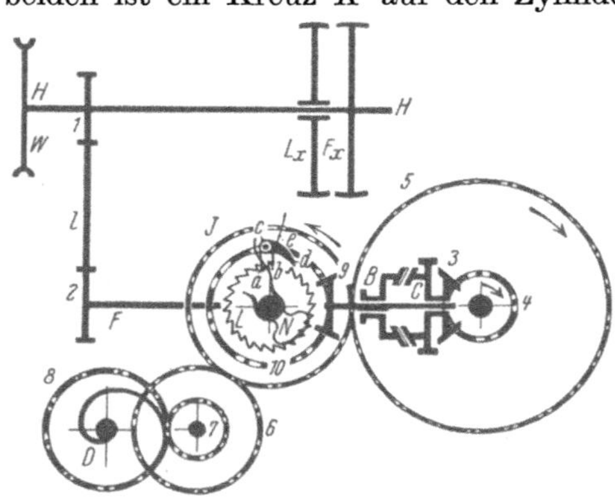

Abb. 239e. Schematische Darstellung des Wagennachzuges von Dobson & Barlow, Bolton.*

Bei der Ausfahrt sind *B* und *C* zusammengekuppelt, vermittels des Daumens *G* wird der Zylinder *I* mitgenommen und das Rad *5* überträgt die Bewegung des Vorderzylinders auf die Mandause. 15 bis 20 mm vor beendeter Ausfahrt wird die Kupplung *BC* ausgeschaltet, infolgedessen bleiben Zylinder sowie Rad *5* stehen. Da aber der Antriebsriemen bis zu beendeter Ausfahrt auf der Festscheibe verbleibt, dreht die Zwischenwelle *F* weiter, und das daraufsitzende Kegelrad *9* (Abb. 239a) wird das Rad *10* weiter in Bewegung halten. Letzteres sitzt lose auf der in K gelagerten Welle G_x. Fest auf der Nabe des Rades *10* befindet sich das Sperrad L (siehe auch Abb. 239d); ebenfalls auf dieser Nabe ist eine Schleppfeder N aufgeklemmt, welche zwischen die Zapfen a und b der Klinke $a\,b\,c\,d$ eingreift (Abb. 239e). Letztere sitzt auf einem Zapfen, welcher im Rade J befestigt ist. Dreht dieses schneller wie das Sperrad, was bei der Wagenausfahrt der Fall ist, so wird der Zapfen b an die Schleppfeder stoßen und die Klinke ausheben. Beim Nachzug hingegen bleibt das Rad J einen Augenblick stehen, wobei die Schleppfeder an den Zapfen a stößt und damit die Klinke mit den Zähnen des Sperrades L in Eingriff bringt. Die von *9* auf *10* und J übermittelte langsame Drehung wird vermittels der Räder *6—7—8* auf die Mandause übertragen und der Wagen wird seine Ausfahrt sehr langsam beendigen. Das Rad *5* dreht ebenfalls langsam in seiner gewöhnlichen Drehrichtung; da aber der Muff BC ausgekuppelt ist, so dreht auch das Rad *5* lose auf dem Vorderzylinder.

Nachdrahtzähler (siehe Abb. 240). Ist der Wagen am Ende seiner Ausfahrt angelangt, so sollte eigentlich die Periode des Abwindens erfolgen, d. h. die Spindeln sollen langsam rückwärts drehen, um die von der Kötzerspitze zur Spindelspitze aufgewickelten Spiralen, den „Verbund“, wieder abzuwickeln, damit das Aufwinden vor sich gehen kann. Demnach müßte der Riemen von der Festscheibe auf die Losscheibe verschoben werden. Soll jedoch mit Nachdraht gearbeitet werden, so muß der Riemen während der Nachdrahtsperiode auf der Festscheibe bleiben, das Abwinden wird verhindert und der Wagen festgehalten. Letzteres geschieht vermittels des Hakens K_x.

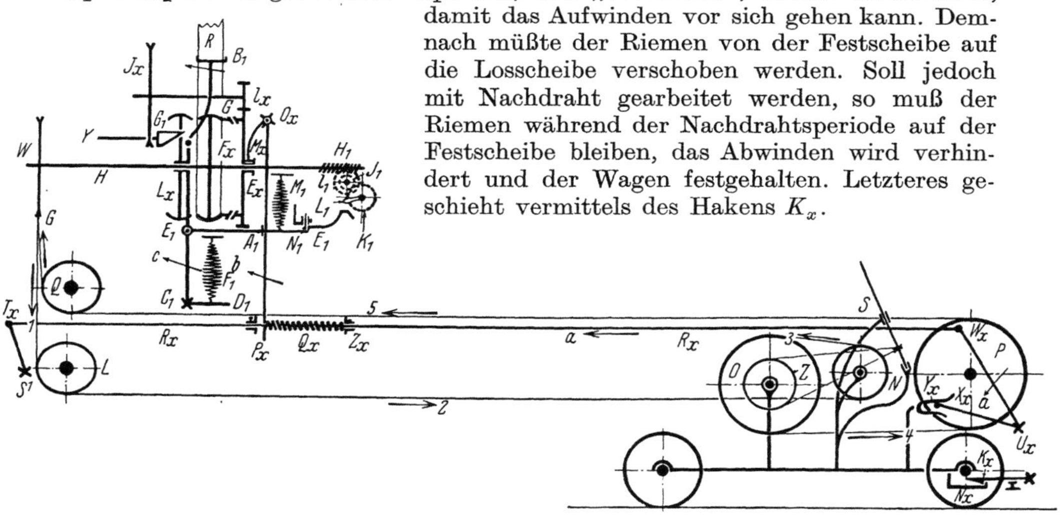

Abb. 240. Nachdrahtzähler und Anordnung der auf die Abwindebremse wirkenden Hebel. *

Um nun den gewünschten Nachdraht zu erteilen, versieht man den Selbstspinner mit einem Zähler, welcher erst dann das Verschieben der Riemengabel gestattet, wenn der Faden den nötigen Draht erhalten hat. Zu diesem Zwecke sitzt auf dem vorderen Ende der Hauptwelle H eine Schnecke H_1, welche in das Schraubenrad l_1 eingreift. Auf der Achse von l_1 sitzt das Rad J_1, welches das mit einem Finger L_1 versehene Rad treibt. Wie aus Abb. 240 zu ersehen ist, befindet sich der Wagen am Ende seiner Ausfahrt, der Haken K_x ist in den Wagen eingehakt und die Riemengabel $B_1C_1D_1$ hält den Riemen auf der Festscheibe fest. Die Riemengabel ist ein um C_1 drehbarer Doppelhebel, der unter dem Einfluß der Feder F_1 steht, welche das Bestreben hat, den Riemen auf die Losscheibe zu verschieben. Die Riemengabel erhält den Impuls vom Exzenter G_1, der auf der Steuerwelle *y* sitzt. Am Ende der Ausfahrt vollführt diese Steuerwelle eine halbe Umdrehung. Während der Ausfahrt ist das Exzenter G_1 so gestellt, daß es die Riemengabel nach rechts drückt, d. h. der Riemen befindet sich auf der Festscheibe. Hierbei wird Feder F_1 angespannt. Sobald jetzt nach beendeter Ausfahrt der Nachdraht beginnen soll, führt die Steuerwelle ihre halbe Drehung aus und Feder F_1 will die frei werdende Riemengabel um C_1 nach links schwingen. Daran wird sie aber von dem in E_1 angehängten Hebel E_1E_1 verhindert, der in eine am Gestell angebrachte Nase N_1 einhakt. Die Riemengabel bleibt somit auf der Festscheibe, bis der Finger L_1 auf die schiefe Ebene des Hebels E_1E_1 drückt und ihn auslöst, worauf der Verschiebung der Riemengabel nichts mehr im Wege steht und das Abwinden beginnen kann.

Je nach der Nummer des Gespinstes wird dasselbe während der Nachdrahtsperiode mehr oder weniger verkürzt, wodurch der Faden entweder zerrissen wird oder im günstigsten Falle an Elastizität einbüßt. Damit in solchen Fällen das durch den Nachdraht hervorgerufene Verkürzen keinen schädlichen Einfluß auf das Garn hat, läßt man die Zylinder während der Nachdrahtsperiode eine der Verkürzung entsprechende Länge Faden nachliefern. Dobson & Barlow führt diese Bewegung folgendermaßen aus (siehe Abb. 239a, 239b und 239f):

Ist der Wagen am Ende seiner Ausfahrt angelangt, so bleiben die Zylinder stehen, indem der Muff *BC* ausgekuppelt wird. Da aber der Antriebsriemen während des Nachdrahtes auf der Festscheibe verbleibt, so wird durch Vermittlung der Räder *1—I—2—15—I—16* die Welle *U* gedreht, an deren Ende eine Schnecke befestigt ist, welche das auf der Welle *A* lose sitzende Schneckenrad *12* treibt. Auf der Nabe des letzteren ist einesteils ein Sperrad *Q* (siehe Abb. 239f) befestigt, anderenteils das Stirnrad *13* lose aufgeschoben (Abb. 239a), welches in das auf dem Vorderzylinder aufgekeilte Rad *14* eingreift. Das Rad *13* besitzt eine Scheibe, an welcher 5 Klinken *V* befestigt sind, wie dies aus Abb. 239f ersichtlich ist. Diese Klinken sind lose auf ihre Zapfen aufgeschoben und haben deshalb das Bestreben, stets senkrecht hinabzuhängen. Das Sperrad *Q* befindet sich jedoch in einem Gehäuse, wodurch die Klinken unten auf die innere Wand desselben zu liegen kommen, während die oben sich befindlichen Klinken infolge ihres Eigengewichtes in die Zähne des Sperrades eingreifen.

Während der Ausfahrt wird das auf der Nabe von *12* aufgeschraubte Sperrrad *Q* infolge der Übersetzung *1—I—2—15—I—16*—Schnecke—*12* sehr langsam gedreht. Da aber der Vorderzylinder bedeutend schneller dreht wie bei der Nachlieferung, so dreht auch das vom Vorderzylinder aus getriebene Rad *13* und mit ihm die Klinken *V* mit größerer Umdrehungszahl, als dies beim Sperrrad der Fall ist. Das Rad *13* dreht hierbei im Sinne des Pfeiles *a* (Abb. 239f). Folglich gleiten die Klinken über den Rücken der Sperradzähne. Am Ende der Ausfahrt behält während des Nachdrahtes die Hauptwelle *H* ihre Geschwindigkeit, so daß das Sperrad *Q* mit der gleichen Geschwindigkeit weiter dreht. Da aber die Muffe *BC* ausgeschaltet wird, so bleiben auch das Rad *13* und mit ihm die Klinken stehen. Nun wird das Sperrad *Q* die Klinken *V* und demnach auch das Rad *13* mitnehmen, wodurch vermittels des Rades *14* der Zylinder *I* äußerst langsam weiterdreht. Die Drehung des Sperrades *Q* hört erst mit dem Verschieben des Riemens von der Festscheibe auf die Losscheibe auf, so daß das Abwinden beginnen kann.

4. Antrieb des Winders und Gegenwinders bei der Ausfahrt.

Bei der Ausfahrt soll sich der Winder über, der Gegenwinder unter den Fäden befinden. Beide sollen voneinander derart entfernt sein, daß sie dem Ansetzen der Fäden nicht hinderlich sind. Die Stellung von Winder und Gegenwinder muß demnach während der Ausfahrt unveränderlich bleiben. Die Elsässische Maschinenbau-Gesellschaft, Mülhausen i. Els., führt den Mechanismus von Winder und Gegenwinder folgendermaßen aus (siehe Abb. 241a und 241b):

Die Winderwelle *1* ist mit einem aufgekeilten Stück *2* versehen, an welchem durch Schraube *3* ein Lederband *4* befestigt ist, in das die Feder *5* eingehakt wird. Letztere ist am Wagen befestigt und hat das Bestreben, den Winder *6* nach oben zu ziehen. Auf die Winderwelle *1* ist die Nase *7* aufgekeilt, welche die oberste Stellung des Winders dadurch begrenzt, daß die Nase *7* sich auf die Gegenwinderwelle *8* legt. Der Gegenwinder *9* soll derart angeordnet sein, daß der Gegenwinderdraht während der Ausfahrt unter den Fäden verharrt. Zu diesem Zwecke ist die Winderwelle *1* mit einem Arm *10* versehen, an welchen eine Kette *11*

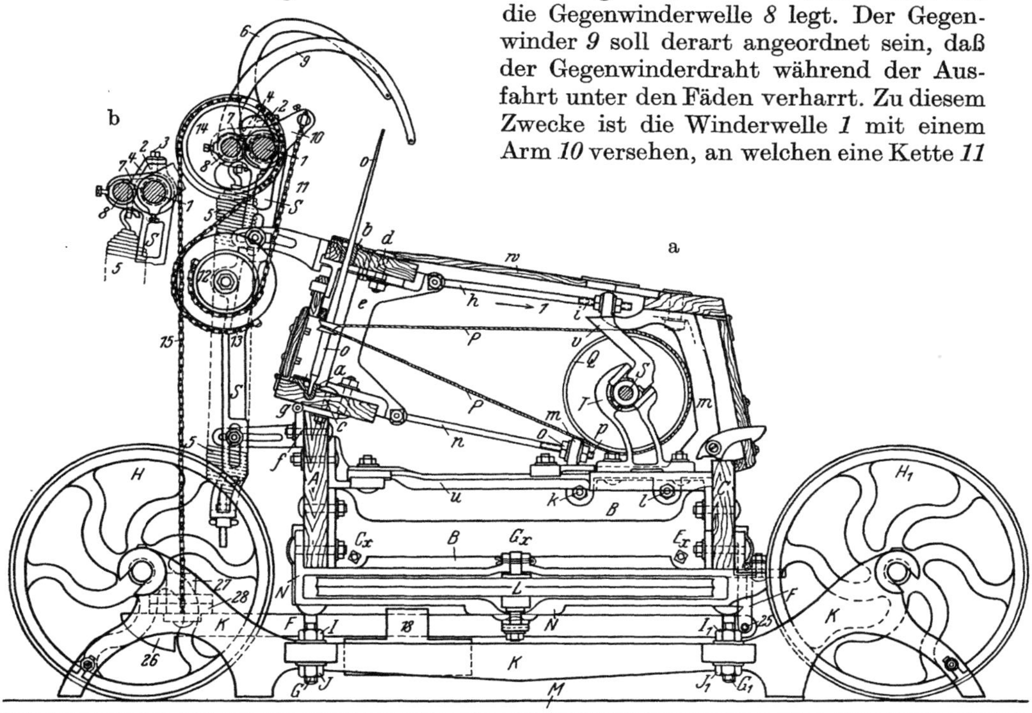

Abb. 241a und b. Anordnung des Winders und Gegenwinders der E.M.G.M.*

angehängt ist, deren anderes Ende an einer Kettenrolle *12* befestigt ist. Diese besitzt zwei Kettenrillen, wovon die eine für die Kette *11* bestimmt ist, die andere dagegen für die Kette *13*, welche an der auf der Gegenwinderwelle *8* befestigten Kettenrolle *14* angebracht ist. Infolge dieser Kettenanordnung und des Federzuges von *5* wird der Gegenwinder so lange hinuntergezogen, bis die Nase *7* auf die Gegenwinderwelle aufschlägt. Damit der Gegenwinderdraht in den folgenden Perioden ohne große Arbeitsleistung nach oben bewegt werden kann, ist an der Kettenrolle *14* eine Gegenkette *15* befestigt, deren unteres Ende an einem um *25* drehbaren Gegengewichtshebel *25*—*26* angehängt ist, dieser ist mit dem verschiebbaren Gegengewicht *18* versehen und kann mit Gewichtsplatten *27*—*28* beschwert werden. Aus dieser Anordnung des Winders und Gegenwinders ist ersichtlich, daß einer vom anderen abhängig ist.

In der Anordnung von Dobson & Barlow sind Winder und Gegenwinder voneinander unabhängig (siehe Abb. 242a, 242b und 242c). Auf der Winderwelle *1* ist ein Stück *2* aufgekeilt (Abb. 242a und 242b), an welchem das Leder *4* angeschraubt ist, in letzteres ist eine Feder *5* eingehängt, die an einem am Wagen befestigten Zapfen *19* befestigt ist. Die Feder *5* zieht demnach den Winder *6* in die Höhe, bis der am Stück *2* angegossene Ansatz *7* durch Aufschlagen auf die Gegenwinderwelle die Schwingung des Winders begrenzt. Der obere Teil des Stückes *2* ist mit einem Schlitz versehen, in dem ein Zapfen *20* angeschraubt ist. Auf diesem Zapfen sitzt lose drehbar der Winkelhebel *21—20—22*, in dessen Öse *22* ein Draht *23* angehängt ist, der durch den um *25* drehbaren Gegengewichtshebel *25—26* geht. Der untere Teil des Drahtes ist mit Gewinde und Einstellmutter *24* versehen. Sobald nun unter Einwirkung der Feder *5* das Stück *2* mit der Winderwelle dreht, so daß der Winder nach oben schwingt, wird sich auch der Zapfen *20* nach dieser Richtung bewegen und mit Hilfe des Drahtes *23* den Gegengewichtshebel *25—26* heben. Bei der Ausfahrt ist die Kette *29* locker, welch letztere an dem auf der Gegenwinderwelle angeschraubten Segmente *14* regulierbar befestigt und am Gegengewichtshebel durch eine Kugel gehalten wird. Der Gegenwinder wird jetzt bloß durch sein Eigengewicht unter den Fäden bleiben.

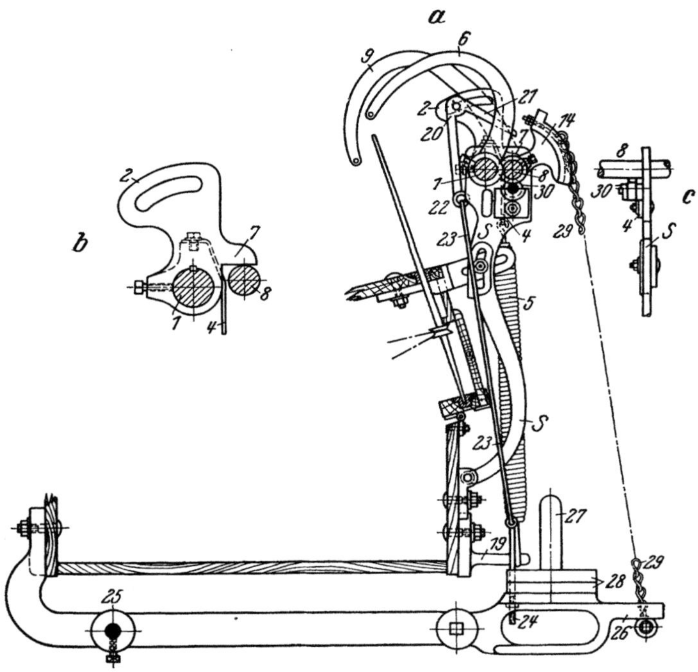

Abb. 242a bis c. Anordnung des Winders und Gegenwinders der Maschinenfabrik Dobson & Barlow, Bolton. *

Um die Empfindlichkeit des Gegenwinders zu erhöhen, lagert Dobson & Barlow die Gegenwinderwelle auf Rollen *30* (siehe Abb. 242a und 242c), wodurch die Reibung auf ein Minimum beschränkt wird.

II. Das Abwinden (Abschlagen).

1. Antrieb der Spindeln während des Abwindens.

Wie schon weiter oben ausgeführt wurde, müssen die Spindeln während des Abwindens langsam rückwärts drehen, damit der Verbund abgewickelt werden kann, um sodann mit dem Aufwinden des gesponnenen Fadenstückes beginnen zu können. Da die Spindeln am Ende der Ausfahrt mit der Höchstgeschwindigkeit drehen, müssen sie aus dieser positiven Geschwindigkeit plötzlich in eine negative, geringe Geschwindigkeit übergehen. Diesen sofortigen Wechsel des Drehungssinnes erreicht man mit folgender Anordnung (siehe Abb. 240).

Auf der Vorgelegewelle sitzt außer der Antriebsscheibe noch ein zweispuriges Seilwirtel, das die Welle $J_x l_x$ dreht. Die Drehrichtung dieser Welle ist dieselbe wie die der Hauptwelle. Auf der Welle $J_x l_x$ ist ein Stirnrad aufgekeilt, welches in das Bremsrad E_x eingreift, somit dreht letzteres im umgekehrten Sinne wie die Hauptwelle, und zwar befindet sich E_x beständig in Bewegung. Dieses Bremsrad ist auf einer feststehenden Büchse gelagert, durch welche die Hauptwelle hindurchgeht, und ist axial verschiebbar angeordnet. E_x ist mit einem gußeisernen Bremskegel versehen, der in einen an der Festscheibe F_x angegossenen, belederten Bremskegel G_x paßt. Während der Ausfahrt ist natürlich dieser Bremskegel nicht in Eingriff und E_x dreht leer in entgegengesetzter Richtung wie die Festscheibe F_x. Soll mit dem Abwinden begonnen werden, so wird der Riemen auf die Losscheibe übergeführt und der Gußkegel des Bremsrades wird durch axiale Verschiebung des letzteren auf den belederten Bremskegel G_x gepreßt. Infolge der entgegengesetzten Drehrichtung von E_x wird die Hauptwelle fast augenblicklich angehalten und in die Drehrichtung des bedeutend langsamer drehenden Bremsrades übergeführt, während die Schleife die Spindeln langsam rückwärts dreht.

Die axiale Verschiebung des Bremsrades geht folgendermaßen vor sich: In eine Auskehlung der Nabe des Bremsrades E_x greift der um O_x drehbare Doppelhebel $M_x O_x P_x$ ein. Der untere Teil von $O_x P_x$ lehnt an eine Spiralfeder Q_x an, die auf der Stange R_x aufgeschoben ist und durch den Stellring Z_x gespannt wird. Die Stange R_x ist an einem Ende an dem um S' drehbaren Hebel $S' T_x$ eingehängt, am anderen Ende an dem um U_x drehbaren Doppelhebel $X_x U_x W_x$. Am äußersten Ende des Hebels $X_x U_x$ befindet sich eine Rolle. Sobald nun der Wagen am Ende seiner Ausfahrt anlangt, drückt die am Wagen befestigte Gabel Y_x die Rolle des Hebels $X_x U_x$ hinunter, wobei $X_x U_x W_x$ im Sinne des Pfeiles *a* schwingt. Hierbei wird auch die Stange R_x im Sinne des Pfeiles *a* verschoben, so daß die an $P_x O_x$ anstoßende Feder Q_x zusammengepreßt wird. Der Hebel $P_x O_x$ hat demgemäß das Bestreben, im Sinne des Pfeiles *b* zu schwingen, kann dies aber nicht, weil $P_x O_x$ am Ansatz A_1 des an der Riemengabel angehängten Hebels $E_1 E_1$ anstößt. Die Abwindekupplung G_x kann also erst in Tätigkeit treten, wenn die Riemengabel von der Festscheibe auf die Losscheibe gelangt. Arbeitet man ohne Nachdraht, so kann die Riemengabel erst auf die Losscheibe gelangen, wenn das Exzenter G_x der Steuerwelle um 180^0 gedreht worden ist. Erst dann kann die Feder F_1 im Sinne des Pfeiles *c* wirken, worauf der Hebel $M_x O_x P_x$ unter Einwirkung der Feder Q_x den gußeisernen Bremskegel des Rades E_x auf den belederten Bremskegel der Festscheibe F_x preßt, die Hauptwelle abbremst und rückwärts dreht.

Wird mit Nachdraht gearbeitet, so wird nach Hinabdrücken der Rolle des Hebels $X_x U_x W_x$ der Hebel $M_x O_x P_x$ so lange in seiner Ausfahrtsstellung beibehalten, bis der Finger L des Nachdrahtzählers die schiefe Ebene des Hebels $E_1 E_1$ hinabgedrückt hat, so daß derselbe aus dem Bereich des Ansatzes N_1 gelangt und der Schwingung der Riemengabel nichts mehr im Wege steht.

2. Antrieb des Winders und des Gegenwinders beim Abwinden.

Zum Abwinden wird der Winder *6* (Abb. 241a) hinuntergezogen, wobei der Winderdraht während der Rückdrehung der Spindeln den Faden senkrecht zur Spindelachse nach abwärts führen muß. Sobald der Verbund abgewickelt wird, soll der Faden sofort gespannt werden, sonst würden sich Schleifen im Garn bilden. Deshalb wird der Gegenwinder während des Abwindens unabhängig vom Winder sein müssen. Wird beim Herabziehen des Winders *6* der Federzug von *5* überwältigt, so steigt der Gegenwinder in die Höhe; der Gegenwinderdraht berührt die Fäden und die Kette *15* lockert sich, so daß der nun frei gewordene Gegengewichtshebel *25*—*26* mit den Gegengewichten *18* und *28* für die Spannung der Fäden sorgt.

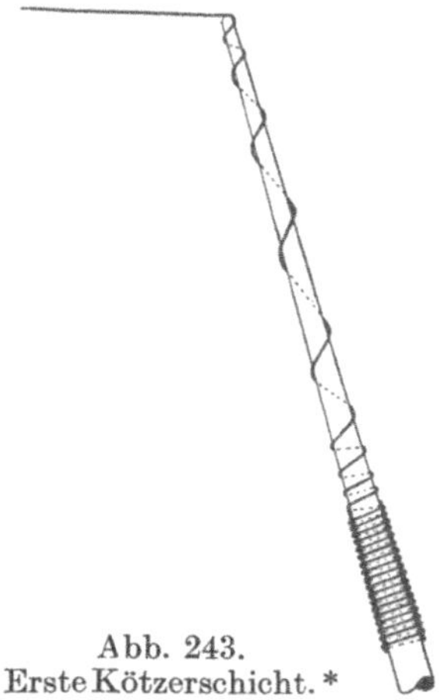

Abb. 243. Erste Kötzerschicht. *

Der Winder erhält seinen Antrieb von der Trommelwelle aus. Um die Trägheit des Winders zu überwinden, gibt man ihm zuerst eine beschleunigte, dann eine verzögerte Bewegung, denn wie aus Abb. 243 hervorgeht, in welcher die erste Schicht des Kötzers dargestellt ist, nehmen die Ganghöhen der Verbundspiralen von der Spindelspitze aus erst langsam zu, um dann gegen die Kötzerspitze zu schnell abzunehmen. Würde man den Winder im selben Augenblick herabziehen, in welchem die Rückdrehung der Spindeln beginnt, so würden die oberen Verbundspiralen der Spindel entlang hinabgestreift oder gar noch im Abwindesinne aufgewickelt werden und reißen. Man gibt deshalb dem Winder eine gewisse Nacheilung in bezug auf die Rückwärtsdrehung der Spindeln. Am Anfang des Abzuges ist diese Nacheilung des Winders größer als beim vollen Kötzer, denn bei der ersten Kötzerschicht ist die Anzahl der Verbundspiralen größer als gegen Ende des Abzuges.

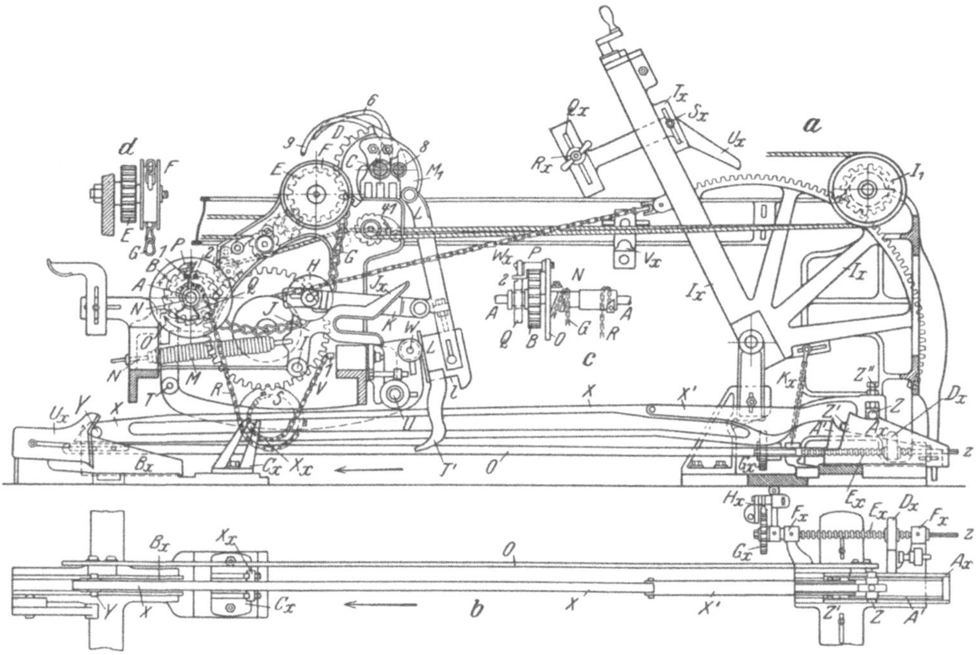

Abb. 244a bis d. Abwindemechanismus der E.M.G.M. *

Den Antrieb des Winders beim Abwinden führen die Platt Brothers - Bolton sowie die E.M.G.M. folgendermaßen aus (siehe Abb. 244a, 244b, 244c und 244d).

Auf der Trommelwelle *A* ist das Sperrad *B* aufgekeilt. Während der Aus- und Einfahrt des Wagens dreht die Trommelwelle im $+$-Sinne, während des

Abwindens im —-Sinne. Auf der Winderwelle C ist ein Zahnsegment D befestigt, das in das Zahnrad E eingreift. Letzteres ist mit der Kettenrolle F verbunden, auf welcher das eine Ende der Abwindekette G befestigt ist. Diese führt über die Leitrolle H nach einem auf der Trommelwelle lose aufgeschobenen Schneckenmuff N, welcher mit der Scheibe O aus einem Stück gegossen ist. Scheibe O trägt auf einem Zapfen eine mit 2 Ansätzen versehene Klinke P, zwischen diesen beiden Ansätzen führt eine auf die Trommelwelle geschobene Schleppfeder Q hindurch. Zur Erhöhung der Reibung ist die Schleppfeder dort, wo sie die Trommelwelle umklammert, mit Leder beschlagen.

Die Leitrolle H ist in dem um I drehbaren Hebel J gelagert, der einerseits vermittels des Hebels K mit dem Verbindungshebel L verbunden ist. Letzterer ist an den Schwanenhals M_1 gehängt, welcher mit dem Zahnsegment D verschraubt ist.

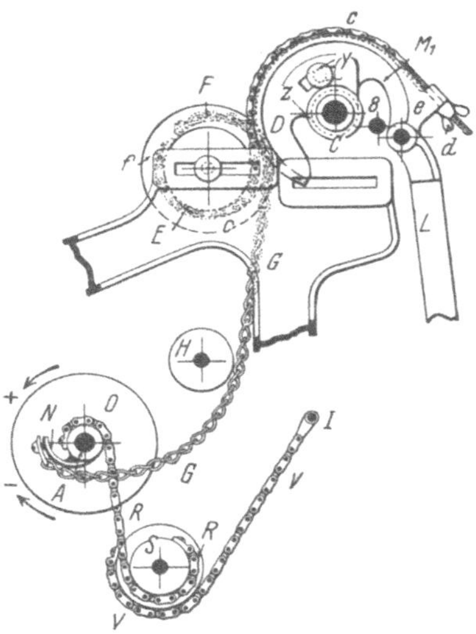

Abb. 245. Rollenübersetzung für Winder und Gegenwinder.*

In neuerer Zeit wird statt des Zahnsegments die in Abb. 245 dargestellte Rollenübersetzung angewendet. Der Schwanenhals M_1 D sitzt lose auf der Winderwelle, auf dieser ist das mit einem Schlitze versehene Stück z befestigt, wodurch der Schwanenhals mittels der Stellschraube y verstellbar ist. Die auf dem Schwanenhalse befindliche Kette c, welche vermittels der Flügelmutter d einstellbar angeordnet ist, führt über die Rille E der Rolle f, während über die Rille F derselben Rolle die Abwindekette G über die Leitrolle H zu dem auf der Trommelwelle losen Schneckenmuff N führt.

Dreht nun die Trommelwelle bei der Aus- und Einfahrt im +-Sinne, so stößt die Schleppfeder Q an den Ansatz *1* der Klinke P, hält letztere aus dem Bereich der Sperradzähne und versucht die Scheibe O im + - Sinne zu drehen. Dies soll jedoch vermieden werden, damit nicht etwa die Abwindekette G negativ aufgewickelt würde, d. h. die Scheibe O so lange im +-Sinne gedreht würde, bis G gespannt wäre. Man verwendet deshalb eine Gegenkette R, welche auf der Nabe des Schneckenmuffes N befestigt ist und der Abwindekette entgegenwirkt, so daß beim Anschlagen der Schleppfeder an die Klinke P die Gegenkette R gespannt ist, dies ist also bei der Aus- und Einfahrt des Wagens der Fall. Bei der +-Drehung der Trommelwelle wird die Klinke P bloß gehoben.

Dreht während des Abwindens die Trommelwelle im —-Sinne, so stößt die Schleppfeder an den Zapfen *2* der Klinke P, wodurch diese mit dem Sperrad in Eingriff gelangt und folglich die Abwindekette aufwickelt, wodurch der Winderdraht herabgezogen wird. Infolge der in Abb. 245 deutlich sichtbaren Ausbildung des Schneckenmuffes N wird der Winder zuerst beschleunigt, dann verzögert herabgezogen.

Die Abwindekette ist jedoch zu Beginn des Abwindens nicht straff angezogen, sondern sie hängt etwas durch, wodurch eben das Nacheilen des Winders in bezug auf die Rückdrehung der Spindeln bewirkt wird. Je mehr die Kette durchhängt, desto größer ist die Nacheilung, denn der durchhängende Teil der Kette muß erst vom Schneckenmuff N aufgewickelt werden, bevor der Winder heruntergezogen werden kann. Bei Beginn des Abzuges soll das Durchhängen der Abwindekette G am größten, zu Ende des Abzuges am kleinsten sein. Dieses allmähliche Verkürzen der Abwindekette erreicht man auf folgende Weise (siehe Abb. 244a): Die Gegenkette R ist an einer Rolle S befestigt, auf deren anderen Spur die am Wagen in 1 angebrachte Kette V geschraubt ist. Die Rolle S dreht um eine Achse, welche in dem um T am Wagen befestigten, drehbaren Hebel TU gelagert ist. U ist eine Laufrolle, die auf der Leitschiene $XXX'X'$ während der Aus- und Einfahrt läuft. Diese Leitschiene reicht vom großen bis zum kleinen Kopfstück und ruht im großen Headstock mit dem Zapfen Y auf der schiefen Ebene B_x, im kleinen Kopfstück mit dem Zapfen Z auf der schiefen Ebene A_x. Um nun die Leitschiene am willkürlichen Hinuntergleiten zu verhindern, ist sie mit einem Zapfen X_x versehen, der in einem gegen das große Kopfstück geneigten Schlitzstück C_x geführt ist.

Sowie die Leitschiene sich senkt, wird auch die Laufrolle in U dieselbe Bewegung ausführen und die Kettenrolle S eine tiefere Lagerung einnehmen. Da aber Kette V in 1 an einem festen Punkte angehängt ist, muß sich die Gegenkette R auf die Kettenrolle S aufwickeln. R ist auf der Nabe des Schneckenmuffes N befestigt (Abb. 242c), somit wird sich mit jedem Senken der Leitschiene die Abwindekette G mehr und mehr aufwickeln, wodurch das Durchhängen derselben verringert und die Nacheilung des Winders in bezug auf die Spindeln kleiner wird.

Das Senken der Leitschiene kommt dadurch zustande, daß sich die schiefen Ebenen A_x und B_x bei jeder Einfahrt gegen das große Kopfstück zu verschieben. Diese Verschiebung vollzieht sich durch folgende Anordnung: An der schiefen Ebene A_x ist ein mit Gewinde versehenes Stück D_x angegossen (siehe auch Abb. 244b), durch welches die Schraubenspindel E_x hindurchgeht. Diese ist in den beiden feststehenden Lagern F_x—F_x gehalten, so daß bei Drehung der Schraubenspindel sich der Ansatz D_x verschieben muß. Am Ende der Schraubenspindel ist das Sperrad G_x aufgesteckt, in welches die Klinke H_x eingreift, letztere ist mittels der Kette K_x (Abb. 244a) mit dem Sektor I_x verbunden. Während der Einfahrt neigt sich der Sektor gegen das große Kopfstück zu, wobei vermittels Kette K_x und Klinke H_x das Sperrad G_x gedreht wird. Die schiefen Ebenen A_x und B_x, welche auch Formplatten genannt werden, sind miteinander durch die Stange O verbunden.

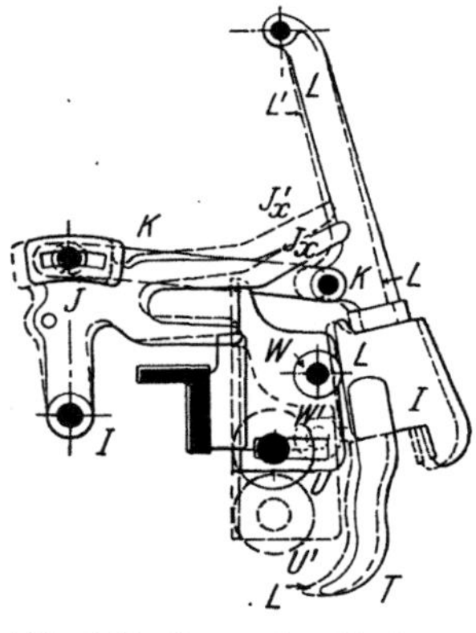

Abb. 246. Lage des Verbindungshebels bei höchster und bei tiefster Stellung der Leitschiene. *

So, wie die Anordnung in Abb. 244a zeigt, hat das Senken der Leitschiene einen schlechten Einfluß auf die Abwindebremse: Nach dieser Abbildung ist die Rolle W in demselben Stück gelagert wie die Laufrolle U. Sobald das Abwinden beendigt ist, d. h. sobald der Winder die Kötzerspitze erreicht hat, wird vermittels der Feder M und der Hebel J und K der Verbindungshebel LL auf die Rolle W gezogen, wobei die schräge Fläche l auf W zu sitzen kommt. Je tiefer die Lage der Rolle W infolge des Senkens der Leitschiene wird, desto mehr wird sich bei der schiefen Lage des unteren Teiles L des Verbindungshebels letzterer dem großen Kopfstück nähern. Infolgedessen wird sich die Stellung des Hebels J verändern und gegen Ende des Kötzers wird die Gabel J_x die punktierte Lage J'_x einnehmen, wie dies in Abb. 246 veranschaulicht ist. Hierin bezeichnen die ausgezogenen Linien die Lage des Verbindungshebels LL am Anfang des Kötzers, demnach bei höchststehender Lage der Leitschiene, die punktierten Linien die Lage des Verbindungshebels bei vollendetem Kötzer, also bei tiefster Lage der Leitschiene. Wie wir aber schon in Abb. 240 gesehen haben, drückt am Ende der Ausfahrt diese Gabel (in Abb. 240 mit Y_x bezeichnet) die Rolle des um U_x drehenden Hebels $X_x U_x W_x$ herab, wodurch die Stange R_x in der Richtung a verschoben und die Feder Q_x gespannt wird. Letztere beeinflußt den Hebel $P_x O_x M_x$ und erteilt die zum Einschalten der Abwindebremse nötige Kraft. Sind die Kötzer noch im Anfangsstadium, so braucht diese zum Anhalten der Spindeln nötige Kraft nicht so bedeutend zu sein, wie wenn die Kötzer beinahe fertig sind. Da aber die Gabel J_x am Ende des Abzuges in eine höhere Stellung gelangt, so wird auch die Feder Q_x (Abb. 240) weniger zusammengedrückt werden, und die Kraft, mit welcher der Gußkegel des Bremsrades E_x auf den belederten Bremskegel G gepreßt wird, nimmt mit zunehmendem Kötzer ab. Es soll jedoch das Gegenteil stattfinden. Mit zunehmendem Kötzer soll auch die Kraft zunehmen, mit welcher die Bremskegel der Abwindebremse ineinander gedrückt werden, denn die Spindeln haben natürlich bei vollen Kötzern eine größere lebendige Kraft wie zu Anfang des Abzuges.

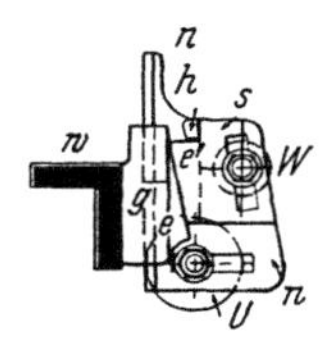

a

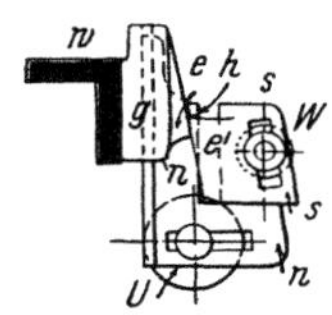

b

Abb. 247a und b. Verbesserte Führung des am Verbindungshebel befindlichen Gleitstückes. *

Diesem Übelstand wird folgendermaßen begegnet (siehe Abb. 247a und 247b):

Am Wagen w ist das Gleitstück g befestigt, an welches die schiefe Ebene e gegossen ist. In diesem Gleitstück g befindet sich der Schlitten nn, der die Rolle U trägt. Auf der schiefen Ebene e sowie auf dem Schlitten nn ruht ein anderes Gleitstück s, dessen abgeschrägte Fläche e' genau an die Fläche e angepaßt ist. Der Finger h dient als Führung. In dem Gleitstück s ist die Rolle W in einem Schlitze befestigt, an welche der Verbindungshebel angepaßt wird, wodurch die Stellung von s gesichert ist. Abb. 247a zeigt die Rolle U in der obersten Stellung, d. h. am Anfang des Abzuges, wogegen Abb. 247b die Stellung am Ende des Abzuges darstellt. Mit jeder folgenden Schicht senkt sich der Schlitten nn und das Gleitstück s wird infolge der abgeschrägten Fläche bei jeder Senkung nach außen verschoben, so daß auch der Verbindungshebel LL seine Stellung in diesem Sinne verändert.

Dadurch kommt die Gabel J_x (Abb. 244a) immer tiefer zu stehen, so daß beim Anschlagen derselben auf die Rolle des Hebels $X_x U_x W_x$ (Abb. 240) der Ausschlag desselben größer wird und somit auch die Spannung der Feder Q_x zunimmt. Je größer der Kötzer wird, desto größer wird auch die Kraft, mit welcher die Bremskegel ineinander gepreßt werden.

Die Maschinenfabrik Dobson & Barlow, Bolton, führt folgende Anordnung aus (siehe Abb. 248a, 248b, 248c, 248d und 248e):

Auf der Trommelwelle A ist das Sperrad B aufgekeilt. Die Abwindekette G ist an dem auf der Trommelwelle losen Muff N befestigt, an dem auf der einen Seite die Scheibe O, an der anderen Seite die Scheibe q (Abb. 248b) angegossen ist. Die Kette G führt über die Leitrolle H nach dem Segment D, wo sie am Ansatz D mit Schraubenmuttern befestigt ist. In die Scheibe O sind in regelmäßigen Abständen Vierkantlöcher eingelassen, die zum Aufnehmen des Zapfens der Klinke P dienen. Letztere ist mit 2 Ansätzen versehen, zwischen welche die auf der Trommelwelle aufgeklemmte Schleppfeder Q eingreift. Diese führt dieselben Funktionen aus, wie wir schon bei der Anordnung der Elsässischen Maschinenbau-Gesellschaft kennengelernt haben.

Die Nacheilung des Winders in bezug auf die Rückdrehung der Spindeln führt Dobson & Barlow auf folgende Weise aus: Das Gegenkettchen V ist an der auf der Trommelwelle lose aufgeschobenen Hülse n befestigt; N und n sind also zwei verschiedene Teile. In einem der Löcher der Scheibe q ist eine Stellschraube p angebracht (Abb. 248a), welche bei der Drehung der Trommelwelle im $+$-Sinne, d. h. bei der Aus- und Einfahrt des Wagens, an eine an n angegossene Zunge o stößt und diese so lange mitnimmt, bis letztere an das am Wagen befestigte Stück a stößt (Abb. 248b), wodurch der Drehung von N Einhalt geboten wird.

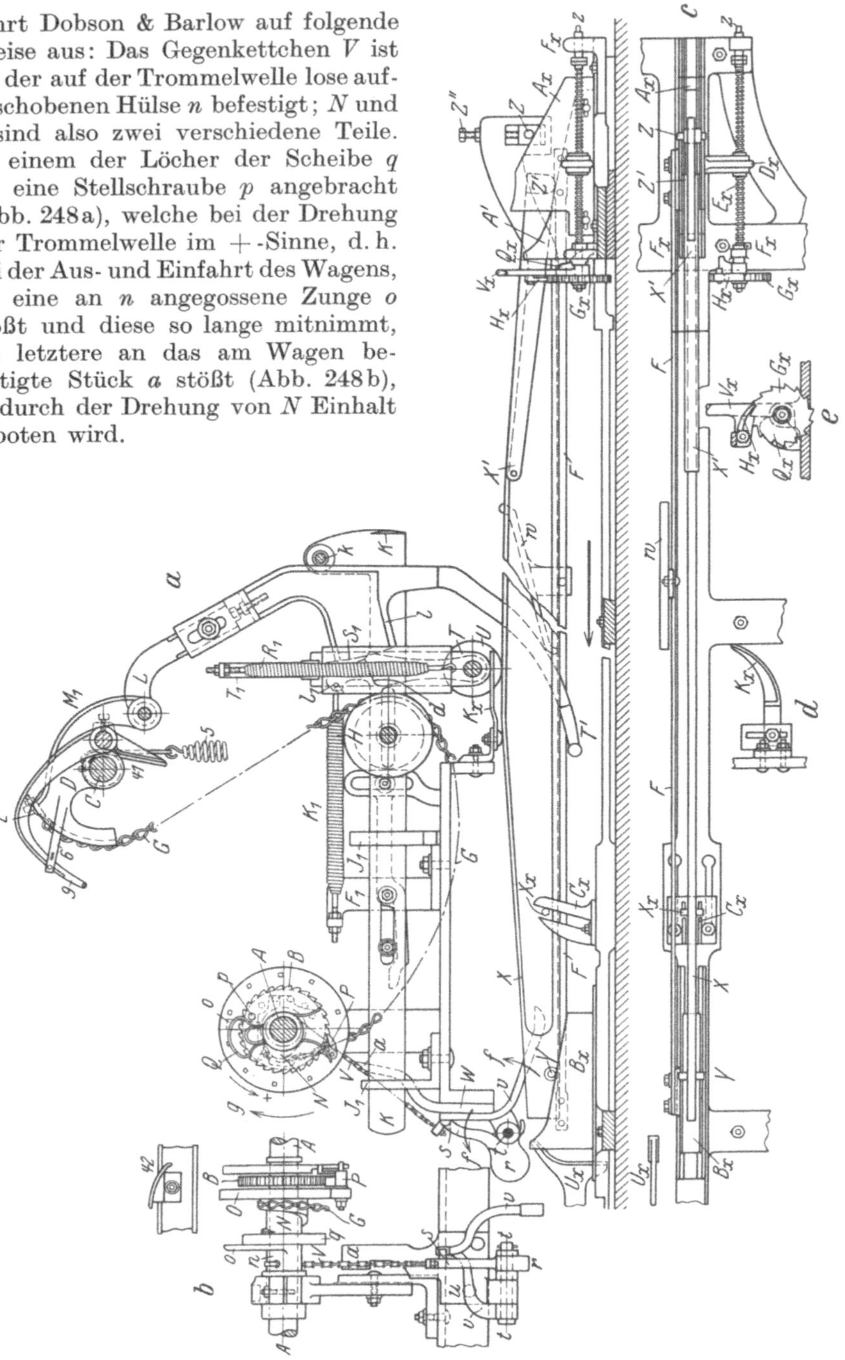

Abb. 248a bis e. Abwindemechanismus von Dobson & Barlow, Bolton.*

Drehen nun während des Abwindens die Spindeln rückwärts, so bleibt die Zunge o am Wagenstück a liegen und, indem N jetzt entgegengesetzt dreht, wird o erst von der Schraube p wieder erfaßt, wenn N eine volle Umdrehung im —-Sinne ausgeführt hat, um dann solange mitgenommen zu werden, bis o an der anderen Kante von a aufschlägt und auf diese Weise die Weiterdrehung von N begrenzt. Die Abwindekette kann somit höchstens zweimal auf N aufgewickelt werden. Das Durchhängen der Kette G bleibt demnach immer gleich, sowohl am Anfang, wie am Ende des Abzuges.

Zum progressiven Verkürzen der Abwindekette G ist das Gegenkettchen V an dem mit Gegengewicht r versehenen Hebel s angehängt, der um den Zapfen t drehbar gelagert ist (siehe Abb. 248a und 248b). Dieser Zapfen t ist durch ein am Wagen befestigtes Stück u gehalten. Auf demselben Zapfen ist ein eigenartig gebildeter Hebel v angehängt (Abb. 248b), der mit einem Ansatz am Hebel s anliegt und in eine geschweifte Form ausläuft. Während der Ausfahrt stößt der untere Teil dieser geschweiften Form von v auf eine schiefe Ebene w auf (Abb. 248a), wodurch der Hebel s in Schwingung gerät und auf diese Weise vermittels Gegenkette V, Zunge o und Stellschraube p die Abwindekette G auf den Muff N aufwickelt. Je größer die Schwingung von s ist, desto mehr Kette wird aufgewickelt. Die schiefe Ebene w ist deshalb an der Verbindungsstange der beiden Formplatten A_x und B_x angeschraubt. Da letztere sich von Schicht zu Schicht nach dem großen Kopfstück zu bewegen, wird auch mit jeder Schicht die Schwingung des Hebels s größer, d. h. es wird immer mehr Kette G aufgewickelt.

Die Anordnung der Leitschiene und der Formplatten ist dieselbe wie bei der Elsässischen Maschinenbau-Gesellschaft, nur daß die Bewegung der Sperrradklinke H_x nicht während der Einfahrt vom Sektor mittels Kettchens ausgeführt wird, sondern Dobson & Barlow dreht das Sperrad und somit die Spindel E_x während der Ausfahrt. Auf der Leitspindel E_x ist lose ein Hebel V_x aufgeschoben, an welchem die Klinke H_x befestigt ist (siehe Abb. 248a, 248c und 248e). Dieser Hebel V_x ist mit einem Gegengewicht Q_x versehen. Sobald das am Wagen befestigte, sichelförmig gebogene Stück K_x (siehe Abb. 248a und 248d) gegen Ende der Ausfahrt an den Hebel V_x stößt, wird auf diese Weise das Sperrad und somit die Leitspindel E_x gedreht, wodurch die Formplatten gegen den großen Kopf zu verschoben werden. Mit Hilfe des Gegengewichtes Q_x fällt bei der Einfahrt der Hebel V_x in seine ursprüngliche Stellung zurück. Eine mit Leder versehene Bremse verhütet ein Verstellen des Sperrades.

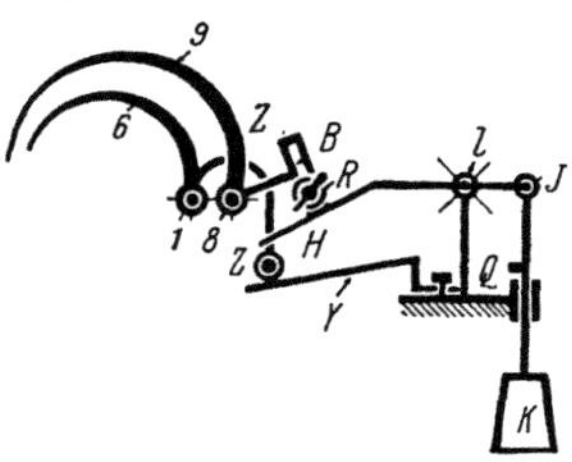

Abb. 249. Herabdrücken des Windes kurz vor dem Abwinden. *

Ist der Abzug beendet, so wird die Klinke H_x ausgehoben und mittels Handkurbel, welche auf den Vierkant z der Spindel aufgesteckt wird, werden die Formplatten in ihre Anfangsstellung zurückgeführt.

Um während des Abwindens Zeit zu gewinnen, wird der Winder schon vor dem Abwinden in die unmittelbare Nähe der Fäden gebracht, indem man auf der Winderwelle einen mit Rolle versehenen Hebel z befestigt (siehe Abb. 249), der kurz vor Ende der Ausfahrt auf eine im kleinen Kopfe angebrachte schiefe Ebene y aufläuft und dadurch den Winder bis in die Nähe der Fäden hinabdrückt.

III. Die Einfahrt.

1. Antrieb des Wagens bei der Einfahrt.

Der Antrieb des Wagens muß demjenigen der Spindeln vorangehen, denn die Spindeln werden während der Wageneinfahrt vom Wagen aus betätigt.

Die bei der Ausfahrt hergestellte Fadenlänge soll nun aufgewickelt werden.

Während des Abwindens ist der Wagen längere Zeit in Ruhe, am Ende der Einfahrt steht er während einer kurzen Zeitdauer still. Der Wagen soll demnach von einer Ruhestellung in die andere übergeführt werden. Da die Wageneinfahrt nur das Aufwinden des gesponnenen Fadenstückes bezweckt, hat man alles Interesse, diese für die Lieferung verlorene Zeit möglichst abzukürzen.

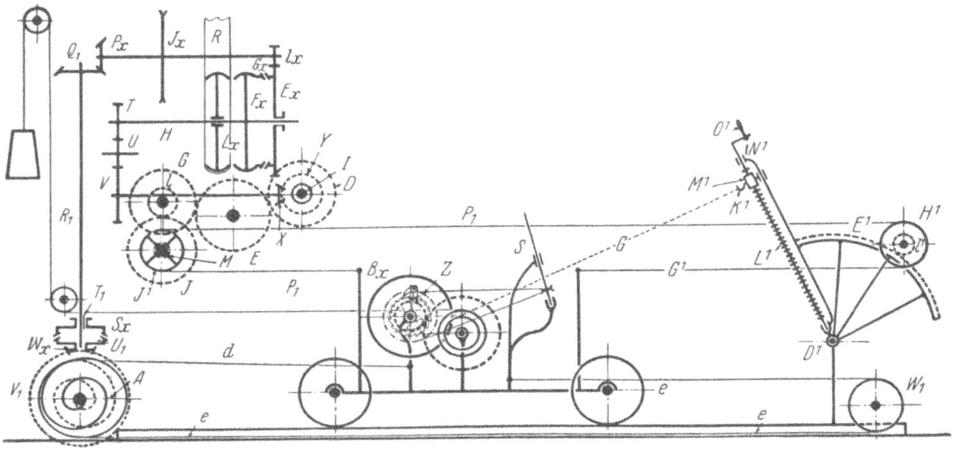

Abb. 250. Antrieb des Wagens und der Spindeln bei der Einfahrt.*

Man gibt deshalb der Wageneinfahrt zuerst eine beschleunigte, so dann eine verzögerte Bewegung.

Zum Antrieb des Wagens wird die ständig drehende Welle $J_x l_x$ (Abb. 250) benutzt, welche das Bremsrad der Abwindekupplung antreibt. Es soll nun die

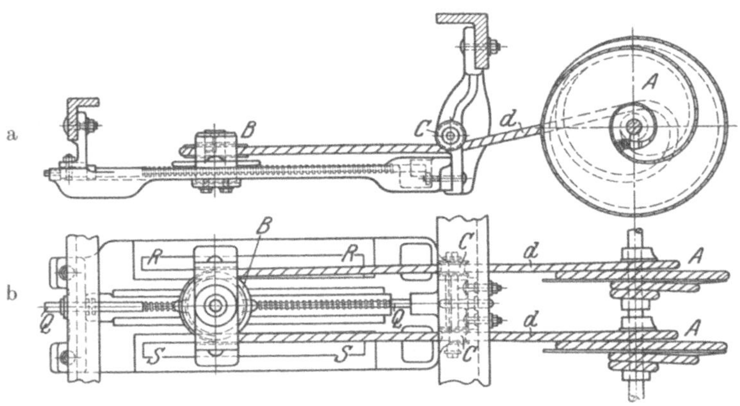

Abb. 251a und b. Spannrolle des Schneckenseiles.*

gleichförmige Drehbewegung dieser Welle, auch Einzugswelle genannt, bei der Wageneinfahrt zuerst in eine beschleunigte, dann verzögerte Bewegung umgewandelt werden. Dies erreicht man mit den in Abb. 251a und 251b dargestellten Schnecken. Während der Ausfahrt und dem Abwinden dürfen natürlich diese Schnecken keinerlei Einfluß auf den Wagen haben. Die Schneckenwelle erhält ihren Antrieb von der Einzugswelle $J_x l_x$ aus durch die Kegelräder P_x

und Q_1, welch letzteres auf der senkrechten Welle R_1 sitzt, an deren unterem Ende die Glocke S_x verschiebbar aufgeschoben ist. Abb. 252 zeigt einen Schnitt durch die Einzugskupplung. Die Glocke S_x ist mit 2 Ansätzen A_x versehen, welche in ein auf der Welle R_1 aufgekeiltes Kreuz eingreifen, wodurch die Mitnahme der Glocke gesichert ist. Unter der Glocke ist ein mit Leder beschlagener Konus U_1 auf die Welle R_1 lose aufgeschoben, der ein Kegelrad W_x trägt. Die Glocke besitzt oben eine Auskehlung C, in welcher ein Hebel eingreift, der die Glocke hebt oder senkt, je nachdem es die Umstände verlangen. Während der Ausfahrt und dem Abwinden bleibt die Glocke S_x gehoben, dreht also lose auf der Welle R_1. Während der Einfahrt hingegen wird die Glocke S_x gesenkt und ihr innerer Kegel wird auf den belederten Kegel U_1 gepreßt, so daß dieser mitgenommen wird. Dadurch dreht das kleine Kegelrad W_x das große Kegelrad V_1 (siehe Abb. 250) und mithin auch die auf der Welle von V_1 aufgekeilten Schnecken. Die Schneckenwelle dreht demnach mit gleichförmiger Geschwindigkeit. Da aber der Wagen erst beschleunigt, dann verzögert einfahren soll, so sind die Spiralen der Schnecken so geformt, daß während der beschleunigten Einfahrt das Seil auf immer größere Durchmesser aufgewickelt wird, bis die Höchstgeschwindigkeit erreicht ist. Um die verzögerte Einfahrtsbewegung zu erlangen, läßt man dann das Seil auf immer kleiner werdende Durchmesser aufwickeln, bis am Ende der Einfahrt durch Heben der Glocke S_x dem Einzug ein Ende bereitet wird.

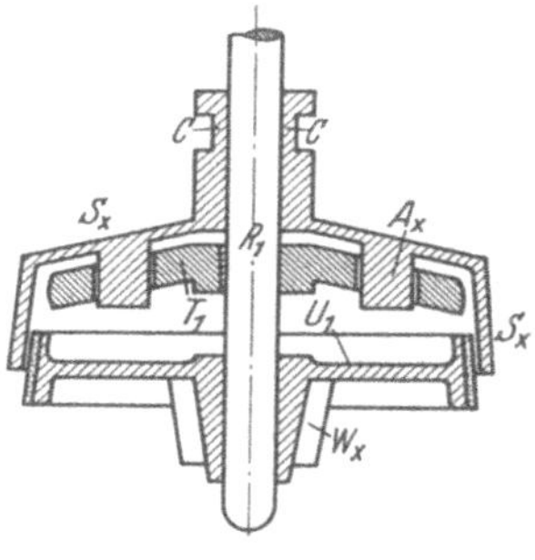

Abb. 252.
Einzugskupplung. *

Hat der Wagen bei der beschleunigten Einfahrtsbewegung seine Höchstgeschwindigkeit erreicht — das ist in der Mitte des Wagenweges —, so hat der Wagen eine solche bedeutende l e b e n d i g e K r a f t erhalten, daß er mit dieser schnellen Bewegung weiter einfahren will. Die abnehmenden Spiralen der Einzugsschnecken hätten wenig Nutzen, denn das Einzugsseil würde durchhängen und der Wagen würde mit großer Kraft an die Prellböcke anschlagen. Um dies zu verhindern, bringt man auf der Schneckenwelle eine Gegenschnecke an, welche in bezug auf die Einzugsschnecken um 180° gedreht ist. Während das Einzugsseil direkt am Wagen befestigt ist, geht das Gegenseil e über eine im kleinen Kopf befindliche Seilrolle nach dem Wagen. Auf diese Weise muß der Wagen den Spiralen der Schnekken gemäß einlaufen. Sobald er überstürzen will, hält ihn das Gegenseil zurück.

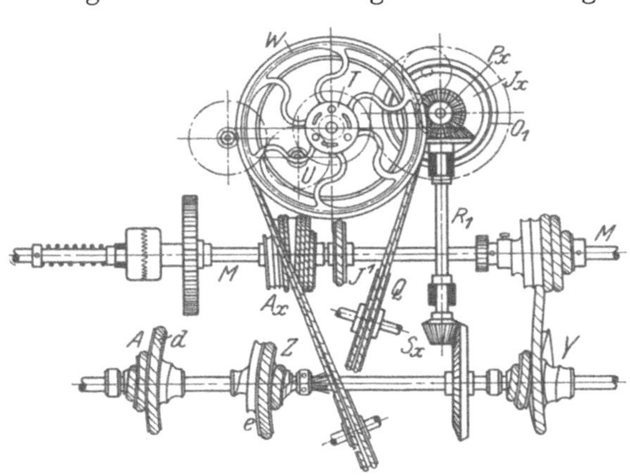

Abb. 253. Anordnung des Einzugs- und Rückhalteschneckenseiles. *

Zum Einziehen des Wagens werden meistens 2 Einzugsschnecken angewendet, wie dies in Abb. 251 dargestellt ist. Das 22 mm dicke Einzugsseil führt von den Schnecken über die im Wagen angebrachte Spannrolle B. Damit das Seil richtig auf B aufläuft, sind 2 Leitrollen C—C

angebracht. Vermittels der Schraubenspindel Q und den Schlitzen R und S wird dem Einzugsseil die nötige Spannung erteilt.

Für lange Selfaktoren erhält der Wageneinlauf eine größere Sicherheit, wenn eine dritte Einzugsschnecke verwendet wird, deren Seil zu einer auf der Wagenauszugswelle sitzenden Mandause mit entsprechenden Rillen führt, wodurch während des Einzuges die Auszugswelle in Einzugswelle umgewandelt wird. Eine derartige Anordnung zeigt Abb. 253. Darin ist A die Einzugsschnecke, welche direkt zum Wagen führt, Y die Einzugsschnecke, die zur Mandause führt. Z ist die Gegenschnecke. Siehe auch Abb. 239.

Wegen ihrer geringen Dehnbarkeit werden an Spinnmaschinen keine Drahtseile verwendet, denn sollte durch irgendeinen Umstand ein schwerer Gang der Maschine eintreten, so würden eher die in Anspruch genommenen Baumwollseile reißen, als daß schwierig ersetzbare Teile der Maschine in Stücke gehen würden.

2. Antrieb der Spindeln während der Einfahrt.

Während der Einfahrt befindet sich der Antriebsriemen auf der Losscheibe. Somit kann nur der von den Schnecken angetriebene Wagen zur Drehung der Spindeln in Betracht kommen.

Der Kötzer muß derart aufgewickelt werden, daß das während der Ausfahrt gesponnene Fadenstück zur Aufwindung des kreuzenden sowie des bildenden Teiles der Schicht genügt. Um allgemein aus einer Verschiebung eine Drehung zu erhalten, genügt es, eine aufgewickelte Kette in das sich verschiebende Organ hineinzulegen und das andere Ende der Kette an einem Festpunkte aufzuhängen. Bei der Verschiebung des Organes wird die Kette abgewickelt und dreht hierbei die Kettentrommel genau in dem Verhältnis, wie der Wagen einfährt. Es ist dann

$$\frac{\text{Abgewickelte Kettenlänge}}{\pi \cdot \text{Kettentrommeldurchmesser}} \cdot \text{Übersetzung auf die Spindeln} = \text{Spindelumdrehungen.}$$

Nehmen wir an, der Wagen befinde sich am Anfang der Ausfahrt und auf einer Achse im Wagen sei die Trommel H gelagert (siehe Abb. 254), auf welcher das Seil l mehrere Male umschlungen wäre. Dieses Seil führe über die Leitrollen J und K und an dessen Ende befinde sich das Gegengewicht L. Auf derselben Achse im Wagen sei ferner die Trommel F mit der Trommel H fest verbunden. Ist an der Trommel F der Anfangspunkt einer Kette G befestigt, welche horizontal verläuft und dessen anderes Ende an einem festen Punkte M angebracht ist, so wird sich während der Ausfahrt des Wagens infolge der von L erzeugten Seilspannung die Kette G auf die Trommel F aufwickeln, während sich das Seil l abwickelt. Fährt nun der Wagen zuerst beschleunigt, dann verzögert ein, so wird sich auch die Trommel F in demselben Verhältnis drehen, also anfangs beschleunigt, sodann verzögert. Hierbei wird sich das Seil l wieder auf seine Trommel H aufwickeln. Verbindet man nun mittels Zahnräder diese Trommeln mit der Spindeltrommel und diese durch einen Schnurtrieb mit der Spindel, so würde letztere bei der Einfahrt im selben Verhältnis drehen, wie der Wagen einfährt, d. h. zuerst beschleunigt, dann verzögert.

Zur Übertragung der Geschwindigkeit der Trommel F auf die Spindeln verwendet man die Aufwindekupplung (siehe Abb. 254 und 255). Auf der im Wagen gelagerten Achse der Kettentrommel F ist das Rad N befestigt, welches in das auf der Spindeltrommelwelle O lose aufgeschobene Rad P eingreift. Mit P ist die Scheibe Q zusammengegossen, in welcher ein Zapfen R eingeschraubt ist. Auf diesem befindet sich drehbar gelagert die mit den beiden Ansätzen *1* und *2* versehene Klinke S_1, welche das auf der Spindeltrommelwelle aufgekeilte

Sperrad V beeinflußt. Zwischen die Ansätze *1* und *2* greift die mit Leder beschlagene Klemmfeder T. Letztere sitzt auf einem festen Muffe U, durch welchen die Trommelwelle O hindurchgeht. Infolgedessen hat die Drehung der Welle O keinerlei Einfluß auf die Schleppfeder. Dreht nun während der Ausfahrt die Spindeltrommelwelle im $+$-Sinne, so wird während dieser Zeit die Kette G' auf die Trommel F aufgewickelt, wodurch das Rad P und somit die Scheibe Q im $-$-Sinne drehen. Hierbei stößt der Ansatz *1* an die Schleppfeder und hebt die Klinke S_1.

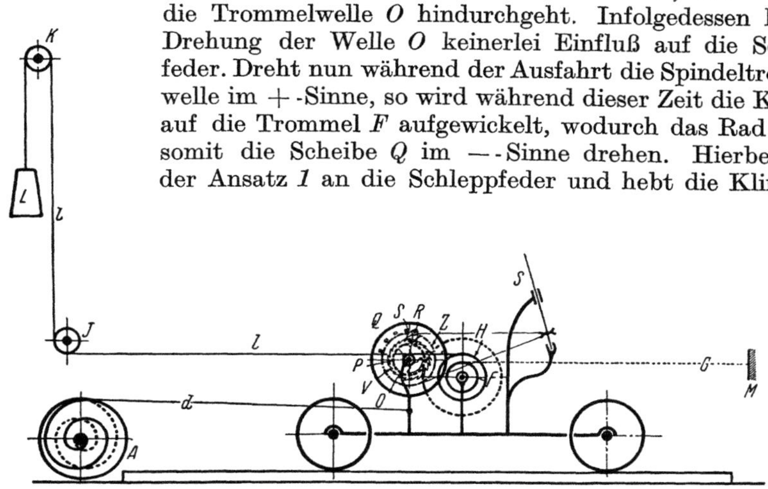

Abb. 254. Schema zwecks Erklärung der Erlangung der Spindeldrehungen aus der Wagenverschiebung. *

Bleibt am Ende der Ausfahrt der Wagen stehen und die Spindeln drehen während des Abwindens rückwärts, so wird diese Rückdrehung der Spindeltrommelwelle die Schleppfeder T nicht beeinflussen und die Klinke S_1 bleibt ausgehoben.

Bei der Einfahrt hingegen wickelt sich die Kette G' von der Kettentrommel F ab, wodurch die Achse derselben im $+$-Sinne dreht (siehe Abb. 255). Dadurch drehen Rad P und Scheibe Q im $+$-Sinne der Spindeltrommelwelle O. Da nun die Schleppfeder T sich passiv verhält, stößt sie an den Dorn *2*, die Klinke S_1 senkt sich und das auf der Spindeltrommelwelle O befestigte Sperrad V wird im $+$-Sinne gedreht. Durch Schnurantrieb von der Trommel D zum Spindelwirtel D' werden somit die Spindeln in demselben Sinne wie bei der Ausfahrt gedreht.

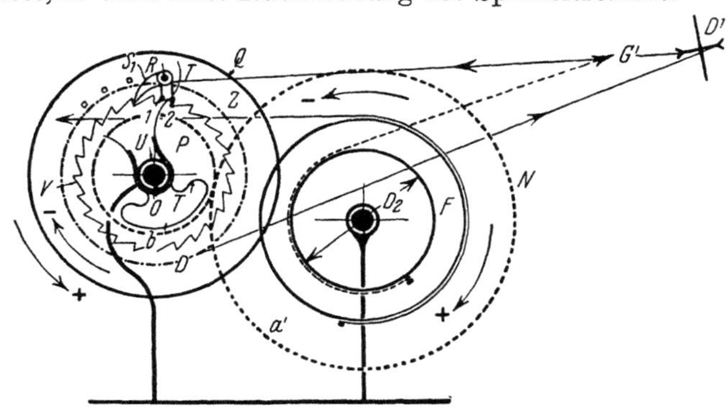

Abb. 255. Aufwindekupplung. *

Bei Beginn der Einfahrt muß der Wagen eine geringe Strecke einfahren, bevor die Schleppfeder durch Anschlagen an den Ansatz *2* die Klinke zum Eingreifen bringen kann. Der während dieser Zeit nicht aufgewickelte Faden wird zwar vom Gegenwinder sofort aufgenommen; sobald aber die Spindeltrommelwelle anfängt zu drehen, so werden durch diesen plötzlichen Ruck Schnitte im Garn hervorgerufen.

Damit die Klinke der Aufwindekupplung sofort bei Beginn der Einfahrt in das Sperrad eingreift, hat die Maschinenfabrik Platt Brothers, Oldham (England), folgende Anordnung getroffen (siehe Abb. 256a und 256b):

Auf der Spindeltrommelwelle O ist der zweiarmige Hebel AOB lose aufgeschoben und auf der Büchse U dieses Hebels sitzt die Klemmfeder T. Infolge des Federzuges der Spiralfeder R stößt das Ende des Hebelarmes OB auf einen am Wagen angebrachten Klotz C. Dadurch wird die Klinke S durch die Klemmfeder gehoben. Der untere Teil des Hebelarmes OA berührt bei der Ausfahrt und beim Abwinden den Finger D, der in dem auf der Stange G befestigten Stellstück E angebracht ist. Mit Hilfe der Stange G wird nach beendetem Abwinden die Wageneinzugskupplung eingeschaltet, indem die Stange G im Sinne des Pfeiles b verschoben wird. Somit drückt der Finger D den Hebel AOB in die punktierte Lage, wobei die Schleppfeder T an den Ansatz 2 der Klinke S stößt und letztere in das Sperrad V eingreift. Durch die sofortige Drehung der Spindeltrommelwelle bei Beginn der Einfahrt werden die Schnitte im Faden vermieden.

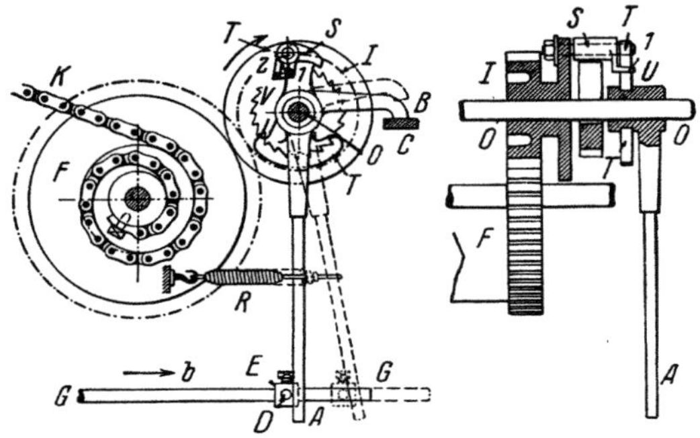

a b

Abb. 256a und b. Anordnung zum sofortigen Eingreifen der Sperradklinke an der Aufwindekupplung bei beginnender Einfahrt. *

An dem Kötzer unterscheidet man bekanntlich den kreuzenden Teil, der vom kleinsten zum größten Kötzerdurchmesser geht, und den bildenden Teil, der von unten nach oben aufgewickelt wird. Wickelt man von oben nach unten auf eine Kegelform, so ist eine verzögerte Spindeldrehung erforderlich, wickelt man dagegen von unten nach oben, eine beschleunigte, damit trotz der Verschiedenheit der Durchmesser die aufgewickelte Fadenlänge gleich bleibt.

Es soll demgemäß die Wagenverschiebung in eine verzögerte Spindeldrehung für den kreuzenden Teil und in eine beschleunigte Bewegung für den bildenden Teil der Kötzerschicht umgewandelt werden. Zu diesem Zwecke darf der Aufhängepunkt M (Abb. 254) nicht festgelagert sein, sondern er muß selbst eine Bewegung ausführen. Bezeichnet man mit w die Wagengeschwindigkeit und mit v diejenige des Aufhängepunktes M, so wird sich bei der Einfahrt keine Kette abwickeln, wenn $w = v$ ist. Zur Kettenabwickelung muß v immer kleiner sein als w, die abgewickelte Kettenlänge wird dann $w - v$ sein. Ist w gleichförmig und v beschleunigt, so erhalten wir eine verzögerte Spindeldrehung. Bei gleichförmigem w und verzögertem v wird die Spindelbewegung beschleunigt. Der Aufhängepunkt soll demzufolge zuerst eine beschleunigte, dann eine verzögerte Bewegung erhalten. M wird vom Wagen aus getrieben und erhält eine ihm nacheilende Bewegung, wodurch man in der Lage ist, den Wagen schnell oder langsam einfahren zu lassen. Es ist deshalb

Abgewickelte Kette = Wagenweg — Kettennacheilung.

Bezeichnet man mit l_K die abgewickelte Kettenlänge, mit l_x den Wagenweg und mit v_x die Kettennacheilung, so ist

$$l_K = l_x - v_x .$$

Ferner ist:

Anzahl Spindelumgänge = Abgewickelte Kettenlänge · Übersetzung auf die Spindel.

Nach Abb. 255 haben wir also, wenn wir mit s_x die jeweiligen Spindelumgänge benennen:

$$s_x = l_K \frac{a'}{b'} \frac{D}{D'} .$$

Multiplizieren wir diese Spindelumdrehungen mit dem jeweiligen Umfang u_x des Kötzers, so ist die aufgewickelte Fadenlänge L_x

$$L_x = l_K \frac{a'}{b'} \frac{D}{D'} \cdot u_x . \tag{1}$$

Ist d_x der jeweilige Aufwindungsdurchmesser, so ist $u_x = \pi \cdot d_x$.

Für eine abgewickelte Kettenlänge l'_K ändert sich bloß der Aufwindungsdurchmesser für dieselbe Fadenlänge L_x, somit erhalten wir:

$$L_x = l'_K \frac{a'}{b'} \frac{D}{D'} \cdot u'_x . \tag{2}$$

Durch Division von (1) und (2) ergibt sich

$$\frac{L_x}{L_x} = \frac{l_K}{l'_K} \frac{u_x}{u'_x} = \frac{l_K}{l'_K} \cdot \frac{\pi\, d_x}{\pi\, d'_x} ,$$

$$\frac{l_K}{l'_K} = \frac{d'_x}{d_x} ,$$

d. h. die abgewickelten Kettenlängen sind den Aufwindungsdurchmessern umgekehrt proportional. Für den kreuzenden Teil des Kötzers muß sich also die Kette mit verzögerter Geschwindigkeit abwickeln; mit anderen Worten: der Aufhängepunkt der Kette muß beschleunigt nacheilen. Andererseits muß sich für den bildenden Teil die Kette mit beschleunigter Geschwindigkeit abwickeln, d. h. der Aufhängepunkt der Kette muß verzögert nacheilen.

Die beschleunigte und verzögerte Bewegung des Aufhängepunktes der Kette wurde früher mittels einer vom Wagen angetriebenen Schnecke, ähnlich einer Einzugsschnecke, ausgeführt, jedoch ist seit 1825 der von Roberts, Manchester, erfundene Sektor oder Quadrant in Gebrauch.

Zeichnen wir einen Halbkreis, teilen die Peripherie in eine Anzahl gleicher Teile und projizieren diese Punkte auf den waagerechten Durchmesser, so bemerken wir, daß auf diesem die Abstände der Projektionen von der Peripherie zum Mittelpunkte des Halbkreises zunehmen (siehe Abb. 257) und vom Mittelpunkt zur Peripherie abnehmen. Auf diesem Prinzip beruht der Sektor. Er besteht aus einem um Punkt D' (siehe Abb. 250) drehbaren Zahnkranz E', der vom Trieb l' in Bewegung gesetzt wird. Letzterer ist auf einer Achse befestigt, welche eine Mandausentrommel H', ähnlich wie in Abb. 235, trägt. Von H' geht Seil G' zum Wagen, während das Gegenseil P_1 über eine im großen Kopf gelegene Leitrolle J' geführt ist und am hinteren Teile des Wagens angreift. Die Sektorkette G ist an einem Haken K' der Mutter M' angehängt, die an der im Sektorarm $N'D'$ angebrachten Leitspindel entlang gleitet, sobald die Handkurbel O' gedreht wird.

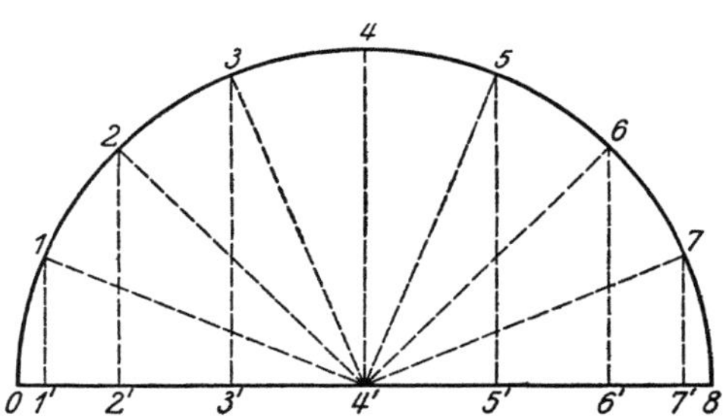

Abb. 257. Graphische Darstellung der Kurbelbewegung, um aus einer gleichförmigen eine beschleunigte bzw. verzögerte Bewegung eines Punktes zu erhalten. *

Denken wir uns in Abb. 257 eine ausziehbare Kurbel; das eine Ende bewegt sich der Peripherie entlang, das andere Ende ist in einem auf der Basis befindlichen Schlitten geführt. Bewegt man nun den einen Punkt mit gleichförmiger Geschwindigkeit der Peripherie entlang, so wird sich der andere Punkt von *0* über *1'*, *2'*, *3'* usw. beschleunigt bis nach *4'* und von *4'* aus über *5'*, *6'*, *7'* verzögert nach *8* bewegen. Will man also die Stellung des Sektorarmes ermitteln, so trägt man von der Normallage *4*—*D'* (siehe Abb. 258) die beiden Längen *4*—*9* und *4*—*10* ab, daß sich der ∢ *a* zum ∢ *b* verhält wie die Fadenlänge des kreuzenden Teiles zu derjenigen des bildenden Teiles. Diese beiden Endstellungen wird der Sektorarm einnehmen, wenn die Kettentrommel die Stellung *D'g* (siehe Abb. 261) bei vollendeter Wagenausfahrt und die Stellung *D'a* bei vollendeter Wageneinfahrt eingenommen hat. Die abgewickelte Kettenlänge ist dann ($g - 6$ minus $a - 0$) $= l_K$.

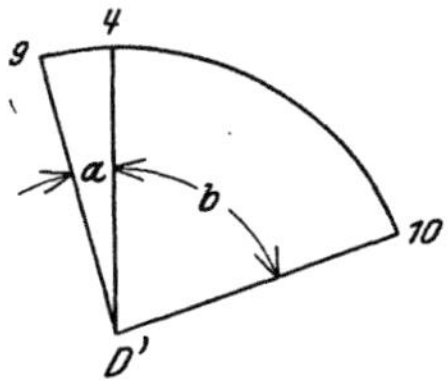

Abb. 258. Quadrantenstellung für den kreuzenden und den bildenden Teil der Fadenschicht. *

Je mehr Kette abgewickelt werden soll, desto weniger Bewegung darf der Aufhängepunkt haben; die Nacheilung des letzteren in bezug auf die Wagenbewegung muß also gering sein. Bewegen wir die Laufmutter *M'* (Abb. 250) der Sektorspindel gegen den Drehpunkt *D'*, so wird die Nacheilung abnehmen, umgekehrt wird weniger Kette abgewickelt werden, je höher die Sektormutter *M'* steht. Wird viel Kette von der Kettentrommel abgewickelt, so drehen die Spindeln schneller, bei geringer Kettenabwickelung drehen sie langsamer.

Steht der Gegenwinder zu hoch, so ist dies ein Zeichen, daß zu viel Faden vorhanden ist, daß demnach die Spindel nicht schnell genug dreht; die Kettennacheilung ist zu groß, es wird zu wenig Kette abgewickelt. Infolgedessen wird man vermittels der Handkurbel *O'* den Aufhängepunkt *M'* mehr gegen den Drehpunkt *D'* verschieben. Steht umgekehrt der Gegenwinder zu tief, so drehen die Spindeln zu schnell, es wird zu viel Faden aufgewickelt. Die Nacheilung des Aufhängepunktes ist in diesem Falle zu klein, d. h. es wird zu viel Kette abgewickelt. Man wird somit die Sektormutter höher stellen müssen.

Steht der Gegenwinder zu hoch, so entstehen leicht Schleifen im Garn; steht er zu tief, so sind Schnitte im Faden zu erwarten. Das Verschieben der Sektormutter während der Einfahrt ist nicht ratsam, da alle Spindeln angehängt sind, dagegen ist die Sektormutter bei der Ausfahrt frei.

Die erste Schicht des Ansatzes ist beinahe zylindrisch; es muß die Kettennacheilung in bezug auf den Wagen äußerst gering sein, und es befindet sich die Sektormutter *M'* in der Nähe des Drehpunktes *D'*. Würden wir die Sektormutter in den Drehpunkt des Sektors verlegen, so wäre die Spindeldrehung eine maximale, denn die Kettennacheilung wäre gleich Null und die Aufwindung wäre zylindrisch. Die kegelförmige Aufwickelung hat ihren Grund in der Form der Leitschiene, denn letztere ist derart ausgebildet, daß der Winder während der Ansatzbildung immer schneller steigt, d. h. es werden z. B. unten 10 Spiralen aufgewickelt, weiter oben noch 8, dann 6, dann 4 und ganz oben nur noch eine. Die Formplatten, auf welchen die Leitschiene ruht, sind an dieser Stelle nur für diese eine Schicht konstruiert. Da die Lieferung konstant und der Durchmesser des Ansatzes nach Bewickeln der ersten Schicht größer geworden ist, muß die Geschwindigkeit der Spindel für die zweite Schicht geringer sein. Die Nacheilung des Aufhängepunktes der Kette muß somit vergrößert werden, damit weniger Kette abgewickelt wird; also stellt man die Sektormutter etwas höher.

Unterdessen wurden die Formplatten gegen den großen Kopf zu verschoben, so daß die Leitschiene tiefer zu liegen kommt, wodurch der Winder in eine etwas höhere Lage gelangt ist. Bei der zweiten Schicht werden jetzt z. B. nur 8 Spiralen unten aufgewickelt, da der Durchmesser größer geworden ist. Je mehr sich dann der Winder nach der Ansatzspitze bewegt, desto weniger Spiralen werden aufgewickelt.

Auf diese Weise wird der kegelförmige Ansatz gebildet. Ist er beendet, so bleibt die Sektormutter stehen, denn während der Bildung des Kötzerkörpers braucht sie nicht mehr verschoben zu werden. Sobald jedoch der mittlere Aufwindungsdurchmesser des Kötzers infolge der Verjüngung der Spindel etwas abnimmt, stellt man die Sektormutter ein klein wenig tiefer, um die Spindelgeschwindigkeit um ein geringes zu beschleunigen.

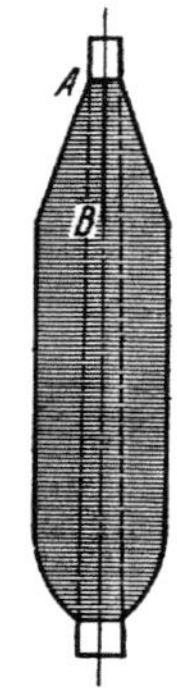

Abb. 259. Selfaktorkötzer. *

a) Ermittelung des Diagrammes der Spindeldrehungen bei der Wageneinfahrt.

1. Praktische Aufzeichnung nach einem vorhandenen Kötzer. Auf dem Kötzer wird mit Tinte von der Kötzerspitze zum größten Kötzerdurchmesser eine gerade Linie *AB* gezogen, wie dies Abb. 259 zeigt. Durch Abwickeln des kreuzenden und des bildenden Teiles erhalten wir die Abstände *0—1, 1—2, 2—3, 3—4* usw. (siehe Abb. 260) bis *30—31*, welche den Abständen der mit Tinte markierten Fadenstücken entsprechen. Diese Längen werden auf einer Geraden *0—31* aufgezeichnet und in den betreffenden Punkten Senkrechte errichtet. Auf jedem folgenden Punkte wird eine um eine Einheit vergrößerte Strecke aufgezeichnet, wie dies durch die in *O* errichtete Lotrechte angibt. Die so erhaltenen Punkte *0—1′—2′—3′—4′* usw. bis *31′* werden durch eine Kurve miteinander verbunden, welche das Diagramm der Spindeldrehung bei der Wageneinfahrt für die betreffende Schicht darstellt.

2. Theoretische Ermittelung (Sektorgesetz). Wie schon bekannt, werden die Spindeln während der Wageneinfahrt vom Sektor aus getrieben. Zur Ermittelung der Sektorkurve wird der Wagenweg in eine Anzahl gleiche Teile eingeteilt (siehe Abb. 261), welche die jeweilige Stellung der Kettentrommel, auch Quadrantentrommel genannt, darstellen. Hierzu werden die diesbezüglichen Stellungen des Sektors aufgezeichnet. So entspricht die Stellung der Sektormutter in *a* der Stellung der Quadrantentrommel in *A*, also am Anfang der Einfahrt, diejenige in *b* der Lage der Kettentrommel in *B* usw. Befindet sich die Sektormutter in *g*, so ist die Quadrantentrommel in *G*, d. h. am Ende der Einfahrt angelangt.

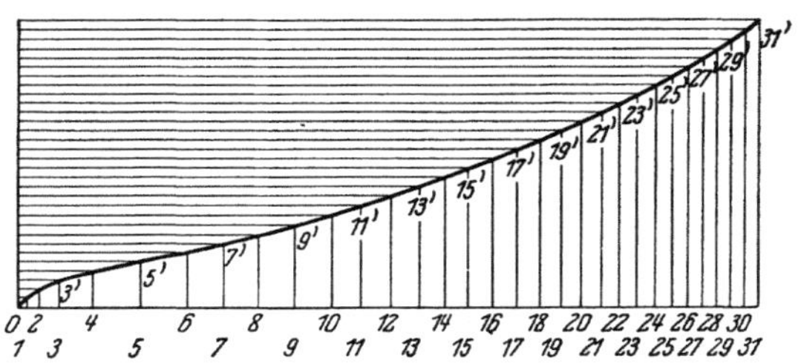

Abb. 260. Praktische Ermittlung des Diagramms der Spindeldrehungen bei der Wageneinfahrt. *

Durch das Bestimmen der abgewickelten Kettenlängen erhalten wir die Drehungen der Spindeln in jeder Lage des einfahrenden Wagens. Die von den Stellungen der Sektormutter nach den entsprechenden Lagen der Kettentrommel eingezeichneten Tangenten stellen die Sektorkette von Anfang bis zu Ende der Wageneinfahrt dar. Da sich die Quadrantentrommel in *A* am Anfang der Einfahrt befindet, kann die Kettenlänge *a—o* nie aufgewickelt werden. Durch Abtragen der Länge *ao* von den Punkten *b, c, d* usw. auf den entsprechenden Tangenten erhalten wir die abgewickelten Kettenlängen. So wurde von *A* nach *B* die Kettenlänge *1I*, von *A* bis *C* die Kettenlänge *2II*, von *A* bis *D* die Kettenlänge *3III* usw. abgewickelt. Um nun die Sektorkurve zu erhalten, errichten wir in den Punkten *B, C, D, E, F* und *G* Senkrechte und tragen auf diesen Ordinaten die in *B* Strecke *1I*, in *C* die Kettenlänge *2II* usw. ab. Die erhaltenen Punkte *I', II', III', IV', V'* und *VI'* verbinden wir durch eine Kurve, welche das Sektorgesetz oder auch das theoretische Spindeldrehgesetz darstellt.

Weiter oben wurde folgende Formel aufgestellt:

$$\frac{\text{Abgewickelte Kettenlänge}}{\pi \cdot \text{Kettentrommeldurchmesser}} \cdot \text{Übersetzung auf die Spindel} = \text{Spindelumdrehungen}.$$

Bezeichnen wir mit l die abgewickelte Kettenlänge, ist ferner nach Abb. 255

D_2 der Durchmesser der Kettentrommel,

a' die Zähnezahl des auf der Kettentrommel befindlichen Rades,

b' die Zähnezahl des auf der Trommelwelle befindlichen Rades,

D der Durchmesser der Spindeltrommel und

D' der Durchmesser des Spindelwirtels, so sind die

$$\text{Spindelumdrehungen} = \frac{l}{\pi D_2} \frac{a'}{b'} \frac{D}{D'}.$$

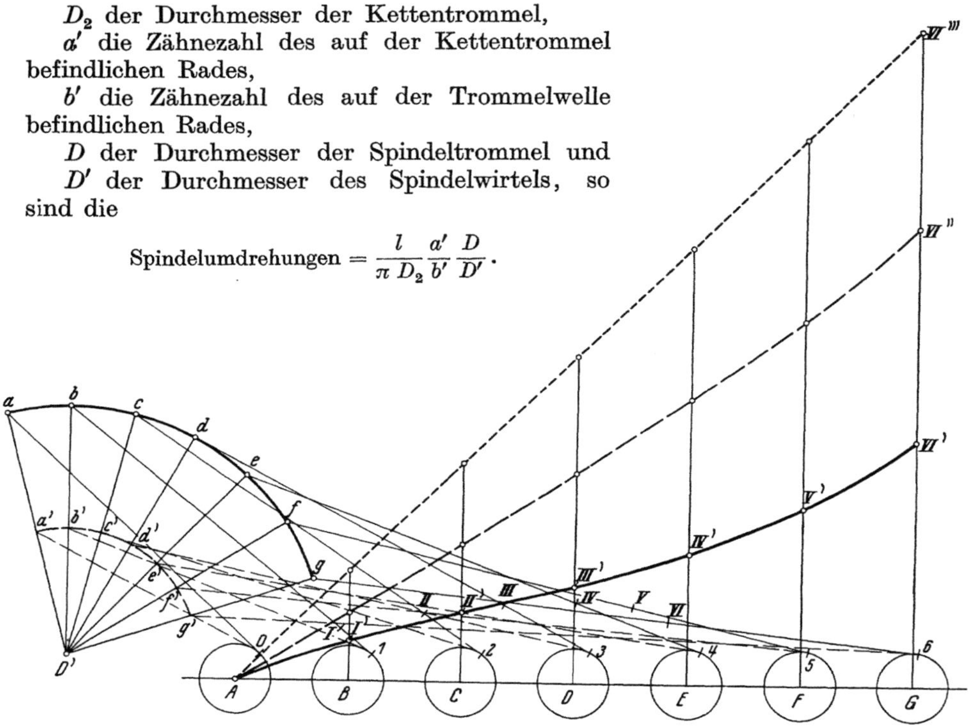

Abb. 261. Theoretische Ermittlung des Spindeldrehgesetzes. *

$\frac{1}{\pi D_2} \frac{a'}{b'} \frac{D}{D'}$ ist eine konstante Größe, welche nach H. Brüggemann für den Baumwollschußselfaktor der Elsässischen Maschinenbau-Gesellschaft = 0,033 und für den Kettselfaktor von Dobson & Barlow = 0,048 beträgt. Durch Multiplikation der jeweiligen Kettenlänge l mit der entsprechenden Konstanten erhalten wir die Spindelumdrehungen.

Die jeweiligen Kettenlängen und das daraus gefundene Sektorgesetz werden natürlich erst dann richtig sein, wenn alle in Betracht kommenden Entfernungen im richtigen Maßstab eingezeichnet werden. Dies ist in der Zeichnung Abb. 261 nicht der Fall. Um nun die wirklich abgewickelten Kettenlängen zu erhalten, wird z. B. die in *C* errichtete Senkrechte *CII'*, welche gleich der abgewickelten Kettenlänge *2II* ist, in Millimetern abgemessen, worauf man die erhaltene Zahl mit dem in Millimetern ausgedrückten Wagenweg multipliziert und durch die

Länge dividiert, welche der bildende und der kreuzende Teil einer Kötzerschicht zusammen bildet, also nach Abb. 260 die Länge *0—31*. Demnach wäre die in Wirklichkeit abgewickelte Kettenlänge

$$l = \text{Ordinate} \cdot \frac{\text{Wagenweg}}{0 \text{ bis } 31}.$$

Durch Einsetzen in obige Formel ergeben sich die

$$\text{Spindelumdrehungen} = \frac{\text{Ordinate} \cdot \text{Wagenweg}}{0 \div 31} \frac{1}{\pi D^2} \frac{a'}{b'} \frac{D}{D'}.$$

Beträgt der Wagenweg 1625 mm und die für den kreuzenden und bildenden Teil in Betracht kommende Länge 155 mm, so ist

$$\frac{\text{Wagenweg}}{0 \div 31} \frac{1}{\pi D_2} \frac{a'}{b'} \frac{D}{D'} = \text{konstant} = \frac{1625}{155} \cdot 0{,}033 = 0{,}345972$$

für den Selbstspinner der Elsässischen Maschinenbau-Gesellschaft.

Somit erhalten wir:

$$\text{Spindelumdrehungen} = \text{Ordinate} \cdot 0{,}345\,972 \text{ für dieselbe Maschine.}$$

Befindet sich der Aufhängepunkt der Sektorkette tiefer, d. h. näher am Sektordrehpunkt D' (Abb. 261), so werden sich sowohl die abgewickelten Kettenlängen sowie die Sektorkurve ändern.

Zeichnen wir Sektor sowie den Wagenweg im Maßstab, so läßt sich leicht bestimmen, wie sich die Spindelgeschwindigkeiten zu dem zurückgelegten Wagenweg verhalten. Durch Dividieren der Ordinatenlängen der Sektorkurve durch den entsprechenden Wagenweg erhalten wir nach Abb. 261 für die Punkte B, C, D, E, F und G:

$$\frac{\text{Spindelumdrehungen}}{\text{Wagenweg}} = \frac{18{,}25}{50} \quad \frac{31{,}5}{100} \quad \frac{43{,}5}{150} \quad \frac{59}{200} \quad \frac{80}{250} \quad \frac{111{,}4}{300}$$

$$= 0{,}365 \quad 0{,}315 \quad 0{,}290 \quad 0{,}295 \quad 0{,}320 \quad 0{,}3715.$$

Hieraus ist ersichtlich, daß in der Mitte des Wagenweges, am Punkte D, das Verhältnis der Spindelumdrehungen zum Wagenweg am kleinsten ist. Von A bis D fährt der Wagen beschleunigt und von D bis G verzögert ein. In der Mitte des Wagenweges bildet die Sektorkette einen rechten Winkel mit der Linie $D'd$.

Von der Sektorstellung $D'a$ bis zur Lotrechten $D'b$ wird der kreuzende Teil aufgewickelt, von $D'b$ bis $D'g$ der bildende Teil. Will man also die Länge des kreuzenden Teiles vergrößern, so läßt man durch entsprechendes Anspannen bzw. Nachlassen der Sektorseile den Sektor etwas mehr zurückschwingen. Selbstverständlich wird dann die Länge des bildenden Teiles kleiner.

Je nach der gewünschten Kötzerdicke wird die Sektorschwingung vergrößert oder verkleinert. Für einen dünnen Schußkötzer darf die Schwingung des Sektors geringer sein als für einen dicken Kettkötzer, da die Unterschiede in den Spindeldrehungen kleiner sind. Will man also auf einem Selbstspinner, auf welchem kleine Kötzer hergestellt wurden, den Durchmesser des Kötzers vergrößern, so wird man das in den Sektorzahnkranz eingreifende Antriebsrad durch ein anderes mit größerer Zähnezahl ersetzen. Dadurch werden die Schwingungen des Sektors und also auch die Unterschiede in den Spindelgeschwindigkeiten größer.

Nehmen wir an, der Aufhängepunkt der Kette, der die Schwingung *a—b—c—d—e—f—g* ausführt (Abb. 261), sei der höchste Punkt, also derjenige, bei welchem der Kötzeransatz vollendet ist. Konstruieren wir auf die oben angegebene Weise die Sektorkurve für die Mittelstellung a'—b'—c'—d'—e'—f'—g', und versetzen wir endlich den Aufhängepunkt in den Drehpunkt D' des Sektors, so erhalten wir die Sektorkurven, die in Abb. 261 von A nach VI'' und von A nach VI''' verlaufen. Hierbei bemerken wir, daß die Sektorkurve immer flacher verläuft, je mehr sich der Aufhängepunkt dem Drehpunkt D' nähert, um für diesen letzteren in eine gerade Linie überzugehen. Da das Diagramm für eine gleichförmige Geschwindigkeit eine gerade Linie ist, so ist aus der Kurve A—VI''' zu entnehmen, daß die Spindelgeschwindigkeiten auf der ersten Schicht überall gleich sind, d. h. die erste Schicht würde eine zylindrische Form bilden. Je höher die Sektormutter gestellt wird, desto bemerkbarer macht sich der Unterschied in den Spindelgeschwindigkeiten; die Kurve wird gekrümmter.

Bezeichnen wir mit d_0 den Spindeldurchmesser, auf welchem die erste Schicht aufgewickelt wird, so ist die Fadenlänge $L = \pi \cdot d_0 \cdot$ Spindelumdrehungen.

Demnach $$\text{Fadenlänge } L = \pi \cdot d_0 \frac{l}{\pi D_2} \frac{a'}{b'} \frac{D}{D'}.$$

Versetzen wir den Aufhängepunkt der Sektorkette in den Drehpunkt des Sektors, so kann der erstere nicht nacheilen, somit ist für diesen Fall

Abgewickelte Kettenlänge = aufgewickelte Fadenlänge.

Hieraus ergibt sich

$$l = d_0 \frac{l}{D_2} \frac{a'}{b'} \frac{D}{D'},$$

$$D_2 = d_0 \frac{a'}{b'} \frac{D}{D'}.$$

$\frac{a'}{b'} \frac{D}{D'}$ ist konstant, folglich muß beim Abändern der Spindeldicken auch der Durchmesser der Kettentrommel geändert werden.

b) Antrieb der Sektormutter während der Bildung des Ansatzes.

Um von der ersten zur letzten Schicht des Ansatzes zu gelangen, müssen infolge des Anwachsens des mittleren Schichtdurchmessers die Spindelumdrehungen mit jeder Schicht abnehmen. Ferner müssen die Unterschiede in den Spindelumdrehungen entsprechend der immer größer werdenden Ansatzdurchmesser zunehmen. Beiden Bedingungen wird Genüge geleistet, indem man die Sektormutter mit jeder Schicht höher stellt, wodurch die abgewickelte Kettenlänge immer kleiner wird und demnach die Spindeln langsamer drehen. Aus dem Aufbau des Ansatzes ist ersichtlich, daß die Schichtendicke mit jeder folgenden Schicht kleiner wird, da der Durchmesser an der betreffenden Stelle zugenommen hat. Weil diese Unterschiede in den Schichtendicken von Schicht zu Schicht geringer werden, muß auch der Unterschied in den Spindelumdrehungen für die aufeinander folgenden Schichten abnehmen. Folglich muß auch die Verschiebung der Sektormutter von Schicht zu Schicht abnehmen.

Das einzige Organ, auf welches man sich bei der Einstellung der Sektormutter stützen kann, ist der Gegenwinder, denn dieser zeigt durch seine Stellung in bezug auf die Spindelspitze an, ob zu viel oder zu wenig Faden aufgewickelt wird. Da aber mit wachsendem Ansatz die Anzahl der Verbundspiralen abnehmen, wird auch der Gegenwinder infolge der ihm zur Verfügung stehenden geringeren Fadenreserve normalerweise von Schicht zu Schicht tiefer stehen, so daß der Impuls zur Betätigung der Sektormutter mit jeder Schicht bei einer tieferen Stellung des Gegenwinders zu erfolgen hat.

Wird der Kötzer auf einer Kurzhülse aufgewickelt, so nimmt beim Übergang von der Hülse zur nackten Spindel der mittlere Kötzerdurchmesser etwas ab, so daß bei diesem Übergang die Sektormutter etwas verzögert nach oben verschoben werden muß.

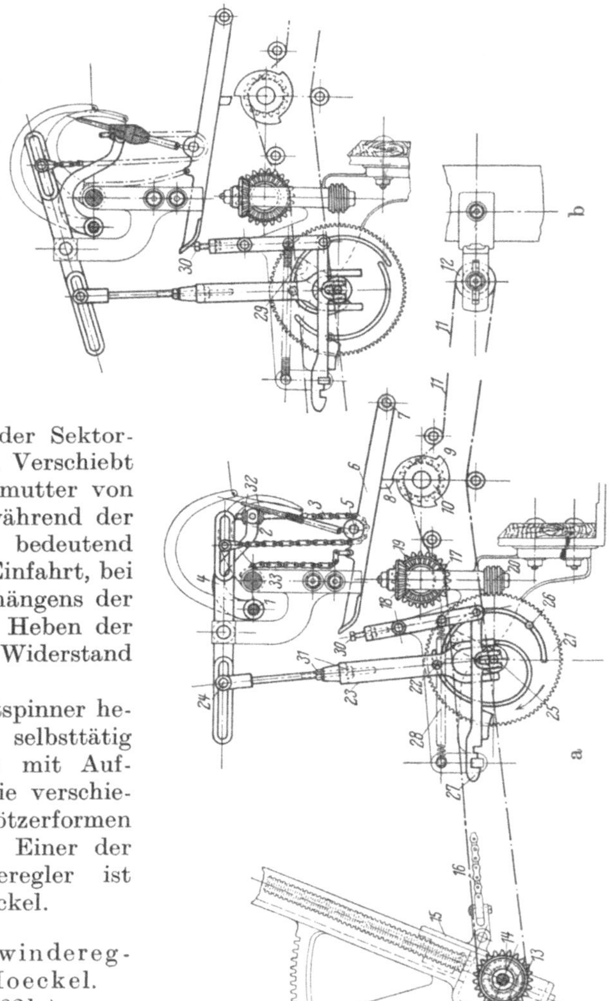

Abb. 262a und b. Selbsttätiger Aufwinderegler von J. J. Moeckel.

Fadennummer und Kötzerform sind ebenfalls von Einfluß. Die Sektormutter muß beim Spinnen mit grobem Garn in größeren Abständen gehoben werden als bei feinem Garn, wenn der Kötzerdurchmesser derselbe bleibt. Wird letzterer für gleichbleibende Garnnummer geändert, so wird die Bildung des Ansatzes mehr Zeit erfordern, wodurch also auch das Heben der Sektormutter beeinflußt wird. Verschiebt der Spinner die Sektormutter von Hand, so tut er dies während der Ausfahrt, was für ihn bedeutend leichter ist wie bei der Einfahrt, bei welcher infolge des Anhängens der vollen Spindelzahl dem Heben der Sektormutter großer Widerstand entgegengesetzt wird.

Die modernen Selbstspinner heben die Sektormutter selbsttätig während des Ansatzes mit Aufwindereglern, die für die verschiedenen Nummern und Kötzerformen leicht regulierbar sind. Einer der bekanntesten Aufwinderegler ist derjenige von J. J. Moeckel.

c) Selbsttätiger Aufwinderegler, System J. J. Moeckel. (Abb. 262a und 262b.)

Wegen seiner einfachen Bauart und Einstellung ist dieser Aufwinderegler einer der verbreitetsten. Seine Wirkung auf die Sektormutter vollzieht sich genau in dem Augenblick, in welchem Fadenmangel herrscht. Sobald der Ansatz beendet ist, schaltet dieser Apparat selbsttätig aus und bleibt bis zu Ende des Abzuges außer Betrieb, worauf ihn der Spinner bei Beginn eines neuen Abzuges wieder einzuschalten hat.

Die Gegenwinderwelle *1* (siehe Abb. 262a) trägt einen Hebel *2*, an welchem eine Kette *3* befestigt ist, dessen anderes Ende an einem im Ausgleichhebel *4* befestigten Bolzen angehängt ist. Die Kette *3* führt über eine Rolle *5* und letztere ist in einem Hebel *6* gelagert, der in *7* drehbar ist und eine Nase *8* besitzt.

Unter dieser Nase befindet sich eine mit drei Ansätzen versehene Sperrscheibe *9*, die auf der Achse des Kettenrades *10* aufgekeilt ist. Letzteres greift in die endlose Kette *11* ein, die einesteils über eine am Wagen befestigte Rolle *12* läuft, anderenteils über das Kettenrad *13*, welches auf der Achse *14* befestigt ist. Auf dieser Achse befinden sich zwei Kegelräder, mit Hilfe derer die Leitspindel des Sektors gedreht wird. Ist genügend Faden vorhanden, so steht der Gegenwinder hoch genug, damit die Nase *8* nicht an eine Sperrkante von *9* stößt. In diesem Falle wird das auf seiner Achse lose Kettenrad *10* auf der Kette abgewickelt werden und letztere bleibt demnach während der Einfahrt des Wagens unbeweglich. Ist dagegen Fadenmangel vorhanden, so senkt sich der Gegenwinder, die Nase *8* stößt an eine Sperrkante von *9*, worauf das Rad *10* in seiner Drehung aufgehalten wird. Dann bewegt sich die Kette und auch das Rad *13*, welches die erhaltene Bewegung vermittels der beiden Kegelräder der Sektormutter *15* übermittelt, an welcher die zur Quadrantentrommel führende Kette *16* angehängt ist. Infolge der Drehbewegung der Achse *14* wird die Sektormutter *15* solange höher gestellt, bis wieder genügend Fadenreserve vorhanden ist.

Je größer der Ansatz wird, desto mehr würde die Kette *3* durchhängen. Es muß also ein Ausgleich stattfinden, damit die Kette angespannt bleibt. Dieser Ausgleich vollzieht sich folgendermaßen: jedesmal, wenn die Kette *11* infolge des Anhaltens der Sperrscheibe mitgerissen wird, überträgt sich diese Bewegung auf das Kettenrad *17* und vermittels der Kegelräder *18* und *19* sowie der Schnecke *20* auf das Ausgleichrad *21*. Letzteres ist mit einer spiralförmigen Kulisse versehen, in welche der Zapfen *22* der in *24* beweglich angehängten Schubstange *23* eingreift, während ihr unteres, gabelförmiges Ende vermittels der Achse *25* des Ausgleichrades *21* geführt wird. Die Drehung dieses Rades ruft demnach ein beständiges Senken der Schubstange *23* hervor, wodurch dank der angepaßten Spiralform der Kulisse das fortwährende Senken des Gegenwinders derart ausgeglichen wird, daß der Hebel *6* immer in der gleichen Stellung verharrt.

Ist der Kötzeransatz fertig, so stößt der Zapfen *26* an den mit Einschnitten versehenen Hebel *27*, welcher vermittels der Federwirkung *28* die in Abb. 262b dargestellte Stellung einnimmt, wobei Hebel *27* das um *29* bewegliche Rad *21* mitreißt. Unter der Wirkung einer in den Abbildungen nicht eingezeichneten Spiralfeder nimmt das Rad *21* seine Anfangsstellung wieder ein.

Beim Ausschnappen von *27* legt sich Schraube *30* unter den Hebel *6*, damit nicht etwa zufälligerweise die Nase *8* in den Bereich einer der Sperrkanten von *9* gelangen kann.

Einstellen des Aufwindereglers Moeckel. Der Ausgleichhebel *4* soll am Anfang des Abzuges eine horizontale Lage einnehmen. Zu diesem Zweck kann die Schubstange *23* mit Hilfe der Schraubenmutter *31* verlängert oder verkürzt werden.

Die Kette *3* wird ungefähr in der Mitte des Ausgleichhebels angehängt und soll dabei so lang sein, daß die Nase *8* leicht eine Sperrkante von *9* berührt, sobald die Fadenreserve am Ende der Einfahrt normal ist. Während des Spinnens kann diese Länge vermittels der von Hand drehbaren Muttern *32* geändert werden.

Das an der Winderwelle befestigte Kettchen *33* soll während der Wagenausfahrt den Hebel *6* hoch genug halten, damit die Nase *8* eine Sperrkante von *9* nicht berühren kann. 3 mm Zwischenraum sind genügend.

Das Ausklinken des Ausgleichrades *21*, welches vom Durchmesser des Kötzers abhängt, wird durch Verstellen des Zapfens *26* reguliert.

d) Selbsttätiger Aufwinderegler, System J. Ruher. (Abb. 263a, 263b, 263c und 263d.)

Im Gegensatz zum vorigen System verschiebt dieser Aufwinderegler die Sektormutter während der Ausfahrt des Wagens.

Sobald Fadenmangel herrscht, d. h. wenn die Spindelgeschwindigkeit während der Wageneinfahrt zu groß ist, weil die Sektormutter *A* (Abb. 263a) eine zu tiefe Lage einnimmt, drücken die Fäden den Gegenwinder *X* in eine zu tiefe Stellung. Der auf der Gegenwinderwelle befestigte Arm *X* ist durch eine Kette *B*, welche über eine einstellbare Leitrolle sowie über den Zapfen *D'* führt, mit dem auf dem Winder sitzenden Arm *X'* verbunden. Bei Fadenmangel senkt sich der Gegenwinder, wodurch die Kette *B* gespannt wird und mittels des Zapfens *D'* das auf dem Schlitten *C* geführte Gleitstück in die Höhe zieht. Am Ende dieses letzteren ist ein Haken *D* angebracht (siehe auch Abb. 263c), welcher bei dieser Aufwärtsbewegung mit seinem Einschnitt *b* auf die unter Federwirkung *E* stehende Zunge aufzusitzen kommt. Der Haken *D* ist mit einem Zapfen *a* versehen, der bei der nächstfolgenden Wagenausfahrt an das Pendelstück *F* stößt. Dieses ist am Stück *G* befestigt, und letzteres ist auf eine waagerecht liegende Schiene lose aufgeschoben. An *G* ist das über Laufrollen nach der Seilscheibe *I* führende Seil *H* befestigt. Da das Pendelstück *F* nur gegen den großen Kopf schwingen kann, nicht aber gegen den Sektor, so wird bei Fadenmangel der Zapfen *a* derart hoch stehen, daß er bei der Ausfahrt an das Pendelstück anstößt, das Stück *G* der Schiene entlang schiebt und dadurch die Seilscheibe *I* im Sinne des eingezeichneten Pfeiles dreht. Die Seilscheibe *I* ist lose auf der Achse und trägt eine mit zwei Dornen versehene Klinke (ähnlich wie wir dies bei der Abwinde- und Aufwindekupplung gesehen haben). Auf einem feststehenden Muffe, durch welchen die Achse der Seilscheibe geht, sitzt eine Klemmfeder, die zwischen die beiden Dorne der Klinke eingreift. Die Klemmfeder ist demnach passiv. Sobald die Seilscheibe *I* im Sinne der Pfeilrichtung gedreht wird, verursacht die Klemmfeder das Eingreifen der Klinke in ein Sperrad, das mit dem Zahnrad *Y* verbunden ist, so daß bei dieser Drehung vermittels des in *Y* eingreifenden Rades *Y'* die Sektormutter nach oben verschoben wird. Dreht die Seilscheibe im entgegengesetzten Sinne, so wird die Klinke aus den Zähnen des Sperrades ausgehoben.

Am Ende der Ausfahrt stößt ein Anschlag *J* an einen feststehenden Zapfen *K*, wobei die Zunge die Feder *E* zusammenpreßt und der Haken *D* herunterfällt. Sobald genügend Fadenreserve vorhanden ist, bewegt sich der Zapfen *a* während der Einfahrt unter dem Pendel *F* vorbei. Damit letzteres wieder zurückgeführt wird, befindet sich in der Seilscheibe eine Spiralfeder, eines ihrer Enden ist am feststehenden Gestell, das andere am inneren Rande der Seilscheibe befestigt. Bei der Drehung der Seilscheibe *I* im Sinne des eingezeichneten Pfeiles wickelt sich die Spiralfeder auf und wird daher gespannt. Fährt der Wagen ein, so wird die Seilscheibe infolge dieser Spannung im entgegengesetzten Sinne des Pfeiles drehen und somit das Stück *G* zurückführen, bis es an den Anschlag *L* anstößt.

Mit dem Anwachsen des Kötzers nehmen die Verbundspiralen ab. Um einen Ausgleich zu erzielen, ist es nötig, daß der Gegenwinder eine von Schicht zu Schicht tiefere normale Stellung einnimmt. Mit Hilfe des Hebels *NO*, der Stütze *P* und der geneigten Schiene wird dieser Ausgleich geschaffen. Rücken wir mit jeder Schicht den Anschlag *L* näher gegen den kleinen Kopf, so drückt *L* den Hebel *N* hinunter, wobei *O* steigt und vermittels *P* die Neigung der Schiene *Q* verringert. Die Feder *E* ist in einem Gehäuse untergebracht, welches mittels der Laufrolle *R* auf der Schiene *Q* gleitet. In demselben Verhältnis, wie *Q* gehoben wird, nimmt die unter Federwirkung E stehende Zunge eine höhere Stellung ein, so daß der Weg, um welchen der Haken D gehoben wird, bis b auf der Zunge aufsitzt, konstant bleibt.

Die Fadenspannung kann nach Belieben eingestellt werden. Der im Ausgleichhebel NO eingelassene Schlitz gestattet eine größere oder geringere Neigung der Schiene Q. Mit dem Anwachsen des Kötzeransatzes muß die Sektormutter um eine mit jeder Schicht abnehmender Entfernung gehoben werden. Die Größe der Verschiebung der Sektormutter hängt vom Weg ab, den das Pendelstück F nach dem kleinen Kopf zurücklegt. Damit die Verschiebung abnimmt, genügt es, den Anschlag L immer mehr gegen das kleine Kopfstück zu bewegen. Zu diesem Zweck ist der Anschlag L an einer endlosen Kette l befestigt (Abb. 263d), welche über zwei Kettenräder führt. Das eine Kettenrad sitzt auf der Achse des Schneckenrades Z, vermittels Schnecke und den von der Sektorspindel aus getriebenen Kegelrädern wird mit jedem Steigen der Sektormutter A die Kette l derart verschoben, daß der Anschlag L von Schicht

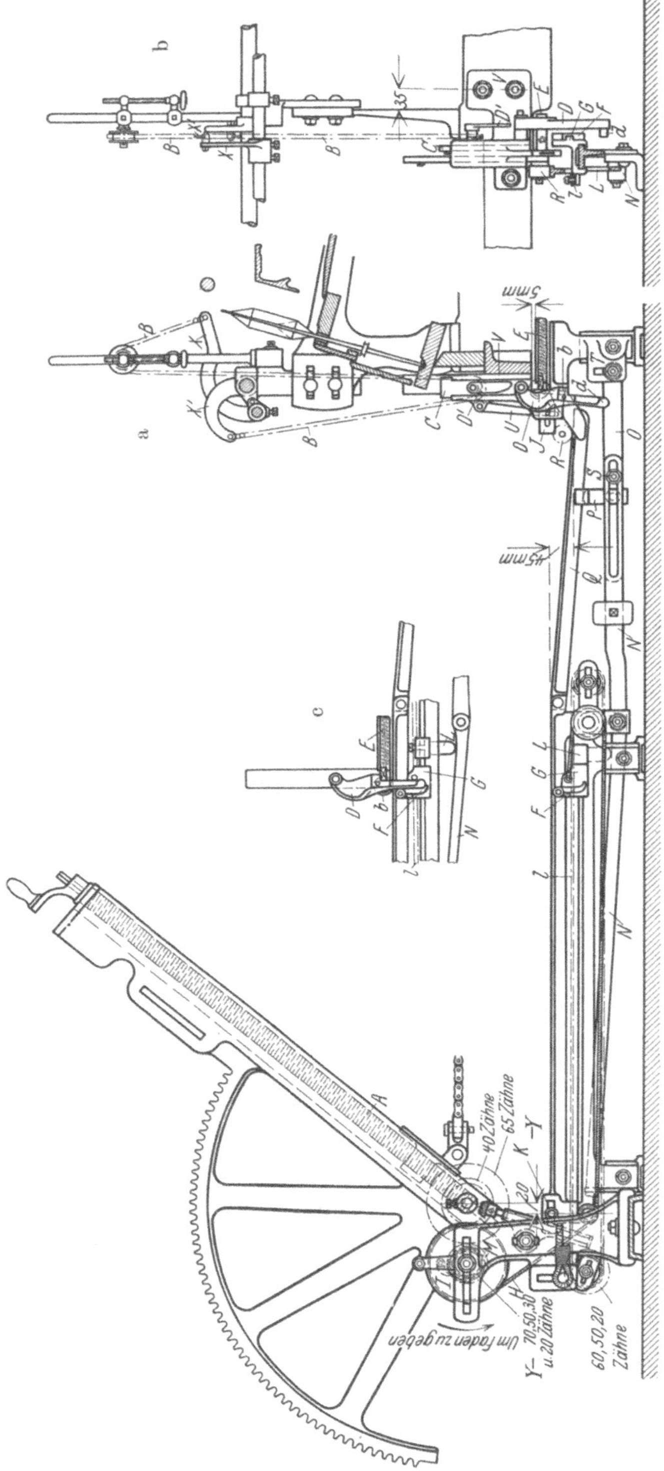

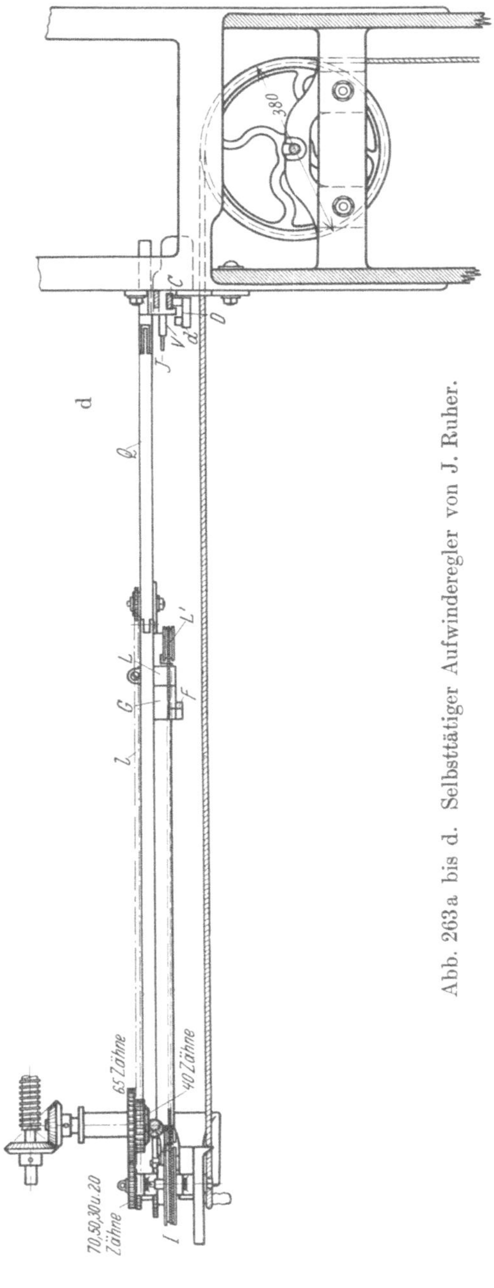

Abb. 263a bis d. Selbsttätiger Aufwinderegler von J. Ruher.

zu Schicht seine Entfernung vom kleinen Kopf verringert, wodurch der vom Pendel *F* während der Ansatzbildung zurückgelegte Weg immer kürzer und die Drehung der Seilscheibe *I* verringert wird.

Ist der Ansatz beendet, so stößt der Spinner die vor der Feder *E* befindliche Zunge in eine in *V* eingelassene Öffnung und läßt durch den Hebel *U* dieselbe während der Körperbildung des Kötzers festhalten, so daß der Haken *D* nicht mehr aufsitzen kann, der Zapfen *a* bei jeder folgenden Ausfahrt unter dem Pendel *F* vorbeigeht und auf diese Weise die Sektormutter bis zur Vollendung des Kötzers in Ruhestellung verbleibt.

Einstellen des Aufwindereglers J. Ruher. Befindet sich der Gegenwinder in der in Abb. 263a eingezeichneten Lage, so müssen Haken *D* sowie Gleitstück *C* die in Abb. 263b angegebene Lage einnehmen, d. h. die Stellschraube des Gleitstückes *C* ruht auf der Gleitschiene *V* auf, wobei die Kette ungefähr 10 mm Spiel unter dem Zapfen *D'* haben soll.

Bei Beginn des Abzuges, handelt es sich nun um Kett- oder Schußkötzer, muß die Laufrolle *R* sich in der Anfangsstellung befinden: die Steigung der schiefen Laufschiene *Q* beträgt 45 mm. Für Kettkötzer erhält die Sektormutter *A* sowie das Gleitstück *G* und der Anschlag *L* die in Abb. 263a eingezeichnete Stellung am Anfang des Abzuges.

Für Schußkötzer befindet sich die Endstellung der Sektormutter *A* ungefähr in der Mitte der Sektorspindel

	Y	*Y'*	*Z*
Für Schußkötzer von Nr. 8_e bis 35_e	50	65	20
Für Schutzkötzer über Nr. 35_e	20	65	20
Für Kettkötzer von Nr. 8_e bis 30_e	70	40	60
Für Kettkötzer von Nr. 30_e bis 65_e	70	65	60
Für Kettkötzer von Nr. 65_e bis 120_e und darüber	50	65	60

und der Anschlag *L* ist zu Beginn des Abzuges ungefähr um 250 mm vom Zentrum der Leitrolle *L'* entfernt.

Für die Räder des Zählers sind die in der Tabelle auf S. 299 angegebenen Zähnezahlen vorgeschrieben.

3. Antrieb des Winders und Gegenwinders bei der Einfahrt.

Während der Einfahrt fällt dem Winder die Aufgabe zu, den Faden auf den Kötzer aufzuleiten, und zwar soll zuerst der kreuzende Teil in steilen Spiralen von der Kötzerspitze zur Kötzerbasis, sodann der bildende Teil vom größten Kötzerdurchmesser zur Kötzerspitze in eng nebeneinander liegenden Spiralen aufgewunden werden. Damit der Kötzer festgewickelt und der während des Abwindens abgewickelte Verbund straff gespannt wird, drückt der Gegenwinderdraht unter dem Einfluß des mit Gegengewichten *18—28* (Abb. 241) versehenen Hebels *25—26* gegen die Fäden, denn während der Einfahrt ist der Gegenwinder unabhängig vom Winder.

Wie bei der Erörterung des Abwindens gezeigt wurde, zieht die Abwindekette *G* (Abb. 244) den Winder herunter. Infolgedessen wird der am Schwanenhals M_1 angehängte Verbindungshebel *LL* in die Höhe gezogen, bis die Fläche *l* des Verbindungshebels unter dem Einfluß der Feder *M* mit Hilfe der Hebel *J* und *K* auf die Rolle *W* zu sitzen kommt, welche sich im selben Stück befindet wie die Rolle *U*. Indem nun letztere während der Einfahrt auf die Leitschiene *XXX'X'* preßt, wird durch den Verbindungshebel dem Winder die auf- und abgehende Bewegung mitgeteilt. Während die Rolle *U* auf der Strecke *XX* sich bewegt, wird der kreuzende Teil aufgewunden; die Schiene *X'X'* ist für den bildenden Teil der Kötzerschichten bestimmt.

Beim Selbstspinner von Dobson & Barlow (siehe Abb. 248) ist die Rolle *W* durch einen Ansatz *d* ersetzt, welcher mit der Rolle *U* am Stück *T* angebracht ist. Letzteres gleitet im Schlitzstück S_1, und mittels der Feder R_1 wird die Rolle *U* auf die Leitschiene *XX'* gepreßt. Vermittels der am Wagenstück F_1 und an S_1 angebrachten Feder K_1 wird der Verbindungshebel *LT'* an den Ansatz *d* gedrückt, indem der Bolzen *k* der Schiene *K* beständig an den Verbindungshebel gepreßt wird. Die Leitrolle *H* ist in dieser Schiene *K* befestigt. Sobald die Abwindekette *G* den Winder *6* herunterzieht und an der Kötzerspitze angekommen ist, wird der Verbindungshebel auf den Ansatz *d* zu sitzen kommen. Die Abwindekupplung wird ausgeschaltet und der Wagen beginnt seine Einfahrt, wodurch die Spindeln durch den Sektor angetrieben werden. Durch die Form der Leitschiene erhält der Winder zum Aufwinden des Fadens seine gesetzmäßige auf- und abgehende Bewegung.

Kurz bevor der Wagen seine Ausfahrt beendet hat, wird der untere Teil *T'* des Verbindungshebels an der im großen Kopfe gelegenen schiefen Ebene U_x anstoßen, so daß bei beendeter Wageneinfahrt der Verbindungshebel von seinem Sitze *d* bzw. der Rolle *w* abgleitet. Unter der Einwirkung der Feder *5* (siehe Abb. 241 und 242) schnellt der Winder in die Höhe, wobei die Verbundspiralen gebildet werden.

Im selben Augenblick, in dem der Verbindungshebel von seinem Sitze abgestoßen wird, muß sich der Gegenwinder senken, damit der zum Verbund nötige Faden frei wird. In Abb. 248 ist an der Gegenwinderwelle ein Stück *41* angebracht, das nach beendeter Wagenausfahrt an die im Mittelstück angeschraubte schiefe Ebene *42* stößt. Bei der Konstruktion der Elsässischen Maschinenbau-Gesellschaft ist der Gegenwinder abhängig vom Winder, wird demnach infolge der Kettenübertragung durch die Aufwärtsbewegung des Winders hinuntergezogen.

Bei jedem Selbstspinner ist die Leitrolle H (Abb. 244 und 248) mit dem Verbindungshebel verbunden, denn nach beendetem Abwinden, also im Augenblick, in welchem die Auflagefläche auf die Rolle w bzw. den Ansatz d zu sitzen kommt, muß die Abwindekette entspannt werden, damit die Klinke P der Abwindekupplung aus dem Sperrad B ausgehoben und die Klinke S_1 der Aufwindekupplung (Abb. 255) in das Sperrad V eingeschaltet werden kann.

Andererseits kann es auch vorkommen, daß das Umgekehrte der Fall ist. Wenn nämlich die Rückhalteklinke den Wagen am Ende der Ausfahrt nicht spielfrei zurückhält, so wird infolge des durch die Rückdrehung der Spindeln entstehenden Ruckes der Wagen gegen den großen Kopf zu verschoben werden, wodurch die Klinke S_1 der Aufwindekupplung in das Sperrad V eingreift und sich der Rückdrehung der Spindeln durch Klinke P und Sperrad B der Abwindekupplung widersetzt. Sollte dies vorkommen, so dreht man die Sektormutter gegen den Drehpunkt des Sektors und lockert auf diese Weise die Abwindekette G', worauf die Klinke S_1 von Hand ausgehoben werden kann; nachdem man die Sektormutter an ihre vorige Stelle heraufgeschraubt hat, verschiebt man den Antriebsriemen von der Los- auf die Festscheibe. Dann kann das Abwinden erfolgen.

Wie wir schon bei der Nacheilung des Winders und Gegenwinders in bezug auf das Rückdrehen der Spindeln gesehen haben, ruht die Leitschiene $XXX'X'$ (Abb. 244) auf den Formplatten A_x und B_x, welch letztere durch eine Stange O miteinander verbunden sind. Durch Drehen des Sperrades G_x werden bei jeder folgenden Schicht die Formplatten gegen den großen Kopf verschoben, wodurch die Leitschiene gesenkt und der Winder den zu bildenden Schichten entsprechend gehoben wird. Damit die Leitschiene nicht etwa die schiefen Ebenen der Formplatten hinuntergleiten kann, ist an der Leitschiene ein Zapfen X_x befestigt, der in einem gegen das große Kopfstück geneigten Schlitz C_x geführt wird. Da der auf der Formplatte A_x aufliegende Leitschienenteil $X'X'$ zur Bildung des kreuzenden Teiles, also von der Kötzerspitze zum Fuße der Kötzerschicht dient, nennt man die Formplatte A_x die Fußformplatte. Der Teil XX der Leitschiene ruht auf der Formplatte B_x auf. Weil der Leitschienenteil XX den Winder für den bildenden Teil der Kötzerschicht führt, welche von der Kötzerbasis zur Kötzerspitze aufgewickelt wird, nennt man die Formplatte B_x die Spitzenformplatte.

a) Diagramm der Winderbewegung bei der Einfahrt.

Angenommen, die Ganghöhen der Spiralen für den kreuzenden Teil einer Schicht seien einander gleich und die des bildenden Teiles wären vom größten zum kleinsten Kötzerdurchmesser dieselben. Der kreuzende Teil setze sich aus 5 und der bildende Teil aus 30 Spiralen zusammen. Den kreuzenden Teil (siehe Abb. 264a) teilen wir in 5 gleiche Teile und den bildenden Teil (siehe Abb. 264b) in 30. In den Teilpunkten *1—2—3—4—5* des kreuzenden Teiles errichten wir Senkrechte zur Spiralachse.

Auf einem Kötzer Abb. 259 zeichnen wir mit Tinte eine Gerade AB, durch Abwickeln des kreuzenden Teiles erhalten wir die Längen *1—1'*, *2—2'*, *3—3'*, *4—4'* und *5—5'*. Dieselben werden auf den in den Punkten *1*, *2*, *3*, *4* und *5* errichteten Senkrechten abgetragen und wir verbinden *1'* mit *0*, *2'* mit *1*, *3'* mit *2*, *4'* mit *3*, *5'* mit *4* und *6'* mit *5*. Den Punkt *6'* erhalten wir, indem wir *5—6* = *4—5* und *6—6'* = *5—5'* nehmen. Die Linien *0—1'*, *1—2'*, *2—3'*, *3—4'*, *4—5'* und *5—6'* zeigen die Fadenrichtungen der Bewickelung an.

Ist CD der vom Winder beschriebene Weg, so schneidet derselbe die Linien *0—1'*, *1—2'*, *2—3'* usw. in den Punkten 0_1, 1_1, 2_1, 3_1, 4_1 und 5_1. Sei EF (Abb. 264c)

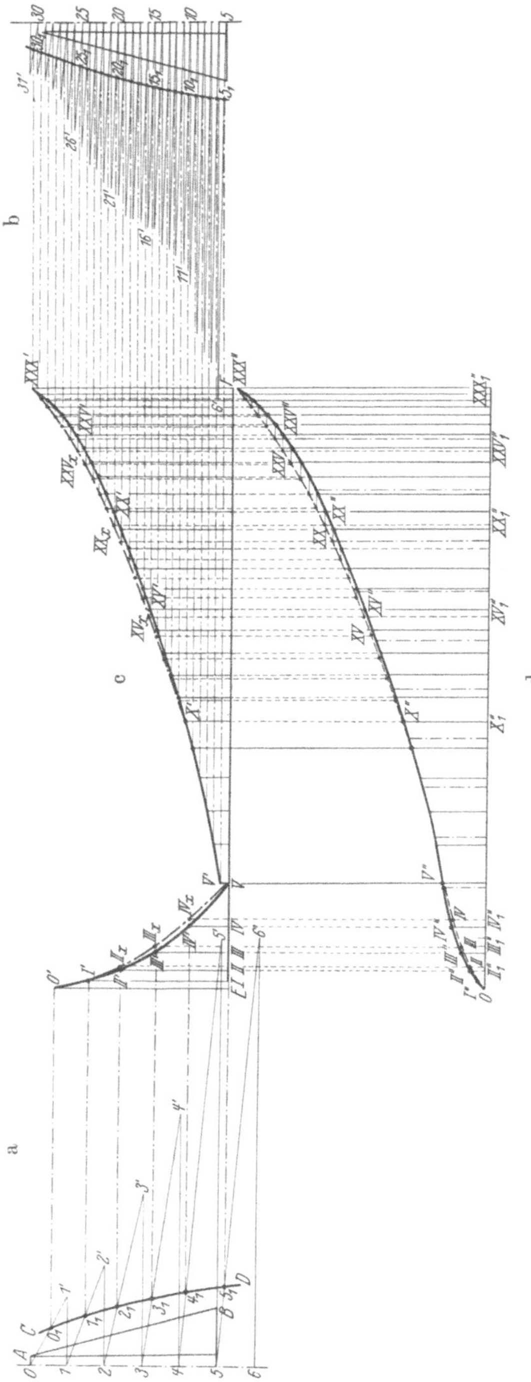

Abb. 264a bis d. Konstruktion des Diagrammes der Winderbewegung bei der Wageneinfahrt.*

der Wagenweg, so teilen wir denselben den aufgewickelten Fadenlängen entsprechend (nach der angezeichneten Linie *A B* in Abb. 259) in den kreuzenden und den bildenden Teil ein. *E* bis *V* ist der kreuzende und *V* bis *F* der bildende Teil. In den dadurch erhaltenen Punkten *E*, *I*, *II*, *III*, *IV* und *V* errichten wir Senkrechte zum Wagenweg. Senkrechte, die wir in den Schnittpunkten 0_1, 1_1, 2_1, 3_1, 4_1 und 5_1 zur Spindelachse ziehen, schneiden die vorhergehenden in den Punkten *0'*, *I'*, *II'*, *III'*, *IV'* und *V* (Abb. 264c), welche durch eine stetige Kurve miteinander verbunden werden. Diese Kurve stellt die Winderbewegung während des kreuzenden Teiles dar. Die Kurve des bildenden Teiles wird auf ähnliche Weise gefunden. Weil sich aber beim Aufwinden des bildenden Teiles der Winder von unten nach oben bewegt, werden die Endpunkte der in den Teilpunkten *5*, *10*, *15*, *20*, *25* und *30* errichteten Senkrechten (Abb. 264b), welche die vom Kötzer abgewickelten und mit Tinte markierten Fadenlängen des bildenden Teiles des Kötzers Abb. 259 darstellen, nicht mit den vorhergehenden, sondern mit den nachfolgenden Teilpunkten verbunden, also z. B. *5* mit *6'*, *10* mit *11'*, *15* mit *16'* usw. bis *30* mit *31'*. Die Konstruktion des Diagrammes der Winderbewegung bei der Wageneinfahrt für den bildenden Teil der Schicht ist dann ähnlich, wie wir dies bei dem kreuzenden Teil gesehen haben. Die Kurve *V'—X'—XV'—XX'* bis *XXV'—XXX'* (Abb. 264c) stellt die Winderbewegung während des bildenden Teiles der Fadenschicht dar. Will man die Teilpunkte *I*, *II*, *III*, *IV*, *V* sowie diejenigen des bildenden Teiles bestimmen, ohne sich auf einen vorliegenden Kötzer zu stützen, so zeichnet man den Wagenweg EF und trägt darauf die Länge des kreuzenden Teiles EV sowie diejenige des bildenden Teiles VF ab. Sodann zieht man in den Punkten E und V gerade Linien (siehe Abb. 265), welche irgendeinen spitzen Winkel mit der den Wagenweg darstellen-

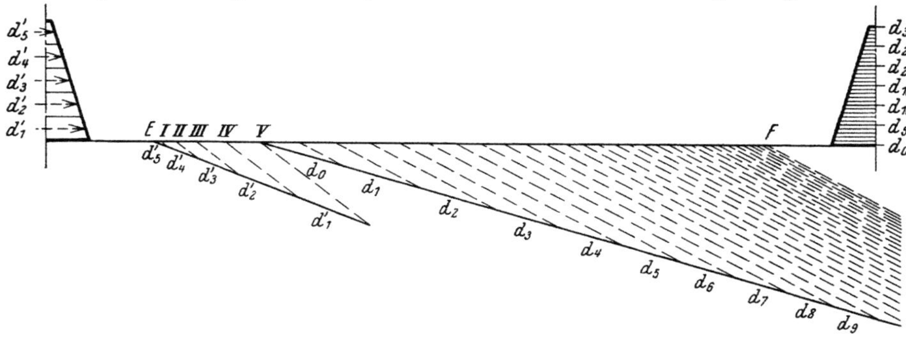

Abb. 265. Bestimmen der Teilpunkte des kreuzenden und des bildenden Teiles ohne Zuhilfenahme eines vorliegenden Kötzers.*

den Linie EF bilden. Auf der von E aus gezogenen Linie werden die mittleren Durchmesser d'_1, d'_2, d'_3, d'_4 und d'_5 des kreuzenden Teiles abgetragen, man verbindet den Endpunkt d'_1 mit V und zieht zu dieser Linie die Parallelen durch die anderen Schnittpunkte, welche die Linie EV in den Punkten I, II, III, IV schneidet. Das Bestimmen der Teilpunkte für den bildenden Teil beruht auf demselben Verfahren.

Der Winder muß sich genau den Drehbewegungen der Spindeln entsprechend auf- und abwärts bewegen. Drehen die Spindeln bei der Einfahrt schnell oder langsam, so muß auch der Winder eine dementsprechende Bewegung erhalten. Übrigens muß das Sektorgesetz mit dem praktischen Drehgesetz der Spindeln übereinstimmen. Nach Abb. 261 liegen die den Stellungen der Sektormutter entsprechenden Drehgesetze zwischen den Sektorkurven $0—VI'$ und $0—VI'''$. Legen wir das Drehgesetz der Spindeln (Abb. 264d, ausgezogene Kurve) auf die demselben am nächste stehenden Sektorkurve (punktierte Kurve), so arbeitet der Winder an denjenigen Stellen richtig, an welchen sich die beiden Kurven decken, also in $0—I'''$ und $V''—X''$. Die Winderbewegung muß somit auf folgende Weise abgeändert werden: Beim Bewickeln des kreuzenden Teiles stimmt in den Punkten II'', III'' und IV'' das Spindeldrehgesetz mit dem Sektorgesetz nicht überein. Der Winder hat in diesen Punkten eine tiefere Lage eingenommen, als dies den betreffenden Spindelgeschwindigkeiten entspricht, ist also den letzteren vorgeeilt. Wir ziehen von den Wagenwegpunkten II, III und IV Senkrechte auf dem Wagenweg entsprechende Linie $0—XXX''$, welche das Spindeldrehgesetz in den Punkten II'', III'' und IV'' schneidet. Von diesen letzteren Punkten ziehen wir Horizontale, und diese schneiden die Sektorkurve in den Punkten II, III und IV (Abb. 264d), von welchen Lotrechte auf den Wagenweg EF errichtet werden. Indem wir von den Kurvenpunkten II', III' und IV' der Winderbewegung Horizontale ziehen, schneiden dieselben die soeben errichteten Lotrechten in den Punkten II_x, III_x und IV_x. Die Punkte $0'$, I', II_x, III_x, IV_x und V verbinden wir durch eine stetige Kurve. Die Winderbewegung wird jetzt für den kreuzenden Teil genau mit den entsprechenden Spindelumdrehungen übereinstimemn.

An den aufeinandergelegten Kurven des Sektorgesetzes und des Drehgesetzes der Spindeln für den bildenden Teil der Schicht sehen wir, daß die Bewegung des Winders nur von V' bis X' mit dem Sektor- und Spindeldrehgesetz übereinstimmt. Für den übrigen Teil der Kurve muß die Winderbewegung verbessert werden. Hier kommt der Winder zu spät, er muß also voreilen. Wir verfahren demnach jetzt umgekehrt wie beim bildenden Teil. Wir ziehen von den Kurvenpunkten X', XV', XX, XXV' und XXX' (Abb. 264c) Senkrechte auf die Basis 0—XXX' (Abb. 264d), und diese schneiden sie in den Punkten X'', XV'', XX'', XXV'' und XXX'' (Abb. 264d). Von diesen Schnittpunkten aus ziehen wir Parallele zur Basis 0—XXX'', welche die Sektorkurve in den Punkten X'', XV, XX, XXV und XXX'' schneiden. Letztere projizieren wir senkrecht zum Wagenweg EF (Abb. 264c) über denselben hinaus. Ziehen wir jetzt durch die Punkte X', XV', XX' und XXV' Parallele zum Wagenweg, so schneiden dieselben die vorigen Projektionen in den Punkten XV^x, XX^x und XXV^x. Durch Verbinden dieser Punkte durch eine stetige Kurve erhalten wir das Diagramm der Winderbewegung für den bildenden Teil, so daß dieses genau mit den entsprechenden Geschwindigkeitsverhältnissen der Spindel übereinstimmt.

b) Konstruktion der Leitschiene.

Wie aus Abb. 266 zu ersehen ist, bewegt sich der Verbindungshebel L mit Hilfe der Rollen U und W auf der Leitschiene X—X—X. Der Verbindungshebel ist am Schwanenhals M angehängt. Da nun die verbesserte Kurve für die Winderbewegung nur für den die Fäden führenden Winderdraht gilt und weil C und M fest auf der Winderwelle sitzen, so brauchen wir bloß die Bewegung des Aufhängepunktes des Verbindungshebels zu verfolgen, um daraus die Kurve der Leitschiene zu erhalten. Senkt sich der Winder, so steigt der Aufhängepunkt des Verbindungshebels. Wir drehen also die in Abb. 264c verbesserte Kurve für die Winderbewegung um 180°, und, indem wir eine beliebige Anzahl Koordinaten ziehen, multiplizieren wir letztere mit dem Übersetzungsverhältnis $\frac{r}{R}$ (siehe Abb. 266). Die auf diese Weise erhaltene Kurve ist $0''_x$, I''_x, II''_x, III''_x, IV''_x, V'''_x, V''_x, VI''_x, VII''_x, $VIII''_x$, IX''_x, X''_x usw. XV''_x, XX''_x, XXV''_x, XXX'_x. Nun ist aber zu bemerken, daß nach Abb. 264c und Abb. 267 der Winder plötzlich einen Sprung macht, sobald er vom kreuzenden in den bildenden Teil übergeht. Dies würde natürlich einen Schnitt im Faden verursachen. Übrigens liegt der Punkt $0'$ in Abb. 264c näher an der Wagenweglinie EF als der Punkt XXX', so daß der Winder nach dem Abwinden auch hier einen Sprung machen würde. Um diesen Nachteil auszugleichen, teilt man die Strecke $0'''_x$—$0'_x$ (Abb. 267) in die Hälfte und zieht die Parallele zur Linie $0'''_x$ bis XXX'_x. Sodann verbindet man den erhaltenen Punkt $0''_x$ durch eine ausgleichende Kurve mit derjenigen des kreuzenden Teiles (strichpunktierte Linie) und verfährt ebenso mit dem Punkt XXX'''_x und der Kurve des bildenden Teiles. Dort, wo der kreuzende Teil in den bildenden übergeht, verbindet man den Punkt V'''_x mit der Kurve des bildenden Teiles durch eine ausgleichende Kurve V'''_x, VI'''_x, VII'''_x usw.

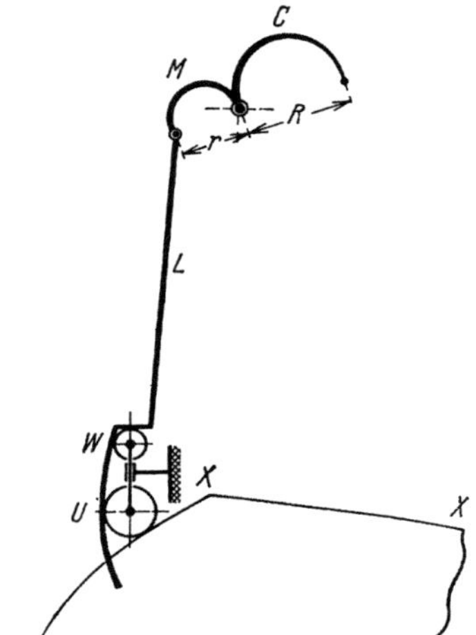

Abb. 266. Schematische Darstellung der Bewegung des Verbindungshebels auf dem kreuzenden Teil der Leitschiene. *

Wie aus dem Vorhergegangenen hervorgeht, darf der Winder bei der Wageneinfahrt nicht unabhängig von den Spindeldrehungen sein, d. h. bei der Konstruktion der Leitschiene muß die Sektorbewegung berücksichtigt werden.

Um dem Kötzer die nötige innere Widerstandsfähigkeit zu erteilen, werden während der Ansatzbildung die Schichtenhöhen immer größer, wogegen bei der

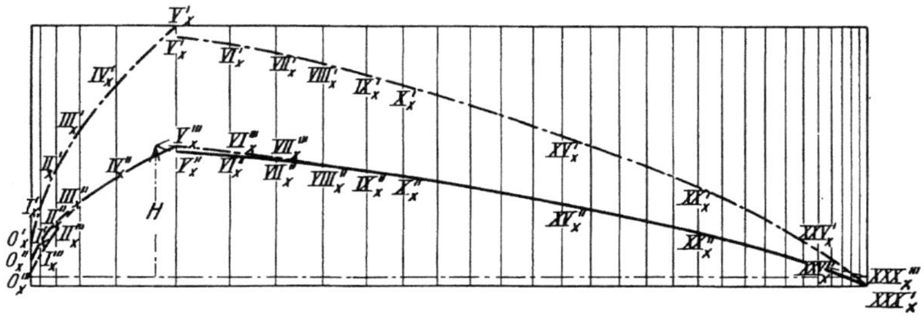

Abb. 267. Theoretische und praktische Kurve der Leitschiene.*

Körperbildung die Schichtenhöhen mit jeder Einfahrt kürzer werden. Mithin muß auch der vom Winder beschriebene Weg während der Ansatzbildung zunehmen und während der Körperbildung abnehmen. Ist H (Abb. 268) der Höhen-

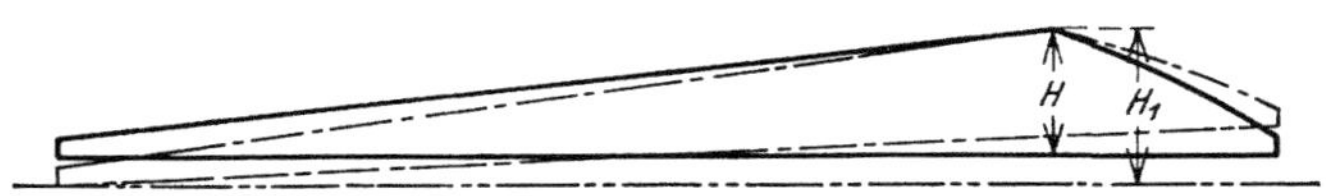

Abb. 268. Neigen der Leitschiene zur Abänderung der Schichtenhöhen.*

unterschied zwischen dem höchsten und dem tiefsten von der Laufrolle U berührten Punkt der Leitschiene, h die Höhe des Schichtenkegels, so verhält sich nach Abb. 266

$$\frac{h}{H} = \frac{r}{R}.$$

Nun ist $\frac{r}{R}$ eine konstante Größe; ändert man also durch Neigen der Leitschiene die Höhe H, so ändert sich auch dementsprechend h. Da die Leitschiene nur für eine Kötzerschicht konstruiert wurde, so wird der Winder bei den kleineren Windungsdurchmessern derart geführt werden, daß z. B. bei der ersten Schicht durch mehrmaliges Übereinanderwinden der Spiralen eine Verdickung eintritt, und zwar wird der Winder seine Aufwärtsbewegung von unten nach oben beschleunigen. Auf diese Weise wird die erste Schicht schon unten einen größeren Durchmesser aufweisen wie oben. Nach Aufwickeln der ersten Schicht kann die zweite Schicht nicht mehr die Dicke der ersten Schicht haben, da die aufzuwickelnde Fadenlänge konstant ist und überdies die Schichtenhöhe zunehmen soll. Das obere Schichtenende der zweiten Schicht fällt über dasjenige der ersten Schicht. Mit jeder Schicht während der Ansatzbildung wird der Winder höher geschaltet, die oberen Enden der Schichten fallen nach einwärts zu übereinander, wodurch die doppelkegelförmige Form des Ansatzes erzeugt wird. Weil der untere Teil des Ansatzes kegelförmig ist, muß der Winder von Schicht zu Schicht eine abnehmende Schaltung erfahren, denn von Schicht zu Schicht nimmt die Schichtendicke ab. Erst nach Beendigung des Ansatzes erfolgt zur Herstellung des Garnkörpers eine gleichmäßige Schaltung des Winders.

Auch die oberen Enden der Schichten sollen während der Ansatzbildung abnehmen, jedoch ist die Abnahme der Schaltung geringer wie bei den Fußpunkten der Schichten, damit in Wirklichkeit die Schichtenhöhen während der Ansatzbildung zunehmen.

Diese Schaltungen werden hervorgerufen durch das Verschieben der Leitschiene über die Formplatten. Sollen bei der Darstellung eines Kötzers die Schichtengruppen eingezeichnet werden, so darf nach den vorhergehenden Betrachtungen nicht nach Willkür verfahren werden. Nach H. Brüggemann[1] gibt Stamm, welcher bereits im Jahre 1861 sich eingehend mit der Aufwindung des Selbstspinners befaßte, in seinem ausgezeichneten Werke: „Traité théorique et pratique des métiers à filer automates dits Selfacting" folgendes Verfahren an:

„Man teile den Abstand zwischen Anfangspunkt P (Abb. 269a) der Spitze der ersten Schicht und dem Endpunkt der Spitze R der letzten Schicht des Ansatzes in eine Anzahl Teile, deren erster und letzter sich zueinander verhalten wie die Längen der letzten und der ersten Schicht, und deren dazwischen gelegenen Teile in einer arithmetischen Progression abnehmen.

Um diese Einteilung zu erhalten, genügt es, auf einer Geraden ON (Abb. 269b) zwei Strecken OM und OL abzutragen, welche den Längen der ersten und der letzten Schicht des Ansatzes entsprechen. Den Abstand KL teilen wir in eine um eine Einheit geringere Anzahl gleicher Teile, die als Schichtengruppen bestimmt werden sollen. Haben wir daher sechs Schichtengruppen in den Ansatz hineinzuzeichnen, so teilen wir ML in fünf gleiche Teile. Durch die einzelnen Teilpunkte $LKJHGM$ ziehen wir Senkrechte zur Linie ON und legen in O unter einem beliebigen Winkel eine Gerade OF an, welche auf den Senkrechten Abschnitte $L'K'J'H'G'M'$ bestimmt, die im direkten Verhältnis zu den entsprechenden Schichtenlängen stehen.

In Punkt P (Abb. 269a) ziehen wir nun eine beliebige Gerade PE, auf der wir nacheinander die Senkrechten LL', KK', JJ', HH' usw. abtragen. Den letzten Punkt M' verbinden wir mit R und ziehen durch die übrigen Teilpunkte G', H', J', K', L' Parallele zu dieser Geraden, welche die einzelnen Höhenpunkte G'', H'', J'', K'', L'' der Schichten bestimmen.

Um die einzelnen Fußpunkte dieser Schichten zu erhalten, teile man den Abstand TS, d. h. die äußere Höhe des Ansatzes, in ebenso viele Teile wie den Spitzenabstand, deren erster sich zum letzten verhält wie das Produkt aus Durchmesser und Längen der ersten Schicht zur letzten Schicht.

Zur Einteilung trage man auf einer Geraden $A_x B_x$ (Abb. 269c) Strecke $A_x C_x = 2 r_0 l_0$ (Abb. 269d) und Strecke $A_x D_x = 2rl$ ab und teile den Abstand beider Punkte $C_x D_x$ in ebensoviel gleiche Teile wie vorher. Die in diesen Teilpunkten E_x, F_x, G_x, H_x errichteten Senkrechten schneide man wieder durch eine beliebige Gerade $A_x J_x$ und die so erhaltenen Abschnitte $D_x D'_x$, $E_x E'_x$, $F_x F'_x$, $G_x G'_x$ usw. trage man auf einer im Fußpunkte S (Abb. 269a) beliebig angelegten Geraden SK_x der Reihe nach ab. Nun verbinde man den letzten Punkt C'_x mit dem Fuße T der ersten Schicht des Körpers und ziehe durch alle Teilpunkte H'_x, G'_x, F'_x, E'_x, D'_x Parallele zu dieser Linie, wodurch wir die Fußpunkte H''_x, G''_x, F''_x, E''_x, D''_x der Schichten des Ansatzes erhalten.

Verbinden wir die entsprechenden Spitzen- und Fußpunkte miteinander, so erhalten wir die einzelnen Schichten dieses Ansatzes.

Diese Methode liefert für die Praxis hinreichend genaue Kötzer, nach denen entsprechende Formplatten konstruiert werden können."

[1] Brüggemann, H.: Nitscheln und Draht. Verlag A. Kröner, Leipzig.

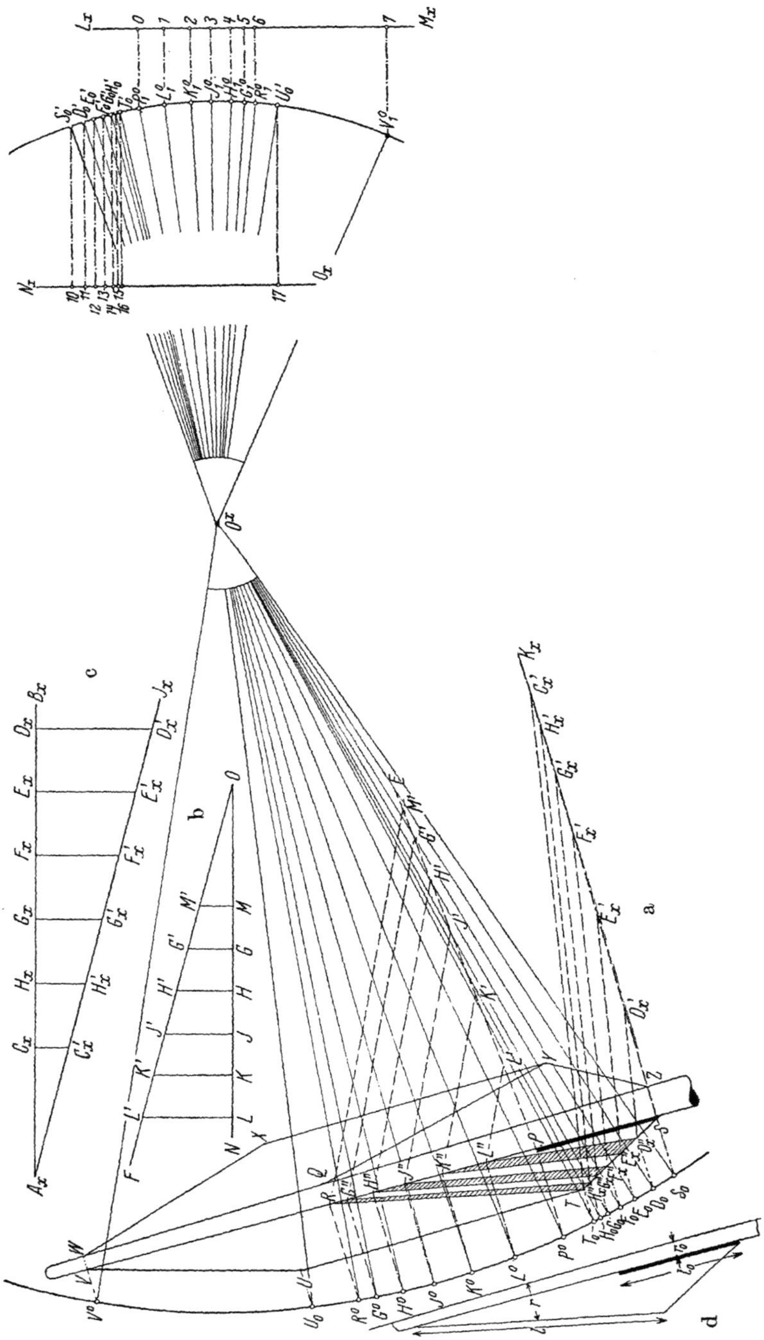

Abb. 269a bis d. Bestimmen der Höhen- und Fußpunkte der einzelnen Schichten des Kötzeransatzes.*

c) Konstruktion der Formplatten.

Durch die Spitzen- und Fußpunkte ziehen wir Senkrechte zur Achse der Spindel (Abb. 269a), welche den vom Winder beschriebenen Weg in den Punkten

V^0, R^0, G^0, H^0, J^0, K^0, L^0 und P^0 für die Spitzenpunkte und in den Punkten U_0, T_0, H_0, G_0, F_0, E_0, D_0 und S_0 für die Fußpunkte schneiden. Diese Schnittpunkte verbinden wir mit dem Mittelpunkt 0^x der Winderwelle. Sodann beschreiben wir um 0^x einen Kreisbogen, welchen der Aufhängepunkt des Verbindungshebels beschreibt, und zeichnen auf diesen Kreisbogen die Lage des Aufhängepunktes des Verbindungshebels ein, wenn sich der Winderdraht an den Fußpunkten S_0, D_0, E_0, F_0, G_0, H_0, T_0 bis U_0 bzw. an den Spitzenpunkten P^0, L^0, K^0, J^0, H^0, G^0, R^0 bis V^0 befindet. Wir erreichen dies durch Abtragen der jeweiligen Winkel, welche die Verbindungslinie des Winderdrahtes mit dem Mittelpunkt der Winderwelle und die Verbindungslinie des letzteren mit dem Aufhängepunkt des Verbindungshebels bildet, und erhalten die Punkte S_0', D_0', E_0', F_0', G_0', H_0', T_0', U_0' sowie P_1^0, L_1^0, K_1^0, J_1^0, H_1^0, G_1^0, R_1^0, V_1^0. Rechts und links des vom Aufhängepunkt des Verbindungshebels beschriebenen Kreisbogens werden Senkrechte L_xM_x und N_xO_x gezogen. Auf L_xM_x werden die die Spitzen betreffenden Punkte P_1^0, L_1^0, K_1^0, J_1^0, H_1^0, G_1^0, P_1^0 und V_1^0 projiziert und wir erhalten die Punkte *0—1—2—3—4—5—6——7*. Auf der anderen Senkrechten O_xN_x werden die Punkte S_0', D_0', E_0', F_0', G_0', H_0', T_0' und U_0' projiziert, welche Bezug auf die Fußpunkte der Schichten haben, und wir erhalten die Punkte *10—11—12—13—14—15—16——17*.

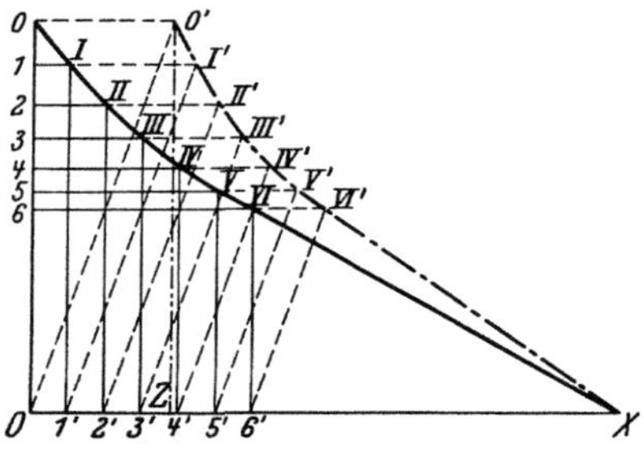

Abb. 270. Konstruktion der Spitzenformplatte. *

Zur Konstruktion der Spitzen- bzw. der Fußplatte teilen wir eine Gerade OX (siehe Abb. 270 und 271) so ein, daß sich *0—6'* zu *6'—X* (Abb. 270) bzw. *0—16'* zu *16'—X* (Abb. 271) verhält wie der Flächeninhalt von QYZ (Abb. 269a) zu demjenigen von $WXYQ$. Es ist also *0—6'* = *0—16'* und *6'—X* = *16'—X*. Die Teile *0—6'* und *0—16'* teilen wir in ebenso viele gleiche Teile, wie wir in Abb. 269a den Ansatz geteilt haben, also in sechs. In den erhaltenen Punkten *0—1'—2'—3'—4'—5'—6'* bzw. *0—11'—12'—13'—14'—15'—16'* errichten wir Senkrechte.

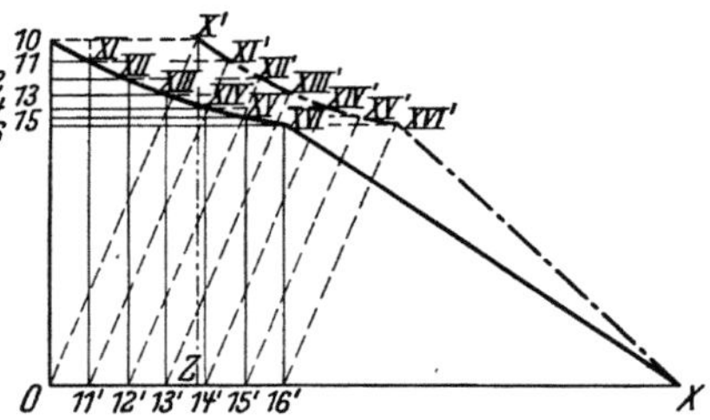

Abb. 271. Konstruktion der Fußformplatte. *

Auf der in O errichteten Senkrechten tragen wir für die Spitzenformplatte *0—6* = *7—6* der Linie L_xM_x (Abb. 269a) ab, desgleichen die Abstände der übrigen Punkte *6—5, 5—4, 4—3, 3—2, 2—1* und *1—0*. Errichten wir in diesen Punkten Senkrechte, so werden dieselben die vorigen in den Punkten *I—II* bis *III—IV—V* und *VI* schneiden, welche wir durch eine stetige Kurve miteinander verbinden.

Ebenso verfährt man zur Konstruktion der Fußformplatte. Auf der in O errichteten Senkrechten wird die Entfernung *17—16* der Linie O_xN_x (Abb. 269a) = *0—16* (Abb. 271) abgetragen, ferner die Entfernungen der Punkte *16—15—14—13—12—10*. Die erhaltenen Schnittpunkte *XI—XII—XIII—XIV—XV* und *XVI* werden wiederum durch eine stetige Kurve miteinander verbunden.

Da die Verschiebung der Fußpunkte und der Spitzenpunkte während der Bildung des Kötzerkörpers beinahe gleichmäßig vor sich geht, so verbindet man die Endpunkte *VI* bzw. *XVI* der Ansatzbildung mit dem Punkte *X* durch eine gerade Linie.

d) Führung der Leitschiene.

Wie aus Abb. 244 zu ersehen, ist die Neigung der Spitzenformplatte B_x bedeutend größer als diejenige der Fußformplatte A_x. Jedoch verhindert die gegen den großen Kopf geneigte Führung C_x das Hinabgleiten der Leitschiene. Daß diese schräge Führung gegen den großen Kopf geneigt ist und nicht etwa senkrecht steht oder gegen den kleinen Kopf führt, hat seinen Grund in folgendem:

Wie bekannt, erfolgt das Drahterteilen während der Ausfahrt, indem die Spindeln die erforderlichen Umdrehungen ausführen, wobei der Faden von der Spindelspitze stets abgleitet. Die Verbundspiralen werden hierbei fest an die Spindel angezogen. Ist der Wagenzug zu groß, so werden Verbundspiralen von der Spindel abgezogen, welche wieder ersetzt werden müssen, dies kann nur durch Abziehen vom Kötzerköpfchen geschehen. Dadurch werden fehlerhafte Kötzer erhalten und beim Abspulen oder beim Weben entsteht viel Abfall. Übrigens werden die abgezogenen Verbundspiralen sofort mit dem Garn zusammengedreht und bilden Verdickungen im Garne. Damit die Kötzer in dieser Beziehung einwandfrei sind, wickelt man einige Verbundspiralen mit geringer Ganghöhe dicht über der Kötzerspitze auf (siehe Abb. 243), welche gegebenenfalls abgezogen werden können, ohne daß hierbei die Kötzerspitze in Mitleidenschaft gezogen wird.

Je nach der zu spinnenden Garnnummer ändert sich der Wagenzug. Man ändert deshalb nötigenfalls den zwischen Zylinder und Mandause befindlichen Zugwechsel. Jedoch gehört schon ziemlich Erfahrung dazu, den Wagenzug richtig beurteilen zu können. Deshalb ist es jedenfalls vorteilhaft, wenn man als Vorsichtsmaßregel einige nahe aneinander liegende Verbundspiralen direkt über der Kötzerspitze aufwickelt. Um dies zu erreichen, feilt man an das im großen Kopf gelegene Ende der Leitschiene eine schiefe Ebene $B—B'$ ein, wie dies in Abb. 272 veranschaulicht ist. Dadurch steigt am Ende der Einfahrt der Winder und bildet somit die nahe aneinander liegenden Reservespiralen, worauf der Verbindungshebel abgestoßen und der eigentliche Verbund gebildet wird.

Mit dem Anwachsen des Körpers müssen die Verbundspiralen und ebenso die unmittelbar über der Kötzerspitze befindlichen Reservespiralen abnehmen. Die Leitschiene muß also derart geführt werden, daß der Winder am Ende der Einfahrt immer weniger Reservespiralen bilden kann und demnach die Abschrägung $B—B'$ immer geringeren Einfluß auf den Winder hat. Aus Abb. 272 ist ersichtlich, daß zu diesem Zweck die Führungen GG' und DD' nicht in Betracht kommen können, sondern nur EE'.

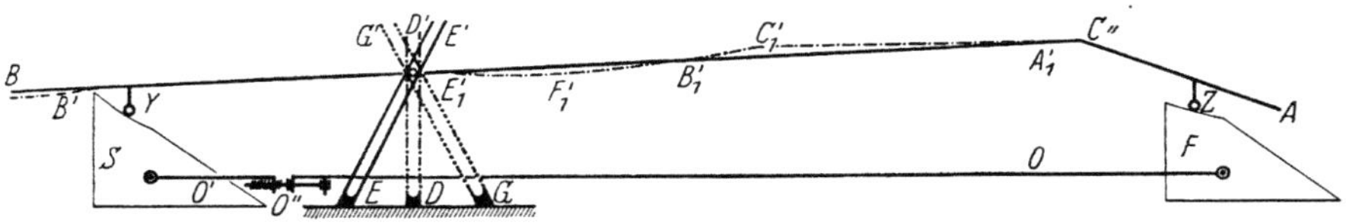

Abb. 272. Führung der Leitschiene.*

Durch diese Führung gegen den großen Kopf erhält die Leitschiene eine Bewegung gegen denselben und klettert gewissermaßen an der Spitzenformplatte in die Höhe, wodurch die gesetzmäßigen Verschiebungen der Formplatten sich ändern. Außerdem wird durch dieses Emporsteigen der Leitschiene die Zeit zum Kreuzen verlängert und dementsprechend nimmt der Zeitraum für das Aufwickeln des bildenden Teiles ab. Infolgedessen werden beim Bewickeln des kreuzenden Teiles die Ganghöhen der Spiralen verringert werden, was für die Fäden eine Spannungsverminderung während dieser Bewickelungszeit bedeutet, wie es bei Zunahme der Bewickelungsdurchmesser erwünscht ist. Da hierbei das im großen Kopfe gelegene Ende der Leitschiene höher zu liegen kommt, werden beim Aufwinden des bildenden Teiles die Spiralen näher aneinander liegen.

e) Einfluß der Leitschienenführung auf die Formplatten.

Damit die Formplatten infolge der schiefen Führung der Leitschiene trotzdem eine gesetzmäßige Verschiebung erhalten, müssen dieselben demgemäß abgeändert werden. Sei in Abb. 270 die ausgezogene Kurve die theoretisch gefundene der Spitzenformplatte und in Abb. 271 die für die Fußformplatte, so wird man die Horizontale *OX* um die Länge *ED* (Abb. 272) vermindern; letztere entspricht dem Abstand *OZ* (Abb. 270 und 271). Auf der in *Z* errichteten Senkrechten liegt der höchste Punkt der Formplatten. Nehmen wir verschiedene Punkte auf der Kurve der Spitzen- und Fußplatte, welche während des Aufbaues des Ansatzes in Betracht kommen, und ziehen von diesen Punkten Lotrechte auf die Basis *OX*. Der Einfachheit halber benutzen wir nach den Abb. 270 und 271 die Punkte *0—I—II—III—IV—V* und *VI* bzw. *10—XI—XII—XIII—XIV—XV* und *XVI*. Wir ziehen sodann Senkrechte auf die Basis *OX* und durch die Punkte *0—1'—2'—3'—4'—5'—6'* bzw. *0—11'—12'—13'—14'—15'—16'* Parallele zu der Führung *EE'* (Abb. 272) der Leitschiene. Durch die auf den Ansatzkurven befindlichen Punkte *0—I—II* bis *III—IV—V—VI* bzw. *10—XI—XII—XIII—XIV—XV—XVI* werden jetzt Parallelen zur Basis *OX* gezogen, welche die vorhergehenden in den Punkten *0'—I'—II'—III'—IV'—V'—VI'* bzw. in *X'—XI'—XII'—XIII'—XIV'* bis *XV'—XVI'* schneiden. Durch Verbindung dieser Punkte erhalten wir die verbesserten Kurven der Formplatten (strichpunktierte Kurven).

Ist der von den Formplatten zurückgelegte Weg größer als die Basis *ZX* der verbesserten, z. B. doppelt so groß, so müssen die Kurven der Formplatten dieser größeren Verschiebung entsprechen. In diesem Falle tragen wir die doppelte Größe der Projektion der Punkte *O' VI'* bzw. *X'XVI'* der Abb. 270 und 271 auf die Basis *OX* ab (siehe Abb. 273), desgleichen die doppelte Entfernung der Projektion von *VI'* nach *X* bzw. *XVI'* nach *X*. Man teilt nun die doppelte Länge der Projektion von *O'VI'* in ebenso viele Teile wie die Kurve Abszissen besitzt, in Abb. 273 sind es deren sechs. In den auf der Basis *OX* erhaltenen Punkten errichten wir Senkrechte, auf welchen die Entfernungen der Kurvenpunkte *0'—I'—II'—III'—IV'—V'—VI'* von der Basis abgetragen werden, und erhalten somit die Kurvenpunkte *0—I—II—III—IV—V—VI*, welche untereinander durch eine stetige Kurve verbunden werden. Zur Erlangung der Fußformplatte verfährt man in ähnlicher Weise. In Abb. 273 ist die Kurve der Spitzenformplatte, welche zur Verschiebung der Spitzen dient, ausgezogen, während die Kurve der Fußformplatte, welche die Verschiebung der Fußpunkte bedingt, strichpunktiert ist.

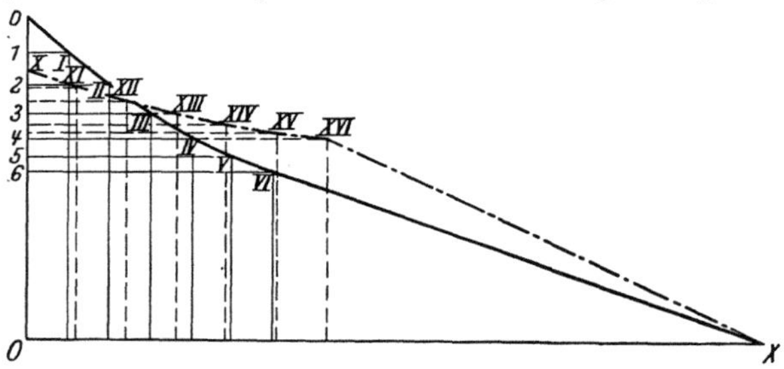

Abb. 273. Konstruktion der Formplatten für eine beliebige Verschiebungsmenge derselben. *

f) Das Kreuzen.

Es bezweckt bekanntlich die Trennung der einzelnen bildenden Schichten voneinander, indem das Garn von der Kötzerspitze zum größten Kötzerdurchmesser in steilen Spiralen aufgewickelt wird, damit beim schnellen Abziehen des Fadens nicht etwa mehrere Schichten zusammen auf einmal abgehoben werden. Je steiler die Spiralen der kreuzenden Schicht sind, desto wirksamer ist die Trennung der Schichten.

Wir wissen, daß die Schichtenlängen während der Ansatzbildung zunehmen und während der Körperbildung des Kötzers von Schicht zu Schicht abnehmen. Folglich muß während der Ansatzbildung die Fadenlänge für die Kreuzung zunehmen, wogegen sie während der Körperbildung abnimmt. Dadurch, daß die Leitschiene mit jeder Schicht vermittels der schiefen Führung C_x (Abb. 244) gegen den großen Kopf verschoben wird, nimmt die Größe der kreuzenden Länge zu. Je mehr sich die Leitschiene senkt, desto mehr wird sie auch gegen den großen Kopf verschoben, und zwar während des ganzen Abzuges. Am Anfang desselben befindet sich die Leitschiene in der Stellung $A^0 B^0 C^0$ (Abb. 274), am Ende des Ansatzes in $A' B' C'$ und am Ende des Abzuges in ABC. Infolgedessen würde die Länge des kreuzenden Teiles während des ganzen Aufbaues des Kötzers zunehmen, während sie doch von der ersten bis zur letzten Schicht des Körpers ständig abnehmen soll. Da sich der Übergangspunkt $B^0 B' B$ der Leitschiene (vom kreuzenden in den bildenden Teil der Schichten) stets vom Sektordrehpunkt entfernt, so wird auch der Augenblick, in welchem der Aufhängepunkt der Sektorkette vom kreuzenden in den bildenden Teil übergeht, bei jeder Verschiebung der Leitschiene später eintreffen, so daß am Anfang des Abzuges dieser Übergangspunkt auf dem Sektor sich in B^0 (siehe Abb. 275) befindet, am Ende des Ansatzes jedoch in B' und am Ende des Abzuges in B. (In Abb. 275 ist B^0 der Übersichtlichkeit halber auf demselben Kreisbogen gezeichnet wie die Punkte B' und B, obwohl B^0 in die Nähe des Sektordrehpunktes D' gehört.) Sobald der Aufhängepunkt der Sektorkette über die lotrechte Lage hinausgetreten ist, wird die Spindelgeschwindigkeit beschleunigt, wodurch natürlich mehr Faden aufgewunden wird. Letzterer muß aus der Verbundreserve entnommen werden, und diese Zusatzlänge würde beim Aufwinden des Verbundes auf die Spindel fehlen.

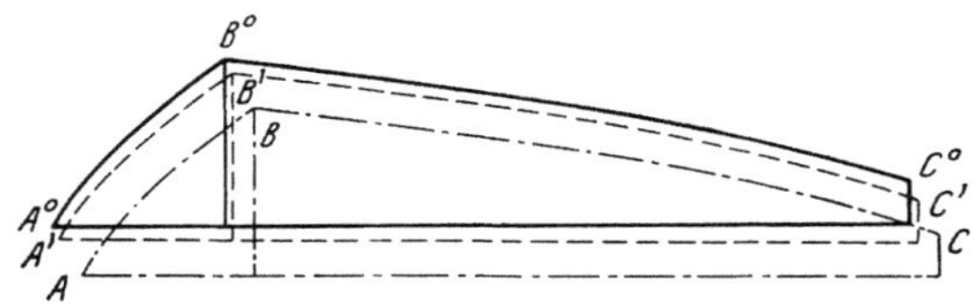

Abb. 274. Stellung der Leitschiene am Anfang des Kötzers, am Ende des Ansatzes und am Ende des Abzuges. *

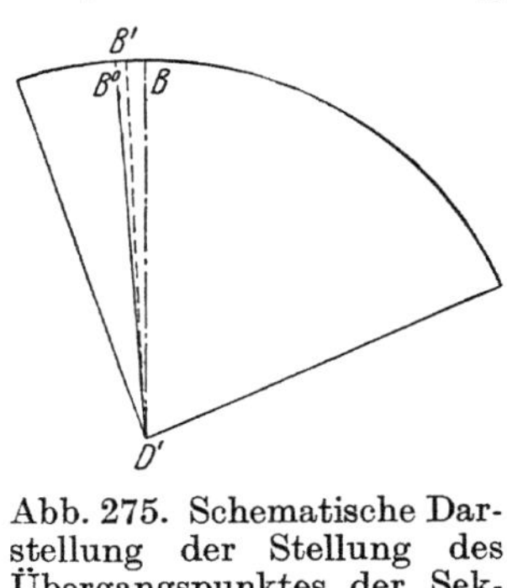

Abb. 275. Schematische Darstellung der Stellung des Übergangspunktes der Sektormutter für den Anfang des Kötzers, für das Ende des Ansatzes und für das Ende des Abzuges. *

Um deshalb eine genügende Verbundreserve zu erhalten, ist es angebracht, den Verbindungshebel schon vorher abstoßen zu lassen und auf diese Weise die Aufwindung etwas früher zu beendigen. Während der Ansatzbildung nimmt die kreuzende Länge beständig zu und die Anzahl Verbundspiralen sollen dementsprechend abnehmen. Also wird man den Anschlag U_x (siehe Abb. 244), an welchen das untere Ende des Verbindungshebels kurz vor dem Beendigen der Einfahrt anschlägt und so denselben von der Rolle W bzw. Ansatz d (Abb. 248) stößt, gegen den großen Kopf zu neigen, so daß das Abstoßen immer später erfolgt und somit die Verbundreserve abnimmt. Während der Körperbildung soll die Aufwindung von Schicht zu Schicht früher beendet werden. Man wird deshalb für diesen Teil der Kötzerbildung den Anschlag U_x gegen den kleinen Kopf neigen, so daß mit stetigem Senken der Leitschiene der Verbindungshebel früher abgestoßen wird. Da aber für die Körperbildung die Verbundreserve infolge des Anwachsens des Kötzers beständig abnehmen soll, so sollte eigentlich auch das Abstoßen des Verbindungshebels später erfolgen. Man wählt also eine zwischen beiden Neigungen gelegene schiefe Ebene für die Körperbildung als Anschlag U_x. Manche Konstrukteure bevorzugen einen senkrechten Anschlag U_x für die Körperbildung, wie dies in Abb. 248 ersichtlich ist.

g) Gegliederte Leitschienen.

Wie aus dem Vorhergehenden ersehen wurde, ruht die Leitschiene mit den beiden Zapfen Y und Z (siehe Abb. 244) auf der Spitzenformplatte B_x bzw. auf der Fußformplatte A_x. Aus der Konstruktion der Formplatten (Abb. 270 und 271) geht deutlich hervor, daß die Kurve der Spitzenplatte steiler verläuft als diejenige der Fußplatte. Somit wird sich der auf der Spitzenformplatte aufruhende Zapfen Y der Leitschiene $XXX'X'$ rascher senken als derjenige auf der Fußformplatte. Die Folge davon ist, daß die Höhe des kreuzenden Teiles nahezu unverändert bleibt, dagegen der Höhenunterschied vom Übergangspunkt bis zum Ende der Leitschiene (für den bildenden Teil) ständig zunimmt, so daß der Winder am Ende der Einfahrt sich in höherer Stellung befindet wie am Anfang der Einfahrt nach dem Abwinden. Demnach werden beim Abwinden Fadenspiralen von der Kötzerspitze abgewickelt, die noch zur vorigen Aufwindeschicht gehörten, wodurch lose Köpfchen entstehen. Damit die Leitschiene sich gleichmäßig an beiden Enden senkt, ohne daß sie ihre Neigung verändern kann, gliedert man sie in zwei Teile (siehe Abb. 244 und 248). Den für die Kreuzung bestimmten Teil läßt man vermittels eines Zapfens Z' auf einer Spitzenformplatte aufruhen, während die Leitschiene im Übergangspunkt vom kreuzenden in den bildenden Teil mit der vorigen Schiene eingelenkt ist, wobei der Zapfen Z auf der Fußformplatte A_x, der Zapfen Y auf der Spitzenplatte B_x aufruht. Der Übergangspunkt der Leitschiene ist von der Fußplatte abhängig, desgleichen der bildende Teil der Leitschiene von der Spitzenformplatte B_x. Durch diese Gliederung der Leitschiene wird durch richtiges Einstellen die gleiche Stellung des Winders sowohl am Anfang wie am Ende der Einfahrt erzielt.

h) Die verkürzte Leitschiene.

Bei ganz feinen Nummern, z. B. über Nr. 120_e, wählt man den Wagenweg kürzer als bei den niederen Nummern. Für letztere beträgt der Wagenweg durchweg 1620 mm, wogegen man erstere bei einer Auszugslänge von 1400 mm spinnt. Sollten auf demselben Selfaktor Nummern unter 120_e und solche, welche darüber liegen, erzeugt werden, so müßte man verschieden lange Leitschienen verwenden. Aus diesem Grunde wendet man die verkürzte Leitschiene an, welche sowohl für die Auszugslänge von 1620 mm als auch für kürzere gebraucht werden kann. Es würde zu weit führen, an dieser Stelle alle Verbesserungen auf diesem Gebiete anzugeben; im folgenden soll nur die klassische Ausführung wiedergegeben werden, da den mannigfaltigen Verbesserungen doch allen dasselbe Prinzip zugrunde liegt.

Abb. 276a und b stellen die verkürzte Leitschiene dar, erstere in der Seitenansicht, letztere in der Draufsicht. Abb. 276c zeigt dieselbe Ausführung im Schema.

Im Wagen *A* ist das Gestell *B* befestigt, in letzterem ist die Schiene *C* verschiebbar angeordnet. An dieser ist die Zahnstange *D* angeschraubt, die mit

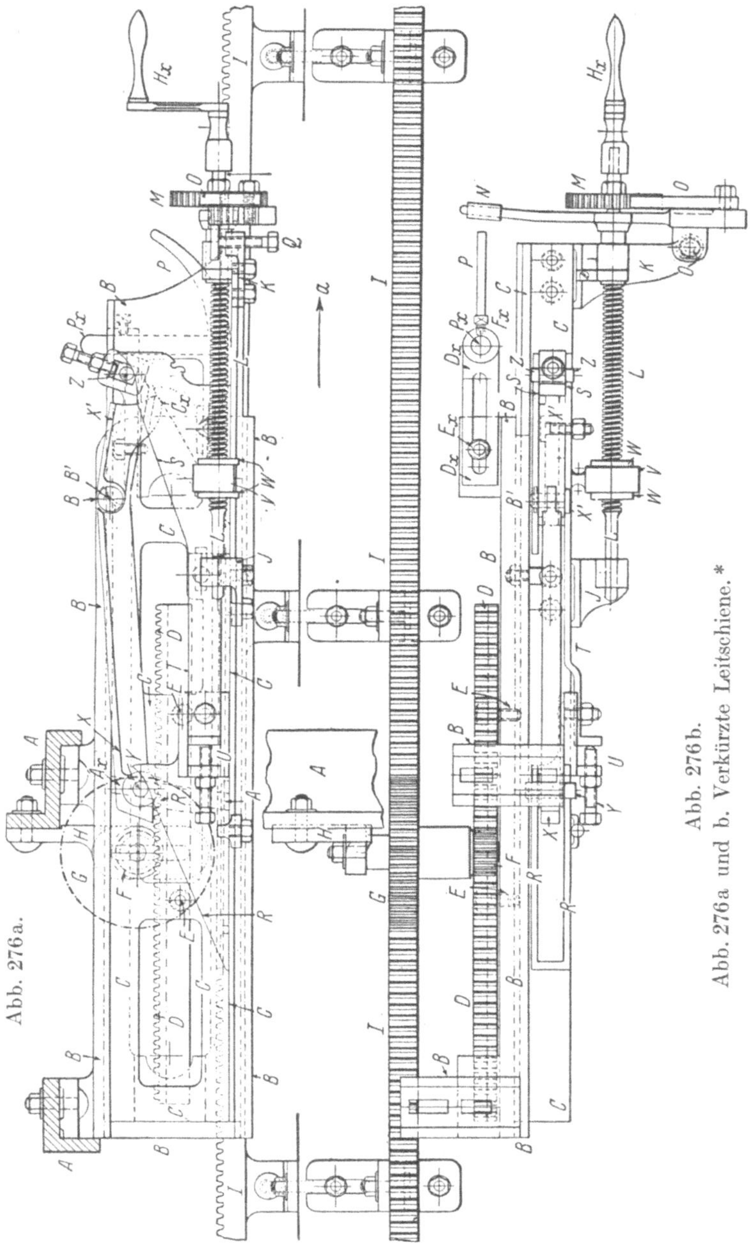

Abb. 276a.

Abb. 276b.

Abb. 276a und b. Verkürzte Leitschiene.*

dem Zahnrad *F* in Eingriff ist. Auf der Achse derselben sitzt das größere Zahnrad *G*, welches in die am Mittelgestell befestigte Zahnstange *I* eingreift. Die Achse dieser beiden Zahnräder wird von einem am Wagen befestigten Lager *H* gehalten.

Fährt der Wagen aus, so wird die verschiebbare Zahnstange D gegen den großen Kopf zu bewegt; fährt der Wagen ein, so verschiebt sich die Zahnstange D nach dem kleinen Kopf.

Die verkürzte Leitschiene XX' ist in B gegliedert und ruht mittels der Zapfen Y und Z auf den Formplatten R und S, welch letztere miteinander durch eine Stange T verbunden sind. Dieselbe ist derart konstruiert, daß sie an der Spitzenplatte R vermittels der Stellschraube U in bezug auf die Fußformplatte S regulierbar ist. An letzterer ist der Schraubenkopf V befestigt, durch welchen die Leitspindel L hindurchgeht. Dadurch, daß die Enden dieser Schraubenspindel in den am Schlitten C befestigten Lagern J und K gehalten wird, werden durch Drehung von L die beiden Formplatten verschoben. Diese Verschiebung wird durch ein Sperrad M bewerkstelligt, in welches die Klinke NO eingreift. Infolge des Gegengewichtes N stößt diese Klinke an die Stellschraube Q. Am Gestell B ist eine einstellbare, schiefe Ebene P befestigt. Fährt der Wagen aus, d. h. in der Richtung des Pfeiles a, so bewegt sich das Gleitstück C gegen den großen Kopf und mit ihm auch der Hebel NO mit Sperrad M. Der obere Teil O des Hebels NO stößt hierbei an die schiefe Ebene P, wodurch das Sperrad gedreht wird und somit die Formplatten nach dem großen Kopf zu bewegt werden.

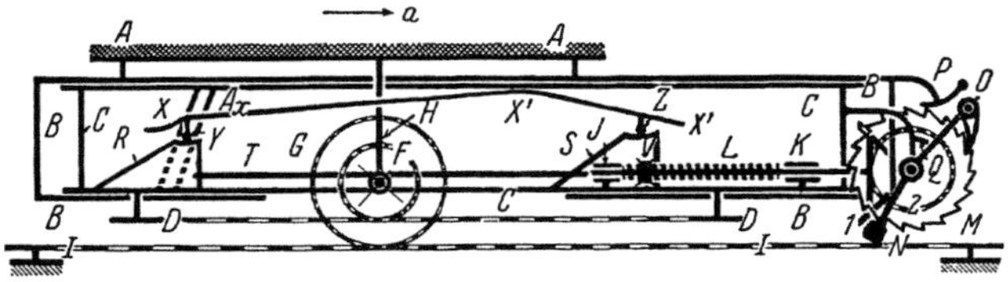

Abb. 276c. Schematische Darstellung der verkürzten Leitschiene. *

Damit die verkürzte Leitschiene nicht die Formplatten heruntergleitet, ist der Zapfen Y in der gegen den großen Kopf geneigten Führung A_x gefangen und letztere ist am Gleitstück C befestigt.

Bezeichnen wir mit

W	den Wagenweg	$= 1620$ mm
t	die Teilung der festliegenden Zahnstange I	$= 10$,,
t_1	die Teilung der verschiebbaren Zahnstange D	$= 8{,}4$,,
Z_1	die Zähnezahl des Rades G	$= 47$
Z_2	die Zähnezahl des Rades E	$= 14$,

so beträgt die Verschiebung der Leitschiene

$$V = \frac{W}{t \cdot Z_1} \cdot t_1 \cdot Z_2 = \frac{1620}{10 \cdot 47} \cdot 8{,}4 \cdot 14 = 405 \text{ mm},$$

d. h. die verkürzte Leitschiene verschiebt sich während der Einfahrt um 405 mm gegen den kleinen Kopf.

Soll nun der Wagenweg geändert werden, so müssen die Räder F bzw. G derart berechnet werden, daß die Verschiebung dieselbe bleibt. Z. B. sollen wir die Wagenauszugslänge von 1620 mm auf 1450 mm reduzieren. Damit die Verschiebung gleich bleibt, müßte $Z_1 = 48$ Zähne und $F = 16$ Zähne erhalten, denn

$$\frac{1450}{10 \cdot 48} \cdot 8{,}4 \cdot 16 = 405 \text{ mm}.$$

i) Abänderung der Schichtenhöhe.

Zu diesem Zweck muß die Leitschiene derart geneigt werden, daß die Höhenunterschiede H und H_1 (siehe Abb. 268) größer oder kleiner werden, je nach Bedarf. Bei geringem Höhenunterschied wird die Schicht kurz, je größer dieser ist, desto länger wird die Schicht. Bei der gewöhnlichen Leitschiene verstellt man den Zapfen Z (Abb. 244 und 248) vermittels der Stellschraube Z'' oder man vergrößert bzw. verkleinert die Entfernung der Formplatten voneinander. In Abb. 244 ist die Verbindungsstange O mit zwei Schlitzen versehen, so daß die Spitzenplatte gegen den großen bzw. gegen den kleinen Kopf verschoben werden kann. Bei der heutigen verkürzten Leitschiene kann der Zapfen Z (Abb. 276) verstellt werden, ebenso befindet sich am Ende der Leitschiene, welches dem großen Kopf am nächsten liegt, eine Stellschraube, womit der bildende Teil der Leitschiene gehoben oder gesenkt werden kann.

Abänderung der Kötzerform. Man unterscheidet Schußkötzer und Kettkötzer. Da beim Kettkötzer der Körperdurchmesser bedeutend größer ist als beim Schußkötzer, braucht der Sektor beim ersteren einen größeren Schwingungsbogen als beim letzteren. Man ändert dementsprechend das Triebrad I_1 (Abb. 244) des Sektorkranzes. Die Schußkötzer sind verhältnismäßig klein, man wird also die erste Schicht höher stellen müssen. Dies erreicht man durch Verkürzung des Verbindungshebels. In Abb. 244 ist diese Einstellungsmöglichkeit angegeben. Wickeln wir den Faden auf einen kleinen Durchmesser auf, so müssen die Spindeln schneller drehen als beim Aufwinden auf einen großen Durchmesser, denn die aufzuwickelnde Fadenlänge ist konstant. Die Sektormutter muß danach eingestellt werden. Ferner müssen die Formplatten verstellt werden. Der Zapfen Y (Abb. 244) bleibt auf der Spitzenplatte in derselben Stellung für Schuß- und Kettkötzer, dagegen erhält der Zapfen Z, der auf der Kurve der Fußplatte A_x aufruht, als Anfangsstellung eine geringere Entfernung vom Punkte XVI (Abb. 271) für Schußkötzer wie für Kettkötzer. Die Spitzenplatte A' (Abb. 244), auf welcher der Zapfen Z' aufsitzt, wird für Schußkötzer derart verschoben, daß der Zapfen Z' für die Anfangsstellung höher zu liegen kommt, während für Kettkötzer die Neigung der betreffenden Formplattenkurve nicht so steil zu sein braucht, demnach kann der Zapfen Z' eine tiefere Anfangsstellung erhalten.

Soll bloß die Kötzerdicke abgeändert werden, so verschiebt man für dicke Kötzer die Formplatten langsamer, für dünne schneller, indem man das Sperrrad dementsprechend wechselt.

k) Beschleunigung der Spindelgeschwindigkeit infolge Verjüngung der Spindel und infolge Verkürzung der Schichten beim Kötzerkörper.

Selbsttätiges und stufenweises Durchbiegen der Sektorkette gegen Ende der Einfahrt. Während der Ansatzbildung nimmt der mittlere Ansatzdurchmesser mit jeder Schicht zu. Um ein einwandfreies Aufwinden zu erzielen, müssen demnach die Spindelumdrehungen beständig abnehmen, bis der Ansatz vollendet ist. Wie wir schon wissen, wird diese Geschwindigkeitsabnahme der Spindeln während der Einfahrt durch stetiges Höherstellen des Aufhängepunktes der Sektorkette erreicht, was mit Hilfe des Aufwindereglers geschieht, der, je nach der Bauart, entweder selbsttätig oder durch die Hand des Spinners ausgeschaltet wird, sobald der Ansatz fertig ist.

Während der Bildung des Kötzerkörpers nimmt dagegen der mittlere Aufwindungsdurchmesser infolge der konischen Spindelform beständig ab. Hieraus ergibt sich die Notwendigkeit, mit wachsendem Kötzerkörper die Spindelgeschwindigkeit während der Einfahrt zu erhöhen, damit die konstante Fadenlänge, welche gleich der Ausfahrtslänge ist, ohne Schleifen aufgewickelt werden kann. Der Gedanke, den Aufhängepunkt der Sektorkette wieder nach abwärts zu verschieben, wäre naheliegend, jedoch hat die Erfahrung gelehrt, daß dies nicht ausführbar ist. Die Drehungen, welche während der Einfahrt durch den Sektor den Spindeln erteilt werden, entsprechen nicht genau dem

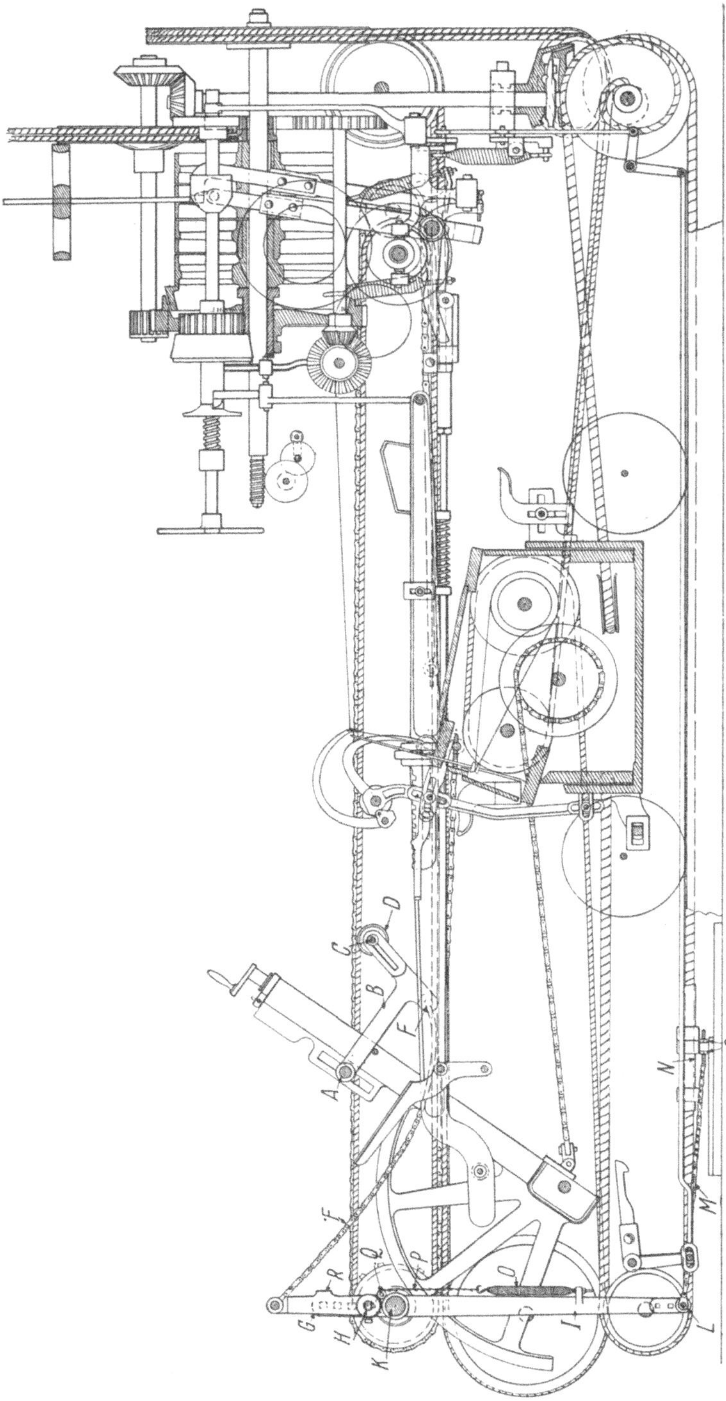

Abb. 277 a. Beschleunigung der Spindelgeschwindigkeit bei Verkürzung der Schichtenhöhe und bei Verjüngung der Spindel. I. Mitte Wagenweg.

Wechsel der Aufwindedurchmesser. Es entstehen daher beträchtliche Schwingungen des Gegenwinders während der Einfahrt, die von den wechselnden Längen der zwischen Winder und Gegenwinder befindlichen Fadenreserve herrühren. Beobachtet man ferner während der Kötzerkörperbildung die Länge der Fadenreserve während der Wageneinfahrt, so bemerkt man, daß diese Reserve an einer gewissen Stelle, in der zweiten Hälfte der Wageneinfahrt, außerordentlich gering ist. An dieser Stelle sind Winder und Gegenwinder ungefähr in derselben Höhe. Eine Erhöhung der Spindelgeschwindigkeit durch Verschieben der Sektormutter würde also unfehlbar das Zerreißen der Fäden herbeiführen, da nicht genügend Fadenreserve vorhanden wäre.

Es mußte also ein Mechanismus gefunden werden, der das Erhöhen der Spindelgeschwindigkeit einzig und allein gegen Ende der Wageneinfahrt gestattet, denn in diesem Zeitpunkt nimmt die Fadenreserve wieder zu, weil der Sektor und somit auch die Spindeln gegen Ende der Einfahrt ungenügende Geschwindigkeit besitzen. Diese Geschwindigkeitserhöhung der Spindeln wird durch einen „Drükker" erreicht, der am Sektorarme befestigt ist und beim Vorwärtsneigen des Sektors gegen Ende der Einfahrt auf die Sektorkette drückt, was eine Zusatzdrehung der Spindeln zur Folge hat. Gewöhnlich überläßt man es dem Spinner, den Druck auf die Sektorkette zu regeln, sobald sich durch zu große Fadenreserve das Dünnerwerden der Spindel bemerkbar macht.

Man sieht aber leicht ein, daß es vorteilhaft ist, diesen Druck auf

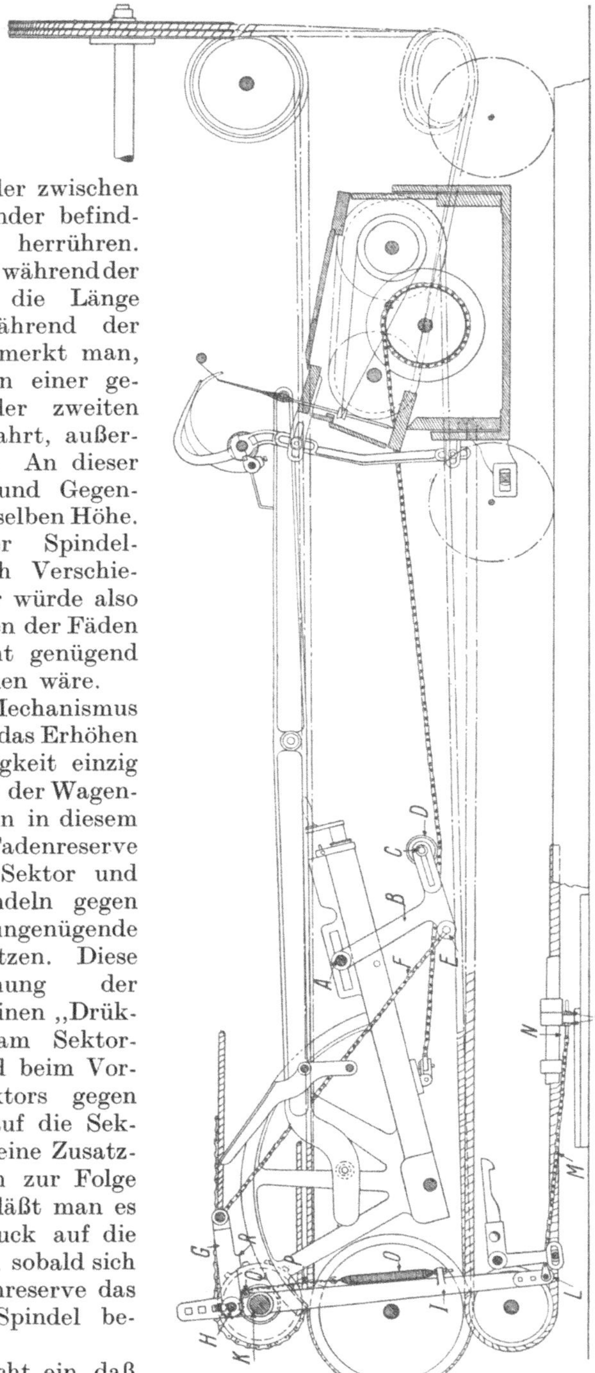

Abb. 277 b. Beschleunigung der Spindelgeschwindigkeit bei Verkürzung der Schichtenhöhe und bei Verjüngung der Spindel. II. Ende der Einfahrt.

die Sektorkette selbsttätig zu regeln, wie man es für das Heben der Sektormutter während der Ansatzbildung getan hat. Die Spitzen der Kötzer sind dann von einer gleichmäßigeren Härte, wie wenn dies von Hand geregelt wird.

Eine solche selbsttätige Einrichtung zum Herabdrücken der Sektorkette gegen Ende der Einfahrt wird von der Elsässischen Maschinenbau-Gesellschaft, Mülhausen i. Els., folgendermaßen konstruiert (siehe Abb. 277a und b).

In einem Schlitze des Sektorarmes ist am Zapfen *A* der dreiarmige Hebel *B* drehbar angehängt, dessen äußeres Ende *C* eine Rolle *D* trägt. Das andere Ende *E* ist durch eine Kette *F*, die an dem in *H* drehbaren Hebel *G* befestigt ist, mit dem Hebel *I* verbunden, welch letzterer um *K* schwingen kann. Auf *K* befindet sich der Trieb, der den Sektorzahnkranz in Bewegung setzt. Der äußerste Punkt *L* des Hebels *I* ist durch eine Kette *M* mit den Formplatten *N* in Verbindung.

Am Haken einer Spiralfeder *O* ist ein Kettchen *P* angehängt, welches über eine Rolle *Q* führt und am Hebel *G* befestigt ist, so daß der Anschlag *R* an den Hebel *I* anstößt.

Abb. 277b zeigt den Druckhebel *B* in Tätigkeit. Je mehr der Aufbau des Kötzers fortschreitet, desto intensiver drückt *B* die Sektorkette hinab, denn der Hebel *I* nimmt infolge seiner Verbindung mit den Formplatten die in Abb. 277b eingezeichnete Lage ein, wodurch der Zug in der Kette *F* erhöht wird. Auf diese Weise wird selbsttätig eine Zunahme der Spindelgeschwindigkeit bei fortschreitendem Anwachsen des Kötzers bewerkstelligt, wie es die immer dünner werdende Spindel verlangt.

Einstellung. Das Einstellen dieses Apparates ist höchst einfach. Es genügt, die Länge der Kette *M* mit Hilfe der Muttern *S* derart zu regeln, daß die Sektorkette bei fertigem Kötzeransatz von der Rolle *D* eben berührt wird, sobald der Wagen sich fest am Ende der Einfahrt befindet. Das Durchbiegen der Sektorkette kann vergrößert oder verringert werden, indem man entweder den Aufhängepunkt *L* der Kette *M* ändert oder die Bolzen *A* oder *H* anders stellt oder endlich die Rolle *D* in ihrem Schlitze verschiebt. Natürlich können zum zweckmäßigen Durchbiegen der Sektorkette diese einzelnen Reguliermöglichkeiten mit einander verbunden werden.

Durchbiegen der Sektorkette nach Dobson & Barlow. Die diesbezügliche Konstruktion der Maschinenfabrik Dobson & Barlow ist folgende (siehe Abb. 278). An der Sektorkette *A* ist eine Kette *B* angehängt, welche an dem Exzenterhebel *C* vermittels der Schraube *D* befestigt ist. Die Verlängerung der Kette *B* ist am Haken *E* angehängt, der an einem um *E* drehbaren Hebel *EF* angebracht ist. Durch die Schrauben *I* und *J* ist am Sektor *K* die Platte *L* befestigt und an ihr ein Ansatz *H* angeschraubt. Der Arm *FE* trägt eine Stellschraube *G*, welche in der tiefsten Stellung dieses Armes auf den Anschlag *H* aufstößt und somit die unterste Lage von *FE* begrenzt. An letzterem ist ein Zapfen *O* angebracht, um welchen die dreieckige Platte *P* frei in der Richtung des Pfeiles *a* schwingen kann, aber bei entgegengesetztem Schwingen von der Stellschraube *X* durch Aufschlagen auf den Arm *FE* aufgehalten wird.

Um mit zunehmendem Kötzerkörper die Beschleunigung der Spindeldrehungen gegen Ende der Einfahrt intensiver zu gestalten, verwenden Dobson & Barlow als Impuls den Winder. Zu diesem Zweck ist an der Winderwelle ein Hebel *V* befestigt, an dem eine Stange *N* hängt, die in einem am Wagen befestigten Schlitze *U* gehalten wird. Stange *N* trägt ein regulierbares, mit Nase *M* versehenes Stück, das bei der Ausfahrt an die Platte *P* stößt und, weil dieselbe in Richtung *a* frei schwingen kann, sie um *O* dreht. Sobald die Nase *M* vorbei ist, fällt die Platte *P* durch ihr Eigengewicht wieder an ihre vorige, durch Stellschraube *X* begrenzte Stelle. Bei der Einfahrt stößt die Nase M wiederum an die Platte P; da diese durch die Stellschraube X an der Schwingung verhindert wird, muß der um F drehende Arm FE in die Höhe schwingen. Hierbei wird die Kette B angezogen und somit die Sektorkette A durchgebogen. Am Arm FE ist eine um S drehbare Klinke R angebracht, die unter dem Einfluß der Spiralfeder Q steht und in ein an der Platte L eingeschnittenes Zahnsegment T eingreift, wodurch die Rückbewegung des Armes FE verhindert wird. Infolgedessen wird auch die Platte P höher stehen und die Kette B hat sich etwas auf das Exzenter C

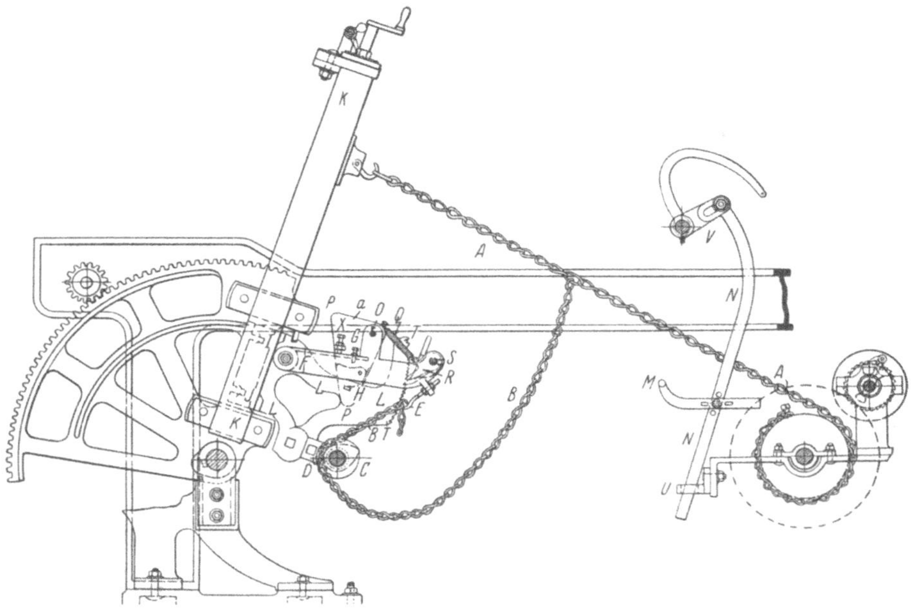

Abb. 278. Durchbiegen der Sektorkette nach Dobson & Barlow. *

aufgewickelt. Je höher der Winder steigt, desto höher wird auch die Stellung von M sein, so daß mit zunehmendem Kötzerkörper die Kette B immer kürzer wird und auf diese Weise die Durchbiegung der Sektorkette von Schicht zu Schicht zunimmt, was eine Beschleunigungszunahme der Spindeldrehungen gegen Ende der Einfahrt zur Folge hat.

Durchbiegen der Sektorkette nach Platt Brothers. Die Maschinenfabrik Platt Brothers, Oldham. führt die progressive Beschleunigung der Spindeldrehungen gegen Ende der Einfahrt folgendermaßen aus (siehe Abb. 279a, b und c).

Hier ist die Quadrantentrommel schneckenförmig ausgebildet, wie dies auf Abb. 279c ersichtlich ist, so daß gegen Ende der Einfahrt die Sektorkette von einem immer kleiner werdenden Kettentrommeldurchmesser abgewickelt wird, wodurch die Anzahl Spindelumdrehungen erhöht wird. Verkürzt sich nach Abb. 279a die Sektorkette B bei beständigem Anwachsen des Kötzerkörpers, so wird sie sich gegen Ende der Einfahrt auf einem immer kleiner werdenden Durchmesser der Kettentrommel A befinden. Das Verkürzen der Sektorkette B geschieht auf folgende Weise:

An der Sektormutter ist das Gestell X befestigt, in welchem die Kettentrommel W gelagert ist. An derselben ist das eine Ende der Sektorkette B befestigt, während das andere Ende an der Quadrantentrommel A angeschraubt ist. Auf der Achse der Kettentrommel W befindet sich das sichelförmige Stück D, an dem eine Kette G befestigt ist, welch letztere über eine im Drehpunkt C des Sektors befindliche lose Rolle O und über die Rollen E und F läuft und an dem Befestigungspunkt H festgehalten wird; dieser ist mit der Fußformplatte verschraubt, so daß bei seiner Verschiebung gegen den großen Kopf die Kette G verkürzt wird. Um diese allmähliche Verkürzung beizubehalten, sitzt auf der Achse der Kettenrolle W ein Sperrad Z, in welches die Klinke N eingreift. Die beiden Rollen E und F sind durch einen mit Laufrolle M versehenen Hebelarm verbunden, der vermittels der am unteren Sektorarme angebrachten schiefen Ebene P und der Laufrolle M den Hebel EF in der Richtung des Pfeiles a

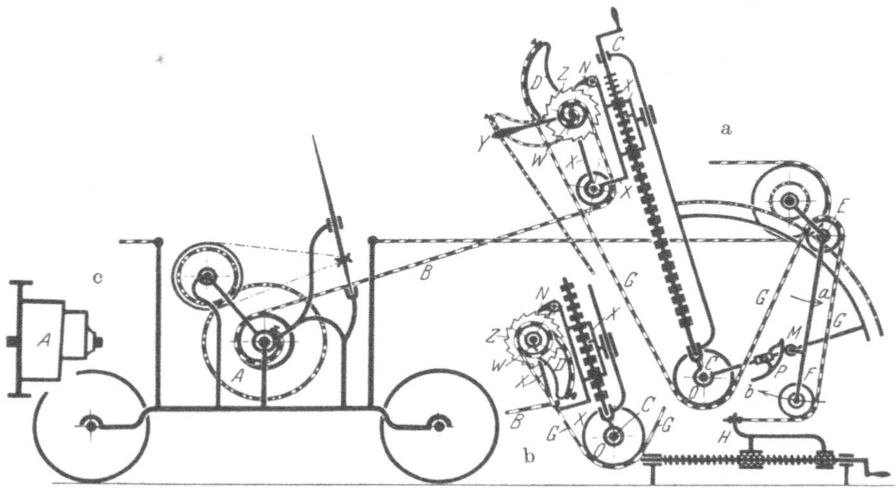

Abb. 279a bis c. Durchbiegen der Sektorkette nach Platt Brothers, Oldham.*

schwingt, sobald der Wagen einfährt. Dadurch wird das Sichelstück D hinuntergezogen und durch Sperrad und Klinke festgehalten. Je mehr die Kettenbefestigung H und damit auch Rolle F sich nach dem großen Kopf im Sinne des Pfeiles b bewegen, desto größer wird der Ausschlag des Hebels FE im Sinne des Pfeiles a.

Am Anfang des Abzuges befindet sich das sichelförmige Stück D in der in Abb. 279b gezeichneten Stellung, bei fertigem Kötzer hat D die in Abb. 279a angedeutete punktierte Lage eingenommen. In dem Maße, als die abzuwickelnde Quadrantenkette B gegen Ende der Einfahrt auf immer kleinere Quadrantentrommeldurchmesser gelangt, nimmt die Beschleunigung der Spindelumdrehungen mit wachsendem Kötzerkörper zu.

Beim Verbund ist danach zu trachten, daß der am Ende der Ausfahrt frei gewordene Gegenwinder nicht mit einem Ruck in die Fäden fällt und dadurch Schnitte im Garn erzeugt, denn der Gegenwinder steht unter dem Einfluß des mit Gegengewichten *28* (Abb. 241) belasteten Gegengewichtshebel *25—26*. Letzterer ist also der Garnnummer entsprechend zu belasten.

Während der Einfahrt spannt der Gegenwinder die Fäden, und zwar mit einer Kraft, die ihm durch den Gegengewichtshebel *25—26* erteilt wird. Diese Kraft bleibt während der Wageneinfahrt gleich. Nun fühlt sich aber ein auf eine Spindel gesteckter Kötzer am großen Kötzerdurchmesser bedeutend elastischer an wie auf dem kleinsten. Damit die Wickelung am großen Kötzerdurchmesser dieselbe Festigkeit besitzt wie auf dem kleinsten, muß die Belastung des Gegenwinders während der Bildung des kreuzenden Teiles zunehmen und während des Aufwickelns vom größten zum kleinsten Durchmesser abnehmen. Aus demselben Grunde muß auch die Belastung des Gegenwinders während der Bildung des Ansatzes von Schicht zu Schicht zunehmen, denn die Polsterwirkung nimmt von Schicht zu Schicht zu. Hierbei hilft sich der Spinner durch Auflegen kleiner Gegengewichtsscheiben *28* auf den Belastungshebel bei Anwachsen des Ansatzes.

Würde die Gegenwinderbelastung während des Aufwickelns des bildenden Teiles vom großen zum kleinen Kötzerdurchmesser abnehmen, so erhielten die auf die nackte Spindel aufgewundenen Kötzer lockere Spitzen und der Kötzer würde infolge Mangels an innerer Festigkeit zerbrechen. Man trachtet deshalb danach, während der Aufwindung des bildenden Teiles dem Gegenwinder eine zunehmende Spannung zu erteilen. Dies erreicht man mit den Spitzenhartwindern. Eine solche Bedingung erfüllt vollständig der selbsttätige Spitzenhartwinder von Hanhart.

l) Der automatische Spitzenhartwinder von Hanhart (Abb. 280).

Diese mit Federspannung versehene Anordnung besteht aus einer regulierbaren Schiene hh_2h_3, die am Fußboden befestigt ist; auf diesem läuft die Rolle q

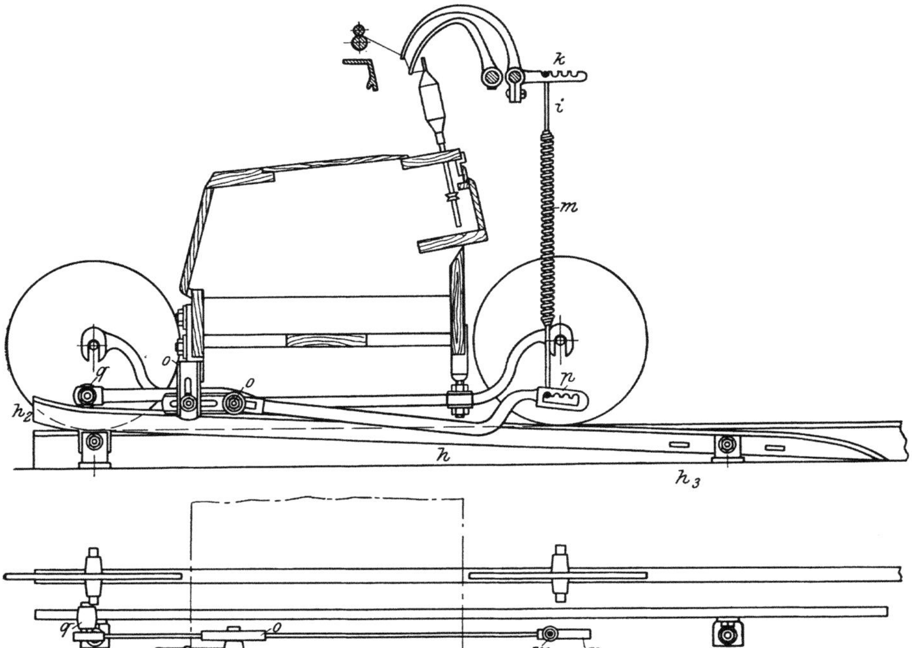

Abb. 280. Automatischer Spitzenhartwinder von Hanhart.

eines Hebelarmes qop, der seinen Drehpunkt in o hat. Das Ende p des Hebelarmes qop ist mit Einschnitten versehen, in welche man die Spiralfeder m einhängt, deren anderes Ende vermittels der Stange i an den Arm k hängt. Letzterer ist auf der Gegenwinderwelle befestigt. Die Schiene hh_2h_3 hat die Form einer geneigten Ebene; dadurch wirkt der Hebel qop während der Wageneinfahrt mit einer zunehmenden Kraft auf die Feder m, wodurch der Druck des Gegenwinders auf die aufzuwindenden Faden erhöht wird. Während der Wagenausfahrt soll jedoch die Feder keinerlei Zug auf den Gegenwinder ausüben, damit der Faden während des Abschlagens geschont bleibt. Sollten während des Abwindens trotzdem Fadenbrüche vorkommen, so wird man beim alten System solange Gegengewichte abnehmen, bis diese Fadenbrüche aufhören.

Das Abnehmen der Gegengewichte hat keinen Einfluß auf die Wickelung bei der Einfahrt, denn der Spitzenhartwinder von Hanhart ersetzt vorteilhaft diese Gewichte in dem Zeitpunkt, in welchem der Kötzer die Fadenspannung nötig hat.

Um die Wirkung dieser Anordnung zu erhöhen, genügt es, die Feder an einen weiter außen liegenden Einschnitt von p des Hebels qop zu versetzen. Man kann auch das Lager o weiter nach unten verschieben oder die Neigung der Schiene hh_2h_3 vergrößern oder auch eine stärkere Spiralfeder wählen.

Es ist empfehlenswert, die Schiene hh_2h_3 so nahe wie möglich an einer Wagenlaufschiene anzubringen, um die Ansetzer in ihrer Arbeit nicht zu hindern. Die mit Schlitzen versehenen Lager bei h_2 und h_3 werden auf der rechten oder linken Seite der Wagenlaufschiene derart befestigt, daß die Schiene hh_2h_3 zu derselben parallel liegt. Ferner wird man das Lager o des Hebels qop an der hinteren Seite des Wagens anbringen, und zwar so, daß es, zwecks Einstellung in jede gewünschte Lage, leicht erreichbar ist. Der auf der Gegenwinderwelle befestigte Hebel k soll horizontal sein, die Einschnitte gegen den kleinen Kopf gerichtet.

Wie weiter oben gezeigt wurde, stellt man zum Erhöhen der Fadenspannung das Lager o tiefer und den Teil h_2 der Schiene h_2hh_3 höher. Bei gekämmten Garnen, welche sich nicht leicht befeuchten lassen, soll die Spannung auf den Gegenwinder dann beginnen, wenn der Wagen den höchsten Punkt der Leitschiene überschritten hat, d. h. wenn nach der Kreuzung der bildende Teil der Schicht beginnt. Zu diesem Zwecke verschiebt man das Lager des Hebels qop nach oben, dann wirkt die schiefe Ebene der Schiene hh_2h_3 erst später, zugleich hebt man den Teil h_2 der Schiene hh_2h_3, damit die Spannwirkung auf die Kötzerspitze trotzdem in demselben Verhältnis zunimmt.

An langen Maschinen, bei welchen der Gegenwinder viel Kraft beansprucht, bringt man noch einen Spitzenhartwinder in der Mitte jedes Halbwagens an, damit sich die Spannung auf die ganze Länge des Gegenwinders verteilt.

m) Das Entstehen von Schleifen.

Wie bekannt, spannt der Gegenwinder die Fäden bei der Einfahrt unter Einwirkung der mit Gegengewichten versehenen Belastungshebel. Je feiner die Garnnummer ist, desto geringer muß die Belastung sein. Bei ganz feinen Garnen muß der Gegenwinder sogar entlastet werden, denn hier übt das Eigengewicht der Belastungshebel eine zu große Spannung auf die Fäden aus. Preßt der Gegenwinder während der Einfahrt zu stark gegen die Fäden, so entstehen Schnitte oder sogar Fadenbrüche; ist hingegen die Gegenwinderbelastung zu gering, so erhält man locker gewickelte Kötzer und Schleifen im Garn. Die Schleifenbildung kann mehrfache Ursachen haben:

Ist z. B. die Stellung des Sektors nicht richtig, so daß er in bezug auf die Winderbewegung etwas vor- oder nacheilt, so werden Schleifen erzeugt. Drehen am Anfang der Einfahrt die Spindeln zu schnell und am Ende zu langsam, so ist dies daran erkenntlich, daß der Gegenwinder am Anfang der Einfahrt recht tief herabgezogen wird und gegen Ende der Einfahrt sehr hoch steht. Man wird demnach den Sektorkranz um 1 oder 2 Zähne mehr gegen den kleinen Kopf zu stellen, wodurch die Umdrehungszahl der Spindeln am Anfang der Einfahrt verringert wird. Umgekehrt, steht der Gegenwinder am Anfang der Einfahrt zu hoch und am Ende zu tief, so stellt man den Sektorzahnkranz um 1 bis 2 Zähne nach innen, so daß am Anfang der Einfahrt mehr Kette abgewickelt wird und die Spindeln schneller drehen.

Wird der Verbindungshebel zu früh abgestoßen, so wird die Fadenreserve zu groß und es entstehen Schleifen im Garn. Wird die Sektormutter während der Ansatzbildung zu hoch gestellt, so drehen die Spindeln für die betreffende Schicht zu langsam, infolgedessen steht der Gegenwinder am Ende der Einfahrt zu hoch und es entstehen bei der Verbundsbildung Schleifen im Faden. Der Gegenwinder soll normalerweise während der Einfahrt etwa 15 bis 20 mm über den Spindelspitzen stehen.

Bei zu großer Fadenreserve können auch beim Abwinden Schleifen entstehen.

Bemerkt man Schleifen an einzelnen Kötzern, so kann dies davon herrühren, daß der Spinner es unterlassen hat, nach dem Ansetzen der Fäden diese mit der Hand die Spindeln hinab zu streichen. Schlechte Druckzylinder können ebenfalls Grund zur Schleifenbildung sein. Beim Verzug von zu hart gedrehtem Vorgarn oder auch bei nicht arbeitenden Fadenführern bilden sich Rillen in den Lederzylindern, so daß der Verzug bei derartigen Druckzylindern etwas größer ist als bei guten Lederzylindern. Dadurch ist die Lieferung etwas größer und dieser Fadenüberschuß dreht sich zu Schleifen, auch „Kracher“ genannt, zusammen.

n) Verhütung von Schleifen durch zwangsweises Heben des Winders beim Verbund.

Die Elsässische Maschinenbau-Gesellschaft, Mülhausen i. Els., führt folgende Anordnung aus (siehe Abb. 281, 282a, b und c):

Die Scheibe der Abwindekupplung ist mit einer Seilscheibe zusammengegossen, um welch letztere ein Seil geschlungen ist; das eine Ende ist an einem

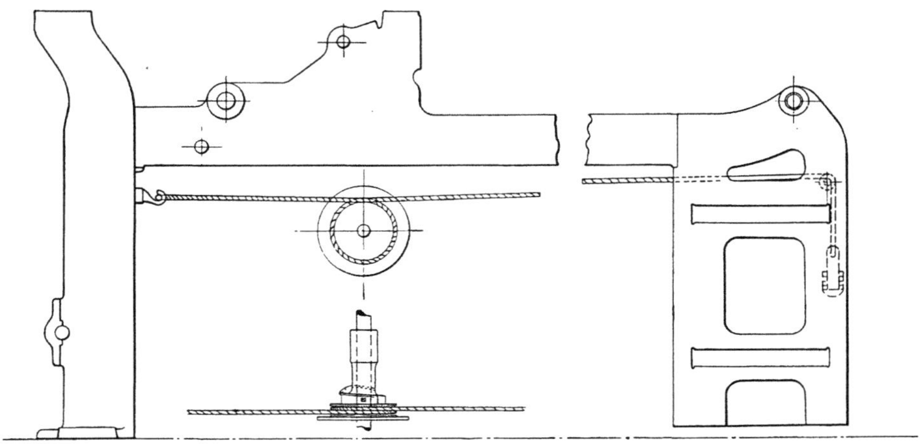

Abb. 281. Seil, um die auf der Abwindekupplung befestigte Seilscheibe geschlungen.

im hinteren Teile des großen Kopfes gelegenen Haken eingehängt (Abb. 281), während das andere Ende über eine im kleinen Kopf befindliche Rolle läuft und mit Gegengewichten versehen ist. Abb. 282a, b und c zeigen schematisch den Einfluß des obigen Apparates auf die Abwindekette und somit auch auf den Winder in den verschiedenen Phasen während der Aus- und Einfahrt.

Die Abwindekette führt von der Kettenschnecke über die Leitrolle *Z* nach dem Winder. Die Rolle *Z* ist mit dem Verbindungshebel *2* durch den Hebel *1* verbunden. Gegen Ende der Einfahrt stößt der untere Teil des Verbindungshebels an die schiefe Ebene *3*, so daß er von seiner Rolle, auf welcher er während der Einfahrt verbleibt, abgestoßen wird, wodurch der Verbund gebildet wird.

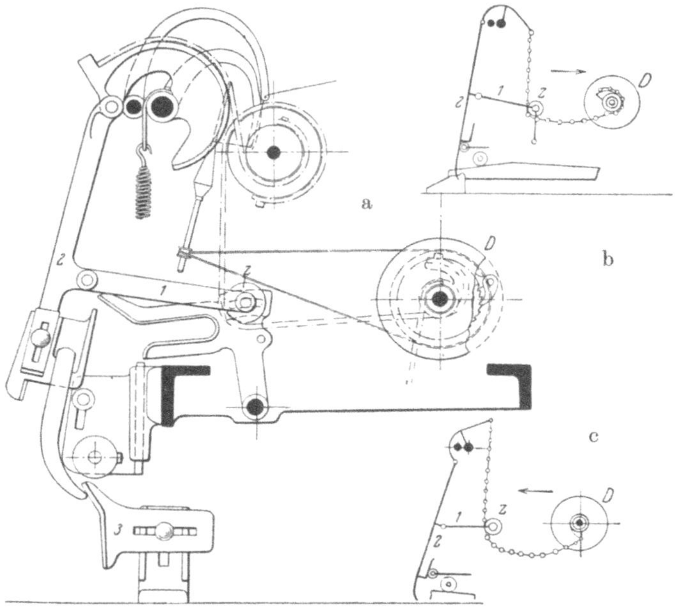

Abb. 282a bis c. Zwangsweises Heben des Winders beim Verbund.

Gewöhnliches Verbinden durch den Winder. Während des Abwindens wird der Winder vermittels Abwindekupplung und -kette hinuntergezogen, wobei die Spindeln rückwärts drehen. Der Weg des Winders steht demnach während des Abwindens mit den Spindeltouren in engem Zusammenhange.

Der Verbund hingegen vollzieht sich infolge des Zusammenziehens der Federn, welche gespannt waren und beim Herabfallen des Verbindungshebels am Ende der Einfahrt ihre Wirkung auf den frei gewordenen Winder ausüben können. Ist die Kraft, mit welcher diese Federn zusammengezogen werden, zu klein, so sind Schnitte im Garn zu vergegenwärtigen; ist sie zu groß, so wird ein zu heftiges Verbinden Schleifen verursachen.

o) Verhütung der Schleifen durch positives Abwinden.

Wir verstehen unter positivem Abwinden ein von den Spindeldrehungen abhängiges Abwinden, wie dies logischerweise der Fall sein soll. Indem das Seil die Scheibe der Abwindekupplung während des Abwindens abbremst, wird nach beendigtem Abwinden durch die Seilreibung die Endstellung der Scheibe und somit auch die Stellung der Abwindekette beibehalten. Der Verbund vollzieht sich also unter denselben Verhältnissen wie das Abwinden; dieselbe Anzahl Spindelumdrehungen entspricht dem diesbezüglichen Winderweg und ebensoviel Spiralen, die während des Abwindens abgewickelt wurden, werden während des Verbundes aufgewickelt. Dank der Bremswirkung des Seiles (Abb. 281) können sogar zu starke Federn kein plötzliches Heraufschnellen des Winders und dadurch Schleifen im Garn verursachen.

Damit der Apparat seinen Zweck voll und ganz erfüllt, soll man sich vorher vergewissern, ob

1. die Klemmfeder der Abwindekupplung richtig arbeitet,
2. der Befestigungspunkt der Abwindekette auf dem höchsten Punkte der Schnecke in der senkrechten Achse der Trommelwelle, und zwar über deren Mitte sich befindet (siehe Abb. 282a),
3. der Verbindungshebel nicht zu früh oder zu spät durch die schiefe Ebene *3* abgestoßen wird.

p) Der Verbund.

Damit der Verbund gebildet werden kann, muß die für denselben bestimmte Fadenreserve vom Gegenwinder frei gegeben werden, d. h. letzterer muß entlastet werden. Ferner sollen die Spindeln während des Verbundes eine beschleunigte Drehung erhalten.

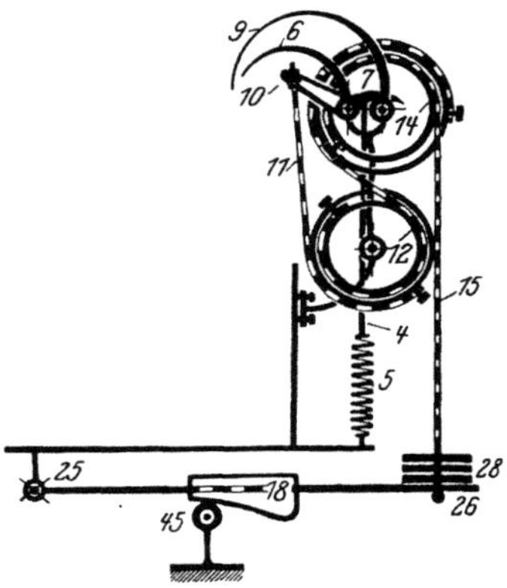

Abb. 283. Entlastung des Gegenwinders am Ende der Einfahrt. *

Wie schon bei Abb. 248 gezeigt wurde, geschieht die Entlastung des Gegenwinders am Ende der Einfahrt dadurch, daß er durch Anstoßen des Hebels *41* auf die im Mittelstück angebrachte schiefe Ebene *42* hinuntergedrückt wird. Durch Auflaufen des Gegengewichtes *18* (Abb. 283) auf eine Rolle *45* am Ende der Einfahrt kann ebenfalls die Entlastung des Gegenwinders hervorgerufen werden. Ein plötzliches Entlasten des Gegenwinders kann aber Schleifen verursachen; außerdem muß in Betracht gezogen werden, daß das Abstoßen des Verbindungshebels nicht für alle aufeinanderfolgenden Schichten an derselben Stelle vor sich geht, da die Abstoßfläche als schiefe Ebene ausgebildet ist, obwohl der Gegenwinder stets an derselben Stelle entlastet wird. H. Brüggemann[1] schlägt folgende Ausführung vor (siehe Abb. 284):

„Statt den Gegenwinder an einem Festpunkt zu entlasten, wäre ein Exzenter *Z* zu verwenden, das von der Spitzenplatte *S* durch die über die lose Rolle *Y* gehende Kette *X*, welche an einer mit *Z* verbundenen Scheibe befestigt ist, im Sinne des Pfeiles *1* bei fortschreitender Kötzerbildung gedreht wird. Dieser Bewegung wirkt ein Gegengewicht oder eine Feder *W* entgegen, so daß das Exzenter *Z* möglichst sicher gehalten werde. Auf letzteres läuft kurz vor vollendeter Wageneinfahrt der lose auf dem Gegenwinder *B* sitzende Hebel *D*, der durch die Feder *C* mit dem auf der Gegenwinderwelle gelegenen Arme *U* verbunden ist, wodurch ein elastisches und ein dem Auflaufen des Verbindungshebels *LT* auf die schiefe Ebene *Q* entsprechendes Niederziehen des Gegenwinders gesichert wäre."

Betreffs der Beschleunigung der Spindeldrehungen beim Verbund helfen sich die meisten Konstrukteure dadurch, daß sie den Antriebsriemen kurz vor beendeter Wagenausfahrt auf die Festscheibe überführen. Die Verhütung von Schleifen ist hierbei schwer zu umgehen, man läßt aber die Zylinder erst kurze Zeit nach begonnener Wagenausfahrt drehen, wodurch diese Schleifen verzogen werden. Dies gilt für gewöhnliche Garne, für Feingespinste ist jedoch dieses Verfahren nicht mehr zulässig, da sich die gebildeten Schleifen sofort in das Garn eindrehen und nicht mehr verzogen werden

[1] Nitscheln und Draht l. c.

können. Die Maschinenfabrik Dobson & Barlow, Bolton, verwendet für diesen Fall einen schmalen Riemen, der sich auf der Fest- bzw. Losscheibe F und L bewegt (siehe Abb. 285). Letztere befinden sich auf der Hauptwelle H neben der Los- und Festscheibe L_x und F_x des Hauptantriebsriemens. F und L sind etwas kleiner wie F_x und L_x, somit ist die übertragene Drehbewegung auf die Spindeln geringer, als dies beim Antrieb durch den Hauptriemen der Fall ist.

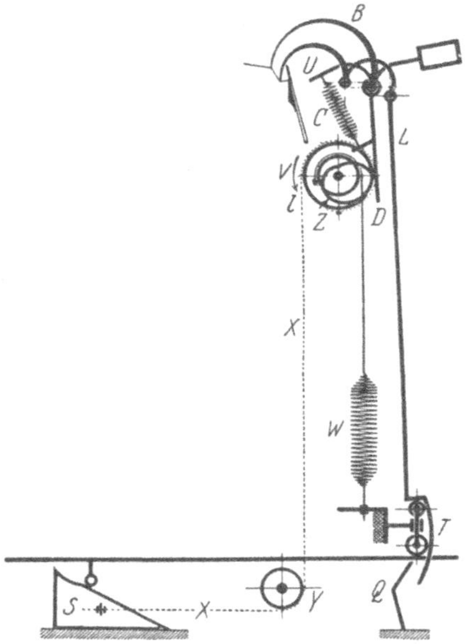

Abb. 284. Entlastung des Gegenwinders am Ende der Einfahrt nach H. Brüggemann.

Der schmale Riemen wird von der Riemengabel D geführt, welche am Hebel EG befestigt ist. Letzterer ist an dem um I drehbaren Hebel IG eingehängt, der einen Vierkantzapfen Q trägt. An diesen hakt sich der unter Federwirkung R stehende Hebel SOM ein, so daß während der Aus- und Einfahrt der schmale Riemen sich auf der Losscheibe L befindet. In einem Schlitz des Hebels SOM ist eine schiefe Ebene N regulierbar angeordnet. Gegen Ende der Einfahrt stößt ein am Wagen befestigter Zapfen P gegen diese schiefe Ebene N, wodurch der Hebel SOM um O schwingt, aus Q ausgehoben wird und somit die Riemengabel D unter Einwirkung der Feder R von der Losscheibe L auf die Festscheibe F sich bewegt. Infolge des schmalen Riemens ist die Kraft, mit welcher die Spindeln zum Verbund gedreht werden, bedeutend kleiner, als wenn der Hauptriemen mit voller Wucht zum Antrieb einsetzt; desgleichen ist die Beschleunigung der Spindelgeschwindigkeit weniger heftig.

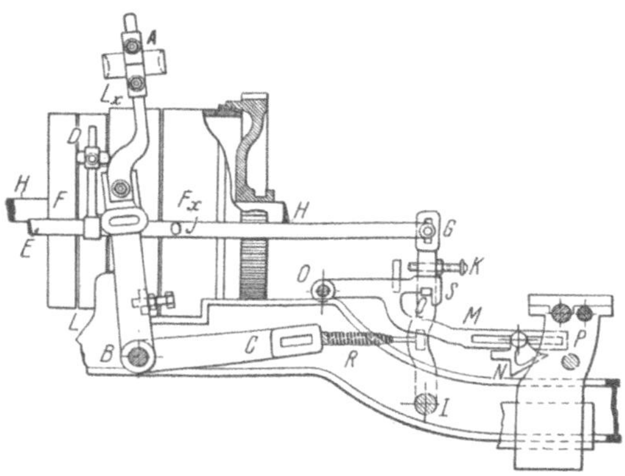

Abb. 285. Beschleunigung der Spindeldrehungen beim Verbund. *

q) Führung des Winders beim Verbund durch Verbundregler.

Für mittlere Nummern genügt zur Verbundbildung das gebräuchliche Abstoßen des Verbindungshebels kurz vor Ende der Einfahrt, infolge der auf den Winder wirkenden Spiralfeder *5* (Abb. 241) schnellt derselbe in die Höhe. Mit anwachsendem Kötzer wird jedoch die Wirkung dieser Feder *5* abnehmen, so daß die Geschwindigkeit, mit welcher der Verbund gebildet wird, ebenfalls abnimmt und auf diese Weise Schleifen entstehen können. Wir haben weiter oben gesehen, daß der Gegenwinder zur Verbundbildung entlastet werden soll und daß diese Entlastung infolge des durch die schiefe Form der Abstoßfläche U_x (Abb. 244) hervorgerufenen Abstoßes des Verbindungshebels mit letzterem nicht für alle Schichten miteinander übereinstimmt. Wird der Verbindungshebel zu früh abgestoßen, so steigt der Winder zu langsam zur Verbundbildung, da er die Gegengewichte des Belastungshebels des Gegenwinders erst überwinden muß. Zu spätes Abstoßen des Verbindungshebels ergibt schlaffe Fäden während des Verbundes und infolgedessen Schleifenbildung.

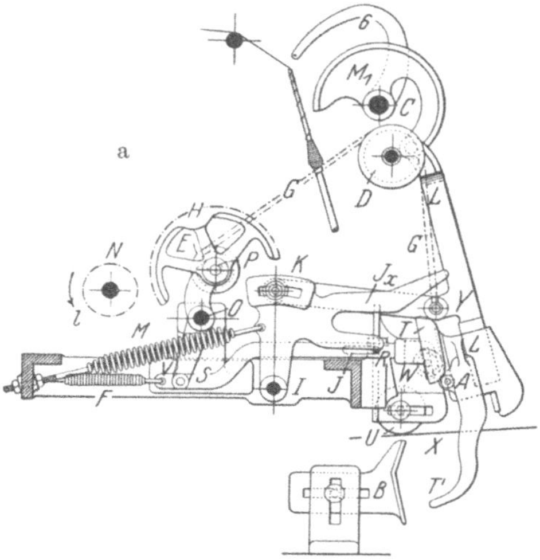

Abb. 286a. Verbundregler. *

Aus all diesen Betrachtungen ergibt sich, daß bei feineren Garnen nicht nur die Gegenwinderentlastung und die Beschleunigung der Spindelumdrehungen für den Verbund genügt, sondern zur Vermeidung von Schleifen bzw. Schnitten im Garn der Winder für den Verbund **zwangsläufig geführt** werden soll. Dazu dienen für die Feinspinnmaschinen die **Verbundregler**. Ein solcher ist in den Abb. 286a, 286b, 286c und 286d dargestellt.

Auf der Spindeltrommelwelle befindet sich das Rad *N*, welches während der Aus- und Einfahrt im Sinne des Pfeiles *l* dreht (Abb. 286b). Im Wagen ist ein um den Zapfen *P* drehbares Zahnsegment angeordnet, das während der Ausfahrt, des Abwindens und der Einfahrt außer Eingriff mit dem Rade *N* ist. Der Eingriff des Zahnsegmentes *H* und des Rades *N* vollzieht sich erst während der kurzen Zeit der Verbundbildung, also am Ende der Einfahrt beim Abstoßen des Verbindungshebels *LL* durch die schiefe

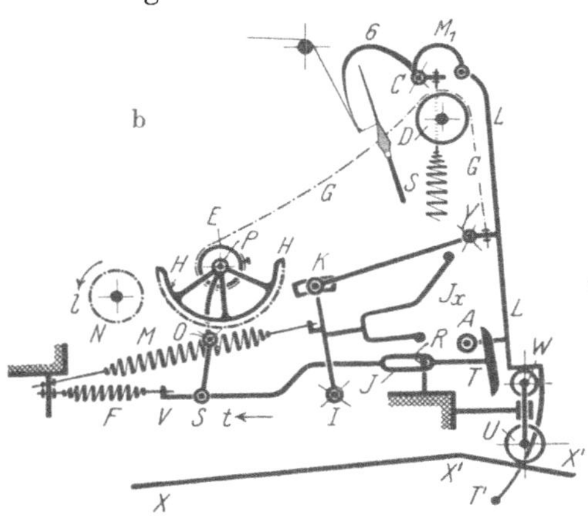

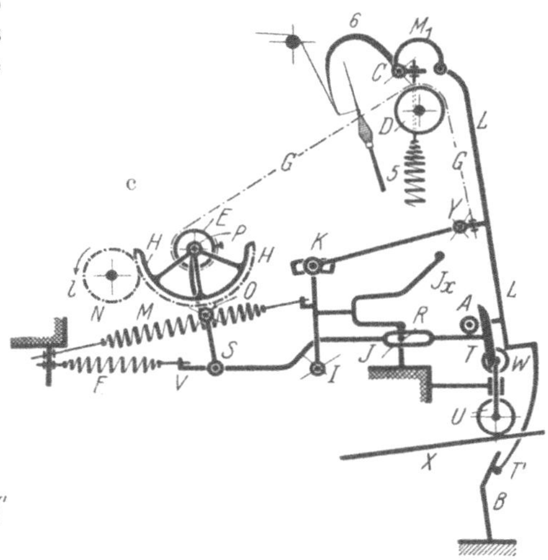

Abb. 286b und c. Verbundregler. *

Abstoßfläche *B* (Abb. 286b). Die jeweilige Lage von *H* wird durch eine Kette *G* bestimmt, welche auf einer Rolle *E* befestigt ist, die auf dem Zapfen *P* sitzt. Diese Kette *G* führt über eine Leitrolle *D* und ist am Verbindungshebel *LL* in der Nähe des Zapfens *Y* angebracht, so daß ein Abstoßen des Verbindungshebels von seiner Rolle *W* eine Schwingung des Zahnsegmentes *H* zur Folge haben würde (Abb. 286a). Auf dem Zapfen *P* ist der um den festgelagerten Punkt *O* drehbare Hebel *POS* angebracht, welcher an dem unter Federwirkung F stehenden Hebel VT in S gelenkig befestigt ist. Der Hebel VT trägt einen Schlitz J, in welchem ein Zapfen R das Verschieben des Hebels nach der Pfeilrichtung t während der Aus- und Einfahrt sowie während des Abwindens verhindert (Abb. 286b). Hebel VT trägt einen Knopf T, der an der Innenseite abgerundet ist, wie dies Abb. 286d zeigt. Am Verbindungshebel LL ist eine Laufrolle A angebracht, die in dem Zeitpunkt, in welchem der Verbindungshebel nach beendetem Abwinden auf die Führungsrolle W zu sitzen kommt, den Knopf T auf die Seite drückt, sich hinter ihn stellt und so während der ganzen Einfahrt verbleibt. Das seitliche Ausweichen des Knopfes T (Abb. 286d) und das sofortige Zurückgehen in die Normalstellung wird mit Hilfe einer Feder Q ermöglicht, die auf dem im Wagen gelagerten Zapfen R sitzt.

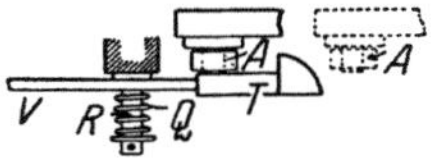

Abb. 286d. Draufsicht des abgerundeten Knopfes am Verbundregler. *

Kurz vor Ende der Ausfahrt stößt der untere Teil T' des Verbindungshebels LL an die schiefe Abstoßfläche B (Abb. 286c), wobei die Laufrolle A durch Anstoßen an die Innenseite des Knopfes T den Hebel VT zurückzieht. Dadurch schwingt der um O drehbare Hebel POS, so daß das Zahnsegment H mit dem auf der Spindeltrommelwelle sitzenden Zahnrade N in Eingriff kommt. Unter dem Einfluß des Eigengewichtes von LL und der Umdrehungszahl des Zahnrades N kann jetzt der Winder zum Verbund nur diesen beiden Faktoren entsprechend sich in die Höhe bewegen, denn die Kette G verhindert ein Hinaufschnellen des Winders. Kurz vor der Wagenausfahrt ist der Verbindungshebel in seiner tiefsten Stellung angelangt und dadurch ist die Rolle A aus dem Bereich des Knopfes T gekommen. Die Feder F bewirkt nun, daß der Zapfen R am Ende des Schlitzes J anstößt und auf diese Weise das Zahnsegment mit dem Hebel POS um O schwingt und außer Eingriff mit N gelangt.

r) Nacheilung der Streckzylinder in bezug auf die Wagenausfahrt.

Der Wagen gelangt mit verzögerter Geschwindigkeit am Ende der Einfahrt bis zur vollständigen Ruhelage, sodann beginnt wieder die Ausfahrt. Da aber der Anstoß zu den verschiedenen Umschaltungen, wie der Drehbewegung der Spindeln, dem Ausheben der Einzugskupplung, dem Antrieb der Wagenauszugswelle sowie der Streckzylinder vom Wagen selbst herrührt, und zwar kurz vor Ende der Einfahrt erteilt wird, drehen die Spindeln und die Zylinder, bevor der Wagen mit der Ausfahrt begonnen hat. Der Faden würde demnach bei Beginn der Ausfahrt gelockert werden und Schleifen bilden. Wir haben weiter oben gesehen, daß eine zu große Fadenreserve am Ende der Einfahrt Schleifen im Garn ergibt, andererseits verursacht eine zu geringe Fadenreserve Schnitte. Der Spinner zieht jedoch eine größere Fadenreserve Schnitten im Garn vor, da ihm die Möglichkeit verbleibt, die entstehenden Schleifen zu verziehen. Nun steht bekanntlich der Antrieb der Wagenauszugswelle in innigem Zusammenhange mit dem Vorderzylinderantrieb (siehe Abb. 234), so daß man bloß den Wagen eine kurze Strecke ausfahren zu lassen braucht, bevor die Zylinder ihre Lieferung beginnen und auf diese Weise die Schleifen verzogen werden.

Abb. 287a und b zeigen eine derartige Zylindernacheilung. Auf dem Zylinder I befindet sich, lose aufgeschoben, das als gezahnten Muff ausgebildete Kegelrad Y, das auf seiner Nabe das Stirnrad D trägt, welch letzteres die Drehbewegung von der Hauptwelle aus während der Ausfahrt erhält (siehe auch Abb. 234). In den Muff Y greift der ebenfalls lose aufgeschobene, gezahnte Muff B, der innen mit zwei Dornen A—A versehen ist, welche das auf dem

Vorderzylinder aufgekeilte Kreuz *V* mitnehmen, wie dies in Abb. 287b deutlich angegeben ist. Der Zylinder kann demnach erst dann drehen, wenn *B* mit *Y* in Eingriff ist. *B* kann vermittels des um *K* drehbaren Hebels *FKZ* axial verschoben werden, sobald das Exzenter *C* um 180° gedreht wird. In der Oberfläche des Muffes *B* ist eine Rinne eingedreht, in welche ein schmaler Lederriemen gelegt ist, dessen eines Ende ein leichtes Gegengewicht *M* trägt und an dessen anderes Ende ein schwereres Gegengewicht *N* angehängt ist, so daß das Leder stets das Bestreben hat, den nicht in Eingriff befindlichen Muff *B* infolge der Adhäsion im Sinne des Pfeiles *b* zu drehen (Abb. 287b). Diese Drehung wird durch den Anschlag des Gegengewichtes *M* an den Bolzen *Q* der Flügelmutter *P* begrenzt.

Kurz vor beendeter Ausfahrt wird beim Umschalten der verschiedenen Bewegungen das auf der „Steuerwelle“ befindliche Exzenter *C* (Abb. 287a) um 180° gedreht, wodurch *B*—*Y* zusammengekuppelt werden. Beginnt der Wagen seine Ausfahrt, so wird auch das Rad *D* und mit ihm die Kupplung *B*—*Y* gedreht werden. Jedoch kann der Vorderzylinder erst dann dieser Bewegung folgen, wenn die beiden Dornen *A*—*A* an das Kreuz *V* stoßen. Diese Leerlaufzeit genügt, um die Schleifen vom ausfahrenden Wagen verziehen zu lassen, worauf die Lieferung des Vorderzylinders beginnt. Durch Höher- oder Tieferstellen der Flügelmutter *Q* kann die Nacheilung des Zylinders in bezug auf die Wagenausfahrt vergrößert oder verkleinert werden. Der Zylinder *I* dreht beim Anstoßen der Dornen *A*—*A* an das Kreuz *V* im Sinne des Pfeiles *a*, wobei infolge der Riemenadhäsion das schwerere Gegengewicht *N* bis zum Anschlag *O* (Abb. 287b) gehoben wird. Diese Stellung von *M* wird während der ganzen Ausfahrt beibehalten. Werden am Ende der Ausfahrt die beiden Muffen *B* und *Y* ausgekuppelt, so wird *B* solange im Sinne des Pfeiles *b* durch den beschwerten Riemen zurückgedreht, bis das Gegengewicht *M* am Bolzen *Q* anstößt und so die Zylindernacheilung für die folgende Wagenausfahrt bereit ist.

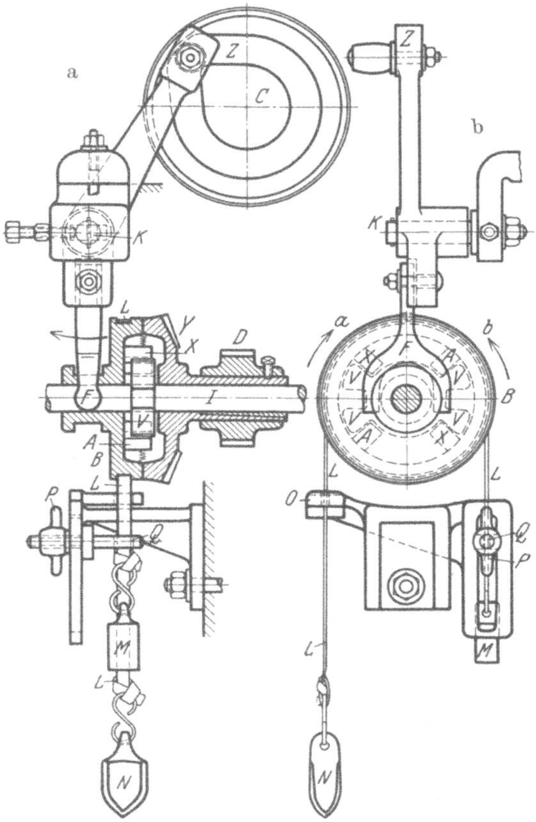

Abb. 287a und b. Zylindernacheilung.

Mit anwachsendem Kötzer muß die Zylindernacheilung vergrößert werden. Der Spinner hat also die Flügelmutter *P* während des Ganges der Maschine zu verstellen, was aber sehr unbequem ist, so daß dies der Arbeiter gern vernachlässigt. Aus diesem Grunde vergrößert man die Zylindernacheilung mit zunehmendem Kötzer auf automatischem Wege.

Eine derartige Vorrichtung ist in den Abb. 288a, 288b und 288c wiedergegeben:

Abb. 288a zeigt die Stellung der Dornen, welche das auf dem Zylinder aufgekeilte Kreuz *V* mitnehmen, während der Einfahrt, Abb. 288b während der Ausfahrt. Das in Abb. 288c gezeichnete Schema stellt den ganzen Mechanismus dar. In Abb. 288a ist die Kupplung *B* außer Eingriff und das schwerere Gewicht *N* hat den Muff *B* im entgegengesetzten Sinne des Pfeiles *a* gedreht, so daß die beiden Dornen in die Lage *X*—*X* gelangt sind. Der schmale Lederriemen *L* geht durch die Führungen *O*, und durch das Auskuppeln von *B* gelangen die Dornen immer in dieselbe Lage *X*—*X*, welche durch das Anstoßen des leichteren Gewichtes *M* an die Führung *O* bestimmt ist.

Zu Anfang des Abzuges befinden sich die Dornen sehr nahe am Kreuz *V*; da die Entfernung zwischen Dornen und Kreuz während der Ausfahrt mit zunehmendem Kötzer größer werden soll, muß der Weg, den die Dornen zurücklegen müssen, bevor sie an das Kreuz anstoßen, stets größer werden.

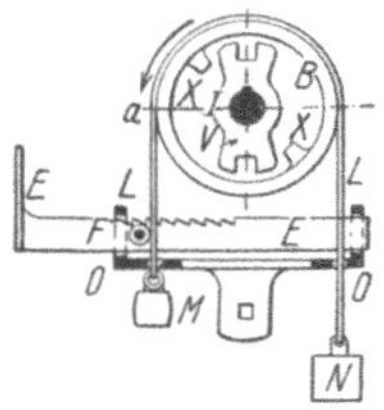

Abb. 288a.

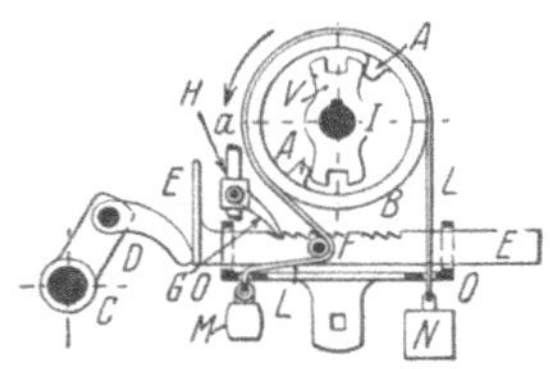

Abb. 288b.

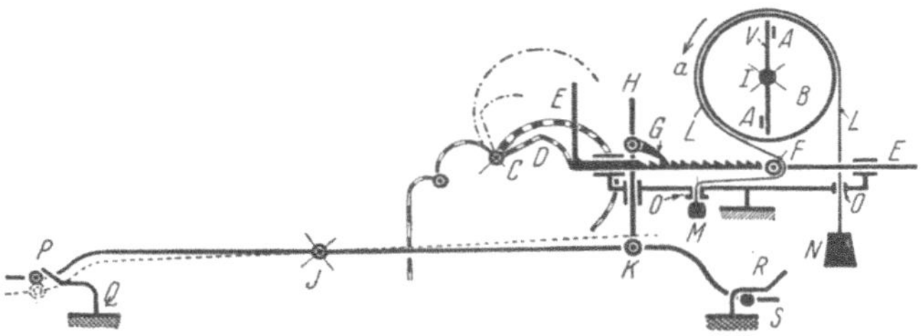

Abb. 288c.

Abb. 288a bis c. Selbsttätiges Vergrößern der Zylindernacheilung bei anwachsendem Kötzer. *

Zu diesem Zweck ist auf der Winderwelle *C* ein gekrümmter Hebel *D* befestigt, der gegen Ende der Ausfahrt an den mit Zähnen versehenen Winkel *E* stößt und denselben gegen den Zylinder zu schiebt, so daß ein an *E* befestigter Knopf das Leder *L* durchbiegt und somit den ausgekuppelten Muff *B* in der Richtung des Pfeiles *a* dreht, wobei die Dornen am Anfang des Abzuges nahe an das Kreuz *V* zu liegen kommen. Damit nun bei der folgenden Ausfahrt die Entfernung zwischen Dornen und Kreuz festgelegt wird, greift in die Verzahnung von *E* eine Klinke *G* ein, welche an einer Stange *H* befestigt ist. Letztere ist mit dem um *J* drehbaren Steuerhebel *PJK* verbunden. Fährt jetzt der Wagen aus, so legen die Dornen erst den kurzen Weg bis zum Kreuz zurück, bevor die Zylinder anfangen zu drehen. Am Ende der Ausfahrt stößt ein am Wagen befindlicher Druckhebel auf die Rolle *P* und drückt den Steuerhebel in die punktierte Lage, wobei die Klinke *G* ausgehoben wird. Sobald die Zylinderkupplung ausgeschaltet wird, werden durch das schwerere Gewicht *N* die Dornen in ihre Normalstellung *X*—*X* gebracht. Je höher der Winder steigt, desto geringer wird die Verschiebung des gezahnten Winkeleisens *E* und desto geringer ist die Durchbiegung des Leders *L* durch den Knopf *F*, so daß die Entfernung der Dornen zum Kreuz mit wachsendem Kötzer vergrößert wird, was eine von Schicht zu Schicht größer werdende Nacheilung des Zylinders in bezug auf die Wagenausfahrt zur Folge hat.

s) Vom Gleiten des Spindeltrommelseiles bei Beginn der Ausfahrt.

Zu Beginn der Ausfahrt sollen die Spindeln plötzlich von einer verhältnismäßig geringen Spindeltourenzahl (etwa durchschnittlich 200 t/min) auf ungefähr 10000 bis 12000 Touren gebracht werden. Diese außerordentliche Kraftanstrengung verursacht zuerst ein Lockerwerden und sodann ein Zusammenziehen des Seiles bis zur völlig gleichmäßigen Seilspannung. Die Folge davon ist ein Gleiten des Spindeltrommelseiles. Während dieses Gleitens fährt jedoch der Wagen aus; da die Vorgarnlunte am Anfang der Ausfahrt durch dieses Gleiten des Triebseiles nicht genügend Draht erhält, wird das Garn vom ausfahrenden Wagen verzogen und der Faden wird schnittig. Es wäre nun naheliegend, das Trommelseil sehr straff zu spannen. Hierbei würde natürlich das Seilgleiten bedeutend abnehmen, aber die Maschine würde zur Ausfahrt noch mehr Kraft gebrauchen; die in Betracht kommenden Lager würden heißlaufen und die Feuersgefahr wachsen.

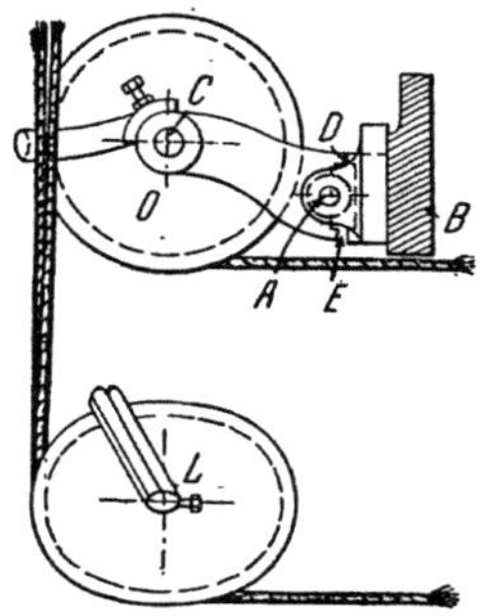

Abb. 289. Verminderung des Gleitens des Spindeltrommelseiles.*

Man hat demnach allen Grund, das Spindeltrommelseil nicht zu sehr zu spannen. Um aber trotzdem ein Gleiten des Seiles auf ein Minimum zu reduzieren, führt man die Leitrolle Q (Abb. 289), auf welche das Seil von dem auf der Hauptwelle sitzenden Seilwirtel aufläuft, als Gegengewichtsrolle aus. Auf dem Gestelle B ist das den Zapfen A tragende Lager festgeschraubt und auf diesem Zapfen ist ein Hebel AC eingehängt. Letzterer ist derart bearbeitet, daß er bei gehobener Rolle, d. h. bei gespanntem Seile, einen Spielraum E aufweist; bei nicht gespanntem Seil senkt sich die Leitrolle Q und stößt bei E an das Lager. Seilrolle Q sowie Hebel AC sind möglichst schwer gehalten. Beginnt zu Anfang der Ausfahrt die Hauptwelle zu drehen, so wird das Spindeltrommelseil infolge des Eigengewichtes von Q und AC gespannt. Sind die Seilspannungen überall gleichmäßig, so hebt sich die Rolle Q und der Hebel AC stößt bei D an das Lager an.

4. Antrieb der Zylinder während der Einfahrt.

a) Nachlieferung der Zylinder.

Unter gewöhnlichen Umständen bleiben die Zylinder während der Einfahrt stillstehen. Für Schußgarne und geringere Kettgarne jedoch kann man die Zylinder während der Einfahrt nachliefern lassen, ohne daß dies einen merkbaren Einfluß auf die Güte des Gespinstes hat, dagegen wird die Lieferung der Spinnmaschine nicht unbedeutend erhöht.

Liefern aber die Zylinder während der ganzen Einfahrt, so wird sich der Draht ungleichmäßig auf das gesponnene Fadenstück verteilen; besonders gegen Ende der Einfahrt würde die ungedreht heraustretende Lunte beinahe keine Drehung mehr erhalten.

Abb. 290a, b, c und d zeigen die Zylindernachlieferung von Baudouin, welche während der Einfahrt eine unveränderliche Fadenlänge liefert.

Durch ein Rädergetriebe wird von der Wagenauszugswelle aus ein Zahnsegment A angetrieben (Abb. 290a und b), an dessen Hebel B, der sich in entgegengesetzter Richtung des Zahnsegmentes befindet, eine Kette C angehängt ist, welche an einer auf dem Vorderzylinder lose sitzenden Scheibe D befestigt ist. Während der Ausfahrt wird die Kette auf diese Scheibe aufgewickelt, während der Einfahrt wickelt sie sich ab. Scheibe *D* (Abb. 290c und d) ist im Innern mit drei Klinken versehen, welche während der Einfahrt in ein auf dem Vorderzylinder aufgekeiltes Sperrad eingreifen.

Mit Hilfe eines Riemens, welcher die Scheibe *D* mit der auf der Wagenauszugswelle befestigten Scheibe *E* verbindet (Abb. 290a), nimmt das Zahnsegment *A* während der Ausfahrt seine Anfangsstellung wieder ein. Die Scheibe *D*

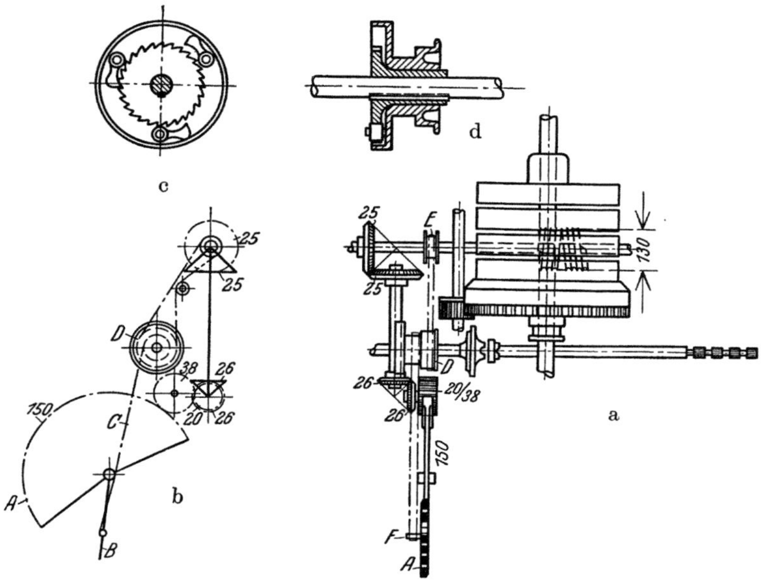

Abb. 290a bis d. Zylindernachlieferung Baudouin.

erhält dadurch bei der Ausfahrt eine Rückwärtsdrehung, wobei die Kette *C* sich auf *D* aufwickelt.

Infolge der besonderen Lage des Hebels *B* und der Drehung des Zahnsegmentes *A* bewegt sich der Vorderzylinder bei der Einfahrt zuerst mit beschleunigter und gegen Ende der Einfahrt mit verzögerter Geschwindigkeit.

Die Fadenlieferung während der Einfahrt schwankt zwischen 40 und 135 mm, je nachdem man die Kette *C* verkürzt oder verlängert, indem man ihren Aufhängepunkt *F* (Abb. 290a) zwecks Verkleinerung bzw. Vergrößerung der Kettenlänge entsprechend ändert.

5. Vorkommende Fehler an den Kötzern.

Sie können entstehen durch fehlerhafte Aufwindung, durch falsches Einstellen der Aufwindeorgane oder auch durch unregelmäßige Abnutzung der Leitschiene oder der Formplatten. Bevor man sich jedoch mit dem Verbessern dieser letzteren befaßt, soll zuerst die Regulierung der Aufwindeorgane kontrolliert werden, damit nicht etwa der Fehler noch vergrößert wird. Die Maschinenbauer haben jahrelange Erfahrung auf diesem Gebiete, so daß es jedenfalls vorteilhafter ist, sich bei fehlerhaften Kötzern an den Lieferanten zu wenden. Es ist zumeist besser, eine neue Leitschiene mit Formplatten anzuschaffen und die fehlerhaften zur Korrektur, falls eine solche noch möglich ist, in die betreffende Maschinenfabrik zu senden, als selbst an der Maschine Veränderungen vorzunehmen. Als Anhaltspunkt zur Auffindung der Fehler mögen folgende Bemerkungen dienen:

1. Fehler im Ansatz. In **Nr. 1** (Abb. 291) hat sich an der Ansatzspitze ein Köpfchen gebildet. Dies kann zweierlei Ursachen haben. Entweder wurde der Gegenwinder am Ende der Einfahrt zu spät entlastet, so daß der Winder zuerst den Gegengewichtshebel *25—26* (Abb. 241) überwinden mußte und sich dadurch bei der Verbundbildung zu lange an der Kötzerspitze aufhielt; oder auch die Nacheilung des Winders in bezug auf die Spindelumdrehungen beim Abwinden ist zu klein, so daß während des Abwindens nicht alle Spiralen abgewickelt und diese kurz vor Beginn des Kreuzens über die Spindel hinabgestreift wurden. Im ersten Falle entlastet man durch entsprechende Regulierung etwas früher, im zweiten Falle läßt man die Abwindekette etwas mehr durchhängen, wodurch die Zahl der Reservespiralen vermindert wird.

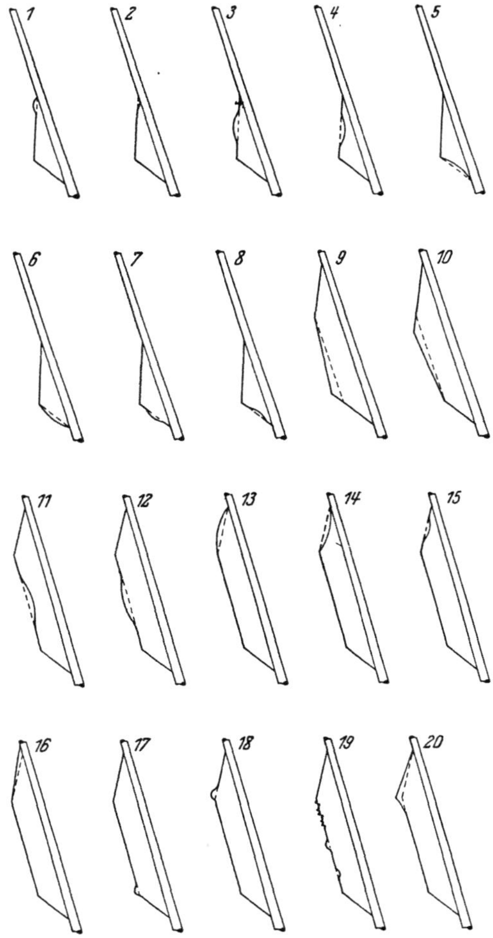

Abb. 291. Vorkommende Fehler an den Kötzern.

In **Nr. 2** (Abb. 291) hat sich an der Ansatzspitze eine Aushöhlung gebildet. Hier sind nicht genügend Reservespiralen vorhanden, was auf zu große Nacheilung des Winders in bezug auf die Spindelumdrehungen beim Abwinden zurückzuführen ist. Man wird also die Abwindekette weniger durchhängen lassen. Diese Aushöhlung der Ansatzspitze kann aber auch von zu großem Wagenzug herrühren; in diesem Falle ändert man das zwischen Mandause und Zylinder gelegene Wechselrad.

In **Nr. 3** (Abb. 291) hat sich am Ansatz eine Erhöhung gebildet. Hier liegt der Fehler an der Form des bildenden Teiles der Leitschiene. Man läßt den Wagen langsam einfahren, bis der Winder an den untersten Teil des Wulstes gelangt, und markiert den Punkt, an welcher die Laufrolle *U* (Abb. 244) in diesem Moment die Leitschiene berührt, mit einem Kreidestrich. Sodann läßt man den Wagen weiter einfahren, bis der Winder an der obersten Stelle des Wulstes angekommen ist, und markiert wiederum den Berührungspunkt der Laufrolle *U* mit der Leitschiene. Man verbindet jetzt die beiden auf der Leitschiene angezeichneten Punkte durch eine gerade Linie und feilt den erhöhten Teil der Leitschiene weg.

In **Nr. 4** (Abb. 291) liegt der Fall umgekehrt. Man verfährt wie vorhin, nur wird sich jetzt zwischen den beiden angezeichneten Punkten eine Aushöhlung befinden; man muß diesen Teil der Leitschiene ausfüllen, so daß wieder eine gerade Linie gebildet wird. In Abb. 272 ist dieser Fall angedeutet. Hier wäre die Strecke E_1', B_1', wobei F_1' der tiefste Punkt ist, auszufüllen, für den vorhergehenden Fall, die Strecke B_1' A_1', deren höchster Punkt C_1' ist, gerade zu feilen.

In **Nr. 5** (Abb. 291) ist der untere Ansatzkegel gehöhlt; es liegt der Fehler in der Konstruktion der Fußplatte. Letztere hat die Form *abc* der Nr. 5 (Abb. 292), die Kurven fallen zu schnell und müssen nach *adc* umgeformt werden.

In **Nr. 6** (Abb. 291) ist der untere Ansatzkegel zu stark gewölbt; die Steigung der Fußpunkte geht zu langsam vor sich, demgemäß muß die Fußplatte von der ausgezogenen Kurve *abe* (Nr. 6, Abb. 292) nach *adc* umgearbeitet werden.

Nr. 7 (Abb. 291) zeigt eine Ausbuchtung am unteren Ansatzkegel. Während dieser Wulstbildung sind die Fußpunkte zu langsam aufeinander gefolgt, so daß die Leitschiene während dieses Zeitraumes auf beinahe gleicher Höhe blieb, statt sich gesetzmäßig zu senken. Infolgedessen muß die Ansatzkurve der Fußformplatte eine Erhöhung *e* aufweisen, wie dies in Nr. 7 (Abb. 292) dargestellt ist. Die Ansatzkurve wäre also nach der Linie *afb* zu feilen.

Nr. 8 (Abb. 291) stellt den umgekehrten Fall dar. Hier zeigt der untere Ansatzkegel eine Aushöhlung. Somit muß der hohle Teil *e* (Nr. 8, Abb. 292) ausgefüllt werden, so daß die Ansatzkurve nach der Linie *afb* verläuft.

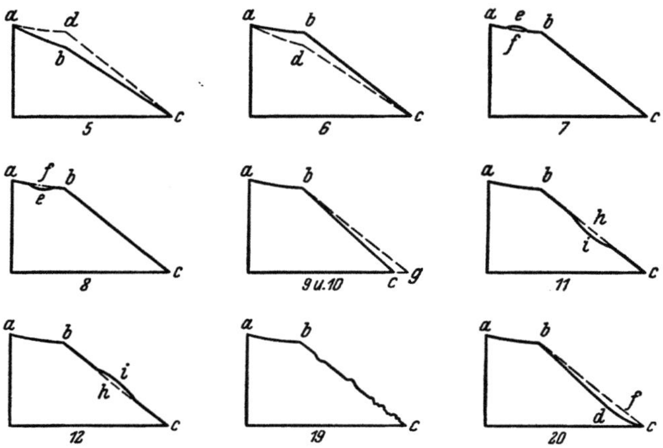

Abb. 292. Vorkommende Fehler an der Fußformplatte.

2. Fehler am Kötzerkörper. In **Nr. 9** (Abb. 291) wird der Kötzerkörper allmählich nach oben zu dünner. Hier fällt der für die Körperbildung in Betracht kommende Teil *bc* (Nr. 9, Abb. 292) der Fußplatte zu steil ab, so daß letztere nach der Fußplattenform *abg* umzubilden ist. Der Fehler kann auch an der Spitzenplatte liegen, letztere müßte somit, um dasselbe Ergebnis zu erhalten, weniger steil verlaufen.

Nr. 10 (Abb. 291) zeigt das Gegenteil. In diesem Fall verläuft die punktierte Linie *bg* (Nr. 10, Abb. 292) zu flach, so daß die Leitschiene nicht schnell genug fällt; es müßte demnach die Formplatte nach der Linie *abc* abgeändert werden. Liegt der Fehler an der Spitzenplatte, so muß diese steiler gemacht werden.

Die Ungleichmäßigkeit des Kötzerkörpers kann auch ihren Grund darin haben, daß der Aufhängepunkt des Verbindungshebels am Schwanenhals sich nicht in richtiger Höhe in bezug auf den Winder befindet. Betrachtet man die Abb. 293, so bemerkt man, daß die Lage des Aufhängepunktes die Schichtenlänge ändert. Ist derselbe in A, so gelangt er, wenn h die Entfernung zwischen dem höchsten und dem tiefsten Punkt der Leitschiene ist und demnach der Aufhängepunkt des Verbindungshebels dieselbe Höhenverschiebung ausführt, nach Punkt B. Der Aufhängepunkt hat dabei den $\sphericalangle \alpha$ beschrieben und dieser Weg wird auf den Winder übertragen. — Befindet sich der Aufhängepunkt anfangs in B und gelangt nach Zurücklegung des Weges h nach C, so hat der Aufhängepunkt des Verbindungshebels den $\sphericalangle \beta$ beschrieben. Da $\sphericalangle \beta$ kleiner ist wie $\sphericalangle \alpha$, so wird auch für den letzteren Fall der Winderweg kürzer wie für den ersteren.

Bevor man also die Formplatten verbessern will, soll vorerst nachgesehen werden, ob der Aufhängepunkt des Verbindungshebels seine richtige Lage hat.

In **Nr. 11** (Abb. 291) ist der Kötzerkörper mit einer Aushöhlung versehen. Während der Bildung dieser fiel die Leitschiene zu schnell, ein Beweis dafür, daß auf der Linie bc (Nr. 11, Abb. 292) eine Ausbuchtung i vorhanden sein muß, welche dann nach der Linie bhc auszufüllen ist.

Nr. 12 (Abb. 291) zeigt den Kötzerkörper mit einer Ausbuchtung. Hier befindet sich auf der Fußformplatte eine Erhöhung i (Nr. 12, Abb. 292), welche nach der Linie bhc abgefeilt werden muß.

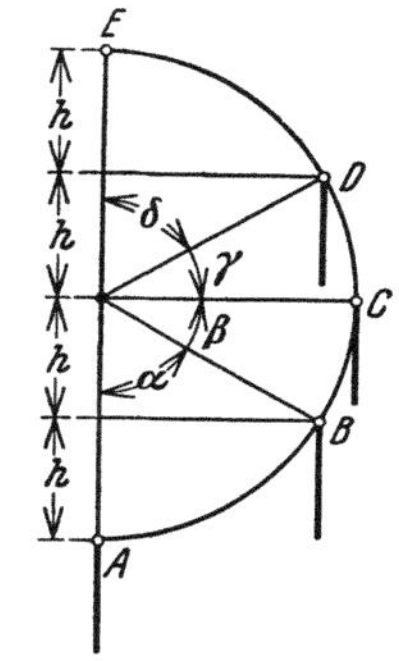

Abb. 293. Graphische Darstellung verschiedenartiger Stellungen des Aufhängepunktes des Verbindungshebels am Schwanenhals. *

Es soll bei diesen Angaben ausdrücklich betont werden, daß derartige Verbesserungen von Leitschiene und Formplatten mit größter Vorsicht und nur von Fachleuten vorgenommen werden sollen, denn in den meisten Fällen zieht eine ausgeführte Korrektur einen anderen Fehler nach sich. Wird z. B. in Nr. 9 u. 10 (Abb. 292) die Steigung von be geändert, so wird sich auch dementsprechend die Schichtenhöhe ändern.

In **Nr. 13** (Abb. 291) ist der obere Kegel des Kötzerkörpers konvex. Hier hat sich die Winderbewegung während der Aufwickelung des bildenden Teiles zuerst verzögert und dann beschleunigt. Der Fehler liegt demnach an der Form der Leitschiene. Die Kurve des bildenden Teiles ist auf der ganzen Länge nach zu stark gewölbt.

Nr. 14 (Abb. 291) zeigt das Gegenteil. Hier wurde die Winderbewegung während der Aufwickelung des bildenden Teiles zuerst beschleunigt und dann verzögert, so daß der obere Kegel des Kötzerkörpers konkav ausgefallen ist.

Nr. 15 (Abb. 291) wurde erreicht, indem man beim Fall Nr. 14 das im großen Kopfe gelegene Ende der Leitschiene, welche für den bildenden Teil bestimmt ist, etwas in die Höhe hob. Dadurch wurde die Schichtenhöhe etwas kleiner und, weil die aufzuwickelnde Fadenlänge nahezu konstant ist, wurde letztere auf eine kleinere Fläche aufgewickelt, so daß sich die Aushöhlung in Nr. 14 (Abb. 291) nicht mehr so sehr bemerkbar machte. Jedenfalls wird es angebracht sein, sich bei derartigen Fällen mit der betreffenden Maschinenfabrik in Verbindung zu setzen.

In **Nr. 16** (Abb. 291) ist der obere Kötzerkegel zu lang geraten. Der Höhenunterschied zwischen tiefstem und höchstem Punkt der Leitschiene ist zu groß. Man wird somit das im großen Kopf gelegene Ende der Leitschiene etwas höher stellen.

In **Nr. 17** (Abb. 291) hat sich bei Beginn der Körperbildung eine Verdickung gebildet. Diese rührt daher, daß die Höhe der ersten Schicht größer ist als die Gesamthöhe des unteren Ansatzkegels.

In **Nr. 18** (Abb. 291) hat sich eine ähnliche Verdickung am untersten Teil des oberen Kötzerkegels gebildet. Dieser Fall tritt ein, wenn der Übergangspunkt vom kreuzenden zum bildenden Teil auf der Leitschiene derart abgenutzt ist, daß der Verbindungshebel und somit der Winder während einer kurzen Zeitspanne in derselben Höhe verharrt.

In **Nr. 19** (Abb. 291) hat der Kötzer ein regelmäßiges, mit Rillen und Er-

höhungen versehenes Aussehen. Hier liegt der Fehler an der Fußformplatte (Nr. 19, Abb. 292), wobei die Linie *bc* verschiedene Unebenheiten aufweist.

Nr. 20 (Abb. 291) zeigt einen Kötzer, der an seinem oberen Teil ausgebaucht ist. Auch hier liegt der Fehler an der Ansatzplatte, welche nach Nr. 20 (Abb. 292) nach der Linie *bdc* statt nach *bfc* verläuft, so daß gegen Ende des Abzuges langsamer geschaltet wird.

6. Berechnungen des Selbstspinners.

Den Berechnungen ist der Selbstspinner der Spinnereimaschinenfabrik N. Schlumberger & Cie., Gebweiler i. Els., zugrunde gelegt.

Die Geschwindigkeit der Hauptwelle wird zweckmäßig zwischen 750 bis 800 Umdrehungen in der Minute gewählt.

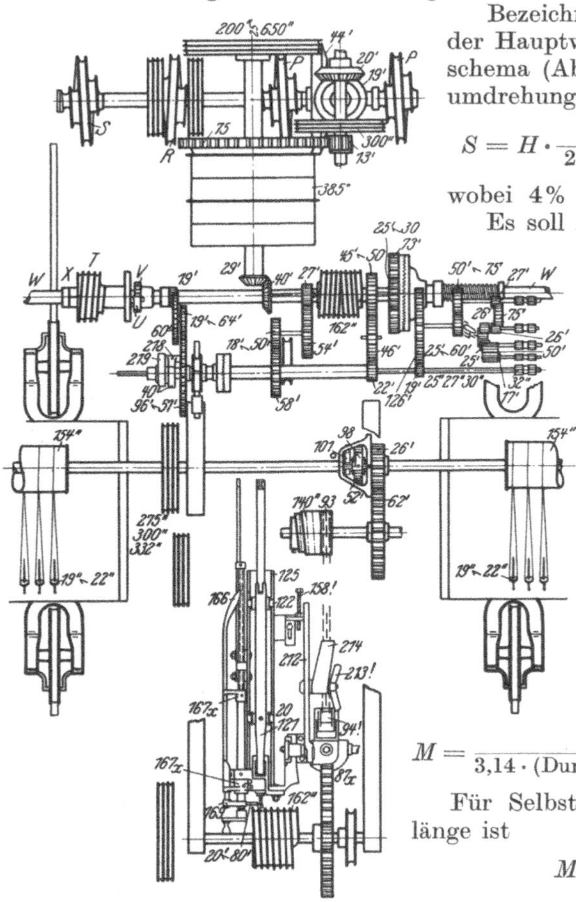

Abb. 294. Antriebsschema des Selbstspinners.

Bezeichnen wir mit H die Umdrehungen der Hauptwelle, so sind nach dem Antriebsschema (Abb. 294) die minutlichen Spindelumdrehungen S:

$$S = H \cdot \frac{200'' \frown 650''}{275''-300''-332''} \cdot \frac{154''}{19''-22''} \cdot 0{,}96,$$

wobei 4% Gleitverlust angenommen wird.

Es soll hierbei bemerkt werden, daß man als Durchmesser eines Seilwirtels oder Seiltrommel die Entfernung von Mitte zu Mitte Seil bezeichnet. Z. B. hat der auf der Hauptwelle sitzende Seilwirtel 450 mm, so sind diese 450 mm auf dem Grunde des Seilwirtels gemessen, so daß als effektiver Durchmesser

$$450 + 13 = 463 \text{ mm}$$

in Betracht kommt, wenn die Seildicke 13 mm beträgt.

Umdrehungen der Mandausenwelle für einen Wagenauszug. Aus den Abb. 294 und 295 ergibt sich:

$$M = \frac{\text{Wagenauszug}}{3{,}14 \cdot (\text{Durchmesser der Mandause} + \text{Seildicke})}.$$

Für Selbstspinner von 1680 mm Auszugslänge ist

$$M = \frac{1680}{3{,}14 \cdot 162} = 3{,}302.$$

Für Selbstspinner von 1560 mm Auszugslänge ist

$$M = \frac{1560}{3{,}14 \cdot 162} = 3{,}067.$$

Umdrehungen des Vorderzylinders für einen Wagenauszug.

$$C = \text{Mandausenumdrehungen} \cdot \frac{73'}{25'-30'} \cdot \frac{45'-50'}{22'}.$$

Durch Einsetzen der obigen Werte ergibt sich

a) für eine Auszugslänge von 1680 mm: $C = 18{,}85$ bis 20,45 Umdrehungen

b) „ „ „ „ 1560 mm: $C = 17{,}50$ „ 19,— „

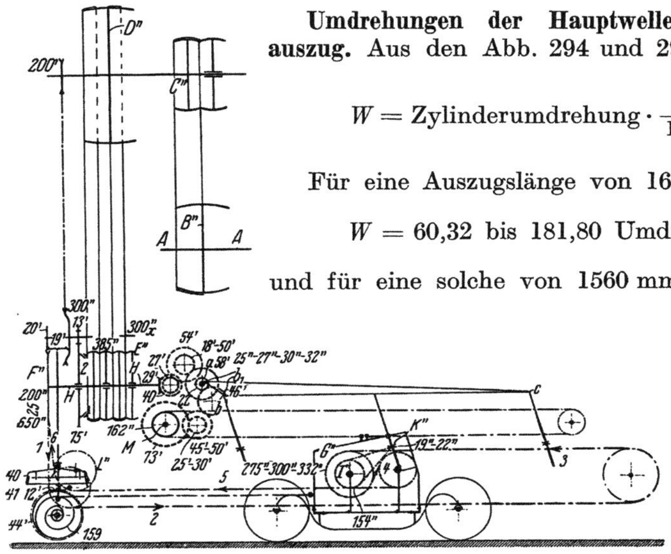

Abb. 295. Schema zur Berechnung der Umdrehungen der Wagenauszugswelle und des Wagenverzuges. *

Umdrehungen der Hauptwelle für einen Wagenauszug. Aus den Abb. 294 und 295 ermitteln wir

$$W = \text{Zylinderumdrehung} \cdot \frac{58'}{18'\text{—}50'} \cdot \frac{54'}{27'} \frac{40'}{29'} .$$

Für eine Auszugslänge von 1680 mm erhalten wir

$$W = 60{,}32 \text{ bis } 181{,}80 \text{ Umdrehungen}$$

und für eine solche von 1560 mm

$$W = 56{,}\text{—} \text{ bis } 168{,}89 \text{ Umdrehungen.}$$

Umdrehungen der Hauptwelle bei Nachdraht: Der Zähler macht während der Wagenausfahrt zwei Umdrehungen. Wir erhalten nach Abb. 296:

$$N = 2 \cdot \frac{50'}{20'} \cdot \frac{90'}{20'} \cdot \frac{60'\text{—}80'}{66'} \cdot \frac{58'}{18'\text{—}50'} \cdot \frac{54'}{27'} \cdot \frac{40'}{29'} = 65{,}45 \text{ bis } 242{,}242 \text{ Umdrehungen.}$$

Das Verzugswerk. Nach Abb. 297 ist

Gesamtverzug des Streckwerkes:

$$V = \frac{25''}{25''} \frac{40'\text{—}50'\text{—}60'}{25'\text{—}60'} \cdot \frac{136'}{22'} = 4{,}12 \text{ bis } 14{,}834 ,$$

Einzelverzug zwischen dem Vorder- und dem Mittelzylinder

$$v_1 = \frac{25''}{20''} \cdot \frac{18'}{25'} \cdot \frac{40'\text{—}50'\text{—}60'}{25'\text{—}60'} \cdot \frac{136'}{22'} = 3{,}71 \text{ bis } 13{,}35 ,$$

Einzelverzug zwischen dem Mittel- und dem Einzugszylinder

$$v_2 = \frac{20''}{25''} \frac{25'}{18'} = 1{,}11 .$$

Berechnung des Wagenverzuges. Sei bc (Abb. 295) der Wagenweg, ab die Urlänge und ac die Fadenlänge bei ausgefahrenem Wagen, so wird $ac - ab = b_1 c$ die Fadenlänge sein, welche bei der Ausfahrt hergestellt wird. Nehmen wir an, daß während des ganzen Auszuges das Wagenseil von der Mandausentrommel 162″ der Wagenauszugswelle M abgewickelt wird, so wird der Vorderzylinder eine Länge liefern, die gleich ist

$$l = \frac{b\,c}{\pi \cdot 162''} \cdot \frac{73'}{25'\text{—}30'} \cdot \frac{45'\text{—}50'}{22'} \cdot \pi \cdot I ,$$

wobei mit I der Durchmesser des Vorderzylinders bezeichnet ist.

Die Länge l verkürze sich durch den Draht um $v\%$; mithin stellt

$$\frac{b\,c}{162''}\cdot\frac{73'}{25'\text{—}30'}\cdot\frac{45'\text{—}50'}{22'}\cdot I\cdot(1-0{,}01\,v)$$

die unverzogene Fadenlänge dar.

Der Wagenverzug, d. h. der Verzug V_w zwischen Spindel und Zylinder, der zur Ausgleichung dicker Stellen im Garn dient, wird sein:

$$V_w=\frac{\text{bei der Ausfahrt hergestellte Fadenlänge}}{\text{Zylinderlieferung für eine Ausfahrt}}$$

$$=\frac{a\,c-a\,b}{\frac{b\,c}{162''}\cdot\frac{73'}{25'\text{—}30'}\cdot\frac{45'\text{—}50'}{22'}\cdot I\,(1-0{,}01\cdot v)}.$$

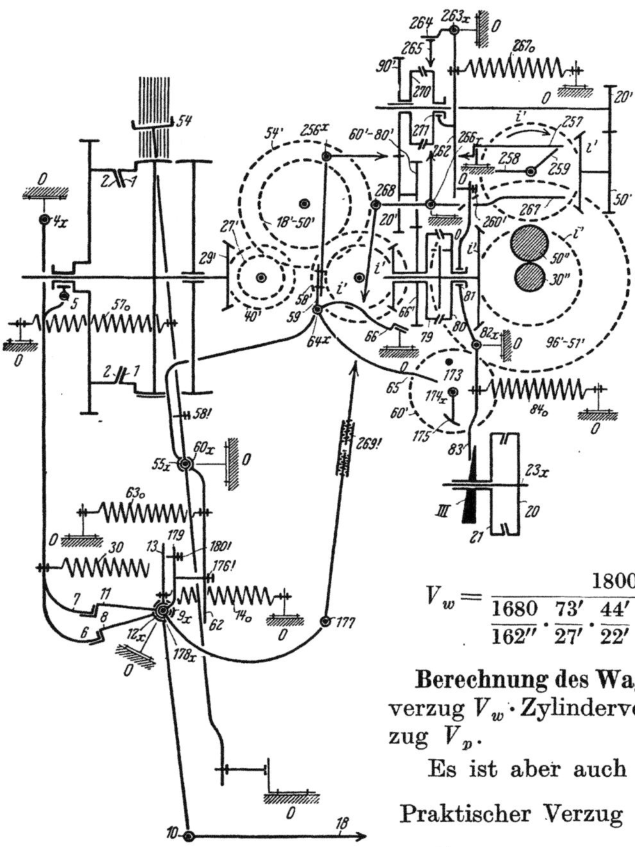

Abb. 296. Schema zur Berechnung des Nachdrahtes und des Zählerwechsels. *

Es wurde ermittelt: $a\,c = 1800$ mm, $a\,b = 127$ mm und $b\,c = 1680$ mm.

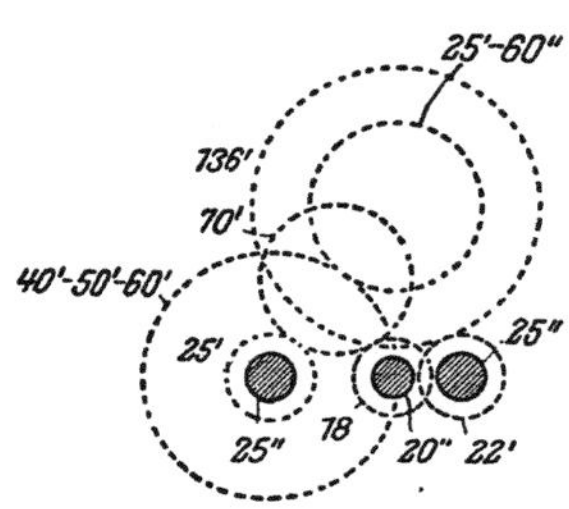

Abb. 297. Streckwerk am Selbstspinner. *

Nehmen wir die Fadenverkürzung durch den Draht zu 3% an, so erhalten wir für den Wagenverzug

$$V_w=\frac{1800-127}{\frac{1680}{162''}\cdot\frac{73'}{27'}\cdot\frac{44'}{22'}\cdot 25''\,(1-0{,}03)}=1{,}230.$$

Berechnung des Wagenverzugswechsels. Wagenverzug V_w · Zylinderverzug V_z = Praktischer Verzug V_p.

Es ist aber auch

$$\text{Praktischer Verzug } V_p=\frac{\text{Garnnummer}}{\text{Vorgarnnummer}}=\frac{N}{n},$$

somit

$$\text{Wagenverzug } V_w=\frac{N}{n\cdot\text{Zylinderverzug } V_z}.$$

Setzen wir für V_w den oben gefundenen Wert ein, so ergibt sich

$$\frac{N}{n\cdot\text{Zylinderverzug } V_z}=\frac{a\,c-a\,b}{\frac{bc}{162''}\cdot\frac{73'}{25'\text{—}30'}\cdot\frac{45'\text{—}50'}{22'}\cdot I\cdot(1-0{,}01\cdot v)}.$$

Wir multiplizieren übers Kreuz und erhalten

$$\frac{n}{N}\cdot\frac{V_z\,(ac-ab)}{\frac{bc}{162''}\,\frac{73'}{22'}\cdot I\cdot(1-0{,}01\cdot v)}=\frac{45'\text{—}50'}{25'\text{—}30'}=\frac{\text{Zugwechseltrieb}}{\text{Zugwechselrad}}\,.$$

Es ist

$$\frac{ac-ab}{\frac{bc}{162''}\,\frac{73'}{22'}\cdot I}=\text{konstant}=K\,,$$

demnach

$$\frac{n}{N}\cdot\frac{V_z\cdot K}{(1-0{,}01\,v)}=\frac{\text{Zugwechseltrieb}}{\text{Zugwechselrad}}\,.$$

Statt den Wagenverzug anzugeben, begnügt man sich in der Spinnerei oft damit, nur die von den Zylindern gelieferte, unverkürzte Luntenlänge zu berechnen und anzugeben, um wieviel diese Länge größer oder kleiner ist als der Weg der Spindel bei der Ausfahrt. Den Unterschied nennt man den Wagenzug. Ist dieser Weg kleiner als die Zylinderlieferung, so versieht man den Unterschied mit dem Minuszeichen.

Die Drehung der Gespinste. Nach dem Köchlinschen Drahtgesetz ist der Draht T für 1 englischen Zoll

$$T=\alpha\,\sqrt{N_e}\,,$$

worin α der Drahtkoeffizient und N_e die englische Nummer ist.

Die Spinnereimaschinenfabrik N. Schlumberger & Cie., Gebweiler i. Els., gibt die in Tabelle 28 gegebenen Werte an:

Tabelle 28.

	Drahtkoeffizient α für den Draht der englischen Nummer für 1 Zoll	Drahtkoeffizient α für den Draht der französischen Nummer für 1 dm
Für Schußgarne aus amerikanischer Baumwolle	2,41—3,27	10,3—14,0
Für Kettgarne aus amerikanischer Baumwolle	3,51—3,86	15,0—16,5
Für Schußgarne aus ägyptischer Baumwolle	2,01—2,69	8,6—11,6
Für Kettgarne aus ägyptischer Baumwolle	3,51	15
Für Kettgarne aus Surat-Baumwolle	3,80	16,26
Für Schußgarne aus Surat-Baumwolle	3,50	14,975
Für Kettgarne aus Bengal-Baumwolle	4,00	17,115
Für Schußgarne aus Bengal-Baumwolle	3,61	15,403

Zum Umrechnen des englischen Drahtkoeffizienten α in den französischen und umgekehrt bedient man sich der Formel:

$$\alpha_e=\frac{\alpha_f}{4{,}275}\qquad\text{oder}\qquad\alpha_f=\alpha_e\cdot 4{,}275\,.$$

In der Tabelle 29 sind die in englischen Handbüchern angegebenen Drahtkoeffizienten wiedergegeben.

Tabelle 29.

Baumwollsorte	Drahtkoeffizient α für den Draht der englischen Nummer für 1 Zoll	Drahtkoeffizient α für den Draht der französischen Nummer für 1 dm
Bengal und andere kurzstaplige Baumwollsorten:		
Selbstspinnerkette	4,0	17,10
Selbstspinnerschuß	3,6	15,39
Ringspinnerkette	4,2	17,96

Tabelle 29 (Fortsetzung).

Baumwollsorte	Drahtkoeffizient α für den Draht der englischen Nummer für 1 Zoll	Drahtkoeffizient α für den Draht der französischen Nummer für 1 dm
Surat-Baumwolle:		
Selbstspinnerkette	3,8	16,24
Selbstspinnerschuß	3,5	14,96
Ringspinnerkette	4,0	17,10
Amerikanische Baumwolle:		
Selbstspinnerkette	3,75	16,03
Selbstspinnerschuß	3,25	13,89
Ringspinnerkette	3,80	16,24
Ägyptische Baumwolle:		
Selbstspinnerkette	3,606	15,41
Selbstspinnerschuß	3,183	13,59
Ringspinnerkette	3,606	15,41

Ermittlung des Drahtes auf dem Selbstspinner. a) Ohne Nachdraht. Da jeder Spindelumdrehung eine Drehung im Garne entspricht, so läßt sich der Draht wie folgt berechnen:

Für 1,04 Umdrehungen der Spindel (für 1 Umdrehung der Spindel legt man der Berechnung 1,04 theoretische Umdrehungen zugrunde, weil die Spindelschnur und das Spindelseil um ungefähr 4% gleiten) wird der Vorderzylinder eine Luntenlänge y liefern, die gleich ist (siehe Abb. 294 und 295)

$$y = 1{,}04 \cdot \frac{19''\text{—}22''}{154''} \cdot \frac{275''\text{—}300''\text{—}332''}{200''\ 52650''} \cdot \frac{29'}{40'} \cdot \frac{27'}{54'} \cdot \frac{18'\text{—}50'}{58'} \cdot \pi \cdot I\,.$$

Diese Länge erhält eine Drehung; mithin ist der Draht für 1 dm

$$t = \frac{100}{1{,}04 \cdot \frac{19''\text{—}22''}{154''} \cdot \frac{275''\text{—}300''\text{—}332''}{200''\ 52650''} \cdot \frac{29'}{40'} \cdot \frac{27'}{54'} \cdot \frac{18'\text{—}50'}{58'} \cdot \pi \cdot I}\,.$$

Es wird hier vorausgesetzt, daß gar kein Wagenzug gegeben werde. Wird bei der Wageneinfahrt Faden nachgeliefert, so muß dieser zu der Wagenauszugslänge hinzugezählt werden.

Beispiel: Soll der Faden 40 Drehungen auf einen Dezimeter haben und mit 50 mm Zug auf einen Wagenauszug von 1680 mm und 30 mm Zylindernachlieferung bei der Einfahrt in 8 Sek. für die Wagenausfahrt gesponnen werden, so verfährt man wie folgt:

Die von den Zylindern in 8 Sek. gelieferte Fadenlänge beträgt 1680 — 50 = 1630 mm. Bei einem Zylinderdurchmesser von 27 mm (Umfang 84,78 mm) macht der Zylinder $\frac{1630}{84{,}78}$ Umdrehungen. In einer Minute macht der Zylinder $\frac{1630}{84{,}78} \cdot \frac{60}{8}$. Die Antriebswelle macht in einer Minute 750 Umdrehungen. Vom Zylinder aus ermittelt sich diese Umdrehungszahl aus der Gleichung

$$\frac{1630}{84{,}78} \cdot \frac{60}{8} \cdot \frac{58'}{M_w} \cdot \frac{54'}{27'} \cdot \frac{40'}{29'} = \text{Umdrehungen der Antriebswelle.}$$

Hieraus ergibt sich der Marschwechsel M_w zu

$$M_w = \frac{1630}{84{,}78} \cdot \frac{60}{8} \cdot \frac{58'}{750} \cdot \frac{54'}{27'} \cdot \frac{40'}{29'} = 35{,}5 = \sim 36 \text{ Zähne.}$$

Damit die 30 mm Faden bei der Wageneinfahrt ebenso stark gedreht werden wie der bei der Wagenausfahrt hergestellte Faden, muß der Draht 40 bei der Ausfahrt erhöht werden auf

$$\frac{(1680 + 0{,}30)}{1680} \cdot 40 = 40{,}72\,.$$

Dieser Wert muß noch erhöht werden um den Verlust der Geschwindigkeit der Spindeln, verursacht 1. durch das Gleiten der Spindelschnüre, 2. durch das der Spindelseile. Für gutarbeitende Selbstspinner kann man das erstere zu 3%, das letztere zu 1%, also zusammen 4% annehmen. Bei Berücksichtigung dieses Gleitens erhöhen sich die zu erteilende Anzahl Umdrehungen der Spindel für einen Dezimeter auf 42,35.

Berechnung des Drahtwechsels. Als Drahtwechsel kommen in Betracht: Die Trommelwirtel 275″—300″—332″, die zur leichteren Auswechslung zweiteilig sind; der Drahtwirtel 200″ $\lessgtr$ 650″ und die sogenannten Marschräder *18′—50′*.

Aus der bei der Ermittlung des Drahtes abgeleiteten Drahtformel

$$t = \frac{100}{1{,}04\,\frac{19''\text{—}22''}{154''}\cdot\frac{275''\text{—}300''\text{—}332''}{200'' \lessgtr 650''}\,\frac{29'\,27'}{40'\,54'}\cdot\frac{18'\text{—}50'}{58'}\cdot\pi\cdot I}$$

erhalten wir

$$\frac{275''\text{—}300''\text{—}332''}{200'' \lessgtr 650''}\cdot(18'\text{—}50') = \frac{154''}{19''\text{—}22''}\cdot\frac{40'}{29'}\cdot\frac{54'}{27'}\cdot\frac{58'}{1{,}04\cdot t}\cdot\frac{100}{\pi\cdot I}\,,$$

woraus sich dann bei gegebenem Drahte t der Trommelwirtel oder der Drahtwirtel oder das Marschrad berechnen läßt.

Ermittlung des Drahtes auf dem Selbstspinner. b) Mit Nachdraht. Ist A die bei der Ausfahrt fertiggestellte Fadenlänge auf 1 dm und t der Draht auf 1 dm, so muß die Spindel während der Fadenherstellung, also bei der Ausfahrt und dem Nachdraht, $A\cdot t$ Umdrehungen machen, während der Zählerhebel zwei Umdrehungen ausführt. Wegen des Gleitens der Seile und der Spindelschnüre nehme man zur Berechnung 4% mehr, also $A\cdot t\,(1 + 0{,}04)$. Es folgt dann unter Zugrundelegung der Abb. 295 und 296 die nachstehende Gleichung:

$$A\cdot t(1 + 0{,}04)\cdot\frac{19''\text{—}22''}{154''}\cdot\frac{275''\text{—}300''\text{—}332''}{200'' \lessgtr 650''}\cdot\frac{29'}{40'}\cdot\frac{27'}{54'}\cdot\frac{18'\text{—}50'}{58'}\cdot\frac{i'}{i'}\cdot\frac{66'}{60'\text{—}80'}\cdot\frac{20'}{90'}\cdot\frac{20'}{50'}\cdot\frac{i'}{i'} = 2\,.$$

Hieraus folgt

$$t = \frac{2}{A\cdot 1{,}04\cdot\frac{19''\text{—}22''}{154''}\cdot\frac{275''\text{—}300''\text{—}332''}{200'' \lessgtr 650''}\cdot\frac{29'}{40'}\cdot\frac{27'}{54'}\cdot\frac{18'-50'}{58'}\cdot\frac{66'}{60'\text{—}80'}\cdot\frac{20'\,20'}{90'\,50'}}\,.$$

Berechnung des Zählerwechsels. Als Zählerwechsel Z_w kommen die Räder *60′—80′* in Betracht (Abb. 296). Aus der Gleichung zur Bestimmung des Drahtes mit Nachdraht folgt

$$Z_w = A\cdot t\,(1 + 0{,}04)\cdot\frac{19'' - 22''}{154''}\cdot\frac{275'' - 300'' - 332''}{200'' \lessgtr 650''}\,\frac{29'}{40'}\cdot\frac{27'}{54'}\cdot\frac{18' - 50'}{58'}\cdot\frac{66'}{2}\cdot\frac{20'}{90'}\cdot\frac{20'}{50'}\,.$$

Berechnung des Sperrades. Bei p Gramm Faden auf einem Kötzer ist die Fadenlänge $l = k\cdot p\cdot N$, wobei k der Numerierungskoeffizient oder Numerierungszahl und N die Nummer ist.

Werden bei einem Auszuge A Meter Faden fertiggestellt, so sind die Anzahl Schichten s im Kötzer

$$s = \frac{k\cdot p\cdot N}{A}\,.$$

Sei z die Anzahl fortgeschalteter Zähne des Sperrades für einen Auszug, so entwickelt es für den ganzen Kötzer eine Anzahl Zähne

$$Z = \frac{k \cdot p \cdot N}{A} \cdot z .$$

Das Sperrad habe Sp_R Zähne; es macht daher für einen Kötzer eine Anzahl Umdrehungen

$$x = \frac{k \cdot p \cdot N \cdot z}{A \cdot Sp_R} .$$

Ist h die Steigung der Schraube der Formplatten, so ist deren Verschiebung L für den Kötzer

$$L = \frac{k \cdot p \cdot N \cdot z}{A \cdot Sp_R} \cdot h .$$

Diese Verschiebung ist aber gleich der Länge der Grundlinie der Formplatte, also $L = 215$ mm. Es ist daher

$$\frac{k \cdot p \cdot N \cdot z}{A \cdot Sp_R} \cdot h = 215 .$$

Bei $h = 5$ mm folgt

$$Sp_R = \frac{k \cdot p \cdot N \cdot z \cdot 5}{A \cdot 215} = \frac{k \cdot p \cdot N \cdot z}{A \cdot 43} .$$

Nach dieser Formel berechnen sich die Sperräder dieses Selbstspinners. Erhält man aus der Berechnung eine ganze Zahl gefolgt von einem Bruchteil Zähne, so multipliziere man die Zahl mit 2 oder 3 und schalte das so erhaltene Sperrad um ebensoviel Zähne für jede Schicht, d. h. um 2 oder 3.

Berechnung der Lieferung des Selbstspinners NSC. Die annähernde tägliche Lieferung P in Gramm eines Selbstspinners berechnet man am einfachsten nach der Formel:

$$P = \frac{\text{Anzahl Auszüge in der Minute} \cdot \text{Auszugslänge in m} \cdot 60 \cdot \text{Anzahl Arbeitsstunden im Tag} \cdot \text{Nutzleistung}}{\text{Garnnummer} \cdot \text{Numerierungszahl}} .$$

Durch Einsetzen der Werte werden folgende vereinfachte Formeln erhalten:

1. Auszugslänge = 1,680 m

$$P = \frac{(5{,}30 \text{ bis } 2{,}15) \cdot 1{,}680 \cdot 60 \cdot 10}{2 N_f} = (5{,}30 \text{ bis } 2{,}15) \cdot \frac{504}{N_f} .$$

2. Auszugslänge = 1,560 m

$$P = (5{,}30 \text{ bis } 2{,}15) \cdot \frac{468}{N_f} .$$

Abgesehen von den Stillständen gilt das Gesetz:

Die Quadrate der Lieferungen sind den Kuben der zugehörigen Nummern umgekehrt proportional

$$\frac{P^2}{P_1^2} = \frac{N_1^2}{N^3} .$$

Die Nutzleistung beträgt für grobe Nummern von 10_f bis 22_f = 92% bis 92,5%, von Nummer 24_f bis 50_f = 93% bis 94%, von Nummer 50_f bis 100_f = 94% bis 96%. Hierbei benutzt man von Nummer 10_f bis 50_f amerikanische Baumwolle, während für die Nummern 50_f bis 100_f ägyptische Baumwolle zur Verwendung kommt.

7. Aufstellung eines Lohntarifs für Selbstspinner.

Der Einfachheit halber sollen Vorkriegslöhne und -arbeitszeit angenommen werden.

Vor allem wird die theoretische Lieferung der in Frage kommenden Garnnummern berechnet. Nehmen wir an, die gesponnene Garnnummer habe Nr. 30_f. Die Berechnung der theoretischen Lieferung für 109 Stunden Arbeitszeit in 12 Tagen eines mit 820 Spindeln versehenen Selbstspinners gestaltet sich folgendermaßen:

Nettogewicht eines Abzuges = 35,80 kg.
Anzahl erforderliche Sekunden für ein Spiel = 12,5″.
Zeit zum Abnehmen des Abzuges = 7 Min.

Gewicht eines Kötzers $= \frac{35,80}{820} = 43,65$ g.

Fadenlänge auf einem Kötzer $= L = 2\,PN = 2 \cdot 43,65 \cdot 30 = 2620$ m.

Beträgt die Auszugslänge 1,600 m, so ist die Anzahl Spiele für einen Abzug $= \frac{2620}{1,600} = 1637$.

Somit Anzahl Sekunden für einen Abzug $= 1637 \cdot 12,5 = 20480$ Sek. $= \frac{20480}{60} = 342$ Min.

Fügen wir dieser Zeit 7 Min. hinzu, welche wir zum Abnehmen des Abzuges benötigen, so ist $\frac{342 + 7}{60} = 5,82$ Stunden diejenige Zeit, welche zur Herstellung eines Abzuges nötig ist.

Anzahl Abzüge in zwölf Arbeitstagen (109 Stunden) $= \frac{109}{5,82} = 18,72$ Abzüge.

Theoretische Lieferung des Selbstspinners für Nr. 30_f in 109 Arbeitsstunden

$$18,72 \cdot 35,80 = \mathbf{671\ kg}\,.$$

In diesen 109 Stunden wird jedoch die Maschine immer eine geringere Anzahl Kilogramm Garn liefern. Infolgedessen kann man sich zum Aufstellen des Tarifs der Nr. 30 nicht auf diese 671 kg stützen. Das Gewicht eines Abzuges wechselt ständig, da die gesponnene Nummer niemals absolut genau ist. Es muß also ein Koeffizient gefunden werden, um diesen Gewichtsverlust auszugleichen. Diese Zahl wird praktisch ermittelt.

Nehmen wir an, die theoretische maximale Leistung betrage 671 kg und die maximale praktische Lieferung, welche durch Abwiegen ermittelt wurde, sei gleich 630 kg, so haben wir hier einen Unterschied von 41 kg = 6,11% gegenüber der theoretischen Produktion $\left(\frac{41 \cdot 100}{671} = 6,11\right)$. Diese Prozentzahl nimmt mit der Nummer zu, z. B. für Nr. 10 haben wir 2,02%, wogegen für Nr. 35 der Prozentsatz schon 6,5% beträgt. Die mit einfachem Vorgarn gesponnenen Fäden weisen einen größeren Unterschied in der Gleichmäßigkeit der gesponnenen Nummern auf, wie die mit doppelter Lunte hergestellten Garne.

Die Unterschiede im Prozentsatze sollen von den groben zu den feinen Nummern abnehmen, und zwar in demselben Verhältnis wie die Zahlen der praktischen und der theoretischen Lieferung der betreffenden Nummern. Wollte man nun den Prozentsatz von den groben bis zu den feinen Nummern gleichmäßig den Nummern entsprechend abnehmen lassen, so wären die Unterschiede bei den groben Nummern zu groß, dagegen bei den feinen Nummern zu klein.

Ein Spinner bedient zwei gegeneinander laufende Selbstspinner. Der Tarif soll für 1 Selbstspinner als Grundlohn für einen 12tägigen Zahltag zu 109 Arbeitsstunden 30 ℳ betragen = 60 ℳ für 1 Spinner. Dies ist der Minimallohn, den der Spinner unter allen Umständen bei regelmäßiger Arbeit verdienen soll. Während diesen 109 Stunden müssen die Maschinen arbeiten, sie können jedoch etwas länger laufen, wenn der Spinner morgens und nachmittags die 2½ Minuten ausnützt, während welcher Zeit die Transmission leer läuft. Diese 109 Arbeitsstunden erhalten wir folgendermaßen:

Maximale Anwesenheit des Spinners in 12 Arbeitstagen =		118 Stunden
Davon sind abzuziehen:		
Stillstand der Transmission zum Großputzen der Selbstspinner	= 2 Stunden pro Woche = 4 Stunden in 12 Tagen	6 Stunden
5 Min. vor Fabrikschluß wird die Transmission abgestellt, um den Arbeitern die nötige Zeit zum Waschen und zum Umziehen zu lassen. Demnach: Zeitverlust mittags und abends je 5 Min.:	mittags $= 12 \cdot 5 = 60'$ abends $= 10 \cdot 5 = 50'$ } $= 110' = \sim 120$ Min.	
Maximalzeit, während welcher die Transmission dreht =		112 Stunden
Abstellen der Selbstspinner für Seilbrüche, Riemenausbessern, Abstauben des Spulenrahmens und des Gebälks = 5 Min. pro Tag = 60 Min. in 12 Tagen Abstellen der Maschinen zum Schmieren der Spindeln und der übrigen Arbeitsteile des Selbstspinners = 5 Min. vormittags und 5 Min. nachmittags = 120 Min. in 12 Tagen		3 Stunden
Effektive Arbeitszeit der Selbstspinner =		109 Stunden

Der *durchschnittliche Lohn*, den der Spinner in 12 Tagen zu verdienen hat, soll 64 bis 65 ℳ betragen: Erstens um den Arbeiter anzuspornen, mehr wie den Mindestlohn zu verdienen, und zweitens, um ihn für die vier Stunden im Zahltag zu entschädigen, während welchen das Großputzen stattfindet. Berechnen wir die Stunde zu 0,50 ℳ, so würde der Spinner $4 \cdot 0{,}50 = 2$ ℳ während dieser Zeit verdienen, die ihm im Mindestlohn nicht angerechnet worden sind, welche jedoch der Arbeiter trotzdem verdienen soll, so daß sich der Minimallohn auf 62 ℳ stellt.

Der für die Berechnung des Tarifs angenommene *Grundlohn* für 1 Zahltag und Maschine soll 30 ℳ betragen, jedoch soll der Spinner auf einen *Durchschnittslohn* von 32 bis 32,50 ℳ gelangen. Wir haben hier einen Unterschied von 2 bis 2,50 ℳ für 1 Selbstspinner, welche den Mehrgewinn des Spinners bilden soll und für welche es sich jetzt darum handelt, eine Anzahl angenommener oder fiktiver Kilogramme pro Garnnummer zu finden, nach denen der Tarif berechnet wird. In anderen Worten: Der Tarif einer Garnnummer wird nach einer gewissen Anzahl Kilogramm berechnet, welche um einen bestimmten Prozentsatz erhöht wird, so daß sich daraus die *praktische Lieferung* ergibt, nach welcher der Spinner 32 bis 32,50 ℳ für 1 Selbstspinner verdienen wird.

Um diese Anzahl Kilogramm zu bestimmen, muß man die praktisch ermittelte Lieferung um eine Anzahl Kilogramm verringern, welche für grobe Nummern groß und für feine Nummern gering ist. Wir können somit eine Tabelle aufstellen, welche den Unterschied zwischen der praktisch ermittelten Lieferung und der Anzahl angenommenen Kilogramm wiedergibt. Dieser Kilogrammunterschied muß für die groben Nummern groß sein, weil der Tarif gering berechnet ist, z. B. für Nr. 10 beträgt er 1,6 ₰ und für Nr. 35 erreicht er schon 6 ₰ für 1 kg.

Man verfährt auf folgende Weise:

Für Nr. 30 wurde in 12 Tagen die praktische Lieferung zu 630 kg ermittelt. Nehmen wir an, der Spinner habe 32,25 ℳ beim Herstellen dieser 630 kg verdient statt nur 30 ℳ, wieviel Kilogramm Garn müßte er liefern, um nur 30 ℳ zu verdienen? Durch einfache Rechnung erhalten wir $\frac{630 \cdot 30}{32{,}25} = 586$ kg.

Der gesuchte Kilogrammunterschied würde also betragen

$$630 - 586 = 44 \text{ kg} = 6{,}98\% \left(\text{denn } \frac{44 \cdot 100}{630} = 6{,}98\right).$$

Auf diese Weise wurde beispielsweise Tabelle 30 aufgestellt:

Tabelle 30.

Gesponnene Nummern	Durchschnittliche wirkliche Lieferung		Wirklicher Lohn für 12 Arbeitstage		Unterschied in Kilogramm zwischen angenommener und wirklicher praktischer Lieferung	Unterschied in Prozenten zwischen angenommener und wirklicher praktischer Lieferung
	Praktisch abgewogene Lieferung	Anzahl Kilogramm für Minimaltarif	Normallohn	Minimallohn		
	kg	kg	ℳ	ℳ	kg	%
10	1935	1790	32,25	30	145	7,50
12	1640	1525	32,25	30	115	7,01
14	1400	1302	32,25	30	98	7,00
16	1235	1149	32,25	30	86	6,97
18	1115	1037	32,25	30	78	6,99
20	965	897	32,25	30	68	7,05
22	842	783	32,25	30	59	7,00
25	755	703	32,25	30	52	6,89
28	720	670	32,25	30	50	6,95
30	625	581	32,25	30	44	7,04
35	527	490	32,25	30	37	7,02

Nachdem wir nun in dieser obigen Tabelle die angenommenen oder fiktiven Lieferungen für diese Nummern bestimmt haben, werden jetzt die Tarife für die verschiedenen Nummern berechnet, und zwar wird als Grundlohn 30 ℳ für 1 Selbstspinner und für 12 Arbeitstage angenommen. D. h. man dividiert diesen Grundlohn durch die angenommenen Kilogramme und erhält den Koeffizienten für 1 kg, welchen man als Tarif bezeichnet. So ist z. B. für Nr. 10

$$\frac{30}{1790} = 1{,}667 \text{ ₰ für 1 kg}.$$

Da der Selbstspinner in Wirklichkeit 1935 kg in 12 Tagen liefert, verdient der Spinner in Wirklichkeit

$$1935 \cdot 1{,}676 = 32{,}43 \text{ ℳ}.$$

Aus vorhergehendem ist es nun ein leichtes, eine Tariftabelle aufzustellen, die folgendermaßen aussieht (siehe Tabelle 31):

Tabelle 31.

Gesponnene Nummern	Theoretische Lieferung in 12 Tagen = 109 Stunden kg	Durchschnittliche abgewogene Lieferung in 109 Stunden kg	Unterschied in Kilogramm kg	Unterschied in Prozenten zwischen praktischer und theoretischer Produktion %	Anzahl Kilogramm für Minimaltarif kg	Unterschied in Kilogramm zwischen praktischer und angenommener Produktion kg	Unterschied in Prozenten zwischen praktischer und angenommener Produktion kg	Koeffizient pro Kilogramm = Tarif ₰
10	1975	1935	40	2,02	1790	145	7,50	1,676

K. Der Ringspinner.

Im Gegensatz zu den Spulern, bei welchen der Faden passiv und Spindel sowie Flügel aktiv sind, haben wir beim Ringspinner (auch Stetigspinner genannt) einen aktiven Faden und eine aktive Spindel, wogegen der auf den Ring aufgeschobene Läufer passiv ist, d. h. der Faden schleppt den Läufer nach. Der Läufer ersetzt den Flügel insofern, daß er infolge der Reibung auf dem Ringe hinter dem Faden um einige Umgänge zurückbleibt. Durch diesen Unterschied zwischen Läufer- und Spindelumgängen wird die Aufwicklung des Fadens bewirkt.

Auf dem Ringspinner konnten früher nur hartgedrehte Kettgarne erzeugt werden, und zwar nur in den mittleren Nummern, in den letzten Jahren

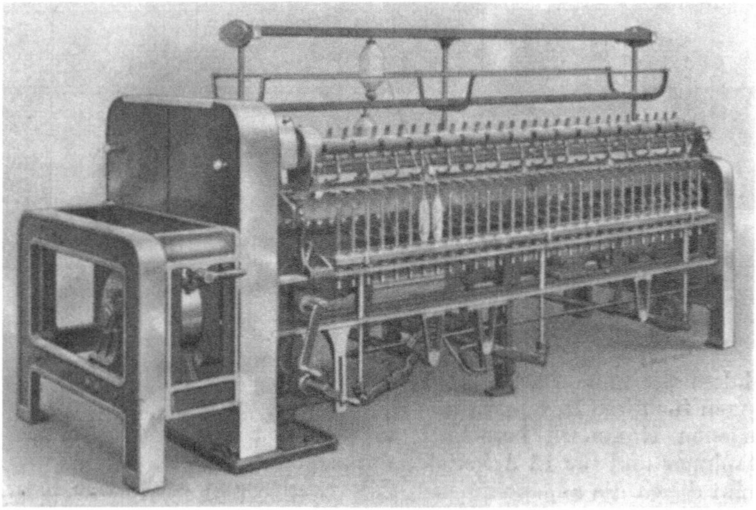

Abb. 298. Ringspinner.

wurden jedoch mancherlei Verbesserungen an diesen Maschinen angebracht, wodurch das Spinnen von verhältnismäßig weichgedrehten und feinen Garnen (bis zu Nr. 100_e) ermöglicht wurde.

In bezug auf den Selbstspinner hat der Ringspinner manche Vorteile: Beim Ringspinner ist die Lieferung pro Spindel und Stunde größer wie beim Selbstspinner, ferner verlangt die Maschine geringere technische Kenntnisse des Bedienungspersonals, woraus sich billigere Arbeitskräfte ergeben. Überdies ist der Raumbedarf für die gleiche Anzahl Spindeln geringer und das Einstellen sowie das Beaufsichtigen ist viel einfacher als beim Selfaktor. Alle diese Punkte haben dazu beigetragen, daß der Selbstspinner mehr und mehr durch den Ringspinner verdrängt wurde und ersterer nur noch für sehr leichtgedrehte Schußgarne oder ganz feine Kettgarne Verwendung findet.

Zum Bestimmen der linken und rechten Seite an einem Ringspinner stellt man sich vor das Antriebsgestell und schaut längs der Spindeln entlang; sodann befindet sich die rechte Seite der Maschine rechter Hand, die linke Seite linker Hand.

Der Ringspinner (Abb. 298 zeigt die Ansicht eines solchen für Kette) wird heutzutage sowohl für Kette als auch für Schußgarne gebaut. Der Grundgedanke beim Ringspinner besteht darin, daß der Faden auf eine mit konstanter und großer Geschwindigkeit drehende Spule dadurch aufgewickelt wird, daß derselbe vor dem Auflaufen auf dieselbe durch eine Stahlöse, den Läufer, gezogen wird, der auf einem mit T-förmigen Querschnitt versehenen, glatt polierten Stahlringe seine Laufbahn hat. Je nach der zu spinnenden Nummer werden schwerere oder leichtere Läufer verwendet. Das Auflaufen des Fadens auf die Spule, welche auf die Spindel gesteckt ist, muß senkrecht zur Spindelachse geschehen.

1. Der Aufbau des Kötzers.

Der Aufbau des Kötzers vollzieht sich in ähnlicher Weise wie beim Selbstspinner, d. h. zuerst wird ein doppelkegelförmiger Ansatz gebildet, auf welchem sich Hohlkegel auf Hohlkegel setzt, um den Körper des Kötzers zu bilden.

Infolge dieser hohlkegelförmig aufgewundenen Schichten wird sich die Ringbank, auf welcher die Ringe befestigt sind, mit veränderlicher Geschwindigkeit dem jeweiligen Kötzerdurchmesser entsprechend auf- und abbewegen. Da die Garnlieferung während der Kötzerbildung stets konstant ist, so muß die Ringbankgeschwindigkeit zunehmen, wenn der Faden vom großen auf den kleinen Kötzerdurchmesser aufgewickelt wird. Bewegt sich jedoch die Ringbank abwärts, so muß sie sich dem jeweiligen Aufwindungsdurchmesser entsprechend langsamer bewegen. Diese ungleichförmige Bewegung der Ringbank wird von einem Exzenter hervorgerufen.

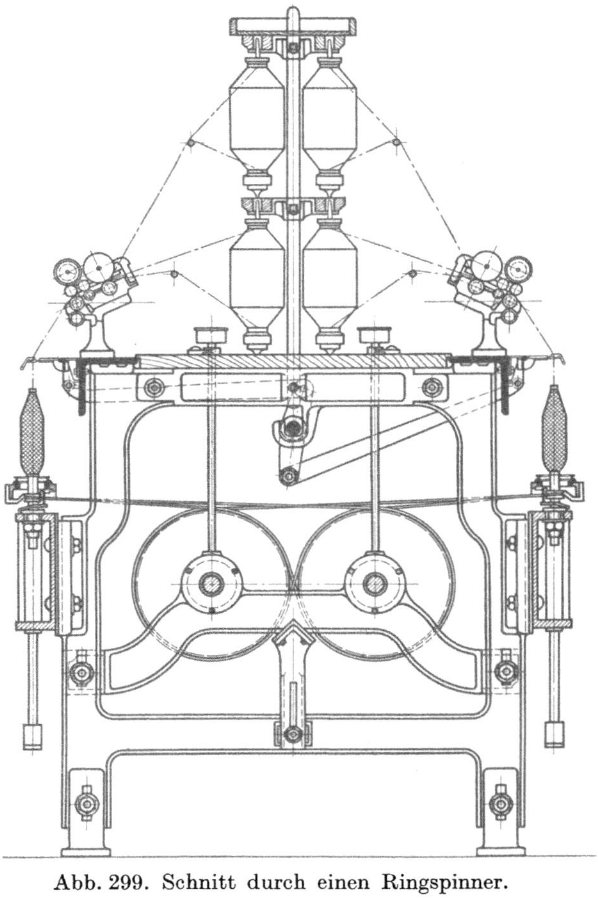
Abb. 299. Schnitt durch einen Ringspinner.

Abb. 299 stellt einen Schnitt durch einen Ringspinner für Kette dar. Von einem Aufsteckrahmen, der entweder für einfachen oder doppelten Lunteneingang angeordnet sein kann, gelangt das Vorgarn durch Luntenführer in das dritte Zylinderpaar eines geneigten Streckwerkes, in welchem es zur gewünschten Feinheit verzogen wird und nach Austritt aus dem Vorderzylinderpaar Draht erhält. Der Faden wird hierbei durch das „Sauschwänzchen" geführt (das ist eine über der Spindel angebrachte offene Drahtöse) und gelangt von da aus durch den Läufer zu dem auf die Spindel aufgesteckten Kötzer. Die auf den Spindeln befestigten Wirtel werden durch Trommeln, welch letztere 250 mm, bei englischen Maschinen 254 mm = 10″ Durchmesser haben, vermittels Spindelschnüren angetrieben.

Der Kötzer wird auf dicke Papier- oder Kartonhülsen, welche auf die Spindeln gesteckt werden, gewickelt. Beim Ringspinner kann nicht unmittelbar auf die nackte Spindel aufgewunden werden. Dies ist aus der näheren Untersuchung der Aufwindung zu ersehen; es ist ein großer Nachteil gegenüber dem Selbstspinner.

Es sei der punktiert gezeichnete Kreis (Abb. 300) der kleinste Durchmesser, auf welchen aufgewunden wird, der strichpunktierte Kreis der größte Kötzerdurchmesser. Die beiden ausgezeichneten Kreise stellen den Ring bzw. die Spindel dar.

Wir wissen, daß beim Ringspinner die Spule aktiv, der Faden aktiv und der Läufer passiv ist. Der Faden wird also infolge der Nacheilung des Läufers bei jedem Durchmesser tangential zur Wickelfläche sein. Die Richtung des Fadens wird auch die Richtung der ihn beanspruchenden Kraft angeben. Um den Läufer mitzunehmen, brauchen wir eine gewisse Kraft M. Ziehen wir an die Wickelfläche die Tangente von der Läuferstellung L aus und durch den Endpunkt von M eine Parallele zur Verbindungslinie der Läuferstellung L mit dem Mittelpunkt, so wird der Schnittpunkt der Parallelen mit der Tangente an den Kreis die Größe der Beanspruchung des Fadens $= F$ angeben. Ziehen wir die Tangente an den kleinsten Durchmesser des Kreises, so finden wir auf dieselbe Weise die Größe der Kraft F_1. Aus der Abb. 300 geht hervor, daß die Spannung am kleinen Aufwindedurchmesser viel größer ist als am großen. Da hierdurch der Faden stark beansprucht ist, müssen wir ihm viel Draht erteilen.

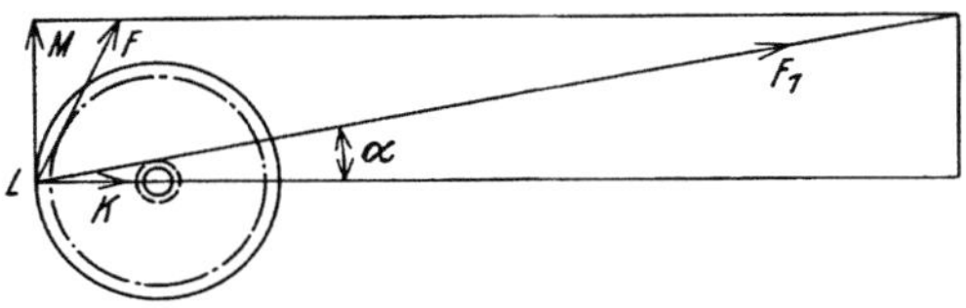

Abb. 300. Minimale und maximale Fadenspannung.

Man kann die Zerreißkraft verringern, indem man den kleinsten Durchmesser größer nimmt, d. h. eine dickere Hülse aufsetzt. Dieses hat zur Folge, daß für dieselbe Garnlänge auf derselben Maschine mehr Abzüge gemacht werden müssen, was einen Zeitverlust zur Folge hat. Ist ein bestimmter Hülsendurchmesser vorgeschrieben, so legen wir durch den Endpunkt der den Läufer treibenden tangentialen Kraft eine Parallele zum Radius, schlagen mit dem kleinsten Hülsendurchmesser einen Kreis und legen die Kraft F_1 als Tangente an den Kreis. Der Schnittpunkt von F_1 mit der Parallelen ergibt dann die Größe von F_1. Ebenso kann man aus der Kraft F_1, der Mitnehmerkraft M und dem gegebenen Hülsendurchmesser den zugehörigen Ringdurchmesser finden.

Die gegen den Mittelpunkt gerichtete Kraft sei K. Im günstigsten Falle ist $F = M$, im ungünstigsten Falle $M = F_1$. Die Fadenspannungen wechseln zwischen F und F_1. Wir haben somit auf dem kleinen Durchmesser immer Schnitte zu gewärtigen. (Bei dieser Gelegenheit soll bemerkt werden, daß die Maschine nie auf dem kleinen Durchmesser angehalten werden darf, da sonst beim Wiederanlassen eine große Anzahl Fäden reißen.)

Das Verhältnis von Spindeldurchmesser und Ringdurchmesser muß immer richtig gewählt werden. Entweder haben wir eine dicke mit Holz umgebene Spindel und einen verhältnismäßig großen Ringdurchmesser oder eine dünne Spindel und einen kleinen Ringdurchmesser.

Aus Abb. 300 folgt:

$$M = F_1 \cdot \sin\alpha\,, \quad K = F_1 \cdot \cos\alpha\,.$$

Je kleiner α wird, desto kleiner wird M, d. h. desto weniger Bewegungstendenz ist im Läufer vorhanden, letzterer bleibt mehr zurück. Da α mit dem Windungsradius abnimmt, so verzögert der Läufer seine Umdrehungszahl, je kleiner der Windungsdurchmesser wird, und umgekehrt. Für $\alpha = 0$ legt sich der ganze Zug in den Faden, die Bewegung des Läufers hört auf. Somit ist der Fadenzug am kleinsten Durchmesser am größten und am größten Durchmesser am kleinsten, weshalb Fadenbrüche am leichtesten vorkommen, wenn auf die nackte Spindel gewunden wird. Für $\alpha = 90^0$ wird $K = 0$ und $M = F_1$. In der Praxis trifft natürlich weder das eine noch das andere zu. Aus diesen Betrachtungen folgt auch, daß die Größe von M die feste Wicklung bedingt; von der

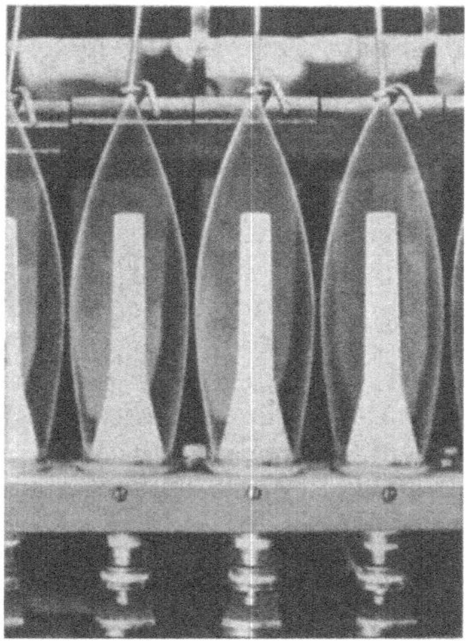

Abb. 301 a. Ballonbildung beim größten Kötzerdurchmesser.

Abb. 301 b. Ballonbildung beim kleinsten Kötzerdurchmesser.

Kötzerspitze bis zum größten Kötzerdurchmesser haben wir deshalb verschieden feste Wicklungen.

Daß die Fadenspannung je nach dem Aufwindungsdurchmesser verschieden ist, kann man mit dem bloßen Auge an jedem Ringspinner bemerken, denn das zwischen Läufer und Sauschwänzchen befindliche Fadenstück wird infolge der Zentrifugalkraft einen größeren oder kleineren Ballon bilden, je nachdem die Fadenspannung kleiner oder größer ist. Dies ersieht man deutlich in den Abb. 301a und b.

Um die Mitnehmerkraft und die Fadenspannung möglichst konstant zu halten, wurden verschiedene Anordnungen patentiert, die alle darauf hinausgingen, eine den Fadenspannungen entsprechende veränderliche Spindelgeschwindigkeit während der Kötzerbildung zu erzeugen; d. h. am kleinsten Durchmesser, an welchem die Fadenspannung am größten ist, wurde die Spindelgeschwindigkeit verringert und somit auch der Fadenzug, am großen Kötzerdurchmesser wurde sie vergrößert, so daß auch der Fadenzug zunahm.

Hierbei darf jedoch nicht außer acht gelassen werden, daß der Ballon an sich eine abschwächende oder vielmehr ausgleichende Wirkung auf die Fadenspannung ausübt; so wird der Fadenbruch beim Durchgang einer schwächeren Fadenstelle, für welche die Fadenspannung zu groß ist, so daß der Faden unfehlbar reißen würde, von der ausgleichenden, den Zug mildernden Wirkung des Ballons verhindert. Je geringer der Durchmesser des Ballons ist, desto kleiner ist auch seine abschwächende Wirkung. Um keine allzu große Anzahl Fadenbrüche auf einer Maschine zu haben, ist man demnach gezwungen, eine solche Spindelgeschwindigkeit zu wählen, die einer normalen Aufwicklung auf dem kleinsten Kegeldurchmesser entspricht. Auf dem größten Kötzerdurchmesser könnte man mit größerer Spindelgeschwindigkeit arbeiten, was aber bei den ungünstigen Aufwicklungsverhältnissen auf dem kleinen Durchmesser nicht möglich ist. Viele Spinner vergrößern die Spindelgeschwindigkeit, indem sie dickere Hülsen auf die Spindeln aufstecken, so daß der Unterschied zwischen größtem und kleinstem Kötzerdurchmesser weniger beträchtlich ist. Dies ist zwar ein Fortschritt, aber andererseits wird die Lieferung des Ringspinners mehr oder weniger beeinträchtigt, da für dieselbe Fadenlänge mehr Abzüge gemacht werden müssen. Überdies sind auch in diesem Falle verschiedene Fadenspannungen in der Schicht zu verzeichnen und, weil man dieselben dem kleinsten Durchmesser entsprechend einstellen muß, folgt daraus eine weniger feste Aufwindung auf dem großen Durchmesser. Durch eine konstante Fadenspannung könnte man eine größere Fadenlänge auf den Kötzer aufwickeln, was natürlich der Spinnerei und Weberei zum Vorteil gereichen würde.

Die verschiedenen Fadenspannungen bewirken die Herstellung eines unregelmäßigen Fadens, so daß das Spinnen sehr feiner Nummern auf dem Ringspinner nicht möglich ist.

Die veränderliche Spindelgeschwindigkeit dagegen gestattet das Spinnen gutgewickelter Kötzer, die in der Weberei leicht abzuwickeln sind.

Bekanntlich ruht der Kötzerkörper auf dem doppelkegelförmigen Ansatz, der zur Aufnahme des Körpers eine gewisse Festigkeit besitzen muß, damit der Kötzer die nötige Stabilität erhält. Der Kötzeransatz wird jedoch während des kritischsten Zeitpunktes der Kötzerbildung aufgewickelt, denn der Faden muß während der Aufwicklung der ersten Schichten die größte Fadenspannung aushalten. Dadurch, daß der Ansatz nach und nach die Form eines Doppelkegels erhält, wird die Fadenspannung bei konstanter Spindelgeschwindigkeit vom Maximum auf ein Minimum übergehen. Um diese Fadenspannungen konstant zu halten, ist es notwendig, die Spindelgeschwindigkeiten im umgekehrten Verhältnis zu den Wicklungsdurchmessern zu ändern.

Für die ersten Schichten des Ansatzes, welche man als zylindrisch betrachten kann, wenn man davon absieht, daß die Hülse etwas konisch ist, müssen zur Bildung des Ansatzes die minimalen Spindelgeschwindigkeiten konstant sein. Nimmt jedoch der Ansatz die Form eines Doppelkegels an, so kann man die Spindelgeschwindigkeiten proportional den Durchmessern erhöhen, bis endlich nach Beendigung des Ansatzes die Geschwindigkeiten den Durchmessern entsprechend vom Minimum zum Maximum übergehen. Es ist jedoch nicht ratsam, diese minimalen und maximalen Spindelgeschwindigkeiten bis zur vollständigen Beendigung des Kötzers beizubehalten. Denn gegen Ende der Kötzerbildung wird die Entfernung zwischen Läufer und Sauschwänzchen und mithin auch die Ballonbildung gering sein, so daß die ausgleichende Wirkung des Ballons auf die Fadenspannung unbedeutend sein wird. Die entstehenden Spannungen kann der Faden bei schwachen Stellen nicht aushalten und die Folge davon ist eine größere Anzahl Fadenbrüche, so daß es angebracht ist, die Spindelgeschwindigkeit gegen Ende der Kötzerbildung herabzusetzen, und zwar in demselben Verhältnis, wie wir dies bei der Ansatzbildung gesehen haben. Wir bekommen somit ein Diagramm, welches in Abb. 302 abgebildet ist und worin *A* die Spindelgeschwindigkeiten während der Ansatzbildung, *B* diejenigen während der Körperbildung und *C* am Ende der Kötzerbildung darstellen.

Durch diese veränderlichen Spindelgeschwindigkeiten erhalten wir eine mittlere Spindelgeschwindigkeit, die um etwa 10 bis 15% gegenüber den gewöhnlichen Geschwindigkeitsverhältnissen an den Ringspinnern erhöht ist, wodurch natürlich auch die Lieferung der Maschine in demselben Maße erhöht wird. Ein weiterer Vorteil der veränderlichen Spindelgeschwindigkeiten besteht in der Verbesserung der Qualität des Fadens und in einer größeren Regelmäßigkeit der Aufwindung.

Zur Ausführung obiger Grundsätze verwendet man einen Elektromotor für Einzelantrieb. Gewöhnlich sind diese Motoren für Dreiphasenstrom konstruiert. Ein selbsttätiger Regulator, welcher der Ringbankbewegung und den verschiedenen Hubhöhen entsprechend angepaßt ist, führt diese veränderlichen Spindelgeschwindigkeiten, dem Diagramm Abb. 302 entsprechend, automatisch aus.

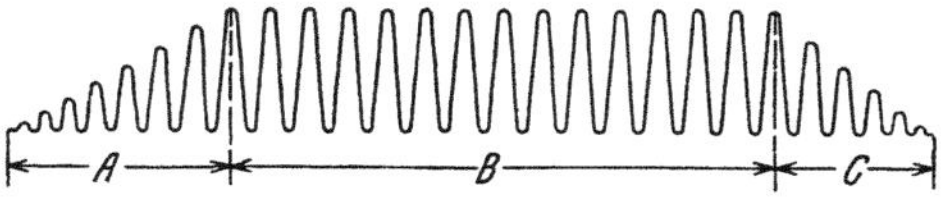

Abb. 302. Diagramm der Spindelgeschwindigkeiten während der Kötzerbildung.

Die Ringspinner werden entweder mit Transmission und Riemen angetrieben oder besitzen Elektromotor-Einzelantrieb. In den letzten Jahren hat der Einzelantrieb durch Elektromotoren einen ganz besonderen Aufschwung erhalten, denn dadurch wird der Spinnsaal vollständig von den schweren Transmissionen, den Vorgelegen und den Riemen befreit, welche Staub aufwirbeln, Schmieröl und Riemenfett auf die Baumwolle schleudern und überdies noch der Beleuchtung des Saales hinderlich sind.

Die Spannung des Fadens zwischen Läufer und Sauschwänzchen läßt sich auf einfache Weise berechnen:

Betrage z. B. die zwischen Läufer und Ring befindliche Fadenlänge 14 cm und drehen die Spindeln mit 8500 t/min, sei ferner der Durchmesser des Fadenballons 40 mm in dieser Stellung der Ringbank und der gesponnene Faden Schußgarn Nr. 20_e, so läßt sich die Zentrifugalkraft C durch Einsetzen der Werte in die Formel

$$C = \frac{m v^2}{r}$$

berechnen. Es ist

$$C = \frac{G}{g} \cdot \left(\frac{\pi r n}{30}\right)^2 \cdot \frac{1}{r}.$$

Das Fadenstück von 14 cm Länge der Nummer 20_e wiegt 0,00413 g, denn $20 \cdot 768{,}096$ m wiegen 453,59 g. Durch Einsetzen der obigen gegebenen Werte ergibt sich

$$C = \frac{0{,}00413}{9{,}81} \cdot \frac{\pi^2 \cdot 20^2 \cdot 8500^2}{900 \cdot 20 \cdot 1000} = 6{,}7 \text{ g}.$$

In der Formel $C = \frac{G}{g} \cdot \left(\frac{\pi r n}{30}\right)^2 \cdot \frac{1}{r}$ ist $g = 9{,}81$ in Metern gerechnet, da aber r in Millimetern ausgedrückt ist, muß die Zahl 9,81 mit 1000 multipliziert werden.

Angenommen, die Entfernung des Läufers vom Sauschwänzchen betrage nach Höherschalten der Ringbank nur noch 8 cm und in dieser Ringbankstellung würde der Ballon 30 mm Durchmesser haben, so erhalten wir für diesen Fall:

$$C = 0{,}38 \text{ g}.$$

Je kleiner die zwischen Läufer und Sauschwänzchen befindliche Fadenlänge wird, desto kleiner wird auch der Durchmesser des Ballons und demnach auch die Zentrifugalkraft, so daß gegen Ende der Kötzerbildung die mildernde Wirkung des Ballons auf den Fadenzug äußerst gering ist und deshalb gegen Ende des Abzuges mehr Fadenbrüche entstehen wie in der Mitte oder am Anfang des Abzuges.

2. Die Ringspindeln.

Das wichtigste Organ des Ringspinners bildet die Spindel. Die heute üblichen Spindeln sind derart gebaut, daß sie ein rasches Abnehmen des Abzuges gestatten und daß das Ölen ohne besondere Schwierigkeit vor sich geht.

Eine moderne Spindel für Schußkötzer zeigt Abb. 303, welche von der Elsässischen Maschinenbau-Gesellschaft ausgeführt wird. Hierbei bildet S die eigentliche Stahlspindel, welche bei F im Fußlager gestützt und bei H im Halslager gehalten wird. Das Halslager ist zylindrisch ausgebohrt, somit ist auch die Spindel an diesem Teile zylindrisch geformt, um dann nach dem Fußlager zu konisch und in einer Spitze auszulaufen. Hals- und Fußlager sind aus einem Stück hergestellt und bilden eine gußeiserne Hülse, die mit Öffnungen P_1, P_2 und P_3 versehen ist (Abb. 304), durch welche das Öl ein- bzw. austreten kann. Das Ölen der Spindel wird mit Hilfe der Zentrifugalkraft bewirkt. Das um die Gußhülse befindliche leichtflüssige Öl wird infolge der hohen Umdrehungszahl (bis zu 12000 Umdrehungen in 1 Minute) durch die Öffnung P_1 angesogen, worauf die Ölteilchen von der Spindel weggeschleudert werden und sich höher an die Spindel setzen. Hier werden sie wiederum fortgeschleudert. Auf diese Weise steigt das Öl. Oben wirkt der Atmosphärendruck auf das Öl und verhindert es, herauszuspritzen. Das Öl tritt nun durch die Öffnungen P_2 und P_3 aus dem Halslager an die Außenfläche desselben und gelangt in den Spindelkörper L (Abb. 303), der unten mit einem Hohlraum versehen ist, in dem sich die mit Eisenteilchen vermischten Ölrückstände absetzen. Das Ölen der Spindeln soll alle 5 bis 6 Wochen vorgenommen werden und die Ölrückstände sollten mindestens alle 3 Monate entfernt werden. Letzteres geschieht mit einer Ölpumpe.

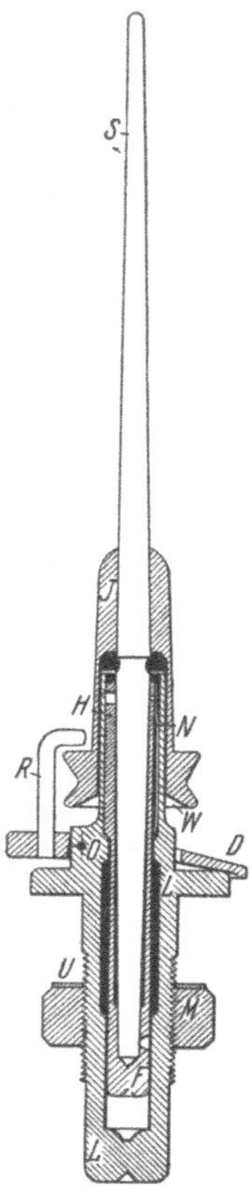

Abb. 303. Schnitt durch eine Ringspindel für Schußkötzer. *

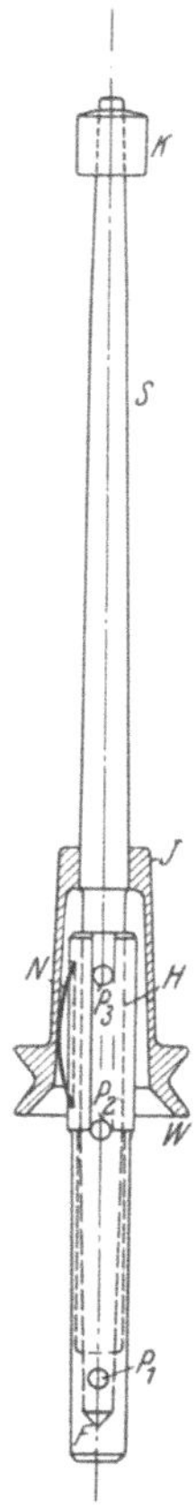

Abb. 304. Schußspindel mit Wirtel und Gußhülse. *

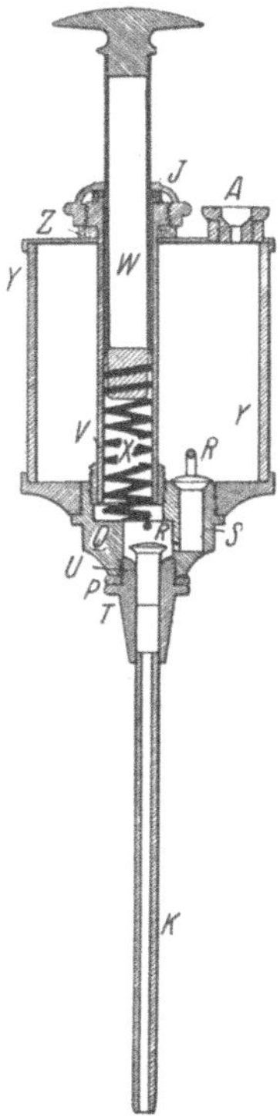

Abb. 305. Ölpumpe für Ringspindeln. * [1]

Abb. 305 zeigt eine derartige Ölpumpe von Peugeot im Schnitt. Die Hals- und Fußlager bildende gußeiserne Hülse wird herausgenommen und die Röhre K der Ölpumpe wird in das Spindelgehäuse eingeführt. Über der Röhre K befindet sich ein Ventil U, das in dem Messingstück T gelagert ist. Letzteres ist in das Ventilgehäuse Q eingeschraubt und mittels eines Gummiringes P abgedichtet. Im Ventilgehäuse Q ist ein zweites Ventil S angeordnet, welches mit dem Ven-

[1] Auch die folgenden Abbildungen 306 bis 311 und 317 bis 319 sind dem Buche „Nitscheln und Draht" von H. Brüggemann (Stuttgart 1903; jetzt Verlag A. Kröner, Leipzig) entnommen worden.

til *U* durch einen Kanal in Verbindung steht. In den zur Aufnahme der Ölrückstände dienenden Behälter *Y* ist eine Röhre *V* eingesetzt, in welcher der unter Federwirkung *X* stehende Kolben *W* gelagert ist. Die Röhre *V* wird vermittels der Mutter *J* und dem Kautschukabdichtering *Z* am Deckel des Ölbehälters *Y* befestigt. Unten ist die Röhre *V* in das Ventilgehäuse *Q* eingeschraubt, desgleichen ist der Ölbehälter mit dem letzteren verschraubt.

Zieht man den Kolben *W* nach oben, so öffnet sich das Ventil *U*, bis es an den Draht *R* stößt, dagegen schließt sich das Ventil *S*. Die angesogenen Ölrückstände gelangen dabei in den über dem Ventil *U* befindlichen, in das Gehäuse *Q* eingelassenen Hohlraum. Wird der Kolben *W* hinabgedrückt, so schließt sich das Ventil *U*, die Ölrückstände werden durch den Verbindungskanal gepreßt und drücken das Ventil *S* auf und das angesogene Öl gelangt in den Behälter *Y*. Ist letzterer voll, so leert man ihn durch die Öffnung *A*.

Das Herausnehmen der Spindeln ist eine etwas zeitraubende Arbeit. Man hat deshalb versucht, die Spindeln zu ölen, ohne sie herausnehmen zu müssen. In Abb. 306 ist der Spindelkörper oben mit Bohrungen *Y* versehen, so daß die Spindel nur um eine kurze Strecke gehoben zu werden braucht, um das Öl hineinzugießen. Dobson & Barlow, Bolton, lassen das Spindelfußlager in einen mit Öl gefüllten Becher *Z* hängen (Abb. 307), der vermittels eines federnden Drahtringes *f* auf das Gehäuse *M* aufgeklemmt ist. Mit einem gabelförmigen Hebel (Abb. 308a und b), der zwischen *M* und *Z* angesetzt wird, kann der Becher bequem abgenommen werden. Das Einfüllen des Öles kann während des Ganges der Maschine durch eine mit Deckel D_x versehene Röhre *Q* geschehen. Damit das Öl leicht in die Höhe steigt, haben Dobson & Barlow ihre Spindel mit einer schraubenförmigen Nut versehen.

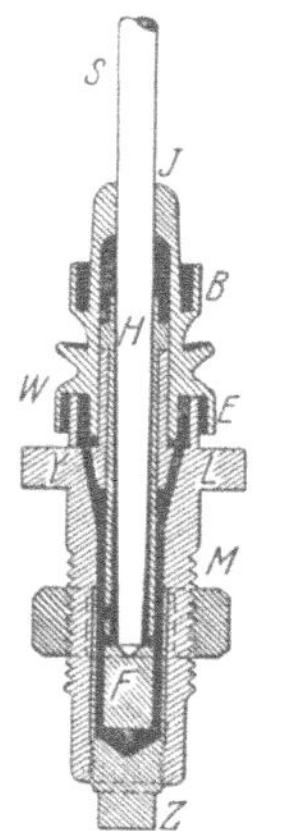

Abb. 306. Mit Bohrungen versehener Spindelkörper zum Einführen des Öles.

Denselben Zweck erreichen die englischen Maschinenfabriken Platt Brothers und Howard & Bullough, indem sie den Becher *Z* (Abb. 309a, b und c) mit einem Gewinde mit 20 nebeneinander liegenden Schraubengängen versehen, von denen jede ¾ Umdrehungen hat, so daß nicht ganz eine Umdrehung des mit Vierkant *n* versehenen Bechers nötig ist, um denselben aus dem Spindelgehäuse *L* herauszunehmen. Man bedient sich dazu des Vierkantschlüssels Abb. 310a und b.

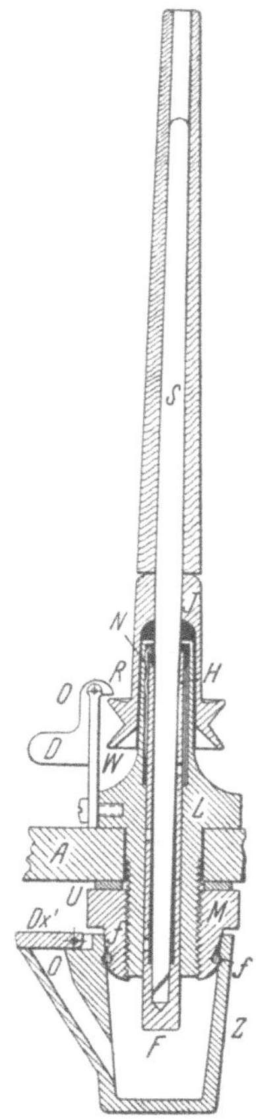

Abb. 307. Ringspindel mit Ölbecher.

Um bei der hohen Umdrehungszahl der Spindeln einen ruhigen Gang zu erzielen, verwendet man heute meistens die Flexibelspindel. In der Hals- und Fußlager bildenden Gußhülse ist in einer Aussparung eine etwa 25 mm lange und 3 mm breite Flachfeder *N* (siehe Abb. 303 und 304) geklemmt, welche zwischen Hülse und Spindelkörper *L* zu liegen kommt, so daß bei dem einseitigen Spindelschnurzug die Stöße aufgefangen und nicht auf die Spindel übertragen werden. Das Schwirren oder Schlagen einer Spindel kann auch von einem ausgelaufenen Halslager oder von Ölmangel herrühren.

Die gußeiserne Hülse, welche zugleich Fuß- und Halslager bildet, darf sich nicht drehen. Diese Hülse kann auf verschiedene Art festgehalten werden. Entweder wird der obere Teil der Hülse mit einem Dorn versehen, der in eine in das Spindelgehäuse eingelassene Nut paßt, oder der obere Teil der Hülse ist mit 4 Nasen versehen, welche mit 4 Aussparungen des Spindelkörpers korrespondieren. Damit die Hülse immer dieselbe Lage im Spindelgehäuse einnimmt,

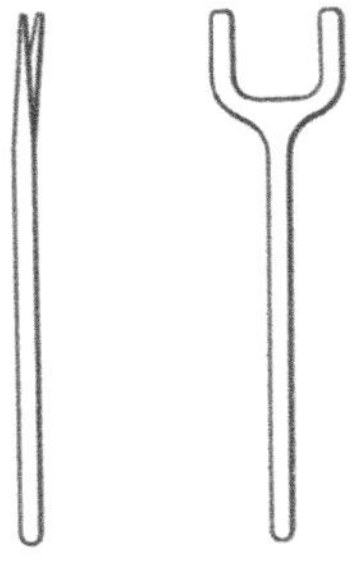

b a

Abb. 308a und b. Hebel zum Abnehmen des Ölbechers.

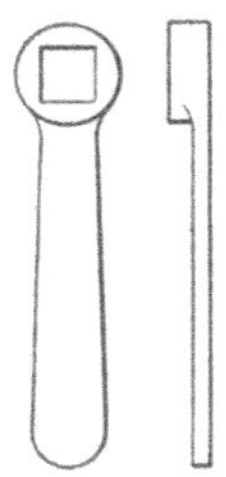

a b

Abb. 310a und b. Vierkantschlüssel für den eingeschraubten Ölbecher.

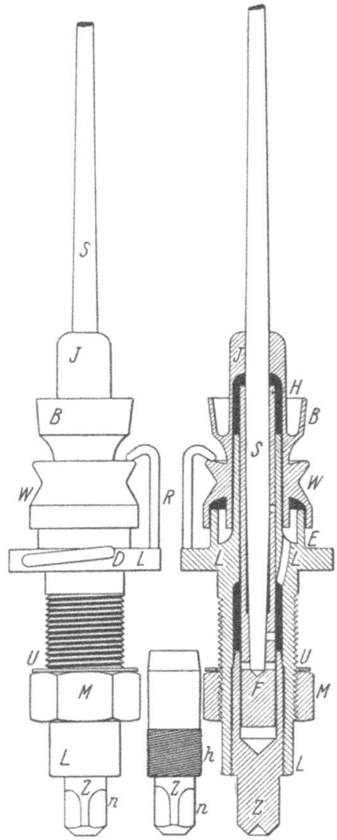

a c b

Abb. 309a, b und c. Ringspindel mit eingeschraubtem Ölbecher.

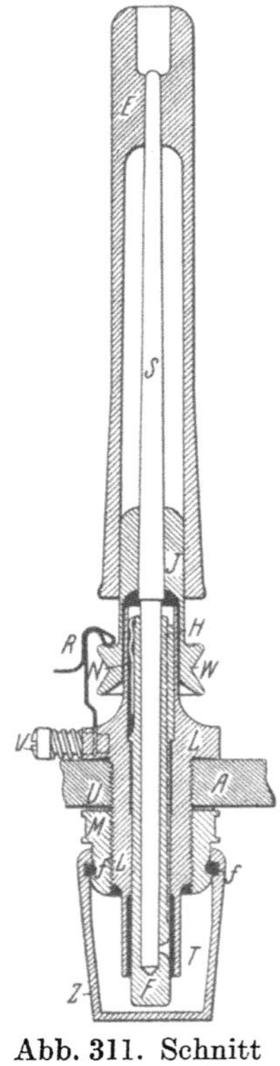

Abb. 311. Schnitt durch Ringspindel mit schwerer Kartonhülse.

genügt es, die 4 Nasen und ihre entsprechenden Aussparungen im Spindelkörper verschieden groß zu wählen. Bei der Flexibelspindel paßt die Flachfeder in eine im Spindelkörper vorgesehene Nut.

Zwischen Hals- und Fußlager befindet sich der Wirtel *W* (Abb. 303, 304, 306, 307 und 309), der mit der Glocke *J* aus einem Stück hergestellt ist. Von der Glocke aus wird die Spindel bis zur Spitze zum Aufnehmen der Hülsen schwach konisch ausgeführt. Auf das untere Ende dieses konischen Spindelteiles wird die Glocke *J* aufgepreßt.

Für leichte Papierhülsen der Kettkötzer wird der obere Teil der Spindel mit Holz ausgeschlagen. Sollen jedoch solche Papierhülsen auf nackte Spindeln aufgesteckt werden, so setzt man auf die Spindelspitze einen Knopf K (Abb. 304); die Hülse wird dadurch oben an K und unten an J gehalten. In Abb. 307 ist eine dicke Kartonhülse für Schußkötzer auf die Spindel aufgeschoben. Einen Schnitt durch eine schwere Kartonhülse für Kettkötzer zeigt Abb. 311. Würden die Hülsen in der ganzen Länge des oberen konischen Spindelteiles anliegen, so wäre ein rasches und müheloses Abnehmen des Abzuges nicht möglich.

Die Spindeln müssen ferner so konstruiert sein, daß am Ende eines Abzuges eine Fadenreserve auf die Spindeln aufgewunden werden kann, so daß ein erneutes Anspinnen der Fäden umgangen wird. Es kann jedoch nicht vermieden werden, daß beim Wiederanlassen der Maschine einige Fäden reißen, denn beim Hinabdrücken der Papierhülsen auf die Spindeln werden einige Fäden zu stark gespannt. Aus diesem Grunde verwendet man für 10 Maschinen 3 bis 4 Hilfsarbeiterinnen, welche dann die abgerissenen Fäden innerhalb 1 bis 2 Minuten andrehen. Von Zeit zu Zeit müssen die unterwundenen Fäden entfernt werden, weil sonst die Papierhülsen ungleichmäßig tief hinabgedrückt werden. Die Stelle, auf welche unterwunden wird, befindet sich zwischen Hülse und Wirtel. In den Abb. 306 und 309 ist diese Stelle als Glocke ausgebildet und mit B bezeichnet.

Damit die Spindel beim Abnehmen des vollen Kötzers nicht mit herausgezogen wird, ist ein über den Spindelwirtel greifender Haken R vorhanden (Abb. 303), der in einem plattenförmigen Stück D befestigt ist, welches um den Punkt O schwingen kann. Da die Platte D schwerer ist wie der Haken R, so hat letzterer stets das Bestreben, über den Rand des Wirtels zu greifen. Will man die Spindel herausnehmen, so hebt man die Platte D etwas in die Höhe.

In neuerer Zeit werden verbesserte Kugellagerspindeln auf den Markt gebracht, welche einen leichteren Gang der Spindel bezwecken und bei denen eine bedeutendere Kraftersparnis eintreten soll. Bis jetzt haben sich diese Spindeln noch nicht eingebürgert.

a) Berechnung der wirklichen Spindelumdrehungen.

Die Spindelgeschwindigkeit hängt von der Nummer, der Qualität und Art des herzustellenden Fadens ab. Sie schwankt zwischen 3500 und 12000 Umdrehungen in 1 Minute.

Folgende Berechnung gilt sowohl für den Ringspinner wie für den Selbstspinner.

Nehmen wir beim Ringspinner den Durchmesser der Trommel mit 250 mm an, denjenigen des Spindelwirtels mit 22 mm, so beträgt die theoretische Übersetzung

$$\frac{250}{22} = 11{,}363\,.$$

Da aber jeder Seilwirtel und jede Seiltrommel von Mitte Seil zu Mitte Seil zu messen ist, so erhalten wir bei einer Spindelschnurdicke von 1,6 mm

$$\frac{250 + 1{,}6}{22 + 1{,}6} = 10{,}652\,.$$

Angenommen, die Hauptwelle mache 800 Umgänge, so würden wir eine rein theoretische Spindelzahl von

$$800 \cdot 11{,}363 = 9090 \text{ t/min}$$

erhalten. Messen wir dagegen von Mitte Schnur zu Mitte Schnur, so ergibt sich als minutliche Spindelumdrehungszahl

$$800 \cdot 10{,}652 = 8221 \text{ t/min},$$

was einen Unterschied von

$$\frac{(9090 - 8221) \cdot 100}{9090} = 6{,}26\%$$

ausmacht.

In der Praxis wurde jedoch durch viele Versuche festgestellt, daß der praktische Gleitverlust der Spindelschnüre sich zwischen 6,5% und 7,5% bewegt, wenn unter normalen Verhältnissen gearbeitet wird, d. h. daß die Spindelschnüre eine normale Spannung haben und daß sie nicht verölt sind. Ein einfaches Mittel, um den praktischen Gleitverlust bei der theoretischen Berechnung der Spindelumdrehungen in Betracht zu ziehen, besteht darin, daß man den Durchmesser der Trommel mißt, ohne die Schnur zu berücksichtigen, dagegen zum Wirteldurchmesser den Schnurdurchmesser hinzufügt, so daß wir als praktische Spindelumdrehungszahl erhalten

$$800 \frac{250}{22 + 1,6} = 8474 \text{ t/min}.$$

Dies ergibt einen Prozentsatz von

$$\frac{(9090 - 8474) \cdot 100}{9090} = 6,78\%,$$

was ungefähr den wirklichen Verhältnissen entspricht. Diese Art Berechnung genügt in der Praxis vollkommen.

Für den Selbstspinner würde sich die praktische Spindelgeschwindigkeitsberechnung folgendermaßen gestalten:

Angenommen, wir hätten folgende Maße bestimmt:

Umdrehungszahl der Hauptwelle	= 750
Seilwirtel auf der Hauptwelle	= 400 mm (auf dem Grunde des Wirtels gemessen)
Seilwirtel auf der Trommelwelle	= 225 mm (,, ,, ,, ,, ,, ,,)
Trommeldurchmesser	= 150 mm
Spindelwirteldurchmesser	= 19 mm
Durchmesser des Spindelseiles	= 13 mm
Durchmesser der Spindelschnur	= 1,6 mm

so würde sich ergeben:

$$\text{Praktische Spindeltourenzahl} = 750 \frac{400 + 13}{225 + 13} \cdot \frac{150}{19 + 1,6} = 9480 \text{ t/min}.$$

b) Antrieb des Ringspinners.

Wie schon weiter oben bemerkt wurde, kann der Antrieb des Ringspinners entweder unmittelbar durch einen Elektromotor als Einzelantrieb oder durch Transmission ausgeführt werden. In letzterem Falle ist es vorteilhaft, neben eine große Antriebsscheibe eine kleinere auf die Transmission zu setzen, um eventuell ohne größeren Zeitverlust ein hartgedrehtes Garn in ein mit weniger Draht versehenes umändern zu können, falls die für die Hauptwelle des Ringspinners vorhandene Serie Antriebsscheiben nicht genügen sollten. Ist ein häufiges Wechseln der Spindelgeschwindigkeit nötig, soll z. B. in kurzen Zeitabständen eine ganze Reihe grober Garnnummern auf derselben Maschine gesponnen werden, so ist es angebracht, das Kopfstück des Ringspinners mit einem Seilantrieb zu versehen, bei welchem die Wirtel leicht ausgewechselt werden können.

Die Antriebsscheibe der Maschine sitzt auf der einen Trommelwelle, gewöhnlich auf der rechten Seite des Ringspinners. Die Trommeln der rechten Seite treiben die Spindeln der linken Seite und umgekehrt. Sie sind aus Weißblech und an den Enden mit gußeisernen, ausbalancierten Endscheiben versehen. Um ein Durchbiegen der Trommeln zu verhindern, sind in letzteren, welche je nach der Spindelzahl der Maschine eine Länge von 3,30 bis 3,50 m erreichen, in gewissen Abständen im Innern der Trommeln Verstärkungsringe aus

Blech angelötet. Die Trommelzapfen bestehen entweder aus Gußeisen oder aus gehärtetem Stahl und ruhen in Ringschmierlagern oder auch in Kugellagern. Einen mit Kugellagern versehenen Schußringspinner mit geneigten Spindeln zeigt die Abb. 312, ausgeführt von der Maschinenfabrik N. Schlumberger & Cie., Gebweiler i. Els.

Um beim Anlassen der Maschine ein Gleiten der Spindelschnüre zu vermeiden, treibt die Elsässische Maschinenbau-Gesellschaft, Mülhausen i. Els., die zweite Trommel von der Antriebstrommel aus an, und zwar mittels Seilantrieb, der mit Spannvorrichtung ausgerüstet ist. Der Seilantrieb der zweiten Trommel ist am Ende der Maschine angebracht und ist in Abb. 313 wiedergegeben.

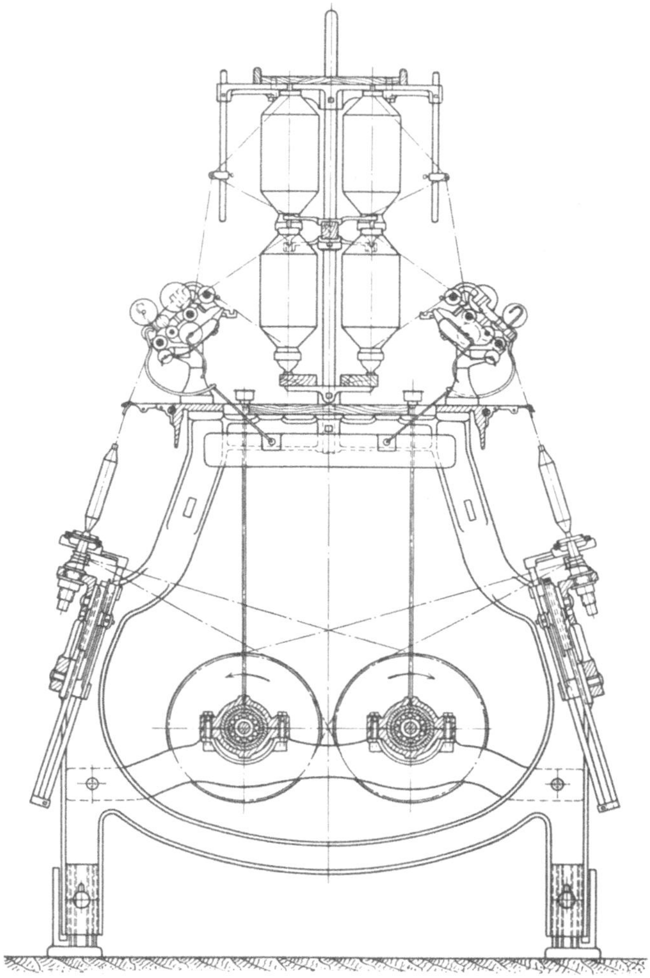

Abb. 312. Schußringspinner mit geneigten Spindeln.

Die Trommeln können entweder im normalen Sinne drehen, wie dies in Abb. 314a gezeichnet ist, oder auch umgekehrt, Abb. 314b. In letzterem Falle muß in das Rädergetriebe ein Zwischenrad eingeschaltet werden, damit der Vorderzylinder im richtigen Sinne dreht. Um häufig vorkommende Unfälle zu verhüten, soll beim normalen Drehsinn unter den Trommeln

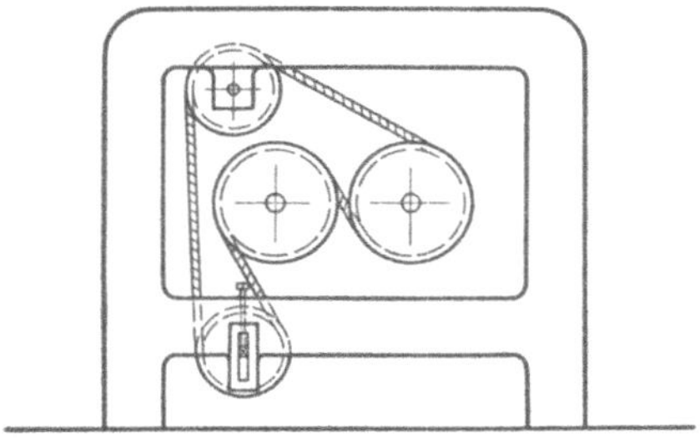

Abb. 313. Seilantrieb mit Spannvorrichtung für die getriebene Trommel.

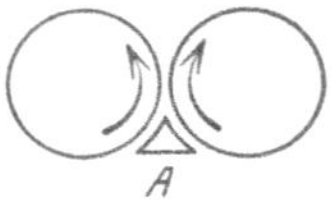

Abb. 314a. Normaler Drehsinn der Trommeln.

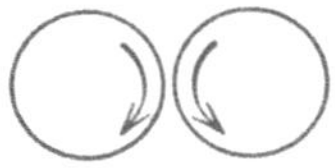

Abb. 314b. Entgegengesetzter Drehsinn der Trommeln.

eine Kante A angebracht werden. Beim normalen Drehsinn der Trommeln sind die Entfernungen zwischen je 2 Spindelschnüren besser verteilt wie im umgekehrten Sinne, bei welchem eine zerrissene Spindelschnur das Zerreißen der Nachbarschnur herbeiführen kann.

Zur Erteilung des gewünschten Drahtsinnes des Garnes werden die Spindelschnüre entsprechend eingezogen, so daß die Spindeln entweder rechts oder links drehen. Drehen die Spindeln rechtsum, d. h. im Sinne der Uhrzeigerbewegung, so erhält man Rechtsdraht. Die Schraubenlinien verlaufen von links unten nach rechts oben, wie bei einem rechtsgängigen Schraubengewinde.

3. Die Ringe für Ringspinner.

Die Ringe sollen aus bestem Stahl hergestellt, gut gehärtet und auf der ganzen Oberfläche fein poliert sein. Die üblichen Querschnittsformen zeigen die in Abb. 315 dargestellten einseitigen und die in Abb. 316 wiedergegebenen zweiseitigen Ringe. Die ersteren werden in die Ringbank gesteckt und festgeschraubt. Die zwei-

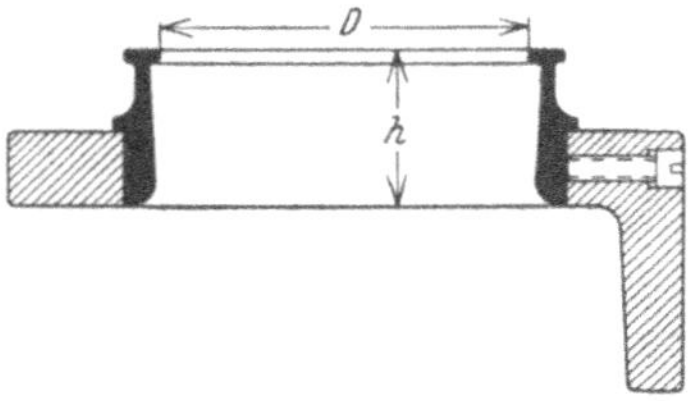

Abb. 315. Befestigung des einseitigen Ringes.

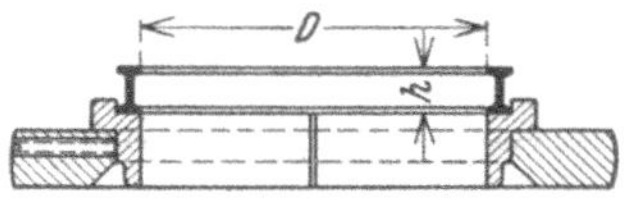

Abb. 316. Befestigung des zweiseitigen Ringes.

seitigen dagegen werden in geschlitzte Weichgußringe geklemmt, die ihrerseits mittels Schrauben in der Ringbank befestigt werden. Als Durchmesser eines Ringes bezeichnet man immer den inneren Durchmesser D, während h die Ringhöhe ist. Nun kommt es aber vor, daß sich der Ring bei der Klemmung derart wirft, daß er windschief wird. Aus diesem Grunde befestigt Tweedales & Tmalley je 2 Ringe R (Abb. 317) durch einen mit breitem, dünnem Kopfe versehenen Bolzen T auf der den äußeren Ringdurchmessern entsprechend ausgefrästen Ringbank X. Der letzte Ring am Ende der Ringbank wird mit einem mit kleinem Kopfe versehenen Bolzen T befestigt.

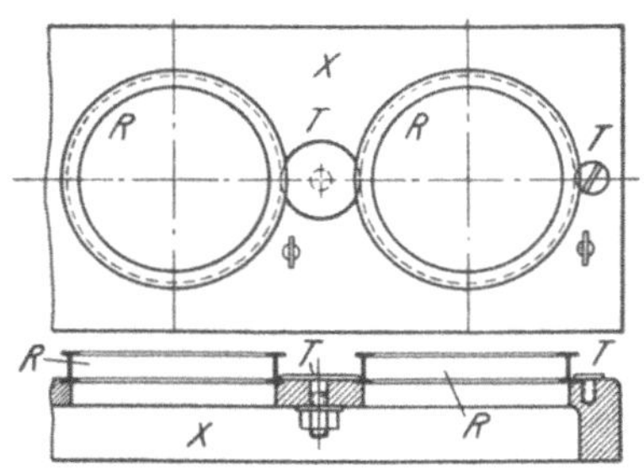

Abb. 317. Befestigung der zweiseitigen Ringe nach Tweedales & Smalley.

Gewöhnlich werden die zweiseitigen Ringe den einseitigen vorgezogen, weil man sie nach Abnutzung der einen Seite umkehren kann, was eine große Ersparnis für die Maschine bedeutet. Jedoch müssen beim Aufsetzen der doppelseitigen Ringe ihre Auflageflächen mit säurefreiem Fett eingerieben werden. Ein Ring ist mehrere Jahre gebrauchsfähig, bis endlich infolge der Reibung des Läufers auf dem Ring sich Rillen und Ausbuchtungen in der Läuferlaufbahn bilden, so daß der Ring auf dieser Seite unbrauchbar geworden ist, was sich durch häufige Fadenbrüche und durch Zittern des zwischen Zylinder und Sauschwänzchen gelegenen Fadenstückes bemerkbar macht. Trotz gründlicher Sauberkeit setzt sich Staub und Öl auf und unter den eingeklemmten Teil des Ringes, so daß er im Laufe der Jahre Rostflecke ansetzt, wenn der Ring seinerzeit ohne Schicht von säurefreiem Fett aufmontiert wurde. Infolge der rauhen Oberfläche ist ein solcher Ring nicht mehr verwendbar.

4. Die Läufer.

Ein Läufer ist eine aus Flach- oder Rundstahldraht hergestellte Öse, welche auf den Ring aufgeschoben wird. In der Baumwollspinnerei werden meist Läufer aus Flachdraht verwendet, wie ein solcher in Abb. 318 wiedergegeben ist. Der Faden geht vom Vorderzylinder durch das Sauschwänzchen (siehe Abb. 319a und b) zum Läufer und wird von da senkrecht zur Spindelachse geführt.

Abb. 318. Läufer.

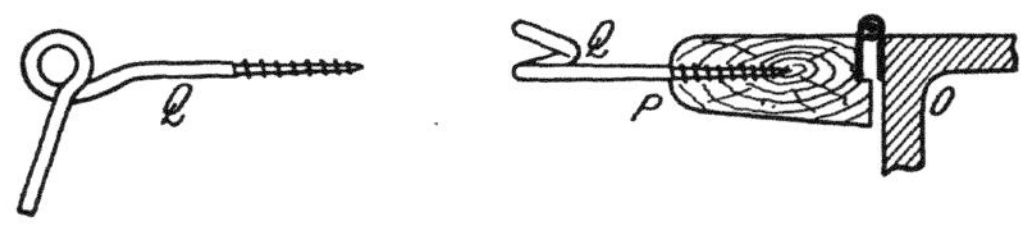

a b

Abb. 319a und b. Sauschwänzchen.

Das Sauschwänzchen ist in ein trapezförmiges Holzplättchen eingeschraubt, das mittels eines Scharnieres an der Zylinderbank befestigt ist. Das auslaufende Ende des Sauschwänzchens ist mit einer Kerbe versehen, damit ein im Zerreißen begriffener Faden sich darin festhakt und nicht auf die benachbarten Fäden überspringen kann.

Bei der Spindeldrehung wird infolge der Reibung am Läufer und Ring ersterer weniger Umgänge machen als die Spindel. Da der Faden den Läufer mitschleppt, wird je nach der Festigkeit des erzeugten Fadens ein dazu entsprechend schwerer Läufer vorhanden sein müssen. Ein starker Faden verträgt naturgemäß einen schwereren Läufer als ein feiner. Ist für ein bestimmtes Garn der Läufer zu leicht, so bildet der Faden zwischen Sauschwänzchen und Läufer infolge der für dieses Läufergewicht allzu großen Zentrifugalkraft des rotierenden Fadengewichtes einen Bauch oder Ballon, wobei sich diese letzteren berühren und Fadenbrüche hervorrufen. Ferner kann ein zu leichter Läufer aus dem Ring geschleudert werden. Ist der Läufer zu schwer, so ist der Ballon zu straff angezogen; der zu leichte Faden hält die Zugkraft nicht aus und zerreißt.

Man ist demnach gezwungen, den Garnnummern entsprechende Läufergewichte anzuwenden. Folglich muß ein Numerierungssystem für die Läufer bestehen. Festzustellen, welche Nummer für einen herzustellenden Faden am besten paßt, bleibt Sache des Spinners. Ein Läufer soll nach den Erfordernissen der Praxis gewählt werden; es wäre unvorsichtig, anders zu verfahren. Das Gewicht eines Läufers hängt ab 1. von der Garnnummer, 2. vom Durchmesser des Ringes, 3. vom kleinsten und größten Durchmesser des Kötzers, 4. vom Wagenhub, 5. von der Spindelgeschwindigkeit und der Drehung des Gespinstes, 6. vom guten oder schlechten Zustand des Ringes, 7. von der Größe des Verzuges, 8. von der zu bearbeitenden Baumwolle, 9. von der Entfernung des Sauschwänzchens von der Spindelspitze und 10. von der Luftfeuchtigkeit und der Saaltemperatur.

Für neue Ringe soll in Betracht gezogen werden, daß zuerst leichtere, dann nach einiger Zeit schwerere Läufer für dieselbe Garnnummer verwendet werden. Jeder Läufer muß sich erst in seiner Bahn einlaufen, bevor er gut arbeitet. Betrachten wir beispielsweise einen kleinen Läufer, der sich im Ring seine Bahn eingegraben hat, und setzen wir auf denselben Ring einen großen Läufer, so wird letzterer eine tiefer liegende neue Bahn beschreiben. Durch Verwendung verschiedener Läufer auf derselben Maschine werden die Ringe bei großen Läuferunterschieden derart ungleichmäßig abgenutzt, daß ein einwandfreies Arbeiten auf dieser Maschine schon mit Schwierigkeiten verbunden ist. Eine rationell arbeitende Spinnerei wird demgemäß so viel wie möglich darnach trachten, daß auf derselben Maschine stets die gleichen Nummern gesponnen werden oder daß wenigstens die auf derselben Maschine hergestellten Garne keine allzu großen Nummerunterschiede aufweisen. Ist dann eine Abweichung von einem Läufer zum andern nicht sehr groß, so macht sich eine schädliche Abnutzung des Ringes nicht in bedeutendem Maße bemerkbar.

Wird beim Einspinnen einer Maschine zuerst ein verhältnismäßig leichter Läufer verwendet und hat er seinen Weg auf dem Ring auspoliert, so wird die Ballonbildung größer, worauf dann ein um eine Einheit schwererer Läufer aufgesetzt werden kann.

Sind die Ringe einer Maschine abgenutzt, so daß Umkehren oder Erneuern der Ringe notwendig ist, so ist es unrationell, da eine Maschine nur gleiche Läufer haben soll, einzelne Ringe durch neue zu ersetzen. In solchem Falle soll die ganze Ringgarnitur neu besetzt werden.

Um die Reibung zwischen Ring und Läufer zu vermindern, ist in vielen Spinnereien das Ölen der Ringe gebräuchlich. Diese Arbeitsweise ist nicht empfehlenswert, denn abgesehen davon, daß der in der Luft herumwirbelnde Staub und Flaum leicht an den Ringen hängen bleibt und mit der Zeit eine Kruste an der Innenseite des Ringes bildet, werden auf diese Weise lockere Kötzer erzeugt. Je mehr das auf dem Ring befindliche Öl aufgebraucht wird, desto größer wird die Reibung zwischen Läufer und Ring, der Fadenzug wird stärker, so daß nach und nach die Maschine schlecht arbeitet. Dann müssen die Ringe wiederum mit einem geölten Lappen bestrichen werden. Das Ölen der Ringe ergibt demnach Zeitverlust und schlechte Arbeit. Ein Ringspinnerring soll nie geschmiert werden. Zur Erhöhung der Glätte verwendet man nach dem Reinigen des Ringes Graphitpulver. An solchen mit Graphit behandelten Ringen bleibt kein Staub hängen und die Fadenspannung ist gleichmäßiger wie bei geölten Ringen.

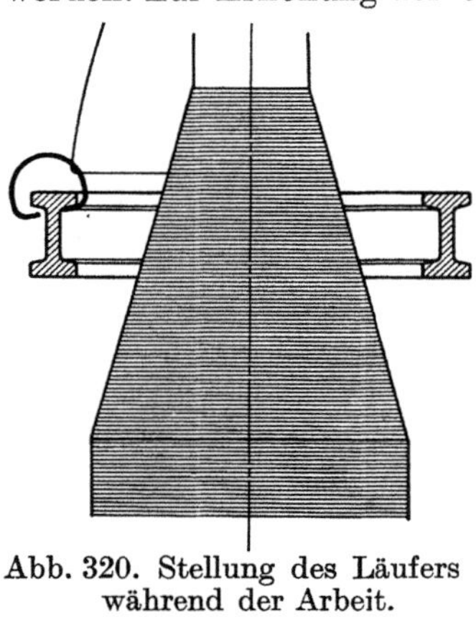
Abb. 320. Stellung des Läufers während der Arbeit.

Infolge der Fadenspannung und der Zentrifugalkraft wird der Läufer an die innere Kante des Ringflansches gedrückt, wie wir dies in Abb. 320 sehen. Der Läufer wird also an der inneren Kante des Ringes seine Bahn einlaufen. Jedoch bemerkt man oft bei Ringen, die jahrelang in Gebrauch sind, dicht unter der äußeren Kante einen eingegrabenen Kreis mit Erhöhungen und Vertiefungen; er rührt von den Vibrationen her, die der Läufer infolge der ungleichmäßigen Fadenspannungen ausführt. Sind diese Einkerbungen tief, so bleibt der Läufer öfters daran hängen, wodurch Fadenbrüche entstehen.

Der Läufer selbst muß aus gehärtetem Material bestehen und elastisch sein, sonst bricht er beim Aufschieben auf den Ring entzwei.

Die Numerierung der Läufer. Die Läufer werden nach ihrem Gewicht numeriert, und zwar ist der „American Standard" die allgemein gebräuchliche Numerierungsart. Als Nr. 1 wurde derjenige Läufer bezeichnet, der sich bei Nr. 28_f bei einem Ringdurchmesser von 42 mm und 6000 minutlichen Spindelumdrehungen am besten bewährte. Für die über Nr. 28_f liegenden Nummern wurden die dem Gewicht nach abnehmenden Läufer mit 1/0, 2/0, 3/0, 4/0 usw., dagegen die Läufer für die groben Nummern mit steigendem Gewicht entsprechend der Zahlenreihe 1, 2, 3, 4 usw. bezeichnet. Hierbei wurden Nr. 2, 3, 4, 5 usw. gefunden, indem man zu der vorhergehenden Nummer für 100 Läufer ein bestimmtes, gleichbleibendes Gewicht addierte, während man die 1/0, 2/0, 3/0, 4/0, 5/0 usw. sinngemäß durch Subtraktion bestimmte.

H. Brüggemann gibt in seinem Buch „Nitscheln und Draht" (s. o.) eine Vergleichstabelle zwischen Läufernummern und Garnnummern bei 6000 minutlichen Spindelumdrehungen und einem Ringdurchmesser von 42 mm. Sie ist in Tabelle 32 wiedergegeben.

Tabelle 32.

Französische Gespinstnummer	Läufernummer	Französische Gespinstnummer	Läufernummer
1	15	30	1/0
2	14	32	2/0
4	13	34	3/0
6	12	36	4/0
8	11	38	5/0
10	10	40	6/0
12	9	42	7/0
14	8	44	8/0
16	7	46	9/0
18	6	48	10/0
20	5	50	11/0
22	4	60	12/0
24	3	60	13/0
26	2		
28	1		

Je nach der Spindelgeschwindigkeit und dem Ringdurchmesser erhalten wir andere Läufer. H. Brüggemann hat in einer Baumwollspinnerei Mülhausens für Kettgarne bei einem Ringdurchmesser von 40 mm und einem Wagenhube von 125 mm folgende Ermittlungen gemacht (siehe Tabelle 33).

Tabelle 33.

Französische Nummer des Gespinstes	Läufernummer	Spindelumdrehungen in 1 Minute	Verwendete Baumwolle
10	10	9000	Louisiana
11	8	9000	
12	8	9000	
14	6	9000	
16	2	9000	
18	1	9300	
21	2/0	9300	
22	4/0	9800	
24	5/0	9800	
28/30	7/0	9800	
31	8/0	9800	Mako
35	10/0	9800	
40	12/0	9800	
45	15/0	9800	
47	16/0	9800	
51	17/0	9800	
56	18/0	9800	
60	20/0	9800	

Tabelle 34 ergab sich für Schußgarne bei einem Ringdurchmesser von 25 mm und einem Wagenhube von 110 mm.

Tabelle 34.

Französische Nummer des Gespinstes	Läufernummer	Spindelumdrehungen in 1 Minute	Verwendete Baumwolle
12	8	7100	Louisiana
16	3	9000	
20	1	9000	
24	2/0	9000	
28	7/0	9000	
37	10/0	9000	
50	18/0	9000	Mako
60	18/0	9000	

Um für eine Spinnerei mit abweichenden Spindelgeschwindigkeiten und Ringen die richtige Läufernummer zu ermitteln, sind Versuche nötig, bei welchen darauf geachtet werden muß, daß bei fertigem Kötzeransatz die Ballons nicht zu groß sind und sich berühren, denn sonst sind die Läufer zu leicht. Ferner soll der Faden gegen Ende des Kötzers nicht auf dem kleinen Durchmesser reißen; dies ist ein Zeichen, daß der Läufer zu schwer ist. Am besten probiert man eine Läufernummer zuerst auf etwa 50 Spindeln und sodann auf einer ganzen Ringspinnerseite. Hat man den richtigen Läufer gefunden, so notiert man sich Läufernummer, Garnnummer, Spindelgeschwindigkeit, Ringdurchmesser und Wagenhub, damit später beim gleichen Fall nicht dieselben Versuche nochmals vorzunehmen sind.

Um den Flaum von den Läufern abzustreifen, verwendet man Flaumabstreifer. Dies sind schräg abgeschnittene, etwa 3 mm dicke und 6 bis 7 mm hohe Drähte, welche in die Ringbank in einer Entfernung von 2 bis 3 mm von dem Ring entfernt eingeschraubt werden. Diese Flaumabstreifer stehen entgegengesetzt zur Bewegungsrichtung der Spindeln.

5. Das Streckwerk.

Bei den Ringspinnern besitzt das gewöhnlich aus 3 Verzugszylindern mit den dazugehörigen Druckzylindern bestehende Streckwerk eine Neigung von 15⁰ bis zu 45⁰, je nach dem Zweck, zu welchem der Faden dienen soll. Für hartgedrehte Garne ist die Neigung geringer, für weichgedrehte ist sie größer. Die Firma Tweedales & Smalley, Castleton, gibt für Kettringspinner nur 15⁰ Neigung, für Schußringspinner mit senkrecht stehenden Spindeln 25⁰; die Spinnereimaschinenfabrik N. Schlumberger & Cie., Gebweiler i. Els., erteilt dem Streckwerk für Kette und Schuß 35⁰ Neigung. Bei den Ringspinnern der Elsässischen Maschinenbau-Gesellschaft, Mülhausen i. Els., variiert die Streckwerkneigung zwischen 20⁰ und 45⁰. Demnach bildet der aus den Vorderzylindern heraustretende Faden einen Winkel mit der Vertikalen, der je nach der Bauart der

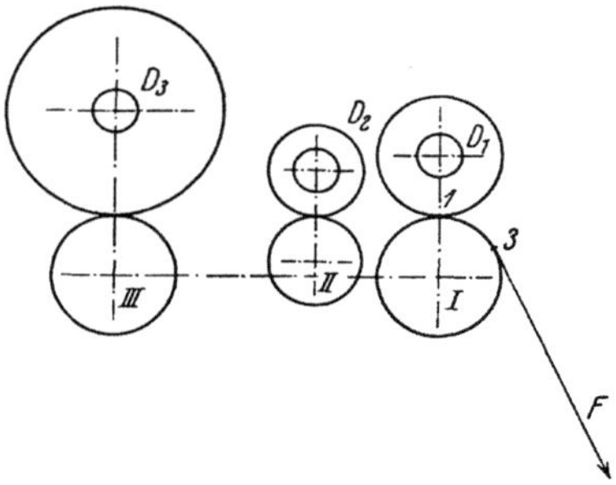

Abb. 321. Horizontales Streckwerk.

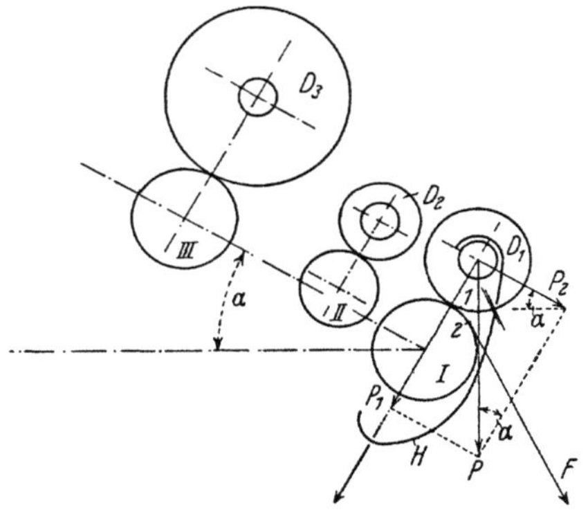

Abb. 322. Geneigtes Streckwerk.

Maschine größer oder kleiner sein kann. Hätten wir beim Ringspinner ein waagerechtes Streckwerk (siehe Abb. 321), wie dies beim Selbstspinner der Fall ist, so wäre das Fadenstück auf der Strecke 1 bis 3 nicht gedreht oder erhielte wenigstens nur eine äußerst geringe Drehung (denn der gegen den Vorderzylinder zustrebende Draht sucht die Wölbung des Zylinders zu überwinden), und der Faden würde oft reißen. Aus diesem Grunde neigt man das Streckwerk um einen Winkel α (siehe Abb. 322), der 15⁰ bis 45⁰ betragen kann, wie dies schon oben erwähnt wurde.

Auf einem horizontal liegenden Streckwerk kann ein größerer Verzug gegeben werden, da die Druckzylinder beliebig belastet werden können und die Belastung einen Hauptfaktor des Verzuges bildet. Bei den geneigten Streckwerken wird das Belastungsgewicht des vorderen Druckzylinders an einem Haken H (Abb. 322) angebracht, welcher seinerseits in der Mitte des vorderen Druckzylinders aufgehängt ist. Da die Schwerkraft stets senkrecht wirkt, so können wir die Belastung P in 2 Komponenten teilen, deren eine, P_1, senkrecht zur Neigung des Streckwerkes und deren andere, P_2, in gleicher Richtung wie die Neigungslinie desselben wirkt. Die Kraft P_1 sucht den Druckzylinder D_1 auf den Riffelzylinder I zu pressen, während die Kraft P_2 als Schubkraft wirkt und infolge des Druckes der Zylinderzapfen auf die Zapfenhalter den Druckzylinder abzubremsen sucht, wobei die Zapfenhalter trotz regelmäßigen Ölens abgenutzt werden und somit eine genaue Druckzylindereinstellung nicht mehr möglich ist.

Man kann nun diesen letzteren Übelstand dadurch umgehen, daß man als Druckzylinder für den vorderen Riffelzylinder belederte Hohlzylinder verwendet, so daß der Zapfendruck dieser Hohlzylinder auf die Zylinderhalter keine Abnutzung der letzteren hervorrufen kann. Trotzdem bei dieser Druckzylinderart keine Abnutzung der Zylinderhalter und kein Bremsen der Druckzylinder stattfinden kann, verwendet man sie hauptsächlich nur für feine Garne. Für die gewöhnlichen Garne, mittlere und grobe Nummern, gebraucht man durchweg Vollzylinder als Druckzylinder, da die Schmierung einfacher ist und diese während des Ganges der Maschine geschieht, dagegen müssen bei den Hohlzylindern die Gewichtshaken abgehängt werden, worauf erst das Schmieren der Druckzylinder erfolgen kann, was natürlich einen nicht unbeträchtlichen Stillstand des Ringspinners zur Folge hat, obwohl nur alle 4 bis 5 Wochen geschmiert zu werden braucht.

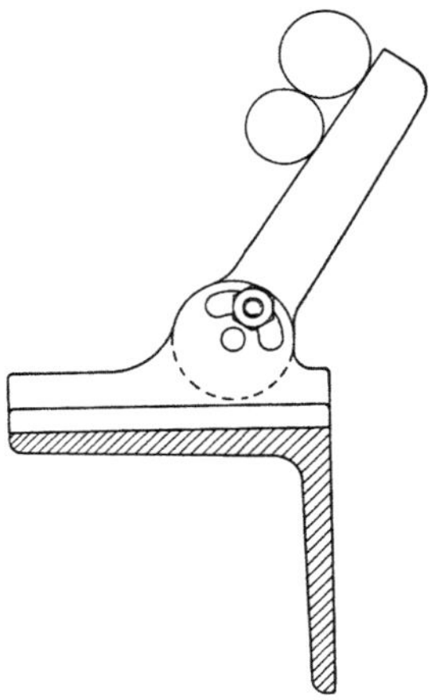

Abb. 323. Apparat zum Einstellen der Vorderzylinder.

Für die vorderen Druckzylinder der Ringspinner verwendet man als elastische Unterlage wollenes Filztuch, das etwas dünner ist, wie z. B. solches für die Druckzylinder der Strecken und der Spuler. Auch das Leder ist etwas dünner, für Druckzylinder der Ringspinner kommt solches von $^7/_{10}$ mm in Betracht, während man für die Druckzylinder der Vorbereitungsmaschinen $^8/_{10}$ mm dickes Kalbleder benutzt. In letzter Zeit hat sich in England und in Frankreich die Verwendung von Schafleder eingebürgert, das etwas billiger, sehr glatt und gleichmäßig in der Dicke, aber weniger elastisch ist als Kalbleder.

Die Druckzylinder sollen genau in einer geraden Linie liegen. Eine derartige Einstellung kann leicht mit Hilfe des in Abb. 323 dargestellten Stellbleches ausgeführt werden. Dasselbe besitzt eine Dicke von 3 mm.

Da die G r ö ß e d e s V e r z u g e s von der Zylinderbelastung abhängt, so kann diese natürlich beim Ringspinnerstreckwerk nicht so hoch gewählt werden wie beim waagerechten Selbstspinnerstreckwerk. Aus diesem Grunde kann man beim Selbstspinner mit gewöhnlichem dreizylindrigen Streckwerk bis auf einen Verzug von 10 bis 11 gehen, ohne dabei schnittiges Garn befürchten zu müssen, während bei geneigten Streckwerken der Verzug höchstens 8 betragen darf. Gewöhnlich wählt man bei letzteren den Verzug zwischen 5 und 8. Für Hochverzug, auf welchen in einem späteren Kapitel eingegangen wird, kann man mit einem Verzug von 10 bis 20 noch sehr guten Faden herstellen.

Allgemein haben wir beim Ringspinner freie Belastung für den 2. und 3. Verzugszylinder, d. h. die Belastung besteht aus einem gußeisernen, glatten Zylinder, der nur durch sein Eigengewicht wirkt. Je nach der zu bearbeitenden Baumwollsorte, dem Gesamtverzug und der zu spinnenden Nummer wählt man für den zweiten Verzugszylinder eine freie Belastung, der zwischen 85 und 300 g variiert. Es beträgt 1 bis 1,8 kg, je nach der Spindelteilung (denn diese freie Belastung wirkt auf 2 Lunten), der Streckwerkneigung und den zu spinnenden Nummern. Der Druck auf den vorderen Verzugszylinder beträgt durchschnittlich 2,5 kg für 1 Tisch und Faden.

Tweedales & Smalley erteilen den Kettringspinnern für mittlere Nummern (amerikanische Baumwolle) bei 15^0 Streckwerkneigung und 67 mm Spindelteilung folgende Druckzylindergewichte:

Druckzylinder auf dem Einzugszylinder = 1,150 kg für 2 Lunten
„ „ „ Mittelzylinder = 0,300 „ „ 2 „
Druck auf den vorderen Druckzylinder = 4,400 „ „ 2 „

Für Schußringspinner (senkrechte Spindeln) für mittlere Nummern (Amerikanische Baumwolle) bei 25^0 Streckwerkneigung und 56 mm Spindelteilung wurden folgende Druckzylindergewichte festgestellt:

Druckzylinder auf dem Einzugszylinder = 0,925 kg für 2 Lunten
„ „ „ Mittelzylinder = 0,180 „ „ 2 „
Druck auf den vorderen Druckzylinder = 4,400 „ „ 2 „

Eine andere Belastungsart des Ringspinnerstreckwerks besteht darin, daß alle 3 Druckzylinder beledert sind, so daß der Druck auf die Riffelzylinder mittels Sattel, Hebel und Gewichten erzeugt wird.

Die Elsässische Maschinenbau-Gesellschaft gibt ihren Verzugszylindern für Ringspinner folgende Durchmesser (siehe Tabelle 35):

Tabelle 35.

	Durchmesser der Riffelzylinder			Durchmesser der Druckzylinder		
	I mm	II mm	III mm	I mm	II mm	III mm
Für indische Baumwolle	22	19	22	17	22	45
„ kurze amerikanische Baumwolle .	25	19	25	19	22	45
„ bessere amerikanische Baumwolle .	25	22	25	21	22	45
„ gekämmte ägyptische Baumwolle .	27	22	27	25	22	45
					variiert nach der Garnnummer, der Spindelteilung, Baumwollsorte und Streckwerkneigung	

Nach Abb. 322 ist

$$P_2 = P \cdot \sin \alpha .$$

Um den Draht möglichst nahe an den Klemmpunkt *1* zu bringen, sucht man α zu vergrößern, wodurch die gefährliche Stelle *1*—*2* verringert wird. Je größer aber α genommen wird, desto größer wird bei gleichbleibender Belastung die Schubkraft P_2, da P konstant bleibt, nimmt P_1 ab. Mit der Zunahme von α muß auch die Belastung P verringert werden, da sonst die Schubkraft P_2 zu groß wird und infolgedessen das dadurch bedingte Abbremsen des Druckzylinders ungünstig auf den Verzug wirken würde. Das Garn würde schnittig werden. Weil nun die Größe des Verzuges von der Größe der Kraft P abhängt, so muß bei großem Winkel α ein kleinerer Verzug gewählt werden und umgekehrt, bei kleinerem Winkel α kann der Verzug größer gewählt werden.

Damit der Draht bis in den Klemmpunkt *1* gelangt, haben mehrere Maschinenfabriken die Spindeln geneigt. Auf diese Weise konnte man auch den Draht verringern und deshalb weicher gedrehte Schußgarne und sogar feine Kettgarne bis zu Nr. 100_e darauf spinnen. Abb. 324 zeigt einen Schnitt durch einen solchen Schußringspinner mit geneigten Spindeln der Elsässischen Maschinenbau-Gesellschaft.

Als Putzwalzen verwendet man für die vorderen belederten Druckzylinder ungefähr 45 mm dicke Holzzylinder, die mit Plüsch überzogen und an beiden Enden mit eisernen Zapfen versehen sind. Mittels letzteren werden diese oberen Putzwalzen in verstellbare Halter aus Eisenblech gestützt, die am Druckzylinderrahmen befestigt sind. Für einen Riffelzylinder von 10 Tischen kommt eine obere Putzwalze abwechselnd auf 2 und 3 Druckzylinder, bei 8 Riffeltischen kommen je

2 Druckzylinder auf eine Putzwalze. Die unteren Putzwalzen bestehen aus etwa 22 mm dicken, mit Plüsch bedeckten Holzzylindern, deren Endzapfen von entsprechend geformten Federn, die an den Zylinderstanzen befestigt sind, gegen den vorderen Riffelzylinder gepreßt werden. Stehen die unteren Putzwalzen zu weit zurück, so kommt es vor, daß bei einem abgerissenen Faden die aus den Zylindern heraustretende Lunte nicht sofort um die Putzwalze wickelt und auf den Nebenfaden überspringt, so daß grobe Stellen im Garn entstehen.

Zulässige minutliche Umdrehungen des vorderen Riffelzylinders bei gegebener minutlicher Spindeltourenzahl. Joh. Lätsch[1] gibt die in der Tabelle 36, Seite 366 bis 367 befindlichen Werte, welche in der Praxis zur Bestimmung der wirtschaftlichen Umdrehungszahlen des Vorderzylinders bei gegebener Spindeltourenzahl vorteilhaft verwendet werden können. Der Verfasser ist der Ansicht, daß eine durch Vorderzylinder- und Spindelumdrehungszahl bedingte Produktionstabelle nicht als allgemein gültig erklärt werden kann. Denn die Lieferung eines Ringspinners hängt nicht nur von der Geschwindigkeit des Vorderzylinders und vom Draht, ab, sondern es spielen hierbei gar viele Umstände eine Rolle. So z. B. hängt die Lieferung von der Güte der zu verarbeitenden Baumwolle ab, ferner von der Fadenlänge, welche zu einem Kötzer aufgewickelt wird, von der Anzahl Hilfsarbeiterinnen, von der Temperatur und der Feuchtigkeit des Spinnsaales, von der Aufsicht und noch von verschiedenen anderen Faktoren. Das sicherste ist, selbst durch mehrfache Versuche eine Lieferungstabelle für die in Betracht kommende Spinnerei aufzustellen.

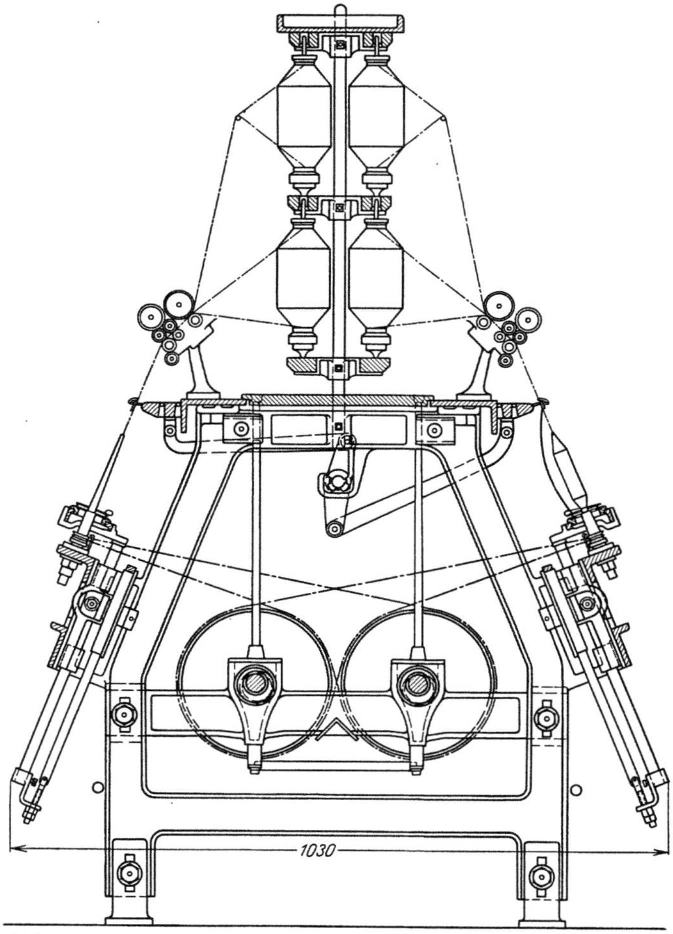

Abb. 324. Ringspinner mit geneigten Spindeln für Schuß- und feine Kettgarne.

Zu der Tabelle 36 gilt der Drahtkoeffizient $3{,}25_e$ bzw. $13{,}9_f$ für Schußgarne, der Drahtkoeffizient 4_e bzw. $17{,}1_f$ für Kettgarne.

[1] Lätsch, J.: Handbuch für den praktischen Baumwollspinner und Zwirner. Leipzig 1905.

Tabelle 36.

Minutliche Spindelumdrehungen				6000		7000		8000		9000		10000		11000	
Englische Garnnummer	Französische Garnnummer	Draht für 1 Zoll engl.	Draht für 1 dm	Vorderzylinderumgänge ∅ 1″ = 25,4 mm	Umfangsgeschwindigkeit in m/min	Vorderzylinderumgänge ∅ 1″ = 25,4 mm	Umfangsgeschwindigkeit in m/min	Vorderzylinderumgänge ∅ 1″ = 25,4 mm	Umfangsgeschwindigkeit in m/min	Vorderzylinderumgänge ∅ 1″ = 25,4 mm	Umfangsgeschwindigkeit in m/min	Vorderzylinderumgänge ∅ 1″ = 24,5 mm	Umfangsgeschwindigkeit in m/min	Vorderzylinderumgänge ∅ 1″ = 24,5 mm	Umfangsgeschwindigkeit in m/min
8	6,78	3,25 $\sqrt{N}$ = 9,192	13,9 $\sqrt{N}$ = 36,19	208	16,59										
		4,— $\sqrt{N}$ = 11,313	17,1 $\sqrt{N}$ = 44,53	169	13,48										
10	8,47	3,25 $\sqrt{N}$ = 10,277	13,9 $\sqrt{N}$ = 40,46	186	14,83	218	17,84								
		4,— $\sqrt{N}$ = 12,649	17,1 $\sqrt{N}$ = 51,84	152	12,12	176	14,04								
12	10,16	3,25 $\sqrt{N}$ = 11,258	13,9 $\sqrt{N}$ = 44,32	170	13,56	198	15,80								
		4,— $\sqrt{N}$ = 13,856	17,1 $\sqrt{N}$ = 54,54	138	11,00	161	12,84								
14	11,85	3,25 $\sqrt{N}$ = 12,160	13,9 $\sqrt{N}$ = 47,87	154	12,28	184	14,67	205	16,35						
		4,— $\sqrt{N}$ = 14,966	17,1 $\sqrt{N}$ = 58,92	128	10,21	150	11,96	170	13,56						
16	13,55	3,25 $\sqrt{N}$ = 13,000	13,9 $\sqrt{N}$ = 51,18	147	11,72	172	13,72	196	15,63						
		4,— $\sqrt{N}$ = 16,000	17,1 $\sqrt{N}$ = 62,99	120	9,57	139	11,08	160	12,76						
18	15,25	3,25 $\sqrt{N}$ = 13,788	13,9 $\sqrt{N}$ = 54,28	140	11,16	162	12,92	185	14,75	204	16,27				
		4,— $\sqrt{N}$ = 16,970	17,1 $\sqrt{N}$ = 66,81	113	9,01	132	10,53	150	11,96	169	13,48				
20	16,94	3,25 $\sqrt{N}$ = 14,534	13,9 $\sqrt{N}$ = 57,22	132	10,53	154	12,28	176	14,04	197	15,71	220	17,55		
		4,— $\sqrt{N}$ = 17,888	17,1 $\sqrt{N}$ = 70,42	107	8,53	125	9,97	143	11,40	160	12,76	178	14,20		
24	20,32	3,25 $\sqrt{N}$ = 15,922	13,9 $\sqrt{N}$ = 62,68			140	11,16	160	12,76	180	14,36	200	15,95	220	17,55
		4,— $\sqrt{N}$ = 19,596	17,1 $\sqrt{N}$ = 77,04			114	9,09	130	10,37	146	11,64	163	13,00	179	14,28
28	23,71	3,25 $\sqrt{N}$ = 17,197	13,9 $\sqrt{N}$ = 67,70			130	10,37	148	11,80	167	13,32	186	14,83	204	16,27
		4,— $\sqrt{N}$ = 21,466	17,1 $\sqrt{N}$ = 84,51			106	8,45	120	9,57	136	10,85	151	12,04	166	13,24
32	27,09	3,25 $\sqrt{N}$ = 18,385	13,9 $\sqrt{N}$ = 72,38			121	9,65	138	11,00	156	12,44	174	13,88	191	15,23
		4,— $\sqrt{N}$ = 22,627	17,1 $\sqrt{N}$ = 89,08			98	7,82	112	8,93	126	10,05	143	11,40	155	12,36
36	30,48	3,25 $\sqrt{N}$ = 19,500	13,9 $\sqrt{N}$ = 76,77			114	9,09	130	10,37	147	11,72	164	13,08	180	14,36
		4,— $\sqrt{N}$ = 24,000	17,1 $\sqrt{N}$ = 94,48			93	7,42	106	8,45	120	9,57	133	10,61	146	11,64
40	33,87	3,25 $\sqrt{N}$ = 20,554	13,9 $\sqrt{N}$ = 80,92			108	8,62	124	9,89	140	11,16	155	12,36	171	13,64
		4,— $\sqrt{N}$ = 25,298	17,1 $\sqrt{N}$ = 99,59			88	7,02	100	7,97	114	9,09	126	10,05	138	11,01
44	37,25	3,25 $\sqrt{N}$ = 21,558	13,9 $\sqrt{N}$ = 84,87					118	9,41	133	10,61	148	11,80	163	13,00
		4,— $\sqrt{N}$ = 26,533	17,1 $\sqrt{N}$ = 104,46					96	7,66	108	8,61	120	9,57	132	10,53

48	40,64	$3{,}25\sqrt{N} = 22{,}516$	$13{,}9\sqrt{N} = 88{,}64$					113	9,01	128	10,21	142	11,32	156	12,44
		$4{,}—\sqrt{N} = 27{,}712$	$17{,}1\sqrt{N} = 109{,}10$					92	7,34	103	8,21	115	9,17	127	10,13
52	44,02	$3{,}25\sqrt{N} = 23{,}436$	$13{,}9\sqrt{N} = 92{,}26$					109	8,69	122	9,73	136	10,85	150	11,96
		$4{,}—\sqrt{N} = 28{,}847$	$17{,}1\sqrt{N} = 113{,}55$					88	7,02	99	7,90	110	8,77	122	9,73
56	47,41	$3{,}25\sqrt{N} = 24{,}320$	$13{,}9\sqrt{N} = 95{,}74$							118	9,41	131	10,45	144	11,48
		$4{,}—\sqrt{N} = 29{,}853$	$17{,}1\sqrt{N} = 117{,}53$							96	7,66	107	8,53	118	9,41
60	50,80	$3{,}25\sqrt{N} = 25{,}174$	$13{,}9\sqrt{N} = 99{,}11$							114	9,09	127	10,13	140	11,16
		$4{,}—\sqrt{N} = 30{,}984$	$17{,}1\sqrt{N} = 121{,}98$							92	7,34	103	8,21	113	9,01

6. Der Kötzeraufbau und die Ringbankbewegung.

Der Kötzer wird aus dem doppelkegelförmigen Ansatz und dem Kötzerkörper gebildet, welch letzterer in Hohlkegelschichten, wie beim Selbstspinnerkötzer, auf den ersteren aufgewickelt wird. Der ganze Aufbau beruht auf dem nach jedem Doppelhub, d. h. nach einer Exzenterumdrehung, stattfindenden Höherschalten der Ringbank. Da letztere bei jeder Schaltung für denselben Kötzer um dieselbe Strecke höhergestellt wird, so kann der Ansatz keinen geraden Kegel bilden, sondern er ist gewölbt. Der Grund hierfür liegt in der Abnahme der Schichtendicken beim Anwachsen der Durchmesser. Um einen geradlinigen Kegel zu erhalten, müßte die Schaltung von Beginn der ersten Schicht bis zur Beendigung des Ansatzes stetig abnehmen, wie dies beim Selbstspinner der Fall ist. Beim Ringspinner dagegen ist eine ähnliche Schaltung nicht möglich, denn das Sperrad des Schaltmechanismus wird während der ganzen Kötzerbildung in gleichen Abständen um einen, zwei oder mehr Zähne automatisch gedreht.

Beim Selfaktorkötzer haben wir einen scharf begrenzten kreuzenden und bildenden Teil der Schichten. Beim Ringspinner ist eine derartige Schichtenbildung bei der großen konstanten Spindelumdrehungszahl nicht angängig. Damit nun beim schnellen axialen Abziehen des Fadens nicht eine ganze Reihe Schichten auf einmal losgelöst wird, hat man sich bemüht, zwischen je zwei bildende Schichten eine trennende Schicht zu legen. Beim Selbstspinner besteht eine Fadenreserve, welche man von der Kötzerspitze zur Basis, also von oben nach unten, als kreuzenden Teil aufwinden kann. Beim Ringspinner jedoch fehlt nicht nur diese Fadenreserve, sondern die durch die Abwärtsbewegung der Ringbank entstehende Hubhöhe wird noch von der vom Vorderzylinder gelieferten Fadenmenge abgezogen, wobei außerdem die Beschleunigung des Läufers während des Aufwindens vom kleinen auf den großen Durchmesser berücksichtigt werden muß. In bezug auf die relativ kurze Fadenlänge von 1,60 bis 2 m soll die Ringbankbewegung zur Bildung eines kreuzenden Teiles sehr schnell vor sich gehen. Kreuzt man von der Kötzerspitze zur Kötzerbasis, so ist die Anzahl Fadenbrüche groß. Die Praxis hat gezeigt, daß die Aufwindung besser vor sich geht, wenn auf einem Schußringspinner im umgekehrten Sinne wie beim Selbstspinner gekreuzt wird, d. h. von der Kötzerbasis zur Kötzerspitze.

Beim Kettringspinner ist die für einen Doppelhub aufgewickelte Fadenlänge bedeutend größer als beim Schußringspinner, gewöhnlich doppelt so groß; überdies bewegt sich die Ringbank bei ersterem viel langsamer wie bei letzterem, so daß beim Kettringspinner in demselben Sinne gekreuzt werden kann wie beim Selbstspinner, d. h. von oben nach unten.

Die Kötzerbildung vollzieht sich infolge der Auf- und Abbewegung der Ringbank. Letztere wird häufig mit „Wagen“

bezeichnet. Da die Aufwindefläche kegelförmig und die Fadenlieferung konstant ist, muß die Ringbank von der Kötzerspitze zur Basis verzögert und während der Aufwärtsbewegung beschleunigt sich bewegen. Diese Bewegung erzielt man durch ein Exzenter, welches derart konstruiert ist, daß die während eines Doppelhubes gelieferte Fadenlänge zum größten Teil als bildende Schicht während der Abwärtsbewegung des Wagens aufgewickelt wird. Die erheblich kürzere kreuzende Schicht wird bei der Aufwärtsbewegung der Ringbank aufgewunden, so daß letztere bezüglich der Aufwindung der bildenden Schicht verhältnismäßig schnell aufwärts bewegt werden muß.

Der Kötzeransatz wird dadurch gebildet, daß der Hub verkürzt wird. Bekanntlich ist die für einen Wagendoppelhub gelieferte Fadenlänge konstant, demzufolge werden sich gegen Ende der Abwärtsbewegung mehr Spiralen aufwickeln wie am Anfang derselben. Trotzdem würde die erste Schicht, z. B. ihr oberer Teil verhältnismäßig umfangreich in bezug auf den unteren Teil ausfallen, so daß die als Ansatz nötige Doppelkegelform wenig ausgesprochen wäre. In Anbetracht der geringen Durchmesserunterschiede zwischen dem oberen

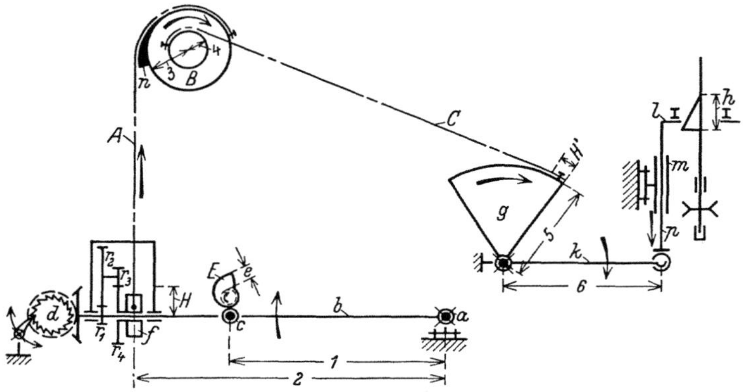

Abb.325. Bewegungsmechanismus für die Ringbankbewegung vermittels doppelter Kettenrolle.

und dem unteren Ende der ersten Schicht kann dieser Hülsenteil als zylindrisch angenommen werden. Damit unten die Schicht verdickt wird, läßt man die Ringbankbewegung beim Hinabgehen verlangsamen, so daß sich am untersten Ende des Ansatzes am meisten Spiralen aufwickeln und so eine Verdickung bilden, die nach oben zu allmählich abnimmt. Diese Verlangsamung der Abwärtsbewegung wird erreicht, indem die Hubhöhe verkürzt wird. Zum Verkürzen der Kette A (Abb. 325) wird auf die kleinere Kettenrolle eine Nase n aufgesetzt, die gegen Ende der Abwärtsbewegung auf die Kette A wirkt und dadurch die Hubhöhe h verkürzt. Durch Aufwickeln der Kette A auf die Kettenrolle f kommt die Nase n immer weniger in den Bereich der Kette A, so daß nach und nach der Hub seine normale Höhe bekommt.

In Abb. 326 ist zur Hubverkürzung eine Gabel a angeordnet, die um einen in senkrechter Richtung verstellbaren Zapfen c dreht. In der Kette ist ein eiserner Bolzen b befestigt, der bei ihrer Aufwärtsbewegung in die Gabel a eingreift und, da c festgelagert ist, den Gabelhebel a zum Schwingen bringt und die Kette durchbiegt, so daß auf diese Weise der Hub verkürzt wird. Je mehr die Kette aufgewickelt wird, desto später gelangt der Bolzen b in die Gabel a und desto geringer ist die Durchbiegung der Kette, so daß am Ende des Ansatzes der Bolzen b ganz außer Bereich der Gabel a tritt und die Hubhöhe normal ist.

Abb. 325 zeigt schematisch den Bewegungsmechanismus zum Heben und Senken der Ringbank, und zwar wird diese Ausführung von der Elsässischen Maschinenbau-Gesellschaft, von Brooks & Doxey sowie von Platt Brothers angewendet, während die in Abb. 326 dargestellte sich bei Howard & Bullough sowie bei Tweedales & Smalley findet.

An einem am Hauptgestell befestigten Zapfen *a* ist drehbar der Schalthebel *b* angeordnet (siehe Abb. 325), in welchem eine Rolle *c* gelagert ist, die infolge des Wagengewichtes gegen das Exzenter *E* drückt. Am Ende des Schalthebels *b* ist

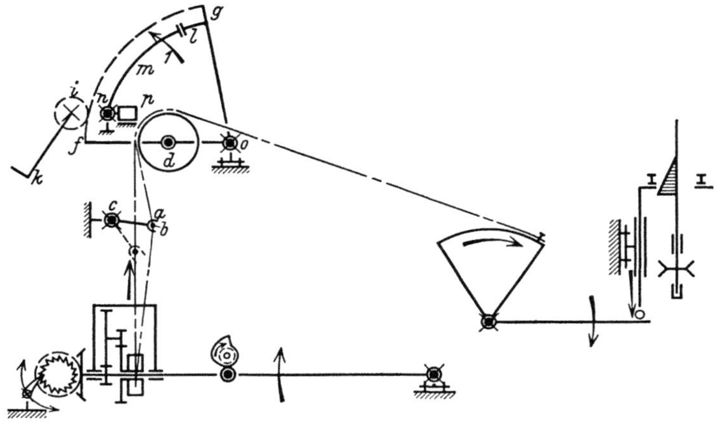

Abb. 326. Bewegungsmechanismus für die Ringbankbewegung vermittels einfacher Kettenrolle.

ein auswechselbares Sperrad *d* befestigt, das bei jeder Umdrehung des Exzenters um einen, zwei oder mehr Zähne fortgeschaltet wird. Diese Drehung das Sperrades überträgt sich durch die Räder r_1, r_2, r_3 und r_4 auf die Rolle *f*, an welcher die Kette *A* befestigt ist. Dreht sich das Exzenter *E*, so bewegt sich dementsprechend der Schalthebel *b* nach abwärts bzw. nach aufwärts und überträgt diese Bewegung vermittels der Kette *A*, der Doppelrolle *B*, der Kette *C*, des Segmentes *g*, des Hebels *k* und der Wagenhubstange *p* auf die Ringbank *l*.

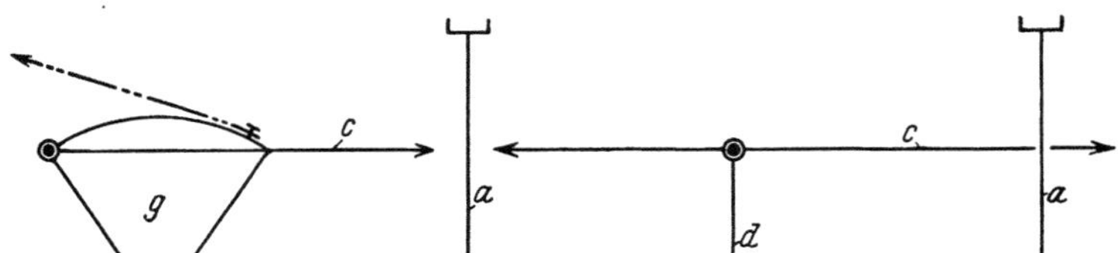

Abb. 327. Auf- und Abbewegung der Wagenhubstangen.

Auf der ganzen Länge und auf beiden Seiten der Maschine sind in bestimmten Abständen Wagenhubstangen *a* angebracht (siehe Abb. 327), welche durch Hebel *b* um Drehpunkte o, o_1, o_2 usw. gehoben und gesenkt werden. Diese Hubstangen *a* gehen durch gußeiserne Führungen, welche in Abb. 325 angedeutet und mit *m* bezeichnet sind. Die Auf- und Abbewegung dieser Hebel wird durch ein durch die ganze Länge der Maschine durchgehendes Gestänge *c* übertragen, das einerseits am Segment *g*, andererseits an Hebeln *d* befestigt ist, welche senkrecht zu den die Hubstangen beeinflussenden Hebeln b stehen und mit letzteren aus einem Stück gebildet sind. Je zwei gegenüberliegende Drehpunkte o—o dieser Doppelhebel sind durch eine Stange e miteinander verbunden, in deren Mitte an einem Hebelarm f ein Gegengewicht Q angehängt ist. Wagen und Gegengewichte müssen genau miteinander übereinstimmen, denn dieser Umstand hat einen großen Einfluß auf den guten und leichten Gang der Maschine.

Bewegt sich die Ringbank nach unten, so wirkt ihr Gewicht derart, daß die Rolle c (Abb. 325) an das Exzenter gepreßt wird. Sind die Gegengewichte zu schwer, so wird der Wagen oben bleiben, sobald er seine höchste Hubstellung erreicht hat, und die Rolle c wird das Exzenter E nicht mehr berühren. Sind die Gewichte zu leicht, so wird bei der Abwärtsbewegung der Ringbank die Rolle c mit großer Kraft an das Exzenter E gepreßt und verursacht demnach eine unnötige Abnutzung des Exzenters und der Rolle c, während zur Aufwärtsbewegung des Wagens die Ketten A und C zu stark auf Zug beansprucht werden.

Um Brüche an den Hebeln b (Abb. 327) zu vermeiden, konstruiert Tweedales & Smalley diese rechtwinklig zueinander stehenden Doppelhebel aus zwei Stücken, die scharnierähnlich miteinander verbunden sind.

a) Berechnung des Ringbankhubes (Abb. 325).

Bezeichnet man mit e die Exzentrizität des Exzenters E und mit H die Höhe, mit welcher die Kettenrolle f infolge der Exzenterdrehung gehoben bzw. gesenkt wird, so verhält sich

$$\frac{e}{H} = \frac{1}{2},$$

$$H = \frac{e \cdot 2}{1}.$$

Während die Kettenrolle f um die Entfernung H gehoben resp. gesenkt wird, beschreibt das Segment g eine Schwingung, so daß der am Segment befindliche Befestigungspunkt der Kette C einen Weg H' zurücklegt. Es verhält sich somit:

$$\frac{H}{H'} = \frac{3}{4},$$

$$H' = \frac{H \cdot 4}{3} = e\frac{2 \cdot 4}{1 \cdot 3}.$$

Sei h der Ringbankhub, so ist

$$\frac{H'}{h} = \frac{5}{6},$$

$$h = \frac{H' \cdot 6}{5} = e\frac{2 \cdot 4 \cdot 6}{1 \cdot 3 \cdot 5}.$$

Aus dieser Gleichung ist ersichtlich, daß der Ringbankhub h verkleinert wird, wenn man den Radius 3 vergrößert. Da wir wissen, welchen Hub unser Kötzer erhalten soll, so kann die Exzentrizität e berechnet werden. Es ist

$$e = h\frac{1 \cdot 3 \cdot 5}{2 \cdot 4 \cdot 6}.$$

Es soll jetzt berechnet werden, um wieviel Millimeter die Ringbank bei jeder Schaltung höher gestellt wird. Bei einem Kettringspinner von Brooks & Doxey wurde für Kette 33_e ein Sperrad von 32 Zähnen verwendet, welches bei jeder Schaltung um einen Zahn gedreht wurde. Ferner wurden folgende Zähnezahlen festgestellt: $r_1 = 15$, $r_2 = 60$, $r_3 = 15$ und $r_4 = 60$. Der Durchmesser der Kettenrolle f betrug $2\frac{1}{2}'' = 63{,}5$ mm.

Beim Drehen des Sperrades d um einen Zahn wickelt sich die Kette A auf die Kettenrolle f auf um

$$\frac{1}{32}\frac{15}{60}\frac{15}{60}\cdot\pi\cdot 63{,}5 = 0{,}39 \text{ mm}.$$

Diese Kettenaufrollung der Kette A an f verursacht eine solche der Kette C an der Kettenrolle mit dem Halbmesser 4. Bezeichnen wir diese letztere Kettenaufrollung mit x, so verhält sich

$$\frac{0{,}39}{x} = \frac{3}{4},$$

$$x = 0{,}39\,\frac{4}{3}.$$

Auf dieselbe Weise erhalten wir die Höherschaltung der Ringbank bei einer Schaltung um einen Zahn des 32er Sperrades. Benennen wir diese Schaltung der Ringbank für einen Sperradzahn mit y, so ist

$$\frac{x}{y} = \frac{5}{6},$$

$$y = x\,\frac{6}{5} = 0{,}39\,\frac{4}{3}\,\frac{6}{5}.$$

Bei diesem Kettringspinner von Brooks & Doxey wurden folgende Maße festgestellt:

1 = 490 mm	4 = 41,3 mm
2 = 625 „	5 = 275 „
3 = 57,15 „	6 = 305 „

Durch Einsetzen der Werte ergibt sich

$$y = 0{,}39\,\frac{41{,}3}{57{,}15}\cdot\frac{305}{275} = 0{,}313 \text{ mm}.$$

Das Exzenter E erhält, unter Annahme von $h = 40$ mm, eine Exzentrizität von

$$e = h\,\frac{1\cdot 3\cdot 5}{2\cdot 4\cdot 6} = 40\,\frac{490\cdot 57{,}15\cdot 275}{625\cdot 41{,}3\cdot 305} = 39{,}2 \text{ mm}.$$

Abb. 328 zeigt das Antriebsschema eines Schußringspinners von Tweedales & Smalley, Castleton. Die vom Vorderzylinder gelieferte Fadenlänge kann nur durch den Wagenwechsel R_w oder durch Auswechseln der Schnecke geändert werden. Das Schneller- oder Langsamerlaufen des Vorderzylinders, hervorgerufen durch Auswechseln des Drahtwechsels R_T, beeinflußt keineswegs die während einer Exzenterdrehung gelieferte Fadenlänge. Dies ergibt sich auch aus folgender Berechnung: Bezeichnen wir mit U die Umfangsgeschwindigkeit des Vorderzylinders bei einer Umdrehung des Exzenters und nehmen wir als Wagenwechsel ein 20er Rad an, so ist nach Abb. 328

$$U = 1\,\frac{120}{20}\,\frac{22}{4}\,\frac{150}{80}\cdot\pi\cdot 0{,}0254 = 4{,}94 \text{ m}.$$

Für den Kettringspinner verwendet dieselbe Firma statt einer viergängigen Schnecke eine zweigängige, so daß bei Kette folgende gelieferte Fadenlänge für eine Exzenterumdrehung erhalten wird

$$1\,\frac{120}{20}\,\frac{22}{2}\,\frac{150}{80}\cdot\pi\cdot 0{,}0254 = 9{,}88 \text{ m}.$$

Die Exzenter sind nicht dieselben für Schuß- und Kettkötzer. N. Schlumberger & Cie., Gebweiler i. Els., führt die Exzenter aus, die in Abb. 329a und b

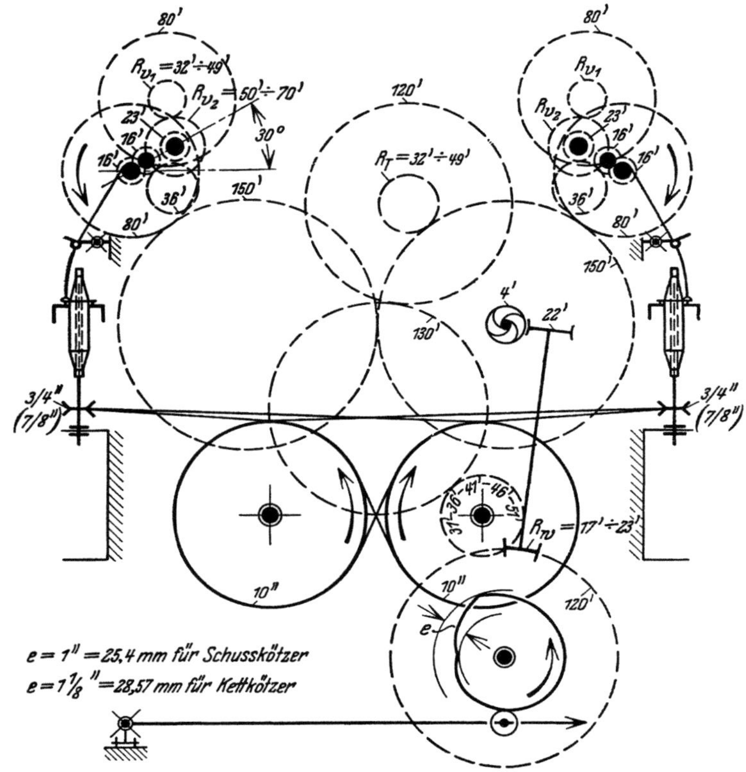

Abb. 328. Antriebsschema eines Schußringspinners von Tweedales & Smalley.

wiedergegeben sind. Bei beiden Exzentern, sowohl für Schuß- sowie für Kettgarne, ist die gleiche Exzentrizität von 29 mm vorgesehen. Während beim Ex-

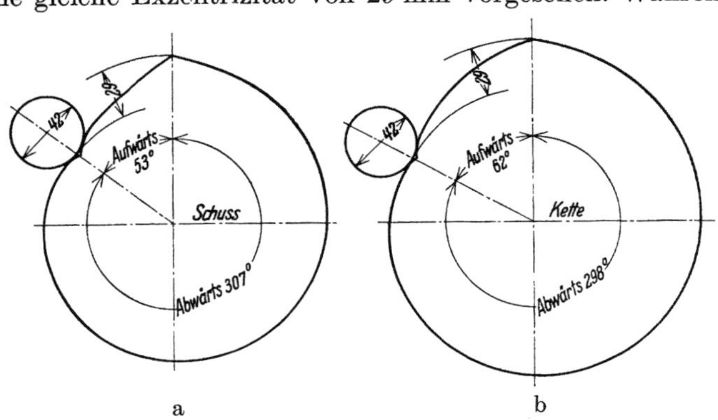

Abb. 329a und b. Unterschied zwischen Schuß- und Kettexzenter.

zenter für Schußringspinner 53° für die Aufwärtsbewegung und 307° für die Abwärtsbewegung der Ringbank besteht, besitzt das Exzenter für den Kettringspinner 62° für die Aufwärtsbewegung und 298° für die Abwärtsbewegung. Überdies ist die Exzenterkurve für die Aufwärtsbewegung viel flacher gehalten wie beim Schußexzenter, so daß ein intensiveres Kreuzen stattfindet.

b) Abnahmevorrichtung.

Um einen Abzug mit dem nächstfolgenden zu verbinden, muß unterwunden werden, d. h. nach Beendigung des Abzuges wird die Ringbank so weit hinabgelassen, daß zwischen Wirtel und Hülse einige Fadenspiralen aufgewickelt werden und der folgende Abzug ohne erneutes Anspinnen begonnen werden kann. Die dazu dienende Abnahmevorrichtung (Doffing-motion) ist schematisch in Abb. 326 wiedergegeben.

Die Kettenleitrolle *d* ist in einem um *o* drehenden Zahnsektor *fog* gelagert, der mittels Kolbenrad *i* und Kurbel *k* gedreht werden kann. An den Zahnsektor ist ein Klotz *l* angegossen, gegen den sich der um *n* drehbare Doppelhebel *mnp* stützt. Letzterer ist von Hand leicht drehbar und derart ausgeführt, daß er infolge des Übergewichtes *p* stets auf seiner — schraffiert gezeichneten — Auflagefläche aufliegen will, in welcher Stellung der Hebelarm *m* an den Klotz *l* stößt und so die Stellung des Zahnsektors festlegt.

Soll unterwunden werden, so faßt die Arbeiterin mit der einen Hand die Kurbel *k*, mit der anderen bringt sie den Hebelarm *m* aus dem Bereich des Klotzes *l* im Sinne des Pfeiles *1*, so daß sie durch Drehung des Zahnsektors die Ringbank hinabläßt. Der Zahnsektor ist derart konstruiert, daß er seine Endstellung erreicht hat, wenn der Faden zwischen Wirtel und Hülse aufwickelt. Nachdem das Sperrrad des Schaltapparates in seine Anfangsstellung zurückgedreht worden ist, wobei sich die Kette abwickelt, wird beim Wiederanlassen der Maschine der Zahnsektor nach oben gedreht, bis der Hebelarm *m* infolge seines Übergewichtes *p* von selbst seine Stellung unter dem Klotz *l* einnimmt.

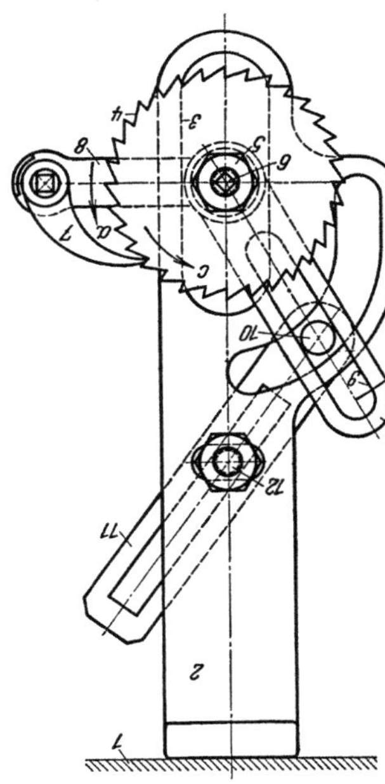

Abb. 330. Schaltapparat zum Fortrücken der Sperradzähne.

c) Schaltapparat zum Fortrücken der Sperradzähne (Abb. 330).

An der unteren Fläche des ⊏förmigen Spindelträgers *1* ist das Stück *2* befestigt, das am unteren Ende einen Schlitz *3* besitzt, in welchem sich ein Zapfen des großen Schalthebels (in Abb. 325 mit *b* bezeichnet) frei auf- und abbewegen kann und an dessen Ende das Sperrad *4* vermittels Mutter *5* befestigt ist. Das Ende dieses eben erwähnten Zapfens ist als Vierkant *6* ausgebildet, welches zum Aufstecken einer kleinen Handkurbel dient, mit der nach Beendigung des Abzuges unter Ausheben der Sperrklinke *7* die Sperradachse wieder in ihre Anfangsstellung zurückgedreht werden kann.

Auf den Zapfen des großen Schalthebels wird hinter das Sperrad der Doppelhebel *8*—*8'* lose aufgeschoben. Am Ende des Teiles *8* befindet sich die Sperradklinke *7*, der andere Teil *8'* ist mit einem Schlitz *9* versehen. Damit dieser Doppelhebel eine bestimmte

Stellung erhält, ist er von einem Zapfen *10* geführt, der in einem mit Schlitz versehenen Stück *11* befestigt ist. Letzteres ist am Stück *2* vermittels des Bolzens *12* befestigt.

Betrachten wir nun die Wirkungsweise dieses Schaltapparates. Das auf dem Zapfen des großen Schalthebels befindliche Sperrad führt je Doppelhub eine auf- und abgehende Bewegung aus, welche natürlich auch der Doppelhebel *8—8'* mitmacht. Bewegt sich der Zapfen des großen Schalthebels in der Führung *3* von unten nach oben, so schwingt der Doppelhebel *8—8'* infolge des feststehenden Zapfens *10* so, daß der Teil *8* sich in Richtung des Pfeiles *a*, der Teil *8'* in derjenigen des Pfeiles *b* bewegt. Dadurch wird die Klinke *7* gehoben, welche während dieser Aufwärtsbewegung des großen Schalthebels das Sperrad *4* im Sinne des Pfeiles *c* dreht. Demnach wird Kette aufgewickelt und die Ringbank höher geschaltet. Bei der Abwärtsbewegung findet die umgekehrte Bewegung des Doppelhebels *8—8'* statt und die Klinke *7* bewegt sich nach unten, indem sie über den Rücken der Sperradzähne gleitet.

Je nachdem man den Zapfen *10* nach unten oder nach oben stellt, wird der Weg der Sperradklinke *7* größer oder kleiner. Stellt man z. B. den Zapfen *10* in die senkrechte Mittellinie des Sperrades, so ist die Bewegung der Klinke *7* gleich 0.

d) Exzenterkonstruktion.

Je nachdem das Exzenter für Kett- oder für Schußringspinner zu entwerfen ist, teilt man einen Kreis in 5 oder 6 gleiche Teile. N. Schlumberger & Cie. teilt den Kreis in 6,8 gleiche Teile für Schuß- und in 5,8 gleiche Teile für Kettgarne ein, wovon ein Teil für die aufsteigende Bewegung, also für die trennende Schicht, und die übrigen Teile für die bildende Schicht bestimmt sind. Diese Kreiseinteilung ist Sache der Praxis; einheitliche Maße bestehen hier nicht. Auch die Form des Exzenters kann nur annähernd theoretisch ermittelt werden, jede Maschinenfabrik wird nach den Erfordernissen der Praxis das Exzenter durch Nachfeilen oder durch Ausfüllen berichtigen, worauf dann das so gefundene Exzenter als Modell angenommen wird. Durchweg wird beim Schußringspinner während der Aufwärtsbewegung gekreuzt; bei Kettringspinnern kreuzen einige Konstrukteure in demselben Sinne, andere dagegen bei der Abwärtsbewegung der Ringbank. Um Verwechslungen vorzubeugen, wählt man das Exzenter für Kettgarne etwas größer wie dasjenige für Schußgarne. N. Schlumberger & Cie., Gebweiler, nimmt eine Entfernung von 10 cm vom Mittelpunkt zum höchsten Punkt des Schußexzenters an, während beim Exzenter für Kettgarne dieselbe 11 cm beträgt. Die Größenverhältnisse der Exzenter hängen von der Bauart des Ringspinners ab.

Für die Konstruktion des Exzenters nehmen wir an, daß die Ganghöhen der Windungen für die bildende Schicht einander gleich sind, dasselbe soll für die trennende Schicht der Fall sein, jedoch verlaufen die Spiralen bei dieser steiler als bei der bildenden.

Die Durchmesser eines Kötzers verhalten sich umgekehrt wie die Ganghöhen, d. h. für die Aufwickelung einer Windung an der Basis des Kötzerkegels wird mehr Zeit verbraucht wie an der Kötzerspitze; der Wagen muß sich also auf dem größten Durchmesser langsam und, je mehr er sich der Spitze nähert, den Windungsdurchmessern entsprechend schneller bewegen. Die Windungsdurchmesser verhalten sich umgekehrt wie die Wagengeschwindigkeiten. Sei h_1 die Ganghöhe einer Windung an der Kötzerbasis und d_1 der entsprechende mittlere Windungsdurchmesser, sei ferner h_x die Ganghöhe einer Windung an der Kötzerspitze und d_x der dazugehörige mittlere Durchmesser, so verhält sich

$$\frac{h_1}{h_x} = \frac{d_x}{d_1}.$$

Das zu konstruierende Exzenter (Abb. 331) soll für einen Schußringspinner bestimmt sein. Die Exzentrizität betrage 28 mm, an der Kötzerspitze sei der Durchmesser = 8 mm und der größte Windungsdurchmesser sei 27 mm (Ringdurchmesser = $1^1/_8''$ = 28,57 mm). Es wäre also

$$\frac{h_1}{h_x} = \frac{8}{27} = \frac{1}{3,375}.$$

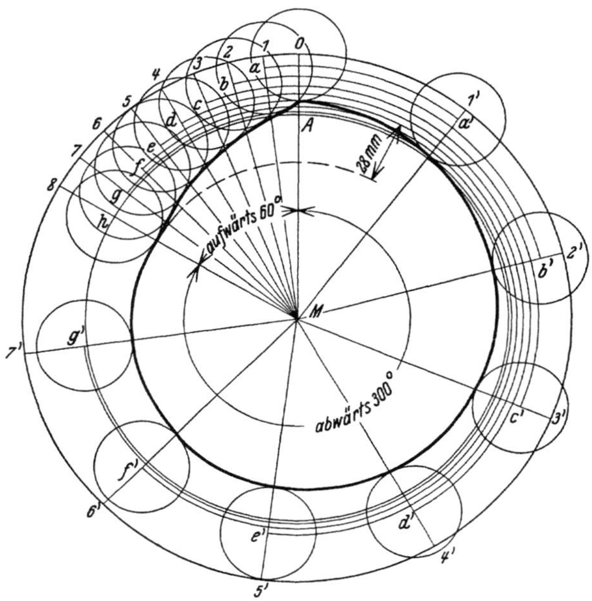

Abb. 331. Exzenterkonstruktion.

Die Ganghöhe einer Windung an der Kötzerbasis würde demnach $\frac{1}{3,375}$ von der an der Spitze befindlichen sein; die Ringbank besäße also an der Kötzerbasis ungefähr $\frac{1}{3}$ von der Wagengeschwindigkeit an der Kötzerspitze.

Nehmen wir die Entfernung vom Zentrum zur Kötzerspitze mit 100 mm und den Radius der Laufrolle mit 21 mm an, so beschreiben wir einen Kreis mit dem Radius 121 mm und teilen ihn in 6 gleiche Teile, wobei wir annehmen, daß $\frac{1}{6}$ für den kreuzenden Teil und $\frac{5}{6}$ für den bildenden Teil bestimmt sind. Den Sechstel-Abschnitt teilen wir in 8 gleiche Teile, von *O* ÷ *8* (Abb. 331), und verbinden die einzelnen Teilpunkte *1—2—3—4—5—6—7—8* mit dem Mittelpunkte *M*. Die anderen $\frac{5}{6}$ des Kreises werden ebenfalls in 8 gleiche Teile geteilt. Wir erhalten so die Punkte *1'—2'—3'—4'—5'—6'—7'—8*. Von dem Teilpunkt *O* aus tragen wir auf dem Radius *OM* die Exzentrizität *OA* von 28 mm ab. Würden wir zur Bestimmung der Kurve die Exzentrizität *OA* in 8 gleiche Teile einteilen, so erhielten wir eine Exzenterkurve für gleichförmige Bewegung. Es soll jedoch die Kurve für die Aufwärtsbewegung des Wagens so konstruiert werden, daß die Ringbank an der Kötzerbasis ungefähr $\frac{1}{3}$ der Geschwindigkeit besitzt, die sie an der Kötzerspitze erreicht. Demnach soll die Exzentrizität *OA* in 8 ungleiche Teile geteilt werden, wobei der an der Exzenterspitze am nächsten gelegene Teil 3,375 mal so groß werden soll wie der bei *A* befindliche Teil. Da wir *OA* in 8 ungleiche Teile einteilen, so setzen wir im folgenden an Stelle von h_x die Bezeichnung h_8.

Bezeichnen wir die Einteilungen von unten nach oben, d. h. von *A* nach *O*, mit h_1, h_2, h_3, h_4, h_5, h_6, h_7, h_8 und tragen wir die Entfernung h_1 ab, so bleiben noch 7 Teile übrig, welche in gleichmäßiger Reihenfolge bis zu 3,375 h_1 zu erhöhen sind. Setzen wir an Stelle von h_1 die Bezeichnung v, so ist

$$h_8 = 3,375\, v.$$

Es ist

$$h_8 - h_1 = 3,375\, v - v = 2,375\, v.$$

Da nach h_1 noch 7 h übrigbleiben, so muß zu jedem $\frac{1}{7}$ von 2,375 v addiert werden, also $\frac{2{,}375}{7} v = 0{,}339\, v$. Wir erhalten demnach

$$\begin{aligned} h_1 &= 1{,}000\, v \\ h_2 &= v + 1 \cdot 0{,}339\, v = 1{,}339\, v \\ h_3 &= v + 2 \cdot 0{,}339\, v = 1{,}678\, v \\ h_4 &= v + 3 \cdot 0{,}339\, v = 2{,}018\, v \\ h_5 &= v + 4 \cdot 0{,}339\, v = 2{,}357\, v \\ h_6 &= v + 5 \cdot 0{,}339\, v = 2{,}695\, v \\ h_7 &= v + 6 \cdot 0{,}339\, v = 3{,}035\, v \\ h_8 &= v + 7 \cdot 0{,}339\, v = 3{,}375\, v \end{aligned}$$

Nach dieser Zahlenreihe ist die Exzentrizität OA einzuteilen. Dividieren wir die Exzentrizität durch die Summe dieser Zahlen, so erhalten wir v. Es ist

$$v = \frac{28}{1 + 1{,}339 + 1{,}678 + 2{,}018 + 2{,}357 + 2{,}695 + 3{,}035 + 3{,}375} = \frac{28}{17{,}497} = 1{,}6\,.$$

Demnach ergeben sich folgende Einteilungen:

$$\begin{aligned} h_1 &= \phantom{2{,}357}1 \cdot 1{,}6 = 1{,}60 \text{ mm} \\ h_2 &= 1{,}339 \cdot 1{,}6 = 2{,}14 \text{ ,,} \\ h_3 &= 1{,}678 \cdot 1{,}6 = 2{,}69 \text{ ,,} \\ h_4 &= 2{,}018 \cdot 1{,}6 = 3{,}23 \text{ ,,} \\ h_5 &= 2{,}357 \cdot 1{,}6 = 3{,}77 \text{ ,,} \\ h_6 &= 2{,}695 \cdot 1{,}6 = 4{,}30 \text{ ,,} \\ h_7 &= 3{,}035 \cdot 1{,}6 = 4{,}86 \text{ ,,} \\ h_8 &= 3{,}375 \cdot 1{,}6 = 5{,}41 \text{ ,,} \\ \hline & \qquad\qquad\quad 28{,}00 \text{ mm} \end{aligned}$$

Durch diese Teilpunkte ziehen wir Kreisbogen und erhalten die Schnittpunkte a, b, c, d, e, f, g, h für die trennende Schicht und die Schnittpunkte a', b', c', d', e', f', g', h für die bildende Schicht. Diese Punkte sind die Mittelpunkte der Laufrolle. Die übrigen Einzelheiten der Konstruktion ergeben sich aus Abb. 331.

Antiballonvorrichtungen. Es muß vermieden werden, daß die Ballons sich gegenseitig berühren, wodurch unvermeidlich Fadenbrüche entstehen, besonders wenn die Spindelteilung in bezug auf den Ringdurchmesser klein ist. In diesem Falle wendet man Antiballonvorrichtungen an, welche so angelegt sein müssen, daß sie den Arbeiterinnen beim Ansetzen der Fäden nicht hinderlich sind.

Für Schußkötzer genügt es, wenn man hinter die Spindeln, von einem Ende der Maschine bis zum andern, einen messingenen Draht spannt, dessen Entfernung von den Spindeln den Fadennummern entsprechend einstellbar ist. Bei Schußringspinnern ist die Spindelteilung verhältnismäßig groß im Vergleich zum Ringdurchmesser.

Für Kettkötzer wendet Brooks & Doxey, Manchester, ausgestanzte Bleche an, wie dies Abb. 332a und b darstellt. Sie sind auf einer Stange befestigt, an welcher ein Gegengewicht angehängt ist. Jedoch ist das Gewicht der Bleche größer wie dasjenige des Gegengewichtes. Je höher die Ringbank steigt, desto geringer wird der Ballon, so daß die Trennungsbleche außer Betrieb gesetzt werden können. Dies geschieht auf einfache Weise dadurch, daß auf die Ringbank ein Stift geschraubt wird, welcher gegen die Bleche stößt, sobald der Kötzer auf ¾ seiner ganzen Länge angewachsen ist. Durch den Stift wird die Antiballonvorrichtung gehoben, bis sie endlich infolge des angebrachten Gegengewichtes nach oben geklappt wird (Abb. 332b), in welcher Stellung sie bis zur Beendigung des Kötzers verbleibt.

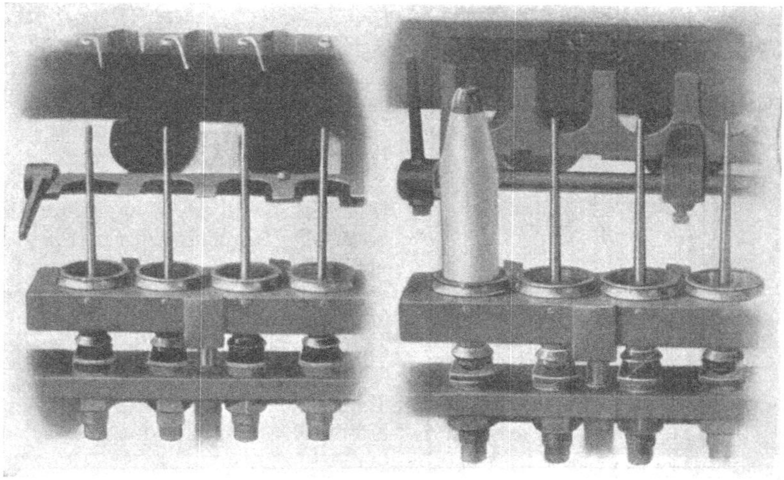

Abb. 332a und b. Antiballonvorrichtung aus Blech.

Die modernen Antiballonvorrichtungen für Kettringspinner, in Abb. 333a und b abgebildet, bestehen aus Aluminium oder aus vernickeltem Weichguß.

Die **Fadenführer** bestehen gewöhnlich aus Blechschlitzen, die an einer hin und her sich bewegenden Stange regulierbar befestigt sind. Der zu dieser Bewegung der Fadenführerstange nötige Mechanismus wurde schon bei den Spulern eingehend erläutert.

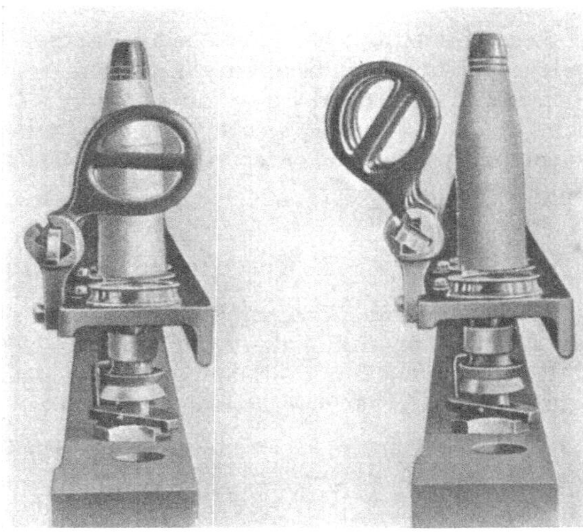

Abb. 333a und b. Antiballonvorrichtung aus Guß.

Vorkommende Fehler an den Kötzern (Abb. 334a, b, c und d sowie Abb. 325). In Abb. 334a nimmt der Kötzer von unten nach oben ab. Hier steht der Hebel k in Abb. 325 zu weit nach oben, es muß also die Kette C verlängert werden.

In Abb. 334b haben wir den umgekehrten Fall, der Kötzer ist unten zu dünn und erreicht erst oben seinen normalen Durchmesser. In diesem Falle steht der Hebel k zu tief; man wird demnach die Kette C verkürzen.

In Abb. 334c ist der Ansatz zu kurz und die Ansatzschichten fallen somit übereinander. Dies ist ein Beweis, daß die Nase n die Kette A zu sehr beeinflußt, so daß die Abwärtsbewegung gegen Ende zu langsam erfolgt und deshalb zuviel Faden auf eine Stelle aufgewickelt wird. Ist die Nase regulierbar, so bringt man sie etwas mehr aus dem Bereich der Kette *A*, wenn nicht, muß die Doppelkettenrolle *B* im entgegengesetzten Sinne der eingezeichneten Pfeilrichtung gedreht werden, so daß Kette *A* verkürzt wird. Damit nun nicht der Fehler Abb. 334a eintritt, ist *C* entsprechend zu verlängern.

In Abb. 334d ist der Ansatz zu lang, so daß das Kötzergewicht abnimmt und somit Lieferungsverlust stattfindet. In diesem Fall ist die Bewegung der Ringbank bei der Ansatzbildung zu schnell, da die Nase *n* einen ungenügenden Einfluß auf die Kette *A* ausübt. Hier wird man dann umgekehrt verfahren wie im vorigen Fall.

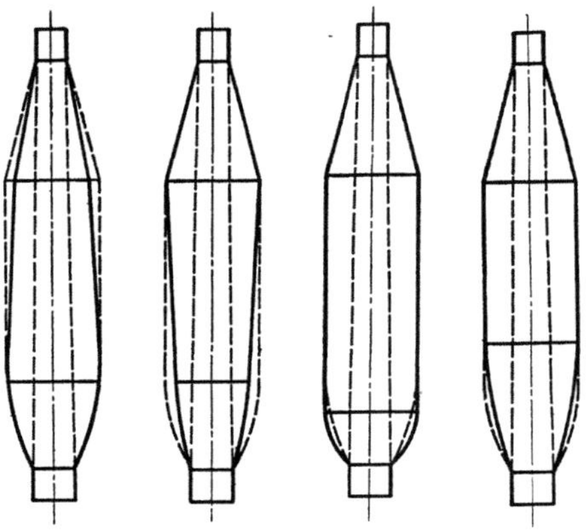

Abb. 334a, b, c und d. Vorkommende Fehler an den Kötzern.

Verdickungen im Kötzerkörper rühren gewöhnlich von einer Klemmung in einer oder mehreren Führungsbüchsen *m* der Ringbankhubstangen *p* her, Abb. 325. Machen sich Verdickungen auf der ganzen Kötzerlänge und auf der ganzen Maschine bemerkbar, so rührt dies von einer stoßweisen Bewegung des Exzenters her. Entweder ist der Exzenterzapfen abgenutzt oder ein das Exzenter treibendes Organ ist beschädigt. Verdickungen am Kötzer können auch daher rühren, daß die Arbeiterin das Sperrad zurückdreht, um das Abnehmen des Abzuges zurückzuhalten.

Lose Kötzerköpfchen entstehen entweder durch eine abgenutzte Exzenterspitze oder durch mangelhaftes Ausbalancieren des Wagens. Ist die Ringbank oben angelangt, so geht das Umkehren zur Abwärtsbewegung zu langsam vor sich, wenn die Gegengewichte zu leicht sind. Sind jedoch letztere zu schwer, so entstehen beim Umkehren von der Aufwärts- zur Abwärtsbewegung der Ringbank Fadenbrüche.

7. Berechnung des Ringspinners.

Nach dem früher aufgestellten Spinnplan sind für Kette die Nummern 10_e bis 36_e und für Schuß die Nummern 10_e bis 36_e herzustellen. Dazu werden 28 Kettringspinner zu je 460 Spindeln und 6 Schußringspinner zu je 500 Spindeln benötigt. Die Vorgarnnummern sind folgende:

für die Nummern	10	bis	16	(Kette und Schuß)	die Vorgarnnummer	2,5
„ „ „	18	„	24	(„ „ „)	„ „	3,5
„ „ „	26	„	36	(„ „ „)	„ „	5

Zur Berechnung soll der Kettringspinner der Elsässischen Maschinenbau-Gesellschaft, Mülhausen i. Els., zugrunde gelegt werden (siehe Antriebsschema Abb. 335).

Der Einfachheit halber und zwecks leichten Verständnisses wählen wir irgendeine zu spinnende Nummer, z. B. Nr. 28_e. Die Berechnung der übrigen Nummern kann dann mit Leichtigkeit durchgeführt werden. Es ist vorteilhaft, alle erhaltenen Resultate für die verschiedenen Nummern in einer Tabelle zu vereinigen.

1. Spindeln. Nehmen wir als praktische Umdrehungszahl der Hauptwelle **890** an, so ist die theoretische minutliche Spindelumdrehungszahl:

$$890 \frac{255}{22} = 10320 .$$

Praktische Umdrehungszahl $= 890 \frac{255}{22 + 1{,}6} = 9600$, wobei 1,6 mm die Dicke der Spindelschnur bedeutet.

Gleitverlust in Prozenten $= \frac{(10320 - 9600) \cdot 100}{10320} = 6{,}98 = \sim 7\%$.

2. Bestimmung der Umdrehungen des Vorderzylinders und des Drahtwechsels.
Draht für 1 Zoll engl. $= \alpha \sqrt{N} = 4\sqrt{28} = 21{,}2$.
Draht für 1 dm $= 83{,}4$.

Umfangsgeschwindigkeit des Vorderzylinders $= \frac{9600}{83{,}4 \cdot 10} = 11{,}52$ m/min.

Anzahl Umdrehungen des Vorderzylinders $= \frac{11{,}52}{\pi \cdot 0{,}025} = 146{,}8$.

Diese Geschwindigkeit ist noch zulässig. Nach dem Schema Abb. 335 läßt sich jetzt der Drahtwechsel bestimmen. Danach ist:

$$146{,}8 \frac{75}{R_T} \frac{100}{30} = 890 ,$$

$$R_T = 146{,}8 \frac{75}{890} \frac{100}{30} = 41{,}2$$

$$= \sim \mathbf{41} \text{ Zähne.}$$

Mit dem Drahtwechsel von 41 Zähnen erhalten wir folgende Zylinderumgänge:

$$890 \frac{30}{100} \frac{41}{75} = 146 .$$

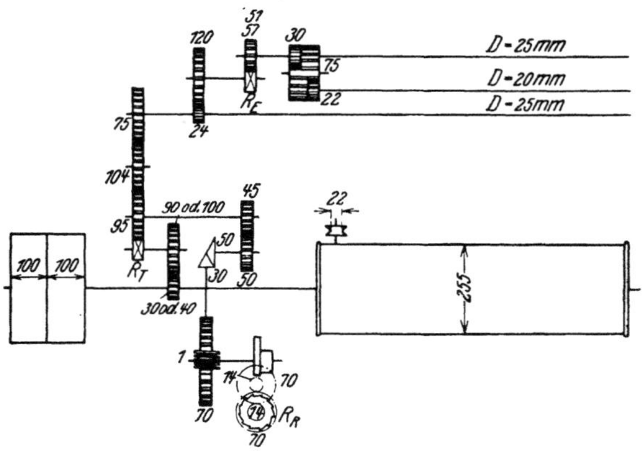

Abb. 335. Antriebsschema.

Umfangsgeschwindigkeit des Vorderzylinders $= \pi \cdot 0{,}025 \cdot 146 \doteq \mathbf{11{,}47}$ m/min.

Das Garn erhält somit folgende Drehung:

$$T = \frac{9600}{11{,}47 \cdot 10} = \mathbf{83{,}7} \text{ t/dm}$$

oder

$$T = \frac{38{,}7 \cdot 25{,}4}{100} = \mathbf{21{,}25} \text{ t/Zoll.}$$

3. Verzug. Um mit der Vorgarnnummer 5 das Garn Nr. 28 zu erhalten, müßte der Verzug

$$V = \frac{28}{5} = 5{,}6$$

sein. Mit diesem Verzug ergibt sich folgender Verzugswechsel, wenn wir ein 51er Rad auf den Einzugszylinder stecken:

$$5{,}6 = \frac{25}{25} \frac{51}{R_E} \frac{120}{24} = \frac{255 \text{ (Konstante)}}{R_E} ,$$

$$R_E = \frac{255}{5{,}6} = 45{,}5 .$$

Infolge der Verkürzung durch den Draht wird der austretende Faden etwas schwerer ausfallen, als es im Verzug vorgesehen wurde. Letzterer muß demnach etwas größer genommen werden. In der Praxis multipliziert man deshalb den durch die ein- und austretende Nummer festgestellten Verzug mit einem Koeffizienten, der, je nach der Feinheit der Nummer, zwischen 1,025 und 1,040 variiert. Bei Nr. 28 wurde der praktische Koeffizient zu 1,035 ermittelt, wodurch sich ein praktischer Verzug ergibt von

$$5{,}6 \cdot 1{,}035 = \mathbf{5{,}8}\,.$$

Demnach bekommen wir den Verzugswechsel

$$R_E = \frac{255}{5{,}8} = 43{,}95 = \sim \mathbf{44}\ \text{Zähne.}$$

Einzelverzüge. Verzug zwischen dem Einzugs- und dem mittleren Zylinder

$$v_1 = \frac{20}{25}\,\frac{30}{22} = 1{,}09\,.$$

Verzug zwischen dem mittleren und dem Vorderzylinder

$$v_2 = \frac{25}{20}\,\frac{22}{30}\,\frac{51}{44}\,\frac{120}{24} = 5{,}31\,.$$

Gesamtverzug $= V = v_1 \cdot v_2 = 1{,}09 \cdot 5{,}31 = \mathbf{5{,}79}$ oder

$$v = \frac{25}{25}\,\frac{51}{44}\,\frac{120}{24} = \mathbf{5{,}79}\,.$$

4. Die Ringbankbewegung. In einer Minute führt das Exzenter folgende Anzahl Umdrehungen aus:

$$890\,\frac{30}{100}\,\frac{41}{95}\,\frac{45}{50}\,\frac{50}{30}\,\frac{1}{70} = \mathbf{2{,}47}\,.$$

Während einer Minute liefert der Vorderzylinder 11,47 m. Demnach entfällt auf eine Exzenterumdrehung = ein Doppelhub eine Vorderzylinderlieferung von

$$\frac{11{,}47}{2{,}45} = \mathbf{4{,}645}\ \text{m}\,.$$

Dasselbe ergibt sich, wenn man die Vorderzylinderumgänge für eine Exzenterumdrehung berechnet.

$$\text{Vorderzylinderumdrehungen} = 1\,\frac{70}{1}\,\frac{30}{50}\,\frac{50}{45}\,\frac{95}{75} = 59{,}05\,.$$

Während diesen 59,05 Umdrehungen liefert der Vorderzylinder

$$\pi \cdot 0{,}025 \cdot 59{,}05 = 4{,}645\ \text{m}\,.$$

Wie aus dieser Berechnung zu ersehen ist, kann sich die Zylinderlieferung für eine Exzenterumdrehung nicht ändern, da strenggenommen das Exzenter vom vorderen Verzugszylinder seinen Antrieb erhält. Werden durch Auswechseln des Drahtwechsels die Zylinderumgänge geändert, so wird das Exzenter ebenfalls schneller oder langsamer drehen, so daß für einen Doppelhub die Fadenlänge konstant ist.

5. Das Schaltrad (Sperrad). Beim ersten Ingangsetzen einer neuen Maschine ergibt eine theoretische Berechnung zur Auffindung des erforderlichen Sperrades gewöhnlich Werte, die von der Wirklichkeit weit entfernt sind. Es wird sich wohl kein Praktiker der Mühe unterziehen, ein Sperrad am Ringspinner auszurechnen. Denn die Bestimmung des Schaltrades hängt ab vom Draht, von der Spindelgeschwindigkeit, dem Durchmesser des Ringes und demjenigen des Kötzers, der

Ringbankgeschwindigkeit und endlich von der Fadenspannung. Es ist viel einfacher, das richtige Sperrad durch Versuche festzustellen. Hat man dasselbe für eine bestimmte Garnnummer N ausprobiert, für welche dann ein Sperrad R_R verwendet wird, so kann man auf derselben Maschine für eine andere Garnnummer N' das aufzusteckende Sperrad R'_R nach folgender Regel bestimmen:

$$\frac{R_R}{R'_R} = \frac{\sqrt{N}}{\sqrt{N'}},$$

$$R'_R = \frac{R_R \cdot \sqrt{N'}}{\sqrt{N}}.$$

Wäre z. B. die Maschine für die Garnnummer 28 mit einem Sperrad von 26 Zähnen versehen und soll die Garnnummer 20 hergestellt werden, so erhält das neue Sperrad

$$R'_R = \frac{26 \cdot \sqrt{20}}{\sqrt{28}} = 22 \text{ Zähne.}$$

6. Lieferungsformel. Die praktische Lieferung eines Ringspinners in 10 Arbeitsstunden beträgt

$$P = \frac{60 \cdot 10 \cdot p}{\frac{10 \cdot t}{Sp} \cdot \frac{N \cdot 1000 \cdot p}{500} + z}$$

In dieser Formel sind

Sp = Anzahl Spindelumgänge,
t = Draht für 1 dm,
p = Nettogewicht des Kötzers,
N = französische Nummer,
z = Zeitverlust in Minuten.

Diese Formel wurde schon bei den Spulern abgeleitet.

L. Das Durchzugsstreckwerk.

1. Theorie des Durchzugsverfahrens.

Beim gewöhnlichen Streckwerk der Spinnmaschinen haben wir den Einzugszylinder, welcher die Lunte langsam einzieht. Dabei ist die Entfernung vom Einzugszylinder zum mittleren Riffelzylinder bedeutend größer als die Faserlänge. Diese beiden Zylinder haben den Zweck, die der Lunte erteilte Drehung zu überwinden, weshalb der Verzug zwischen Einzugs- und Mittelzylinder nur recht klein zu sein braucht. Der eigentliche Verzug geschieht zwischen dem vorderen und dem mittleren Riffelzylinder, die Entfernung dieser beiden Riffelzylinder ist der Faserlänge möglichst angepaßt. Die kurzen Fasern, welche gewissermaßen vom mittleren zum Vorderzylinder hinüberschwimmen, werden nur durch die Adhäsion mit den vom Vorderzylinder gefaßten Fasern mitgenommen. Diese kurzen, nicht gefaßten Fasern nehmen eine ungleichmäßige Geschwindigkeit an, denn je nach der Größe der Adhäsion werden diese Fasern sich entweder mehr der Umfangsgeschwindigkeit des Vorderzylinders anpassen oder derjenigen des Mittelzylinders. Diese kurzen Fasern können aber auch eine mittlere Geschwindigkeit annehmen und sich kreuz oder quer zur Faserrichtung legen.

Um den schlechten Einfluß der kurzen Fasern beim Verziehen zu vermindern, dient das Durchzugsverfahren. Sein Zweck besteht darin, die schwimmenden Fasern, d. h. diejenigen, welche ihrer Kürze wegen weder von dem einen, noch von dem anderen Verzugszylinder erfaßt werden, regelmäßig von einem Zylinder zum anderen hinüber zu führen, so daß ein gleichmäßiger Verzug zustande kommt. Das Durchzugsstreckwerk gestattet, bei derselben Gleichmäßigkeit des Fadens einen größeren Verzug anzuwenden oder bei demselben Verzug eine größere Gleichmäßigkeit der Gespinste zu erhalten; endlich können mit dem Durchzugsverfahren für eine bestimmte Garnnummer minderwertige, d. h. kürzere Baumwollen verarbeitet werden, mit welchen das klassische Streckwerk nie diese Nummer erreicht.

Im allgemeinen finden wir beim Durchzugsstreckwerk den Vorder- und Hinterzylinder vor, genau wie beim gewöhnlichen Streckwerk, nur der mittlere Zylinder erhält andere Anordnungen.

Nehmen wir z. B. das Stapeldiagramm einer amerikanischen Baumwolle an (Abb. 336). Die längste Faser betrage 30 mm. Die ganz kurzen Fasern gehen zwar in der Schlägerei und in der Krempelei in den Abgang, jedoch sollen der Vollständigkeit des Diagrammes halber die Faserlängen von 30 bis 0 mm angenommen werden. Sei AA die Klemmlinie der Rückhaltezange und BB diejenige der Auszugszange, so sind alle Fasern, welche über BB liegen, geklemmt, dagegen die darunter liegenden Fasern nicht. Auf einem Ringspinner können wir als Zylinderstellung ein Minimum von 23 mm geben, wenn der Durchmesser des Vorderzylinders 1″ = 25,4 mm und derjenige des mittleren Riffelzylinders ¾″ = 19,05 mm beträgt. Geben wir aber eine zu enge Zylinderstellung, so werden bei etwas feineren Garnen die längeren Fasern zusammengezwirnte Knoten bilden, die zwar bei Kettgarnen infolge der weiteren Verarbeitung auseinander gezogen werden, dagegen bei Schußgarnen sich sehr unangenehm im Gewebe bemerkbar machen. Dadurch, daß sich die kurzen und mittleren Fasern spiralförmig um die vom Vorder- und Mittelzylinder zugleich geklemmten Fasern wickeln, entstehen die „Kracher“. In diesem Falle müßte also die Zylinderstellung vergrößert werden, was aber zum Schaden der Regelmäßigkeit des Fadens gereicht. Wir sind somit schon gezwungen, etwas mehr Rücksicht auf die längeren Fasern zu nehmen und die Zylinderstellung auf mindestens 24 mm zu erweitern, wodurch aber der Prozentsatz der schwimmenden Fasern beträchtlich steigt. Bei 23 mm Zylinderstellung hätten wir 27% gefaßte und 73% schwimmende Fasern, dagegen bei 24 mm Zylinderstellung 18% gefaßte und 82% schwimmende Fasern, wie dies in Abb. 336 graphisch dargestellt ist.

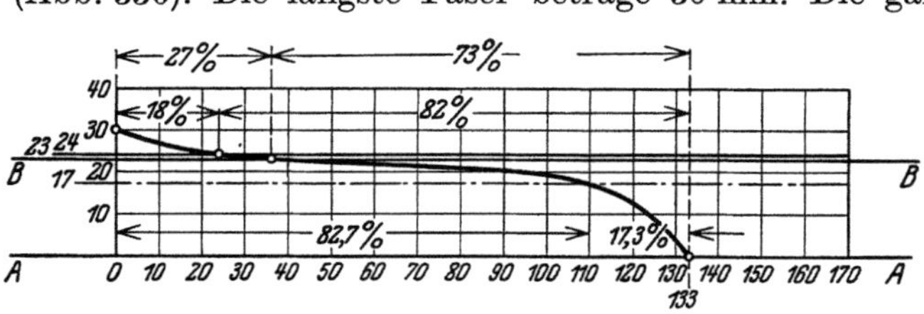

Abb. 336. Stapeldiagramm einer amerikanischen Baumwolle.

Nach dieser Betrachtung wäre es unmöglich, mit gewöhnlichen Verzugszylindern ein einigermaßen gleichmäßiges Garn zu erzielen. Wir dürfen aber nicht vergessen, daß die Verteilung nicht einem einzelnen Diagramm entspricht, sondern unzähligen Diagrammen, eines hinter dem anderen angeordnet. Dadurch wird natürlich der Prozentsatz der schwimmenden Fasern bedeutend vermindert, nach mehreren Versuchen wurden bei 24 mm Zylinderstellung unter Beibehaltung des vorigen Diagrammes 15% an schwimmenden Fasern festgestellt. Je größer der Verzug ist, desto mehr schwimmende Fasern werden sich zwischen den beiden Klemmpunkten befinden. Jeder Praktiker weiß, daß beim Überschreiten eines gewissen Verzuges, z. B. acht bei den Ringspinnern oder sechs bei den Feinspulern für amerikanische Baumwollen, das Garn bzw. die Lunte schnittig ausfällt. Dies rührt daher, daß die Diagramme nicht genügend schnell aufeinander folgen.

Vermindern wir die Zylinderstellung auf 17 mm, so haben wir 82,7% gefaßte Fasern und 17,3% schwimmende Fasern nach Abb. 336. Nehmen wir eine kurze Faser von 10 mm an, so wird bei einer Zylinderstellung von 24 mm, also beim klassischen Streckwerk, diese Faser während einer Strecke von 24 — 10 = 14 mm schwimmen, dagegen beim Durchzugsstreckwerk bei 17 mm Zylinderstellung bloß 17 — 10 = 7 mm. Aus diesen Zahlen ist ersichtlich, daß den Durchzugsstreckwerken ein großer Vorteil nicht abzusprechen ist. Das Prinzip des Durchzugsverfahrens besteht demnach in einer Verminderung der schwimmenden Fasern sowie der Zeit, während welcher die schwimmenden Fasern von einem Klemmpunkt zum anderen geführt werden. Je größer die Anzahl der gefaßten Fasern ist, desto größer kann auch der Verzug genommen werden. Beim klassischen Streckwerk kann auf dem Selfaktor ein Höchstverzug von 10 bis 12 gewählt werden, wogegen beim Durchzugsstreckwerk ein solcher von 16 bis 30 noch gut zulässig ist.

Beim Durchzugsstreckwerk sollen nun

1. die Zylinderstellung möglichst klein gewählt werden, denn je kleiner dieselbe, desto gleichmäßiger wird das Garn;
2. die Lunte derart zurückgehalten werden, daß die schwimmenden Fasern von den gefaßten nicht mitgezogen werden;
3. die von der Auszugszange und der Rückhaltezange zugleich gefaßten Fasern nicht zerrissen werden und
4. die Fasern gleichmäßig vorgeschoben werden.

Es wurden verschiedene Versuche gemacht, um das Durchzugsstreckwerk den praktischen Bedürfnissen nach auszubauen. Im folgenden sollen schematisch einige Anordnungen wiedergegeben werden, welche in der Praxis Anklang gefunden haben. Das erste auf dem Markt erschienene Durchzugsstreckwerk war dasjenige von Casablancas.

2. Das Durchzugsstreckwerk von Casablancas. (Abb. 337.)

Im Aufbau von Casablancas haben wir den Einzugszylinder A mit der Gewichtswalze B, ferner den Auszugszylinder C mit seinem belederten Druckzylinder D. An Stelle des mittleren Verzugszylinders befinden sich zwei Ledermuffen E und F, wobei der waffelförmig geriffelte Zylinder G die Ledermuffe E antreibt. Durch genügenden Druck auf den Zapfen des Zylinders H wird die obere Muffe von der unteren angetrieben.

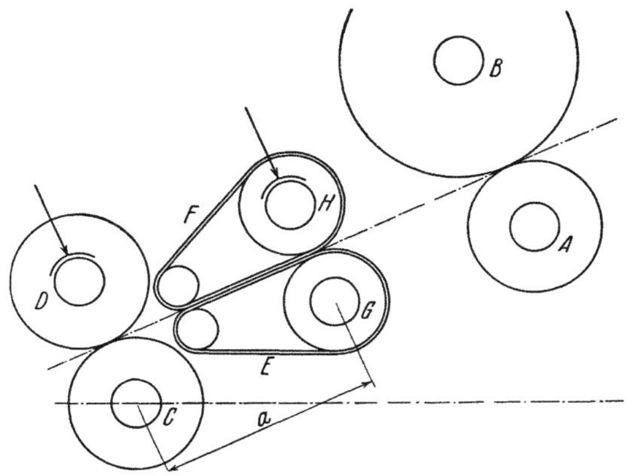

Abb. 337. Durchzugsstreckwerk von Casablancas.

Zwischen A und G erhält die Lunte wie gewöhnlich einen geringen Verzug, um die Drehung derselben aufzuheben. In einer Entfernung von 17 mm werden nun die Fasern zwischen E und G weiterbewegt und infolge des Druckes auf den

Zapfen von H kräftig zwischen H und G gefaßt. Die Ledermuffen halten die Fasern zurück, ohne jedoch den von den Auszugszylindern C und D gefaßten Fasern einen merklichen Widerstand entgegenzusetzen. Den Abstand zwischen C und G nimmt man gewöhnlich 10 mm größer als die kürzeste Faser ist. Ein Gleiten der Ledermuffen darf nicht stattfinden, da sonst der Verzug ungleichmäßig wird und schnittiges Garn entsteht. Innerhalb folgender Grenzen werden die besten Ergebnisse erzielt:

Für indische Baumwolle	Verzug	12	bis	18
„ amerikanische Baumwolle	„	15	„	24
„ Mako	„	18	„	30
„ Sakellaridis.	„	20	„	35

Je nach den zu erzielenden Garnnummern wird in diesen Fällen die Feinbank bzw. die Extrafeinbank überflüssig.

3. Durchzugsstreckwerk Vanni. (Abb. 338A, B und C.)

(Konstruktion Spinnerei-Maschinenfabrik N. Schlumberger & Cie., Gebweiler i. Els.)

Bei diesem System sind die drei Riffelzylinder des Ringspinners beibehalten worden. Statt des gußeisernen Druckzylinders ist auf dem mittleren Riffelzylinder I ein aus weichem Leder bestehender Muff M angebracht, dessen Druckwalze P hinten überhängt, um ein gutes Klemmen der Fasern zu sichern, T ist eine dünne Spannwalze. Eine mit Plüsch überzogene Eisen- oder auch Holzwalze reinigt die Ledermuffen M von anhaftenden Fasern, dient aber auch dazu, die Muffen zu führen und ihnen gegebenenfalls eine größere Spannung zu erteilen.

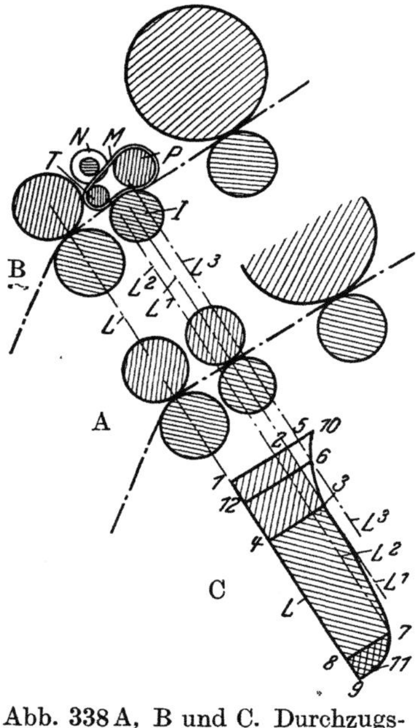

Abb. 338 A, B und C. Durchzugsstreckwerk Vanni.

Abb. 338 A stellt den Schnitt durch das gewöhnliche Streckwerk und Abb. 338 B einen solchen des Durchzugsstreckwerkes Vanni dar. Hierbei sind beide für dieselben Faserlängen eingestellt. Die punktierte Linie L stellt die Klemmlinie des vorderen Zylinderpaares dar, die Linie L^1 diejenige des mittleren Zylinderpaares beim gewöhnlichen Streckwerk. Linie L^2 gibt die vordere und L^3 die hintere Klemmlinie des Systems Vanni wieder. *1—10—9—11* ist das Faserdiagramm, wobei *9—11* die kürzesten und *1—10* die längsten Fasern sind. Beim gewöhnlichen Streckwerk werden die zwischen den Klemmlinien L und L^1 befindlichen Fasern, welche in Abb. 338 C zwischen den Punkten *1—2—3—4* schraffiert sind, zerrissen, da sie zu gleicher Zeit vom Auszugs- und vom mittleren Zylinderpaar gefaßt werden. Diejenigen im Diagramm gefaßten Fasern, welche zwischen *4—3—11—9* sich befinden und entgegengesetzt schraffiert sind, werden während einer mehr oder minder kurzen Zeit infolge der Adhäsion vom Mittelzylinder- zum Vorderzylinderpaar hinüberschwimmen. Wie schon weiter oben ausgeführt wurde, erzeugt diese Art Vorwärtsbewegung der Fasern einen unregelmäßigen Faden.

Beim System Vanni hingegen werden die Fasern von dem endlosen Ledermuff *M* bei L^3 leicht gefaßt, sodann bis L^2 geführt, da L^2 näher an der Klemmlinie *L* liegt wie L^1, folgt aus Abb. 338C, daß in diesem Falle die schwimmenden Fasern auf die kleine, gekreuzt schraffierte Fläche *8—7—11—9* beschränkt sind. Die längeren von *L* gefaßten Fasern werden hierbei nicht zerrissen, sondern gleiten zwischen Ledermuff und Riffelzylinder, ohne hierbei die benachbarten Fasern mitzunehmen, denn letztere werden infolge ihres leichten Druckes auf *I* von dem Ledermuff zurückgehalten. Bei diesem Durchzugsstreckwerk sind demnach die schwimmenden Fasern auf ein Minimum beschränkt. Abb. 339 zeigt das von der Konstruktion N. Schlumberger & Cie. ausgeführte Durchzugsstreckwerk „Vanni" mit den dazugehörigen Maßen.

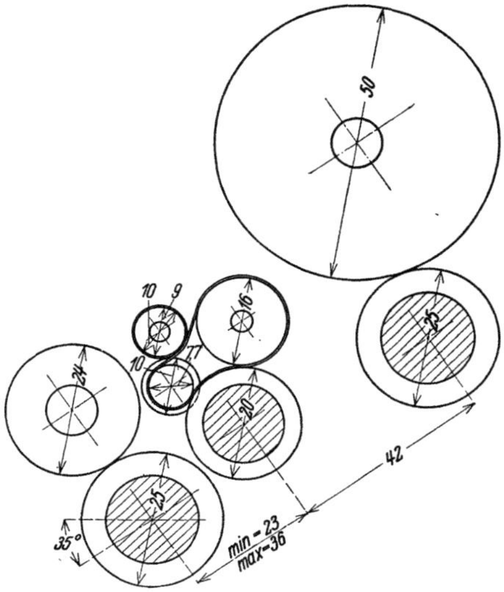

Abb. 339. Durchzugsstreckwerk Vanni.

4. Durchzugsstreckwerk Jannink.
(Abb. 340.)

Bei den Spinnmaschinen für Baumwolle besteht das Streckwerk aus drei Zylinderpaaren, dem Einzugszylinder-, dem Mittelzylinder- und dem Auszugszylinderpaar. Der Verzug zwischen Einzugs- und Mittelzylinder beträgt etwa 1,1 bis 1,5 und dient dazu, die Lunte auf den Hauptverzug vorzubereiten. Letzterer vollzieht sich zwischen dem Mittel- und dem Auszugszylinder. Die Zylinderstellung zwischen diesen beiden ist der Faserlänge angepaßt, während diejenige zwischen Mittel- und Einzugszylinder, je nach der zu bearbeitenden Baumwolle, 32 bis 45 mm beträgt.

Gewöhnlich haben die Ringspinner Selbstbelastung auf dem Einzugs- sowie auf dem Mittelzylinder, d. h. jeder dieser beiden Riffelzylinder ist mit einer glatten Gußwalze belastet, deren Gewicht für mittlere Schußgarne bei amerikanischer Baumwolle für zwei Lunten etwa 920 g für den Einzugszylinder und etwa 180 g für den Mittelzylinder beträgt, dagegen wird das Gewicht für mittlere Kettgarne bei derselben Baumwollsorte für zwei Lunten zu etwa 1200 g für den Einzugszylinder und etwa 300 g für den Mittelzylinder gewählt.

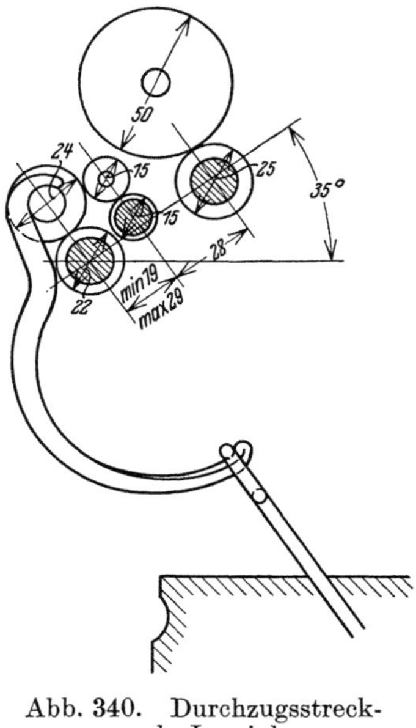

Abb. 340. Durchzugsstreckwerk Jannink.

Wird nun das Gewicht der Belastungswalze des Mittelzylinders bedeutend verringert, so kann man die Zylinderstellung zwischen Auszugs- und Mittelzylinder herabsetzen und auf diese Weise die Anzahl der schwimmenden Fasern vermindern. Infolgedessen kann auch der Verzug erhöht werden, wie dies in der obigen Theorie des Durchzugsverfahrens schon näher auseinandergesetzt wurde. Dies ist der Grundgedanke des Systems Jannink. In der Praxis hat sich ergeben, daß der Unterschied zwischen der Zylinderstellung von Mittel- und Auszugszylinder und der größten Faserlänge etwa 8 bis 10 mm sein soll. Z. B. soll für amerikanische Baumwolle von 28 bis 30 mm diese Zylinderstellung 20 mm betragen; man ist dadurch gezwungen, den Durchmesser des mittleren geriffelten Verzugszylinders auf mindestens 14 mm zu vermindern. Das Gewicht der glatten Belastungswalze für den Mittelzylinder schwankt zwischen 60 und 100 g für zwei Riffeltische.

Jannink legt großen Wert auf das Gewicht der mittleren Belastungswalze und bemerkt, daß die Auszugszylinder die Fasern vom mittleren Zylinderpaar herausziehen sollen, ohne jedoch die Fasern zu zerreißen. Andererseits soll das Gewicht der mittleren Belastungswalze genügend groß sein, um das gegenseitige Anhaften der Fasern zu verhindern, so daß jede Faser mit großer Auszugsgeschwindigkeit vom Auszugszylinderpaar ausgezogen werden kann, ohne daß benachbarte Fasern mitgerissen werden. Um dies zu erreichen, ist es nötig, nicht nur dem Belastungszylinder, sondern auch dem mittleren Verzugszylinder eine glatte Oberfläche zu geben. Es wird also den vom Auszugszylinderpaar und vom Mittelzylinderpaar zugleich gefaßten Fasern ein geringerer Widerstand entgegengesetzt.

Die Hauptrolle beim System Jannink spielt der mittlere Belastungszylinder; er soll leicht genug sein, um dem Auszugszylinderpaar ein leichtes Ausziehen der Fasern zu gestatten, andererseits aber auch schwer genug, um 1. die Fasern zurückzuhalten, damit die kurzen Fasern nicht büschelweise von den längeren mitgezogen werden, und um 2. ein einwandfreies Einziehen der Lunte zu ermöglichen. Das Gewicht dieser mittleren Druckwalze hängt vom Verzug, von der Luntendicke und von der Zylinderstellung ab.

5. Durchzugsstreckwerk Gibello. (Abb. 341.)

Das Charakteristische an dieser Ausführung besteht darin, daß zwei Druckzylinder auf dem mittleren Riffelzylinder gelagert sind. Der nächst dem Einzugszylinder befindliche Druckzylinder B übt einen ziemlich starken Druck auf den Mittelzylinder I aus und hat dieselbe Wirkung wie ein gewöhnlicher Mittelzylinder mit Selbstbelastung, d. h. Aufhebung des Drahtes sowie Auflösen der Andreher gehen normal vonstatten. Der gegen die Auszugszylinder hin befindliche Oberzylinder A ist leicht und dient zum Zurückhalten der Fasern.

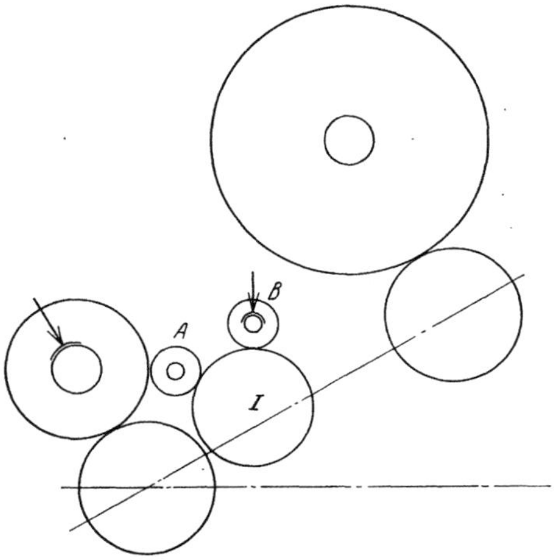

Abb. 341. Durchzugsstreckwerk Gibello.

Damit aber die beiden Zylinder A und B auf dem Mittelzylinder I Platz haben, muß notgedrungen der Durchmesser des letzteren vergrößert werden, was natürlich auch die Zylinderstellung und somit den Prozentsatz an schwimmenden Fasern vergrößert. Andererseits werden die aus A und I heraustretenden Fasern infolge der geeigneten Stellung von A in bezug auf die Auszugszylinder nicht genau an den Klemmpunkt des vorderen Zylinderpaares gelangen, sondern etwas unterhalb. Nur die Drehung des vorderen Riffelzylinders führt die Fasern zum Klemmpunkt. Man erhält bei dieser Anordnung nicht glattes, sondern rauhes Garn.

Ein weiterer Nachteil zeigt sich darin, daß die Walze *A* von den langen Fasern in die Höhe gehoben wird, wenn das vordere Zylinderpaar dieselben aus der Lunte herauszieht, wodurch der Faden ungleichmäßig wird.

Es wurden zwar einige Verbesserungen am System Gibello ausgeführt, jedoch bei allen hatte das Garn eine rauhe Oberfläche.

6. Durchzugsstreckwerk Toenniessen. (Abb. 342.)

(Konstruktion der Spinnerei-Maschinenfabrik N. Schlumberger & Cie., Gebweiler i. Els.)

Hiermit gelangen wir zum Vierzylinderstreckwerk. Die Einzugszylinder zeigen die gewöhnliche Ausführung; das hintere Mittelzylinderpaar hat denselben Zweck wie *B*—*I* beim Gibello, d. h. die Lunte erhält einen geringen Vorverzug des Drahtes, wie dies schon beim klassischen Streckwerk der Fall ist. Das den Auszugszylindern näher gelegene Mittelzylinderpaar dient dazu, die nichtgefaßten Fasern zurückzuhalten und die vom Vorderzylinderpaar gefaßten Fasern gleiten zu lassen.

Obgleich ein Vierzylinderstreckwerk teurer zu stehen kommt als das gewöhnliche dreizylindrige, so hat sich die Ausführung von Toenniessen, ein Vierzylinderstreckwerk mit gebrochenem Verzugsfeld, doch rasch eingebürgert. Die zwischen dem Auszugs- und vorderen Mittelzylinder gelegene Ebene und die zwischen dem vorderen und hinteren Mittelzylinderpaar bilden einen stumpfen Winkel.

Bei allen vorhergehenden Durchzugssystemen wurde auf die Stapellänge wenig oder gar keine Rücksicht genommen. Da aber der Verzug eine Funktion der Faserlänge ist, so wird man bei einer gleichmäßigen Stapellänge mehr Verzug geben können wie bei unregelmäßigem Stapel. Das Einstellen der Streckzylinder auf die Faserlänge ist viel wichtiger als die Belastung des Durchzugszylinders.

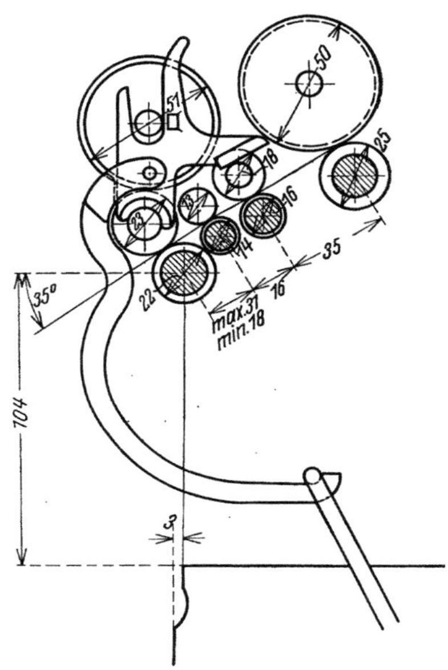

Abb. 342. Durchzugsstreckwerk Toenniessen.

Die Ausführung von Toenniessen verleiht dem Streckwerk eine größere Sicherheit und auch die Bedienung ist sehr leicht. Der Druck auf den hinteren Mittelzylinder, welcher etwa 1,8 bis 2 kg für zwei Fäden beträgt, erfolgt außerordentlich praktisch mittels Sattelbelastung. Durch diesen Druck auf den hinteren Mittelzylinder wird der Verzug gleichmäßiger. Der Druck auf den Vorderzylinder beträgt 4,5 kg für zwei Fäden. Der vordere untere Mittelzylinder ist fein geriffelt, in den oberen dagegen sind feine Rillen eingeschnitten, ähnlich wie bei einem nackten Lederdruckzylinder. Die Rillen wirken fördernd bei der Zurückhaltung der Fasern. — Toenniessen hat auf die automatische Reinigung des Streckwerkes großen Wert gelegt, so daß diese Ausführung als eine praktische Lösung des Durchzugsverfahrens betrachtet werden kann.

Beim Toenniessen-Vierzylinder-Streckwerk sind am wenigsten schwimmende Fasern zu verzeichnen. Infolge des leicht gebrochenen Verzugsfeldes und der kleinen Mittelzylinder können die Klemm- und Rückhaltestellen möglichst nahe aneinander gestellt werden. Abb. 342 gibt die Maße und den Aufbau von Toenniessens vierzylindrigem Streckwerk.

Das System Toenniessen eignet sich vorzüglich für bessere Baumwollsorten, dagegen lassen sich bei geringer Baumwolle weniger gute Erfolge erzielen.

7. Allgemeines über das Durchzugsverfahren.

Der Zweck des Durchzugsverfahrens ist eine Herabsetzung des Herstellungspreises, ohne daß dies jedoch auf Kosten der Qualität des Garnes geht.

Diese Arbeitsmethode verlangt vor allem eine tadellos vorbereitete Lunte. Die geringste Vernachlässigung in der Herstellung der letzteren sowie in der Sauberhaltung der Maschinen zieht Unregelmäßigkeiten im Faden mit sich. Bei jedem Durchzugssystem kann bemerkt werden, daß sich auf der Zylinderbank (Brustbaum) viel Flaum anhäuft, weshalb die Maschine öfter gereinigt werden muß, als dies beim gewöhnlichen dreizylindrigen Streckwerk der Fall ist. Die Anhäufung von Flaum rührt daher, daß beim Durchzugsstreckwerk eine grobe Luntennummer vorgelegt wird, da der Verzug bedeutend größer wie gewöhnlich ist. Diese dicke Lunte liefert am Auszugszylinder eine breitere Fasermasse, wie wir dies beim gewöhnlichen Verzugssystem bemerken, welche nun zu einem Fadengebilde zusammengedreht werden soll. Der Draht reicht aber nicht genau bis zum Klemmpunkt der Auszugszylinder hinauf, die an den Rändern der verzogenen Lunte befindlichen Fasern werden entweder herunterfallen oder in der Luft herumfliegen. Von der bedienenden Spinnerin wird durch das öftere Reinigen der Maschine eine Mehrleistung an Arbeit verlangt; die Spindelzahl für eine Arbeiterin muß darum vermindert werden. Aus diesem Grunde soll der Verzug nicht zu groß genommen werden. Mit einem Verzug von 14 bis 18 läßt sich noch ein recht guter Erfolg erzielen, wobei schon der Fein- oder Extrafeinspuler übergangen werden kann, was immerhin die Garnlieferung einigermaßen verbilligt.

Ferner wird bei einer dicken Lunte der Rückhaltedruckzylinder nicht alle Fasern gleichmäßig zurückhalten, denn der leichte Druckzylinder übt nur auf einen Teil der Lunte seine Wirkung; die im Kern der Lunte befindlichen Fasern werden von diesem Drucke nicht oder nur schwach beeinflußt.

Dritter Abschnitt.

Berechnungen und Maßtabellen.

A. Bestimmung der Mittelnummer einer Spinnerei.

Unter Mittelnummer einer Spinnerei versteht man diejenige Gespinstnummer, die alle Spinnmaschinen hätten spinnen müssen, um in der gegebenen Zeit dieselbe Länge und dasselbe Gewicht zu liefern, das in Wirklichkeit in verschiedenen Feinheiten geliefert wurde.

Angenommen

die	Maschine	1	hätte	Nr. 12	gesponnen	und	in	einer gegebenen	Zeit	120	kg	geliefert	
„	„	2	„	„ 16	„	„	„	derselben	„	105	„	„	
„	„	3	„	„ 22	„	„	„	„	„	92	„	„	
„	„	4	„	„ 30	„	„	„	„	„	84	„	„	
„	„	5	„	„ 60	„	„	„	„	„	65	„	„	usw.

Die Summe der Gewichte ist

$$120 + 105 + 92 + 80 + 65 .$$

Die Anzahl der gesponnenen Meter sind

$$\begin{aligned} &12 \cdot 120 \cdot 1000 ,\\ &16 \cdot 105 \cdot 1000 ,\\ &22 \cdot \ \ 91 \cdot 1000 ,\\ &30 \cdot \ \ 84 \cdot 1000 ,\\ &60 \cdot \ \ 65 \cdot 1000 . \end{aligned}$$

Die gesamte Länge ist

$$(12 \cdot 120 + 16 \cdot 105 + 22 \cdot 92 + 30 \cdot 84 + 60 \cdot 65) \ 1 \ \mathrm{km} .$$

Somit ist nach der Numerierungsformel

$$N_M = \frac{l^{\mathrm{km}}}{k \cdot p^{\mathrm{kg}}} ,$$

$$N_M = \frac{12 \cdot 120 + 16 \cdot 105 + 22 \cdot 92 + 30 \cdot 84 + 60 \cdot 65}{105 + 120 + 92 + 84 + 65} .$$

Allgemein ausgedrückt ist die mittlere Nummer einer Spinnerei

$$N_M = \frac{A \cdot a + B \cdot b + C \cdot c + D \cdot d + \cdots}{A + B + C + D + \cdots} .$$

Man findet die Mittelnummer einer Spinnerei, indem man die Summe der Produkte aus den Einzelnummern und der Lieferung in Kilogramm bildet und diese durch die Summe der Kilogramme dividiert.

B. Kraftbedarf der Spinnereimaschinen.

In der folgenden Zusammenstellung ist der Kraftbedarf ohne Berücksichtigung der Transmissionen angegeben. Für letztere wird durchschnittlich ein Mehrverbrauch von 15% gerechnet.

1.	Ballenbrecher mit Transportlattentüchern	ungefähr	4÷5	PS
2.	Horizontalöffner mit Kastenspeiser und Schläger am Ausgang	„	12	„
3.	Voröffner	„	3÷4	„
4.	Crightonöffner mit Siebtrommel und endlosem Lattentuch am Ausgang	„	4÷5	„
5.	Schlagmaschine mit dreiarmigem Schläger	„	5÷6	„
6.	Laufdeckelkarde	„	0,9	„
7.	Eine Passage Strecke mit 8 Ablieferungen	„	1,1	„
8.	Bandvereinigungsmaschine	„	0,5	„
9.	Kämmaschine PC zu 4 Köpfen der Els. Maschinenbau-Gesellschaft	„	1,5	„
10.	Kämmaschine Heilmann zu 8 Köpfen, Konstruktion Platt Brothers	„	2,5	„
11.	Kämmaschine Nasmith zu 8 Köpfen, Konstruktion N. Schlumberger & Cie. und John Hetterington & Sons	„	2	„
12.	Grobspuler . . . . . 52 Spindeln für	„	1	„
13.	Mittelspuler . . . . . 62 „ „	„	1	„
14.	Feinspuler . . . . . . 76 „ „	„	1	„
15.	Doppelfeinspuler . . .115 „ „	„	1	„
16.	Selbstspinner a) während der Ausfahrt : 87 Spindeln für	„	1	„
	b) während des Abwindens : 420 „ „	„	1	„
	c) während der Einfahrt : 440 „ „	„	1	„
17.	Ringspinner . . . . . . 50 bis 85 Spindeln für	„	1	„

(je nach den herzustellenden Garnnummern und den dazugehörigen Spindelumgängen).

Beim Berechnen des Kraftverbrauches einer Spinnerei darf nicht vergessen werden, daß die Maschinen bei kalter Witterung, besonders beim Anlassen nach einem Sonn- oder Feiertag, bedeutend mehr Kraft zum Ingangsetzen benötigen. Man darf immerhin mit einem Mehrbedarf von 10% rechnen.

C. Berechnung eines Assortiments.

Aufgabe: Es soll eine Spinnereianlage berechnet werden, welche in 10stündiger Arbeitszeit 700 kg Kette Nr. 18_f (Ringspinner) und 1400 kg Schuß Nr. 48_f (Selbstspinner) zu liefern vermag. Der Betrieb, der als Shedbau auszuführenden Fabrik soll von einer Dampfmaschine ausgehen. Die Luftbefeuchtung ist als Zentralluftbefeuchtung auszuführen. Berechnung des Satzes, sowie Angabe der Geschwindigkeiten der Maschinen und der Antriebsleitungen mit der Zeichnung der Pläne von jedem Saal.

Berechnung des I. Assortiments.

48er Schuß Self. Louisiana 28/30.

Die praktische Lieferung einer Spindel in 10 Arbeitsstunden beträgt:

$$L_{pT} = \frac{60 \cdot 10 \cdot p}{\dfrac{\left(\dfrac{A \cdot 10\,t}{Sp} + e\right)\dfrac{N \cdot 1000}{500} \cdot p}{A} + z}.$$

Ableitung der Formel: Sei

Sp = Anzahl Spindelumgänge in einer Minute,
t = Draht auf 1 dm,
e = Anzahl Minuten für die Perioden des Abschlagens und der Einfahrt,
A = Auszugslänge (in m),
p = Nettogewicht des Kötzers.

Setzt man voraus, daß der Wagen ununterbrochen ausfahren könnte, so würde er minutlich

$$L = \frac{Sp}{t}\,\mathrm{dm} = \frac{Sp}{10\,t}\,\mathrm{m}$$

liefern. Tatsächlich können auf einmal, d. h. im Verlaufe eines Spieles, nur A Meter geliefert werden, wofür

$$\frac{A \cdot 10\,t}{Sp}$$

Minuten erforderlich sind. Hierzu kommen noch e Minuten für die Perioden des Abschlagens und der Einfahrt, so daß die Zeit für die Lieferung von A Metern

$$\frac{A \cdot 10\,t}{Sp} + e$$

Minuten ist. Wiegt bei Nr. N_f ein Kötzer netto p Gramm, so läßt sich die Garnlänge l für den Kötzer berechnen nach der Formel

$$l = \frac{N \cdot 1000}{500} \cdot p \text{ (Meter)}.$$

Hierfür ist eine Spinnzeit von

$$\frac{\left(\dfrac{A \cdot 10\,t}{Sp} + e\right)\dfrac{N \cdot 1000}{500} \cdot p}{A} + Z$$

Minuten mit Berücksichtigung der Zeitverluste nötig. In einer Minute werden also geliefert:

$$\frac{p}{\frac{\left(\frac{A \cdot 10t}{Sp} + e\right) \frac{N \cdot 1000 \cdot p}{500}}{A} + Z} \text{ Gramm.}$$

In 10 Stunden beträgt die Lieferung:

$$L_{pT} = \frac{60 \cdot 10 \cdot p}{\frac{\left(\frac{A \cdot 10t}{Sp} + e\right) \frac{N \cdot 1000 \cdot p}{500}}{A} + Z}. \tag{I}$$

Für $e = 0$ geht obiger Ausdruck, da A verschwindet, über in

$$L'_{pT} = \frac{60 \cdot 10 \cdot p}{\frac{10 \cdot t}{Sp} \cdot \frac{N \cdot 1000 \cdot p}{500} + Z}, \tag{II}$$

d. i. die Lieferungsformel der Ring- und Vorspinnmaschinen, wobei natürlich im letzteren Falle das Spulengewicht p in Gramm ausgedrückt ist.

Lieferungszahlen der einzelnen Maschinengattungen.

Selbstspinner .		1400 kg	Strecke . . .	0,5%	Abfall	1450 kg
Feinspuler . .	2 %	Abfall 1428 „	Karde	1,5%	„	1472 „
Mittelspuler .	0,5%	„ 1435 „	Schläger . . .	5,8%	„	1557 „
Grobspuler . .	0,5%	„ 1442 „	Öffner	1,8%	„	1585 „

1. Selbstspinner. Setzen wir in Formel (I) die entsprechenden Werte ein, so geht sie über in

$$\frac{60 \cdot 10 \cdot 14}{\frac{\left(\frac{1,625 \cdot 10 \cdot 105}{9000} + 0,1\right) \frac{48 \cdot 1000 \cdot 14}{500}}{1,625} + 10} = 35,05 \text{ g}.$$

Die Anzahl Spindeln ist also gegeben durch die Gleichung

$$\frac{1400}{0,035} = \sim 39900,$$

wozu 40 Maschinen zu 1000 Spindeln nötig sind.

2. Feinspuler.

$$N_f = \frac{n \cdot d}{v} = \frac{48 \cdot 1}{9} = 5,34 \text{ (austretende Nummer des Feinspulers).}$$

Nach Einsetzung der betreffenden Werte geht Formel (II) über in

$$\frac{60 \cdot 10 \cdot 300}{\frac{10 \cdot 11,6 \cdot 5,34 \cdot 2 \cdot 300}{1100} + 13} = \sim 501 \text{ g}.$$

$$\text{Anzahl Spindeln} = \frac{1428}{0,501} = 2850.$$

Hierzu sind 20 Feinspuler mit je 144 Spindeln nötig.

3. Mittelspuler.

$$N_f = \frac{n \cdot d}{v} = \frac{5{,}34 \cdot 2}{5{,}2} = 2{,}06 \text{ (austretende Nummer des Mittelspulers),}$$

$$\frac{60 \cdot 10 \cdot 650}{\frac{10 \cdot 7{,}24 \cdot 2{,}06 \cdot 2 \cdot 650}{700} + 14} = \sim 1340 \text{ g}.$$

$$\text{Anzahl Spindeln} = \frac{1435}{1{,}340} = 1070 .$$

Wir brauchen also 10 Mittelspuler mit je 110 Spindeln.

4. Grobspuler.

$$N_f = \frac{n \cdot d}{v} = \frac{2{,}06 \cdot 2}{4{,}8} = 0{,}86 \text{ (austretende Nummer des Grobspulers),}$$

$$\frac{60 \cdot 10 \cdot 700}{\frac{10 \cdot 4{,}4 \cdot 0{,}86 \cdot 2 \cdot 700}{600} + 14} = \sim 4100 \text{ g}.$$

Anzahl Spindeln $= \frac{1442}{4{,}1} = 352$, wozu 5 Grobspuler je 72 Spindeln nötig sind.

Ableitung der Lieferungsformel für die Strecke. Macht der Vorderzylinder allgemein n Umgänge, so liefert er bei d_1 mm Durchmesser in 10 Stunden

$$\frac{\pi \cdot d_1 \cdot n \cdot 60 \cdot 10}{1000} = \frac{\pi \cdot d_1 \cdot n \cdot 6}{10} \text{ Meter.}$$

Aus dieser Formel ergibt sich die theoretische kg-Lieferung für Nummer N mit

$$\frac{\pi \cdot d_1 \cdot n \cdot 6}{2 \cdot N \cdot 1000 \cdot 10} = \frac{\pi d_1 \cdot n \cdot 3}{N \cdot 10^4} .$$

Die praktische Lieferung ergibt sich durch Multiplikation mit dem Wirkungsgrad x.

$$L_P = x \frac{\pi \cdot d_1 \cdot n \cdot 3}{N \cdot 10^4} . \qquad \text{(III)}$$

Für Nr. 0,215 ist $x = 0{,}906$.

5. Strecke.

$$N_f = \frac{n \cdot d}{v} = \frac{0{,}86 \cdot 1}{4} = 0{,}215 \text{ (austretende Nummer der Strecke).}$$

Setzen wir in obiger Formel (III) die für diesen Fall gültigen Werte ein, so erhalten wir:

$$L_P = 0{,}906 \frac{3{,}14 \cdot 34{,}92 \cdot 350 \cdot 3}{0{,}215 \cdot 10^4} = 48{,}5 \text{ kg}.$$

Zur Lieferung von 1450 kg benötigen wir

$$\frac{1450}{48{,}5} = \sim 30 \text{ Ablieferungen.}$$

Hierzu verwenden wir fünf Strecken zu je sechs Ablieferungen. (a) $v_1 = 8$; (b) $v_2 = 8{,}2$; (c) $v_3 = 8{,}2$. Da wir drei Passagen annehmen, so beträgt die Gesamtzahl unserer Strecken

$$3 \cdot 5 = 15 \text{ Strecken.}$$

6. Karde.

$$N_f = \frac{n \cdot d}{v} = \frac{0{,}21 \cdot 8}{8{,}2} = 0{,}205 \text{ (austretende Nummer der Karde)},$$

$$V = \frac{N \cdot (100 - p)}{100 \cdot n} = \frac{0{,}205\,(100 - 6)}{100\,\frac{1}{2 \cdot 280}} = \sim 108\,.$$

Bei obiger Nummer liefert eine Laufdeckelkarde bei 10stündiger Arbeit ungefähr 43,5 kg.

$$\text{Anzahl Karden} = \frac{1472}{43{,}5} = \sim 34\,.$$

7. Schläger. A. Feinschläger.

$$N_f = \frac{1}{2 \cdot 280} \text{ (austretende Nummer des Feinschlägers).}$$

B. Mittelschläger.

$$N_f = \frac{n \cdot d}{v} = \frac{\frac{1}{2 \cdot 280} \cdot d}{\frac{4}{3} \cdot d} = \frac{1}{2 \cdot 374} = \text{austretende Nummer des Mittelschlägers.} \quad (d = 4)$$

Ein Schläger liefert durchschnittlich 1200 kg im Tag zu 10 Stunden.

Da wir außer den 1557 kg noch 780 kg für das Ringspinnerassortiment benötigen, so brauchen wir zwei Fein- und zwei Mittelschläger.

8. Öffner vereinigt mit Schläger.

$$N_f = \frac{n \cdot d}{v} = \frac{\frac{1}{2 \cdot 374} \cdot d}{\frac{4}{3} \cdot d} = \sim \frac{1}{2 \cdot 500} = \text{austretende Nummer des Vorschlägers.} \quad (d = 4)$$

Eintretende Nummer des Vorschlägers

$$\mathfrak{N} = \frac{n \cdot d}{v} = \frac{1}{2 \cdot 500 \cdot 4} = \frac{1}{2 \cdot 2000}\,.$$

Gibt man die Nummer in dieser Form an, so ist ohne weiteres klar, daß der größere Faktor des Nenners die Anzahl Gramm des Wickelgewichtes für 1 m angibt. Da die Lieferung eines Öffners mit Schläger 2500 kg beträgt, so brauchen wir für beide Assortimente eine Maschine, denn nimmt man die Schlägerabgänge zu 1,8% an, so ist

$$1585 + 794 = 2379 \text{ kg}\,.$$

Das Durchschnittsgewicht eines amerikanischen Ballens = 225 kg gesetzt, erhält man den wöchentlichen Verbrauch an Baumwollballen für das Selfaktorassortiment rund

$$\frac{1632 \cdot 6}{225} = \sim 44 \text{ Ballen},$$

wobei 3% Voröffnerabgänge angenommen wurden.

Zum Öffnen der Ballen beider Assortimente brauchen wir einen Ballenbrecher.

Berechnung des II. Assortiments.

18er Kette Ringspinner. Louisiana 24/26 mm.

Lieferungszahlen der einzelnen Maschinengattungen.

Ringspinner .		700 kg	Strecke	0,5%	Abfall	726 kg
Feinspuler . .	2 % Abfall	714 „	Karde	1,5%	„	737 „
Mittelspuler .	0,5% „	718 „	Schläger	5,8%	„	780 „
Grobspuler . .	0,5% „	722 „	Öffner mit Schläger	1,8%	„	794 „

1. **Ringspinner.** Durch Einsetzung der Werte in Formel (II) erhalten wir

$$\frac{60 \cdot 10 \cdot 35}{\frac{10 \cdot 71{,}3}{8000} \cdot 18 \cdot 2 \cdot 35 + 8}.$$

Anzahl Spindeln $= \frac{700}{0{,}175} = \sim 4000$, wozu 10 Ringspinner zu 408 Spindeln nötig sind.

2. **Feinspuler.**

$$N_f = \frac{n \cdot d}{v} = \frac{18 \cdot 1}{6{,}5} = 2{,}8 \text{ (austretende Nummer des Feinspulers).}$$

Setzen wir in Formel (II) die betreffenden Werte ein, so erhält man

$$\frac{60 \cdot 10 \cdot 272}{\frac{10 \cdot 8{,}5}{1100} \cdot 2{,}8 \cdot 2 \cdot 272 + 13} = 1265 \text{ g}.$$

Anzahl Spindeln $= \frac{714}{1{,}265} = \sim 565$.

Hierzu verwenden wir vier Feinspuler zu 146 Spindeln.

3. **Mittelspuler.**

$$N_f = \frac{n \cdot d}{v} = \frac{2{,}8 \cdot 2}{5} = 1{,}12 \text{ (austretende Nummer des Mittelspulers).}$$

Durch Einsetzen der betreffenden Werte geht die Formel (II) über in

$$\frac{60 \cdot 10 \cdot 680}{\frac{10 \cdot 5{,}25}{800} \cdot 1{,}12 \cdot 2 \cdot 680 + 14} = 3460 \text{ g}.$$

Anzahl Spindeln $= \frac{718}{3{,}46} = 208$.

Wir brauchen hierzu zwei Mittelspuler zu 112 Spindeln.

4. **Grobspuler.**

$$N_f = \frac{n \cdot d}{v} = \frac{1{,}12 \cdot 2}{4{,}5} = \sim 0{,}5 \text{ (austretende Nummer des Grobspulers).}$$

Durch Einsetzen der entsprechenden Werte in die Lieferungsformel (II) erhält man

$$\frac{60 \cdot 10 \cdot 680}{\frac{10 \cdot 3{,}9}{650} \cdot 0{,}5 \cdot 2 \cdot 680 + 14} = 8050 \text{ g}.$$

Anzahl Spindeln $= \frac{722}{8{,}050} = 89{,}5$.

Hierzu verwenden wir einen Grobspuler zu 92 Spindeln.

5. **Strecke.**

$$N_f = \frac{n \cdot d}{v} = \frac{0{,}5 \cdot 1}{4} = 0{,}127 \text{ (austretende Nummer der Strecke).}$$

Mit Hilfe von Formel (III) ergibt sich:

$$L_P = \frac{0{,}82 \cdot 3{,}14 \cdot 34{,}92 \cdot 350 \cdot 3}{0{,}127 \cdot 10^4} = 75 \text{ kg}.$$

Anzahl Ablieferungen $= \frac{726}{75} = \sim 10$.

Wir verwenden zwei Maschinen zu fünf Ablieferungen. Die Bänder gehen durch drei Streckwerke hindurch.

6. Karde. Da für Kettgarne gewöhnlich auf den Strecken $d = v$ genommen wird, so ist die austretende Kardennummer gleich der eintretenden Nummer des Grobspulers, d. h.

$$N_f = 0{,}127.$$

$$V = \frac{N\,(100 - p)}{100\,n} = \frac{0{,}127 \cdot (100 - 6)}{100 \frac{1}{2 \cdot 340}} = 81.$$

Bei obiger Nummer liefert eine Karde ungefähr 62 kg bei 10stündiger Arbeit.

Anzahl Karden $= \frac{737}{62} = \sim 12$.

7. Schläger. A. Feinschläger.

$$N_f = \frac{1}{2 \cdot 340}.$$

B. Mittelschläger.

$$N_f = \frac{n \cdot d}{v} = \frac{\frac{1}{2 \cdot 340} \cdot d}{\frac{4}{3} \cdot d} = \frac{1}{2 \cdot 452}.$$

Bei einer Lieferung von 1200 kg in 10 Stunden liefert ein Schläger die verlangten 780 kg in 6,5 Stunden, denn

$$\frac{780 \cdot 10}{120} = 6{,}5.$$

Während der übrigen Zeit des Tages (etwa drei Stunden) wird dieser Schläger mit Louisianabaumwolle 28/30 gespeist, um die Lieferung des anderen Schlägers auf 1557 kg zu ergänzen.

$$1200 + x \cdot 120 = 1557,$$

$$x = \frac{357}{120} = 2{,}975 \text{ Stunden}.$$

8. Öffner vereinigt mit Schläger.

$$N_f = \frac{n \cdot d}{v} = \frac{\frac{1}{2 \cdot 452} \cdot d}{\frac{4}{3} \cdot d} = \frac{1}{2 \cdot 603} \text{ (austretende Nummer des Schlägeröffners).}$$

Bei einer Leistung von 2500 kg liefert der Schlägeröffner die verlangten 794 kg in

$$\frac{794 \cdot 10}{1200} = \sim 3{,}2 \text{ Stunden},$$

$$\mathfrak{N} = \frac{n \cdot d}{v} = \frac{1}{2 \cdot 4 \cdot 603} = \frac{1}{2 \cdot 2412}.$$

Während der übrigen Zeit liefert er die 1585 kg des ersten Assortiments.

Bei 3% Voröffnerabgang ist die Anzahl Ballen, welche in einer Woche verbraucht werden

$$\frac{818 \cdot 6}{225} = \sim 22 \text{ Ballen.}$$

Zusammenstellung der Maschinen.

I. Assortiment. 1. Selfaktoren. Wir benötigen 39900 Selfaktorspindeln. Hierzu nehmen wir 40 Selfaktoren zu 1000 Spindeln = 40000 Spindeln, somit bleiben 100 davon übrig wegen einer etwaigen Mehrlieferung. Die Spindelteilung beträgt 33⅓ mm. Um die Gesamtlänge der Maschine zu erhalten, addiert man zum Produkte aus Spindelzahl und Spindelteilung 1750 mm für Selfaktoren ohne Differentialgetriebe; als Gesamtlänge unserer Selfaktoren ergibt sich somit 35,016 m. Die Gesamtbreite für ein Paar Selfaktoren beträgt 6340 mm bei einem Wagenauszug von 1625 mm.

2. Feinspuler. Die 2880 Spindeln verteilen wir auf 20 Maschinen zu 144 Spindeln = 2880. Somit haben wir 30 Spindeln übrig für den Fall einer Mehrproduktion. Die Teilung beträgt 130 mm. Multiplizieren wir die halbe Spindelzahl mit der Spindelteilung und addieren wir 965 mm für den Raum, den der Antriebsmechanismus und die Endgestelle (einseitiger Antrieb) beanspruchen, so erhalten wir die Gesamtlänge = 10,195 m. Die Breite der Maschine beträgt 950 mm.

3. Mittelspuler. Wegen der symmetrischen Anordnung der Maschinen bauen wir die Mittel- und Grobspuler von derselben Länge wie die Feinspuler. Wir bestimmen daher die Anzahl Spindeln, die bei einer Teilung von 170 mm auf diese Länge gehen. und finden 9,230 : 170 = 54,3. Somit hat der Mittelspuler 110 Spindeln. Für die 1070 nötigen Spindeln verwenden wir 10 Maschinen zu 110 Spindeln = 1100. Es bleiben 30 Spindeln übrig. Gesamtbreite = 950 mm.

4. Grobspuler. Die 352 Spindeln verteilen sich auf fünf Maschinen zu 72 Spindeln auf dieselbe Art wie beim Mittelspuler = 360 Spindeln. Es bleiben acht Spindeln übrig. Die Teilung beträgt 260 mm. Die Gesamtbreite einschl. Kannen ist auf 1300 mm bemessen.

5. Strecken. Wir haben 30 Ablieferungen auf eine Passage. Nehmen wir zusammengesetzte Strecken mit gekreuzten Köpfen an, so können wir die drei Passagen auf dieser einen Maschine vornehmen. Diese Strecke setzt sich aus drei Einzelstrecken zusammen zu je sechs Köpfen. Wir haben somit als Gesamtzahl fünf Maschinen zu 3·6 = 18 Köpfen. Ist die Teilung 460 mm, so erhalten wir die Gesamtlänge, indem wir zum Produkte aus der Ablieferungszahl und deren Teilung noch 2,380 m hinzuzählen. Die Länge beträgt in unserem Fall 10,660 m. Die Gesamtbreite ist 1,815 m.

6. Karden. Für das Selfaktorassortiment haben wir 34 Karden, für das Ringspinnerassortiment 12 Karden bestimmt. Man kann rechnen, daß infolge des Schleifens und des Ausstoßens etwa 5% der Karden einer Fabrik außer Tätigkeit sind. Mit zwei Karden mehr, also im ganzen 48, haben wir diesem Umstand Rechnung getragen. Der Raumbedarf einer Karde der Elsässischen Maschinenbau-Gesellschaft beträgt (3,25·1,65) m.

7. Schläger. a) Feinschläger. Der Raumbedarf ist

$$(4{,}810 \cdot 1{,}810)\ \text{m}\,.$$

b) Mittelschläger. Desgleichen.

8. Öffner mit Schläger. Ein Crightonöffner ist mit dem Grobschläger vereinigt. Der Crightonöffner ist durch ein Ansaugerohr mit einem Voröffner verbunden, welch letzterer von einem Kastenspeiser gespeist wird. Der Raumbedarf eines solchen Öffners mit Schläger beträgt (5,720 · 1,740) m. Das Ansaugerohr, welches den Crightonöffner mit dem Veröffner verbindet, hat eine Länge von 500 mm. Der Voröffner mit dem Kastenspeiser beanspruchen einen Raum von (4,100 · 1,750) m.

II. Assortiment. 1. Ringspinner. Für die verlangte Produktion sind 4000 Spindeln nötig. Nehmen wir 10 Maschinen zu 408 Spindeln, so bleiben 80 Spindeln übrig, die für den Fall einer Mehrproduktion vorgesehen sind. Die Spindelteilung beträgt 70 mm. Um die Totallänge der Maschine zu erhalten, addieren wir zum Produkte aus halber Spindelzahl und Teilung 945 mm hinzu für den Antriebsmechanismus und die Endgestelle. Die Totallänge beträgt 15,155 m, die Totalbreite 950 mm.

2. Feinspuler. Die Länge der Maschinen wird wegen der Symmetrie ebenso groß genommen wie beim I. Assortiment. Demnach suchen wir die Anzahl Spindeln, welche auf diese Länge gehen, wobei die hinzuzuaddierenden 965 mm in Betracht gezogen werden müssen. Wir finden pro Feinspuler 146 Spindeln, wenn wir eine Teilung von 130 mm annehmen. Verwendet werden 4 Maschinen zu 146 Spindeln = 584; es bleiben somit 19 Spindeln übrig, da nur 565 Spindeln erforderlich sind.

3. Mittelspuler. Die Spindelzahl wird auf dieselbe Weise bestimmt und wir erhalten eine solche von 112. Die Teilung beträgt 170 mm. Verlangt werden 208 Spindeln. Wenn wir 2 Maschinen zu 112 Spindeln = 224 annehmen, so bleiben 16 Spindeln übrig. Der Mittelspuler sowie der Feinspuler haben eine Totalbreite von 950 mm.

4. Grobspuler. Wir brauchen 90 Spindeln. Nehmen wir eine Maschine von 92 Spindeln an bei einer Teilung von 260 mm, so erhalten wir auf die bekannte Weise die Totallänge derselben = 12,665 m. Die Totalbreite inklusive Kannen beträgt 1300 mm.

5. Strecken. Verlangt werden 10 Ablieferungen pro Passage. Wir führen die 3 Passagen auf einer zusammengesetzten Maschine aus, wobei je 5 Köpfe zu den folgenden 5 Köpfen gekreuzt sind. Zu unserer Produktion sind somit 2 Maschinen zu $3 \times 5 = 15$ Ablieferungen nötig. Ist die Teilung 460 mm, so beträgt die Totallänge der Maschine $15 \cdot 0{,}460 + 2{,}380$ m $= 9{,}28$ m. Die Totalbreite inklusive der am Eingang befindlichen Kannen beträgt 2000 mm.

6. Karden. Die Dimensionen sind dieselben wie beim I. Assortiment, also (3,25 · 1,65) m.

7. Schläger. Auch diese haben dieselben Dimensionen des I. Assortiments, also (4,810 · 1,810) m.

Berechnung der Mischung. Es soll eine Mischung vorgesehen werden, die bei einem wöchentlichen Baumwollverbrauch von 66 Ballen für zwei Wochen ausreicht.

Sei V das Volumen eines Ballens und α der Ausdehnungskoeffizient, d. h. die Volumenzunahme für eine Volumeneinheit, so ist der für diese Mischung erforderliche Kubikinhalt

$$K = 2 \cdot 66 \cdot V\,(1 + \alpha)$$

oder

$$K = 2 \cdot 66 \cdot 0{,}736\,(1 + 4) = 486 \text{ m}^3\,.$$

Nehmen wir die Höhe der Mischung = 2,5 m an, so ist der Grundflächeninhalt

$$I = \frac{486}{2{,}5} = 194{,}4 \text{ m}^2\,.$$

Nehmen wir die eine Seite der Grundfläche zu 5 m an, so erhalten wir

$$x = \frac{194,4}{5} = 38,88 = \sim 40 \text{ m}.$$

Verschläge von 5 m Tiefe und 40 m Länge erschweren aber das Ausbreiten des Stoffes auf die große, zu bedeckende Fläche allzusehr. Es ist deshalb zweckmäßig, die Fläche in einzelne Fächer zu zerteilen.

Das Selfaktorassortiment beansprucht 44 Ballen in der Woche, demnach wird

$$x = \frac{2 \cdot 44 \cdot 0,736 \cdot 5}{5 \cdot 2,5} = \sim 26 \text{ m}.$$

Hierzu verwenden wir sechs Verschläge von der Tiefe 5 m und der Breite 4,33 m.

Für das Ringspinnerassortiment brauchen wir 22 Ballen. Hierbei wird

$$x = \frac{2 \cdot 22 \cdot 0,736 \cdot 5}{5 \cdot 2,5} = 12,953 = \sim 14 \text{ m}.$$

Hier haben wir vier Verschläge zu 3,50 m Breite und 5 m Länge.

Einteilung der Maschinen im Spinnereigebäude.
Siehe Pläne Abb. 343A, B und C.

Die Verteilung der Maschinen in den Räumen ist folgende: Die 40 Selfaktoren werden in einem Saal untergebracht in zwei Reihen zu je 20 Maschinen. Je zwei Maschinen arbeiten gegenüber, wie in dem Plane Abb. 343A angedeutet ist. Die Säulenentfernung beträgt nach der einen Richtung 7,000 m, nach der anderen 5,350 m. Die Entfernung von Mitte Headstock zu Mitte Headstock ist auf 1,62 m angesetzt. Bei einer solchen Entfernung ist ein freier Durchgang für die Arbeiter gesichert. Die Entfernung der obersten Säulenreihe im Selfaktorsaale bis zur 600 mm dicken Grundmauer beträgt 2,000 m. Der Gang zwischen den Endgestellen und zwischen der nach der Nordseite gerichteten Mauer hat 2,558 m Breite. Der Gang auf der gegenüberliegenden Seite und der Mauer hat eine solche von 3,592 m, desgleichen ist ein Gang von 3,000 m zwischen den unterhalb liegenden Selfaktoren und der Mauer, welche den Seilgang abtrennt, vorgesehen. Zwischen den beiden Selfaktorreihen liegt der Mittelgang von 2,418 m, welcher durch das ganze Gebäude entlang zieht. Dieser Gang geht durch den Seilgang vermittels eines Gehäuses hindurch und führt zur Vorbereitung. Plan 343B. Die Stellung der einzelnen Maschinengattungen ist aus den Plänen ersichtlich. Die Spinnerei wurde so angelegt, daß das Assortiment für Ringspinner für sich ein Ganzes bildet, ebenso wie das Selfaktorassortiment. Dies ist leicht ersichtlich aus folgendem:

Bezeichnen wir mit linker Seite die Nordseite, so verwenden wir die links gelegenen Schläger für das Selbstspinnerassortiment. Die Arbeiter befördern die Schlägerwickel direkt durch die erste Türe links vor dem Feinschläger zu den 36 Karden. Rechts auf den freien Platz neben den 36 Karden werden die vorgearbeiteten Schlägerwickel auf eine Holzunterlage hingestellt. Diese 36 Karden, welche für das Selbstspinnerassortiment bestimmt sind, sind durch einen breiten Gang von den 12 unterhalb gelegenen, für das Ringspinnerassortiment bestimmten Karden getrennt. Der freie Raum rechts von den Karden dient also gewissermaßen als Wickelraum.

Die Schlägerreihe rechts ist für das Ringspinnerassortiment bestimmt. Diese Wickel gelangen in den vor den Schlägern befindlichen Wickelraum, von wo aus sie durch eine andere Tür (siehe Plan 343C) zu den 12 Karden befördert werden. Auf die beschriebene Art ist das Ringspinnerassortiment von dem Selbstspinnerassortiment durch den breiten Gang getrennt, jedoch sind beide Assortimente in dem einen Saal vereinigt. Von der Putzerei aus werden zum Befördern der Wickel Geleise zu den Karden und zum Wickelraum gelegt.

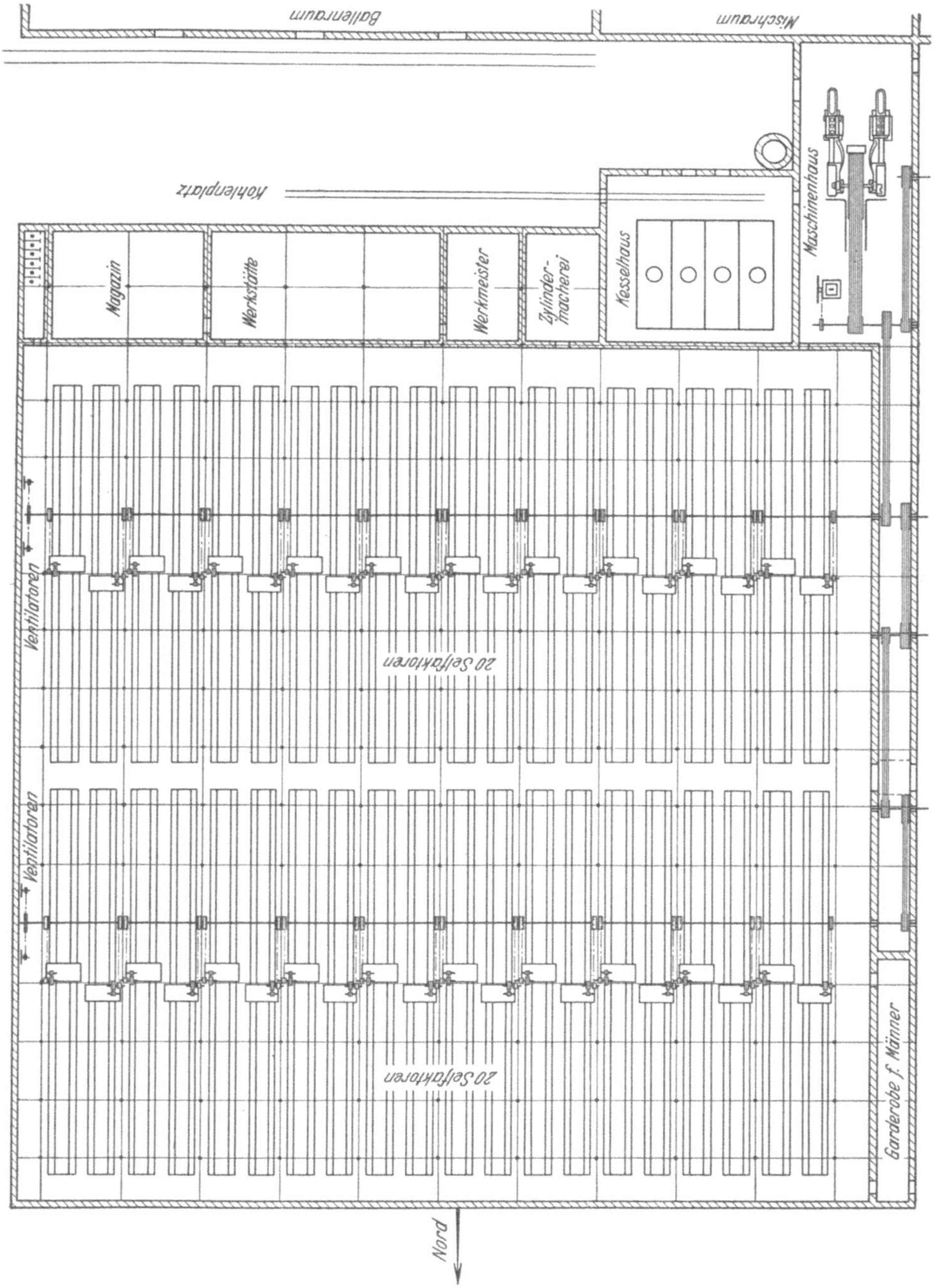

Abb. 343 A. Spinnsaal-Maschinenhaus.

Zur bequemen Arbeit sind die Grobbänke beim Selbstspinnerassortiment jedesmal zwischen die Strecken gestellt.

Von den Spulern arbeiten jedesmal zwei Bänke gegeneinander, wie die Pfeile auf dem Plane angeben. Der Gang zwischen zwei Spindelbänken beträgt 850 mm,

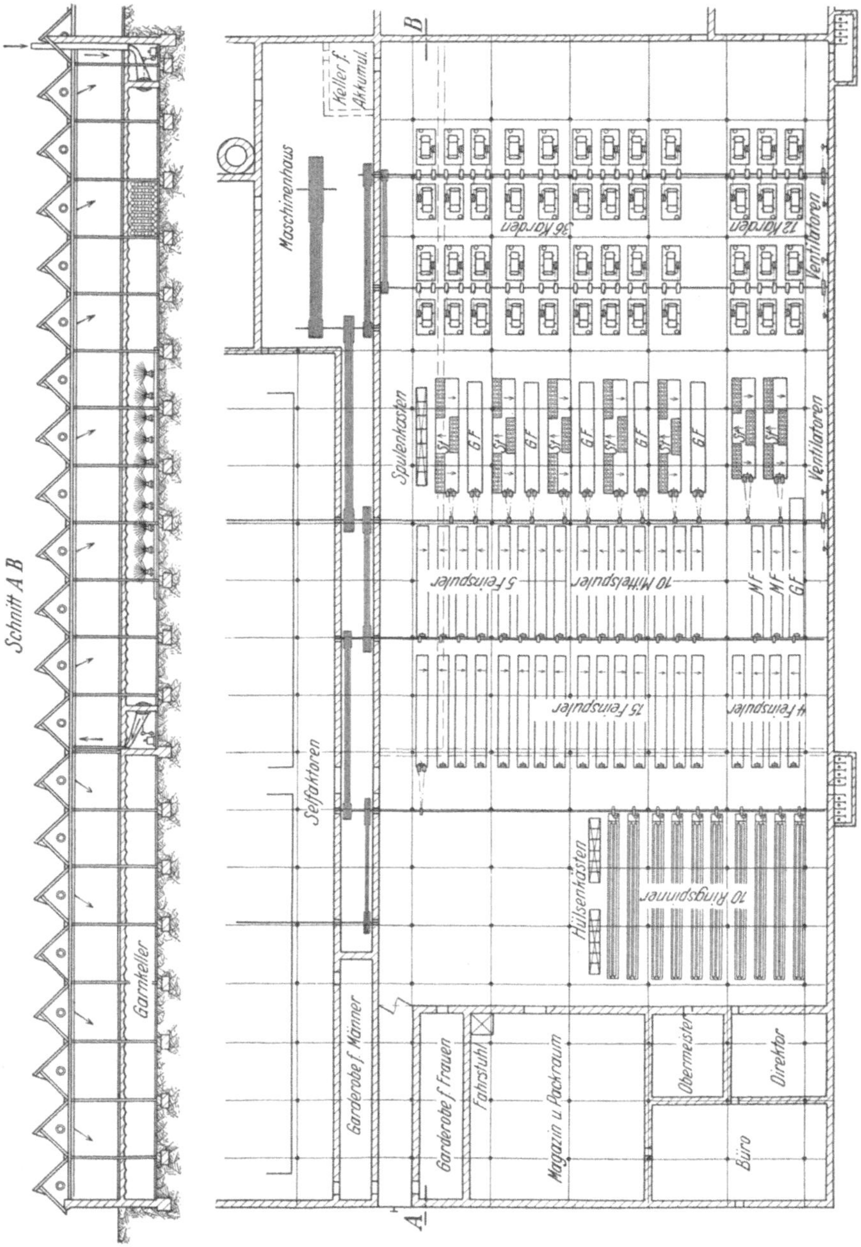

Abb. 343 B. Vorbereitungsmaschinen — Ringspinner — Luftbefeuchtung.

der Gang zwischen den Aufsteckrahmen von je zwei Maschinen kann kleiner genommen werden; hier wurde er zu 750 mm angesetzt.

Über die Größenverhältnisse der Fabrikräume ist folgendes zu bemerken: Von Mauer zu Mauer hat der Selfaktorsaal eine Länge von 78,600 m und eine

Breite von 75 m. Der Seilgang ist 3 m breit. Der Maschinenraum ist 28,000 m lang und 10,000 m breit. In demselben ist außer der Dampfmaschine noch eine Dynamomaschine aufgestellt: 1. für die Beleuchtung, 2. für die zwei Motoren, welche die Ventilatoren für die Luftbefeuchtung treiben, 3. für den Fahrstuhl. Für die Notbeleuchtung sind Akkumulatoren im Keller unter dem Maschinenraum vorgesehen. Der Saal, in welchem die Vorbereitungsmaschinen und die Ringspinner stehen, hat eine Länge von 106,600 m und eine Breite von 40 m.

Die geplante Spinnerei würde also eine Gesamtlänge von 126,000 m und eine Gesamtbreite von 120,400 m haben, somit einen Flächeninhalt von 1,517040 ha einnehmen.

Zur Erzeugung des Dampfes werden vier Zweiflammrohrkessel verwendet. Im Winter werden die Räume mit Dampf geheizt. Die Dampfheizung wird meist mit Nieder- und Mitteldruck bis zu vier und fünf Atmosphären ausgeführt. Jede Zweigleitung erhält ein Hauptventil, damit die Wärmezufuhr nach Bedürfnis geregelt werden kann.

Für ausreichende Lüftung sorgen neun Ventilatoren.

Die Luftbefeuchtungsanlage ist aus dem Plane 343 B ersichtlich. Im Keller sind zwei Ventilatoren vorhanden, welche eingemauert sind. Der eine Ventilator dient als Saugventilator, der andere als Druckventilator. Die Luft wird durch einen Trichter geleitet und zieht durch Sprühregen, wobei sie mit Wasser geschwängert wird. Die feuchte Luft gelangt durch einen Trichter in ein Rohr, das in das Verteilungsrohr mündet. Unter letzterem ist ein horizontales Blech angebracht, damit die feuchte Luft, welche aus den Schlitzen des Verteilungsrohres heraustritt, sich verteilt.

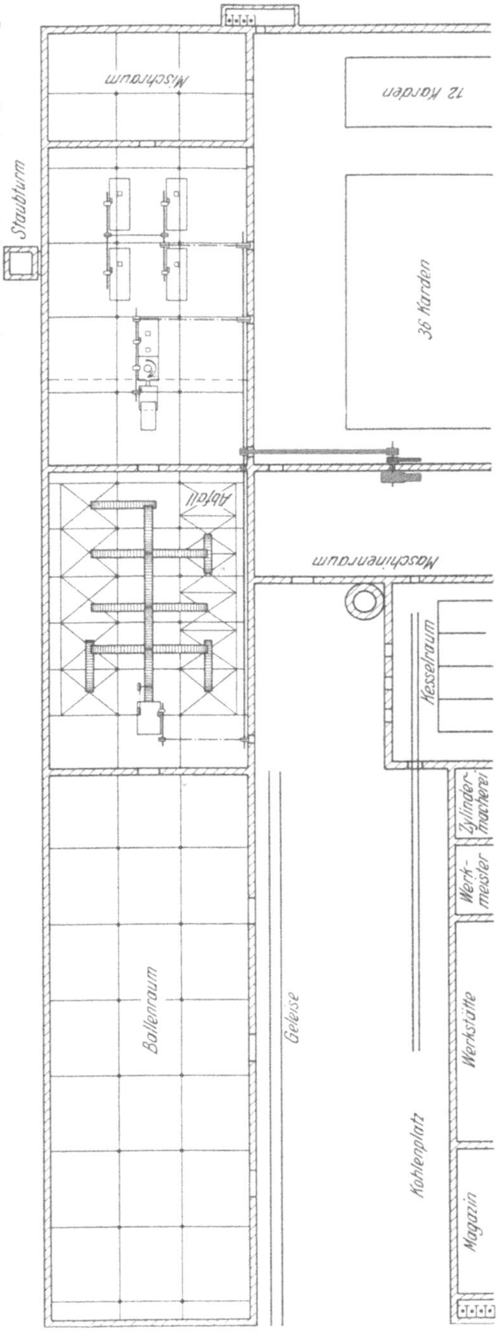

Abb. 343 C. Ballenraum — Mischraum — Putzerei.

Der Shedbau erhält bekanntlich Oberlicht. Es ist darauf zu achten, daß man bei einer Neuanlage das Gebäude so stellt, daß die Fenster gegen Norden gerichtet sind, damit die Sonne nicht auf die Maschinen scheint.

Beleuchtung. Hierzu dienen Bogenlampen. Eine Bogenlampe von 800 Normalkerzen beleuchtet eine Fläche von 200 qm im Arbeitssaal, und 2000 qm im Hofraum. Für die 44000 Spindeln wären also erforderlich

$$\frac{126{,}000 \cdot 120{,}400}{200} = \sim 75 \text{ Bogenlampen.}$$

Wenn zwei Bogenlampen bei einer Klemmspannung von 110 Volt hintereinander geschaltet werden, so beträgt die Spannung für eine Bogenlampe 55 Volt. Man rechnet auf 1 Ampere 80 Normalkerzen, also für eine Bogenlampe

$$\frac{800}{80} = 10 \text{ Ampère.}$$

Für die gesamte Anzahl Bogenlampen sind $75 \cdot 10 = 750$ Ampère erforderlich. Somit ist die Anzahl Pferdestärken

$$\text{PS} = \frac{750 \cdot 55}{60} = 68{,}7 = \sim 70 \text{ PS}$$

$$\left(1 \text{ PS} = \frac{\text{Watt}}{736} \text{ theoretisch; } 1 \text{ PS} = \frac{\text{Watt}}{600} \text{ überschläglich}\right).$$

Im Luftbefeuchtungskeller werden zwei Ventilatoren aufgestellt, welche mit Elektromotoren angetrieben werden. Die dazu erforderliche Kraft in PS schlagen wir auf $2 \cdot 15 = 30$ PS an. Ein Fahrstuhl, ebenfalls von einem Elektromotor angetrieben, der vom Garnkeller zum Parkraum führt, benötigt eine Kraft von 40 PS. Zusammen benötigen wir eine elektromotorische Kraft von $(70 + 30 + 40)$ PS $= 140$ PS. Wir verwenden dazu eine Gleichstrommaschine welche die Aktiengesellschaft Siemens & Halske, Berlin, baut (Modellnummer 310). Dieselbe entspricht einem Arbeitsbedarf von 165 PS und deckt somit eine elektromotorische Kraft von 140 PS.

Kraftbedarf.

Ballenbrecher mit Lattentüchern	4,5 PS
Kastenspeiser	0,7 „
Voröffner	3,5 „
Crightonöffner mit Schläger	8,3 „
4 Schläger zu 5 PS	20 „
48 Karden zu 1,0 PS	48 „
1 Grobbank zu 92 Spindeln (52 Spindeln = 1 PS)	1,8 „
5 Grobspuler zu 72 Spindeln = 360 Spindeln (52 Spindeln = 1 PS)	7,0 „
2 Strecken zu 15 Ablieferungen (12 Systeme = 1 PS)	2,5 „
5 Strecken zu 18 Ablieferungen (12 Systeme = 1 PS)	7,5 „
2 Mittelspuler zu 112 Spindeln = 224 Spindeln (62 Spindeln = 1 PS) . . .	3,6 „
10 Mittelspuler „ 110 „ = 1100 „ (62 „ = 1 „) . . .	18 „
4 Feinspuler „ 146 „ = 584 „ (76 „ = 1 „) . . .	7,7 „
20 Feinspuler „ 144 „ = 2880 „ (76 „ = 1 „) . . .	38 „
10 Ringspinner „ 408 „ = 4080 „ (85 „ = 1 „) . . .	48,2 „
40 Selfaktoren „ 1000 „ = 40000 „ (90 „ = 1 „) . . .	445 „
	663,3 PS
Für Beleuchtung, Ventilatoren im Luftbefeuchtungskeller, Fahrstuhl	140 „
	803,3 PS
Plus 25% (15% für Transmission und 10% für schweren Gang beim Ingangsetzen bei kalter Witterung)	200,8 „
	1004,1 PS

Wir verwenden eine Compound-Dampfmaschine zu 1200 PS.

Geschwindigkeiten der Maschine und der Antriebsleitungen. Die 1200pferdige Dampfmaschine hat eine Drehzahl von $n = 65$ t/min. Der Durchmesser des Schwundrades, welches zugleich als Seilscheibe ausgebildet ist, beträgt 6,000 m. Setzen wir auf die erste Vorgelegewelle ein Rad von 1,5 m Durchmesser, so macht diese Welle 260 Umgänge. Die Riemenscheibe, welche den Dynamo treibt, hat einen Durchmesser von 1000 mm, die Scheibe am Dynamo hat 100 mm.

Auf der erwähnten Vorgelegewelle sitzt noch eine Scheibe von 2,500 m, diese treibt die erste Selfaktortransmission, die 325 Umgänge machen soll. Wir brauchen daher auf der Selfaktortransmission eine Seilscheibe von 2,000 m. Auf die Selfaktortransmissionswelle setzen wir eine Scheibe von 1,500 m. Diese überträgt die Bewegung auf die Transmissionswelle für Strecken und Grobspuler vermittels eines Rades von 2,420 m Durchmesser. Diese Welle macht 200 Umdrehungen, desgleichen die Spulertransmission. Wir setzen also auf beide Wellen eine Scheibe von 1,500 m Durchmesser. Die Kardentransmissionen machen 180 Umgänge. Von dem 1. Vorgelege aus treibt eine Scheibe von 1380 mm Durchmesser eine solche von 2,000 m. Auf dieser Welle sitzt dann das 1000er Rad, welches die Bewegung auf die andere Kardenwelle überträgt. Selbstverständlich sitzt auf dieser Welle auch eine Scheibe von 1000 mm Durchmesser. Von der vorderen Kardentransmission wird die Schlägertransmission angetrieben. Letztere macht 250 Umgänge. Übersetzung $= \frac{180 \cdot 1000}{250} = 720$ mm.

1. Selbstspinner. Der Durchmesser der Riemenscheibe auf der Hauptwelle, welche 900 Umgänge macht, beträgt 385 mm. Das Vorgelege macht 495 Umgänge. Auf demselben sitzen zwei Scheiben von 700 mm Durchmesser und von 590 mm Durchmesser. Wie schon bekannt, macht die Transmission 325 Umgänge. Der Durchmesser der darauf befindlichen Scheibe beträgt 900 mm.

2. Feinspuler. Die Hauptwelle macht 372 Umgänge, die Transmission 200. Der Riementrieb der Hauptwelle hat 350 mm Durchmesser. Somit erhält die Riemenscheibe auf der Transmission 650 mm Durchmesser.

3. Mittelspuler. Die Hauptwelle macht 380 Umgänge. Die Riemenscheibe der Hauptwelle hat 350 mm Durchmesser. Die Drehzahl der Transmission beträgt 200. Somit besitzt die Riemenscheibe auf der Transmissionswelle einen Durchmesser von 655 mm.

4. Grobspuler. Ist der Durchmesser der Riemenscheibe auf der Hauptwelle = 350 mm, die Drehzahl derselben = 274 und macht die Transmission 200 Umdrehungen, so kommt auf die Transmissionswelle eine Riemenscheibe von 480 mm Durchmesser.

5. Strecke. Drehzahl der Hauptwelle = 257; Drehzahl der Transmission = 200; Riemenscheibe auf der Transmission = 450 mm; Riemenscheibe auf der Hauptwelle = 350 mm.

6. Karden. Drehzahl der Hauptwelle = 170; Drehzahl der Transmission = 180; Riemenscheibe auf der Hauptwelle = 380 mm; Riemenscheibe auf der Transmission = 360 mm.

7. Schläger. Drehzahl der Hauptwelle = 1350; Drehzahl der Transmission = 250; Riemenscheibe auf der Hauptwelle = 250 mm; Riemenscheibe auf der Transmission = 1200 mm; Drehzahl der Vorgelegewelle = 750; Riemenscheibe auf der Vorgelegewelle = 450 mm.

8. Öffner mit Schläger. Die Verhältnisse für den Grobschläger sind dieselben wie für den Mittel- und Feinschläger (Nr. 7). Der Crightonöffner wird von derselben Vorgelegewelle mit den 750 Umgängen angetrieben, und zwar mittels Leitrollen. Drehzahl des Crightonöffners = 1000; Riemenscheibe auf dem Vorgelege = 470 mm; Riemenscheibe auf dem Öffner = 360 mm.

9. Voröffner. Drehzahl der Hauptwelle = 700; Drehzahl des Vorgeleges = 750; Durchmesser der Riemenscheibe auf dem Vorgelege = 480 mm; Riemenscheibe auf der Hauptwelle = 300 mm.

10. Ballenbrecher. Drehzahl der Transmission = 250; Riemenscheibe auf der Transmission = 800 mm; Drehzahl des Vorgeleges = 480. Durchmesser der Riemenscheibe auf dem Vorgelege, welche von der Transmission aus direkt betätigt wird, = 500 mm. Der Durchmesser der Riemenscheibe auf dem Vorgelege, welche diejenige der Hauptwelle treibt, beträgt 400 mm. Durchmesser der Riemenscheibe auf der Hauptwelle = 300 mm. Die Hauptwelle des Ballenbrechers macht 400 Umgänge.

11. Ringspinner. Die Riemenführung geschieht mittels Leitrollen. Drehzahl der Hauptwelle = 840; Durchmesser der Riemenscheibe auf der Hauptwelle = 325 mm. Drehzahl der Transmission = 320; Durchmesser der Riemenscheibe auf der Transmission = 850 mm.

D. Die Kalkulation.

Die Kalkulation bezweckt die Feststellung des Herstellungspreises der Garne. Die Ankaufspreise der Maschinen, der Gebäude, der Baumwolle usw. ändern sich nach der Qualität des Produktes sowie nach der Menge, die der Käufer auf einmal bestellt. Ferner sind die Ankaufspreise der Maschinen je nach der Konstruktionsfirma Preisschwankungen unterworfen. Endlich beeinflussen Löhne und Gehälter die Herstellungskosten des Endproduktes, so daß die Gegend, in welcher die Spinnerei steht (auf dem Lande oder in der Stadt), gleichfalls einen Einfluß auf den Herstellungspreis der Garne ausübt.

Zur Festsetzung der Herstellungskosten der Garne kommen folgende Hauptpunkte in Frage:

A. Allgemeine jährliche Unkosten.

Darunter versteht man:

1. Verzinsung und Amortisierung des Kapitals.

Das Kapital besteht:

a) aus dem Wert der Maschinenanlage mit Zubehör,
b) aus dem Wert des Geländes und der Gebäude,
c) aus dem Betriebskapital.

2. Jährliche Betriebsunkosten.
3. Löhne und Gehälter.

B. Preis der ins Fabrikmagazin gelieferten Rohbaumwolle.

C. Der durch den Abfall verursachte Mehrpreis der Baumwolle.

Nehmen wir als Beispiel die bei der Berechnung eines Assortiments (S. 390) angegebene Spinnereianlage. Der als Shedbau ausgeführte Betrieb soll in 10stündiger Arbeitszeit mit dem Ringspinnerassortiment 700 kg Kette Nr. 18_f und mit dem Selfaktorassortiment 1400 kg Schuß Nr. 48_f liefern. Die Gesamtspindelzahl der Spinnerei beträgt 44080 Spindeln.

A. Allgemeine jährliche Unkosten.

1. Verzinsung und Amortisierung des Kapitals.

a) Wert der Maschinenanlage mit Zubehör (Transportkosten und Montage einbegriffen).

Die Zusammensetzung ist folgende:

1 Compound-Dampfmaschine von 1200 PS, 4 Zweiflammrohrkessel, Rohranlage für Dampfmaschine und Kessel, 1 Greenscher Vorwärmer, 1 Ballenbrecher, 10 Mischverschläge und Transportanlage von zusammen 70 m, 1 Transportlattentuch vom Mischraum zum Kastenspeiser = 25 m, 1 Kastenspeiser mit Voröffner, 1 Crightonöffner mit Grobschläger, 2 Mittelschläger, 2 Feinschläger, 48 Laufdeckelkarden mit Beschlag, 6 Horsfallwalzen, 3 Vollschleifwalzen, 2 Ausstoßwalzen, 2 Polierwalzen, 1 Vakuum-Ausstoßanlage, 5 zusammengesetzte Strecken mit gekreuzten Köpfen zu 6 Ablieferungen und 2 selbe Strecken zu 5 Ablieferungen, 5 Grobspuler zu 110 und 2 zu 112 Spindeln, 10 Mittelspuler zu 144 und 2 zu 146 Spindeln, 20 Feinspuler zu 144 und 4 zu 146 Spindeln, 40 Selfaktoren zu 1000 Spindeln, 10 Ringspinner zu 408 Spindeln, 80000 kg Wellenstränge, Lager, Riemenscheiben usw., 2 Transformatoren und $\sim$ 200 m unterirdisches, isoliertes Kabel, Waagen, Körbe, Kisten,

Werkzeug für Meister, Schränke, Spulenkasten, Ersatzteile, 1 fahrbarer Kran von 500 kg für das Ballenmagazin, Geleise, Meßapparate usw., 1 Akkumulatorenanlage, 1 Zylindermacherei, 1 Werkstätte für Schlosser und Schreiner, 1 Luftbefeuchtungsanlage mit Ventilatoren, 1 Sprinkleranlage, 1 Beleuchtungsanlage, 1 Fahrstuhl, 2 Elektromotoren zu 15 PS, 1 Elektromotor zu 40 PS, 1 Gleichstrommaschine zu 165 PS, Karden- und Streckenkannen, Riemen und Kabel, Papierhülsen und Holzspulen für Spuler und Spinnmaschinen, Wasserleitungsröhren, Brunnen, Waschanlage.

Wert der Maschinenanlage mit Zubehör . . . . **1650000 RM.**

b) Wert des Geländes und der Gebäude.

Die Zusammensetzung ist folgende:

Bebautes Gelände = 1,411 ha (Stadtgrenze), Kohlenplatz = 1035 m², Grundmauern und Betonarbeiten für Dampfmaschine und Kessel, Shedbau mit Zementboden, Garnkeller und Keller für die Luftbefeuchtungsanlage, Mauerwerk der 4 Flammrohrkessel und des Greenschen Vorwärmers, 1 Kamin von 52 m Höhe (oberer Durchmesser = 1,60 m), Ballenmagazin, Pförtnerhaus, Umzäunung, Büro mit Direktorwohnung.

Gesamtwert . . . . **835000 RM.**

Werden die unter a) und b) bezeichneten Gesamtwerte addiert und durch die Gesamtspindelzahl dividiert, so erhält man den Wert, auf eine Spindel bezogen:

$$\frac{1650000 + 835000}{44080} = \mathbf{56{,}375\ RM.}$$

Zur Kapitalanlage wird auch das Gelände gerechnet, welches den Hof bildet sowie das Terrain, das für eventuelle Vergrößerung des Betriebes vorgesehen ist = 2,20 ha zu 4,— RM. den m² = **88000 RM.**

Für das Spinnen feiner Nummern ist der Gestehungspreis einer Spindel billiger als für das Spinnen grober Nummern, denn für letztere sind eine größere Anzahl Vorbereitungsmaschinen nötig als für erstere.

c) Das Betriebskapital.

Zur ungefähren Bestimmung der Höhe des Betriebskapitals müssen folgende Punkte berücksichtigt werden:

Ankauf der Baumwolle,
Laufende jährliche Ausgaben,
Löhne und Gehälter,
Reservefond.

Je Woche werden 66 Ballen verbraucht, je Monat 264 Ballen. Der Vorrat im Ballenmagazin soll ungefähr 4 Monate ausreichen, folglich soll dasselbe konstant $\sim$ 1060 Ballen enthalten. Nehmen wir, der Produktion entsprechend, $^2/_3$ dieser Anzahl Ballen für amerikanische Baumwolle $^{28}/_{30}$, und $^1/_3$ dieser Anzahl Ballen für amerikanische Baumwolle $^{24}/_{26}$ an, so ergibt sich ein Stock von 700 Ballen Baumwolle $^{28}/_{30}$ und 360 Ballen Baumwolle $^{24}/_{26}$.

0,5 kg amerik. Baumwolle $^{28}/_{30}$ good midding stelle sich auf 48,5 Pf. (Bremer Bw.-Börse)
0,5 kg „ „ $^{24}/_{26}$ „ „ „ „ „ 45 „ („ „ „)
franko Waggon Bremen. In diesen Preisen sollen alle Gebühren nebst Arbitage (Abschätzung) einbegriffen sein.

Demnach kosten:

100 kg amerikanischer Baumwolle $^{28}/_{30}$ auf Waggon Bremen . . . . = 97,— RM und
100 kg „ „ $^{24}/_{26}$ „ „ „ . . . . = 90,— „

Ein Ballen hat ein durchschnittliches Nettogewicht von 225 kg, somit beträgt der

Preis eines Ballen amerik. Baumwolle $^{28}/_{30}$ auf Waggon Bremen . . . = 218,25 RM und
„ „ „ „ „ $^{24}/_{26}$ „ „ „ . . . = 202,50 „

Berechnen wir mit 5,60 RM alle Transportunkosten für einen Ballen, so ist der Preis von

1 Ballen amerik. Baumwolle	$^{28}/_{30}$	ins Ballenmagazin geliefert	. . . .	= 223,85 RM und
1 „ „ „	$^{24}/_{26}$	„ „ „	. . . .	= 208,10 „

Unter vorstehender Annahme hätten wir also ein Kapital von

700 · 223,85 =	156 695 RM
und 360 · 208,10 =	74 916 „
zusammen =	**231 611 RM**

im Ballenmagazin liegen.

2. Jährliche Betriebsunkosten.

Diese setzen sich aus folgenden Unterabteilungen zusammen:

Steuern, Feuerversicherung, Unfallversicherung, Kohlenverbrauch und elektromotorische Kraft, Beleuchtung, Unterhaltungskosten für Gebäude und Anlagen, Transportkosten für Garne, Fuhrparkunkosten, Bankgebühren, Druckzylinder, Bürsten und Besen, Seile und Spindelschnüre, Papierhülsen für Selfaktoren und Ringspinner, Holzspulen, Öle und Fette, Riemen und Kabel, Packpapier, Läufer, Reparationen der Kisten, Kardengarnituren, Wasserverbrauch, Briefmarken, Telegramme, Telephongebühren, Bürounkosten, Verschiedenes.

Gesamtsumme der jährlichen Betriebsunkosten . . . . **225 000 RM.**

3. Löhne und Gehälter.

Löhne und Gehälter der Arbeiter, der Meister, der Angestellten und des Direktors, ferner Zulage für die Krankenkasse, die Invaliden- und Altersversicherung sowie für die Textilberufsgenossenschaft. Zusammen: . . **52 000 RM.**

Das nötige Betriebskapital setzt sich somit folgendermaßen zusammen:

1. für Ballenmagazin.	231 611 RM
2. „ die jährlichen Betriebsunkosten . .	225 000 „
3. „ Löhne und Gehälter	52 000 „
4. „ Reservefond (nach eigenem Ermessen)	51 389 „
Zusammen:	**560 000 RM**

Die Verzinsung und Amortisierung ist folgende:

5% Zinsen des angelegten Kapitals (1 650 000 + 835 000 + 88 000 = 2 573 000) .	= 128 650 RM
5% Zinsen des Betriebskapitals (560 000)	= 28 000 „
	156 650 RM

Um die Amortisierung des Kapitals für die Maschinenanlage, des Geländes und der Gebäude zu berechnen, benutzen wir die Amortisationsformel. Nehmen wir an, das Kapital soll in 20 Jahren amortisiert sein.

Sei

A = das Kapital für die Maschinenanlage, das Gelände und die Gebäude (1 650 000 + 835 000 + 88 000 = 2 573 000 RM),

a = die jährlich zu bezahlende Summe für die Amortisierung,

n = die Anzahl Jahre, in denen das Kapital amortisiert werden soll,

r = der Zins für eine Reichsmark

und lautet die Amortisationsformel:

$$\frac{a}{r}\left[(1+r)^n - 1\right] = A\,(1-r)^n\,,$$

so erhalten wir:

$$a = \frac{A \cdot r\,(1+r)^n}{(1+r)^n - 1}\,.$$

Durch Einsetzen der Werte ergibt sich

$$a = \frac{2573000 \frac{5}{100} \cdot 1{,}05^{20}}{1{,}05^{20} - 1} = \mathbf{206\,620\ RM.}$$

Die Gesamtsumme der Verzinsung und Amortisierung beträgt demnach

$$156\,650 + 206\,620 = \underline{\mathbf{363\,270\ RM.}}$$

Zählen wir zu dieser erhaltenen Summe die jährlichen Betriebsunkosten sowie die Löhne und Gehälter hinzu, so wird diese Gesamtsumme auf die jährliche Garnproduktion verteilt werden. Folglich:

Zinsen und Amortisierung . . .	363 270 RM
Jährliche Betriebsunkosten . . .	225 000 „
Löhne und Gehälter	52 000 „
Allgemeine jährliche Unkosten .	**640 270 RM**

Um die durchschnittliche jährliche Garnproduktion zu bestimmen, stellt man zuerst die mittlere Nummer der Spinnerei fest. Dieselbe beträgt nach obigen Angaben:

$$\frac{700 \cdot 18 + 1400 \cdot 48}{700 + 1400} = 38\,.$$

Nehmen wir als effektive jährliche Arbeitszeit 2800 Stunden an, wobei in 12 Arbeitstagen 111 Stunden gearbeitet werden, so werden in diesem Zeitraum

$$(1400 + 700) \cdot 280 = 588\,000\ \mathrm{kg}$$

der mittleren Nummer 38 geliefert.

Der Herstellungspreis dieses Garnes beläuft sich somit auf

$$\frac{640\,270}{588\,000} = \mathbf{1{,}089\ RM.}$$

Zur endgültigen Festlegung des Garnpreises kommt zu diesem Preise noch der Einkaufspreis der Baumwolle hinzu; desgleichen muß auch der Abfall in Betracht gezogen werden.

B. Preis der in das Fabrikmagazin gelieferten Rohbaumwolle.

Für das Selfaktorassortiment werden wöchentlich 44 Ballen amerikanischer Baumwolle $^{28}/_{30}$ und für das Ringspinnerassortiment 22 Ballen amerikanischer Baumwolle $^{24}/_{26}$ verarbeitet.

Um den Durchschnittspreis von 100 kg in den Mischraum eintretenden Baumwolle zu berechnen, soll der fiktive Baumwollpreis bestimmt werden, indem der Anzahl Ballen und der Preis der verschiedenen Baumwollen Rechnung getragen wird.

Nach obigen Ausführungen kostet

1 Ballen amerikanischer Baumwolle $^{28}/_{30}$ ins Magazin geliefert	223,85 RM
1 „ „ „ $^{24}/_{26}$ „ „ „	208,10 „
44 Ballen amerikanischer Baumwolle $^{28}/_{30}$ kosten demnach	9849,40 „
22 „ „ „ $^{24}/_{26}$ „ „	4578,20 „
66 Ballen	14427,60 RM

Somit beläuft sich der Preis von 100 kg in den Mischraum gelieferte Baumwolle auf

$$\frac{14\,427{,}60}{66 \cdot 225} = \mathbf{97{,}15\ RM.}$$

C. Der durch den Abfall verursachte Mehrpreis der Baumwolle.

Art der Maschine	Eintretende und austretende Baumwolle	Abfall in %	Abfall in kg	Preis eines kg in RM	Wert des gesamten Abfalls in RM
Öffner und Schläger	Eintretende Bw. 100,— kg	Schläger- bzw. Öffnerabfall u. Flaum 2,291 } 5,114	2,29	0,08	0,18
	Austretende Bw. 94,89 kg	Kehrricht und Flug 2,823	2,82	—	—
Karden	Eintretende Bw. 94,89 kg	Deckelausstoß . 2,084 }	1,98	0,55	1,09
		Trommel- und Sammlerausstoß 0,812 } 5,168	0,77	0,56	0,43
	Austretende Bw. 89,98 kg	Flaum 2,272	2,16	0,23	0,50
Strecken und Spüler	Eintretende Bw. 89,98 kg Austretende Bw. 87,73 kg	Wieder gebrauchsfähiger Abfall. 2,500	2,25	0,72	1,62
Strecken bis zur Spinnmaschine	Eintretende Bw. 87,73 kg Austretende Bw. 85,98 kg	Flug 2,000	1,75	—	—
			14,02 = ~ 14,– kg		3,82

Eintretende Baumwolle. .	100,— kg	
Austretende Baumwolle .	86,— „	
Abfall	14,— kg	

100 kg	eintretende Baumwolle kosten . .	97,15 RM
14 kg	Abfall (Verkaufswert)	3,82 „
86 kg	verarbeitete Baumwolle kosten . .	93,33 RM

Demnach: Preis von 1 kg Faden $= \frac{93,33}{86} = 1,085$ RM.

Infolgedessen beträgt der durch den Abfall verursachte Mehrpreis der Baumwolle pro kg

$$= 1,085 - 0,9715 = \mathbf{0,1135\ RM.}$$

Fassen wir jetzt alle festgestellten Unkosten zusammen, die den Gestehungspreis des Garnes beeinflussen, so erhalten wir für die mittlere Garnnummer 38:

Ankaufspreis der Baumwolle pro kg, frei Fabrik . .	0,9715 RM
Herstellungspreis des Garnes Nr. 38	1,0890 „
Durch den Abfall verursachter Mehrpreis	0,1135 „
Zusammen	**2,1740 RM**

Im vorliegenden Beispiel wurde der Herstellungspreis der mittleren Garnnummer 38 berechnet. Nun sind aber in den meisten Spinnereien mehrere Assortimente vorhanden, denn die austretende Feinspulernummer muß den zu spinnenden Garnnummern entsprechen, d. h. für grobe Nummern brauchen wir eine gröbere Vorgarnnummer wie für feinere Nummern. Es ist offensichtlich, daß der Herstellungspreis der Vorgarnnummer 2,5 nicht derselbe ist wie z. B. derjenige der Vorgarnnummer 5. Aus diesem Grunde wird man den Herstellungspreis des Garnes für jedes Assortiment einzeln berechnen.

Um den Herstellungspreis der verschiedenen gesponnenen Nummern zu bestimmen, wird von jeder Nummer die Lieferung pro Spindel und pro Jahr festgestellt. Dividieren wir (siehe Tabelle 37) die gesamten jährlichen Unkosten durch die jährliche fiktive (scheinbare) Lieferung, so erhalten wir die Spalte 5 der Tabelle 37. So ist z. B. für die Ringspinnernummer 12_e:

$$\frac{640\,270}{4\,045\,000} = 0{,}158$$

Tabelle 37.

1 Gesponnene Nummern	2 Stündliche Lieferung einer Spindel in kg	3 Lieferung einer Spindel pro Jahr zu 2800 Stunden in kg	4 Jährliche fiktive Lieferung von 44080 Spindeln in diesen Nummern in kg	5 Herstellungspreis des Garnes in RM
Ringspinnerkette 12_e	0,0328	91,80	4045000	0,1580
15_e	0,0250	70,—	3084000	0,2075
18_e	0,0205	57,50	2534000	0,2525
24_e	0,0135	37,80	1666000	0,3845
27_e	0,0117	32,80	1445000	0,4430
36_e	0,0078	21,85	962500	0,6550
Selfaktorschuß 33_e	0,0082	22,96	1012000	0,6330
36_e	0,0070	19,60	864000	0,7415
40_e	0,0060	16,78	740000	0,8650
48_e	0,0051	14,30	631000	1,0150
52_e	0,0045	12,60	555000	1,1635
58_e	0,0039	10,93	482000	1,3290
65_e	0,0034	9,52	420000	1,5250

Soll beispielsweise bei gleichbleibendem Baumwolleinkaufspreis der Gestehungspreis der Selfaktorschußnummer 36_e bestimmt werden, so verfährt man folgendermaßen:

Ankaufspreis der Baumwolle pro kg, frei Fabrik . .	0,9715 RM
Herstellungspreis der Schußnummer 36_e (Tabelle 37)	0,7415 „
Durch den Abfall verursachter Mehrpreis	0,1135 „
Gestehungspreis der Schußnummer 36_e	1,8265 RM

Bei Preisschwankungen der Rohbaumwolle kann auch hier der Gestehungspreis des Garnes schnell gefunden werden. Angenommen der Ankaufspreis der Baumwolle frei Fabrik erhöht sich von 97,15 RM auf 98,— RM die 100 kg. Man setzt dann einfach statt Baumwollpreis = 0,9715 RM den neuen Preis = 0,98 RM und man erhält als Gestehungspreis der Schußnummer 36_e = 1,835 RM.

E. Vergleichstafel der englischen und metrischen Längeneinheiten.

Tabelle 38.

Zoll	mm	Zoll	mm	Zoll	mm	Zoll	mm	Zoll	mm	Zoll	mm	Fuß	Meter
1/32	0,79	11/32	8,73	21/32	16,67	31/32	24,61	1 9/16	39,69	2 3/8	60,32	1	0,305
1/16	1,59	3/8	9,52	11/16	17,46	1	25,40	1 5/8	41,27	2 1/2	63,50	2	0,610
3/32	2,38	13/32	10,32	23/32	18,26	1 1/16	26,99	1 11/16	42,86	2 5/8	66,67	3	0,914
1/8	3,17	7/16	11,11	3/4	19,05	1 1/8	28,57	1 3/4	44,44	2 3/4	69,85	4	1,219
5/32	3,97	15/32	11,91	25/32	19,84	1 3/16	30,16	1 13/16	46,04	2 7/8	73,02	5	1,524
3/16	4,76	1/2	12,70	13/16	20,64	1 1/4	31,75	1 7/8	47,62	3	76,20	6	1,829
7/32	5,56	17/32	13,49	27/32	21,43	1 5/16	33,33	1 15/16	49,21	3 1/4	82,55	7	2,134
1/4	6,35	9/16	14,29	7/8	22,22	1 3/8	34,92	2	50,80	3 1/2	88,90	8	2,438
9/32	7,14	19/32	15,08	29/32	23,02	1 7/16	36,51	2 1/8	53,97	3 3/4	95,25	9	2,743
5/16	7,94	5/8	15,87	15/16	23,81	1 1/2	38,10	2 1/4	57,15	4	101,6	10	3,048

Anmerkungen: 1 Zoll engl. = 25,3998 Millimeter; 1 Fuß = 0,3048 Meter.

Tabelle 38 (Fortsetzung).

Zoll	mm	Zoll	mm	Zoll	mm	Zoll	mm	Zoll	mm	Zoll	mm	Fuß	Meter
$4^{1}/_{2}$	114,3	18	457,2	35	889,0	50	1270,1	67	1701,9	84	2133,7	11	3,353
5	127,0	19	482,6	36	914,4	51	1295,5	68	1727,3	85	2159,1	12	3,658
$5^{1}/_{2}$	139,7	20	508,0	37	939,8	52	1320,9	69	1752,7	86	2184,5	13	3,962
6	152,4	21	533,4	38	965,2	53	1346,3	70	1778,1	87	2209,9	14	4,267
$6^{1}/_{2}$	165,1	22	558,8	39	990,6	54	1371,7	71	1803,5	88	2236,3	15	4,572
7	177,8	23	584,2	$39^{1}/_{2}$	1000,1	55	1397,1	72	1828,9	89	2260,7	16	4,877
$7^{1}/_{2}$	190,5	24	609,6	40	1016,0	56	1422,5	73	1854,3	90	2286,1	17	5,182
8	203,2	25	635,0	41	1041,4	57	1447,9	74	1879,7	91	2311,5	18	5,486
9	228,6	26	660,4	42	1066,8	58	1473,3	75	1905,1	92	2336,9	19	5,791
10	254,0	27	685,8	43	1092,2	59	1498,7	76	1930,5	93	2362,3	20	6,096
11	279,4	28	711,2	44	1117,6	60	1524,1	77	1955,3	94	2387,7	21	6,401
12	304,8	29	736,6	45	1143,0	61	1549,5	78	1981,3	95	2413,1	22	6,705
13	330,2	30	762,0	46	1168,4	62	1574,9	79	2006,7	96	2438,5	23	7,010
14	355,6	31	787,4	$46^{1}/_{2}$	1181,1	63	1600,3	80	2032,1	97	2463,9	24	7,315
15	381,0	32	812,8	47	1193,8	64	1625,7	81	2057,5	98	2489,3	25	7,620
16	406,4	33	838,2	48	1219,2	65	1651,1	82	2082,9	99	2514,7	26	7,925
17	431,8	34	863,6	49	1244,7	66	1676,5	83	2108,3	100	2540,1	27	8,230

F. Vergleichstafel der metrischen und englischen Längeneinheiten.

Tabelle 39.

mm	Zoll		mm	Zoll		mm	Zoll		mm	Zoll	
1	0,0394	$^{3}/_{64}$	26	1,0236	$1^{1}/_{32}$	51	2,0079	$2^{1}/_{64}$	76	2,9922	$2^{63}/_{64}$
2	0,0787	$^{5}/_{64}$	27	1,0630	$1^{1}/_{16}$	52	2,0473	$2^{3}/_{64}$	77	3,0515	$3^{1}/_{32}$
3	0,1181	$^{1}/_{8}$	28	1,1024	$1^{7}/_{64}$	53	2,0866	$2^{3}/_{32}$	78	3,0709	$3^{5}/_{64}$
4	0,1575	$^{5}/_{32}$	29	1,1417	$1^{9}/_{64}$	54	2,1260	$2^{1}/_{8}$	79	3,1103	$3^{7}/_{64}$
5	0,1968	$^{13}/_{64}$	30	1,1811	$1^{3}/_{16}$	55	2,1654	$2^{11}/_{64}$	80	3,1496	$3^{5}/_{32}$
6	0,2362	$^{15}/_{64}$	31	1,2205	$1^{7}/_{32}$	56	2,2047	$2^{13}/_{64}$	81	3,1890	$3^{3}/_{16}$
7	0,2756	$^{9}/_{32}$	32	1,2598	$1^{17}/_{64}$	57	2,2441	$2^{1}/_{4}$	82	3,2284	$3^{15}/_{64}$
8	0,3150	$^{5}/_{16}$	33	1,2992	$1^{19}/_{64}$	58	2,2835	$2^{9}/_{32}$	83	3,2677	$3^{17}/_{64}$
9	0,3543	$^{23}/_{64}$	34	1,3386	$1^{11}/_{32}$	59	2,3228	$2^{21}/_{64}$	84	3,3071	$3^{5}/_{16}$
10	0,3937	$^{25}/_{64}$	35	1,3780	$1^{3}/_{8}$	60	2,3622	$2^{23}/_{64}$	85	3,3465	$3^{11}/_{32}$
11	0,4331	$^{7}/_{16}$	36	1,4173	$1^{27}/_{64}$	61	2,4016	$2^{13}/_{32}$	86	3,3859	$3^{25}/_{64}$
12	0,4724	$^{15}/_{32}$	37	1,4567	$1^{29}/_{64}$	62	2,4410	$2^{7}/_{16}$	87	3,4252	$3^{27}/_{64}$
13	0,5118	$^{33}/_{64}$	38	1,4961	$1^{1}/_{2}$	63	2,4803	$2^{31}/_{64}$	88	3,4646	$3^{15}/_{32}$
14	0,5512	$^{35}/_{64}$	39	1,5354	$1^{17}/_{32}$	64	2,5197	$2^{33}/_{64}$	89	3,5040	$3^{1}/_{2}$
15	0,5906	$^{19}/_{32}$	40	1,5748	$1^{37}/_{64}$	65	2,5591	$2^{9}/_{16}$	90	3,5433	$3^{35}/_{64}$
16	0,6299	$^{5}/_{8}$	41	1,6142	$1^{39}/_{64}$	66	2,5984	$2^{19}/_{32}$	91	3,5827	$3^{37}/_{64}$
17	0,6693	$^{43}/_{64}$	42	1,6536	$1^{21}/_{32}$	67	2,6378	$2^{41}/_{64}$	92	3,6221	$3^{5}/_{8}$
18	0,7087	$^{45}/_{64}$	43	1,6929	$1^{11}/_{16}$	68	2,6772	$2^{43}/_{64}$	93	3,6614	$3^{21}/_{32}$
19	0,7480	$^{3}/_{4}$	44	1,7323	$1^{47}/_{64}$	69	2,7166	$2^{23}/_{32}$	94	3,7008	$3^{45}/_{64}$
20	0,7874	$^{25}/_{32}$	45	1,7717	$1^{49}/_{64}$	70	2,7559	$2^{3}/_{4}$	95	3,7402	$3^{47}/_{64}$
21	0,8268	$^{53}/_{64}$	46	1,8110	$1^{13}/_{16}$	71	2,7953	$2^{51}/_{64}$	96	3,7796	$3^{25}/_{32}$
22	0,8661	$^{55}/_{64}$	47	1,8504	$1^{27}/_{32}$	72	2,8347	$2^{53}/_{64}$	97	3,8189	$3^{13}/_{16}$
23	0,9055	$^{29}/_{32}$	48	1,8898	$1^{57}/_{64}$	73	2,8740	$2^{7}/_{8}$	98	3,8583	$3^{55}/_{64}$
24	0,9449	$^{15}/_{16}$	49	1,9291	$1^{59}/_{64}$	74	2,9134	$2^{29}/_{32}$	99	8,8977	$3^{57}/_{64}$
25	0,9843	$^{63}/_{64}$	50	1,9685	$1^{31}/_{32}$	75	2,9528	$2^{61}/_{64}$	100	3,9370	$3^{15}/_{16}$

Anmerkungen: Millimeter·0,03937 = Zoll; Meter·3,281 = Fuß.

Sachverzeichnis.

GPSR Compliance

The European Union's (EU) General Product Safety Regulation (GPSR) is a set of rules that requires consumer products to be safe and our obligations to ensure this.

If you have any concerns about our products, you can contact us on ProductSafety@springernature.com

In case Publisher is established outside the EU, the EU authorized representative is:

Springer Nature Customer Service Center GmbH
Europaplatz 3
69115 Heidelberg, Germany

Batch number: 10683525

Printed by Printforce, the Netherlands